U0720702

"十二五"普通高等教育本科国家级规划教材
中国科学技术大学国家基础科学人才培养基地物理学丛书
主　编　杨国桢　　副主编　程福臻　叶邦角

力学与理论力学(上册)

（第三版）

杨维纮　编著

科学出版社
北　京

内 容 简 介

本书是"中国科学技术大学国家基础科学人才培养基地物理学丛书"的第一本,内容为普通物理力学部分.本书是作者在给中国科学技术大学学生上课时所用讲稿的基础上,经过十几年的教学实践不断修改而成的.其特点是注重归纳法教学、物理直觉能力的培养和物理方法的阐述,这对在大学中初学物理的学生是有益的和重要的.本书内容精练,物理概念准确清晰,着力用现代观点审视教学内容,并为当代前沿开设了一些窗口和接口.

本书可作为综合性大学及理工类院校普通物理力学教材或参考书,也可供大专院校物理师生及物理教学研究工作者参考.

图书在版编目(CIP)数据

力学与理论力学. 上册 / 杨维纮编著. -- 3 版. -- 北京:科学出版社,2025. 3. --("十二五"普通高等教育本科国家级规划教材)(中国科学技术大学国家基础科学人才培养基地物理学丛书 / 杨国桢主编). -- ISBN 978-7-03-080684-0

Ⅰ. O3

中国国家版本馆 CIP 数据核字第 2024G1D621 号

责任编辑:窦京涛　崔慧娴 / 责任校对:杨聪敏
责任印制:师艳茹 / 封面设计:楠竹文化

科学出版社 出版

北京东黄城根北街 16 号
邮政编码:100717
http://www.sciencep.com

北京中科印刷有限公司印刷

科学出版社发行　各地新华书店经销

*

2008 年 6 月第 一 版　开本:787×1092 1/16
2014 年 6 月第 二 版　印张:22 1/2
2025 年 3 月第 三 版　字数:492 000
2025 年 3 月第二十五次印刷

定价: 69.00 元

(如有印装质量问题,我社负责调换)

第三版丛书序

这套丛书是国内目前唯一一套普通物理和理论物理的完整的基础物理学教材，全国近 50 所大学将其作为教科书. 2008 年正式出版，2013 年进行了第二次修订，至今已经使用 16 年. 随着时间的推移，有不少学科新的发展内容需要补充，正如多年前我受命主编的《中国大百科全书》(第三版)物理学卷，与前二版相比修改、补充的词条多达约两千条. 这次的丛书修订工作增加了几位年轻作者，新老结合便于传承. 在此基础上，要继续保持丛书的两个特点：一是把 CUSPEA 的十年教学精华保留下来，二是将普通物理与理论物理融合思想体现其中.

一套物理学教材从写作到出版到修订再版的背后，是很多位物理学者数十年的坚持不懈，是几代人科学精神和教学理念的传承和发展. 科学出版社对本套丛书的出版和修订给予了大力支持，此致谢意，还要感谢修订过程中提出意见和建议的各高校老师们，特别要感谢参与本次修订的各本教材的作者们.

希望第三版丛书能在大学物理学基础教学中发挥它的作用，能为优秀拔尖人才的培养作出一点贡献.

杨国桢

2024 年 7 月于北京

第三版丛书序

[illegible]

第二版丛书序

2008 年本套丛书正式出版，至今使用已五年，回想当初编书动机，有一点值得一提. 我初到中国科学技术大学理学院担任院长，一次拜访吴杭生先生，向他问起科大的特点在哪里，他回答在于它的本科教学，数理基础课教得认真，学生学得努力，特别体现在十年 CUSPEA 考试(中美联合招收赴美攻读物理博士生考试)中，科大学生表现突出. 接着谈起一所大学对社会最重要的贡献是什么，他认为是培养出优秀的学生，当前特别是培养出优秀的本科生. 这次交谈给了我很深的印象和启示. 后来一些参加过 CUSPEA 教学的老教师向我提出，编一套科大物理类本科生物理教材，我便欣然同意，并且在大家一致的请求下担任了主编. 我的期望是，通过编写本套丛书将 CUSPEA 教学的一些成果保留下来，进而发扬光大.

应该说这套书是在十年 CUSPEA 班的教学内容与经验基础上发展而来的，它所涵盖的内容有相当的深度与广度，系统性与科学的严谨性突出；另外，注重了普通物理与理论物理的关联与融合、各本书物理内容的相互呼应. 但是，使用了五年后，经过教师的教学实践与学生的互动，发现了一些不尽如人意的地方和错误，这次能纳入"'十二五'普通高等教育本科国家级规划教材"是一次很好的修改机会，同时大家也同意出版配套的习题解答，也许更便于校内外的教师选用. 为大学本科生教学做一点贡献是我们的责任，也是我们的荣幸. 盼望使用本套丛书的老师和同学提出宝贵建议.

杨国衡

2013 年 10 月于合肥

第一版丛书序

2008年是中国科学技术大学建校五十周年.值此筹备校庆之际,几位长年从事基础物理教学的老师建议,编著一套理科基础物理教程,向校庆五十周年献礼.这一建议在理学院很快达成了共识,并受到学校的高度重视和大力支持.随后,理学院立即组织了在理科基础物理教学方面有丰富教学经验的老师,组成了老、中、青相结合的班子,着手编著这套丛书,并以此进一步推动理科基础物理的教学改革与创新.

中国科学技术大学在老一辈物理学家、教育家吴有训先生、严济慈先生、钱临照先生、赵忠尧先生、施汝为先生的亲自带领和指导下,一贯重视基础物理教学,历经五十年如一日的坚持,现已形成良好的教学传统.特别是严济慈和钱临照两位先生在世时身体力行,多年讲授本科生的力学、理论力学、电磁学、电动力学等基础课.他们以渊博的学识、精湛的讲课艺术、高尚的师德,带领出一批又一批杰出的年轻教员,培养了一届又一届优秀学生.本套丛书的作者,应该说都直接或间接受到过两位先生的教诲.出版本套丛书也是表达作者对先生的深深感激和最好纪念.

本套丛书共九本:《力学与理论力学(上、下)》《电磁学与电动力学(上、下)》《光学》《原子物理与量子力学(上、下)》《热学　热力学与统计物理(上、下)》.每本约40万字,主要是为物理学相关专业本科生编写的,也可供工科专业物理教师参考.每本书的教学学时约为72学时.可以认为,这套丛书系列不仅是普通物理与理论物理横向关联、纵向自洽的基础物理教程,同时更加适合我校理科人才培养的教学安排,并充分考虑了与数学教学的相互配合.因此,在教材的设置上,《力学与理论力学(上、下)》和《电磁学与电动力学(上、下)》中,上册部分分别是普通物理内容,而下册部分为理论物理内容.还要指出的是,在《原子物理与量子力学(上、下)》和《热学　热力学与统计物理(上、下)》中,考虑到普通物理与理论物理内容的界限已不再那样泾渭分明,而比较直接地用现代的、实用的概念、物理图像和理论来阐述,这确实不失为一种有意义的尝试.

本套丛书在编著过程中,不仅广泛吸取了校内老师的经验,采纳了学生的意见,而且还征求了中国科学院许多相关专家的意见和建议,体现了"所系结合"的特点.同时,还聘请了兄弟院校及校内有丰富教学经验的教授进行双重审稿,期望将其错误率降至最低.

历经几年，在科学出版社大力支持下，本套丛书终于面世，愿她能在理科教学改革与创新中起到一点作用，成为引玉之砖，共同促进物理学教学水平的提高及其优秀人才的培养，并希望广大师生及有关专家们继续提出宝贵意见和建议，以便改进. 最后，对方方面面为本套丛书的编著与出版付出艰辛努力及给予关心、帮助的同志表示深切感谢！

中国科学技术大学理学院院长

杨国桢 院士

2007 年 10 月

第三版前言

本书第二版经过近九年的使用，收到了本校和其他高校用作教材后的好评. 使用本书的老师和学生们提出了不少好的建议，于是本书第三版应运而生.

第三版沿用第二版的理论框架和知识体系，以“拓展阅读”的方式开一些通向物理学前沿的窗口，开阔学生们的眼界、启迪他们的思维，加深他们对本门课程的理解.

本书前两版发行后，不断收到不少关心本书的老师和学生们的来信和电子邮件，希望能出配套的习题解答. 谢谢大家对本书的关心，该习题解答已于 2016 年出版. 本书第三版沿用第二版的习题，就不再出专门的习题解答了. 我们热烈地期望着对本书各方面的批评和建议.

杨维纮

2024 年 5 月

于中国科学技术大学

第二版前言

本书第一版问世以来，已被一些院校用作教材.应使用本书的老师和学生的建议，本书第二版对第一版作了勘误（主要是习题与答案中的错误）和少数内容的修订.

本书第一版发行后，不断收到不少关心本书的老师和学生的来信和电子邮件，希望能出版与本书配套的习题解答.谢谢大家对本书的关心，该习题解答方面的工作现在已经基本完成交付出版社，很快将与大家见面，希望能满足大家的要求.我们热烈地期望着对本书各方面的批评和建议.

杨维纮

2014 年 6 月

于中国科学技术大学

第一版前言

本书是《力学与理论力学》的上册，即普通物理力学部分，也是“中国科学技术大学国家基础科学人才培养基地物理学丛书”的第一本. 作者在中国科学技术大学讲授普通物理力学多年，本书就是在授课讲义的基础上整理而成的. 在成书的过程中，作者对讲义进行了修改和补充.

普通物理中的力学是比较难教的，凡是教授过这门课的教师大都有此体会. 一方面，力学的基本原理是整个物理学的重要基础，它包含许多基本的概念、方法和理论，需要学生极为准确地掌握，以备后继学习之用；另一方面，初入大学的学生，往往看轻力学，误认为新的内容不多，似乎在中学里都已学过，结果疏忽了力学学习.

这种局面迫使一些教师采用理论力学的方法来教授普通物理力学. 这样做，确实可以解决上述问题的第二个方面，学生不再感到“似曾相识”了. 随着教和学二者的提高，原属理论力学的部分内容的确可以逐渐放到普通物理中来. 但是，若仅限于这一途径改进教学还不能完全解决问题的第一个方面——力学的基本原理是物理学的重要基础. 这个基础是相对于物理学的当代发展以及前沿研究的角度而言的. 它至少应包含以下两个方面的内容：一是不断用新的现代的观点去整理老的内容；二是不断用新的前沿成果来充实基础. 例如，相对论，它正是 20 世纪爱因斯坦对物理学中最基本的概念——时间和空间进行深刻分析后提出的. 相对论的提出，对整个物理学产生了深远的影响.

我们的学生最终要走出学校，用所学的知识回报社会. 对于他们，从学习物理学的第一天起，就教给他们学习、研究物理的点金之术是十分必要的，这就是编写本书的指导思想. 具体地说，有以下几点.

1. 强调实验的重要性，尽量采用“归纳法”的教学方法

物理是一门实验科学，实验是检验物理理论的唯一标准. 需要注意的是，有些物理学的结论不是来自理论，而是直接来自实验，如质量具有可加性. 一个成功的实验必须至少具备两点：实验思路的简洁和实验结果的可重复性. 如何构造实验并在实验中只用最少的假定等，体现着对物理概念的深刻认识(或曰物理直观)，是学习物理的难点，也是授课的难点和重点. 本书采用以实验为主的教学方法(有人称之为“归纳法”)，使各物理概念的引入尽可能自然，顺理成章. 用这种归纳教学方法培养出来的学生有较强的独立思考能力和创造能力，易于很快进入科学发展的前沿. 教学实践也证明，用这种方法教学，学生的思路活跃，讨论热烈，教学效果较好.

2. 适当地为物理学前沿打开窗口和为后续课程安排接口

本书是这套丛书的第一本,在适当的地方开一些通向物理学前沿的窗口和为后续课程安排接口,对开阔学生的眼界,启迪他们的思维,加深他们对本门课程的理解有好处.例如,从惯性的起源、引力场中零质量的运动,引申出惯性和引力的几何(或时空)性质,为广义相对论做铺垫.在“振动和波”一章中讲到纵波的波速时,给出的声波的速度公式与实验结果有20%的误差,究其原因是空气的局部温度变化所致.这个开向后续课程热学的接口,使学生们极为震惊,因为力学中摩擦力司空见惯,而摩擦力做的功变成了什么,他们却是从不考虑的.

3. 对数学的要求

本书对数学的要求是矢量代数和简单微积分,并尽量避免烦琐的数学推导.转动参考系中的科里奥利加速度是比较难以讲述的,本书在引入绝对微商和相对微商概念后,发现教学效果很好,学生容易接受.

本书的教学学时约为72学时,其中的第10章是甲型物理的学生选修的,数学使用了偏微商和场论的一些知识,乙型物理的学生可以跳过这一章.

本书在出版过程中得到科学出版社、中国科学院物理研究所、中国科学技术大学领导和许多同行的热情支持,清华大学李复教授、中国科学技术大学张玉民教授仔细审阅了全部书稿并提出宝贵的意见和建议,中国科学技术大学向守平教授对本书提出了不少建设性意见,并对本书上、下册的协调做了大量的工作,在此一并表示感谢.

出版一部有创意的教材是作者多年的夙愿.在本书的撰写过程中,作者深感要编写出一部易教易学,又富有创意的基础课教材是一个相当艰巨的工作.由于作者学识水平有限,书中错误和不妥之处在所难免,敬请广大教师和读者不吝指正.

杨维纮

2007年7月

于中国科学技术大学

目　　录

第 1 章　质点运动学

1.1 引　　言

1.1.1　力学的研究对象

经典力学研究机械运动所遵循的客观规律. 通常把力学分为运动学、动力学和静力学. 运动学只描述物体的运动，不涉及引起运动和改变运动的原因；动力学则研究物体的运动与物体间相互作用的内在联系；静力学研究物体在相互作用下的平衡问题.

1.1.2　时间、空间和牛顿力学的绝对量

描写物体的运动，要用时间和空间这两个概念. 因此，我们先来对时间、空间本身作一些分析.

可以说时间和空间是最平凡的概念了，因为在日常生活中也常常用到它们. 不过，若问什么是时间，什么是空间，却又不容易找到恰当的答案. 其实，这是两个很难的问题. 尽管有不少关于时间和空间的定义，但大都不能令人满意. 一种或许可以接受的说法是：时间、空间是物理事件之间的一种次序，时间用以表述事件之间的顺序，空间用以表述物体之间的位置.

没有满意的“严格”的理论定义，并不妨碍时间和空间二者在物理中的使用. 因为物理学是一门基于实验的科学，在考察物理学的概念或物理量的时候，首先应当注意它与实验之间是否有明确的、不含糊的关系. 对于时间和空间这两个基本概念来说，首要的问题似乎不是去追究它们的“纯粹”定义，而是应当了解它们是怎样量度的.

量度时间，通常是用钟和表. 然而，钟和表并不是测量时间仅有的工具. 原则上，任何具有重复性的过程或现象都可以作为测量时间的一种“钟”. 自然界里有许多重复性的过程，其中有一些我们早已把它们当作计时标准. 例如，太阳的升落表示天，四季的循环称作年，月亮的盈亏是农历的月. 其他的循环过程，如双星的旋转、人体的脉搏、吊灯的摆动、分子的振动等，也都可以用作测时的工具.

更一般地说，只要知道了某个物理现象随时间的变化，尽管它不是重复性的过程，也可以用来测定时间. 譬如，我们能从一个人的容貌估计出他的年龄，因为容貌这个量与时间之间有确定的关系. 这个例子虽然很普通，但与某些有用的测时方法

是很相似的.在确定星体的年龄时，常常就是根据星体的颜色判定的.

钟的种类很多，但有好有差.比较两个人的脉搏，就会发现它们之间经常有明显的快慢波动.所以，人的脉搏不是一种好钟，因为它不够稳定.如果比较一下两个单摆的周期，就会发现它们稳定多了.地球自转则是更稳定的钟.

长期以来，人们将太阳视面中心连续两次出现在地面某处正南方所需的时间定义为真太阳日.随着天文观察精度的提高及对天体运动规律的深入研究，人们发现，不同真太阳日的长短不同，其原因主要有两个方面：一是因为地球沿椭圆轨道绕太阳公转，公转速度并不均匀；二是地球公转平面与地球赤道平面并不重合.为了克服这一缺点，人们取一年之内全部真太阳日的平均作为**平太阳日**.这就是目前我们所说的一天.1秒定义为一个平太阳日的1/86400，这种以地球自转为基础的计时标准叫**世界时**(UT).由于地球自转的不均匀性，从1956年起改用以地球公转周期为基准的时间标准，称为**历书时**(ET)，国际计量委员会(CIPM)提出了秒的新定义，规定秒是自历书时1900年1月0日12时起算的回归年的1/31556925.9747.该定义于1960年被国际计量大会(CGPM)正式采用.所谓**回归年**，就是太阳在黄道面上相继两次通过春分点所需的时间.为了进一步提高计时的精度，1967年10月在第十三届国际度量衡大会上通过了新的标准钟，它对一秒的时间作如下的规定：位于海平面上的铯-133原子的基态的两个超精细能级在零磁场中跃迁辐射的周期T与1s的关系为

$$1\text{s} = 9192631770T$$

这样的时间标准称为**原子时**.用铯钟作为计时标准，误差若按一个周期计算，测量精度要比用秒表计时提高10^{10}倍，即误差下降到秒表的百亿分之一.

自从人类发明机械计时的时钟以来，400年来时间计量准确度的提高是惊人的，现代原子钟的计时误差已小于$10^{-10}\text{s}\cdot\text{d}^{-1}$.目前，时间是测量得最准确的一个基本量.

长度是空间的一个基本性质.对长度的测量，在日常的范围中，是用各种各样的尺，如米尺、游标卡尺、螺旋测微器等.对于不能用尺直接加以测量的小尺度，可以借助光学方法.在精密机床上常用光学测量装置；测定胰岛素中原子的位置，是用X射线晶体学方法.对于大的尺度，也不能直接用尺去测量，也要借助于光.测量月亮与地球的距离可以用激光测距的方法；测量一些不太远的恒星，可以用三角学方法.至于银河系之外的遥远天体的距离，同样是用它们发光的一些特征来测定的.

近代的长度测量单位是在法国的米制单位基础上发展起来的.米已成为目前国际通用的长度单位.米原来规定为通过巴黎的自北极至赤道的子午线长度的1/10000000.从1875年起，决定改用米原器(截面呈“X”形的铂铱合金尺)作为长度标准.由于这样规定的标准米不易复制，精度又不高，自1960年起，改用光的波长作为标准.在第十一届国际计量大会上，正式通过的“米”的定义是：1m等于氪-86原子的$2p^{10}$和$5d^5$能级之间跃迁时所对应的辐射(橙色谱线)在真空中的波长λ的

1650763.73 倍. 这样规定的米叫原子米. 1983 年 10 月召开的第十七届国际计量大会上又正式通过了米的新定义,即用光速值来定义"米",以代替 1960 年的规定. 新的米的定义是:米是光在真空中在 1/299792458 s 的时间间隔内所行进的路程长度. 按这种新的定义,光速 c 是一固定的常数,即

$$c = 299792458\mathrm{m}\cdot\mathrm{s}^{-1}$$

1.1.3 宇宙的层次和数量级

在一般人心目中,像一千万和一亿都是很大很大的数目,究竟有多大,几乎是没有具体概念和感受的. 然而,在物理学和其他一些自然科学中,往往要和比这还要大得多的数字打交道. 例如,在 1mol 物质中包含六千万亿亿多个分子(阿伏伽德罗常量),写成阿拉伯数字,是 6 后面跟 23 个 0. 无论哪种写法都很不方便,于是人们创造出一种"科学记数法",用 10 的正幂次代表大数,用 10 的负幂次代表小数. 于是六千万亿亿就写成 6×10^{23},它的倒数约一亿亿亿分之 1.7,则可写成 1.7×10^{-24},等等. 把一个物理量的数值写成一个小于 10 的数字乘以 10 的幂次,还可将其有效数字的位数表示出来. 例如,把 2300 写成 2.30×10^{3},就表明这个数值有三位有效数字. 在科学记数法中指数相差 1,即代表数目变为十倍或十分之一,这叫做一个"数量级".

中国有句成语,叫做"以蠡测海",用此来形容见识的浅陋或测量工具的不当. 我们的宇宙是非常辽阔和巨大的,目前我们人类能够测量的空间尺度和时间尺度已经超过了 60 个数量级(一个数量级表示 10 倍,60 个数量级为 10^{60} 倍). 图 1.1 与图 1.2 所显示的宇宙在宏观和微观上空间尺度的差别就已经达到约 30 个数量级.

图 1.1 星系的直径大约是 10^{21}m

图 1.2 人造物体和自然物体的电子显微镜照片

图中垂线是 20nm 的聚合物纤维;有短尾的物体是 T-4 噬菌病毒

我们研究的对象跨越如此巨大的数量级范围，单一的单位（如秒、米），用起来就很不方便了，通常的做法是采用一些词头来代表一个单位的十进倍数或十进分数，如千(kilo)代表倍数 10^3、厘(centi)代表分数 10^{-2}，等等. 在国际单位制中，原来 10^{-18}～10^{18} 的 36 个数量级之间规定了 16 个词头，1991 年和 2022 年又分别建议在大、小两头再各增加两个，共 24 个词头，如表 1.1 所示. 这些词头与各种物理量的单位组合在一起，构成尺度相差甚为悬殊的大小各种单位，在现代物理学中广泛使用着. 其中，有的已化作物理学名词的一部分，如纳米(nm)结构、飞秒(fs)光谱等，成为一些新兴技术的标志和象征.

一些典型的时间尺度如表 1.2 所示.

表 1.1　国际单位制所用的词头

数量级	英文名	缩写符号	中译名	数量级	英文名	缩写符号	中译名
10^{-1}	deci	d	分	10	deca	da	十
10^{-2}	centi	c	厘	10^2	hecto	h	百
10^{-3}	milli	m	毫	10^3	kilo	k	千
10^{-6}	micro	μ	微	10^6	mega	M	兆
10^{-9}	nano	n	纳[诺]	10^9	giga	G	吉[咖]
10^{-12}	pico	p	皮[可]	10^{12}	tera	T	太[拉]
10^{-15}	femto	f	飞[母托]	10^{15}	peta	P	拍[它]
10^{-18}	atto	a	阿[托]	10^{18}	exa	E	艾[可萨]
10^{-21}	zepto	z	仄[普托]	10^{21}	zetta	Z	泽[它]
10^{-24}	yocto	y	幺[科托]	10^{24}	yotta	Y	尧[它]
10^{-27}	ronto	r	柔[托]	10^{27}	ronna	R	容[那]
10^{-30}	quecto	q	亏[科托]	10^{30}	quetta	Q	昆[它]

注：中译名在方括弧里的字可以省略.

表 1.2　一些典型的时间尺度　　(单位：s)

宇宙年龄	4.4×10^{17}
地球年龄	1.4×10^{17}
太阳绕银河系中心的轨道周期	8×10^{15}
钚的半衰期	8×10^{11}
人的寿命	2×10^{9}
地球的公转周期(1 年)	3×10^{7}
地球的自转周期(1 天)	8.6×10^{4}
人的脉搏	1
人的神经系统反应时间	1×10^{-1}
可听见的最高频率的声音周期	5×10^{-5}
μ子的寿命	2×10^{-6}
典型的分子转动周期	1×10^{-12}
实验室能产生的最短光脉冲周期	1×10^{-15}
π 介子的半衰期	2×10^{-16}
共振粒子寿命	1×10^{-25}
普朗克时间	5.39×10^{-44}

目前，物理学中涉及的最长时间是10^{41} s，它是质子寿命的下限. 宇宙的年龄大约是4.4×10^{17} s，即138亿年. 牛顿力学所涉及的时间尺度是$10^{-5}\sim10^{15}$ s，即从声振动的周期到太阳绕银河中心转动的周期. 粒子物理的时间尺度都很小，μ子的寿命是2×10^{-6} s，已经是极长寿的了，最短寿的是一些共振粒子，它们的寿命只有约10^{-25} s，目前物理学中涉及的最小时间是5.39×10^{-44} s，称为普朗克时间. 普朗克时间被认为是最小的时间，在比普朗克时间还要小的范围内，时间的概念可能就不再适用了.

一些典型的空间(距离)尺度如表1.3所示.

表1.3　一些典型的空间(距离)尺度　(单位：m)

可见最远的类星体距离	2.8×10^{26}
最近的河外星系（仙女座，Andromeda）距离	2×10^{22}
银河系直径	8×10^{20}
离太阳最近的恒星（比邻星，Proxima Centauri）距离	4×10^{16}
光一年走过的路程(1光年)	9×10^{15}
冥王星轨道半径	6×10^{12}
地球轨道半径	1.5×10^{11}
地球直径	1.3×10^{7}
珠穆朗玛峰的高度	8×10^{3}
人类的身高	1
红细胞直径	8×10^{-6}
病毒直径	1×10^{-7}
最小的人造物体线度	2×10^{-9}
氢原子直径	1×10^{-10}
质子直径	1.6×10^{-15}

目前，物理学中涉及的最大长度是10^{28} m，它是宇宙曲率半径的下限；弱电统一的特征长度为10^{-20} m；普朗克长度约为10^{-35} m，被认为是最小的长度，意思是说，在比普朗克长度更小的范围内，长度的概念可能就不再适用了.

在牛顿力学中，时间间隔和空间间隔(长度)被认为是绝对的，是独立于所研究对象(物体)和运动而存在的客观实在. 时间的流逝与空间位置无关，空间为欧几里得几何空间. 而近代物理理论对此是否定的，这个问题将在第11章“相对论”中详细讨论.

1.2　质点的运动

1.2.1　质点和参考系

在物理学中，为了突出研究对象的主要性质，暂不考虑一些次要的因素，经常引入一些理想化的模型来代替实际的物体. “质点”就是一个理想化的模型.

在研究机械运动时，物体的形状和大小是千差万别的. 对有些场合(如落体受到空气的阻力问题),物体的形状和大小是重要的;但在很多问题中,这些差别对物体运动的影响不大,若不涉及物体的转动和形变,只研究它的平动部分,就可以忽略它的形状和大小,把它简化为一个具有质量的点(即质点)来处理.例如,人们常把单摆的摆球、在电场中运动的带电粒子等当成质点.又如,同是地球,在研究它绕日公转时,可以将它看成质点;在研究它的自转问题时,就不能把它当成质点处理了.此外,当我们研究一些比较复杂的物体(如刚体、流体)运动时,虽然不能把整个物体看成质点,但在处理方法上可把复杂物体看成由许多质点组成,在解决质点运动问题的基础上来研究这些复杂物体的运动.

质点突出了"物体具有质量"和"物体占有位置".

质点的位置及其运动与否,只有相对于事先选定的视为不动的物体(或彼此不做相对运动的物体群)才有明确的意义.我们称所选取的物体(或物体群)K 为**参考物**,与参考物固连的空间称为**参考空间**.为了描述运动,还必须有计时的装置——钟.参考空间和与之固连的钟的组合称为**参考系**.习惯上,通常把参考物简称为参考系,而不特别指出与之固连的参考空间和钟.参考系选定后,为了定量地描述质点相对于参考系的位置,还必须在参考系上建立适当的坐标系.坐标系的选取是完全任意的.例如,选取物体 K 上的某点 O 为坐标原点,并选定 x、y、z 三个轴建立直角坐标系,质点 P 的位置即由 x、y、z 三个坐标值所确定(图 1.3).

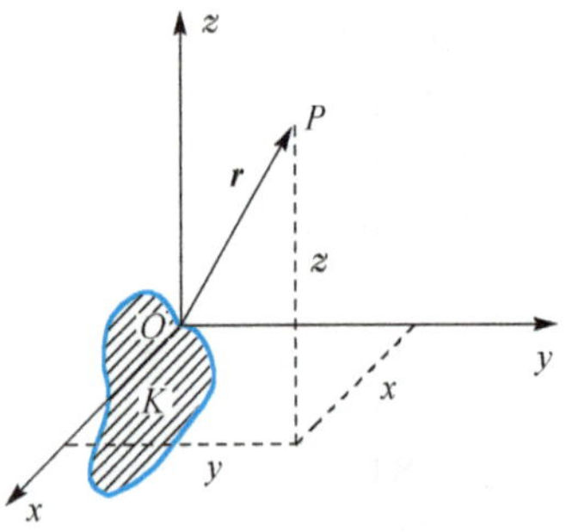

图 1.3 质点的位矢

除了坐标方法外,也可以利用矢量方法来描写质点 P 的位置.我们定义质点 P 的**位置矢量** $\boldsymbol{r}$(简称**位矢**)的大小为 OP 的长度,方向从 O 指向 P.用这个矢量就完全确定了质点 P 的位置.在图 1.3 的坐标系中,位置矢量 $\boldsymbol{r}$ 的分量就是坐标(x, y, z),或写为

$$\boldsymbol{r} = x\boldsymbol{i} + y\boldsymbol{j} + z\boldsymbol{k} \tag{1.2.1}$$

其中,$\boldsymbol{i}$、$\boldsymbol{j}$、$\boldsymbol{k}$ 分别为空间的三个坐标方向(x、y、z 轴)上的单位矢量,称为**坐标基矢**.上述两种描述质点 P 的位置的方法是完全等价的.

参考系的选择是任意的,对于同一个质点的位置,当用不同参考系来描写时,则具有不同的位置矢量.就这一点,我们可以说,位置是具有相对性的物理量.

1.2.2 轨迹和运动学方程

当喷气式飞机在飞行的时候,它的尾部排出的白烟在天空中构成形状美丽的各样曲线.这些曲线反映了飞机所行经的路径.质点在运动中所经过的各点在空间连成一条曲线,这条曲线我们称之为**轨迹**.

如何描写轨迹呢?可利用曲线方程来描写.譬如,曲线方程

$$\begin{cases} x^2+y^2=R^2 \\ z=0 \end{cases}$$

就描写了在 $z=0$ 平面上半径为 R 的圆周运动的轨迹.一般曲线方程可以表示为

$$\begin{cases} f_1(x,y,z)=0 \\ f_2(x,y,z)=0 \end{cases}$$

在历史上很长一个时期内,人们只注重轨迹形状的研究.我们知道,质点运动是位置的变化,它涉及空间和时间两个方面.轨迹形状只反映运动空间方面的性质,它对研究运动还是不够的,因为轨迹还没有把质点运动的情况全部表述出来,特别是没有表述它的动态性质.百米赛跑时,所有运动员的轨迹都是直线,但他们各自的运动情况并不完全相同,否则就分不出名次了.我们不仅应该知道轨迹,而且还应该知道质点经过轨迹上各点的时刻.运动是在时间、空间里的现象,关键是把时间描写和空间描写联系起来.直到牛顿提出其力学理论之前不久,才特别强调了这一点.

我们知道,可以利用矢量方法来描写质点 P 的位置.质点的位矢 $\boldsymbol{r}$ 关于时间的函数称为**运动学方程**或**运动解**,知道了这个方程等于知道了此质点运动的一切情况.质点的运动学方程可以表示为

$$\boldsymbol{r}=\boldsymbol{r}(t) \tag{1.2.2}$$

当然,也可以用坐标系中三个坐标分量来描述质点的运动

$$\begin{cases} x=x(t) \\ y=y(t) \\ z=z(t) \end{cases} \tag{1.2.3}$$

并有关系式

$$\boldsymbol{r}(t)=x(t)\boldsymbol{i}+y(t)\boldsymbol{j}+z(t)\boldsymbol{k} \tag{1.2.4}$$

从运动学方程中消去时间 t 即得到轨迹的方程.

应当指出,同一物体,相对于不同的参考系,显示出不同的运动.风洞中的模型,相对于地面是静止的,相对于空气(风),模型却在以高速度飞行.车刀,相对于车床的床座,仅仅做直线运动;相对于工件,刀刃却在做螺旋运动.所以,研究运动,必须首先选定参考系,由于运动方程既包含质点的位矢,也包含时间,因而对于不同的坐标原点与时间原点的选取,运动方程的形式将有所不同.

在日常生活中,我们习惯于认为地面是静止的,在讲到“静止”和“运动”的时候总是对地面而言的.可是,大家知道,地球以大约 $30\text{km}\cdot\text{s}^{-1}$ 的速度绕太阳公转,根本不是静止的.那么,太阳是否是静止的呢?也不是的,太阳(携带着整个太阳系)以大约 $220\text{km}\cdot\text{s}^{-1}$ 的速度向织女(天琴座 α 星)与帝座(武仙座 α 星)之间某个方向(大约赤经 $270°$,赤纬 $+30°$)疾驰.其他恒星也无一不以极为巨大的速度运行.宇

宙间没有一个绝对静止的物体. 静止是相对的，不存在“绝对静止”的参考系，只存在描述某个运动较为方便的参考系.

1.3 速度与加速度

1.3.1 位移、路程与速度

我们现在考虑质点的三维曲线运动，直线运动可以看成是曲线运动的特例. 如图 1.4 所示，在时刻 t_1，质点 P 的位置坐标为 $\boldsymbol{r}(t_1)$，在时刻 t_2，它的坐标为 $\boldsymbol{r}(t_2)$，则定义质点 P 在 t_1 到 t_2 时间间隔内的**平均速度**为

$$\langle \boldsymbol{v} \rangle_{t_1 \to t_2} = \frac{\boldsymbol{r}(t_2) - \boldsymbol{r}(t_1)}{t_2 - t_1} = \frac{\Delta \boldsymbol{r}}{\Delta t} \tag{1.3.1}$$

在式(1.3.1)中，$\Delta t = t_2 - t_1$，$\Delta \boldsymbol{r} = \boldsymbol{r}(t_2) - \boldsymbol{r}(t_1)$，后者是 t_1 到 t_2 时间间隔内质点 P 位置矢量的改变量，称为**位移矢量**(简称**位移**).

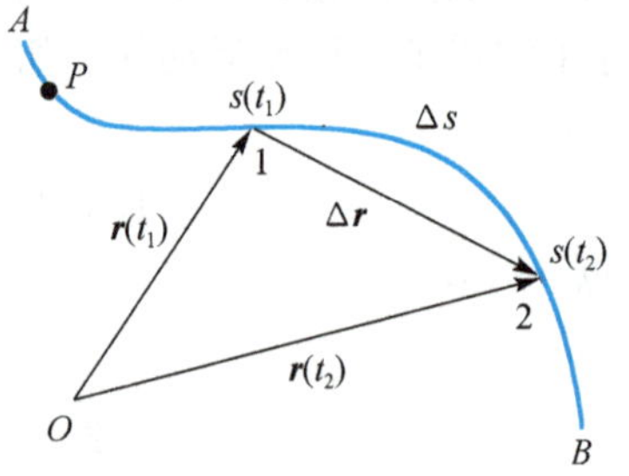

图 1.4　曲线运动的速度

我们也可以引入路程长度的概念来描写运动. 如图 1.4 所示，若当 $t=0$ 时，质点 P 在轨迹上的某点 A 处，则可定义**路程函数** $s(t)$，它表示质点从 0 时刻到 t 时刻所走过的路程的长度. 显然，$\Delta s = s(t_2) - s(t_1)$ 表示在 $\Delta t = t_2 - t_1$ 时间内质点所走过的路程的长度. 由此可以定义平均速率为

$$\langle v \rangle_{t_1 \to t_2} = \frac{s(t_2) - s(t_1)}{t_2 - t_1} = \frac{\Delta s}{\Delta t} \tag{1.3.2}$$

这个平均速率的定义表明，平均速率是大于或等于零的标量. 需要注意的是，平均速率与平均速度在数值上一般也是不同的. 例如，在 Δt 时间内，质点环行了一个闭合路径，质点的位移等于零，而路程不等于零，因此，平均速度等于零，而平均速率不等于零. 然而，在质点做直线单方向运动时，平均速率与平均速度的大小相等；在 Δt 趋近于零的极限情况下，瞬时速率跟瞬时速度的大小相等. 汽车上装的速度表，就是指示瞬时速度的大小，即指示瞬时速率的.

由图 1.4 可以看出，位移 $\Delta \boldsymbol{r}$ 与路程 Δs 有如下异同点.

(1) 位移与路程不同于位矢，它们与坐标原点的选取无关.

(2) 位移不同于路程，t_1 到 t_2 时间间隔内质点 P 所经历的路程 Δs 是由 1 到 2 曲线的实际长度，是一个标量，而位移是由始点至终点的有向线段，是一个矢量，而且位移的大小通常不等于路程.

(3) 位移不反映初位置到终位置中间的细节，也不反映初位置或终位置本身，仅反映两者相对位置的改变.

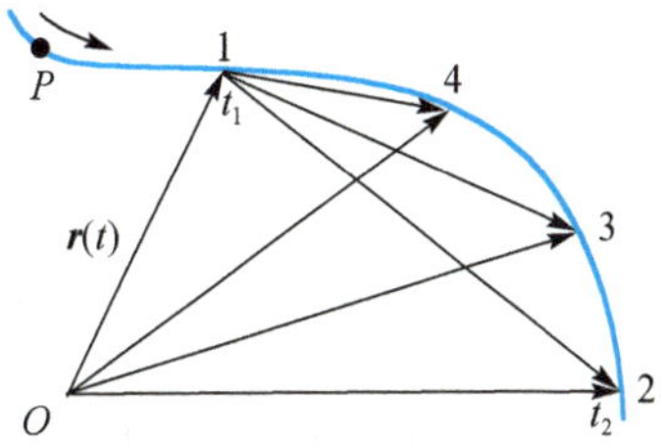

图 1.5 曲线运动的瞬时速度

(4) 由图 1.5 可很清楚地知道，在 t_1 到 t_2 时间间隔内，质点 P 的运动方向并非总是沿着 1 到 2 的方向的，而是先从 1 向 4、3 方向运动，然后从 3 向 2 方向运动，这些运动方向并不平行于 1 到 2 的方向. 所以，平均速度所指的方向，只是质点 A 真实运动方向的平均. 也就是说，平均速度不但对于运动快慢的描写是粗略的，而且对于运动方向的描写也是粗略的. 但当 Δt 减小时，矢量 $\boldsymbol{r}(t+\Delta t)$ 相继从 1、2 变到 1、3，变到 1、4，…，在 $\Delta t=t_2-t_1\to 0$ 的极限情况下，$\Delta\boldsymbol{r}$ 的方向趋于轨迹曲线在点 1 的切线方向，且位移与路程两者的大小近似相等 $|\Delta\boldsymbol{r}|\approx\Delta s$. 这样，我们就得到一个结论：瞬时速度的方向，就是轨迹曲线在相应点的切线方向；瞬时速度的大小，就是 $\Delta t\to 0$ 时平均速率的大小.

对式(1.3.1)取 $\Delta t\to 0$ 的极限，就得到**瞬时速度**的定义

$$\boldsymbol{v}(t)=\lim_{\Delta t\to 0}\frac{\boldsymbol{r}(t+\Delta t)-\boldsymbol{r}(t)}{\Delta t}=\lim_{\Delta t\to 0}\frac{\Delta\boldsymbol{r}}{\Delta t}=\frac{\mathrm{d}\boldsymbol{r}}{\mathrm{d}t} \tag{1.3.3}$$

同样，**瞬时速率**为

$$v(t)=\lim_{\Delta t\to 0}\frac{\Delta s}{\Delta t}=\frac{\mathrm{d}s(t)}{\mathrm{d}t}=\left|\frac{\mathrm{d}\boldsymbol{r}}{\mathrm{d}t}\right|=|\boldsymbol{v}(t)| \tag{1.3.4}$$

我们看到，虽然平均速率与平均速度在数值上一般是不同的，但瞬时速率却等于瞬时速度的绝对值.

速度是矢量，它具有矢量的性质；质点在运动中各个时刻的速度一般是不相同的，它具有瞬时性；选取不同参考系，描写质点运动的快慢和方向一般是不同的，它具有相对性. 在国际单位制中，速度的单位是 $\mathrm{m\cdot s^{-1}}$，常用的单位还有 $\mathrm{cm\cdot s^{-1}}$、$\mathrm{km\cdot h^{-1}}$ 等.

1.3.2 加速度

对于一般的曲线运动，与导出平均速度和瞬时速度的方法类似，我们可以导出平均加速度和瞬时加速度.

$t\to t+\Delta t$ 时刻的平均加速度为

$$\langle\boldsymbol{a}\rangle_{t\to t+\Delta t}=\frac{\Delta\boldsymbol{v}}{\Delta t}=\frac{\boldsymbol{v}(t+\Delta t)-\boldsymbol{v}(t)}{\Delta t} \tag{1.3.5}$$

瞬时加速度为

$$\boldsymbol{a}(t)=\lim_{\Delta t\to 0}\frac{\boldsymbol{v}(t+\Delta t)-\boldsymbol{v}(t)}{\Delta t}=\lim_{\Delta t\to 0}\frac{\Delta\boldsymbol{v}}{\Delta t}=\frac{\mathrm{d}\boldsymbol{v}(t)}{\mathrm{d}t}=\frac{\mathrm{d}^2\boldsymbol{r}(t)}{\mathrm{d}t^2} \tag{1.3.6}$$

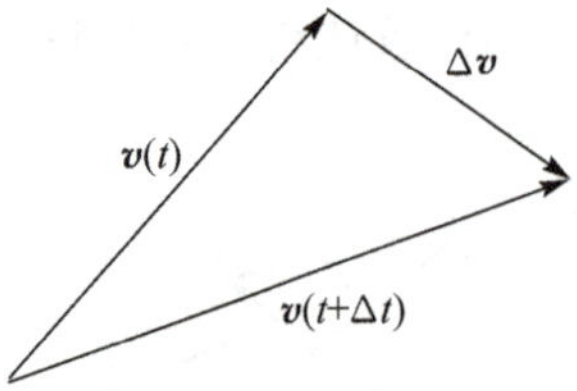

图 1.6　加速度的计算

在曲线运动情况下，速度方向是变化的. $\boldsymbol{v}(t)$、$\boldsymbol{v}(t+\Delta t)$及 $\Delta\boldsymbol{v}$，如图 1.6 所示. 由于 $\boldsymbol{a}$ 平行于$\Delta\boldsymbol{v}$，所以平均加速度的方向与速度方向并不相同. 瞬时加速度也类似. 当加速度方向平行于速度方向时，表示速度方向没有变化，但速率增加. 当二者反平行时，表示速度方向不变，而速率减少. 当加速度方向既不平行也不反平行于速度方向时，表示速度的方向也在变化.

加速度是矢量，其方向就是速度变化的方向，它具有矢量性；质点在变速运动中各个时刻的加速度不一定相同，它具有瞬时性；选取彼此之间有相对加速度的不同参考系，描写质点速度变化的快慢和方向是不同的，它具有相对性. 在国际单位制中，加速度的单位是 $\mathrm{m\cdot s^{-2}}$，常用的单位还有 $\mathrm{cm\cdot s^{-2}}$等.

$\boldsymbol{r}$、$\boldsymbol{v}$、$\boldsymbol{a}$ 是描写运动的物理量. 我们希望用数目比较少的物理量来描写运动. 什么叫比较少？意思是这些物理量之间应是相互独立的. 所谓相互独立，是说其中任一个量不能由其他的量加以确定. 用 $\boldsymbol{r}$、$\boldsymbol{v}$、$\boldsymbol{a}$ 三个量来描写运动是必要的，因为它们是相互独立的. 例如，在某一时刻，知道了质点的位置 $\boldsymbol{r}$，并不能知道它的速度 $\boldsymbol{v}$；知道了 $\boldsymbol{v}$，也并不能知道 $\boldsymbol{a}$；反之亦然. 人们认识到这一点，也并不容易. 在伽利略之前，并没有加速度的概念. 当时，没有人认识到加速度与速度是相互独立的，所以没有认识到需要用加速度来描写运动.

我们已讨论了位置矢量、速度和加速度. 从运动学本身来考虑，没有足够的理由说明，为什么我们应当到此为止，而不去讨论加加速度、加加加速度……当然，我们可以定义并计算加加速度，即加速度的变化率，但一般来说这并不代表任何具有基本物理价值的东西. 其中的原因是动力学，学过动力学后，我们将看到，对力学的讨论几乎全部是基于位置矢量、速度和加速度这三个量.

本节用矢量形式写出了位矢、速度与加速度的意义及它们之间的相互关系，对坐标系的选择并没有作任何规定，因而适用于任何坐标系. 下面几节将对不同的坐标系作具体的讨论.

1.4　直角坐标系中运动的描述

最简单、常用的坐标系是直角坐标系.

取固定于参考系的一点为原点. 取固定于参考系的三条直线，它们通过原点而两两正交，又在三条直线上各规定一个正的指向，分别称之为 x、y、z 坐标轴. 这就组成了直角坐标系. 通常采用的直角坐标系是右旋的，如将右手握紧的四指表示从 x 轴正指向到 y 轴正指向的旋转，而伸出的拇指表示 z 轴的正指向.

从原点 O 到质点 P 所在处引一矢径 $\boldsymbol{r}(t)$，如图 1.7 所示. 将矢径投影到 x、y、

z 轴，这些投影冠以"+"或"−"号以表明与坐标轴的正指向相同或相反. 这些带有"+"或"−"号的投影称为质点的**直角坐标**，或者简单说是质点的**坐标**，记作(x,y,z). (x,y,z)表明质点相对于坐标系的位置，也就是精确地表明了质点相对于参考系的位置. 设矢径 $\boldsymbol{r}(t)$与 x、y、z 轴正向的夹角分别为 α、β、γ，称 α、β、γ 为该矢径$\boldsymbol{r}(t)$的三个方位角. 当然，α、β、γ 满足

$$\cos\alpha=\frac{x}{r},\qquad \cos\beta=\frac{y}{r},\qquad \cos\gamma=\frac{z}{r} \tag{1.4.1}$$

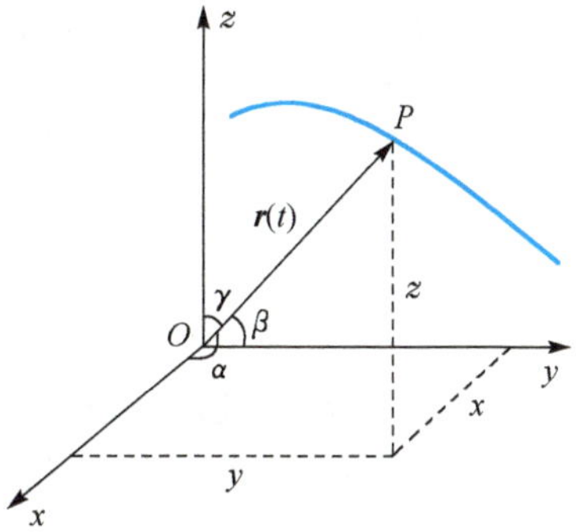

图 1.7　质点在直角坐标系中的运动

且有

$$\cos^2\alpha+\cos^2\beta+\cos^2\gamma=1 \tag{1.4.2}$$

用 $\boldsymbol{i}$、$\boldsymbol{j}$、$\boldsymbol{k}$ 分别表示空间的三个坐标方向(x、y、z 轴)上的单位矢量，则有

$$\boldsymbol{r}(t)=x(t)\boldsymbol{i}+y(t)\boldsymbol{j}+z(t)\boldsymbol{k} \tag{1.4.3}$$

注意到 $\boldsymbol{i}$、$\boldsymbol{j}$、$\boldsymbol{k}$ 是常矢量，由 1.3 节导出的式(1.3.3)，可得在直角坐标系中速度的表达式为

$$\boldsymbol{v}(t)=\frac{\mathrm{d}x(t)}{\mathrm{d}t}\boldsymbol{i}+\frac{\mathrm{d}y(t)}{\mathrm{d}t}\boldsymbol{j}+\frac{\mathrm{d}z(t)}{\mathrm{d}t}\boldsymbol{k} \tag{1.4.4}$$

三个坐标函数 $x(t)$、$y(t)$、$z(t)$对时间 t 的导数分别称为速度矢量在三个坐标轴方向的分量，即

$$v_x(t)=\frac{\mathrm{d}x(t)}{\mathrm{d}t}=\dot{x}(t),\quad v_y(t)=\frac{\mathrm{d}y(t)}{\mathrm{d}t}=\dot{y}(t),\quad v_z(t)=\frac{\mathrm{d}z(t)}{\mathrm{d}t}=\dot{z}(t) \tag{1.4.5}$$

其中，将 $x(t)$、$y(t)$、$z(t)$对时间的微商简写为 $\dot{x}$、$\dot{y}$、$\dot{z}$，于是

$$\boldsymbol{v}(t)=v_x(t)\boldsymbol{i}+v_y(t)\boldsymbol{j}+v_z(t)\boldsymbol{k} \tag{1.4.6}$$

速度的绝对值(速率)与路程 $s(t)$有关系式［见式(1.3.4)］

$$v(t)=|\boldsymbol{v}(t)|=\left|\lim_{\Delta t\to 0}\frac{\Delta\boldsymbol{r}}{\Delta t}\right|=\lim_{\Delta t\to 0}\frac{|\Delta\boldsymbol{r}|}{\Delta t}=\lim_{\Delta t\to 0}\frac{\Delta s}{\Delta t}=\frac{\mathrm{d}s(t)}{\mathrm{d}t} \tag{1.4.7}$$

同理，利用式(1.3.6)可得在直角坐标系中加速度的表达式

$$\begin{aligned}\boldsymbol{a}(t)&=\lim_{\Delta t\to 0}\frac{\boldsymbol{v}(t+\Delta t)-\boldsymbol{v}(t)}{\Delta t}=\frac{\mathrm{d}\boldsymbol{v}(t)}{\mathrm{d}t}\\&=\frac{\mathrm{d}v_x(t)}{\mathrm{d}t}\boldsymbol{i}+\frac{\mathrm{d}v_y(t)}{\mathrm{d}t}\boldsymbol{j}+\frac{\mathrm{d}v_z(t)}{\mathrm{d}t}\boldsymbol{k}=\frac{\mathrm{d}^2x(t)}{\mathrm{d}t^2}\boldsymbol{i}+\frac{\mathrm{d}^2y(t)}{\mathrm{d}t^2}\boldsymbol{j}+\frac{\mathrm{d}^2z(t)}{\mathrm{d}t^2}\boldsymbol{k}\end{aligned} \tag{1.4.8}$$

加速度矢量在三个坐标轴方向的分量为

$$a_x(t)=\frac{\mathrm{d}^2x(t)}{\mathrm{d}t^2}=\ddot{x}(t),\quad a_y(t)=\frac{\mathrm{d}^2y(t)}{\mathrm{d}t^2}=\ddot{y}(t),\quad a_z(t)=\frac{\mathrm{d}^2z(t)}{\mathrm{d}t^2}=\ddot{z}(t) \tag{1.4.9}$$

1.4.1 直线运动

质点的运动轨迹是一条直线的运动称为**直线运动**.

由于运动轨迹是一维的，故运动学方程可写为

$$x=x(t)$$

平均速度

$$\langle v\rangle_{t_0\to t_1}=\frac{x(t_1)-x(t_0)}{t_1-t_0} \tag{1.4.10}$$

瞬时速度

$$v(t)=\lim_{\Delta t\to 0}\frac{x(t+\Delta t)-x(t)}{\Delta t}=\frac{\mathrm{d}x(t)}{\mathrm{d}t} \tag{1.4.11}$$

匀速运动

$$v(t)=\text{常量} \tag{1.4.12}$$

平均加速度

$$\langle a\rangle_{t_0\to t_1}=\frac{v(t_1)-v(t_0)}{t_1-t_0} \tag{1.4.13}$$

瞬时加速度

$$a(t)=\lim_{\Delta t\to 0}\frac{v(t+\Delta t)-v(t)}{\Delta t}=\frac{\mathrm{d}v(t)}{\mathrm{d}t}=\frac{\mathrm{d}^2x(t)}{\mathrm{d}t^2} \tag{1.4.14}$$

匀加速运动

$$a(t)=\text{常量} \tag{1.4.15}$$

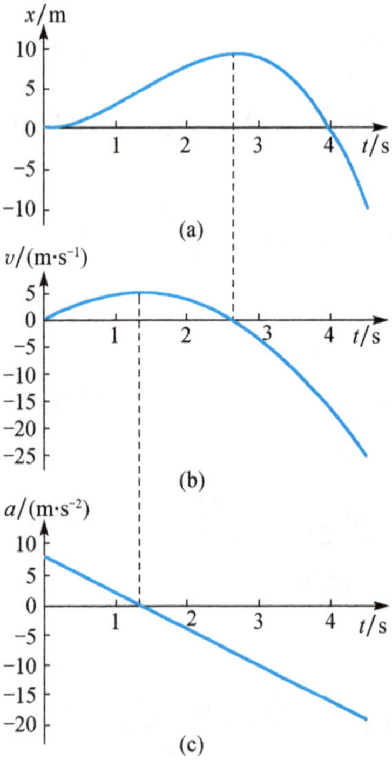

图 1.8 直线运动

图 1.8 表示的是质点做直线运动时的位置 x、速度 v 和加速度 a 关于时间 t 的图形，其中，质点的位置由 $x=bt^2-ct^3$ 给出. 由图 1.8 可见，当位置 x 最大时，速度 $v=0$（此时 x-t 曲线的斜率为零）；同样，当速度 v 最大时，其加速度 $a=0$.

需要注意的是，在式(1.4.7)中我们用 $v(t)$ 表示的是速度的绝对值，故永远有 $v(t)\geqslant 0$. 而在质点做直线运动时，我们用 $v(t)$ 表示的是 $v_x(t)$，这是由于只有一个分量，我们省略了下标 x，故此时的 $v(t)$ 可正可负，这点由图 1.8 可以看得很清楚. 此时的速率不妨用 $w(t)$ 表示，即瞬时速率

$$w(t)=|v(t)|=\frac{\mathrm{d}s(t)}{\mathrm{d}t} \tag{1.4.16}$$

其中,$s(t)$表示路程,注意式(1.4.16)与式(1.4.11)的差别.

由此可见,若知道运动学方程,则速度、加速度等均可求得.故古希腊自然哲学家亚里士多德认为:轨迹是最基本的,速度次之(当时并不知道加速度).这种方法的特点是先研究运动的大的整体方面,往往从对称性入手,然后再涉及局部细节.就人类的认识过程来看,的确是先看到轨迹的形状,然后有了运动快慢的概念,最后认识到速度的变化,即加速度.

上面所讨论的运动学问题是,当已知运动的轨迹函数 $x(t)$后,求速度 $v(t)$和加速度 $a(t)$.在运动学中还会遇到另外一种问题:已知质点在各时刻的速度 $v(t)$,求它的轨迹函数 $x(t)$;已知加速度 $a(t)$,求它的速度 $v(t)$.

例如,已知质点运动的速度随时间变化的方程 $v=v(t)$,由于 $v(t)=\mathrm{d}x/\mathrm{d}t$,若再知道 $t=0$ 时刻质点的位置 $x(t=0)=x_0$,则由微积分学的知识可知

$$x(t)=x_0+\int_0^t v(t')\mathrm{d}t' \tag{1.4.17}$$

如果要求路程 $s(t)$,当知道 $t=0$ 时刻质点的路程 $s(t=0)=s_0$ 时,则有

$$s(t)=s_0+\int_0^t |v(t')|\mathrm{d}t' \tag{1.4.18}$$

对于匀速运动 $v=v(t)=v_0$,有

$$x(t)=x_0+\int_0^t v_0\mathrm{d}t'=x_0+v_0 t \tag{1.4.19}$$

$$s(t)=s_0+\int_0^t |v_0|\mathrm{d}t'=s_0+|v_0|t \tag{1.4.20}$$

同理,如果已知质点运动的加速度随时间变化的方程 $a=a(t)$,由于 $a(t)=\mathrm{d}v/\mathrm{d}t$,若再知道 $t=0$ 时刻质点的速度 $v(t=0)=v_0$,可得

$$v(t)=v_0+\int_0^t a(t')\mathrm{d}t' \tag{1.4.21}$$

对于匀加速运动 $a=a(t)=a_0$,有

$$v(t)=v_0+\int_0^t a_0\mathrm{d}t'=v_0+a_0 t \tag{1.4.22}$$

若再知道 $t=0$ 时刻质点的位置 $x(t=0)=x_0$,则再利用式(1.4.17)得

$$x(t)=x_0+\int_0^t v(t')\mathrm{d}t'=x_0+v_0 t+\frac{1}{2}a_0 t^2 \tag{1.4.23}$$

1.4.2 曲线运动

我们已经得到描述曲线运动的各公式,见式(1.4.3)~式(1.4.9).下面我们对此作一下总结.

质点位矢

$$\boldsymbol{r}(t)=x(t)\boldsymbol{i}+y(t)\boldsymbol{j}+z(t)\boldsymbol{k} \tag{1.4.24}$$

质点速度

$$\boldsymbol{v}(t)=v_x(t)\boldsymbol{i}+v_y(t)\boldsymbol{j}+v_z(t)\boldsymbol{k} \tag{1.4.25}$$

质点加速度

$$\boldsymbol{a}(t)=a_x(t)\boldsymbol{i}+a_y(t)\boldsymbol{j}+a_z(t)\boldsymbol{k} \tag{1.4.26}$$

其中,$\boldsymbol{i}$、$\boldsymbol{j}$、$\boldsymbol{k}$ 分别表示空间的三个坐标方向(x、y、z 轴)上的单位矢量. $\boldsymbol{v}(t)$、$\boldsymbol{a}(t)$矢量的坐标分量满足下列关系:

$$v_x(t)=\frac{\mathrm{d}x(t)}{\mathrm{d}t}=\dot{x}(t),\quad v_y(t)=\frac{\mathrm{d}y(t)}{\mathrm{d}t}=\dot{y}(t),\quad v_z(t)=\frac{\mathrm{d}z(t)}{\mathrm{d}t}=\dot{z}(t) \tag{1.4.27}$$

$$a_x(t)=\dot{v}_x(t)=\ddot{x}(t),\quad a_y(t)=\dot{v}_y(t)=\ddot{y}(t),\quad a_z(t)=\dot{v}_z(t)=\ddot{z}(t) \tag{1.4.28}$$

我们已经知道,速度 $\boldsymbol{v}(t)$的方向为轨迹上 $\boldsymbol{r}(t)$点的切线方向. 速度 $\boldsymbol{v}(t)$的大小可以利用式(1.4.7)求得

$$v(t)=\frac{\mathrm{d}s(t)}{\mathrm{d}t}=\left[\left(\frac{\mathrm{d}x}{\mathrm{d}t}\right)^2+\left(\frac{\mathrm{d}y}{\mathrm{d}t}\right)^2+\left(\frac{\mathrm{d}z}{\mathrm{d}t}\right)^2\right]^{1/2} \tag{1.4.29}$$

其中利用了我们在微积分中学过的关系式 $\mathrm{d}s^2=\mathrm{d}x^2+\mathrm{d}y^2+\mathrm{d}z^2$.

与直线运动情况一样,若已知 $\boldsymbol{a}(t)$、$\boldsymbol{v}(t_0)$、$\boldsymbol{r}(t_0)$,就可以完全描述运动.

例如,已知质点运动的速度随时间变化的方程 $\boldsymbol{v}=\boldsymbol{v}(t)$,由于 $\boldsymbol{v}(t)=\mathrm{d}\boldsymbol{r}(t)/\mathrm{d}t$,若再知道 $t=t_0$ 时刻质点的位置 $\boldsymbol{r}(t=t_0)=\boldsymbol{r}_0=x_0\boldsymbol{i}+y_0\boldsymbol{j}+z_0\boldsymbol{k}$,则可得

$$\boldsymbol{r}(t)=\boldsymbol{r}_0+\int_{t_0}^{t}\boldsymbol{v}(t')\mathrm{d}t' \tag{1.4.30}$$

利用式(1.4.24)、式(1.4.25)写成分量式,有

$$\begin{cases}x(t)=x_0+\displaystyle\int_{t_0}^{t}v_x(t')\mathrm{d}t'\\ y(t)=y_0+\displaystyle\int_{t_0}^{t}v_y(t')\mathrm{d}t'\\ z(t)=z_0+\displaystyle\int_{t_0}^{t}v_z(t')\mathrm{d}t'\end{cases} \tag{1.4.31}$$

同理,如果已知质点运动的加速度随时间变化的方程 $\boldsymbol{a}=\boldsymbol{a}(t)$,由于 $\boldsymbol{a}(t)=\mathrm{d}\boldsymbol{v}(t)/\mathrm{d}t$,若再知道 $t=t_0$ 时刻质点的速度 $\boldsymbol{v}(t=t_0)=\boldsymbol{v}_0=v_{0x}\boldsymbol{i}+v_{0y}\boldsymbol{j}+v_{0z}\boldsymbol{k}$,则有

$$\boldsymbol{v}(t)=\boldsymbol{v}_0+\int_{t_0}^{t}\boldsymbol{a}(t')\mathrm{d}t' \tag{1.4.32}$$

利用式(1.4.25)、式(1.4.26)写成分量式,有

$$\begin{cases}v_x(t)=v_{0x}+\displaystyle\int_{t_0}^{t}a_x(t')\mathrm{d}t'\\ v_y(t)=v_{0y}+\displaystyle\int_{t_0}^{t}a_y(t')\mathrm{d}t'\\ v_z(t)=v_{0z}+\displaystyle\int_{t_0}^{t}a_z(t')\mathrm{d}t'\end{cases} \tag{1.4.33}$$

如果要求路程 $s(t)$，当知道 $t=t_0$ 时刻质点的路程 $s(t=t_0)=s_0$ 时，利用

$$\frac{\mathrm{d}s(t)}{\mathrm{d}t}=v(t)=|\,\boldsymbol{v}(t)\,|=\sqrt{v_x^2(t)+v_y^2(t)+v_z^2(t)}$$

可得

$$s(t)=s(t_0)+\int_{t_0}^{t}\sqrt{v_x^2(t')+v_y^2(t')+v_y^2(t')}\,\mathrm{d}t' \tag{1.4.34}$$

例 1.1

膨胀着下落的球面 从高空中某点 O，以同样大小的初速率 v_0，同时沿不同的方向抛出许多个质点. 试证明：在任意时刻这些质点都散处在同一球面上.

分析 本题是求动轨迹方程，动轨迹是时间 t 的函数，当然不能由运动方程消去 t，应根据题目的具体要求消去其他有关参量.

证 在笛卡儿坐标系中，设 α_i、β_i、γ_i 是任一个抛出质点 i 的方位角. 由于各抛出质点均在重力场中(不计空气阻力)做抛射体运动，则质点 i 的运动方程为

$$x_i=v_0t\cos\alpha_i \tag{1.4.35}$$

$$y_i=v_0t\cos\beta_i \tag{1.4.36}$$

$$z_i=v_0t\cos\gamma_i-\frac{1}{2}gt^2 \tag{1.4.37}$$

由题给条件知，所求的动轨迹应与个体质点的个体因素，即与方位角 α_i、β_i、γ_i 无关，为了消去个体因素方位角，由式(1.4.2)知

$$\cos^2\alpha_i+\cos^2\beta_i+\cos^2\gamma_i=1 \tag{1.4.38}$$

利用式(1.4.38)从式(1.4.35)～式(1.4.37)中消去方位角 α_i、β_i、γ_i，得

$$x_i^2+y_i^2+\left(z_i+\frac{1}{2}gt^2\right)^2=(v_0t)^2$$

这表明，被抛出的任一质点的轨迹是以 $(0,0,-gt^2/2)$ 为圆心，以 v_0t 为半径的球面. 去掉下标 i，上式变为

$$x^2+y^2+\left(z+\frac{1}{2}gt^2\right)^2=(v_0t)^2$$

此即是球心匀加速下落，同时不断膨胀着的球面方程.

1.5 自然坐标系中运动的描述

从 1.4 节我们知道，对于自由运动的质点，如果已知加速度(或速度，或位矢)对时间的依赖关系 $\boldsymbol{a}(t)$(或 $\boldsymbol{v}(t)$，或 $\boldsymbol{r}(t)$)，尽管一个运动可以非常复杂，只要我们

取直角坐标系，总可以利用运动的独立性，把运动分解成三个方向上独立的直线运动，使问题变得简单.

但是，有时直角坐标系不是最好的坐标系，这是因为：

(1) 若我们研究的运动是受约束的运动，如火车的行驶（它不能离开铁轨），或穿在弯曲钢丝上小环的运动等. 这类运动轨迹的形状往往是给定的，由于约束力的参与（本章中我们不讨论力，仅研究运动），加速度往往与轨迹上点的位置有关（有时还与质点在该点的速度有关）. 沿轨迹的曲线坐标系有可能是更好的坐标系.

(2) 有时使用直角坐标系虽然使数学计算简单了，但是我们对其中的一些物理细节却并不很清楚. 例如，我们知道速度的方向是沿着轨迹上质点所在位置的切线方向，但加速度的方向如何？加速度的方向对速度又有什么影响？

于是，我们需要引入一种新的坐标系——自然坐标系.

学习物理，虽然数学推导是重要的，但更重要的是物理图像（如加速度的方向是怎样影响速度的）. 请同学们现在就要特别注意这一点.

1.5.1 切向加速度和法向加速度

我们现在考虑加速度的方向. 对于沿直线的运动，只有一个方向，故速度与加速度的方向都与轨迹的方向平行（对于减速运动，加速度的方向与运动方向相反，我们仍视加速度与速度方向平行，有时也称其为反平行），如图 1.9(a)所示；对于匀速圆周运动，加速度与速度方向垂直，如图 1.9(b)所示；而对于一般的曲线运动，加速度的方向比较复杂，它往往与速度的方向既不平行又不垂直，如图 1.9(c)所示.

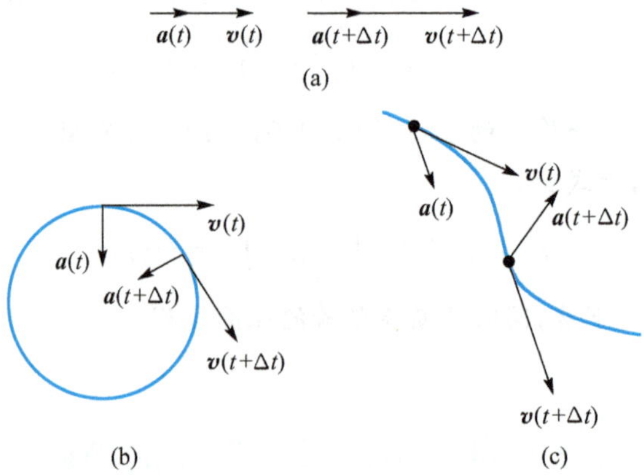

图 1.9 加速度与速度的关系

由于一维的直线运动非常简单，我们下面的讨论认为质点的运动不是直线运动.

现在我们来看质点运动沿着轨道的切向和法向的分解，这种分解法可加深我们对曲线运动矢量特征的理解.

质点的运动轨道一般为曲线，其速度沿着轨道的切向，故其速度矢量可写成

$$\boldsymbol{v}(t)=v(t)\,\hat{\boldsymbol{v}}(t) \tag{1.5.1}$$

其中，$\hat{\boldsymbol{v}}(t)$是沿着轨道切向，指向运动方向的单位矢量. $\boldsymbol{v}(t)$没有法向分量.

但质点的加速度就比较复杂. 加速度是指速度随时间的变化率；速度不仅有大小的变化，而且有方向的变化. 加速度的方向一般并不与速度的方向一致，故加速度不仅有切向分量，还有法向分量.

我们利用式(1.3.6)来求加速度，有

$$\boldsymbol{a}(t)=\frac{\mathrm{d}\boldsymbol{v}(t)}{\mathrm{d}t}=\lim_{\Delta t\to 0}\frac{\Delta\boldsymbol{v}(t)}{\Delta t} \tag{1.5.2}$$

如图 1.10 所示，质点在 t 时刻位于 P 点，$t+\Delta t$ 时刻到达 Q 点，它们的速度分别为 $\boldsymbol{v}(t)$和 $\boldsymbol{v}(t+\Delta t)$，若用$\hat{\boldsymbol{v}}(t)$和$\hat{\boldsymbol{v}}(t+\Delta t)$分别表示方向与 $\boldsymbol{v}(t)$和 $\boldsymbol{v}(t+\Delta t)$相同的单位矢量，则有

$$\begin{aligned}\frac{\Delta\boldsymbol{v}(t)}{\Delta t}&=\frac{\boldsymbol{v}(t+\Delta t)-\boldsymbol{v}(t)}{\Delta t}=\frac{v(t+\Delta t)\,\hat{\boldsymbol{v}}(t+\Delta t)-v(t)\,\hat{\boldsymbol{v}}(t)}{\Delta t}\\&=\frac{1}{\Delta t}\{v(t)[\hat{\boldsymbol{v}}(t+\Delta t)-\hat{\boldsymbol{v}}(t)]+[v(t+\Delta t)-v(t)]\,\hat{\boldsymbol{v}}(t+\Delta t)\}\\&=\frac{\Delta\boldsymbol{v}_1}{\Delta t}+\frac{\Delta\boldsymbol{v}_2}{\Delta t}\end{aligned}$$

其中，$\Delta\boldsymbol{v}_1$ 与 $\Delta\boldsymbol{v}_2$ 的物理意义见图 1.10. 在图 1.10 中，$\overrightarrow{PP_1}$ 表示 $\boldsymbol{v}(t)$，$\overrightarrow{PP_3}$ 表示$\boldsymbol{v}(t+\Delta t)$，在$\overrightarrow{PP_3}$ 上截取$\overrightarrow{PP_2}$，使$\overrightarrow{PP_2}$ 的长度为 $v(t)$，于是，$\Delta\boldsymbol{v}$、$\Delta\boldsymbol{v}_1$ 和 $\Delta\boldsymbol{v}_2$ 分别为矢量$\overrightarrow{P_1P_3}$、$\overrightarrow{P_1P_2}$ 和$\overrightarrow{P_2P_3}$. 这样，加速度 $\boldsymbol{a}(t)$可以表示为

$$\boldsymbol{a}(t)=\lim_{\Delta t\to 0}\frac{\Delta\boldsymbol{v}_1}{\Delta t}+\lim_{\Delta t\to 0}\frac{\Delta\boldsymbol{v}_2}{\Delta t} \tag{1.5.3}$$

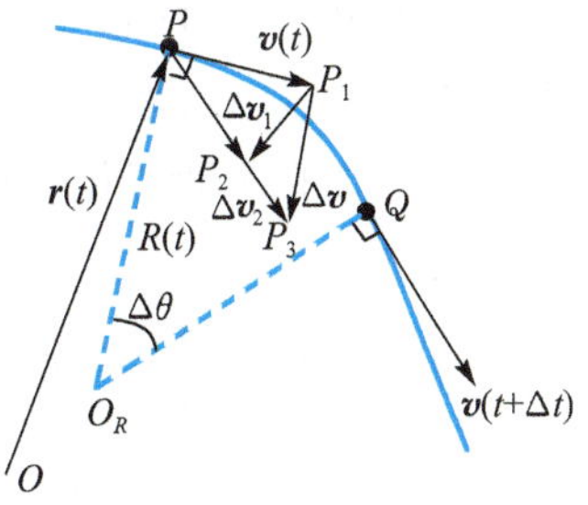

图 1.10　加速度的切向和法向分量

式(1.5.3)等号右边的第二项为

$$\begin{aligned}\lim_{\Delta t\to 0}\frac{\Delta\boldsymbol{v}_2}{\Delta t}&=\lim_{\Delta t\to 0}\frac{v(t+\Delta t)-v(t)}{\Delta t}\cdot\lim_{\Delta t\to 0}\hat{\boldsymbol{v}}(t+\Delta t)\\&=\frac{\mathrm{d}v(t)}{\mathrm{d}t}\,\hat{\boldsymbol{v}}(t)\end{aligned} \tag{1.5.4}$$

该项沿轨迹的切向，即是速度的方向，我们称这一项为**切向加速度**.

式(1.5.3)等号右边的第一项中 $\Delta\boldsymbol{v}_1$ 是速度的方向变化所引起的速度增量，

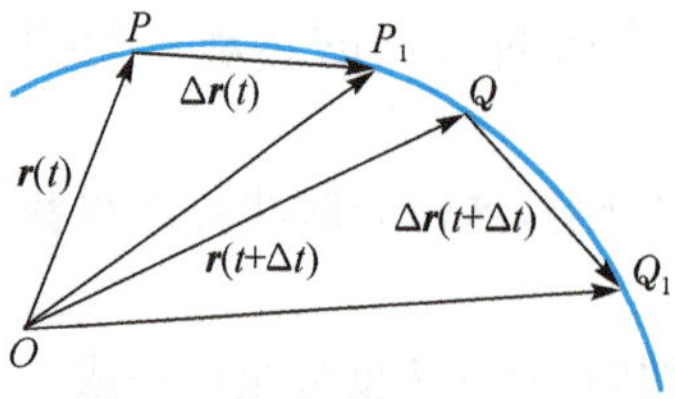

图 1.11　求瞬时加速度

它反映了在 Δt 时间内速度方向的变化. 为了说清楚该项的物理意义，我们先来看看为了求瞬时加速度 $\boldsymbol{a}(t)$，我们至少需要轨迹上的几个点. 设质点在 t 时刻位于 P 点，如图 1.11 所示，首先，我们需要利用瞬时速度的定义式(1.3.3)求出速度 $\boldsymbol{v}(t)$，这需要在轨迹上另取一点 P_1，然后令 P_1 向 P 靠近而取极限. 接着，设质点在 $t+\Delta t$ 时刻位于 Q 点，再利用瞬时速度的定义式(1.3.3)求出速度 $\boldsymbol{v}(t+\Delta t)$，这需要在轨迹上另取一点 Q_1，然后令 Q_1 向 Q 靠近而取极限. 最后利用式(1.5.2)令 Q 向 P 靠近取极限即可求得 $\boldsymbol{a}(t)$. 由此看来需要在轨迹上取四个点，但我们注意到 P_1 点可以与 Q 重合，所以求瞬时加速度 $\boldsymbol{a}(t)$ 至少需要在轨迹上取三个点.

设我们取三个点 P、Q、Q_1 来求加速度，在求极限的过程中 Q 与 Q_1 逐渐向 P 靠近至无穷小的距离. 由于我们所考虑的轨迹是一条三维曲线，一般来说它不在一个平面上. 但在求加速度的过程中，每次只取三个点，而不在一条直线上的三个点可以唯一确定一个平面(我们已假定了质点的运动不是直线运动)，在取极限的过程中，这三个点所确定的平面也会随之变化，最后会趋于一个极限的平面. 我们认为这个极限平面与 P 点附近轨迹弯曲情况的关系最为密切，故称该极限平面为**密切平面**(简称**密切面**). 不仅如此，不在一条直线上的三个点还可以唯一确定一个圆，于是，在我们的密切面上还有一个极限圆，我们认为这个极限圆与 P 点附近的轨迹的弯曲情况最为密切，故称该极限圆为**密切圆**，又称**曲率圆**，这个圆的半径称为**曲率半径**.

回到图 1.10，P、Q 之间的一段轨迹现在可以近似地用一段圆弧来取代，设该圆的圆心在 O_R 点，半径为 $R(t)$(当然，O_R 点的位置和半径 $R(t)$ 的值都随着 Q 点靠近 P 点而在不断变化，最后达到极限位置和极限值)，则式(1.5.3)等号右边的第一项为

$$
\begin{aligned}
\lim_{\Delta t\to 0}\frac{\Delta \boldsymbol{v}_1}{\Delta t} &= v(t)\lim_{\Delta t\to 0}\frac{\hat{\boldsymbol{v}}(t+\Delta t)-\hat{\boldsymbol{v}}(t)}{\Delta t}\\
&= v(t)\lim_{\Delta t\to 0}\frac{\Delta\theta}{\Delta t}\hat{\boldsymbol{n}} = v(t)\lim_{\Delta t\to 0}\frac{1}{R}\frac{\Delta s}{\Delta t}\hat{\boldsymbol{n}} = \frac{v^2(t)}{R(t)}\hat{\boldsymbol{n}}(t) \qquad (1.5.5)
\end{aligned}
$$

其中，Δs 为轨迹上 P 点到 Q 点之间的路程；$R(t)$ 为轨迹上 $\boldsymbol{r}(t)$ 点的曲率半径；$\hat{\boldsymbol{n}}(t)\perp\hat{\boldsymbol{v}}(t)$ 为指向曲率圆中心的单位向量，称为轨迹上 $\boldsymbol{r}(t)$ 点的**主法向量**，简称**法向量**. 需要强调的是，$R(t)$、$\hat{\boldsymbol{n}}(t)$ 是在不断变化的，它们都与轨迹上点的位置有关，因而都是时间 t 的函数.

综上所述，可得

$$
\boldsymbol{a}(t) = \hat{\boldsymbol{v}}(t)\frac{\mathrm{d}v(t)}{\mathrm{d}t}+\hat{\boldsymbol{n}}(t)\frac{v^2(t)}{R(t)} = a_t\hat{\boldsymbol{v}}+a_n\hat{\boldsymbol{n}} \qquad (1.5.6)
$$

其中

$$a_t = \boldsymbol{a} \cdot \hat{\boldsymbol{v}} = \frac{\mathrm{d}v(t)}{\mathrm{d}t} \quad \text{（切向加速度）} \tag{1.5.7}$$

$$a_n = \boldsymbol{a} \cdot \hat{\boldsymbol{n}} = \frac{v^2(t)}{R(t)} \quad \text{（法向加速度）} \tag{1.5.8}$$

可见，在曲线运动中，加速度一般有切向和法向两个分量，切向加速度 a_t 表示质点速率随时间的变化率，法向加速度 a_n 则反映了质点运动方向变化的快慢. 曲线运动中速度与加速度的一般矢量关系如图 1.9(c)所示.

加速度的大小（绝对值）为

$$a(t) = \sqrt{a_t^2 + a_n^2} = \sqrt{\left(\frac{\mathrm{d}v}{\mathrm{d}t}\right)^2 + \left(\frac{v^2}{R}\right)^2} = \sqrt{\left(\frac{\mathrm{d}^2 s}{\mathrm{d}t^2}\right)^2 + \left[\frac{1}{R}\left(\frac{\mathrm{d}s}{\mathrm{d}t}\right)^2\right]^2} \tag{1.5.9}$$

如果运动方程 $\boldsymbol{r}=\boldsymbol{r}(t)$ 已知，可以求得 $\boldsymbol{v}(t)$、$\boldsymbol{a}(t)$，由于 $|\boldsymbol{a}\times\boldsymbol{v}|=a_n v=\dfrac{v^3(t)}{R(t)}$，可得轨迹上任意一点的曲率半径为

$$R(t) = \frac{v^3(t)}{|\boldsymbol{a}(t) \times \boldsymbol{v}(t)|} \tag{1.5.10}$$

如果以弧长 s 为坐标，则 $v=\dfrac{\mathrm{d}s}{\mathrm{d}t}$，$a_t=\dfrac{\mathrm{d}v}{\mathrm{d}t}=\dfrac{\mathrm{d}^2 s}{\mathrm{d}t^2}$，质点的运动在形式上与直线运动相仿，所有与直线运动相应的公式

$$v - v_0 = \int_{t_0}^{t} a_t \mathrm{d}t, \quad s - s_0 = \int_{t_0}^{t} v \mathrm{d}t = \int_{t_0}^{t} \left(v_0 + \int_{t_0}^{t} a_t \mathrm{d}t\right) \mathrm{d}t$$

都可用，所不同的是，质点实际上走的是曲线.

例 1.2

由光滑钢丝弯成竖直平面中的一条曲线，质点穿在此钢丝上，可沿它滑动（图 1.12）. 已知其切向加速度为 $-g\sin\theta$，θ 是曲线切向与水平方向的夹角. 设质点初始时位置为 (x_0, y_0)，速率为 v_0，试求质点在各处的速率.

解 取直角坐标系如图 1.12 所示，x 轴与 y 轴分别沿水平与竖直方向. 令 $\mathrm{d}s$ 为质点 P 移动的弧长，它在 y 方向的投影 $\mathrm{d}y=\mathrm{d}s\sin\theta$. 这里只用到切向加速度

$$a_t = \frac{\mathrm{d}v}{\mathrm{d}t} = -g\sin\theta$$

由此

$$\mathrm{d}v = -g\sin\theta\mathrm{d}t = -g\frac{\mathrm{d}y}{\mathrm{d}s}\mathrm{d}t$$

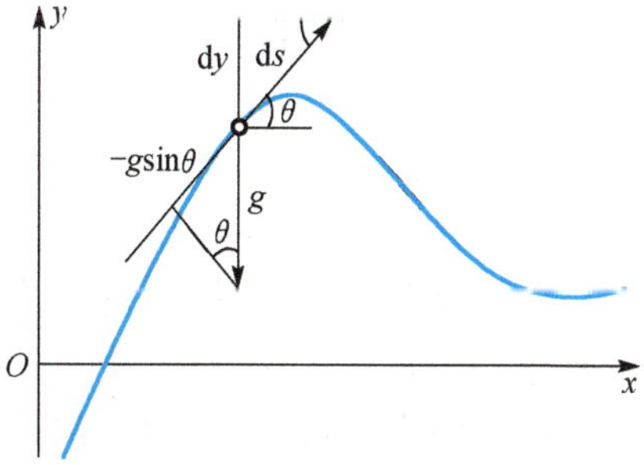

图 1.12 例 1.2 图

因 $v=\mathrm{d}s/\mathrm{d}t$,上式可写成

$$v\mathrm{d}v=-g\mathrm{d}y$$

故

$$\int_{v_0}^{v} v\mathrm{d}v=-g\int_{y_0}^{y}\mathrm{d}y$$

得

$$v^2-v_0^2=2g(y_0-y)$$

以上例题告诉我们,只有切向加速度 a_t 改变速度的大小,好像法向加速度 a_n 在这个问题里完全不起作用.其实 a_n 是有作用的,它的作用是改变速度的方向,使质点沿着钢丝运动.只不过在曲线给定并光滑的情况下,我们不需要计算它罢了.

1.5.2 自然坐标系

以上分解速度和加速度的方法与具体坐标无关,所得的方程(1.5.1)、方程(1.5.6)称为**本性方程**.也可将切向和法向看成随时间变化的正交坐标系的两个轴:$\hat{\boldsymbol{e}}_1=\hat{\boldsymbol{v}}$,$\hat{\boldsymbol{e}}_2=\hat{\boldsymbol{n}}$,再按右手系的构成法加上第三个轴:$\hat{\boldsymbol{e}}_3=\hat{\boldsymbol{v}}\times\hat{\boldsymbol{n}}=\hat{\boldsymbol{b}}$,这样构成的正交坐标系称为**自然坐标系**(或称为**本性坐标系**、**路径坐标系**等).

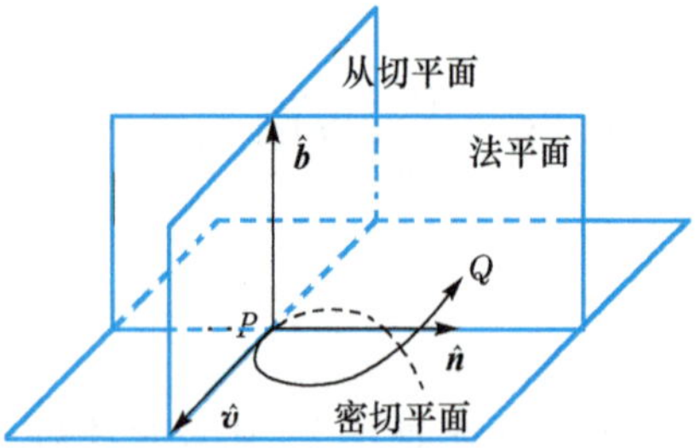

图 1.13 自然坐标系

如图 1.13 所示,轨迹上任意一点 P 的速度方向为切线方向 $\hat{\boldsymbol{v}}$,与该方向垂直并过 P 点的平面称为法平面,1.5.1 节已经提到过密切平面,它与法平面垂直,这两个平面的交线称为**主法线**,曲率圆的圆心就在该法线上,从 P 点指向曲率圆心的向量称为**主法向量** $\hat{\boldsymbol{n}}$(简称法向量),法平面上垂直于主法线的直线称为**次法线**,位于次法线上且与 $\hat{\boldsymbol{v}}$、$\hat{\boldsymbol{n}}$ 构成右手系的向量 $\hat{\boldsymbol{b}}$ 称为**次法向量**.

当质点做空间运动时,它的速度向量位于轨迹上的切线方向,而加速度向量位于该点的密切平面上.

1.5.3 圆周运动

若轨道的曲率半径 $R(t)=R_0$ 为常数,且轨道在一个平面上,则称这样的运动为**圆周运动**.若同时有 $v(t)=v_0=$常数,则称为**匀速圆周运动**.

对于圆周运动,取圆心为坐标原点,设质点矢径 $\boldsymbol{r}$ 与 x 轴的夹角为 θ,如图 1.14 所示.

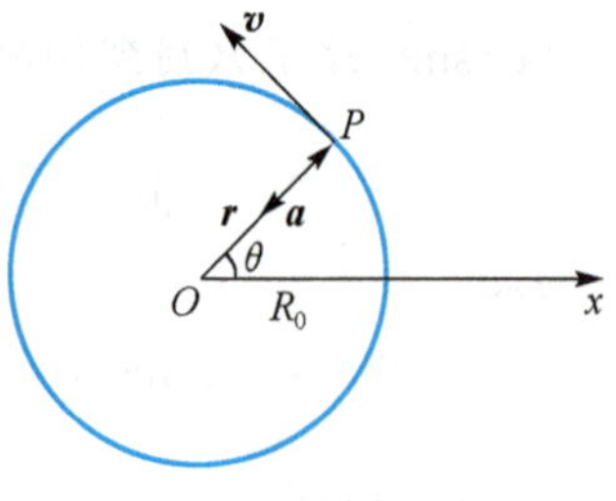

图 1.14 圆周运动

速度为

$$\boldsymbol{v}(t)=v(t)\,\hat{\boldsymbol{v}}(t),\quad \hat{\boldsymbol{v}}(t)\perp\hat{\boldsymbol{r}}(t) \tag{1.5.11}$$

加速度为

$$\begin{aligned}\boldsymbol{a}(t)&=\frac{\mathrm{d}v(t)}{\mathrm{d}t}\hat{\boldsymbol{v}}(t)+v(t)\frac{\mathrm{d}\,\hat{\boldsymbol{v}}(t)}{\mathrm{d}t}\\&=\frac{\mathrm{d}v(t)}{\mathrm{d}t}\hat{\boldsymbol{v}}(t)-\frac{v^2(t)}{R_0}\hat{\boldsymbol{r}}(t)=a_t\hat{\boldsymbol{v}}(t)+a_n\hat{\boldsymbol{n}}(t)\end{aligned}$$

其中

$$\begin{cases}a_t=\dfrac{\mathrm{d}v(t)}{\mathrm{d}t}, & \text{切向加速度}\\ a_n=\dfrac{v^2(t)}{R_0}, & \text{向心加速度}\end{cases} \tag{1.5.12}$$

对于匀速圆周运动,有 $a_t=0$,即 $\boldsymbol{a}(t)\perp\boldsymbol{v}(t)$,方向指向圆心.

下面介绍圆周运动的另一种描述法.

定义 角速度矢量 $\boldsymbol{\omega}$,大小为$\dfrac{\mathrm{d}\theta}{\mathrm{d}t}$,方向按右手系指向平行于转轴方向.

有了上述定义,则当坐标原点选在转轴上时,如图 1.15 所示,有

$$\boldsymbol{v}=\frac{\mathrm{d}\boldsymbol{r}}{\mathrm{d}t}=\boldsymbol{\omega}\times\boldsymbol{r} \tag{1.5.13}$$

$$\boldsymbol{a}=\frac{\mathrm{d}\boldsymbol{v}}{\mathrm{d}t}=\frac{\mathrm{d}\boldsymbol{\omega}}{\mathrm{d}t}\times\boldsymbol{r}+\boldsymbol{\omega}\times\frac{\mathrm{d}\boldsymbol{r}}{\mathrm{d}t}$$

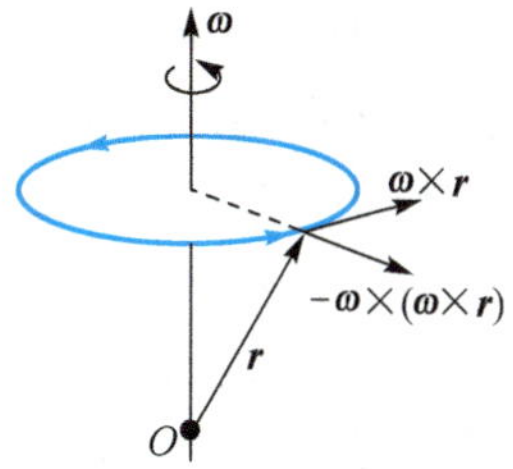

图 1.15 圆周运动

因为

$$\boldsymbol{\omega}\times\frac{\mathrm{d}\boldsymbol{r}}{\mathrm{d}t}=\boldsymbol{\omega}\times\boldsymbol{v}=\boldsymbol{\omega}\times(\boldsymbol{\omega}\times\boldsymbol{r})$$

得

$$\boldsymbol{a}=\frac{\mathrm{d}\boldsymbol{\omega}}{\mathrm{d}t}\times\boldsymbol{r}+\boldsymbol{\omega}\times(\boldsymbol{\omega}\times\boldsymbol{r}) \tag{1.5.14}$$

我们定义了角速度矢量,这似乎很自然,它既有大小,又有方向.这里要提醒大家注意的是,既有大小又有方向的量不一定就是矢量,若是矢量,还必须满足矢量的运算法则.关于这一点,我们留待第 8 章讲刚体时再详细讨论.这里大家不妨认为角速度 $\boldsymbol{\omega}$ 就是真正的矢量.

*1.6 平面极坐标系中运动的描述

1.6.1 平面极坐标系

直角坐标系是最常用的坐标系,但对于某些运动,如圆周运动、加速度指向空

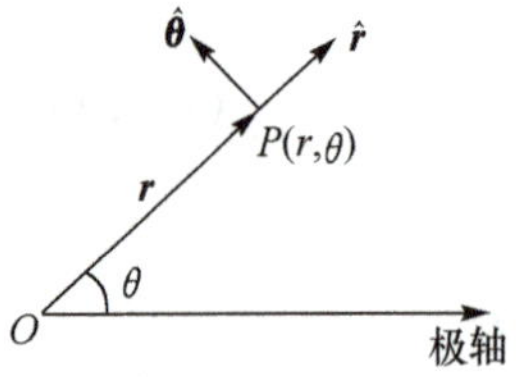

图 1.16　极坐标系

间某固定点的运动等,直角坐标系就不那么方便了,而用平面极坐标系(简称极坐标系)会有许多优点.

在所研究的平面内,取固定于参考物的一点 O 为原点,称为极点;过此极点取一条射线,称为极轴,方向始于极点.这就构成了极坐标系.在极坐标系里,用 r、θ 两个坐标来表示质点的位置.r 是质点到极点的距离,称为极径,而 θ 则是质点与原点连线同极轴的夹角,如图 1.16 所示.这里 r 是坐标,不是位矢的大小,但当位矢的原点取在极坐标的极点上时,两者数值相同.在直角坐标系里,$x=$常量与 $y=$常量的点的轨迹分别是一些与 y 轴、x 轴平行的直线;在极坐标系里,$r=$常量与 $\theta=$常量的点的轨迹分别是一些同心圆和辐射线.在直角坐标系里,沿坐标轴正方向的单位矢量 $\boldsymbol{i}$ 和 $\boldsymbol{j}$ 是常矢量,它们分别表示 x 增加的方向和 y 增加的方向;在极坐标系里,也有两个单位矢量 $\hat{\boldsymbol{r}}$ 和 $\hat{\boldsymbol{\theta}}$,它们分别表示 r 增加的方向(称为**径向**)和 θ 增加的方向(称为**横向**).有一点与直角坐标系相同,就是 $\hat{\boldsymbol{r}}$ 与 $\hat{\boldsymbol{\theta}}$ 两者互相垂直(原点除外,在原点,$\hat{\boldsymbol{r}}$ 和 $\hat{\boldsymbol{\theta}}$ 没有固定的方向),所以直角坐标系与极坐标系都称为**正交坐标系**,极坐标系是**正交曲线坐标系**,当然,极坐标系并不是唯一的正交曲线坐标系,一些重要的三维正交曲线坐标系有柱坐标系、球坐标系、椭球坐标系、双曲坐标系等.二维情况要简单一些,也存在一些类似的正交曲线坐标系,其中最重要的就是极坐标系.要特别注意的是,和直角坐标系不同,$\hat{\boldsymbol{r}}$ 和 $\hat{\boldsymbol{\theta}}$ 并不是常矢量,它们的方向随质点所在位置的不同而不同.每当提到极坐标系的时候,我们应当立即想到这个特点,否则很容易犯各种各样的错误.正是这个特点使运动学公式往往显得比较复杂.但在某些问题中(参见本节的例题)以采用极坐标系为宜,这也正是由于极坐标系的这个特点.

现在我们来看看 $\hat{\boldsymbol{r}}$ 和 $\hat{\boldsymbol{\theta}}$ 是如何随 r、θ 变化的.由图 1.17(a)可见,当 r 变化时,$\hat{\boldsymbol{r}}$ 和 $\hat{\boldsymbol{\theta}}$ 并不变化,由图 1.17(b)可见,当 θ 变化时,$\hat{\boldsymbol{r}}$ 和 $\hat{\boldsymbol{\theta}}$ 都变化,$\hat{\boldsymbol{r}}$ 和 $\hat{\boldsymbol{\theta}}$ 都只是 θ 的函数.且由图 1.17(b)容易推得

$$\frac{\mathrm{d}\hat{\boldsymbol{r}}(\theta)}{\mathrm{d}\theta}=\hat{\boldsymbol{\theta}},\quad \frac{\mathrm{d}\hat{\boldsymbol{\theta}}(\theta)}{\mathrm{d}\theta}=-\hat{\boldsymbol{r}} \tag{1.6.1}$$

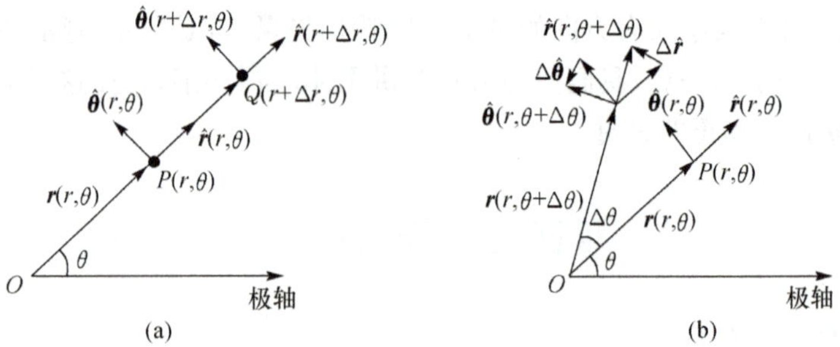

图 1.17　极坐标系的单位矢量

在极坐标系中,质点的运动方程为

$$r=r(t),\quad \theta=\theta(t) \tag{1.6.2}$$

从该方程组中消去时间 t,可得轨迹方程为

$$f(r,\theta)=0 \tag{1.6.3}$$

1.6.2 位矢、速度和加速度的极坐标表示

在极坐标系中,常将矢量投影到径向和横向.当位矢的原点取在极坐标的极点上时,质点的位矢可以简单地表示为

$$\boldsymbol{r}(t)=r(t)\hat{\boldsymbol{r}}(t) \tag{1.6.4}$$

按定义,$\boldsymbol{v}=\lim\limits_{\Delta t\to 0}\dfrac{\Delta \boldsymbol{r}}{\Delta t}$,由图 1.18 可见,$\Delta\boldsymbol{r}$ 可以看成两部分之和,即

$$\Delta\boldsymbol{r}=\Delta r\hat{\boldsymbol{r}}+r\Delta\theta\hat{\boldsymbol{\theta}}$$

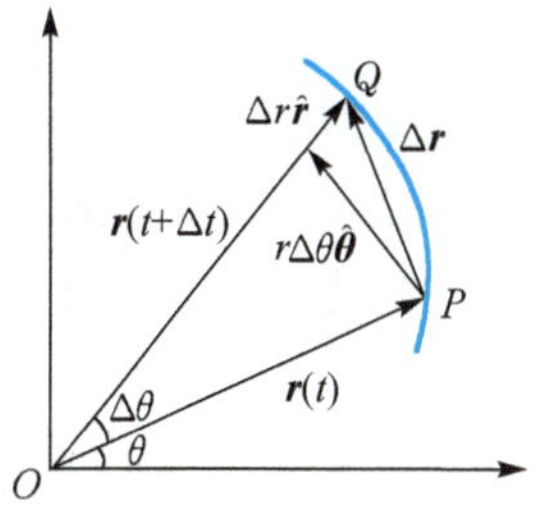

图 1.18 极坐标系的速度

注意,这里 Δr 并不是 $\Delta\boldsymbol{r}$ 的大小,而是坐标 r 的变化.于是

$$\boldsymbol{v}=\lim_{\Delta t\to 0}\frac{\Delta r}{\Delta t}\hat{\boldsymbol{r}}+\lim_{\Delta t\to 0}r\frac{\Delta\theta}{\Delta t}\hat{\boldsymbol{\theta}}=\dot{r}\,\hat{\boldsymbol{r}}+r\dot{\theta}\hat{\boldsymbol{\theta}} \tag{1.6.5}$$

这就是说,速度可以分解为 r 方向的分量和 θ 方向的分量之和.前者叫**径向速度**,用 $\boldsymbol{v}_r$ 表示;后者叫**横向速度**,用 $\boldsymbol{v}_\theta$ 表示,即

$$\boldsymbol{v}=v_r\hat{\boldsymbol{r}}+v_\theta\hat{\boldsymbol{\theta}}=\boldsymbol{v}_r+\boldsymbol{v}_\theta \tag{1.6.6}$$

利用式(1.6.5),得

$$\boldsymbol{v}_r=\dot{r}\,\hat{\boldsymbol{r}},\quad \boldsymbol{v}_\theta=r\dot{\theta}\hat{\boldsymbol{\theta}} \tag{1.6.7}$$

上述速度在极坐标系中的分量形式的推导,物理过程比较清晰,并且有几何直观性.其实,利用矢量的求导公式,可以用更简洁的办法导出式(1.6.5).

实际上,只要注意到 $\hat{\boldsymbol{r}}$、$\hat{\boldsymbol{\theta}}$都不是常量,而是 θ 的函数,则利用式(1.6.1)有

$$\frac{\mathrm{d}\hat{\boldsymbol{r}}}{\mathrm{d}t}=\frac{\mathrm{d}\hat{\boldsymbol{r}}}{\mathrm{d}\theta}\frac{\mathrm{d}\theta}{\mathrm{d}t}=\dot{\theta}\,\hat{\boldsymbol{\theta}},\quad \frac{\mathrm{d}\hat{\boldsymbol{\theta}}}{\mathrm{d}t}=\frac{\mathrm{d}\hat{\boldsymbol{\theta}}}{\mathrm{d}\theta}\frac{\mathrm{d}\theta}{\mathrm{d}t}=-\dot{\theta}\,\hat{\boldsymbol{r}} \tag{1.6.8}$$

$$\boldsymbol{v}(t)=\frac{\mathrm{d}\boldsymbol{r}(t)}{\mathrm{d}t}=\frac{\mathrm{d}}{\mathrm{d}t}[r(t)\hat{\boldsymbol{r}}]=\frac{\mathrm{d}r(t)}{\mathrm{d}t}\hat{\boldsymbol{r}}+r(t)\frac{\mathrm{d}\hat{\boldsymbol{r}}}{\mathrm{d}t}=\dot{r}\,\hat{\boldsymbol{r}}+r\dot{\theta}\hat{\boldsymbol{\theta}} \tag{1.6.9}$$

对于加速度,可以通过把速度分解为径向和横向两部分,然后类似于图 1.18 画出各分量随时间的变化图,利用加速度的定义进行推导,但那样比较烦琐.我们还是利用矢量的求导公式,将式(1.6.9)再对时间求导,可以求得加速度为

$$\begin{aligned}\boldsymbol{a}(t)&=\frac{\mathrm{d}\boldsymbol{v}(t)}{\mathrm{d}t}=\frac{\mathrm{d}}{\mathrm{d}t}(\dot{r}\,\hat{\boldsymbol{r}}+r\dot{\theta}\,\hat{\boldsymbol{\theta}})\\&=\ddot{r}\,\hat{\boldsymbol{r}}+\dot{r}\frac{\mathrm{d}\hat{\boldsymbol{r}}(t)}{\mathrm{d}t}+\dot{r}\,\dot{\theta}\hat{\boldsymbol{\theta}}+r\ddot{\theta}\hat{\boldsymbol{\theta}}+r\dot{\theta}\frac{\mathrm{d}\hat{\boldsymbol{\theta}}(t)}{\mathrm{d}t}\end{aligned}$$

$$= \ddot{r}\,\hat{\boldsymbol{r}} + \dot{r}\,\dot{\theta}\hat{\boldsymbol{\theta}} + \dot{r}\,\dot{\theta}\hat{\boldsymbol{\theta}} + r\ddot{\theta}\hat{\boldsymbol{\theta}} + r\dot{\theta}(-\dot{\theta}\,\hat{\boldsymbol{r}})$$

$$= (\ddot{r} - r\dot{\theta}^2)\hat{\boldsymbol{r}} + (2\dot{r}\,\dot{\theta} + r\ddot{\theta})\hat{\boldsymbol{\theta}}$$

其中,第一项是加速度沿径向的分量,称为**径向加速度**,用 $\boldsymbol{a}_r$ 表示;第二项是加速度沿横向的分量,称为**横向加速度**,用 $\boldsymbol{a}_\theta$ 表示,即

$$\boldsymbol{a} = a_r\,\hat{\boldsymbol{r}} + a_\theta\,\hat{\boldsymbol{\theta}} = \boldsymbol{a}_r + \boldsymbol{a}_\theta \tag{1.6.10}$$

$$\boldsymbol{a}_r = (\ddot{r} - r\dot{\theta}^2)\hat{\boldsymbol{r}} \tag{1.6.11}$$

$$\boldsymbol{a}_\theta = (2\dot{r}\,\dot{\theta} + r\ddot{\theta})\hat{\boldsymbol{\theta}} \tag{1.6.12}$$

例 1.3

设质点在匀速转动(角速度为 ω)的水平转盘上从 $t=0$ 开始自中心出发,以恒定的速率 u 沿一半径运动,求质点的轨迹、速度和加速度.

解 取质点运动所沿的半径在 $t=0$ 时的位置为极轴,得

$$\begin{cases} r = ut \\ \theta = \omega t \end{cases}, \quad \begin{cases} v_r = \mathrm{d}r/\mathrm{d}t = u \\ v_\theta = r\,\mathrm{d}\theta/\mathrm{d}t = r\omega \end{cases}, \quad \boldsymbol{a}(t) = -r\omega^2\hat{\boldsymbol{r}} + 2u\omega\hat{\boldsymbol{\theta}}$$

轨迹方程为

$$r = \frac{u}{\omega}\theta \quad (\text{阿基米德螺线})$$

一般地,当加速度为常量(如重力加速度)时,应选取直角坐标系;当加速度总指向空间一点时,选极坐标系较方便;当质点的轨迹已知时(如限定在某曲线轨道上滑动),则可选用自然坐标系.

第 2 章 质点动力学

在第 1 章中，我们讨论了运动的描述，而没有涉及运动的原因，没有研究不同运动之间的内在联系. 譬如，自由落体为什么竖直向下做匀加速运动？行星为什么绕太阳旋转不息？自由落体与行星旋转两者之间有什么关系？物体的运动千差万别，究竟是什么因素决定了物体做这样或那样的运动？运动学本身不能回答这些问题，回答这些问题是动力学乃至整个自然科学的任务.

作为近代科学的先驱，伽利略在动力学方面的开创性工作是意义深远的. 爱因斯坦说："伽利略的发现以及他所用的科学推理方法是人类思想史上最伟大的成就之一，而且标志着物理学的真正开端."正是在伽利略工作的基础上，又经过一些科学家，如笛卡儿和惠更斯，特别是牛顿的努力，才将这一工作推向成功的高峰. 笛卡儿第一个对惯性定律作了正确的表述，并提出了一般的运动量守恒原理；惠更斯发现了向心力的原理和弹性碰撞中的守恒定律；而牛顿在 1687 年发表的《自然哲学的数学原理》(图 2.1)一书则全面总结了这些成果. 牛顿的主要功绩是把动力学分为两部分：第一部分是将物体之间的相互作用归结为力，而且用关于力的定律来描述这些力；第二部分是物体在力的作用下按一定的规律运动，这种运动则是由运动定律来描写的.

PHILOSOPHIÆ
NATURALIS
PRINCIPIA
MATHEMATICA.

Autore J. S. NEWTON, Trin. Coll. Cantab. Soc. Matheseos Professore Lucasiano, & Societatis Regalis Sodali.

IMPRIMATUR.
S. PEPYS, Reg. Soc. PRÆSES.
Julii 5. 1686.

LONDINI,
Jussu Societatis Regiæ ac Typis Josephi Streater. Prostat apud plures Bibliopolas. Anno MDCLXXXVII.

图 2.1 牛顿的《自然哲学的数学原理》扉页

2.1 牛顿运动定律

牛顿在《自然哲学的数学原理》一书中，把运动规律归结为三条定律.

2.1.1 牛顿第一定律(惯性定律)

每个物体都保持静止或匀速直线运动的状态，除非有外力作用于它迫使它改

变那个状态.

这就是牛顿第一定律，该定律的最初表述是伽利略提出的，后经笛卡儿改进，牛顿使之进一步完善. 关于第一定律，有下列几点需要说明.

1. 惯性定律是不能直接用实验严格验证的，它是理想化抽象思维的产物

在上述定律的表述中用了“力”这个词. 这是牛顿力学最基本的概念之一，也是日常生活和物理学史中用得很频繁的词，可是本书到现在还没有给它下过严格的定义. 鉴于此，我们不妨改用下列较为现代化的说法来表述惯性定律：

自由粒子永远保持静止或匀速直线运动的状态.

所谓“自由粒子”，是不受任何相互作用的粒子（质点）. 它应该是完全孤立的，或者是世界上唯一的粒子. 显然，实际上我们不可能真正观察到这样的粒子. 但当其他粒子都离它非常远，从而对它的影响可以忽略时，或者其他粒子对它的作用彼此相互抵消时（即所谓受合力为零），我们可以把这个粒子看成是自由的. 这一般是办不到的. 即使这能办得到，由于找不到参考物来定义参考系，也无法考虑这个孤立的自由粒子的运动情况.

由此可见，惯性定律是不能直接用实验严格验证的，它是理想化抽象思维的产物.

2. 第一定律提出了力和惯性这两个重要概念

牛顿动力学中的核心概念是力.

经验告诉我们，物体的运动是由物体之间的相互作用引起的. 列车的行进是由于机车的牵引作用，枪弹的射击是靠着炸药爆炸的作用. 物体之间的相互作用，用“力”这个概念来表达. 实际上，人对力最初的认识是源于人的肌肉对重物的作用. 力的概念虽然出现得很早，但是关于力和运动的关系的正确认识却得到得相当晚. 在亚里士多德的《物理学》中有一条原理：“凡运动着的事物必然都有推动者在推动着它运动.”这个论断在几乎 2000 年的时间里，被认为是无可怀疑的经典. 从动力学角度来认识力，把力与物体运动状态正确地联系起来，主要是伽利略和牛顿的功绩. 伽利略通过对斜面上物体运动的研究，得出不受加速或减速因素作用的物体将做匀速直线运动的结论. 牛顿则将这种加速（或减速）因素明确地称为力，从而确立了力不是维持物体运动的原因. 第一定律阐明了这一思想，提出力是迫使物体改变静止或匀速直线运动状态的一种作用，这样就给出了力的定性定义. 力的这一定义大大拓宽了力的范围，使力的范畴从原来仅限于弹性力、肌肉力、压力而开拓到包括引力、磁力等.

每个物体在不受外力时都有“保持其静止或做匀速直线运动的状态”的属性，这就是惯性，惯性是“每个物体按其一定的量（以后我们将其定义为质量）而存在于其中的一种抵抗能力”，使“物体保持其原来的运动状态”. 故牛顿第一定律通常又称为惯性定律.

3. 第一定律定义了一类重要的参考系——惯性系

第1章中已指出，人们在谈论运动时是离不开参考系的. 惯性定律在有的参考系(如旋转着的实验室)中是不成立的. 因此我们定义：

惯性定律成立的参考系为惯性参考系，简称惯性系.

从运动学中我们知道，一旦找到一个惯性系 K，则相对于 K 系做匀速直线运动的所有参考系惯性定律都满足，因而都是惯性系. 由此可知，惯性系是一类重要的参考系，在惯性系中，牛顿第一定律严格正确.

牛顿第一定律的意义：

一定存在这样的参考系，在该系中，所有不受力的物体都保持自己的速度不变. 这类参考系，称为惯性参考系，或称惯性系，即

惯性定律断言，惯性系一定存在.

综上所述，第一定律具有丰富的内容，它既提出了力和惯性的概念，又定义了惯性系. 而且，第一定律的成立并不依赖于力和惯性的定量量度，它比第二定律具有更大的兼容性.

虽然惯性定律保证了惯性系的存在，但惯性系究竟在哪里？牛顿给出了一个原则的标准，他认为存在着绝对时间和绝对空间，那就是我们所需要的一个最基本的惯性系. 历史上，人们为了寻找这样"绝对静止"的"绝对空间"曾多次努力，但最终失败了，绝对空间(或最优越的参考系)并不存在. 这个问题我们留到第11章"相对论"中再探讨.

下面介绍几种实用的惯性系.

(1) **地球**. 地球是最常用的惯性系(有人称之为基本参考系). 伽利略就是在地球上发现惯性定律的. 因为地球与其周围物体相距比较远，离地球最近的恒星是太阳，两者相距约 1.5×10^8 km；与月亮距离较近，约为 3.84×10^5 km，但月亮比较小，所以地球是一个相当好的惯性系. 由于太阳的存在，地球相对惯性系有 $5.9\times10^{-3}\,\text{m}\cdot\text{s}^{-2}$ 的加速度，这就是公转加速度. 至于地球的自转所造成的加速度则更大，达到 $3.4\times10^{-2}\,\text{m}\cdot\text{s}^{-2}$. 但对大多数精度要求不很高的实验，这一自转的加速效应仍可以忽略. 精确观察表明，地球不是严格的惯性系，它与惯性系的偏离在观察行星运动时会显示出来.

(2) **太阳系**. 通常是指以太阳为原点，以太阳与恒星的连线为坐标轴的参考系. 这是更好的实用惯性系. 离太阳最近的恒星的距离约 4l. y.[①]，离其他恒星更远，故太阳系比地球参考系更好. 当然，它与惯性系的要求还是有偏差的. 精确的观察表明，由于太阳受银河系整个分布质量的作用，它与整个银河系的其他星体一起绕其中心旋转，使它相对惯性系仍有约 $10^{-10}\,\text{m}\cdot\text{s}^{-2}$ 的加速度. 它与惯性系的偏差

① 1l. y. (光年) $=9.46053\times10^{15}$ m，下同.

在观察恒星运动时仍会显示出来.

(3) **FK_4 系**. 这是目前所用的最好的实用惯性系. 它是以选定的 1535 颗恒星的平均静止的位形作为基准的参考系. FK_4 系离周围其他物体更加遥远,因此更加接近理想. FK_4 是一个代号. 最初只选了几百颗星参与平均,后来感到还不够,又多次改进扩大星数. 观察表明,它是比以上两个参考系好得多的惯性系.

为进一步提高惯性系的精度,还在研究比 FK_4 系更好的惯性系,一种方案是利用一系列射电源作为基准. 射电源是目前观测到的最远的天体系统,因此,以射电源为基准将涉及更大的范围,可能比 FK_4 系更准确. 另一种方案是利用微波背景辐射,这种辐射是均匀地弥漫在整个宇宙中的. 如果一个物体相对于背景辐射静止,那么,它将看到从不同方向射来的背景辐射强度都相同,即所谓各向同性,我们就可以定义这种相对背景辐射为静止的体系为惯性系的基准. 这是研究宇宙问题时最方便的一种惯性系.

2.1.2 牛顿第二定律

运动的变化正比于外力,变化的方向沿外力作用的直线方向.

这就是牛顿第二定律,该定律的主要思想在伽利略对抛体和斜面运动的分析中已有体现,牛顿将其总结为定律. 关于第二定律,有下列几点需要说明.

1. 第二定律中所说的运动,是运动量,后来叫动量,即质量与速度的乘积

牛顿关于运动量的改变与动力成正比的说法是不够确切的. 确切的表述应为动量的变化率与(动)力成正比,这是经欧拉改进后的表述.

若取比例系数为 1,第二定律的数学表述为

$$\boldsymbol{F}=\frac{\mathrm{d}}{\mathrm{d}t}(m\boldsymbol{v}) \tag{2.1.1}$$

其中,$\boldsymbol{F}$ 为物体所受的作用力;m 为质量,在牛顿力学的范围内,m 为常量. 于是式(2.1.1)可写成

$$\boldsymbol{F}=m\boldsymbol{a} \tag{2.1.2}$$

2. 质量 m 和力 $\boldsymbol{F}$ 的定义

在此定律中,同时涉及两个新的物理量:m 和 $\boldsymbol{F}$. 上面叙述牛顿第一定律时虽然讨论过力,但只限于受力或不受力,并没有给出力的定量定义. 同样,质量也只有粗浅的概念,对什么是质量的问题并没有解决. 现在我们只有一个关系式,可是需要给两个物理量下定义.

牛顿认为,质量是物体所含“物质的量”. 然而,这不能作为定义. 什么叫“物质的量”? 仍然是不确定的. 在物理学中,一个物理量的定义,必须同时给出利用其他能够量度的量来计算它的一套规则. 在牛顿第二定律的范围中,可以对质量及力作如下的定义:

质量就是质点所受外力与所产生的加速度之比.

作用在一个质点上的力就是它的质量乘以由于该力所产生的加速度.

利用同一个定律,构成了两条定义,这岂不造成了逻辑循环,出现了逻辑上的混乱?

离开了具体的物理背景,去分析这两个定义,无疑会出现逻辑循环.但对于我们所碰到的具体物理情况,它是不混乱的.物理规律的作用在于把许多已知的实验结果统一起来,联系起来,给出许多实验现象的统一解释,并且根据这种解释去预测一些新的现象或实验结果.只要定义、定律确立的联系测量数据的规则是明确的、不含糊的,那就没有任何混乱可言.具体说来,牛顿第二定律式(2.1.2)给出了质量和力必须满足的一个关系式,在质量和力这两个物理量中,如果我们规定质量是基本量,则力可以看成是导出量.我们先定出基本量,然后再确定导出量.

如何确定基本量呢?由式(2.1.2)可知,在相同的力 $\boldsymbol{F}$ 作用下的两个物体,质量与加速度成反比.设这两个物体的质量分别为 m_1、m_2,加速度大小分别为 a_1、a_2,则有

$$m_1a_1 = m_2a_2$$

或者

$$m_2 = m_1\frac{a_1}{a_2} \tag{2.1.3}$$

若取 m_1 的质量为标准质量(可以取为 $m_1=1$),由于 a_1、a_2 都是可以测量的,那么 m_2 的质量可以完全确定.一旦确定了质量,由 m_1a_1 或 m_2a_2 就可以完全确定作为导出量的作用力 $\boldsymbol{F}$.由此可见,我们并没有逻辑循环或逻辑混乱.

质量的单位是 kg(千克),利用原子质量单位,用 ^{12}C 作它的标准,国际协议规定 ^{12}C 的原子质量精确地等于 12 个原子质量单位.原子质量单位与千克的关系为

$$1\text{ 原子质量单位} = 1.660\ 565\ 5\times10^{-27}\text{kg}$$

这里定义的质量是用来描述物体惯性的,所以我们又称它为惯性质量.

有了质量的单位,我们就可以定义力的单位为 N(牛[顿]),则有

$$1\text{N} = 1\text{kg}\times1\text{m}\cdot\text{s}^{-2}$$

3. 质量 m 是绝对量

在牛顿力学中,认为 m 是绝对量,与时间的选取无关,与坐标系的选取无关.

实验表明,高速运动物体的质量会大大增加.只有在牛顿力学范畴中,质量才是绝对量.

4. 质量具有可加性

两个质点的总质量等于两个质点的质量之和.例如,有两个物体,质量分别为 m_A、m_B,总质量为 m_{AB},则有

$$m_{AB} = m_A + m_B$$

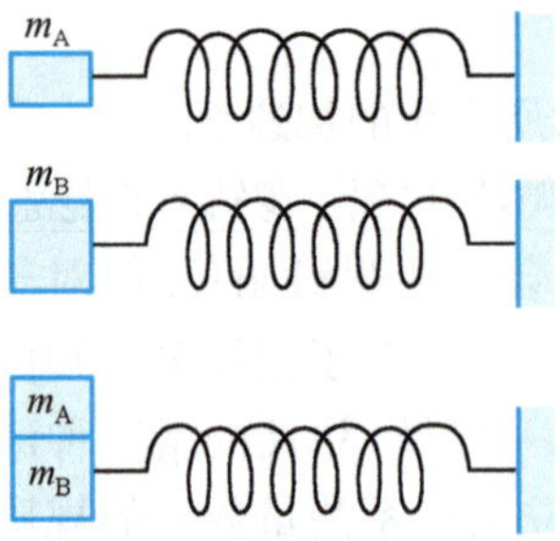

图 2.2　质量可加性的实验验证

质量可加性的理由不是来自牛顿第二定律，而是来自实验：

在足够光滑的水平平面上，如图 2.2 所示，我们做三个实验：①物体 A(质量 m_A)与一个弹簧相连，把弹簧拉到长 L，然后释放物体 A，在弹簧的牵动下，A 做加速运动，测量出开始时刻的加速度 a_A；②用上述弹簧与物体 B 相连，仍拉长到 L，测出释放时刻的加速度 a_B；③仍是上述弹簧，拉长到 L，和捆绑在一起的 A、B 相连，测出释放时刻的加速度 a_{AB}.

上述三个实验，只用了运动学的概念，测得一组数据，如果没有质点动力学知识，我们就不能得到更多的东西. 现在，我们看如何用牛顿第二定律得到所测的量 a_A、a_B、a_{AB}之间的联系.

设弹簧拉长到 L 时产生的弹力为 F，由牛顿定律

$$\begin{cases} F = m_A a_A \\ F = m_B a_B \\ F = m_{AB} a_{AB} \end{cases}$$

所以

$$m_A = \frac{F}{a_A}, \quad m_B = \frac{F}{a_B}$$

如果

$$m_{AB} = m_A + m_B$$

则

$$a_{AB} = \frac{F}{m_A + m_B} = \frac{F}{\dfrac{F}{a_A} + \dfrac{F}{a_B}} = \frac{a_A a_B}{a_A + a_B}$$

而 a_A、a_B、a_{AB}都可以测量，若上式满足，则质量有可加性.

实验表明，在宏观低速运动时，质量具有可加性.

注意：只依靠牛顿第二定律来分析运动性质，还是不够的，必须扩充其他假定，如弹簧拉到同样长度产生同样大小的弹力，这与数学不同.

外加的假设反映了我们对客观世界的看法，或说是客观世界的一种模型. 在什么地方应当补充些什么，或者说用什么模型去描述客观世界，是物理的难点.

5. 第二定律适用的参考系是惯性系

我们已经用牛顿第一定律定义了惯性系，而牛顿第二定律只有在惯性系中才正确，并非适用于所有的参考系. 因此，牛顿第二定律是建立在第一定律的基础上的，不能把牛顿第一定律看成是牛顿第二定律的特例.

用惯性来衡量质量，用质量与加速度的乘积来量度力的思想，是由马赫首先明确提出的. 这对运动定律的定量描述是重要的.

6. 第二定律是矢量式，因而力是矢量

由于力是矢量，故力的合成、分解符合矢量运算法则. 而质量是一个标量.

式(2.1.2)是一个矢量方程，在直角坐标系中，它等价于三个分量方程，即

$$F_x = ma_x = m\ddot{x}, \quad F_y = ma_y = m\ddot{y}, \quad F_z = ma_z = m\ddot{z} \tag{2.1.4}$$

在自然坐标系中，它等价于

$$F_t = m\frac{dv}{dt}, \quad F_n = m\frac{v^2}{R} \tag{2.1.5}$$

在平面极坐标系中为

$$F_r = m(\ddot{r} - r\dot{\theta}^2), \quad F_\theta = m(r\ddot{\theta} + 2\dot{r}\,\dot{\theta}) \tag{2.1.6}$$

7. 第二定律是瞬时关系式

第二定律是任何时刻都成立的，因而是瞬时关系式.

8. 第二定律中的各量可直接测定，因而所给出的预言是明确的，可以用实验证伪

牛顿第二定律告诉我们，物体所受的力和它的质量与加速度的乘积成正比，各量之间的数量关系是明确的，故可以用实验来证伪.

但是我们也知道，任何实验都是有误差的. 这样就会出现一个问题，牛顿第二定律为什么不是 $F=ma^{1-\Delta}$ 或 $F=ma^{1+\Delta}$，$\Delta=10^{-n}$，n 为一个正数？当 n 的值较大时(如 $n>20$)，目前我们的任何实验都无法区分 $F=ma^{1-\Delta}$ 或 $F=ma^{1+\Delta}$ 与 $F=ma$ 有什么差别. 牛顿第二定律的形式为式(2.1.2)，理由何在？

这是由于我们相信：自然规律是简单的、和谐的. 如果牛顿第二定律的形式为 $F=ma^{1-\Delta}$ 或 $F=ma^{1+\Delta}$，那么，这个 Δ 的物理意义是什么？为什么自然界会是这么一种不和谐的样子？物理学来自自然哲学，在物理学的发展过程中，一旦物理学的知识不够用了，它就要到自然哲学中去寻找武器，到数学中去寻找工具. 关于这一点，相对论的发展给了我们极好的例子，这在第 11 章“相对论”中再详谈.

9. 物理学的量纲和量纲分析

由于物理量之间有定义和定律相联系，所以在量度物理量时，不必给所有的物理量规定单位，当少数几个物理量的单位规定后，其他物理量的单位即可由它们导出. 这些被选定并规定单位的物理量叫**基本量**，基本量的单位叫**基本单位**，其余的物理量就叫**导出量**，它们的单位就叫**导出单位**. 若选定的基本量及其单位不同，对应的单位制就不同. 在国际单位制中，基本量是长度、质量、时间(及电流、发光强度、热力学温度和物质的量)，速度、加速度、力等就是导出量.

当基本量选定以后，导出量的单位可从基本量的单位的组合而得到. 在国际单位制中，表示力学量只要三个基本量，即长度、质量、时间，分别用 L、M、T 表示，则任何力学量 A(就其单位量度来说)总可以写成 L、M、T 的一定幂次的组合：dim A

$=L^pM^qT^r$,该式就称为力学量 A 的**量纲**,用 $\dim A$ 表示.

只有量纲相同的物理量才能相加、相减或相等,这一法则叫**量纲法则**. 量纲法则是量纲分析的基础. **量纲分析**是一种有用的方法,它的主要用处如下:

(1) **在基本量相同的单位制之间进行单位换算**. 例如,要知道牛顿与达因的换算关系,可由力的量纲 $\dim F=LMT^{-2}$ 得到. 由 1m=100cm,1kg=1000g,得 $1N=100\times1000dyn=10^5dyn$.

(2) **验证公式**. 因为只有量纲相同的量才能相加、相减、相等,所以一个物理公式只有在量纲正确的情况下才可能正确.

(3) **为推导某些复杂公式提供线索或直接推导公式**.

例 2.1

用量纲分析法证明勾股定理.

解 一个直角三角形的面积 A 可由它的一边(如斜边 c)和一个锐角(如 α)所决定. α 是无量纲的,利用量纲分析,我们有:$A=c^2f(\alpha)$,其中,$f(\alpha)$ 是 α 的某个未知函数.

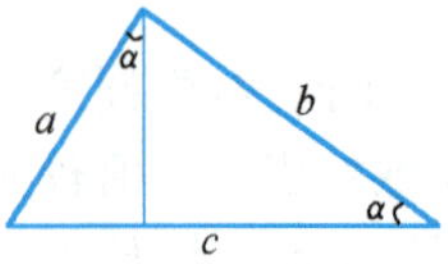

图 2.3 量纲分析的应用

如图 2.3 所示,将原三角形分解成两个相似的三角形,面积为

$$A_1=a^2f(\alpha),\quad A_2=b^2f(\alpha)$$

由

$$A=A_1+A_2$$

得

$$c^2=a^2+b^2$$

勾股定理证毕.

2.1.3 牛顿第三定律(作用与反作用定律)

每一种作用都有一个大小相等方向相反的反作用;或者两个物体间的相互作用力大小总是相等的,在同一条直线上,而且方向相反(图 2.4).

数学表达式为

$$\boldsymbol{F}_{A\to B}=-\boldsymbol{F}_{B\to A}$$

这就是牛顿第三定律. 从动力学角度看,有了前两个定律,动力学已经完整了. 牛顿第三定律是关于力的性质的定律,而不是动力学本身的定律. 它是牛顿独立发现的.

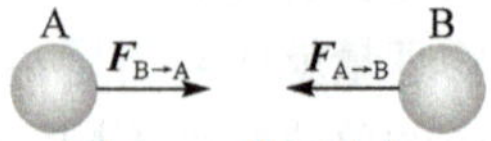

图 2.4 作用力与反作用力定律

关于牛顿第三定律,有下列几点需要说明.

(1)由于第三定律不涉及运动,因而它与第一、第二定律不同,并不要求参考系是惯性系.

牛顿力学的时空观是绝对的，也就是说，时间和空间是客观存在，其结构和性质并不会因为时空中是否存在物质或者是否存在运动而有所改变. 因而空间可以用欧几里得空间来描述，它是处处“平坦”的，是各向同性的. 同一个力在不同的参考系中看来，其大小和绝对的方向都是不会改变的. 牛顿的这个宇宙观似乎是“显而易见”的，几百年来都无人怀疑，我们称之为“经典时空观”. 而相对论对此提出了质疑.

(2)对于接触力，第三定律总是正确的. 对于非接触力，第三定律则不一定正确.

作用力与反作用力大小相等而反向，是以力的传递不需要时间，即传递速度无限大为前提的，这是牛顿的超距作用的观点. 如果力的传递速度是有限的，作用与反作用就不一定相等. 设想物体 A 静止不动，另一物体以一定速度向右运动，t_1 时刻它在 B 处，t_2 时刻它在 B′处，如图 2.5 所示. 如果力的传递速度有限，当它处在图中 B′处时，它在 t_1 时刻对 A 处的作用力 $\boldsymbol{F}_{B\to A}$刚传到 A 物体上，方向向下，而物体 B 受到物体 A 的作用力 $\boldsymbol{F}_{A\to B}$则指向左上方. 这是因为物体 A 静止不动，它的作用早已传到空间各处，故 $\boldsymbol{F}_{A\to B}\neq\boldsymbol{F}_{B\to A}$. 在通常的力学问题中，物体的运动速度往往不大，即使力以有限的速度传递，但因传递速度比物体运动的速度大得多(如引力以光速传递)，力以有限速度传递的效应并不显著，可不必考虑. 但在有些情况(如在较强电磁力作用)下，粒子速度往往可与光速相比拟，牛顿第三定律就不再正确了. 我们将用一些守恒定律，如动量守恒定律等来代替牛顿第三定律. 这个问题的深入讨论可以参见第 6 章的对称性、因果关系与守恒律一节.

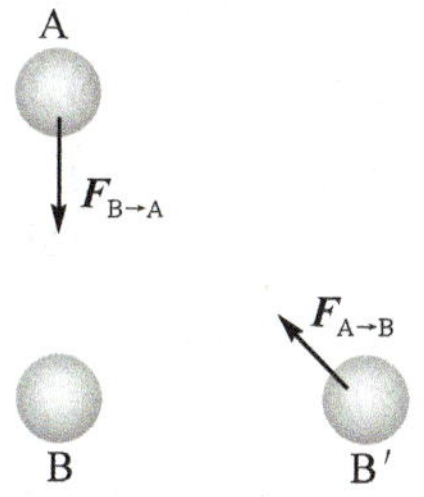

图 2.5 作用力与反作用力

(3)作用力与反作用力性质相同，如都为万有引力、电磁力、弹性力等.

(4)作用力与反作用力作用在两个物体上，永远不会相互抵消.

2.2 常见的力

找到动力学基本方程之后，关于运动的定律已经有了. 物理学的另一个主要任务就是要研究力，即根据给定物体和它周围环境的性质来计算作用在该物体上的力，并寻找各种不同类型的力的统一. 如果弄清楚了自然界中最基本的力，我们在原则上就能解释自然界中各式各样的运动现象. 这里，我们先来简单介绍一些常见的力.

1. 弹性力

变形物体因形变而产生的恢复力称为弹性力. 当形变不大时，弹性力与形变成正比，即

$$\boldsymbol{F}=-k\boldsymbol{x} \tag{2.2.1}$$

这就是胡克定律. 其中，k 是一个常数，称为刚度系数(或劲度系数)；$\boldsymbol{x}$ 为偏离平衡

位置的位移；负号表示力与位移的方向相反. 胡克定律的成立是有一定限度的，当形变太大时，胡克定律将不再成立，这时，即使撤去迫使形变的外力，形变物体也不能恢复原状. 这种形变不能恢复的性质称为范性，或称塑性. 在塑性阶段，金属具有类似液体的流动性质.

如物体的变形很轻微（不少情况如此），可近似认为不变形，是刚性的，但弹性力仍来自形变. 这样对同一物体会同时使用刚性和弹性两个似乎矛盾的概念.

2. 摩擦力

当两物体的接触面有相对滑动或有相对滑动的趋势时，会产生一种阻碍相对滑动或相对滑动趋势的力，这种力叫摩擦力. 前者称为滑动摩擦力（简称动摩擦力）；后者称为静摩擦力.

摩擦力是最常遇到的力，但是关于它的规律却是复杂的. 我们在这里仅谈几个简单的规律.

1）干摩擦

两块干燥固体之间的摩擦力，称为干摩擦，遵从以下规律.

（1）动摩擦力与正压力成正比，与两物体的表观接触面积无关.

（2）当相对速度不很大时，动摩擦力与速度无关.

（3）静摩擦力可在零与一个最大值（称最大静摩擦力）之间变化，视相对滑动趋势的程度而定. 最大静摩擦力也与正压力成正比，在一般情况下它大于动摩擦力.

这三条规律通常称为**库仑摩擦定律**，是由库仑确立的. 实际上，早在库仑之前，阿蒙顿已基本上确认了前两条定律. 其中，第一条定律和第三条定律的表达式分别为

$$f_k = \mu_k N, \quad f_s \leqslant \mu_s N \tag{2.2.2}$$

其中，μ_k、μ_s 分别为**动摩擦系数**和**静摩擦系数**. 通常 μ_k 为 0.15～0.5，μ_s 略大于 μ_k.

摩擦的起因相当复杂，主要与接触面的局部形变和表面的分子引力有关.

2）湿摩擦

流体不同层之间由于相对滑动而造成的阻力叫**湿摩擦力**或**黏滞阻力**，当相对速度不很大时，黏滞阻力与速度的横向变化率、接触面积及黏度成正比. 固体与流体接触面发生相对运动时所产生阻力的起因与此相同，当相对运动速度不大时，与流体相对固体的速度 $\boldsymbol{v}$ 成正比，即

$$\boldsymbol{F} = -\eta \boldsymbol{v} \tag{2.2.3}$$

其中，η 为黏滞系数. 应该指出的是，此定律是一条粗糙的经验定律，当速度较大时，例如飞机飞行中所受的阻力，它近似与速度的平方成正比，即

$$F = -\eta v^2 \tag{2.2.4}$$

通常湿摩擦比干摩擦要小得多，且不存在静摩擦力. 利用润滑油以减少固体间的摩擦，就是应用了这个道理.

3. 重力

在地球表面附近，一个质量为 m 的物体受到的重力方向垂直于水平面，大小为

$$F = mg \tag{2.2.5}$$

其中，g 为重力加速度. 重力主要来源于地球对物体的万有引力.

4. 万有引力

任意两个质点 m_1 和 m_2 之间都存在相互吸引力，力的大小为

$$F = G\frac{m_1 m_2}{r^2} \tag{2.2.6}$$

其中，m_1 和 m_2 分别为引力质量；G 为引力常量，以后将专题(第 7 章)讨论.

5. 库仑力

带电体之间的相互作用规律是由法国物理学家库仑发现的，该相互作用力称为库仑力. 两个静止的点电荷之间的作用力大小与它们电荷 q_1、q_2 的乘积成正比，与它们之间的距离 r 的平方成反比，方向沿着两点电荷的连线. 如果电荷是异号的，则为吸引力；如果是同号的，则是排斥力. 其表达式为

$$F = k\frac{q_1 q_2}{r^2} \tag{2.2.7}$$

其中，k 为比例系数，选取适当的单位，可以令 $k=1$.

6. 分子力

分子间相互作用的规律较复杂，很难用简单的数学公式来表示. 一般在实验的基础上，采用简化模型处理问题，可近似地用下列的半经验公式来表示：

$$F = \frac{\lambda}{r^s} - \frac{\mu}{r^t} \quad (s > t) \tag{2.2.8}$$

其中，r 为两个分子中心之间的距离；λ、μ、s、t 都是正数(需根据实验数据加以确定). 式(2.2.8)中等号右边的第一项是正的，代表斥力；第二项是负的，代表引力. 由于 s 和 t 都比较大，一般为 6～7，所以分子力随分子间距离 r 的增大而急剧地减小. 这种力可以认为具有一定的有效作用距离，若超出有效作用距离，作用力实际上可以完全忽略. 由于 $s>t$，所以斥力的有效作用距离比引力的小. 力随分子间距离 r 的变化情况大致如图 2.6 所示.

7. 核力

核力是把原子核中的核子(质子和中子)束缚在一起的力. 这种力的有效作用距离极短，对于大于约 10^{-13} cm 的距离，核力很快就变得很小，可略而不计. 但在小尺度内，它却超过核子之间一切其他形式的相互作用而占支配地位. 这是一种异常复杂的相互作用，直到大约 0.4×10^{-13} cm，它还是吸引力，大小可表示为

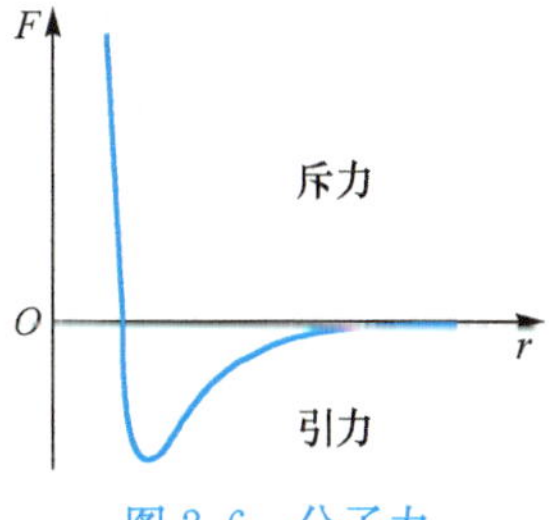

图 2.6 分子力

$$F = \frac{C}{r^n} e^{-\frac{r}{r_0}} \tag{2.2.9}$$

其中,C 为常数;r 为两个核子间的距离;$r_0 \approx 10^{-13}$ cm. 但距离若再小,就成为强排斥力了.

8. 洛伦兹力

一个带电荷 q 的点电荷以速度 $\boldsymbol{v}$ 在磁感应强度为 $\boldsymbol{B}$ 的磁场中运动,要受到磁场的作用力,此种力称为洛伦兹力,其表达式为

$$\boldsymbol{F} = q\boldsymbol{v} \times \boldsymbol{B} \tag{2.2.10}$$

以上我们列举了 8 种力,当然,还可以举出很多种. 物理学并不仅仅满足于把各式各样的力罗列出来,因为物理学认为客观世界的现象虽是复杂的,但原因却是简单的,从本质上讲,自然界并不存在如此多种类型的力,因此我们希望寻求各种现象的统一,如图 2.7 所示. 在目前的宇宙中,存在四类基本的相互作用,所有的运动现象的原因都逃不出这四类基本的力,各式各样的力只不过是这四类基本力在不同情况下的不同表现而已. 四类基本作用是:引力作用、电磁作用、强相互作用、弱相互作用. 而在宇宙的早期,这些力之间表现的不同可能并不存在,它们逐步合成最基本的力. 例如,在宇宙年龄约 1s 之前,电磁作用和弱相互作用的差别可能完全消失了.

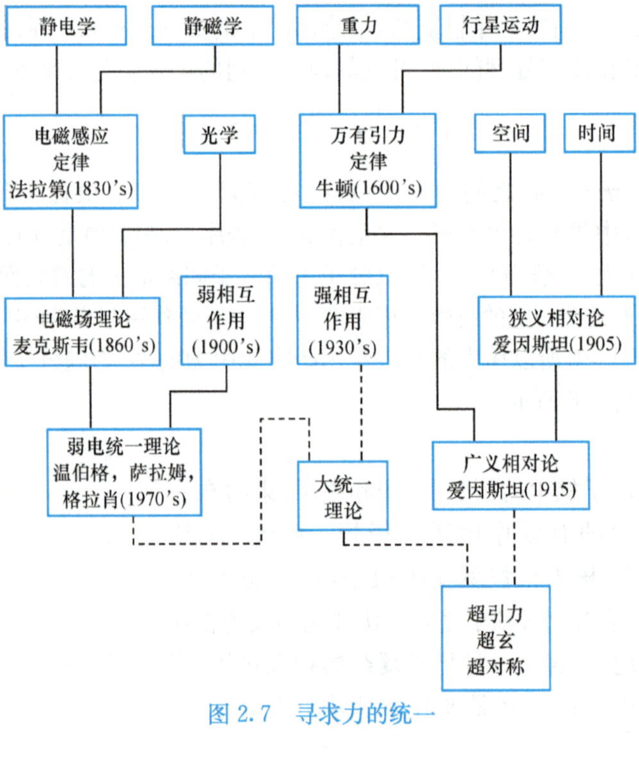

图 2.7　寻求力的统一

2.3 动力学问题的求解

动力学的典型问题大致可以归结为以下三类.

(1) 已知质点的运动情况,求其他物体施于该质点的作用力,即研究质点何以做这种运动.

(2) 已知其他物体施于某质点的作用力,求质点运动情况.

(3) 已知质点运动情况与所受力的某些方面,求质点运动情况与所受力的未知方面.

质点动力学问题的求解关键是力. 牛顿运动定律指出,力使质点获得加速度. 而根据质点在各个瞬时的加速度(附以适当的初始条件)则完全确定了质点的运动情况,这是我们在质点运动学中已研究过的问题. 这样,力对质点运动情况的影响是通过加速度表现出来的,因此,加速度这个物理量起着很重要的"桥梁"作用,它将牛顿运动定律与质点运动学结合起来,而牛顿运动定律与质点运动学知识相结合,就提供了解决各种各样质点动力学问题的原则依据.

当质点运动时,常常受到预先给定的限制,如斜面上的物体只能沿斜面运动,等等. 我们把限制质点自由运动的条件称为约束,通常用约束方程来表示质点所受的约束.

约束物体与被约束物体之间在接触点处互施作用力,我们把作用在被约束物体上的这种力称为约束反力,或简称约束力;作用在一个物体上的外力,如果它的大小和方向与约束无关,则称为主动力.

约束反力以主动力的存在为前提,但主动力与约束反力存在根本的差别. 主动力要么大小、方向均已知,如重力等;要么大小、方向与质点运动的某些瞬时量有关,如万有引力和弹簧的弹性力由质点的瞬时相对位置决定,黏滞阻力则与质点的瞬时相对速度有关. 总之,主动力与约束条件无关,不管其运动服从什么样的微分方程,也不管除了它以外是否还有别的力存在,它的变化规律是已知的. 而约束反力的大小和方向一般都是未知的,它既与约束条件有关,又与物体的运动情况有关,必须通过求解运动微分方程才能确定. 例如,摩擦力与物体对接触面的正压力有关.

约束运动有以下两个明显的特点.

(1) 独立坐标的数目减少了.

(2) 由于运动微分方程中出现了未知的约束反力,方程中未知量的个数增多了.

正因有如此特点,从牛顿定律所能得到的代数方程的数目会少于未知量的个数. 因此,必须引入约束方程才能构成完备的方程组,以便达到求出未知量的目的,这一点对求解约束运动非常重要.

综上所述,求解质点动力学问题的步骤如下.

(1) **隔离物体**. 如果所讨论的问题多于一个质点,可以把几个物体分别隔离出来,对每个物体分别加以讨论.

(2) **受力分析**. 采用图示方法把质点受到的力(主动力与约束力)全部示于图中,不得遗漏. 为防止遗漏某些力,应当注意掌握力的特性. 作用力与反作用力总是成对出现的(重力的反作用力作用在地球上),这样做就能有效地防止遗漏某些作用力.

(3) **运动分析**. 对质点进行运动分析是十分必要的. 必要的运动分析,加上正确的受力分析,提供了给出动力学方程的前提条件.

(4) **选定坐标系、列出方程**. 动力学方程是矢量方程,为了算出结果,一般应写出分量方程. 在什么坐标系下写分量方程,往往应根据运动或受力进行选取,若选取得当就会使求解简洁,不易出错. 对于约束运动往往还需要列出约束方程.

(5) **方程求解、讨论**. 对分量方程进行数学求解,必须注意结果的合理性,给出必要的讨论.

下面举例说明.

例 2.2

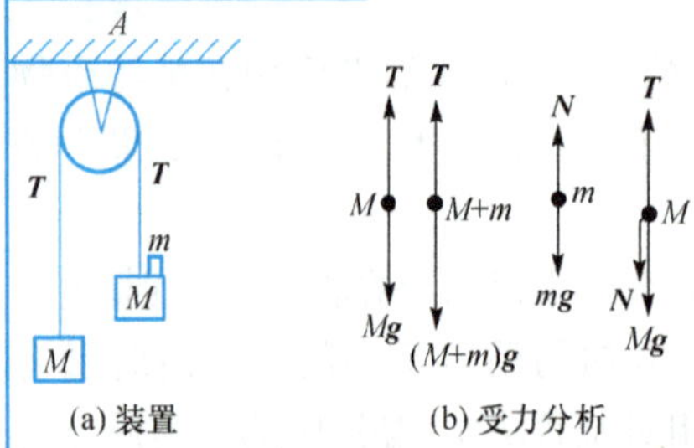

图 2.8 例 2.2 图

图 2.8(a)所示的装置称为阿特伍德机,左、右两边原挂有质量均为 M 的物块,在右物块上又放有质量为 m 的小物块. 忽略滑轮和绳的质量及轮轴上的摩擦,求左物上升的加速度、m 与 M 之间的作用力及支点 A 所承受的力.

解 把右物块 M 和小物块 m 看成一个物体,设绳中张力为 T,画出左右两物块的受力分析图 2.8(b),取向上为正的竖直坐标,可对两物块分别列出下列方程:

左物块

$$T - Mg = Ma_1 \tag{2.3.1}$$

右物块和小物块

$$T - (M+m)g = (M+m)a_2 \tag{2.3.2}$$

但由于绳长为常量,左物块上升的距离必等于右物块下降的距离,由此可得约束方程

$$-a_1 = a_2 \tag{2.3.3}$$

式(2.3.1)、式(2.3.2)、式(2.3.3)联立,可解得

$$a_1 = \frac{m}{2M+m}g \tag{2.3.4}$$

为求出 m 与 M 的作用力,可将 m 隔离出来,画出受力图 2.8(b),对它列运动方程. 设 m 与 M 的作用力为 N,则有

$$mg - N = ma_1$$

故

$$N = m(g-a_1) = mg\left(1-\frac{m}{2M+m}\right) = \frac{2Mm}{2M+m}g$$

A 点所受的拉力

$$F = 2T$$

由左物块运动方程及 a_1 的表达式(2.3.4)得

$$T = M(g+a_1) = Mg\left(1+\frac{m}{2M+m}\right) = \frac{2(M+m)}{2M+m}Mg$$

例 2.2 中有两点值得指出:

(1) 当把 M 与 m 看成一个物体时,N 是内力,不出现在运动方程中. 要求出 N,必须把 m(或 M)隔离,这样,原来的内力就成了外力,出现于运动方程中.

(2) A 点的拉力并不等于三物体的重力之和,这一点往往被忽视. 这是由于三物体都在做加速运动.

阿特伍德机是阿特伍德为研究落体定律而发明的一种著名装置,它与伽利略所用的斜面一样,具有减小落体加速度的作用,使实验易于观测.

例 2.3

一动滑轮与一定滑轮连接,如图 2.9(a)所示,已知 $m_1=400\text{g}$,$m_2=200\text{g}$,$m_3=400\text{g}$,略去摩擦及动、定滑轮质量,绳长不变、质量可不计,求每个物体的加速度及各绳中的张力.

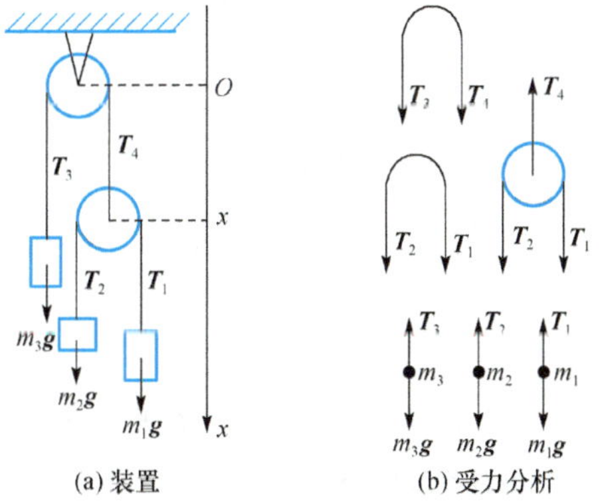

图 2.9　例 2.3 图

解 这是一个约束问题,所有的物体都只能沿铅垂线方向上下运动,不妨规定向下为正,取如图 2.9 所示坐标系,设 m_1、m_2、m_3 的坐标分别为 x_1、x_2、x_3,加速度为 a_1、a_2、a_3.

隔离物体,由于不用求天花板所受的力,故可以将物体全部隔离成 6 部分,如图 2.9(b)所示,对每一部分运用牛顿定律,可得下列 6 个方程:

$$\begin{cases} m_1 g - T_1 = m_1 a_1 \\ m_2 g - T_2 = m_2 a_2 \\ m_3 g - T_3 = m_3 a_3 \\ T_3 = T_4 \\ T_4 = T_1 + T_2 \\ T_1 = T_2 \end{cases}$$

还差一个方程,注意到这是约束问题,设动滑轮的中心坐标为 x,加速度为 a,由约束条件(绳长不变)给出

$$\begin{cases} x + x_3 = l_1 \\ (x_2 - x) + (x_1 - x) = l_2 \end{cases}$$

微分两次,得

$$\begin{cases} a + a_3 = 0 \\ a_2 + a_1 - 2a = 0 \end{cases}$$

消去 a,得约束条件

$$a_2 + a_1 + 2a_3 = 0$$

解所得的联立方程组,最后得

$$\begin{cases} T_1 = \dfrac{4g}{\dfrac{1}{m_1} + \dfrac{1}{m_2} + \dfrac{4}{m_3}} = \dfrac{4}{7} m_1 g = 2.23\text{N} \\ T_2 = T_1, \quad T_3 = 2T_1 = 4.46\text{N} \\ a_1 = \dfrac{3}{7} g = 4.2\text{m} \cdot \text{s}^{-2} \\ a_2 = -\dfrac{1}{7} g = -1.4\text{m} \cdot \text{s}^{-2} \\ a_3 = -\dfrac{1}{7} g = -1.4\text{m} \cdot \text{s}^{-2} \end{cases}$$

例 2.4

竖直上抛物体最小应具有多大速度 v_0 才不再落回地面,不计空气阻力,已知引力正比于 $1/x^2$(x 为物体到地心的距离).

解 由于物体只受万有引力作用，引力的方向指向地心，初速度的方向与之相反，这是直线运动，只需取一维坐标，很自然以地球为参考系，如图 2.10 所示建立坐标系.

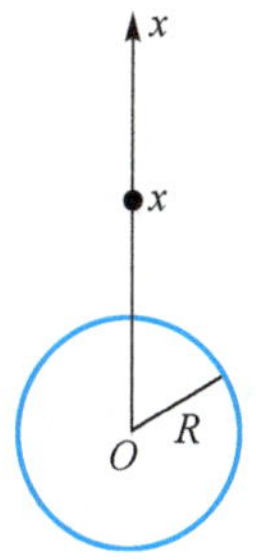

图 2.10　例 2.4 图

物体所受引力 P 正比于 $1/x^2$，即 $|P|:mg=R^2:x^2$（g 为地面重力加速度），因此引力为

$$P=-mgR^2/x^2$$

初始条件

$$t=0\text{ 时}，\quad x=R，\quad \dot{x}=v_0$$

列出运动方程为

$$-mg\frac{R^2}{x^2}=m\ddot{x} \tag{2.3.5}$$

注意，该方程的特点是并不显含时间 t，题目也没有要求我们去求坐标和时间的关系 $x(t)$，而只有当上抛的物体在某一时刻速度变为零后，才有可能落回地面，故只需知道速度是否可能变为零即可，无须求解 $x(t)$.

将上述方程两边同乘以 $\mathrm{d}x$，可得

$$-mg\frac{R^2}{x^2}\mathrm{d}x=m\ddot{x}\,\mathrm{d}x=m\ddot{x}\,\dot{x}\mathrm{d}t=m\dot{x}\,\mathrm{d}\dot{x}=mv\mathrm{d}v$$

这样的方程两边已经可以分别积分. 凡不显含时间 t 的方程（即加速度只与坐标、速度有关的微分方程）都可以用此方法积分，这是应当掌握的.

利用初始条件积分得

$$-\int_R^x mg\frac{R^2}{x'^2}\mathrm{d}x'=\int_{v_0}^{\dot{x}} mv\mathrm{d}v$$

得

$$mg\frac{R^2}{x}-mgR=\frac{1}{2}m\dot{x}^2-\frac{1}{2}mv_0^2$$

求出速度为

$$v=\frac{\mathrm{d}x}{\mathrm{d}t}=\sqrt{v_0^2-2gR+\frac{2gR^2}{x}} \tag{2.3.6}$$

若 $v_0^2<2gR$，则 $x=\dfrac{2gR^2}{2gR-v_0^2}$ 时，$v=0$，物体这时折回而向地面降落.

若 $v_0^2\geqslant 2gR$，则永远有 $v>0$，物体永远向上运动，不再回到地球. 所以，竖直上抛物体若不再回到地球，它的初速 v_0 最小应为

$$v_0=\sqrt{2gR}=11.2\times10^3\,\mathrm{m\cdot s^{-1}}$$

该速度称为逃逸速度，又称为第二宇宙速度. 上面的讨论中没有考虑空气的阻力，事实上，物体高速运动时，空气的阻力是巨大的，上面的计算只是给出一个粗略的结果. 若物体从地面发射时就具有第二宇宙速度，空气阻力产生的热量将使

该物体的温度剧烈升高，不论物体是用什么材料做成的也会被烧毁. 因此，物体应当以较低的速度上升，在上升过程中加速，等物体达到空气极稀薄的高度时才达到第二宇宙速度，这样才不致被烧毁. 用火箭发射物体时正是这样一种情况.

例 2.5

一质量为 m 的物块置于倾角为 θ 的固定斜面上，如图 2.11 所示，物体与斜面的静摩擦系数为 μ，$\mu<\tan\theta$ 且 $\mu<\cot\theta$. 现用一水平外力 $\boldsymbol{F}$ 推物块，欲使物块不滑动，$\boldsymbol{F}$ 的大小应满足什么条件？

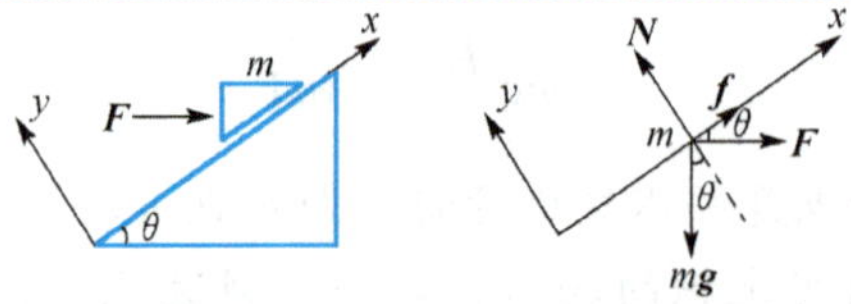

(a) 装置　(b) 受力分析

图 2.11　例 2.5 图

解　这是一个平衡问题，平衡问题可以看成动力学问题的特例，即合力为零的情形.

把物块隔离出来，由于物块受重力 $m\boldsymbol{g}$、水平外力 $\boldsymbol{F}$、斜面的法向支撑力 $\boldsymbol{N}$ 及静摩擦力 $\boldsymbol{f}$ 四个力作用，平衡条件为

$$m\boldsymbol{g}+\boldsymbol{N}+\boldsymbol{f}+\boldsymbol{F}=0$$

由于约束，物块只能沿斜面滑动，故取图 2.11 所示的坐标，考察即将下滑的情形，平衡方程的分量式为

$$F\cos\theta+f-mg\sin\theta=0 \tag{2.3.7}$$

$$N-F\sin\theta-mg\cos\theta=0 \tag{2.3.8}$$

而

$$f\leqslant\mu N \tag{2.3.9}$$

由式(2.3.7)～式(2.3.9)可解得

$$F\geqslant F_1=\frac{\sin\theta-\mu\cos\theta}{\cos\theta+\mu\sin\theta}mg \tag{2.3.10}$$

即当作用力小于 F_1 时，物块将下滑. 但 F 也不能太大，因为物体还可以上滑. 当物体即将上滑时，平衡方程为

$$F\cos\theta-f-mg\sin\theta=0 \tag{2.3.11}$$

$$N-F\sin\theta-mg\cos\theta=0 \tag{2.3.12}$$

解式(2.3.11)、式(2.3.12)和式(2.3.9)，利用 $\mu<\cot\theta$ 得

$$F\leqslant F_2=\frac{\sin\theta+\mu\cos\theta}{\cos\theta-\mu\sin\theta}mg \tag{2.3.13}$$

即当 $F>F_2$ 时，物体上滑. 综合以上结果，物块不滑动的条件为

$$\frac{\sin\theta-\mu\cos\theta}{\cos\theta+\mu\sin\theta}mg\leqslant F\leqslant\frac{\sin\theta+\mu\cos\theta}{\cos\theta-\mu\sin\theta}mg$$

例 2.5 中有两点值得指出：

(1) 静摩擦力 f 并不是一个定值，它可以取 $-\mu N$ 到 $+\mu N$ 之间的任一个值，究竟取何值，由具体情况而定，不要一提起静摩擦力，就套上 $f=\mu N$ 的公式.

(2) 斜面上物体对斜面的正压力，也不能简单地套用 $mg\cos\theta$，而要由运动方程决定，如本例中，$\boldsymbol{F}$ 垂直于斜面的分力使正压力增大.

例 2.6

一种称为绞盘的装置，如图 2.12 所示，绳索绕在绞盘的固定圆柱上，当绳子承受负荷巨大的拉力 $\boldsymbol{T}_A$ 时，人可以用小得多的力 $\boldsymbol{T}_B$ 拽住绳子. 设绳与圆柱的摩擦系数为 μ，绳子绕圆柱的张角为 Φ，求 $\boldsymbol{T}_A$ 与 $\boldsymbol{T}_B$ 的关系.

解 用隔离物体法，考虑在 θ 处对圆心张角 $\mathrm{d}\theta$ 的一段线元，分析它受力的情况. 如图 2.13 所示，略去绳索质量，该线元受四个力的作用：两端张力 $T(\theta)$，$T(\theta+\mathrm{d}\theta)$，法向力 $\mathrm{d}N$，摩擦力 $\mu\mathrm{d}N$. 在无加速度的情况下四力的合力为 0. 对于切向和法向分量，分别有

切向

$$[T(\theta+\mathrm{d}\theta)-T(\theta)]\cos\frac{\mathrm{d}\theta}{2}=-\mu\mathrm{d}N \tag{2.3.14}$$

法向

$$[T(\theta+\mathrm{d}\theta)+T(\theta)]\sin\frac{\mathrm{d}\theta}{2}=\mathrm{d}N \tag{2.3.15}$$

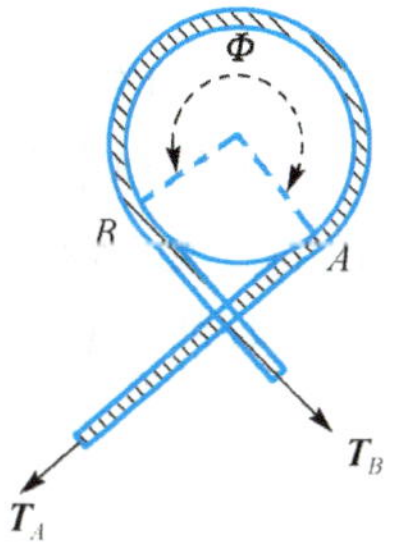

图 2.12 例 2.6 图

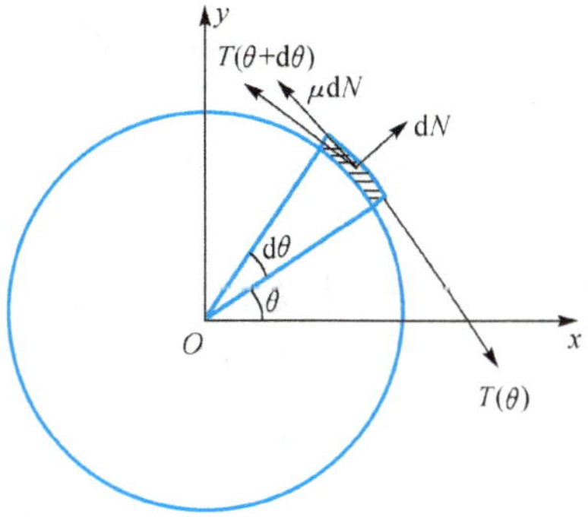

图 2.13 线元分析

因 $\mathrm{d}\theta$ 很小，$\sin(\mathrm{d}\theta/2)\approx\mathrm{d}\theta/2$，$\cos(\mathrm{d}\theta/2)\approx1$，$T(\theta+\mathrm{d}\theta)-T(\theta)=\mathrm{d}T$（$T$ 的微分增量），$T(\theta+\mathrm{d}\theta)+T(\theta)=2T$，故式(2.3.15)可写为

$$\mathrm{d}T = -\mu \mathrm{d}N$$

$$T\mathrm{d}\theta = \mathrm{d}N$$

消去 dN 可得

$$\frac{\mathrm{d}T}{T} = -\mu \mathrm{d}\theta$$

设绞盘上 A、B 两点分别对应 $\theta=\theta_A$ 和 θ_B，对上式积分，有

$$\int_{T_A}^{T_B} \frac{\mathrm{d}T}{T} = -\mu \int_{\theta_A}^{\theta_B} \mathrm{d}\theta$$

或

$$\ln \frac{T_B}{T_A} = -\mu(\theta_B - \theta_A) = -\mu\Phi$$

即

$$T_B = T_A \exp(-\mu\Phi)$$

此式表明，张力随 Φ 增加按指数减小，故很容易做到让 $T_B \ll T_A$. 若摩擦力可忽略，$\mu=0$，有 $T_B=T_A$，即两端绳的张力相等. 这便是轻绳跨过无摩擦滑轮的情况.

2.4 力学相对性原理和伽利略变换

2.4.1 力学相对性原理

我们知道，牛顿第一定律在其中成立的参考系称为惯性系. 在惯性系中，牛顿运动定律成立. 例如，地球是一个不错的惯性系，在地球上牛顿定律成立. 而在平稳行驶的船或车中，牛顿定律也照样成立. 在船上和车上所发生的一切力学现象与地面上的几乎无法区别. 任一相对已知惯性系做匀速直线运动的参考系也是惯性系. **一切惯性系在力学上都是等价的**. 或者说，**在任何惯性系中，力学定律具有相同的形式**. 这一原理称为**力学相对性原理**.

这里所说的“一切惯性系在力学上都是等价的”，并不是说人们在不同的惯性系中所看到的现象都一样. 例如，火车上的自由落体运动，在站台上的观察者看来，物体做的是平抛运动. “一切惯性系在力学上都是等价的”这句话的意义是，不同惯性系中的动力学规律（如牛顿的三个定律）都一样，从而都能正确地解释所看到的现象.

2.4.2 时间和空间的绝对性

当考虑两个坐标系之间的变换时，不随之而变的量称为**绝对量**.

考虑两个相互运动的参考系 K 和 K'，牛顿认为

$$\begin{cases} \Delta t = t_2 - t_1 = t_2' - t_1' = \Delta t' \\ |\Delta \boldsymbol{r}| = |\boldsymbol{r}_2 - \boldsymbol{r}_1| = |\boldsymbol{r}_2' - \boldsymbol{r}_1'| = |\Delta \boldsymbol{r}'| \end{cases} \tag{2.4.1}$$

即时间间隔和空间间隔不随坐标系的选取而改变. 特别地,若选取两坐标系的基矢:$\boldsymbol{i}=\boldsymbol{i}'$,$\boldsymbol{j}=\boldsymbol{j}'$,$\boldsymbol{k}=\boldsymbol{k}'$,则有

$$\begin{cases}\Delta t = \Delta t' \\ \Delta \boldsymbol{r} = \Delta \boldsymbol{r}'\end{cases} \tag{2.4.2}$$

式(2.4.1)和式(2.4.2)这样的结果是相当平凡的,由日常生活的经验不难接受这些结果,它们似乎很"浅显". 然而,物理学的特点之一,就是不放过任何一个"浅显"的概念,总是力图找出这些"浅显"概念的根基是什么. 的确,在低速运动时,式(2.4.1)和式(2.4.2)精确地成立. 但是用这两式解释高速运动(接近光速)的现象时遇到了难以克服的困难. 当人们去寻找这个十分平凡而"浅显"结论的物理基础时发现,其中隐含有更本质的东西,即时空的真正含义. 我们到第11章"相对论"再对其进行详细讨论.

2.4.3 伽利略变换

考虑两个相互做匀速直线运动的参考系 K 和 K',设它们具有相同的坐标基矢,如图2.14所示,由于式(2.4.2)成立,有

$$\begin{cases}t = t' + t_0 \\ \boldsymbol{r} = \boldsymbol{r}' + \boldsymbol{r}_0\end{cases} \tag{2.4.3}$$

设 $t_0=0$,且当 $t=0$ 时刻,两坐标系的原点重合,K'系相对于K系以速度$\boldsymbol{u}$匀速运动,即 $\boldsymbol{r}_0=\boldsymbol{u}t$. 于是式(2.4.3)变为

$$\begin{cases}t' = t \\ \boldsymbol{r}' = \boldsymbol{r} - \boldsymbol{u}t\end{cases} \tag{2.4.4}$$

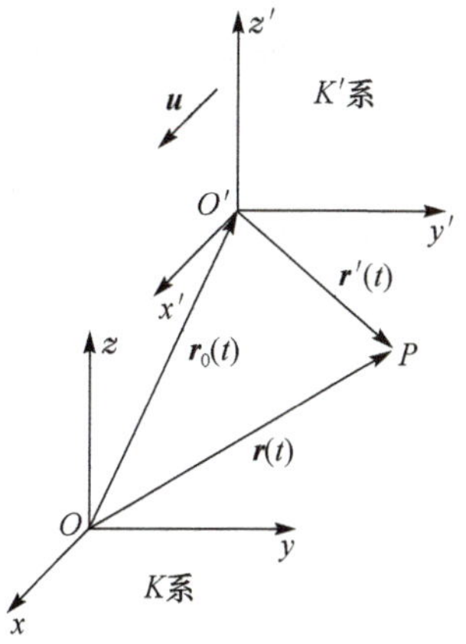

图2.14 参考系的相对运动

通常把该变换称为伽利略变换. 为简单起见,常取$\boldsymbol{u}$的方向为x轴方向,并使K'系与K系的x'、x轴重合,y'、z'轴分别与y、z轴平行,则变换关系的分量形式为

$$\begin{cases}x' = x - ut \\ y' = y \\ z' = z \\ t' = t\end{cases} \tag{2.4.5}$$

由于

$$\boldsymbol{v} = \frac{\mathrm{d}\boldsymbol{r}}{\mathrm{d}t}, \qquad \boldsymbol{v}' = \frac{\mathrm{d}\boldsymbol{r}'}{\mathrm{d}t'} = \boldsymbol{v} - \boldsymbol{u}$$

$$\boldsymbol{a} = \frac{\mathrm{d}\boldsymbol{v}}{\mathrm{d}t}, \quad \boldsymbol{a}' = \frac{\mathrm{d}\boldsymbol{v}'}{\mathrm{d}t'} = \boldsymbol{a}$$

即

$$\begin{cases} \boldsymbol{v}' = \boldsymbol{v} - \boldsymbol{u} \\ \boldsymbol{a}' = \boldsymbol{a} \end{cases} \tag{2.4.6}$$

结论：两个相互做匀速直线运动的参考系具有相同的加速度. 如果其中一个参考系是惯性系，另一个也是惯性系.

牛顿第二定律只涉及加速度、质量和力，在两个惯性系 K 和 K' 中，牛顿第二定律都成立，即

$$\boldsymbol{F} = m\boldsymbol{a}, \qquad \boldsymbol{F}' = m'\boldsymbol{a}' \tag{2.4.7}$$

由式(2.4.6)知 $\boldsymbol{a}'=\boldsymbol{a}$，我们知道牛顿力学中质量是绝对量，因而 $m'=m$，于是有

$$\boldsymbol{F}' = \boldsymbol{F} \tag{2.4.8}$$

这就是说，对于不同的惯性系，质量和力都是不变的. 同理，我们可以知道，牛顿第三定律在 K 和 K' 中也有相同的形式，即

$$\boldsymbol{F}_{A\to B} = -\boldsymbol{F}_{B\to A}, \qquad \boldsymbol{F}'_{A\to B} = -\boldsymbol{F}'_{B\to A} \tag{2.4.9}$$

于是我们看到，**在任何惯性系中，力学定律具有相同的形式**，即伽利略变换与力学相对性原理是一致的. 通常所谓的伽利略变换正是指两个惯性系之间的坐标变换.

将力学的相对性原理推广到更一般的相对性原理：**在任何惯性系中，物理学定律具有相同的形式**，即不仅力学定律，所有的物理学定律（包括电磁的定律等）都具有相同的形式，这种想法是自然的. 然而，一旦超出力学范围（如对电磁过程），伽利略变换并不正确，而应该用洛伦兹变换来取代.

第 3 章 非惯性参考系

牛顿运动定律将参考系分成惯性系与非惯性系两类，牛顿运动定律只在惯性系中成立. 然而，在实际情况下我们往往不得不和非惯性系打交道，如相对加速行驶着的火车或相对转动的离心机运动等. 严格地说，地球也是非惯性系，物体相对地球的运动也是相对非惯性系的运动；在研究大气环流一类大尺度的运动时，我们也不得不考虑非惯性因素的影响. 如何处理这种问题？当然可以先在惯性系中用牛顿定律考察物体的运动，然后用相对运动的公式把它变换到非惯性系中，求得物体在非惯性系中的运动. 但这样做有时很麻烦，例如，在加速行驶着的火车里的乘客，用站台参考系来分析他们的运动和感受是很不方便的. 下面的讨论指出，只要引进适当的虚拟力，就可以在非惯性系中用牛顿定律求解物体的运动.

3.1 非惯性参考系 虚拟力

3.1.1 相对运动

通常，把相对观察者静止的参考系称为定参考系或**静参考系**，把相对观察者运动的参考系称为**动参考系**；把物体相对于动参考系的运动称为**相对运动**（相应的有相对速度和相对加速度），物体相对静参考系的运动称为**绝对运动**（相应的有绝对速度和绝对加速度）. 动参考系 K' 相对静参考系 K 的运动称为**牵连运动**（相应的有牵连速度和牵连加速度）. 当 K' 相对 K 做平动（如 K' 的坐标轴在运动中始终与 K 的坐标轴保持平行）时，牵连速度和牵连加速度不因物体在 K' 上的位置不同而异. 当 K' 相对 K 转动时，牵连速度和牵连加速度均与物体的位置有关. 为了讨论问题简单起见，本节中动参考系 K' 和静参考系 K 中的坐标系都取直角坐标系.

3.1.2 平动参考系

当动参考系 K' 相对于静参考系 K 运动时，若在任何时刻，两参考系中的直角坐标的对应坐标轴的相对取向保持不变（通常取作相互平行），则称动参考系 K' 相对于静参考系 K 做平动，动参考系 K' 的坐标基矢相对于静参考系 K 是常量.

注意：平动不一定是直线运动！平动过程中动参考系 K' 的原点可以相对于静参考系 K 做任意复杂的运动.

设静参考系 K 为惯性系，在任何时刻，动参考系 K' 相对于静参考系 K 做平动，即动参考系 K' 的坐标基矢相对于静参考系 K 是常量，在 K 系中物体的运动满足牛顿定律：$\boldsymbol{F}=m\boldsymbol{a}$. 但因 $\boldsymbol{a}\neq\boldsymbol{a}'$，在 K' 系看来物体的运动不满足牛顿定律，即 $\boldsymbol{F}\neq m\boldsymbol{a}'$. 有时，我们不得不和非惯性系打交道，如在火车里的乘客，用地面参考系来分析他们的感受是很不方便的.

设想一个小球静置于原来静止的火车内的光滑台面上. 当火车沿着平直轨道加速前进时，小球将相对于火车加速后退，如图 3.1 所示. 这一现象对相对地面静止的观察者来说完全符合牛顿定律，因球在水平方向不受力，当火车加速前进时它仍应相对地面静止，故相对火车加速后退. 但在火车上的观察者看来，小球在水平方向不受力，却向后加速，这是不符合牛顿定律的. 但如果设想小球受一个与火车的加速度 $\boldsymbol{a}$ 方向相反的、大小为 $m\boldsymbol{a}$（m 为小球质量）的假想力（虚拟力）$\boldsymbol{f}_\mathrm{i}=-m\boldsymbol{a}$ 的作用，则小球的运动就符合牛顿定律了.

设想将这小球系于弹簧的一端，弹簧的另一端固定在车厢前壁，如图 3.2 所示. 当火车以加速度 $\boldsymbol{a}$ 前进时，小球将相对火车后退，同时拉伸弹簧，并做简谐振动. 若人为将弹簧拉伸到适当长度，可使小球静止在台面上. 在地面上的观察者看来，这时小球受弹簧拉力而与火车一起加速前进，符合牛顿定律. 但在火车上的观察者看来，小球受向前的弹簧拉力，却静止不动，不符合牛顿定律. 但如设想小球除受弹簧拉力外还受一虚拟力 $\boldsymbol{f}_\mathrm{i}=-m\boldsymbol{a}$ 作用，小球的运动又符合牛顿定律了.

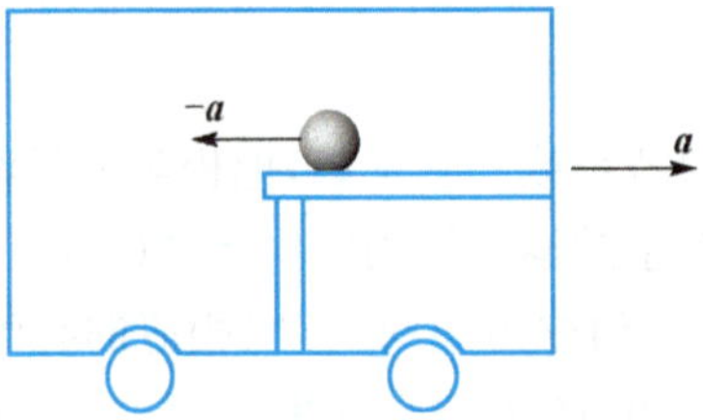

图 3.1　加速前进火车中的自由小球

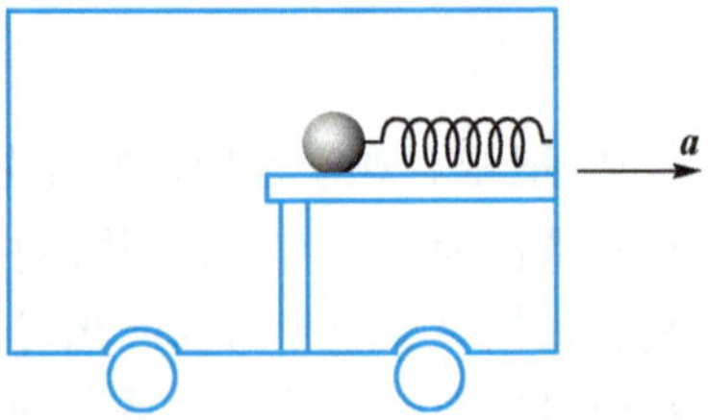

图 3.2　加速前进火车中的约束小球

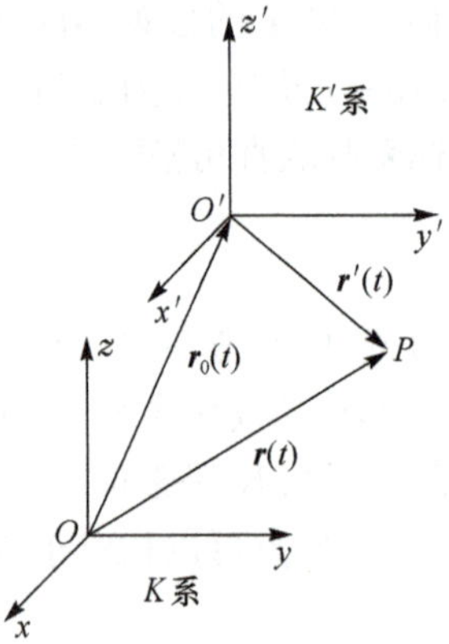

图 3.3　平动参考系

下面我们对这种平动参考系作一般的讨论.

设动参考系 K' 相对于静参考系 K 做平动，即动参考系 K' 的坐标基矢相对于静参考系 K 是常量，我们可以选择 K 系和 K' 系的坐标轴相互平行，见图 3.3. 在时刻 t，一质点位于空间的 P 点，它相对于 K 系的位矢为 $\boldsymbol{r}(t)$，相对于 K' 系的位矢为 $\boldsymbol{r}'(t)$，而 K' 系的原点相对于 K 系的位矢为 $\boldsymbol{r}_0(t)$，则有

$$\boldsymbol{r}(t)=\boldsymbol{r}_0(t)+\boldsymbol{r}'(t) \tag{3.1.1}$$

设 P 点相对于 K 系的速度为 $\boldsymbol{v}(t)$，加速度为 $\boldsymbol{a}(t)$，分别称为**绝对速度**和**绝对加速度**；相对于 K' 系

的速度为$\boldsymbol{v}'(t)$，加速度为$\boldsymbol{a}'(t)$，分别称为相对速度和相对加速度；而K'系的原点O'相对于K系的速度为$\boldsymbol{v}_0(t)$，加速度为$\boldsymbol{a}_0(t)$，分别称为牵连速度和牵连加速度. 利用速度和加速度的定义，对于静参考系K，我们有

$$\boldsymbol{v}(t)=\frac{\mathrm{d}\boldsymbol{r}(t)}{\mathrm{d}t},\quad \boldsymbol{a}(t)=\frac{\mathrm{d}\boldsymbol{v}(t)}{\mathrm{d}t}=\frac{\mathrm{d}^2\boldsymbol{r}(t)}{\mathrm{d}t^2} \tag{3.1.2}$$

$$\boldsymbol{v}_0(t)=\frac{\mathrm{d}\boldsymbol{r}_0(t)}{\mathrm{d}t},\quad \boldsymbol{a}_0(t)=\frac{\mathrm{d}\boldsymbol{v}_0(t)}{\mathrm{d}t}=\frac{\mathrm{d}^2\boldsymbol{r}_0(t)}{\mathrm{d}t^2} \tag{3.1.3}$$

对于动参考系K'，我们有

$$\boldsymbol{v}'(t)=\frac{\mathrm{d}\boldsymbol{r}'(t)}{\mathrm{d}t},\quad \boldsymbol{a}'(t)=\frac{\mathrm{d}\boldsymbol{v}'(t)}{\mathrm{d}t}=\frac{\mathrm{d}^2\boldsymbol{r}'(t)}{\mathrm{d}t^2} \tag{3.1.4}$$

将式(3.1.1)对时间分别求一阶和二阶微商，并利用式(3.1.2)～式(3.1.4)得

$$\boldsymbol{v}(t)=\boldsymbol{v}_0(t)+\boldsymbol{v}'(t) \tag{3.1.5}$$

$$\boldsymbol{a}(t)=\boldsymbol{a}_0(t)+\boldsymbol{a}'(t) \tag{3.1.6}$$

式(3.1.5)、式(3.1.6)分别表明，绝对速度等于相对速度与牵连速度的矢量和，绝对加速度等于相对加速度与牵连加速度的矢量和. 对于特殊情况，若$\boldsymbol{v}_0(t)=$常量，则$\boldsymbol{a}_0(t)=\mathrm{d}\boldsymbol{v}_0(t)/\mathrm{d}t=0$，于是$\boldsymbol{a}(t)=\boldsymbol{a}'(t)$，该式说明，在相互做匀速直线运动的参考系中，物体的加速度相同.

我们知道，在惯性系K中牛顿定律$\boldsymbol{F}=m\boldsymbol{a}$是成立的，利用运动学的公式(3.1.6)有

$$\boldsymbol{F}=m\boldsymbol{a}=m\boldsymbol{a}_0+m\boldsymbol{a}'$$

或写成

$$\boldsymbol{F}-m\boldsymbol{a}_0=m\boldsymbol{a}'$$

为了在形式上用牛顿定律解释物体在K'系中的运动，必须认为物体除了受真实力$\boldsymbol{F}$的作用外，还受一虚拟力$\boldsymbol{f}_{\mathrm{i}}$的作用. 于是，在非惯性系中，在真实力和虚拟力共同作用下，物体的运动在形式上仍满足牛顿定律. 这就是说，在非惯性系里，有

$$\boldsymbol{F}+\boldsymbol{f}_{\mathrm{i}}=m\boldsymbol{a}' \tag{3.1.7}$$

其中，虚拟力

$$\boldsymbol{f}_{\mathrm{i}}=m\boldsymbol{a}'-\boldsymbol{F}=-m\boldsymbol{a}_0 \tag{3.1.8}$$

称为平移惯性力，简称惯性力. 真实力与惯性力的合力常称表现力，记为$\boldsymbol{F}_{\mathrm{eff}}$，于是式(3.1.7)又可写为

$$\boldsymbol{F}_{\mathrm{eff}}=m\boldsymbol{a}' \tag{3.1.9}$$

式(3.1.8)又可写为

$$\boldsymbol{f}_{\mathrm{i}}=\boldsymbol{F}_{\mathrm{eff}}-\boldsymbol{F} \tag{3.1.10}$$

于是，我们将牛顿第二定律推广到了非惯性系之一的平动参考系. 在平动参考系中，只要引入虚拟力(平移惯性力)，就可以像惯性系一样，用牛顿定律讨论平动参考系的问题. 为了与虚拟力比较，我们将以前所考虑的力称为“真实力”.

"虚拟力"和"真实力"的区别：

(1) "虚拟力"不能指出施力物体.

(2) "虚拟力"没有反作用力.

(3) 所有质点都受力，其指向一律与"牵连"加速度(坐标系的加速度)$\boldsymbol{a}_0$ 相反，且正比于质量(和重力规则类似).

(4) 从原则上讲，只要选择惯性系，就可以消除惯性力，而"真实力"一般不能这样来消除.

我们在"虚拟力"和"真实力"上加了引号，是因为这只是牛顿力学的说法，在近代物理中，"虚拟力"和"真实力"的界限已经不那么明显了. 下面我们深入地讨论这个问题.

1. 等效原理

如上所述，在加速平动参考系中，我们只要对每一个质点引入一个惯性力 $\boldsymbol{f}_{\mathrm{i}}=-m\boldsymbol{a}$，这个加速系中的物理定律就和在惯性系中的等同. 这个惯性力的一个重要特征是，它永远与质量(我们称该质量为惯性质量)成正比. 重力也是这样，也与质量(我们称该质量为引力质量)成正比. 因此，有人提出，重力本身有可能就是一种惯性力，万有引力或许就是由于没有选取正确的参考系而引起的.

以一个完全封闭的电梯为例. 如果此电梯静止于地球表面，电梯内一个观察者看到一物以加速度 $\boldsymbol{g}$ 自上而下运动，他认为此物在地球重力作用下自由下落. 电梯内另一观察者认为根本没有地球重力场，是电梯以加速度 $-\boldsymbol{g}$ 在运动. 电梯里的观察者无法分辨究竟是电梯在做加速运动，还是地球重力场在起作用.

如果电梯在重力场中自由下落，电梯内自由飘浮于空中的物体好像处于无重力场的太空中一样. 爱因斯坦指出，电梯向下的落体加速度恰好抵消了该处的重力场，电梯内的观察者无法判定电梯是静止于太空中还是在重力场中自由下落.

上述概念就是**等效原理**，它是由爱因斯坦提出的著名假设. 它告诉我们，究竟是均匀重力加速度 $\boldsymbol{g}$ 还是参考系加速度的 $\boldsymbol{a}_0=-\boldsymbol{g}$，这在局部范围内是无法加以区分的. 一般情况下，要说出给定的力中有多少是重力，有多少是惯性力，是不可能的.

由于实际的重力场是非均匀的，它不可能延伸到整个空间，即重力场具有局域性，而加速系是非局域性的，可以均匀地延伸到整个空间. 因此，爱因斯坦指出，严格地说每次只有在一个点上才可以把重力同时看成惯性力，根据这个考虑，他认为世界的几何性要比普通的欧几里得几何复杂得多.

2. 厄特沃什实验(验证引力质量与惯性质量成正比)

上述等效原理成立的基础是引力质量与惯性质量相等或引力质量与惯性质量成正比. 匈牙利物理学家厄特沃什从 1890 年起持续做了 25 年的实验，在 10^{-8} 精度范围内证明了引力质量与惯性质量成正比. 图 3.4 是这一实验装置的示意图. 厄特沃什将两个不同质料、质量相等的球悬系在扭秤的两臂上使扭秤平衡. 由于地球绕太阳公转，在地球这一非惯性系中，A、B不仅要受到太阳的引力 $\boldsymbol{F}$ 的作用，而且要受到惯性力 $\boldsymbol{f}_{\mathrm{i}}$ 的作用，其中 $\boldsymbol{F}$ 与引力质量成正比，$\boldsymbol{f}_{\mathrm{i}}$ 与惯性质量成正比. 若物体的引力质量与惯性质量不等，扭秤就要受到一个合力矩作用. 随着地球的自转，太阳表观方位发生变化，此力矩以 24h 为周期而变化，从而使扭秤以相同周期摆动. 实验在 10^{-8} 精度内未观察到这一效应. 类似的实验以后又多次被其他人更精确地做过，精度提高到 9×10^{-13}，表明引力质量和惯性质量精确相等或成正比.

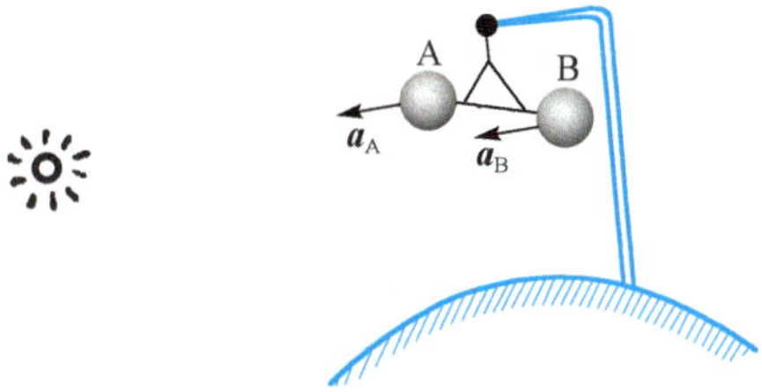

图 3.4 厄特沃什实验(狄克所做)示意图

引力质量与惯性质量相等或成正比，在牛顿力学中是一种巧合，似乎没有重要意义. 爱因斯坦挖掘其深刻的含义，提出等效原理，作为广义相对论的基础之一.

从设计思想上看，厄特沃什实验用的是“**示零法**”，这种方法的灵敏度是很高的，近代物理经常用“示零法”来构造实验，以期得到高精度的“零结果”.

3. 潮汐现象的解释(引力的空间不均匀性)

每日两次的涨潮、落潮现象，是海水既受太阳(和月亮)的引力作用，又在做公转的地球这一非惯性系中受惯性力作用的结果.

在牛顿以前，地球上的潮汐还是一个谜，人们发现万有引力后，开始认为月球把地球上的水吸上来，在近月球处形成一个高潮，在背离月球处产生一个低潮. 由于地球的自转，地球上一个地方潮水每天涨落一次. 另一学派则认为，高潮在背离月球的一面，他们争辩说，因为月球把地球从水中拉向月球一面. 同样，只能得出一天有一次涨潮的结论. 实际观测发现每天有两次涨潮，是因为引力的空间不均匀性. 具体解释如下.

如图 3.5(a)所示，在均匀的引力场中，所考虑的物体上(K'系)A、B、C、D 各点的引力场是一样的，故重力加速度的大小和方向都相同，若 K'系以相同的加速度运动，则在 K'系看，空间各点还要受惯性力 $\boldsymbol{f}_{\mathrm{i}}$ 的作用，故作用于 A、B、C、D 各点的合力为零，因而 A、B、C、D 各点在 K'系内保持静止. 但是，若引力场是不均匀的，如图 3.5(b)所示，则 A、B、C、D 各点引力场的大小和方向都不一样. 若 K'系以其质心处的重力加速度运动，在 K'系看，空间各点受到的惯性力 $\boldsymbol{f}_{\mathrm{i}}$ 是一样的(如果 A、B、C、D 各点的质量相同)，于是各点所受到的合力都不是零，在合力的作用下，A、C 点会相互靠近，而 B、D 点则会相互远离. 地球在太阳的引力场中，其加速度的方向指向太阳，如图 3.6 所示(图中只画出了 B、D 点所受的太阳引力，A、C 点的太阳引力没有画出). 设地球为均匀球体，上面均匀覆盖着水，若不考虑地球自转，地球参考系是一个平动参考系，由于太阳引力的不均匀性，其 A、B、C、D 各点所受

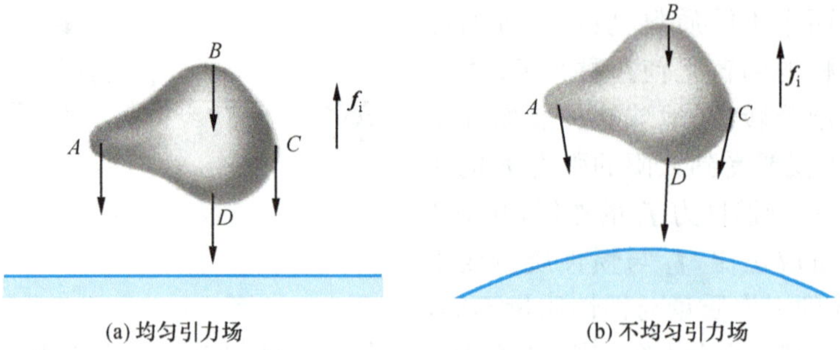

图 3.5　引力场中物体的受力情况

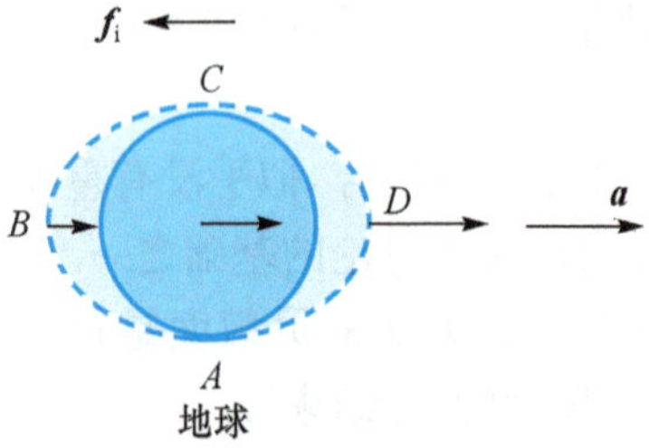

图 3.6　太阳引力产生的潮汐现象

太阳引力和惯性力 $\boldsymbol{f}_i$ 的合力使得 A、C 点相互靠近,B、D 点会相互远离,水面则会如图 3.6 中虚线所示(图中作了夸张). 若再考虑地球自转,由于水面的形状和位置相对于太阳不变,于是在地球上一天将看到两次涨潮和两次落潮.

太阳、月球都会在地球上产生潮汐现象,虽然在地球处太阳的引力远大于月球的引力,但由于潮汐现象主要来自引力的空间不均匀性,月球离地球要比太阳近得多,故月球比太阳的引力不均匀性大得多,月球对潮汐的作用比太阳更大.

3.1.3　转动参考系

当动参考系 K' 相对于静参考系 K 做任意方式的运动时,相对运动与绝对运动呈现比较复杂的关系. 因为即使 K' 系的原点 O' 相对于 K 系静止,相对于 K' 系静止的物体相对于 K 系也在做圆周运动,它不但具有沿圆周切向的速度,还具有加速度. 若 K 系是惯性参考系,则 K' 系不管是均匀转动还是非均匀转动,都是非惯性系. 我们对这种非惯性系作一般的讨论.

让我们先考虑一种特殊情况,动参考系 K' 除了相对于静参考系 K 做平动外,还绕着通过其原点 O' 的某根转轴转动,角速度矢量为 $\boldsymbol{\omega}$. 当然,随着时间 t 的变化,$\boldsymbol{\omega}$ 的大小和方向都可能发生改变,但转轴始终通过原点 O'(第 8 章将证明,我们考虑的这种特殊情况实际上包含了所有的情况,这是一种不失一般性的假定).

1. 微商运算关系

设在时刻 t,一质点位于空间的 P 点,如图 3.7 所示,它相对于 K 系的位矢为 $\boldsymbol{r}(t)$,相对于 K' 系的位矢为 $\boldsymbol{r}'(t)$,而 K' 系的原点相对于 K 系的位矢为 $\boldsymbol{r}_0(t)$,则有

$$\boldsymbol{r}(t)=\boldsymbol{r}_0(t)+\boldsymbol{r}'(t) \tag{3.1.11}$$

其中,K 系的坐标

$$\boldsymbol{r}(t)=x(t)\boldsymbol{i}+y(t)\boldsymbol{j}+z(t)\boldsymbol{k} \quad (3.1.12)$$

K'系的坐标

$$\boldsymbol{r}'(t)=x'(t)\boldsymbol{i}'+y'(t)\boldsymbol{j}'+z'(t)\boldsymbol{k}' \quad (3.1.13)$$

而 $\boldsymbol{i}$、$\boldsymbol{j}$、$\boldsymbol{k}$ 和 $\boldsymbol{i}'$、$\boldsymbol{j}'$、$\boldsymbol{k}'$ 分别是静参考系 K 和动参考系 K' 的坐标基矢.

O'点在 K 系中的坐标为

$$\boldsymbol{r}_0(t)=x_0(t)\boldsymbol{i}+y_0(t)\boldsymbol{j}+z_0(t)\boldsymbol{k} \quad (3.1.14)$$

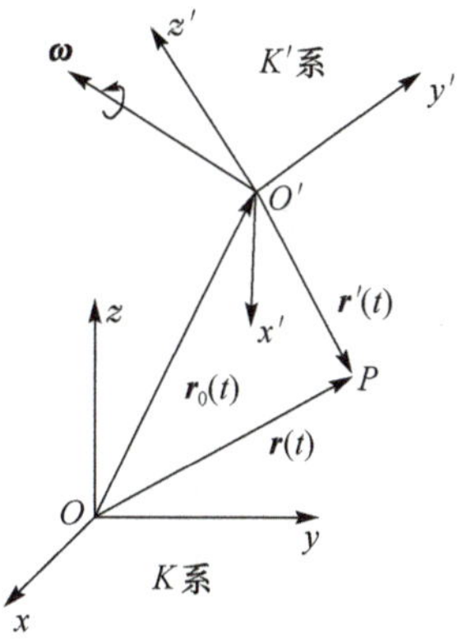

图 3.7 动参考系做任意方式的运动

设 P 点相对于 K 系的速度为 $\boldsymbol{v}(t)$,加速度为 $\boldsymbol{a}(t)$,分别称为绝对速度和绝对加速度;相对于 K'系的速度为 $\boldsymbol{v}'(t)$,加速度为 $\boldsymbol{a}'(t)$,分别称为相对速度和相对加速度;设 K'系的原点相对于 K 系的速度为 $\boldsymbol{v}_0(t)$,加速度为 $\boldsymbol{a}_0(t)$,但不能像平动参考系那样称为牵连速度和牵连加速度,因为现在的情况要比平动参考系复杂得多,牵连速度和牵连加速度还有待计算.

细心的同学可能已经发现,上述的式(3.1.11)和平动参考系的对应公式(3.1.1)完全一样. 当然,速度和加速度的定义也一样,这样一来,就会导出平动参考系的所有结果,这显然不正确,原因是什么呢?

仔细想一想就会明白,如果 $\boldsymbol{r}'(t)$ 是常矢量,即质点 P 相对于 K'系静止,它相对于静参考系 K 仍然在运动! 而且 K'系的坐标基矢 $\boldsymbol{i}'$、$\boldsymbol{j}'$、$\boldsymbol{k}'$ 相对于坐标系 K'是常矢量,对时间的微商是零;可是它们相对于 K 系却是变矢量,对时间的微商不是零! 由此可知,同一个矢量在不同的参考系中对时间的微商是不同的. 于是我们有下列定义.

定义 在静参考系 K 中对时间的微商称为**绝对微商**,用 $\frac{\mathrm{D}}{\mathrm{D}t}$ 表示;在动参考系 K'中对时间的微商称为**相对微商**,用 $\frac{\mathrm{d}}{\mathrm{d}t}$ 表示. 它们之间的差别表现在对坐标系的坐标基矢作用不同,绝对微商 $\frac{\mathrm{D}}{\mathrm{D}t}$ 视 $\boldsymbol{i}'$、$\boldsymbol{j}'$、$\boldsymbol{k}'$ 为变量,视 $\boldsymbol{i}$、$\boldsymbol{j}$、$\boldsymbol{k}$ 为常量;而相对微商 $\frac{\mathrm{d}}{\mathrm{d}t}$ 则视 $\boldsymbol{i}'$、$\boldsymbol{j}'$、$\boldsymbol{k}'$ 为常量$\left(\text{当然,应该视 } \boldsymbol{i}、\boldsymbol{j}、\boldsymbol{k} \text{ 为变量,不过在下面的推导中} \frac{\mathrm{d}}{\mathrm{d}t} \text{作用不到 } \boldsymbol{i}、\boldsymbol{j}、\boldsymbol{k} \text{ 上}\right)$. 除此之外,对坐标值(它们是标量)作用时 $\frac{\mathrm{D}}{\mathrm{D}t}$ 与 $\frac{\mathrm{d}}{\mathrm{d}t}$ 则完全相同.

按照此定义,在 K 系和 K'系中速度和加速度的定义为

K 系

$$\boldsymbol{v}=\frac{\mathrm{D}\boldsymbol{r}}{\mathrm{D}t},\quad \boldsymbol{a}=\frac{\mathrm{D}\boldsymbol{v}}{\mathrm{D}t} \tag{3.1.15}$$

K'系

$$\boldsymbol{v}'=\frac{\mathrm{d}\boldsymbol{r}'}{\mathrm{d}t},\quad \boldsymbol{a}'=\frac{\mathrm{d}\boldsymbol{v}'}{\mathrm{d}t} \tag{3.1.16}$$

为了推导速度和加速度的变换公式，我们还必须知道$\frac{\mathrm{D}}{\mathrm{D}t}$与$\frac{\mathrm{d}}{\mathrm{d}t}$之间的变换关系. 我们先来看看对于 K'系的坐标基矢 $\boldsymbol{i}'$、$\boldsymbol{j}'$、$\boldsymbol{k}'$，用$\frac{\mathrm{D}}{\mathrm{D}t}$作用时有什么结果.

我们知道，当 K'系只平动而不转动时，坐标基矢 $\boldsymbol{i}'$、$\boldsymbol{j}'$、$\boldsymbol{k}'$都是常矢量，则$\frac{\mathrm{D}}{\mathrm{D}t}$对它们作用后结果为零；而当 K'系只转动而不平动时，坐标基矢 $\boldsymbol{i}'$、$\boldsymbol{j}'$、$\boldsymbol{k}'$都在以角速度 $\boldsymbol{\omega}$ 做圆周运动，利用式(1.5.13)得到

$$\frac{\mathrm{D}\boldsymbol{i}'}{\mathrm{D}t}=\boldsymbol{\omega}\times\boldsymbol{i}',\quad \frac{\mathrm{D}\boldsymbol{j}'}{\mathrm{D}t}=\boldsymbol{\omega}\times\boldsymbol{j}',\quad \frac{\mathrm{D}\boldsymbol{k}'}{\mathrm{D}t}=\boldsymbol{\omega}\times\boldsymbol{k}' \tag{3.1.17}$$

由于 K'系只平动时 $\boldsymbol{i}'$、$\boldsymbol{j}'$、$\boldsymbol{k}'$不会变化，故对于我们所考虑的既做平动又做转动的参考系 K'，式(3.1.17)是正确的.

下一步，我们看看对于 K'系中的任意随时间变化的矢量 $\boldsymbol{b}'$，$\boldsymbol{b}'=b'_x(t)\boldsymbol{i}'+b'_y(t)\boldsymbol{j}'+b'_z(t)\boldsymbol{k}'$，用$\frac{\mathrm{D}}{\mathrm{D}t}$作用时有什么结果. 利用式(3.1.17)，有

$$\begin{aligned}\frac{\mathrm{D}\boldsymbol{b}'}{\mathrm{D}t}&=\frac{\mathrm{D}}{\mathrm{D}t}(b'_x\boldsymbol{i}'+b'_y\boldsymbol{j}'+b'_z\boldsymbol{k}')\\&=\frac{\mathrm{D}b'_x}{\mathrm{D}t}\boldsymbol{i}'+\frac{\mathrm{D}b'_y}{\mathrm{D}t}\boldsymbol{j}'+\frac{\mathrm{D}b'_z}{\mathrm{D}t}\boldsymbol{k}'+b'_x\frac{\mathrm{D}\boldsymbol{i}'}{\mathrm{D}t}+b'_y\frac{\mathrm{D}\boldsymbol{j}'}{\mathrm{D}t}+b'_z\frac{\mathrm{D}\boldsymbol{k}'}{\mathrm{D}t}\\&=\frac{\mathrm{d}b'_x}{\mathrm{d}t}\boldsymbol{i}'+\frac{\mathrm{d}b'_y}{\mathrm{d}t}\boldsymbol{j}'+\frac{\mathrm{d}b'_z}{\mathrm{d}t}\boldsymbol{k}'+b'_x\boldsymbol{\omega}\times\boldsymbol{i}'+b'_y\boldsymbol{\omega}\times\boldsymbol{j}'+b'_z\boldsymbol{\omega}\times\boldsymbol{k}'\\&=\frac{\mathrm{d}}{\mathrm{d}t}(b'_x\boldsymbol{i}'+b'_y\boldsymbol{j}'+b'_z\boldsymbol{k}')+\boldsymbol{\omega}\times(b'_x\boldsymbol{i}'+b'_y\boldsymbol{j}'+b'_z\boldsymbol{k}')\\&=\frac{\mathrm{d}\boldsymbol{b}'}{\mathrm{d}t}+\boldsymbol{\omega}\times\boldsymbol{b}'\end{aligned}$$

即

$$\frac{\mathrm{D}\boldsymbol{b}'}{\mathrm{D}t}=\frac{\mathrm{d}\boldsymbol{b}'}{\mathrm{d}t}+\boldsymbol{\omega}\times\boldsymbol{b}' \tag{3.1.18}$$

在式(3.1.18)中，若令 $\boldsymbol{b}'=\boldsymbol{i}',\boldsymbol{j}',\boldsymbol{k}'$，则可得到式(3.1.17). 由于 $\boldsymbol{b}'$是 K'系中的任意随时间变化的矢量，我们自然可以取 $\boldsymbol{b}'=\boldsymbol{r}'$或 $\boldsymbol{b}'=\boldsymbol{v}'$，代入式(3.1.18)中可得

$$\frac{\mathrm{D}\boldsymbol{r}'}{\mathrm{D}t}=\frac{\mathrm{d}\boldsymbol{r}'}{\mathrm{d}t}+\boldsymbol{\omega}\times\boldsymbol{r}' \tag{3.1.19}$$

$$\frac{\mathrm{D}\boldsymbol{v}'}{\mathrm{D}t}=\frac{\mathrm{d}\boldsymbol{v}'}{\mathrm{d}t}+\boldsymbol{\omega}\times\boldsymbol{v}' \tag{3.1.20}$$

有了这些准备工作，我们现在可以推导动参考系 K' 和静参考系 K 之间的速度和加速度变换关系了.

2. 相对于 K' 系静止的点，向心加速度，惯性离心力

我们重述一下假设：如图 3.7 所示，在时刻 t，一质点位于空间的 P 点，它相对于 K 系的位矢为 $\boldsymbol{r}(t)$，相对于 K' 系的位矢为 $\boldsymbol{r}'(t)$，而 K' 系的原点相对于 K 系的位矢为 $\boldsymbol{r}_0(t)$，则有

$$\boldsymbol{r}(t)=\boldsymbol{r}_0(t)+\boldsymbol{r}'(t) \tag{3.1.21}$$

设 K' 系的原点相对于 K 系的速度为 $\boldsymbol{v}_0(t)$，加速度为 $\boldsymbol{a}_0(t)$，我们现在先讨论均匀转动参考系，它也是一种经常遇到的非惯性系. 例如，地球参考系就是一个很好的均匀转动参考系，按照绝对微商与相对微商的定义，有

$$\boldsymbol{v}_0=\frac{\mathrm{D}\boldsymbol{r}_0}{\mathrm{D}t},\quad \boldsymbol{a}_0=\frac{\mathrm{D}\boldsymbol{v}_0}{\mathrm{D}t},\quad \frac{\mathrm{D}\boldsymbol{\omega}}{\mathrm{D}t}=0 \tag{3.1.22}$$

设 P 点相对于 K' 系静止，有

$$\boldsymbol{v}'=\frac{\mathrm{d}\boldsymbol{r}'}{\mathrm{d}t}=0,\quad \boldsymbol{a}'=\frac{\mathrm{d}\boldsymbol{v}'}{\mathrm{d}t}=0 \tag{3.1.23}$$

而我们称 P 点相对于 K 系的速度为牵连速度 $\boldsymbol{v}_\mathrm{f}$，将式(3.1.21)等号两边求绝对微商，并利用式(3.1.15)、式(3.1.16)、式(3.1.19)、式(3.1.22)、式(3.1.23)，可得

$$\begin{aligned}\boldsymbol{v}&=\frac{\mathrm{D}\boldsymbol{r}}{\mathrm{D}t}=\frac{\mathrm{D}}{\mathrm{D}t}(\boldsymbol{r}_0+\boldsymbol{r}')=\frac{\mathrm{D}\boldsymbol{r}_0}{\mathrm{D}t}+\frac{\mathrm{D}\boldsymbol{r}'}{\mathrm{D}t}\\&=\frac{\mathrm{D}\boldsymbol{r}_0}{\mathrm{D}t}+\frac{\mathrm{d}\boldsymbol{r}'}{\mathrm{d}t}+\boldsymbol{\omega}\times\boldsymbol{r}'=\boldsymbol{v}_\mathrm{f}\end{aligned} \tag{3.1.24}$$

其中

$$\boldsymbol{v}_\mathrm{f}=\boldsymbol{v}_0+\boldsymbol{\omega}\times\boldsymbol{r}' \tag{3.1.25}$$

而我们称 P 点相对于 K 系的加速度为牵连加速度 $\boldsymbol{a}_\mathrm{f}$，将式(3.1.24)等号两边求绝对微商，并利用式(3.1.15)、式(3.1.16)、式(3.1.19)，可得

$$\begin{aligned}\boldsymbol{a}&=\frac{\mathrm{D}\boldsymbol{v}}{\mathrm{D}t}=\frac{\mathrm{D}}{\mathrm{D}t}(\boldsymbol{v}_0+\boldsymbol{\omega}\times\boldsymbol{r}')=\frac{\mathrm{D}\boldsymbol{v}_0}{\mathrm{D}t}+\frac{\mathrm{D}\boldsymbol{\omega}}{\mathrm{D}t}\times\boldsymbol{r}'+\boldsymbol{\omega}\times\frac{\mathrm{D}\boldsymbol{r}'}{\mathrm{D}t}\\&=\boldsymbol{a}_0+\boldsymbol{\omega}\times\left(\frac{\mathrm{d}\boldsymbol{r}'}{\mathrm{d}t}+\boldsymbol{\omega}\times\boldsymbol{r}'\right)=\boldsymbol{a}_\mathrm{f}\end{aligned} \tag{3.1.26}$$

其中

$$\boldsymbol{a}_\mathrm{f}=\boldsymbol{a}_0+\boldsymbol{\omega}\times(\boldsymbol{\omega}\times\boldsymbol{r}') \tag{3.1.27}$$

若 K' 系的原点相对于 K 系静止，即 $\boldsymbol{v}_0=0,\boldsymbol{a}_0=0$，有

$$\boldsymbol{v}=\boldsymbol{v}_\mathrm{f}=\boldsymbol{\omega}\times\boldsymbol{r}' \tag{3.1.28}$$

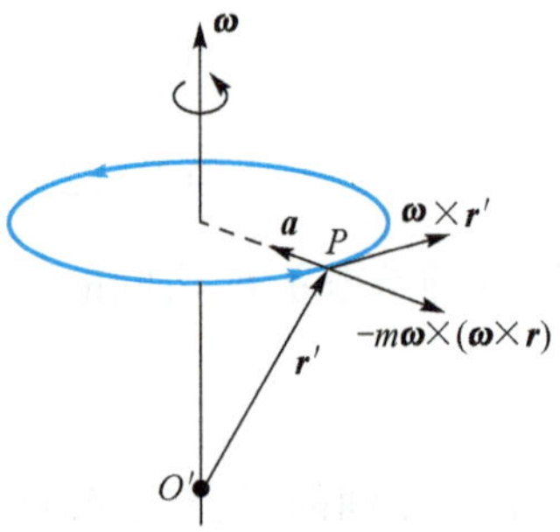

图 3.8　向心加速度与惯性离心力

$$\boldsymbol{a}=\boldsymbol{a}_{\mathrm{f}}=\boldsymbol{\omega}\times(\boldsymbol{\omega}\times\boldsymbol{r}')=\boldsymbol{\omega}(\boldsymbol{\omega}\cdot\boldsymbol{r}')-\omega^2\boldsymbol{r}' \tag{3.1.29}$$

由图 3.8 可见，式(3.1.29)所示的牵连加速度的方向为由 P 点垂直指向转轴方向(注意，不是指向 K' 系的原点 O' 的方向)，故又称该加速度为**向心加速度**.

由于 K 系是惯性参考系，因而质点 P 受力(真实力)为

$$\boldsymbol{F}=m\boldsymbol{a}=m\boldsymbol{\omega}\times(\boldsymbol{\omega}\times\boldsymbol{r}') \tag{3.1.30}$$

由图 3.8 可见，该力的方向为从 P 点指向转轴的垂线.

在转动参考系看来 P 点静止不动，为了在形式上用牛顿定律解释物体在非惯性系上的运动，必须认为物体不仅受真实力 $\boldsymbol{F}$ 作用，而且还受虚拟力 $\boldsymbol{f}_{\mathrm{i}}$ 作用，$\boldsymbol{f}_{\mathrm{i}}$ 正好与 $\boldsymbol{F}$ 相抵消，即表现力为

$$\boldsymbol{F}_{\mathrm{eff}}=\boldsymbol{F}+\boldsymbol{f}_{\mathrm{i}}=0$$

于是虚拟力

$$\boldsymbol{f}_{\mathrm{i}}=\boldsymbol{f}_{\mathrm{c}}=\boldsymbol{F}_{\mathrm{eff}}-\boldsymbol{F}=-m\boldsymbol{\omega}\times(\boldsymbol{\omega}\times\boldsymbol{r}') \tag{3.1.31}$$

为了与平移惯性力区别，我们用 $\boldsymbol{f}_{\mathrm{c}}$ 表示该虚拟力，由图 3.8 知它的方向为垂直于转轴向外的方向，因而我们称 $\boldsymbol{f}_{\mathrm{c}}$ 为**惯性离心力**.

惯性离心力的特点：

(1) 惯性离心力垂直于转轴，并指向离开转轴的方向.

(2) 惯性离心力与物体质量成正比(我们以后会看到，所有的惯性力都与质量成正比).

例 3.1

地球上物体的重力并不严格指向地心，且重力随纬度的减小而减小.

解 由于地球的自转，在地球上测得的物体的重力并非是物体的真实重力，而是表观重力. 表观重力 $\boldsymbol{P}_\theta$ 与物体所在处的纬度有关，它是物体所受引力 $\boldsymbol{P}$ 和离心力 $\boldsymbol{f}_{\mathrm{c}}$ 的矢量和，如图 3.9 所示. 在纬度为 θ 处，离心力为

$$f_{\mathrm{c}}=m\omega^2R\cos\theta$$

其中，ω 为地球的自转角速度；R 为地球半径. 由于 $f_{\mathrm{c}}\ll P$，表观重力 P_θ 近似为

$$P_\theta\approx P-f_{\mathrm{c}}\cos\theta=P-m\omega^2R\cos^2\theta \tag{3.1.32}$$

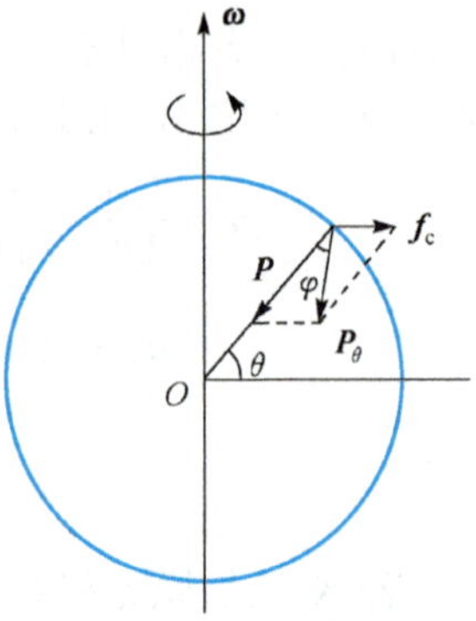

图 3.9　重力与纬度的关系

即重力随纬度的减小而减小. 因 $\omega=2\pi/86400\text{s}=7.3\times10^{-5}\text{s}^{-1}$，地面处 $R=R_0=6.4\times10^6\text{m}$，由此算得 $\omega^2R/g\approx0.3\%$，故 P_θ 与 P 相差最大(赤道处)不超过 0.3%. 而 P_θ 与 P 的夹角 φ，由图 3.9 知为

$$\varphi\approx\frac{f_c\sin\theta}{P}=\frac{m\omega^2R\cos\theta\sin\theta}{mg}=\frac{\omega^2R\sin2\theta}{2g} \tag{3.1.33}$$

可见，φ 在 45°处为最大，$\varphi_{\max}=\omega^2R/2g=0.15\%\approx6'$.

如果考虑到引力质量 $m_{引}$ 与惯性质量 m 不同，φ 的表达式应为

$$\varphi=\frac{\omega^2R\sin2\theta}{2g}\cdot\frac{m}{m_{引}}$$

如果惯性质量与引力质量不成正比，此 φ 角将因物体的质料不同而异. 因此，若用细线将不同质料的物体悬挂起来，悬线将取不同的方向. 厄特沃什原来的实验正是基于这一思想，此实验在 1922 年发表时，精度达到10^{-5}.

例 3.2

同步卫星可以定点于赤道上空.

解 要想物体静止于地球上空而成为地球同步卫星，必须使物体的表观重力 P_θ 为零. 由图 3.9 可见，仅当 $\theta=0$ 时，引力 $\boldsymbol{P}$ 和离心力 $\boldsymbol{f}_c$ 的矢量和才有可能为零，因此地球同步卫星可以且只能定点于赤道上空，万有引力 $P=mgR_0^2/R^2$，其轨道半径可用式(3.1.32)求得

$$R=\left(\frac{gR_0^2}{\omega^2}\right)^{1/3}\approx4.2\times10^7\text{m}$$

3. 相对于 K' 系做匀速运动的点，科里奥利力

在转动参考系内做匀速运动的质点，除了受上述各种惯性力作用外，其行为还受另一种虚拟力——科里奥利力(法国人科里奥利于 1835 年提出)作用. 我们来分析这个问题.

仍讨论均匀转动参考系，考虑相对于 K' 系做匀速直线运动的质点 P，在 K' 系上看有(图 3.7)

$$\boldsymbol{v}'=常量,\qquad \boldsymbol{a}'=0 \tag{3.1.34}$$

现在求 P 点相对于 K 系的速度，将式(3.1.21)两边求绝对微商，并利用式(3.1.15)、式(3.1.16)、式(3.1.19)、式(3.1.20)，可得

$$\boldsymbol{v}=\frac{\mathrm{D}\boldsymbol{r}}{\mathrm{D}t}=\frac{\mathrm{D}}{\mathrm{D}t}(\boldsymbol{r}_0+\boldsymbol{r}')=\frac{\mathrm{D}\boldsymbol{r}_0}{\mathrm{D}t}+\frac{\mathrm{d}\boldsymbol{r}'}{\mathrm{d}t}+\boldsymbol{\omega}\times\boldsymbol{r}'=\boldsymbol{v}'+\boldsymbol{v}_0+\boldsymbol{\omega}\times\boldsymbol{r}'$$

即

$$\boldsymbol{v}=\boldsymbol{v}'+\boldsymbol{v}_0+\boldsymbol{\omega}\times\boldsymbol{r}'=\boldsymbol{v}'+\boldsymbol{v}_f \tag{3.1.35}$$

式中，$\boldsymbol{v}_f$ 的表达式见式(3.1.25). 为了求 P 点相对于 K 系的加速度，将式(3.1.35)两边求绝对微商，并利用式(3.1.15)、式(3.1.16)、式(3.1.19)、

式(3.1.20)、式(3.1.22)、式(3.1.34),可得

$$\begin{aligned} \boldsymbol{a} &= \frac{\mathrm{D}\boldsymbol{v}}{\mathrm{D}t} = \frac{\mathrm{D}}{\mathrm{D}t}(\boldsymbol{v}' + \boldsymbol{v}_0 + \boldsymbol{\omega} \times \boldsymbol{r}') \\ &= \frac{\mathrm{d}\boldsymbol{v}'}{\mathrm{d}t} + \boldsymbol{\omega} \times \boldsymbol{v}' + \frac{\mathrm{D}\boldsymbol{v}_0}{\mathrm{D}t} + \frac{\mathrm{D}\boldsymbol{\omega}}{\mathrm{D}t} \times \boldsymbol{r}' + \boldsymbol{\omega} \times \frac{\mathrm{D}\boldsymbol{r}'}{\mathrm{D}t} \\ &= \boldsymbol{a}' + \boldsymbol{a}_0 + \boldsymbol{\omega} \times \boldsymbol{v}' + \boldsymbol{\omega} \times \left(\frac{\mathrm{d}\boldsymbol{r}'}{\mathrm{d}t} + \boldsymbol{\omega} \times \boldsymbol{r}'\right) \\ &= \boldsymbol{a}_0 + 2\boldsymbol{\omega} \times \boldsymbol{v}' + \boldsymbol{\omega} \times (\boldsymbol{\omega} \times \boldsymbol{r}') \end{aligned}$$

令

$$\boldsymbol{a}_{\mathrm{cor}} = 2\boldsymbol{\omega} \times \boldsymbol{v}' \tag{3.1.36}$$

则得

$$\boldsymbol{a} = \boldsymbol{a}_{\mathrm{f}} + \boldsymbol{a}_{\mathrm{cor}} \tag{3.1.37}$$

其中,$\boldsymbol{a}_{\mathrm{f}}$ 为向心加速度,表达式见式(3.1.27);$\boldsymbol{a}_{\mathrm{cor}}$为**科里奥利加速度**,这是法国人科里奥利于 1835 年提出的.

若 K'系的原点相对于 K 系静止,在 K 系看,P 点受到真实力 $\boldsymbol{F}$ 作用,即

$$\boldsymbol{F} = m\boldsymbol{a} = 2m\boldsymbol{\omega} \times \boldsymbol{v}' + m\boldsymbol{\omega} \times (\boldsymbol{\omega} \times \boldsymbol{r}') \tag{3.1.38}$$

在 K'系看,为了能在形式上使用牛顿定律,质点 P 所受的表现力必须为零,故质点 P 除了受惯性离心力 $\boldsymbol{f}_{\mathrm{c}} = -m\boldsymbol{\omega} \times (\boldsymbol{\omega} \times \boldsymbol{r}')$作用外,还受到另一力 $\boldsymbol{f}_{\mathrm{cor}}$作用,即

$$\boldsymbol{f}_{\mathrm{cor}} = -2m\boldsymbol{\omega} \times \boldsymbol{v}' \tag{3.1.39}$$

其中,$\boldsymbol{f}_{\mathrm{cor}}$为科里奥利力. 这样,表现力为

$$\boldsymbol{F}_{\mathrm{eff}} = \boldsymbol{F} + \boldsymbol{f}_{\mathrm{c}} + \boldsymbol{f}_{\mathrm{cor}} = 0$$

由科里奥利力的表达式可见,该力有三个特征:

(1) 与相对速度成正比,故只有当物体相对转动参考系运动时才可能出现.

(2) 与转动参考系的角速度的一次方成正比,而离心力与角速度的二次方成正比,故当参考系的转动角速度较小时,科里奥利力比离心力更重要.

(3) 力的方向总是与相对速度垂直,故不会改变相对速度的大小.

地球是一个转动参考系,在地球上运动的物体也受到科里奥利力作用. 科里奥利力在地球上有以下的表现:

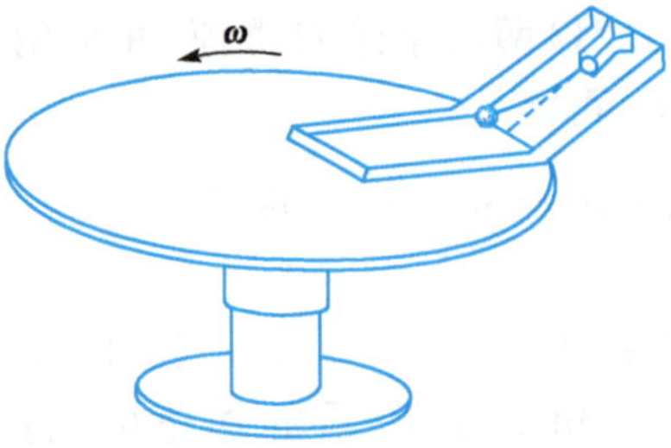

图 3.10　落体偏东的演示

(1) 地面上北半球河流冲刷右岸. 火车对右轨的偏压较大. 在南半球则对左岸和左轨作用大.

(2) 自由落体因受科里奥利力的作用,会向东偏斜. 这可以用实验来演示,如图 3.10 所示,在旋转平台上装一个斜坡,让小球从斜坡的上方自由滚下,小球的运动将向旋转的前方偏斜,这就是落体偏东的演示.

(3) 在北半球的单摆由于受到科里奥利力的作用,摆球轨迹每次都向运动方向的右方偏斜,最后使摆平面沿顺时针方向转动,如图 3.11 所示. 计算可得,转动角速度 $\Omega=-\omega\sin\theta$,其中 θ 为摆所在地的纬度,ω 为地球自转角速度. 当摆位于北极时,摆面转动角速度与地球的转动角速度大小相同(方向相反). 这是可以理解的,因为摆面相对惯性系保持不动. 1851 年,傅科在巴黎先贤祠用长 67m 的摆做了实验,摆的振动周期 $T=16.5\text{s}$,每摆动一次,摆面转动 $0.05°$,经 32h,摆面转动一周,直接证明了地球在自转.

图 3.11 傅科摆模拟演示

(4) 天气图上高、低气压环流能长期存在. 图 3.12(a)、(b)是北半球高空的情况,图中虚线表示等压线,在高空摩擦力可以忽略,气体中的某点(如 P 点)在气压梯度力 $\boldsymbol{F}$ 的作用下一旦运动,科里奥利力 $\boldsymbol{f}_{\text{cor}}$ 马上产生,由于科里奥利力总是与运动方向垂直,所以它将使气流运动方向不断改变,最终的平衡情况是,高压中心附近气流顺时针方向旋转,低压中心附近气流逆时针方向旋转. 这样,气压梯度力 $\boldsymbol{F}$ 与科里奥利力 $\boldsymbol{f}_{\text{cor}}$ 的方向正好相反,它们的合力提供了气压环流的向心力. 当然,气压梯度力 $\boldsymbol{F}$ 越大,则气流的速度越大. 这样,高压中心的气体不能有效流出,低压中心的气体不能有效流入,故高、低压中心可以长期存在. 图 3.12(c)和(d)是北半球地面的情况,在地面,由于摩擦力 $\boldsymbol{f}$ 的加入,平衡时是气压梯度力 $\boldsymbol{F}$、科里奥利力 $\boldsymbol{f}_{\text{cor}}$ 与摩擦力 $\boldsymbol{f}$ 三个力的平衡,由于摩擦力 $\boldsymbol{f}$ 能消耗气压梯度的能量,故高、低压中心的存在时间要短一些. 图 3.12(d)就是我们熟知的台风的气体环流图.

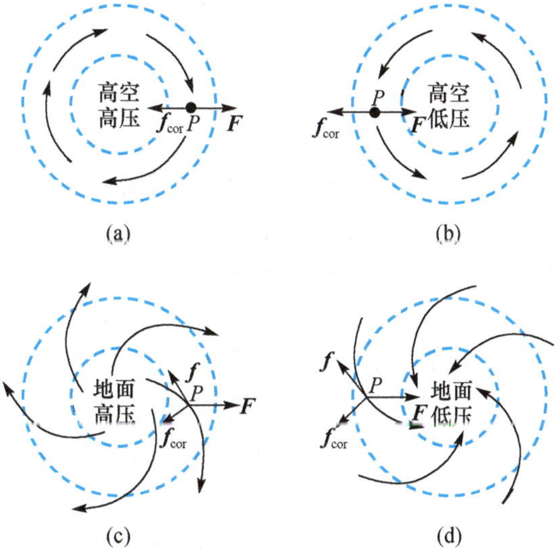

图 3.12 地球上的高、低气压环流

*4. 一般情况

现在我们讨论一般情况,见图 3.7. 动参考系 K' 除了相对于静参考系 K 做平动外,还绕着通过其原点 O' 的某根转轴转动,角速度矢量为 $\boldsymbol{\omega}$,一般它也不是常矢量,质点 P 相对于 K 系的位矢为 $\boldsymbol{r}(t)$,相对于 K' 系的位矢为 $\boldsymbol{r}'(t)$,而 K' 系的原点相对于 K 系的位矢为 $\boldsymbol{r}_0(t)$. 则在任一时刻 t,有

$$\boldsymbol{r}(t)=\boldsymbol{r}_0(t)+\boldsymbol{r}'(t)$$

$$\boldsymbol{v}=\frac{\mathrm{D}\boldsymbol{r}}{\mathrm{D}t}=\frac{\mathrm{D}}{\mathrm{D}t}(\boldsymbol{r}_0+\boldsymbol{r}')=\frac{\mathrm{D}\boldsymbol{r}_0}{\mathrm{D}t}+\frac{\mathrm{d}\boldsymbol{r}'}{\mathrm{d}t}+\boldsymbol{\omega}\times\boldsymbol{r}'=\boldsymbol{v}'+\boldsymbol{v}_0+\boldsymbol{\omega}\times\boldsymbol{r}' \tag{3.1.40}$$

$$\begin{aligned}\boldsymbol{a}&=\frac{\mathrm{D}\boldsymbol{v}}{\mathrm{D}t}=\frac{\mathrm{D}}{\mathrm{D}t}(\boldsymbol{v}'+\boldsymbol{v}_0+\boldsymbol{\omega}\times\boldsymbol{r}')\\&=\frac{\mathrm{d}\boldsymbol{v}'}{\mathrm{d}t}+\boldsymbol{\omega}\times\boldsymbol{v}'+\frac{\mathrm{D}\boldsymbol{v}_0}{\mathrm{D}t}+\frac{\mathrm{D}\boldsymbol{\omega}}{\mathrm{D}t}\times\boldsymbol{r}'+\boldsymbol{\omega}\times\frac{\mathrm{D}\boldsymbol{r}'}{\mathrm{D}t}\\&=\boldsymbol{a}'+\boldsymbol{a}_0+\frac{\mathrm{D}\boldsymbol{\omega}}{\mathrm{D}t}\times\boldsymbol{r}'+\boldsymbol{\omega}\times\boldsymbol{v}'+\boldsymbol{\omega}\times\left(\frac{\mathrm{d}\boldsymbol{r}'}{\mathrm{d}t}+\boldsymbol{\omega}\times\boldsymbol{r}'\right)\\&=\boldsymbol{a}'+\boldsymbol{a}_0+\frac{\mathrm{D}\boldsymbol{\omega}}{\mathrm{D}t}\times\boldsymbol{r}'+2\boldsymbol{\omega}\times\boldsymbol{v}'+\boldsymbol{\omega}\times(\boldsymbol{\omega}\times\boldsymbol{r}')\end{aligned}$$

$$\boldsymbol{F}-m\boldsymbol{a}_0-2m\boldsymbol{\omega}\times\boldsymbol{v}'-m\boldsymbol{\omega}\times(\boldsymbol{\omega}\times\boldsymbol{r}')-m\frac{\mathrm{D}\boldsymbol{\omega}}{\mathrm{D}t}\times\boldsymbol{r}'=m\boldsymbol{a}' \tag{3.1.41}$$

于是我们需要定义虚拟力 $\boldsymbol{f}_{\mathrm{i}}$ 为

$$\boldsymbol{f}_{\mathrm{i}}=-m\boldsymbol{a}_0-2m\boldsymbol{\omega}\times\boldsymbol{v}'-m\boldsymbol{\omega}\times(\boldsymbol{\omega}\times\boldsymbol{r}')-m\frac{\mathrm{D}\boldsymbol{\omega}}{\mathrm{D}t}\times\boldsymbol{r}' \tag{3.1.42}$$

式(3.1.42)等号右边各项分别为:平移惯性力、科里奥利力和惯性离心力,而最后一项是由于转动参考系角速度 $\boldsymbol{\omega}$ 的变化而产生的惯性力.

3.2 例　　题

例 3.3

如图 3.13 所示,一根不可伸长的轻绳跨过定滑轮后,一端吊着质量为 m_1 的物体,另一端上套着质量为 m_2 的圆柱,柱相对绳以加速度 a_2' 向下滑动. 若不计定滑轮的质量及轴处摩擦,求物体 m_1 的加速度及柱与绳之间的摩擦力 f.

解 可将惯性系和非惯性系结合运用. 在惯性系中讨论 m_1 的运动,而以绳为参考系(非惯性系)讨论 m_2 的运动. 在惯性参考系中 m_1 和 m_2 的受力分析如图 3.13(b)所示;而在非惯性系中讨论 m_2 的运动时需加上惯性力 f_{c},如图 3.13(a)所示. 于是质点的动力学方程为

$$m_1a_1=m_1g-T=m_1g-f \tag{3.2.1}$$

$$m_2a_2'=m_2g+f_{\mathrm{c}}-f=m_2g+m_2a_1-f \tag{3.2.2}$$

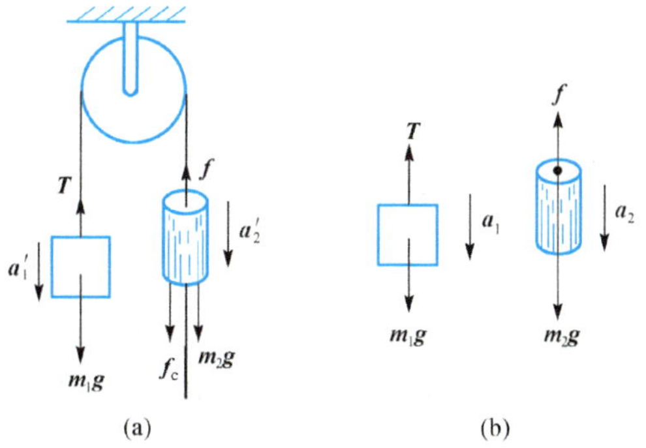

图 3.13　例 3.3 图

由式(3.2.1)和式(3.2.2)解得

$$a_1=\frac{(m_1-m_2)g+m_2a_2'}{m_1+m_2} \tag{3.2.3}$$

$$f=\frac{m_1m_2(2g-a_2')}{m_1+m_2} \tag{3.2.4}$$

例 3.4

一水桶绕自身的铅垂轴以角速度 ω 旋转，当水与桶一起转动时，求水面的形状.

解 在和水与桶一起旋转的参考系上，水受离心力作用向四周散开，故最后必成旋转凹面状. 由于凹面具有旋转对称性，只要求得凹面与过轴的铅垂面的交线即可确定水面的形状. 建立 z,r 坐标，以液面中心为原点，如图 3.14 所示. 考察横坐标为 r 的液面上的液体微团，设其质量为 m，它受重力 mg、离心力 $m\omega^2r$ 和其他液体对它的作用力 N 的共同作用，合力为零. 由于液体质元间的作用力是短程力，其他液体对该液体微团的作用，只是其周围附近的液体对它的作用，由对称性可知，此作用力 N 必与液面垂直，也就是与所求交线在该点的切线垂直，于是

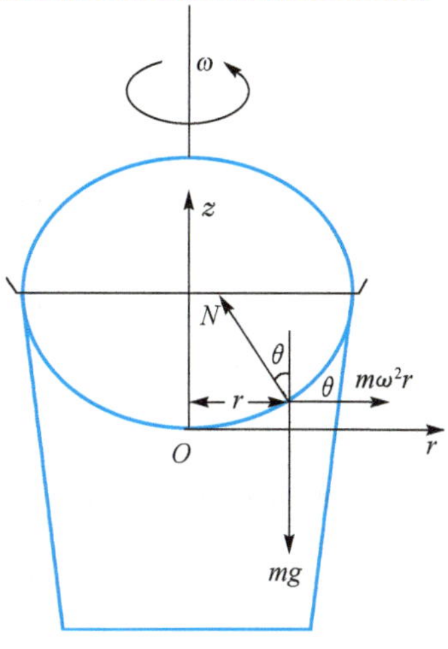

图 3.14　例 3.4 图

$$\frac{\mathrm{d}z}{\mathrm{d}r}=\tan\theta=\frac{m\omega^2r}{mg}=\frac{\omega^2}{g}r$$

积分，得

$$z=\frac{\omega^2}{2g}r^2+c$$

由 $r=0$ 时，$z=0$ 得 $c=0$. 故有

$$z=\frac{\omega^2}{2g}r^2$$

此为抛物线方程，故液面为旋转抛物面.

例 3.5

一双摆系统由摆长分别为 l_1 和 l_2 的轻绳和质量分别为 m_1 和 m_2 的两质点组成，并处于平衡位置，如图 3.15(a)所示. 突然 m_1 受一冲击，得速度 $\boldsymbol{v}_0$. 求此时两段绳子中的张力 T_1 和 T_2.

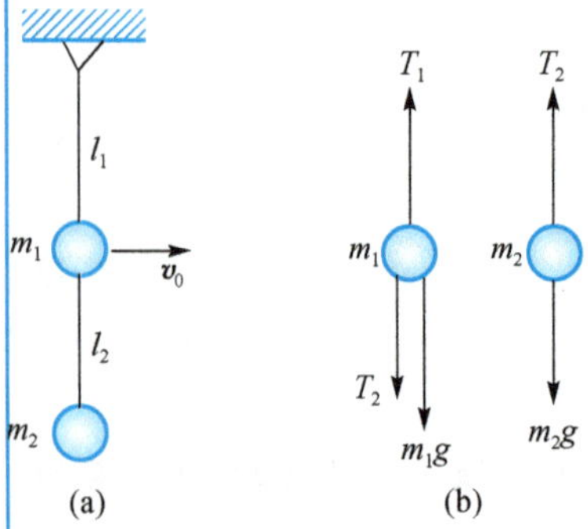

图 3.15　例 3.5 图

解 本系统有两个质点，可以利用隔离物体方法分别加以研究. 所考察的初始状态是：m_1 具有水平速度 $\boldsymbol{v}_0$，m_2 无初速度；m_1 和 m_2 的位置未发生明显位移，正如图 3.15(a)所示位置.

m_1 和 m_2 所受作用力如图 3.15(b)所示，其中由 m_1 的受力分析图并考虑到 m_1 做圆周运动，所以得 m_1 的方程为

$$T_1-T_2-m_1g=m_1\frac{v_0^2}{l_1}$$

在 m_1 做圆周运动的同时，m_2 相对 m_1 也做圆周运动. 在地球系中不易立即写出 m_2 的运动方程. 如果选取 m_1 作为参考系将会带来方便. m_1 相对地球做半径为 l_1 的圆周运动，且在图 3.15(a)所示位置，m_1 只有向心加速度而无切向加速度. 因此，我们可以选用三种不同的非惯性系写出 m_2 的运动方程并求解.

(1) 与 m_1 相对静止的平动参考系. 在此参考系中 m_2 以 $\boldsymbol{v}_0$ 速度向左运动，得 m_2 的运动方程

$$T_2-m_2g-m_2\frac{v_0^2}{l_1}=m_2\frac{v_0^2}{l_2}$$

与 m_1 的方程联立，可得

$$T_1=(m_1+m_2)g+(m_1+m_2)\frac{v_0^2}{l_1}+m_2\frac{v_0^2}{l_2}$$

$$T_2=m_2g+m_2\frac{v_0^2}{l_1}+m_2\frac{v_0^2}{l_2}$$

(2) 与 m_1 相对静止的绕悬挂点转动参考系. 此转动参考系的角速度为 $\omega=\frac{v_0}{l_1}$，m_2 在此转动系中的矢径大小为 l_1+l_2，m_2 的相对速度为 $\frac{v_0}{l_1}(l_1+l_2)$，方向向左. 写出 m_2 的运动方程

$$T_2-m_2g-m_2\frac{v_0^2}{l_1^2}(l_1+l_2)+2m_2\frac{v_0^2}{l_1^2}(l_1+l_2)=m_2\frac{\left[\frac{v_0}{l_1}(l_1+l_2)\right]^2}{l_2}$$

(3) 与 m_1 相对静止的绕 m_1 的转动参考系，此转动系角速度取为 $\omega=v_0/l_1$，原点(m_1 点)的平动加速度为 v_0^2/l_1，m_2 在此平动转动系中的位矢大小为 l_2，相对速度为$\left[v_0+\left(\frac{v_0}{l_1}\right)l_2\right]$. 写出 m_2 的运动方程

$$T_2-m_2g-m_2\frac{v_0^2}{l_1}-m_2\frac{v_0^2}{l_1^2}l_2+2m_2\frac{v_0}{l_1}\left(v_0+\frac{v_0}{l_1}l_2\right)=m_2\frac{\left(v_0+\frac{v_0}{l_1}l_2\right)^2}{l_2}$$

由(2)、(3)中 m_2 的运动方程与 m_1 的运动方程联立求解所得到的 T_1 和 T_2 与(1)中结果相同.

*3.3 牛顿绝对时空概念的局限

牛顿力学的描述离不开参考系. 牛顿定律并不适用于所有的参考系，后人把牛顿定律适用的参考系叫做惯性参考系. 然而，牛顿力学的理论框架本身并不能明确给出什么是惯性参考系. 牛顿完全了解自己理论中存在的这一薄弱环节，他的解决办法是引入一个客观标准——绝对空间，用以判断各物体是处于静止、匀速运动状态，还是处于加速运动状态.

牛顿的绝对空间是不受外界影响的、绝对静止的. 这个绝对空间到底在哪里呢? 牛顿这样猜想:“在恒星所在的遥远的地方，或者在它们之外更遥远的地方，可能有某种绝对静止的物体存在.” 他提出假设，即宇宙的中心是不动的，就是他所想象的绝对空间. 从现今的观点来看，牛顿的绝对时空观是不对的. 但牛顿引入绝对空间，对于建立他的力学体系是必要的. 也就是说，由于绝对空间对经典力学是必不可少的，故牛顿的绝对空间观能够统治物理学界 200 多年.

为了区分绝对运动和相对运动，给绝对运动的存在寻找根据，牛顿提出了一个著名的“水桶实验”. 实验的大意如下：一个盛水的桶挂在一条扭得很紧的绳子上，然后放手，于是如图 3.16 所示.

(a) 开始时，桶旋转得很快，但水几乎静止不动. 在黏滞力经过足够的时间使它旋转起来之前，水面是平的，完全与水桶转动前一样.

(b) 水和桶一起旋转，水面变成凹状的抛物面.

(c) 突然使桶停止旋转，但桶内的水还在转动，水面仍然保持凹状的抛物面.

牛顿就此分析，在(a)、(c)阶段里，水和桶都有相对运动，而前者水是平的，后者水面凹下；在(b)、(c)阶段里，无论水和桶有无相对运动，水面都是凹下的. 牛顿由此得出结论：桶和水的相对运动不是水面凹下的原因，这个现象的根本原因是水

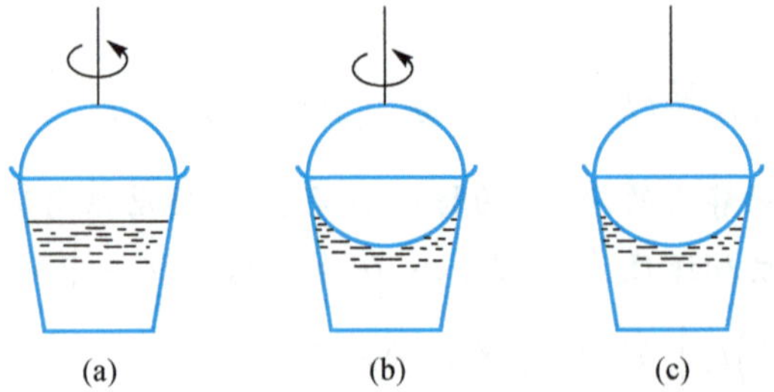

图 3.16　牛顿的“水桶实验”

在空间里绝对运动(即相对于牛顿的绝对空间的运动)的加速度.

牛顿的绝对空间概念曾受到同时代的人,如惠更斯、莱布尼茨等的非难和指责,但由于牛顿力学的巨大成就,200 多年中一直为人们普遍接受.其间也有反对的,首先在物理学界产生巨大影响的是奥地利物理学家马赫.

1880 年,马赫在他的《力学史》中,对牛顿的水桶实验作了分析.他认为,牛顿的水桶实验并没有真正起到判据作用,因为实验中的两种情形并不完全等价.在(a)阶段,只有桶壁相对于水转动,宇宙中一切其他物质相对于水都是静止的.在(b)阶段,水相对于宇宙其他物质发生转动.要做到完全等价,就要使得在(a)阶段宇宙中其他物质都绕水转动.

马赫认为,牛顿水桶实验中水面凹下,是它与宇宙远处存在的大量物质之间有相对转动密切相关的.反过来,如果水不动而周围的大量物质相对于它转动,则水面也同样会凹下.如果设想把桶壁的厚度增大到几千米甚至几十千米,没有人知道这个实验的结果是怎样的.而他本人相信,这一怪桶的旋转将真的对桶内的水产生一个等效的惯性离心力作用,即使其中的水并无公认意义下的转动.马赫的思想归结为一切运动都是相对于某种物质实体而言的,是相对于远方恒星(或者说是宇宙中全部物质的分布)的加速度引起了惯性力和有关效应.

从上面的论述可以看出,牛顿认为物体的惯性是绝对空间赋予的,而马赫则认为惯性是物体与宇宙间众星体相互作用的结果.

马赫的深刻思想一时不被人们所理解,却给了爱因斯坦极大启发,引导他于 1915 年创立了广义相对论.他设想若某一升降机是惯性系,在其中的观测者会发现光线沿直线传播,但若该升降机做匀加速运动,其中的观测者会发现光线沿抛物线传播,但是该观测者可以认为升降机仍然做匀速运动,只不过受到一个引力的作用,爱因斯坦从惯性质量等于引力质量这一事实看出,引力和加速度产生的惯性力是等价的.从牛顿力学的观点看,地面参考系才是惯性系,而自由降落的升降机则不是.但我们也可认为自由降落的升降机是惯性系,而在地面参考系内感觉到的重力反而是它相对于惯性系(自由降落的升降机)有向上加速度的效果.这是广义相对论的观点.

第4章 动量定理

有了力的定律和运动定律，动力学的根本任务，即在一定环境下求物体的运动问题，似乎就成为求解运动方程$m\ddot{\boldsymbol{r}}=f(\boldsymbol{r},\dot{\boldsymbol{r}},t)$的数学问题了. 其实，并非完全如此.

第1章和第2章讨论的是单个质点的运动. 而从本章起，我们要讨论由许多质点构成的体系的运动规律. 这种问题，常称为质点系问题或多体问题. 例如，由所有行星和太阳构成的太阳系就是一个典型的质点系. 一般在质点系中，每个质点都要受到其他质点的作用，同时，也受到体系之外的物体的作用. 地球不但要受到太阳的万有引力作用，而且与其他所有行星都有万有引力作用. 显然，在质点系中，每个质点的运动一般是相当复杂的.

如果我们在动力学定律的基础上引进一些新的概念和新的物理量，如动量、能量和角动量等，就可进而得到关于这些量的新的规律(包括所谓运动定理以及由此引出的守恒定律)，而直接用这些规律去分析质点的运动问题，往往比从运动定律出发更为方便. 事实上，运动定理及守恒定律几乎是我们解决质点系动力学问题唯一可资利用的工具. 运动定理和守恒定律，起初是从牛顿定律导出来的，但目前看来，即使在牛顿定律不一定适用的许多场合，包括微观领域，守恒定律仍然有效. 这样，原来仅仅作为牛顿定律辅助工具而引入的运动定理的推论——守恒定律，却成为比牛顿定律更为基本的规律.

4.1 动量守恒定律与动量定理

4.1.1 孤立体系与动量守恒定律

在质点系(或称为体系)中有一类是特别的，即所有质点都没有受到体系之外的物体的作用力. 也可以简单地说，整个体系不与外物相互作用，这种质点体系称为孤立体系. 在现实世界中，当然没有严格的孤立体系，但是近似的孤立体系很多. 所谓近似的，是指体系内部的相互作用远大于外物对体系的作用，即每个质点所受内力远大于它所受的外力. 譬如太阳系，除了太阳与行星、行星与行星之间的引力之外，当然也受到其他恒星的作用，但是这种力比较小，所以太阳系就是一个近似的孤立体系. 又如一个大分子，它是由许多原子组成的，原子之间的相互作用远大于其他分子的作用，这样，我们也可以把这个大分子看成近似的孤立体系. 再如，在加速器的实验中，高能粒子束打到靶上，发生各种反应，我们称之为碰撞. 看起来这个系统非常复杂，但由于碰撞时作用很强，我们可以把一个高能粒子与它所撞上的一个粒子作为孤立体系来处理，其他作用可不顾及.

孤立体系有一些共同的动力学规律，其中之一就是总动量守恒.

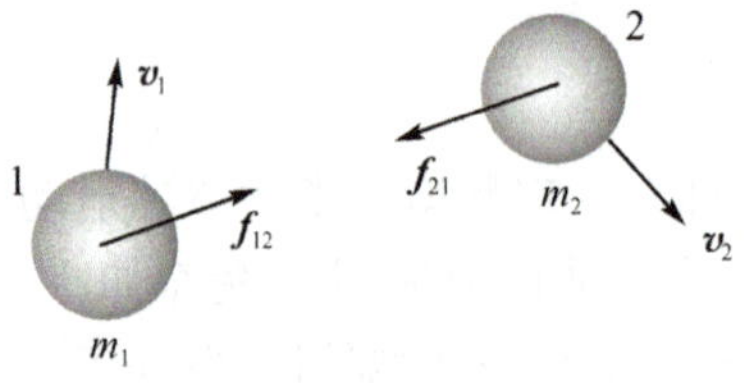

图 4.1　两质点体系

我们首先讨论一个最简单的质点系，它只包括两个质点 1 及 2，如图 4.1 所示. 如果它是孤立体系，那么，作用在质点 1 上的力，只有 2 对它的作用力 $\boldsymbol{f}_{12}$(在本章中，我们用 $\boldsymbol{f}_{12}$ 表示质点 2 对质点 1 的作用力，其第一个下标表示受力物体，第二个下标表示施力物体)，而作用在质点 2 上的力，只有 1 对它的作用力 $\boldsymbol{f}_{21}$. 故根据牛顿第二定律，有

$$\begin{aligned} m_1 \frac{\mathrm{d}\boldsymbol{v}_1}{\mathrm{d}t} &= \boldsymbol{f}_{12} \\ m_2 \frac{\mathrm{d}\boldsymbol{v}_2}{\mathrm{d}t} &= \boldsymbol{f}_{21} \end{aligned} \tag{4.1.1}$$

上述两个方程就是体系的动力学基本方程. 再根据牛顿第三定律

$$\boldsymbol{f}_{12} = -\boldsymbol{f}_{21} \tag{4.1.2}$$

由式(4.1.1)、式(4.1.2)可推得

$$m_1 \frac{\mathrm{d}\boldsymbol{v}_1}{\mathrm{d}t} + m_2 \frac{\mathrm{d}\boldsymbol{v}_2}{\mathrm{d}t} = 0$$

它可改写为

$$\frac{\mathrm{d}}{\mathrm{d}t}(m_1 \boldsymbol{v}_1 + m_2 \boldsymbol{v}_2) = 0 \tag{4.1.3}$$

定义

$$\boldsymbol{P} = m_1 \boldsymbol{v}_1 + m_2 \boldsymbol{v}_2 \tag{4.1.4}$$

则式(4.1.3)为

$$\frac{\mathrm{d}\boldsymbol{P}}{\mathrm{d}t} = 0 \tag{4.1.5}$$

即

$$\boldsymbol{P} = \text{不变量} \tag{4.1.6}$$

式(4.1.6)表明，对于两个质点构成的孤立体系，我们找到了一个不变量 $\boldsymbol{P}$，称它为动量. 在证明过程中，我们并没有用到作用力的具体形式，只用了牛顿第二、第三定律，所以这个守恒律是非常普遍的，与作用力的具体形式无关，对于任何力都适用. 对于多个质点所构成的孤立体系，可以用类似的方法证明体系的总动量不随时间变化，这一点我们留到本节末再证明，我们将它称为动量守恒定律. 对于单个

质点，我们也可以定义它的动量为 $\boldsymbol{p}=m\boldsymbol{v}$，那么，动量守恒式(4.1.6)可以表述为

$$\boldsymbol{p}=\sum \boldsymbol{p}_i=\text{不变量} \tag{4.1.7}$$

式中，$\boldsymbol{p}_i$ 为第 i 个质点的动量. 动量守恒定律可以表述如下：

在孤立体系中，每个质点的动量都时刻在变化，但它们的矢量和不变.

几点说明：

(1) 与牛顿定律一样，动量守恒定律只适用于惯性系.

(2) 动量守恒是矢量式，它可以写成三个分量式：

若 $F_x=0$，则 $p_x=$常量；

若 $F_y=0$，则 $p_y=$常量；

若 $F_z=0$，则 $p_z=$常量.

(3) 动量守恒定律虽然由牛顿第三定律导出，但它比牛顿第三定律适用范围更广. 在牛顿第三定律不成立时，只要计及场的动量，动量守恒定律仍然成立. 这是因为动量守恒定律可以不用牛顿定律，而直接从空间的平移不变性(一种时空对称性)导出. 时空对称性原理是比牛顿定律更高层次的定律，我们将在第 6 章中讨论.

4.1.2 冲量与质点的动量定理

力作用到质点上，可以使质点的速度或动量发生变化，我们将牛顿第二定律写成微分形式，即

$$\boldsymbol{F}\mathrm{d}t=\mathrm{d}\boldsymbol{p} \tag{4.1.8}$$

式中，$\mathrm{d}\boldsymbol{p}$ 为质点动量的改变量；$\boldsymbol{F}\mathrm{d}t$ 为合外力在时间 $\mathrm{d}t$ 内的积累量，称为 $\mathrm{d}t$ 时间内质点所受合外力的冲量(又称为元冲量)，记为 $\mathrm{d}\boldsymbol{J}$，即 $\mathrm{d}\boldsymbol{J}=\boldsymbol{F}\mathrm{d}t$. 式(4.1.8)表明，在 $\mathrm{d}t$ 时间内质点所受合外力的冲量等于同一时间内质点动量的增量，这一关系叫做质点动量定理的微分形式. 实际上，它是牛顿第二定律的另一种形式.

如果将式(4.1.8)对 t_0 到 t_1 这段有限时间积分，即考虑力在某段时间内的积累效果，则有

$$\boldsymbol{J}=\int_{t_0}^{t_1}\boldsymbol{F}\mathrm{d}t=\boldsymbol{p}_1-\boldsymbol{p}_0 \tag{4.1.9}$$

式中，$\boldsymbol{J}$ 为在 t_0 到 t_1 这段时间内合外力的冲量. 冲量是矢量，它是力的时间积累量. 式(4.1.9)称为质点动量定理的积分形式. 值得注意的是，要产生同样的动量增量，力大力小都可以. 力大，时间可以短一些；力小，时间需长一些. 只要力的时间积累冲量一样，就产生同样的动量增量.

动量定理常用于碰撞过程. 碰撞一般泛指物体间相互作用时间很短的过程. 在这一过程中，相互作用力往往很大而且随时间改变，这种力通常叫做冲力. 关于碰撞的研究我们留到第 5 章进行.

在相对论中，质量随速率而变，$\boldsymbol{F}=m\boldsymbol{a}$ 已不再正确，但式(4.1.8)仍然正确.

4.1.3 质点系动量定理

现在我们考虑由 n 个存在相互作用的质点组成的质点系，第 i 个质点的质量为 m_i，用 $\boldsymbol{F}_i$ 表示质点 m_i 受到来自体系以外的合力(外力)，用 $\boldsymbol{f}_{ij}$ 表示体系内质点 m_j 对质点 m_i 的作用力(内力).

1. 两质点系统

$$\begin{cases}\dot{\boldsymbol{p}}_1 = \boldsymbol{F}_1 + \boldsymbol{f}_{12} \\ \dot{\boldsymbol{p}}_2 = \boldsymbol{F}_2 + \boldsymbol{f}_{21}\end{cases} \tag{4.1.10}$$

由牛顿第三定律

$$\boldsymbol{f}_{12} = -\boldsymbol{f}_{21}$$

得

$$\dot{\boldsymbol{p}}_1 + \dot{\boldsymbol{p}}_2 = \boldsymbol{F}_1 + \boldsymbol{F}_2 \tag{4.1.11}$$

体系的总动量

$$\boldsymbol{p} = \boldsymbol{p}_1 + \boldsymbol{p}_2 = m_1\boldsymbol{v}_1 + m_2\boldsymbol{v}_2 \tag{4.1.12}$$

令

$$\boldsymbol{F}_{\text{ex}} = \boldsymbol{F}_1 + \boldsymbol{F}_2 \tag{4.1.13}$$

其中，$\boldsymbol{F}_{\text{ex}}$为体系所受的外力的矢量和，称为体系所受的总外力. 由式(4.1.11)得

$$\boldsymbol{F}_{\text{ex}} = \frac{\mathrm{d}\boldsymbol{p}}{\mathrm{d}t}$$

或

$$\int_{t_0}^{t} \boldsymbol{F}_{\text{ex}}\mathrm{d}t = \boldsymbol{p} - \boldsymbol{p}_0 \tag{4.1.14}$$

其中，$\boldsymbol{p}_0$ 为 $t=t_0$ 时体系的动量.

2. 多质点系统

以上结果很容易推广到多质点($n>2$)系统，对系统内每个质点列出动力学方程为

$$\begin{cases}\dot{\boldsymbol{p}}_1 = \boldsymbol{F}_1 + \boldsymbol{f}_{12} + \boldsymbol{f}_{13} + \cdots + \boldsymbol{f}_{1n} \\ \dot{\boldsymbol{p}}_2 = \boldsymbol{f}_{21} + \boldsymbol{F}_2 + \boldsymbol{f}_{23} + \cdots + \boldsymbol{f}_{2n} \\ \dot{\boldsymbol{p}}_3 = \boldsymbol{f}_{31} + \boldsymbol{f}_{32} + \boldsymbol{F}_3 + \cdots + \boldsymbol{f}_{3n} \\ \cdots\cdots \\ \dot{\boldsymbol{p}}_n = \boldsymbol{f}_{n1} + \boldsymbol{f}_{n2} + \boldsymbol{f}_{n3} + \cdots + \boldsymbol{F}_n\end{cases} \tag{4.1.15}$$

利用牛顿第三定律

$$\boldsymbol{f}_{ij} = -\boldsymbol{f}_{ji}$$

将方程组(4.1.15)中的所有方程相加，由于所有内力的矢量和为零，得

$$\dot{\boldsymbol{p}}_1 + \dot{\boldsymbol{p}}_2 + \dot{\boldsymbol{p}}_3 + \cdots + \dot{\boldsymbol{p}}_n = \boldsymbol{F}_1 + \boldsymbol{F}_2 + \boldsymbol{F}_3 + \cdots + \boldsymbol{F}_n \tag{4.1.16}$$

体系的总动量为

$$\boldsymbol{p}=\sum_{i=1}^{n}\boldsymbol{p}_i=\sum_{i=1}^{n}m_i\boldsymbol{v}_i \tag{4.1.17}$$

令

$$\boldsymbol{F}_{\text{ex}}=\sum_{i=1}^{n}\boldsymbol{F}_i \tag{4.1.18}$$

其中，$\boldsymbol{F}_{\text{ex}}$为体系所受的外力的矢量和，称为体系所受的总外力. 由式(4.1.16)得

$$\boldsymbol{F}_{\text{ex}}=\frac{\mathrm{d}\boldsymbol{p}}{\mathrm{d}t} \tag{4.1.19}$$

或

$$\int_{t_0}^{t}\boldsymbol{F}_{\text{ex}}\mathrm{d}t=\boldsymbol{p}-\boldsymbol{p}_0 \tag{4.1.20}$$

这就是**体系的动量定理**，它可以表述为：**作用在体系上所有外力在一段时间内的总冲量等于体系动量的增量**. 式(4.1.19)是体系的动量定理的微分形式.

几点说明：

(1) 只有外力的冲量才对体系的总动量变化有贡献，内力对体系的总动量变化没有贡献；但内力对动量在体系内部的分配是有作用的.

(2) 动量定理与牛顿定律的关系：①对一个质点来说，牛顿定律说的是力的瞬时效果，而动量定理说的是力对时间的积累效果；②牛顿定律只适用于质点，不能直接用于质点系，而动量定理可适用于质点系.

(3) 与牛顿定律一样，动量定理也只适用于惯性系，要在非惯性系中应用动量定理，必须考虑惯性力的冲量.

(4) 对于孤立体系，所受外力的矢量和为零，因而外力的冲量也为零，此时体系的总动量守恒，这就是一般情况下的孤立体系动量守恒定律.

(5) 动量定理的微分形式(4.1.19)与牛顿第二定律在形式上相同，但其意义却是不一样的，关于这点，我们在4.2节继续讨论.

例 4.1

虽然单个细微粒子撞击一个巨大物体的力是局部而短暂的脉冲，但大量粒子撞击在物体上产生的平均效果是均匀而持续的压力. 为简化问题，我们设粒子流中每个粒子的速度都与物体的界面(壁)垂直，并且速率也一样，均为 v. 此外，设每个粒子的质量为 m，数密度(即单位体积内的粒子数)为 n，求下列两种情况下壁面受到的压强.

(1) 粒子陷入壁面；

(2) 粒子完全弹回.

解 在情况(1)中每个粒子传递给壁的动量 $\Delta p=mv$，在情况(2)中每个粒子的动量由 mv 变为 $-mv$，故传递给壁的动量 $\Delta p=mv-(-mv)=2mv$.

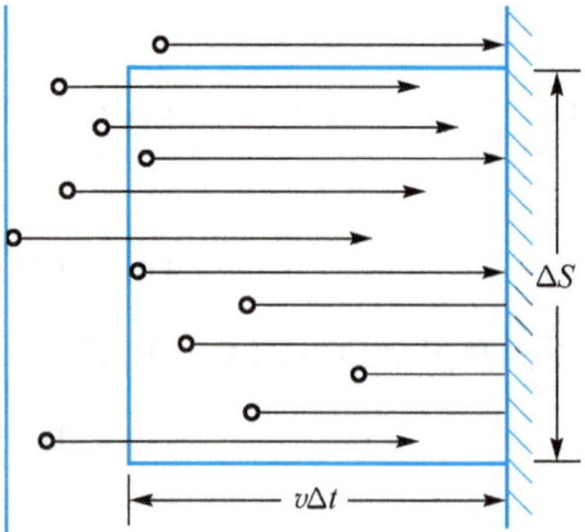

图 4.2　粒子流撞击壁面的压强

在 Δt 时间内粒子平移的距离为 $v\Delta t$. 在壁上取一面元 ΔS,以 ΔS 为底、$v\Delta t$ 为高,作一柱体,如图 4.2 所示,这里包含了在 Δt 时间内撞击在壁上的全部粒子. 此柱体的体积 $\Delta V=v\Delta t\Delta S$,其中有 $n\Delta V=nv\Delta t\Delta S$ 个粒子. 因而在 Δt 时间内传递给壁的动量 $\Delta P=n\Delta V\Delta p=nv\Delta t\Delta S\Delta p$,即施加给壁的力 ΔF 和压强(单位面积上的力) P 分别为

$$\Delta F=\frac{\Delta P}{\Delta t}=nv\Delta p\Delta S$$

$$P=\frac{\Delta F}{\Delta S}=nv\Delta p=\begin{cases}nmv^2 & (\text{情况 }1)\\ 2nmv^2 & (\text{情况 }2)\end{cases}$$

4.2　质心的运动

4.2.1　质心运动定理

动量定理的微分形式(4.1.19)与牛顿第二定律 $\boldsymbol{F}=m\boldsymbol{a}$ 在形式上相同,但其含义并不相同. 牛顿第二定律是对质点而言,但由于质点系内质点的运动情况各不相同,加速度也各不相同,式(4.1.19)不能简单地等效于 $\boldsymbol{F}_{\text{ex}}=m_C\boldsymbol{a}$($m_C$ 为体系的总质量). 但对质点系而言,确实存在一个特殊点 C,而使

$$\boldsymbol{F}_{\text{ex}}=m_C\boldsymbol{a}_C \qquad (4.2.1)$$

这一点从图 4.3 中可以看得很清楚,尽管物体在上抛运动的同时还在旋转,物体(可以看成质点系)上各点的运动比较复杂,但物体上的某一点(中间的小孔处)的运动就简单得像一个质点的上抛一样,沿着抛物线的轨迹运动. 于是,我们可以定义该特殊点 C 为**质心**,并认为体系的总质量都集中在质心处,即定义

图 4.3　质心的运动

$$\begin{cases}m_C=\sum\limits_i m_i=m_1+m_2+\cdots+m_n\\[2mm] \boldsymbol{r}_C=\dfrac{\sum\limits_i m_i\boldsymbol{r}_i}{\sum\limits_i m_i}=\dfrac{m_1\boldsymbol{r}_1+m_2\boldsymbol{r}_2+\cdots+m_n\boldsymbol{r}_n}{m_1+m_2+\cdots+m_n}\end{cases} \qquad (4.2.2)$$

其中,m_C、$\boldsymbol{r}_C$ 分别为质心的质量和质心的坐标. 于是动量定理式(4.1.19)、式(4.1.20)可

以写成

$$\boldsymbol{F}_{\text{ex}}=\frac{\mathrm{d}\boldsymbol{P}}{\mathrm{d}t}=m_C\ddot{\boldsymbol{r}}_C=m_C\boldsymbol{a}_C \tag{4.2.3}$$

$$\int_{t_0}^{t}\boldsymbol{F}_{\text{ex}}\mathrm{d}t=m_C\boldsymbol{v}_C-m_C\boldsymbol{v}_{C0} \tag{4.2.4}$$

式(4.2.3)称为质心运动定理,式(4.2.4)称为质心动量定理. 其中,$\boldsymbol{v}_C$、$\boldsymbol{a}_C$ 分别为质心的速度和质心的加速度.

回想一下,我们为什么可以在第1章引入"质点"的概念,而把一个复杂的物体在不考虑转动和内部运动时看成是一个"质点"? 其根据正是质心运动定理.

关于质心运动定理,有下列几点需要说明:

(1) 质心运动定理实际上是矢量方程. 可以写成三个分量方程,运动的独立性同样成立,即若合外力在某一分量上为零,则该分量满足动量守恒定律.

(2) 质心的位矢并不是各质点位矢的算术平均值,而是它们的带权平均值. 质心的性质只有在体系的运动与外力的关系中才体现出来. 因此,质心并不是一个几何学或运动学概念,而是一个动力学概念. 这一点在以后各章对质心性质的进一步讨论中将更充分地体现出来.

(3) 体系质心的坐标(或位矢)与坐标原点的选取有关,但质心与体系各质点的相对位置与坐标原点的选取无关. 例如,由质量分别为 m_1 和 m_2 的两质点组成的体系,当它们相距为 l 时,其质心总是在它们的连线上,与 m_1 相距为 $m_2l/(m_1+m_2)$处,尽管该点的位矢可以因原点不同而不同(请读者自证). 对于各质点相对距离随时间而变的体系,质心对于各质点(元)的相对位置虽然与坐标原点的选取无关,但却随时间而变.

(4) 对于质量连续分布的物体,其质心质量和质心位矢分别为

$$\begin{cases} m_C=\displaystyle\int\mathrm{d}m=\int\rho\,\mathrm{d}V \\ \boldsymbol{r}_C=\dfrac{\displaystyle\int\boldsymbol{r}\,\mathrm{d}m}{\displaystyle\int\mathrm{d}m}=\dfrac{\displaystyle\int\rho\boldsymbol{r}\,\mathrm{d}V}{\displaystyle\int\rho\,\mathrm{d}V}\end{cases} \tag{4.2.5}$$

(5) 质心是一个非常有用的物理量,但可能并不对应着一个实际的东西. 像这种具有抽象性质的物理量,以后会越来越多地碰到.

(6) 质心运动定理和牛顿第二定律适用范围相同.

(7) 质心的质量等于各质点的质量和,似乎是显然的结果. 但是,宏观物体由原子、分子组成,而原子、分子又在各自不断运动,为什么总质量与这些复杂的运动无关?(质心质量的表达式只是牛顿力学的一个结果,并不是不证自明的.)

(8) 质点组的动量等于质心动量.

注意:在相对论中,质量与速度有关,且速度和动量不服从经典力学的变换,而

质点的质量在不同的参考系中看来是不同的.所以,“质心”这个概念在相对论中已没有多大意义.在相对论中用“动量中心系”来取代质心系.

4.2.2 质心坐标系

把原点取在质心上,坐标轴的方向始终与某固定参考系(惯性系)的坐标轴保持平行的平动坐标系叫**质心坐标系**(或**质心参考系**),简称**质心系**.质心坐标系在讨论质点系的力学问题时十分有用.对于不受外力作用的体系(孤立体系)或所受外力的矢量和为零的体系,其质心坐标系是惯性系.对于受外力作用的体系,其质心系是非惯性系.

例 4.2

质量为 $M=500\text{kg}$、长为 $L=4\text{m}$ 的木船浮在静止水面上,一质量为 $m=50\text{kg}$ 的人站在船尾.令人以时快时慢的不规则速率从船尾走到船头.船相对岸移动了多少距离?设船与水之间的摩擦可以忽略.

解 此题如果直接用动量守恒定律来解,似有困难,因为人的速度不规则,但若用质心概念就很容易求解.人和船的体系在水平方向不受外力作用,其质心加速度为零,体系原来静止,所以质心在水平方向的位置保持不变.

取 x 轴沿水平方向,设人和船的中心坐标分别为 x_1、x_2,取原来船的中心为坐标原点(即 $x_2=0$),以人的行走方向为 x 正方向.人在船尾时,体系质心的 x 坐标 x_C 为

$$x_C=\frac{mx_1+Mx_2}{m+M}=\frac{m\left(-\dfrac{L}{2}\right)+M\cdot 0}{m+M}=-\frac{mL}{2(m+M)}$$

当人走到船头后,设船的中心的坐标为 x,则体系质心坐标

$$x_C'=\frac{m\left(x+\dfrac{L}{2}\right)+Mx}{m+M}=x+\frac{mL}{2(m+M)}$$

质心水平位置不变,即 $x_C'=x_C$,故

$$x=-\frac{mL}{m+M}$$

即船相对岸移动的距离为 $|x|=mL/(m+M)$.

例 4.3

如果例 4.2 中水的阻力不能忽略,并设阻力与船相对水的速度 u 成正比,即 $f=-ku$,求船的运动.

解 先设想人从静止开始以恒定的速率 v' 相对船运动,到达船头后突然停止.

在人从静止突然加速到速率 v' 的瞬间,由于时间间隔极短,故阻力的冲量可视为零,则体系的动量守恒.设此时船的速度为 u_{10}(相对于水面),则有

$$m(v'+u_{10})+Mu_{10}=0$$

由此得

$$u_{10}=-\frac{mv'}{m+M}$$

式中，负号表示船的速度与人的运动方向反向. 在这以后船将受阻力的持续作用而减速，体系动量不再守恒. 在人走向船头的过程中，任何时刻，人和船的动量为

$$P=m(v'+u_1)+Mu_1$$

其中，u_1 为船的速度，它随时间而变. 根据体系动量定理，有 $\mathrm{d}P/\mathrm{d}t=-ku_1$，即

$$m\frac{\mathrm{d}v'}{\mathrm{d}t}+(m+M)\frac{\mathrm{d}u_1}{\mathrm{d}t}=-ku_1$$

由所设 $\mathrm{d}v'/\mathrm{d}t=0$，于是上式变为

$$\frac{\mathrm{d}u_1}{u_1}=-\frac{k}{m+M}\mathrm{d}t$$

取人开始行走的瞬时为时间零点，从 $t=0$ 开始，对上式积分，得

$$u_1=u_{10}\exp\left(-\frac{kt}{m+M}\right)$$

上式指数项说明船在阻力作用下速度逐渐减小，由此得到人到达船头时船的速度

$$u_{1\mathrm{f}}=u_1\big|_{t=\frac{L}{v'}}=u_{10}\exp\left[-\frac{kL}{(m+M)v'}\right]=-\frac{mv'}{m+M}\exp\left[-\frac{kL}{(m+M)v'}\right]$$

但这时人突然停止走动，通过人的脚与船的作用，体系动量在人和船间重新分配. 由于过程迅速，阻力的冲量又可忽略，可认为在此过程中人与船的总动量保持不变. 设人停下后，人与船的共同速度为 u_{20}，则由动量守恒，有

$$m(v'+u_{1\mathrm{f}})+Mu_{1\mathrm{f}}=(m+M)u_{20}$$

由此得

$$u_{20}=u_{1\mathrm{f}}+\frac{mv'}{m+M}=\frac{mv'}{m+M}\left\{1-\exp\left[-\frac{kL}{(m+M)v'}\right]\right\}$$

$u_{20}>0$，这是因为在人行走的这段时间里体系从阻力的作用中得到向船头的动量. 这以后，船和人一起以速度 u_2 向 x 正方向运动，同时受到反向阻力的持续作用. 由动量定理，有

$$(m+M)\frac{\mathrm{d}u_2}{\mathrm{d}t}=-ku_2$$

积分，得

$$u_2=u_{20}\exp\left(-\frac{kt'}{m+M}\right)$$

这里，t' 是以人停止行走的瞬时为零点的. 船的速度逐渐慢下来，这是预料之中的.

我们再来看船的位置与时间的关系，在人行走的整个时间里(从 $t=0$ 到 $t=L/v'$)，船移动的距离为

$$x_1 = \int_0^{L/v'} u_1 \mathrm{d}t = \int_0^{L/v'} u_{10} \exp\left(-\frac{kt}{m+M}\right)\mathrm{d}t$$

$$= u_{10}\frac{m+M}{k}\left\{1-\exp\left[-\frac{kL}{(m+M)v'}\right]\right\} = -\frac{mv'}{k}\left\{1-\exp\left[-\frac{kL}{(m+M)v'}\right]\right\}$$

负号表示船向左移动. 当人走到船头，并停止行走时，船(与人一起)又以 u_2 向右运动，其位置与时间的关系为

$$x = x_1 + \int_0^{t'} u_2 \mathrm{d}t = x_1 + u_{20}\frac{m+M}{k}\left[1-\exp\left(-\frac{kt'}{m+M}\right)\right]$$

$$= -\frac{mv'}{k}\left\{1-\exp\left[-\frac{kL}{(m+M)v'}\right]\right\}$$

$$+\frac{mv'}{k}\left\{1-\exp\left[-\frac{kL}{(m+M)v'}\right]\right\}\left[1-\exp\left(-\frac{kt'}{m+M}\right)\right]$$

当 $t'\to\infty$ 时，$x\to 0$，即船最终将回到原来位置上，但体系的质心位置却向右移动了.

上面我们设想了一种人行走的最简单方式. 其实以上结果，即船最终将回到原来位置，并不依赖于人行走的具体方式. 本题可解答如下，设船的速度为 $u(t)=\mathrm{d}x/\mathrm{d}t$，人行走的相对速度为 $v'(t)$，则由体系动量定理有

$$m\frac{\mathrm{d}(u+v')}{\mathrm{d}t} + M\frac{\mathrm{d}u}{\mathrm{d}t} = -ku$$

或

$$m\frac{\mathrm{d}v'}{\mathrm{d}t} + (m+M)\frac{\mathrm{d}u}{\mathrm{d}t} = -k\frac{\mathrm{d}x}{\mathrm{d}t}$$

两边对时间积分，开始时，$v'_0=0$，$u_0=0$，过了很长时间后，人和船都将停止运动，即最终仍有 $v'_f=0$，$u_f=0$. 于是由

$$m\int_0^\infty \frac{\mathrm{d}v'}{\mathrm{d}t}\mathrm{d}t + (m+M)\int_0^\infty \frac{\mathrm{d}u}{\mathrm{d}t}\mathrm{d}t = -k\int_0^\infty \frac{\mathrm{d}x}{\mathrm{d}t}\mathrm{d}t$$

即

$$m\int_{v'_0}^{v'_f}\mathrm{d}v' + (m+M)\int_{u_0}^{u_f}\mathrm{d}u = -k\int_0^x \mathrm{d}x$$

得

$$x = 0$$

4.3 变质量物体的运动

4.3.1 变质量体系

前面所考虑的质点系，其质点个数(组元)是不变的，组元变化的体系(即所谓的变质量体系)原则上也可以使用体系动量定理. 变质量体系有两个特征：一是它

的质量不是常数，而随时间变化，这种变化是由于外界不断有新的质量进入体系，或是体系内部不断有质量输送到外界；二是体系中所有质点运动情况相同，因而仍可用一个质点来描写体系的运动. 即我们是研究一个质量随时间变化的质点的运动. 例如，喷射高速气流的火箭、云层中过饱和蒸汽不断凝聚成雨滴等.

这样的质点运动不能直接应用牛顿定律，也不能把体系动量定理直接搬过来用，这是因为无论牛顿定律或体系动量定理，只有当体系的组成是确定的，所谓内力和外力才有确定的意义.

变质量体系不断与外界交换质量，我们可以把体系组成变化的过程分成一系列元过程，在每个元过程的初时刻 t，原来的体系（我们称它为主体）和即将进入主体的物体（我们称它为附体）是分离的，经过 Δt 时间，在元过程的末时刻 $t+\Delta t$，附体并入主体构成一个新体系. 对于这个新体系，在元过程中，其组成是确定的，质量也是不变的，体系的动量变化服从体系动量定理. 下一个元过程中，该体系变成新主体，当 $\Delta t \to 0$ 时，就可以认为主体质量的改变是连续的，可以看成是质量连续变化的质点，从而导出主体的运动方程.

4.3.2 运动方程

如图 4.4 所示，考虑 t 到 $t+\Delta t$ 时间间隔内主体和附体这一体系的动量变化和外力的关系.

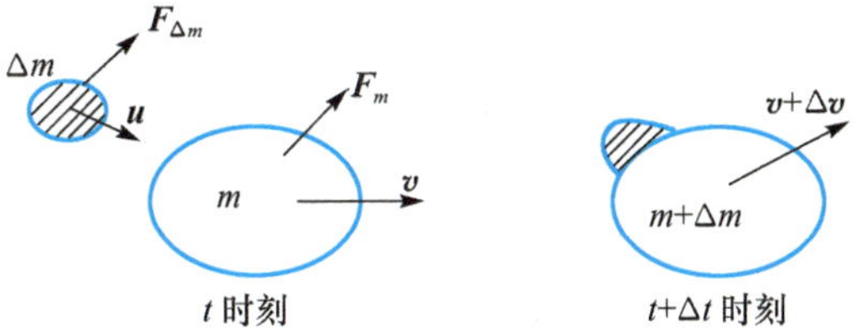

图 4.4 变质量物体运动的元过程

t 时刻

主体质量 m，　速度 $\boldsymbol{v}$，　外力 $\boldsymbol{F}_m$

附体质量 Δm，　速度 $\boldsymbol{u}$，　外力 $\boldsymbol{F}_{\Delta m}$

$t+\Delta t$ 时刻

主体质量 $m+\Delta m$，　速度 $\boldsymbol{v}+\Delta\boldsymbol{v}$，　外力 $\boldsymbol{F}=\boldsymbol{F}_m+\boldsymbol{F}_{\Delta m}$

体系的动量定理

$$(m+\Delta m)(\boldsymbol{v}+\Delta\boldsymbol{v})-(m\boldsymbol{v}+\Delta m\boldsymbol{u})=\boldsymbol{F}\Delta t \tag{4.3.1}$$

即

$$m\frac{\Delta\boldsymbol{v}}{\Delta t}=(\boldsymbol{u}-\boldsymbol{v})\frac{\Delta m}{\Delta t}+\boldsymbol{F}-\Delta\boldsymbol{v}\frac{\Delta m}{\Delta t}$$

令 $\Delta t\to 0$，则 $\Delta\boldsymbol{v}\to 0$，上式取极限，得

$$m\frac{\mathrm{d}\boldsymbol{v}}{\mathrm{d}t}=(\boldsymbol{u}-\boldsymbol{v})\frac{\mathrm{d}m}{\mathrm{d}t}+\boldsymbol{F} \tag{4.3.2}$$

这就是变质量质点（即主体）的运动方程.

需要注意的是，式(4.3.2)虽然是在$\frac{\mathrm{d}m}{\mathrm{d}t}>0$情况下导出的，但当$\frac{\mathrm{d}m}{\mathrm{d}t}<0$时，结论依然正确，火箭就是这种情况的例子.

例 4.4

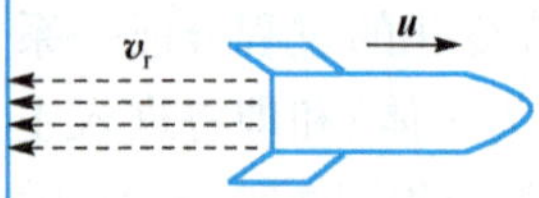

图 4.5　火箭的运动

火箭的运动　如图 4.5 所示，设火箭喷出的气体的相对速度$(\boldsymbol{u}-\boldsymbol{v})$沿火箭的轨道切向，且为一常量$v_r$；火箭飞行中不受任何外力作用；火箭起始速度为 0，起始质量为M_0，燃料烧尽后的质量为M. 求火箭能够达到的速度.

解　这是一个变质量物体的运动问题，由方程(4.3.2)得

$$m\frac{\mathrm{d}\boldsymbol{v}}{\mathrm{d}t}=(\boldsymbol{u}-\boldsymbol{v})\frac{\mathrm{d}m}{\mathrm{d}t}$$

由于是一维运动，$v_r=|\boldsymbol{u}-\boldsymbol{v}|$，且与$\boldsymbol{v}$的方向相反，得$m\frac{\mathrm{d}v}{\mathrm{d}t}=-v_r\frac{\mathrm{d}m}{\mathrm{d}t}$，即

$$-\frac{\mathrm{d}m}{m}=\frac{1}{v_r}\mathrm{d}v \tag{4.3.3}$$

注意，式(4.3.3)中$\mathrm{d}m<0$，$\mathrm{d}v>0$，积分，得

$$-\int_{M_0}^{M}\frac{\mathrm{d}m}{m}=\frac{1}{v_r}\int_0^{v_f}\mathrm{d}v$$

即

$$v_f=v_r\ln\frac{M_0}{M} \tag{4.3.4}$$

通常，$M_0/M\approx 6$，$v_r\approx 2000\sim3000\mathrm{m\cdot s^{-1}}$，故$v_f$至多可达$4000\sim5000\mathrm{m\cdot s^{-1}}$. 要提高$v_f$，可以用多级火箭，对于二级火箭，$v_f$可达

$$v_f=v_r\left[\ln\left(\frac{M_0}{M}\right)_1+\ln\left(\frac{M_0}{M}\right)_2\right]=v_r\ln\left[\left(\frac{M_0}{M}\right)_1\left(\frac{M_0}{M}\right)_2\right]$$

实际发射火箭还将克服地球引力的影响、空气阻力的影响，情况会复杂得多.

例 4.5

雨滴开始自由下落时质量为m_0，在下落的过程中，单位时间凝聚的水汽质量为k，忽略空气阻力，求雨滴经时间t下落的距离.

解　设水汽附着于水滴前的速度$u=0$，由方程(4.3.2)，得

$$\frac{\mathrm{d}(m\boldsymbol{v})}{\mathrm{d}t}=\boldsymbol{F} \tag{4.3.5}$$

注意，式(4.3.5)虽然与牛顿方程在形式上一样，但 m 是变量.

$$\frac{\mathrm{d}}{\mathrm{d}t}[(m_0+kt)v]=(m_0+kt)g$$

利用初始条件：$t=0$ 时，$v=0$，由该方程可解得

$$v=\frac{\left(m_0t+\frac{1}{2}kt^2\right)g}{m_0+kt}$$

即

$$\frac{\mathrm{d}x}{\mathrm{d}t}=\frac{1}{2}gt+\frac{m_0g}{2k}-\frac{m_0^2g}{2k(m_0+kt)}$$

积分，并利用初始条件：$t=0$ 时，$x=0$，得

$$x=\frac{1}{2}\left[\frac{1}{2}t^2+\frac{m_0}{k}t-\left(\frac{m_0}{k}\right)^2\ln\left(1+\frac{k}{m_0}t\right)\right]g$$

此即水滴经时间 t 下落的距离.

第 5 章　动能定理

在第 4 章中我们讨论了动量守恒问题,本章我们讨论另一个守恒规律——机械能守恒. 在第 6 章中我们还要讲述角动量守恒定律. 目前,我们并没有深刻理解守恒定律,第 6 章将说明,能量守恒定律与时间平移对称性有关,动量守恒定律与空间的平移对称性有关. 由此可见,如果把握了大的总体的方面,就会对物理有深刻的理解.

在笛卡儿提出动量守恒原理后 42 年,德国数学家、哲学家莱布尼茨提出了“活力”概念及“活力”守恒原理. 和笛卡儿一样,莱布尼茨也相信宇宙中运动的总量必须保持不变,但是他认为应该用 mv^2 表示这个量,而不是 $\boldsymbol{mv}$. 莱布尼茨的活力守恒概念在当时的力学现象中得到了验证. 在 1703 年发表的惠更斯遗稿“论碰撞作用下物体的运动”中,对完全弹性碰撞作了详尽的研究. 惠更斯写道:“在两个物体的碰撞中,它们的质量和速度平方乘积的总和,在碰撞前后保持不变.”这就是完全弹性碰撞中“活力”守恒原理的具体表述. 莱布尼茨与笛卡儿关于 mv^2 和 $\boldsymbol{mv}$ 之争,在历史上曾经历相当长时期的混乱,100 多年后,人们逐渐明白,这是两种不同的守恒规律,莱布尼茨的“活力” 守恒应归结为机械能守恒.

5.1　质点系的动能

5.1.1　质点动能定理

我们知道,力的冲量可以使物体(质点)的动量发生改变;力又是如何使物体的动能发生改变的呢? 为此,我们把 $E_k=mv^2/2$ 称为**动能**,下面计算一下单位时间动能的改变.

对于直线运动,考虑物体 m 在力 F 的作用下动能的改变,我们有

$$\frac{\mathrm{d}E_k}{\mathrm{d}t}=\frac{\mathrm{d}}{\mathrm{d}t}\left(\frac{1}{2}mv^2\right)=mv\frac{\mathrm{d}v}{\mathrm{d}t}=Fv=F\frac{\mathrm{d}s}{\mathrm{d}t}$$

即

$$\frac{\mathrm{d}E_k}{\mathrm{d}t}=Fv \tag{5.1.1}$$

或

$$\mathrm{d}E_k=F\mathrm{d}s \tag{5.1.2}$$

这是元过程的表达式,对于有限过程,则可以两边积分,得

$$E_k - E_{k0} = \frac{1}{2}mv^2 - \frac{1}{2}mv_0^2 = \int_{t_0}^{t} F\mathrm{d}s \tag{5.1.3}$$

对于一般的曲线运动，考虑物体 m 在力 $\boldsymbol{F}$ 的作用下动能的改变，我们有

$$\frac{\mathrm{d}E_k}{\mathrm{d}t} = \frac{\mathrm{d}}{\mathrm{d}t}\left(\frac{1}{2}mv^2\right) = m\boldsymbol{v}\cdot\frac{\mathrm{d}\boldsymbol{v}}{\mathrm{d}t} = \boldsymbol{F}\cdot\boldsymbol{v} = \boldsymbol{F}\cdot\frac{\mathrm{d}\boldsymbol{r}}{\mathrm{d}t} \tag{5.1.4}$$

即

$$\frac{\mathrm{d}E_k}{\mathrm{d}t} = \boldsymbol{F}\cdot\boldsymbol{v} \tag{5.1.5}$$

或

$$\mathrm{d}E_k = \boldsymbol{F}\cdot\mathrm{d}\boldsymbol{r} \tag{5.1.6}$$

由式(5.1.5)知，动能的时间变化率等于作用在物体上的作用力与速度的标积. 由于能量概念的重要性，把 $\boldsymbol{F}\cdot\boldsymbol{v}$ 称为力传递给物体的功率. 以 P 表示功率，有

$$P = \boldsymbol{F}\cdot\boldsymbol{v} \tag{5.1.7}$$

因此，上述结论又可以说成：一个物体动能的时间变化率等于作用在该物体上的力传递给物体的功率. 由式(5.1.6)知，动能的微小增量等于作用在物体上的作用力与位移的标积，我们把 $\boldsymbol{F}\cdot\mathrm{d}\boldsymbol{r}$ 称为力对物体做的元功. 对式(5.1.6)积分，得

$$\Delta E_k = E_k - E_{k0} = \frac{1}{2}mv^2(t) - \frac{1}{2}mv^2(t_0) = \int_{t_0}^{t}\boldsymbol{F}\cdot\mathrm{d}\boldsymbol{r} = \int_{t_0}^{t}F\cos\theta\,\mathrm{d}s \tag{5.1.8}$$

式(5.1.8)右边的积分为作用于物体的力所做的功. 其中，θ 是力 $\boldsymbol{F}$ 与位移方向 $\mathrm{d}\boldsymbol{r}$ 的夹角. 可见，功是力的空间积累量. 通常把方程(5.1.8)称为质点动能定理，即作用于物体上的合力所做的功等于物体在此过程中动能的增量. 动能定理本质上是能量守恒定律在牛顿力学范畴内的一种表述. 上面所讨论的是单质点动能定理，其对象是单质点系统，如果与外界无相互作用，即既不输入能量又不输出能量，质点必保持能量不变，即动能不变. 如果与外界有相互作用，外界将以力对质点做功，输入(或输出)能量，其结果必然使质点能量改变，即动能改变，动能的时间变化率等于外力传递给物体的功率，或者动能的增量等于外力做的功.

由质点动能定理及其推导可知：

(1) 做功是通过力来实现的；

(2) 做功的多少一般与路径有关；

(3) 使质点动能定理成立的参考系为惯性系.

5.1.2 功和功率

物理学上的功定义为力 $\boldsymbol{F}$ 与位移元 $\mathrm{d}\boldsymbol{r}$ 标积的线积分，若以 A 表示功，有

$$A = \int_{t_0}^{t}\boldsymbol{F}\cdot\mathrm{d}\boldsymbol{r} = \int_{t_0}^{t}F\cos\theta\,\mathrm{d}s \tag{5.1.9}$$

其意义是，如果有一个力作用于物体上，同时物体在某一方向上发生位移，则只有位移方向上的分力做了功，与位移成直角的力不做功. 需要注意的是，式(5.1.9)对于真实力或惯性力在惯性系或非惯性系中做功的计算都是适用的. 功总是与一个过程相联系，因而功是过程量.

物理学上功的含义与一般情况下的工作含义是不同的，按照物理学上功的定义，如果一个人把 40kg 的重物提在手中一段时间，他并没有做功，然而，他会感到很累. 那么，为什么我们要用现在的定义去计算功呢? 这是因为这样计算功是有意义的：只有这样计算功，作用在一个质点上的力所做的功才恰好等于该质点动能的变化.

有时重要的问题不是能做多少功，而是做功的效率，即在单位时间内做多少功. 单位时间所做的功称为功率，即

$$P = \frac{\mathrm{d}A}{\mathrm{d}t} = \boldsymbol{F} \cdot \boldsymbol{v}$$

这就是式(5.1.7). 简单机械可以省力，但功率是不能放大的.

在国际单位制中，力的单位是 N，功的单位则为 N·m，通常认为 1N·m 是 1J，由上面给出的势能、动能、功的定义不难验证，它们具有相同的量纲. 功率的单位是 $\mathrm{J \cdot s^{-1}}$，也可为 W. 如果用功率乘以时间就是所做的功，电力公司在计算每家用电量时，常采用 kW·h 来计量用电量，1kW·h 等于 1kW 乘以 1h，即 3.6×10^6 J.

5.1.3 质点系动能定理

现在我们考虑由 n 个存在相互作用的质点组成的质点系，第 i 个质点的质量为 m_i，用 $\boldsymbol{F}_i$ 表示质点 m_i 受到来自体系以外的合力(外力)，用 $\boldsymbol{f}_{ij}$ 表示体系内质点 m_j 对质点 m_i 的作用力(内力). 对每个质点列出动力学方程

$$\begin{cases} m\ddot{\boldsymbol{r}}_1 = \boldsymbol{F}_1 + \boldsymbol{f}_{12} + \boldsymbol{f}_{13} + \cdots + \boldsymbol{f}_{1n} \\ m\ddot{\boldsymbol{r}}_2 = \boldsymbol{f}_{21} + \boldsymbol{F}_2 + \boldsymbol{f}_{23} + \cdots + \boldsymbol{f}_{2n} \\ m\ddot{\boldsymbol{r}}_3 = \boldsymbol{f}_{31} + \boldsymbol{f}_{32} + \boldsymbol{F}_3 + \cdots + \boldsymbol{f}_{3n} \\ \quad\cdots\cdots \\ m\ddot{\boldsymbol{r}}_n = \boldsymbol{f}_{n1} + \boldsymbol{f}_{n2} + \boldsymbol{f}_{n3} + \cdots + \boldsymbol{F}_n \end{cases} \tag{5.1.10}$$

将方程组(5.1.10)的第 i 个方程乘以 $\boldsymbol{v}_i\mathrm{d}t$ 进行积分，得

$$\begin{aligned} \int_{t_0}^{t} m_i\ddot{\boldsymbol{r}}_i \cdot \boldsymbol{v}_i\mathrm{d}t = & \int_{t_0}^{t} \boldsymbol{F}_i \cdot \boldsymbol{v}_i\mathrm{d}t + \int_{t_0}^{t} \boldsymbol{f}_{i1} \cdot \boldsymbol{v}_i\mathrm{d}t + \int_{t_0}^{t} \boldsymbol{f}_{i2} \cdot \boldsymbol{v}_i\mathrm{d}t + \cdots \\ & + \int_{t_0}^{t} \boldsymbol{f}_{i(i-1)} \cdot \boldsymbol{v}_i\mathrm{d}t + \int_{t_0}^{t} \boldsymbol{f}_{i(i+1)} \cdot \boldsymbol{v}_i\mathrm{d}t + \cdots + \int_{t_0}^{t} \boldsymbol{f}_{in} \cdot \boldsymbol{v}_i\mathrm{d}t \end{aligned}$$

$$E_{ki}(t)-E_{ki}(t_0)=A_i+A_{i1}+A_{i2}+\cdots+A_{i(i-1)}+A_{i(i+1)}+\cdots+A_{in} \tag{5.1.11}$$

其中

$$A_i=\int_{t_0}^{t}\boldsymbol{F}_i\cdot\boldsymbol{v}_i\mathrm{d}t,\qquad A_{ij}=\int_{t_0}^{t}\boldsymbol{f}_{ij}\cdot\boldsymbol{v}_i\mathrm{d}t \tag{5.1.12}$$

分别为作用于第 i 个质点上的外力所做的功和第 j 个质点对第 i 个质点的内力所做的功. 将式(5.1.11)对所有的 i 求和,得

$$E_{\mathrm{k}}(t)-E_{\mathrm{k}}(t_0)=A_{外}+A_{内} \tag{5.1.13}$$

其中

$$E_{\mathrm{k}}=\sum_{i=1}^{n}E_{ki},\quad A_{外}=\sum_{i=1}^{n}A_i,\quad A_{内}=\sum_{i=1}^{n}\sum_{\substack{j=1\\ j\neq i}}^{n}A_{ij} \tag{5.1.14}$$

其中,E_{k}、$A_{外}$、$A_{内}$ 分别为质点系的总动能、外力和内力对质点系做的总功. 需要注意的是,内力产生的总动量虽然为零,但内力做的总功一般不等于零. 式(5.1.13)即为质点系动能定理,我们把它叙述如下.

质点系动能定理:作用于质点系的所有外力所做的功与所有内力所做的功的总和等于质点系动能的增量.

质点系动能定理与质点系动量定理的比较:

(1) 质点系动量定理是矢量式,而质点系动能定理是标量式.

(2) 质点系动量定理与质点系动能定理是相互独立的.

(3) 内力的作用不改变体系的总动量,但一般要改变体系的总动能.

例 5.1

质量为 $m=10\mathrm{g}$ 的子弹,以 $v_0=200\mathrm{m}\cdot\mathrm{s}^{-1}$ 的速度射入木块. 木块的阻力 F 平均为 $5.0\times10^3\mathrm{N}$. 求子弹射入深度.

解 子弹原来的动能 $E_1=\frac{1}{2}mv_0^2$,子弹射入木块一定深度而停止,动能变为零. 在这一过程中,只有木块阻力对子弹做功. 如以 s 表示射入深度,则阻力所做的功为 $-Fs$. 由动能定理

$$0-\frac{1}{2}mv_0^2=-Fs$$

所以

$$s=\frac{mv_0^2}{2F}$$

采用国际单位制,以 $m=0.010\mathrm{kg}$,$v_0=200\mathrm{m}\cdot\mathrm{s}^{-1}$,$F=5.0\times10^3\mathrm{N}$ 代入,得

$$s=\frac{0.010\times200^2}{2\times5\times10^3}=0.04(\mathrm{m})$$

5.2 势　　能

5.2.1 有心力及其沿闭合路径做功

所谓“有心力”,即在空间中存在一个中心 O,物体(质点)P 在任何位置上所受的力 $\boldsymbol{F}$ 都与$\overrightarrow{OP}$方向相同(排斥力)或相反(吸引力),其大小是距离 $r=\overrightarrow{OP}$的单值函数. 万有引力就是一种有心力,为

$$\boldsymbol{F}=-G\frac{Mm}{r^2}\hat{\boldsymbol{r}} \tag{5.2.1}$$

其中,$\hat{\boldsymbol{r}}$ 为沿$\overrightarrow{OP}$方向的单位向量.

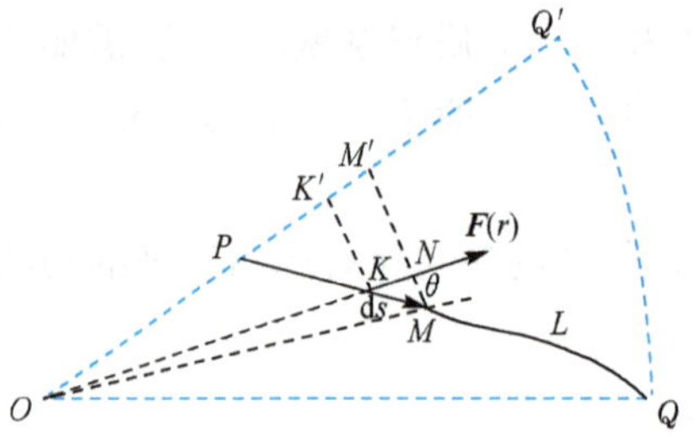

图 5.1　有心力做功

如图 5.1 所示,设想把质点沿任意路径 L 从点 P 搬运到点 Q,有心力 $\boldsymbol{F}(r)=F(r)\hat{\boldsymbol{r}}$ 所做的功为

$$A_{PQ}=\int_{\substack{P\\(L)}}^{Q}F(r)\cos\theta\,\mathrm{d}s$$

考虑路径 L 上任一线元 $\mathrm{d}s$,设其起点和终点分别为 K 和 M. 从力心 O 点作直线过 P 和 K,以 O 点为圆心过 K、M、Q 各点作圆弧交 OP 或延长线于 K'、M'、Q',过 M 的圆弧交 OK 或其延长线于 N. 设有心力 F 为排斥力(只需在相应的地方稍作修改,就可适用于吸引力情形). 于是,$\cos\theta\mathrm{d}s=\overline{KM}\cos\theta=\overline{KN}=\overline{K'M'}=\mathrm{d}r$,这样一来,上式化为

$$A_{PQ}=\int_{r_P}^{r_Q}F(r)\,\mathrm{d}r \tag{5.2.2}$$

式(5.2.2)只与两端点到力心的距离 r_P 和 r_Q 有关,与路径 L 无关. 式(5.2.2)表明,有心力做功可以化为沿任意半径的一维问题. 故我们得到

有心力的重要性质:有心力做功只与始终点的位置有关,与路径无关. 或者有心力沿闭合路径做功为零,即

$$\oint\boldsymbol{F}\cdot\mathrm{d}\boldsymbol{r}=0 \tag{5.2.3}$$

5.2.2 保守力与非保守力　势能

由上述可知,存在一类重要的力场,在该力场中,力对质点所做的功只与该质点的始、末位置有关,而与该质点所经的具体路径无关. 我们称此力场为**保守力场**,物体在保守力场中所受的力称为**保守力**. 显然,保守力场中力的环路积分必为零.

若力所做的功不仅与始、末位置有关，而且与具体路径有关，或沿任一闭合路径一周做功不为零的力称为非保守力. 沿闭合路径一周做功小于零的力称为耗散力. 滑动摩擦力是非保守力，而且还是耗散力.

我们已经知道有心力是保守力，为了比较容易地判断常见的力是否是保守力，下面给出保守力的一些充分条件.

(1) 对于一维运动，凡是位置 x 单值函数的力都是保守力. 例如，服从胡克定律的弹性力 $f=f(x)=-k(x-x_0)$ 是 x 的单值函数，故它是保守力. 按照保守力的上述定义，证明是显而易见的.

(2) 对于一维以上的运动，大小和方向都与位置无关的力. 例如，地面附近的重力 $f=mg$ 是保守力.

(3) 有心力是保守力. 例如，万有引力就是保守力.

定理 对于保守力场，可以定义一个标量函数 $V(\boldsymbol{r})$，称为势能(或势函数、位能)，使保守力做的功为：$A(\boldsymbol{r}_A\to\boldsymbol{r}_B)=V(\boldsymbol{r}_A)-V(\boldsymbol{r}_B)$. 其中 $A(\boldsymbol{r}_A\to\boldsymbol{r}_B)$ 表示质点从空间 $\boldsymbol{r}_A$ 点运动到 $\boldsymbol{r}_B$ 点保守力所做的功.

证 这样选择一个标量函数：如图 5.2 所示，先任取一点 $\boldsymbol{r}_C$，令 $V(\boldsymbol{r}_C)=V_0$，对空间任意点 $\boldsymbol{r}$，定义

$$V(\boldsymbol{r})=V_0-A(\boldsymbol{r}_C\to\boldsymbol{r}) \tag{5.2.4}$$

由于是保守力场，故 $A(\boldsymbol{r}_C\to\boldsymbol{r})$ 唯一确定，与运动的路径无关，于是对于空间中的任意点 $\boldsymbol{r}$，我们定义的 $V(\boldsymbol{r})$ 的值确定并且唯一. 下面证明 $V(\boldsymbol{r})$ 就是势能.

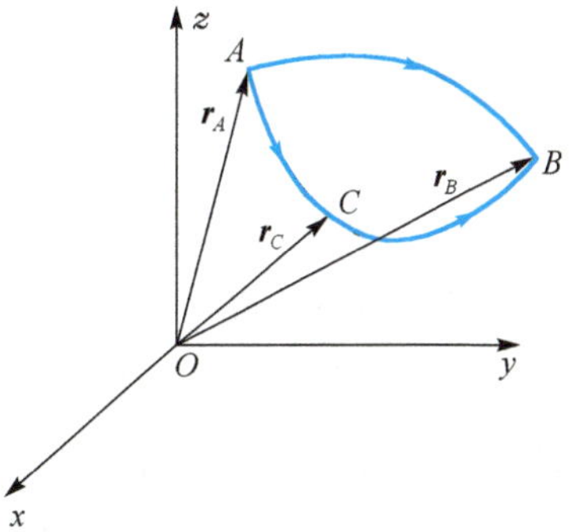

图 5.2 保守力做功

对于空间中任意两点 $\boldsymbol{r}_A$ 和 $\boldsymbol{r}_B$，按照我们对 $V(\boldsymbol{r})$ 的定义，有

$$V(\boldsymbol{r}_A)=V_0-A(\boldsymbol{r}_C\to\boldsymbol{r}_A),\qquad V(\boldsymbol{r}_B)=V_0-A(\boldsymbol{r}_C\to\boldsymbol{r}_B)$$

将上面两式相减，注意到保守力做功与路径无关，可得

$$\begin{aligned}V(\boldsymbol{r}_A)-V(\boldsymbol{r}_B)&=A(\boldsymbol{r}_C\to\boldsymbol{r}_B)-A(\boldsymbol{r}_C\to\boldsymbol{r}_A)\\&=A(\boldsymbol{r}_C\to\boldsymbol{r}_B)+A(\boldsymbol{r}_A\to\boldsymbol{r}_C)=A(\boldsymbol{r}_A\to\boldsymbol{r}_B)\end{aligned}$$

由于

$$A(\boldsymbol{r}_A\to\boldsymbol{r}_B)=V(\boldsymbol{r}_A)-V(\boldsymbol{r}_B) \tag{5.2.5}$$

故 $V(\boldsymbol{r})$ 就是势能. [证毕]

反之，存在势能的力一定是保守力.

注意：由证明可见，势能具有一个任意常数 $V(\boldsymbol{r}_C)=V_0$，一般我们规定∞点的势能为零.

势能 $V(\boldsymbol{r})$ 与保守力 $\boldsymbol{F}$ 的关系：

$$\begin{cases} V(\boldsymbol{r}) = -\int_{\boldsymbol{r}_0}^{\boldsymbol{r}} \boldsymbol{F} \cdot \mathrm{d}\boldsymbol{r} + V_0 \\ \boldsymbol{F} = -\nabla V(\boldsymbol{r}) = -\left(\boldsymbol{i}\dfrac{\partial V}{\partial x} + \boldsymbol{j}\dfrac{\partial V}{\partial y} + \boldsymbol{k}\dfrac{\partial V}{\partial z}\right) \end{cases} \tag{5.2.6}$$

式(5.2.6)的第一个方程实际上可以看成是来自于式(5.2.4)，只要令 $\boldsymbol{r}_0 = \boldsymbol{r}_C$ 即可；其第二个方程可以从第一个方程得到，这需要数学中场论的知识，本书从略. 仅举一例如下.

例如，位于坐标原点的质量为 M 的质点的引力场对位于 $\boldsymbol{r}$ 点质量为 m 的质点的万有引力为

$$\boldsymbol{F} = -G\frac{Mm}{r^2}\hat{\boldsymbol{r}}$$

若规定无穷远点∞的引力势能为零，则空间中 $\boldsymbol{r}$ 点质量为 m 的质点的势能为

$$V(\boldsymbol{r}) = -\int_{\infty}^{\boldsymbol{r}} \boldsymbol{F} \cdot \mathrm{d}\boldsymbol{r} = -\int_{r}^{\infty} G\frac{Mm}{r^2}\mathrm{d}r = -\frac{GmM}{r} = -\frac{GmM}{\sqrt{x^2+y^2+z^2}} \tag{5.2.7}$$

当然，利用式(5.2.6)的第二式可反推得

$$\boldsymbol{F} = -\nabla V(\boldsymbol{r}) = -\frac{GmM(x\boldsymbol{i}+y\boldsymbol{j}+z\boldsymbol{k})}{(x^2+y^2+z^2)^{3/2}} = -G\frac{mM}{r^2}\frac{\boldsymbol{r}}{r} = -G\frac{mM}{r^2}\hat{\boldsymbol{r}}$$

注意以下几点：

(1) 引力势能实际上属于 m、M 两者组成的体系，地球与月球间的相互引力势能应属地、月系统所共有. 物体在地球表面的重力势能原则上是物体与地球整个系统所共有，鉴于在重力势能转化为动能时(物体下落重力做功)，物体所获得的动能几乎等于下落前后的引力势能差，在这种情况下人们也常说物体具有重力势能，这里已经把地球质量看成无穷大了.

(2) 由式(5.2.5)知

$$A(\boldsymbol{r}_0 \to \boldsymbol{r}) = \int_{\boldsymbol{r}_0}^{\boldsymbol{r}} \boldsymbol{F} \cdot \mathrm{d}\boldsymbol{r} = V(\boldsymbol{r}_0) - V(\boldsymbol{r}) = -[V(\boldsymbol{r}) - V(\boldsymbol{r}_0)] \tag{5.2.8}$$

即保守力做功使其势能减少.

(3) 如果质点系内任意两点之间的作用力都是保守力，则称该质点系为**保守体系**. 对于保守体系，我们可以这样定义势能，规定所有的质点在无穷远处时体系的势能为零，即让 $V(\infty)=0$，然后将 n 个质点一个一个从无穷远点沿任意路径移至它们所在的点，算出保守力所做的总功 A，利用式(5.2.8)可知该保守体系的势能为

$$V(\boldsymbol{r}_1, \boldsymbol{r}_2, \cdots, \boldsymbol{r}_n) = -A \tag{5.2.9}$$

5.2.3 势能曲线

一旦知道了势能的表达式,利用式(5.2.5)即可求得力的表达式.力是矢量,而势能是标量,一般情况下,确定标量函数比确定矢量函数要容易.如果保守力仅是两质点距离的函数,则势能是一维函数.在许多实际问题中,特别是在微观领域内,确定势能往往比确定力更方便,故用势能函数来了解力的性质是有实际意义的.

表示势能与两质点相对关系的图形叫**势能图**.若势能为一维函数,则势能图成为**势能曲线**.

上面引出势能曲线进行讨论的原因还在于力的概念对量子力学的微观理论来说不太合适,而能量是对系统的恰当描述.当考察原子核中各核子之间、分子中各原子之间的相互作用时,不再使用力和速度等概念,而能量概念继续存在,因此在有关量子理论的书中我们可以看到势能曲线,而很少看到微观粒子间的作用力曲线,因为那里人们采用能量,而不是采用力来分析问题.

1. 几种势能曲线

图 5.3(a)、图 5.4(a)、图 5.5(a)分别为重力、万有引力和弹性力的势能曲线.图 5.6(a)为双原子分子的势能与两原子之间距离的关系曲线.

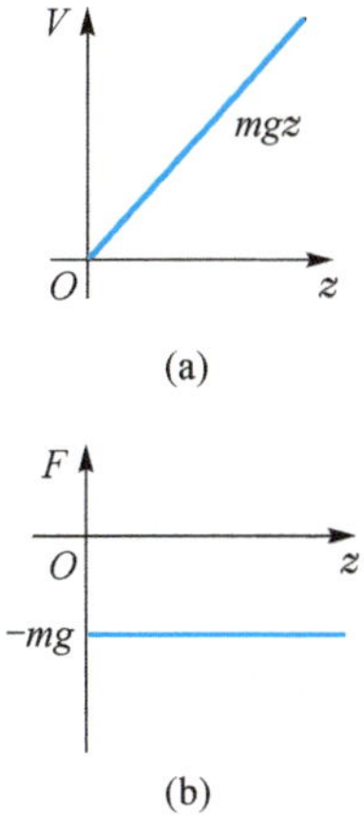

图 5.3 重力势能

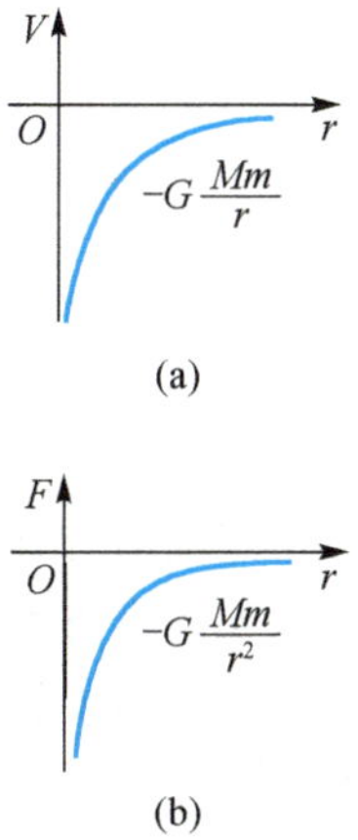

图 5.4 万有引力势能

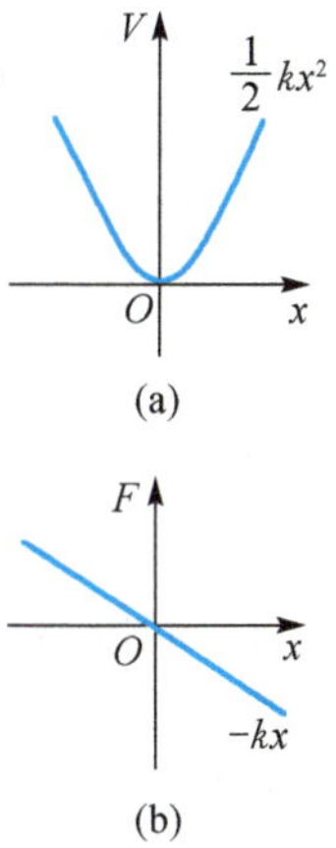

图 5.5 弹性力势能

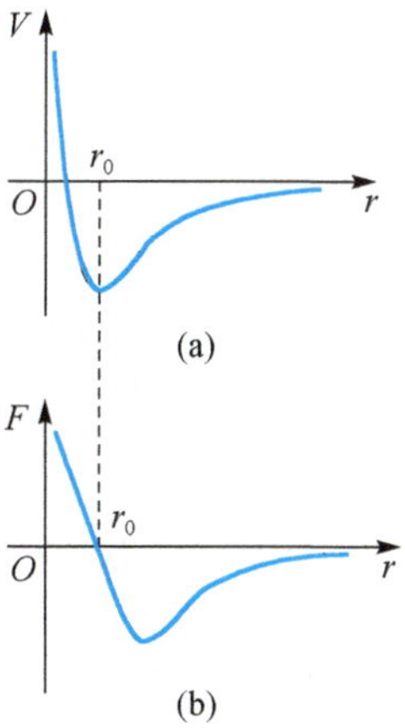

图 5.6 双原子分子势能

2. 势能曲线的用途

(1) 由势能曲线求保守力.利用式(5.2.6)即可由势能曲线求保守力,现在是一维情况,故式(5.2.6)的第二式变为

$$F(x) = -\frac{\partial V}{\partial x} \tag{5.2.10}$$

(2) 求平衡位置及判断平衡的稳定性.我们将在第 9 章中再详细讨论该问题.

5.3 机械能守恒定律

5.3.1 质点系的功能原理和机械能守恒定律

由质点系的动能定理式(5.1.13)可得

$$E_k(t) - E_k(t_0) = A_{外} + A_{内} \tag{5.3.1}$$

在一般情况下,可以将内力所做的功 $A_{内}$ 分为保守力做的功 $A_{保内}$ 和非保守力做的功 $A_{非保内}$ 两个部分,即 $A_{内}=A_{保内}+A_{非保内}$,由式(5.2.8)知 $A_{保内}=V(t_0)-V(t)$,于是式(5.3.1)可以写成

$$[E_k(t)+V(t)]-[E_k(t_0)+V(t_0)] = A_{外} + A_{非保内} \tag{5.3.2}$$

用 E 表示体系动能与势能之和,称为体系的机械能,则有

$$E(t) = E_k(t)+V(t) \tag{5.3.3}$$

则

$$E(t) - E(t_0) = A_{外} + A_{非保内} \tag{5.3.4}$$

式(5.3.4)表示,外力的功和非保守内力的功之和等于体系机械能的增量,这就是**质点系的功能定理**. 能量(动能、势能、机械能等)总是与物体或物体系的状态,即相对位置和速度相联系,我们称能量是**状态量**.

若 $A_{外}+A_{非保内}>0$,体系机械能增加;

若 $A_{外}+A_{非保内}<0$,体系机械能减少;

若 $A_{外}+A_{非保内}=0$,体系机械能保持不变.

重要特例: $A_{外}=0$.

这有如下几种情况:

(1) 孤立体系,体系不受外力作用.

(2) 外力的作用点没有位移,如弹簧振子的固定端对弹簧所施加的外力.

(3) 各外力与其相应作用点的位移互相垂直,如固定支撑物的支撑力.

当 $A_{外}=0$ 时,体系的机械能的变化仅由非保守力做的功确定,因而有:

(1) 若 $A_{非保内}>0$,体系机械能增加(如炸弹爆炸);

(2) 若 $A_{非保内}<0$,体系机械能减少(如摩擦力,称为耗散力);

(3) 若 $A_{非保内}=0$,体系机械能守恒.

关于功与能的定理都是在牛顿定律基础上导出来的,因而只在惯性系中成立. 在非惯性系中,要应用牛顿定律和功能原理,必须引入惯性力. 当然,还可以从形式上引入保守性惯性力和非保守性惯性力. 例如,在地面附近,可以将重力和平移惯性力的合力处理成一个保守性的常力,对应的势能在形式上与重力势能相同;在匀速转动的非惯性系中,对惯性离心力可以引入离心势能.

尽管在任何惯性系内动能定理、功能原理和机械能守恒定律都可应用,但力的

功、体系的动能和机械能的数值在不同参考系中并不相同；而且，一个体系在一个参考系内机械能守恒，在另一个参考系内机械能未必守恒.

例 5.2

质量相同的三质点，以等距系于轻绳上，然后将绳伸直地放在光滑的水平桌面上. 设中间质点在垂直于绳的方向以速度 v_0 开始运动，求两边质点相遇时的速率 v.

解 建立如图 5.7 所示的平面直角坐标系，在两边质点相遇时，由 y 方向动量守恒得

$$mv_0 = 3mv_y \tag{5.3.5}$$

由机械能守恒得

$$\frac{1}{2}mv_0^2 = \frac{1}{2}mv_y^2 + \frac{1}{2}\cdot 2mv^2 \tag{5.3.6}$$

比较式(5.3.5)和式(5.3.6)得

$$v = \frac{2}{3}v_0$$

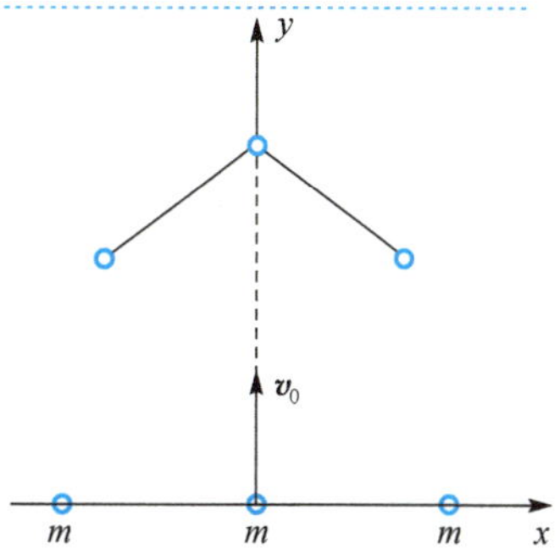

图 5.7 例 5.3 图

5.3.2 保守系与时间反演不变性

从对称性的角度看，保守力与非保守力的区别反映在时间反演变换上.

时间 $t\to -t$ 的变换，叫做**时间反演变换**，这相当于时间倒流. 在现实生活中时间是不会倒流的，但我们可以设想用录像机将现象录下来，然后倒过来放演. 若把无阻尼的单摆运动录下来，正、反放演，看不出什么区别；把自由落体录下来反着放演，便成为竖直上抛物体，在空气阻力可以忽略的情况下，两者同样真实；斜抛物体的运动也是这样. 武打电视片的摄制者常利用这一点，让演员从高处跳下，拍摄下来倒着放演时，就可以表现一个人从平地一跃而起跳上高墙的场面，看起来相当逼真. 然而，有了阻力就不行了，阻尼单摆的振幅越来越小，反着放演它的录像，振幅却越来越大，看起来不太像真的. 如果上述武打演员穿的不是紧身衣裤，而是宽大的袍子，观众就会看到，当他纵身上墙时，袍子竟飘逸而起，倒拍的特技就露出了破绽.

上面的例子告诉我们，保守系的运动规律具有时间反演不变性，亦即如果在某个时刻令物体系中的每个质点的速度反向，运动将逆转进行；耗散系则不具备这种性质. 要从理论上说明这一点，可看每个质点 i 所服从的牛顿第二定律

$$\boldsymbol{f}_i = m_i\frac{\mathrm{d}\boldsymbol{v}_i}{\mathrm{d}t}$$

做时间反演变换 $t\to -t$ 时，$\boldsymbol{v}_i\to -\boldsymbol{v}_i$，上式右边不变. 因保守力只与质点的相对位置有关，它是时间反演不变的，故上式左边也不变，即该式对正、反过程同样成立. 在这种情况下，任何时刻只要速度反向，过程就会逆转. 然而，耗散力与速度的方向

有关，做时间反演变换时 $\boldsymbol{f}_i \to -\boldsymbol{f}_i$，上式左边变号，即正、反过程的运动方程不同，速度反向时过程不沿原路返回，故耗散过程是不可逆的.

如前所述，“耗散”是宏观的概念，微观过程几乎都是时间反演不变的，不存在非保守力. 所以，几乎所有的微观过程都是可逆的. 为什么从微观过渡到宏观，过程就可能变为不可逆？宏观的不可逆性来自概率统计性，并非源于微观动力学，这个问题深刻而复杂，属于统计物理学的范畴，我们在此不作讨论.

5.4 质　心　系

5.4.1 柯尼西定理

取质心为坐标原点，相对于惯性系平动的参考系称为**质心参考系**或**质心系**. 在讨论孤立质点系的运动时，采用质心系是方便的. 在质心系里，体系的动量恒为零，且孤立体系的质心系是惯性系，动能定理和机械能守恒定律都能适用. 即使讨论非孤立体系的运动，采用质心系也是方便的，可以证明，当质心系为非惯性参考系时，动能定理和机械能守恒定律也仍然正确.

设两参考系 K、K_C 分别为惯性系和质心系. 在惯性系 K 中，n 个质点 $m_i(i=1,2,\cdots,n)$的位矢、速度、加速度分别为 $\boldsymbol{r}_i$、$\boldsymbol{v}_i$、$\boldsymbol{a}_i(i=1,2,\cdots,n)$，质心 m_C 的位矢、速度、加速度分别为 $\boldsymbol{r}_C$、$\boldsymbol{v}_C$、$\boldsymbol{a}_C$；在质心系 K_C 中 n 个质点的位矢、速度、加速度分别为 $\boldsymbol{r}_{Ci}$、$\boldsymbol{v}_{Ci}$、$\boldsymbol{a}_{Ci}(i=1,2,\cdots,n)$. 则有

$$\boldsymbol{r}_i = \boldsymbol{r}_C + \boldsymbol{r}_{Ci} \tag{5.4.1}$$

$$\boldsymbol{v}_i = \boldsymbol{v}_C + \boldsymbol{v}_{Ci} \tag{5.4.2}$$

$$\boldsymbol{a}_i = \boldsymbol{a}_C + \boldsymbol{a}_{Ci} \tag{5.4.3}$$

用 E_k、$E_{\mathrm{k}C}$分别表示质点系在惯性系 K 和质心系 K_C 中的动能，有

$$E_\mathrm{k} = \sum_i \frac{1}{2}m_i v_i^2, \quad E_{\mathrm{k}C} = \sum_i \frac{1}{2}m_i v_{Ci}^2 \tag{5.4.4}$$

利用式(5.4.2)可得

$$\begin{aligned} E_\mathrm{k} &= \sum_i \frac{1}{2}m_i v_i^2 = \sum_i \frac{1}{2}m_i(\boldsymbol{v}_C + \boldsymbol{v}_{Ci})\cdot(\boldsymbol{v}_C + \boldsymbol{v}_{Ci}) \\ &= \sum_i \frac{1}{2}m_i(v_C^2 + 2\boldsymbol{v}_C\cdot\boldsymbol{v}_{Ci} + \boldsymbol{v}_{Ci}\cdot\boldsymbol{v}_{Ci}) \\ &= \frac{1}{2}m_C v_C^2 + \boldsymbol{v}_C\cdot\left(\sum_i m_i\boldsymbol{v}_{Ci}\right) + \sum_i \frac{1}{2}m_i v_{Ci}^2 \end{aligned}$$

上式右边第一项是将体系总质量集中于质心的质点的动能，称为**质心动能**；第三项由式(5.4.4)知为质点系在质心系 K_C 中的动能；而第二项中

$$\sum_i m_i\boldsymbol{v}_{Ci} = m_C\sum_i \frac{m_i\boldsymbol{v}_{Ci}}{m_C} = m_C\boldsymbol{v}_{CC} = 0 \tag{5.4.5}$$

其中，$\boldsymbol{v}_{CC}$为在质心系K_C中质心的速度，这显然为零，故第二项为零. 于是

$$E_k = \frac{1}{2}m_C v_C^2 + E_{kC} \tag{5.4.6}$$

即体系动能等于质心动能与体系相对于质心系的动能之和. 此结论称为柯尼西定理. 我们知道质点系的动量等于质心的动量，但质点系的动能一般并不等于质心的动能.

由以上证明过程可见，不论质心系是惯性系还是非惯性系，此定理都成立.

5.4.2 质心系中的功能原理和机械能守恒定律

我们知道，如果我们选取了非惯性参考系统，就应计入惯性力，在动能定理中必须计及惯性力所做的功. 本节将证明，只要我们选择质心系，即使它不是惯性系，也不需要考虑惯性力所做的功.

若质心的“绝对”加速度$\boldsymbol{a}_C=0$，则质心系也是惯性系；若$\boldsymbol{a}_C\neq 0$，则质心系为非惯性系，它是具有加速度$\boldsymbol{a}_C$的平动参考系. 如果选取质心系，则所有质点都要受到惯性力. 现在我们来计算这样的惯性力系所做的功. 作用于质点i的惯性力为$-m_i\boldsymbol{a}_C$，这个力对质点i所做的功为$\int_{t_0}^{t} -m_i\boldsymbol{a}_C\cdot \mathrm{d}\boldsymbol{r}_{Ci}$，惯性力所做的总功$A_{惯}$为

$$\begin{aligned} A_{惯} &= \sum_i \int_{t_0}^{t} -m_i\boldsymbol{a}_C\cdot \mathrm{d}\boldsymbol{r}_{Ci} = -\int_{t_0}^{t}\boldsymbol{a}_C\cdot\sum_i m_i \mathrm{d}\boldsymbol{r}_{Ci} \\ &= -\int_{t_0}^{t}\boldsymbol{a}_C\cdot \mathrm{d}\Big(\sum_i m_i\boldsymbol{r}_{Ci}\Big) = -\int_{t_0}^{t}\boldsymbol{a}_C\cdot \mathrm{d}(m_C\boldsymbol{r}_{CC}) = 0 \end{aligned}$$

式中，$\boldsymbol{r}_{CC}$为在质心系中所求的质心的位矢，它当然等于零. 于是结论为，只要我们选择质心系，即使它不是惯性系，也不需要考虑惯性力所做的功.

在某些问题中，选用质心坐标系比选用惯性参考系还要好.

例如，在地面上将质量为$m=1\text{kg}$的物体以$v'=4\text{m}\cdot\text{s}^{-1}$的速率掷出，物体的速率从0变为$4\text{m}\cdot\text{s}^{-1}$，动能的增长$=\frac{1}{2}\times1\times4^2=8(\text{J})$. 由动能定理，需对它做功8J. 现在又在速率为$v_0=2\text{m}\cdot\text{s}^{-1}$的轮船上将同一物体以同一速率$v'$向前掷出. 如选用“静止”参考系，物体的速率$v=v'+v_0$从$2\text{m}\cdot\text{s}^{-1}$变为$6\text{m}\cdot\text{s}^{-1}$，动能的增长$=\frac{1}{2}\times1\times6^2-\frac{1}{2}\times1\times2^2=16(\text{J})$. 据动能定理，需对它做功16J. 现在又在那只轮船上将同一物体以同一速率向后掷出，即$v'=-4\text{m}\cdot\text{s}^{-1}$，选用“静止”参考系，物体的速率$v=v'+v_0$从$+2\text{m}\cdot\text{s}^{-1}$变为$-2\text{m}\cdot\text{s}^{-1}$，动能的增长为0. 根据动能定理，不需对它做功，由此可以得出结论：在轮船上抛掷物体所需的功与在岸上抛掷物体所需的功完全不同，向前掷与向后掷又是大不相同. 在轮船进行任何球类比赛都几乎是不可能的，因为两方都是在完全不同的条件下向对方掷球的. 经验表明，以上结论与事实完全不符合.

问题在于，由于作用与反作用定律，物体被抛掷出去，轮船相对于“静止”参考系统的速率也随之而变. 轮船的速率将从v_0变为v_0+u，u的确切数值可利用

"轮船-抛掷体"系统的动量守恒原理算出,这里不计算它了.既然轮船的质量 M 远大于抛掷体的质量 m,不进行计算也知道 u 是一个很小的量.另外,正因为轮船的质量很大,尽管速率的改变 u 很小,而动能的改变 $\frac{1}{2}M(v_0+u)^2-\frac{1}{2}Mv_0^2=Mv_0u+\frac{1}{2}Mu^2\approx Mv_0u$ 却是颇为可观的,相对于"静止"参考系,物体动能的增长诚然是 16J(向前掷的情况)或 0J(向后掷的情况),然而这并不等于所需做的功,因为所需做的功应等于"轮船-抛掷体"系统的动能的增长,必须计及轮船的动能的改变才可以得出正确的结果.为了计算抛掷物体所需的功,需要计及轮船的运动情况的改变,这无疑是很不方便的.

选取"轮船-抛掷体"系统的质心系则比较方便.因为轮船质量远远超过物体的质量,"轮船-抛掷体"系统的质心实际上就是轮船的质心,轮船相对于自己的质心,当然是始终静止的.在质心坐标系中,轮船的动量始终是零,无须特别计及轮船动能,在质心系中,物体的速率就是它相对于轮船的速率,不论向前掷或向后掷,物体的速率都是从 0 变为 $4\text{m}\cdot\text{s}^{-1}$,动能的增长都是 8J.根据动能定理,应对它做功 8J,与在岸上抛掷物体的情况相同,这里可以看到质心坐标系的优越处:无须计算轮船运动的改变就能得出正确的结果.

例 5.3

计算第三宇宙速度.从地面出发的火箭如果具有第三宇宙速度,就不仅能够脱离地球,而且可以逸出太阳系.

解 首先,按式(5.2.7),规定无穷远点∞的引力势能为零,由于火箭的机械能守恒,火箭要逸出太阳系,其机械能 E 至少应等于零.这里的 E 指的是火箭的动能 $mv^2/2$ 以及太阳-火箭的势能 $-GMm/\rho$.在地球这样的距离上,这个判据成为

$$\frac{1}{2}mv^2-G\frac{Mm}{R_1}=0$$

其中,R_1 为地球与太阳的距离.由上式解得

$$v=\sqrt{2GM/R_1}\approx 42.2\text{km}\cdot\text{s}^{-1}$$

这就是说,在地球这样的距离上,一个物体必须具有 $42.2\text{km}\cdot\text{s}^{-1}$ 的速率才可以逸出太阳系而飞往其他恒星.但这里没有计及地球的引力,$42.2\text{km}\cdot\text{s}^{-1}$ 应当是已脱离了地球引力范围时的速率.那么,火箭从地面出发时相对于地球的速率 v' 应当多大呢?

先选用"静止"(相对于太阳为静止)参考系,火箭已脱离了地球引力范围时的动能应为 $mv^2/2$,这时火箭-地球势能为 0.为了用最小的速度达到目的,应当沿地球公转方向发射火箭,以最大限度地利用地球的公转动能.考虑到地球公转

速率为 29.8km·s^{-1}，火箭以相对速率 v' 从地面出发时的动能为 $m(v'+29.8)^2/2$，这时火箭-地球势能为 $(-mgR^2/\rho)|_{\rho=R}$，R 为地球半径. 因为万有引力是保守力，我们可以运用机械能守恒定律

$$\frac{1}{2}m(v'+29.8)^2-\left.\frac{mgR^2}{\rho}\right|_{\rho=R}=\frac{1}{2}m(42.2)^2$$

由此求得

$$v'=\sqrt{42.2^2+11.2^2}-29.8=13.9(\text{km}\cdot\text{s}^{-1})$$

但这个结果是错误的.

类似于前一个例子，在火箭逸出地球引力范围的过程中，地球相对于"静止"参考系的速率也随之而变化. 由于地球质量很大，这个速率变化很小. 另外，正因为地球质量很大，尽管速率变化很小，动能的改变却颇为可观. 必须考虑地球动能的改变才可以得出正确的结果. 为了计算火箭的速率，需要考虑地球运动情况的改变，这是不方便的.

选取"地球-火箭"系统的质心坐标系则比较方便，因为地球的质量远远超过火箭的质量，"地球-火箭"系统的质心实际上就是地球的质心. 地球相对于自己的质心始终是静止的. 在质心坐标系中，地球的动能始终为 0，无须特别计及地球的动能. 在质心系中，火箭已脱离了地球引力范围的动能应为 $m(42.2-29.8)^2/2$，其时"地球-火箭"势能为零. 火箭以相对速率 v' 从地面出发时的动能为 $mv'^2/2$，其时"地球-火箭"势能为 $(-mgR^2/\rho)|_{\rho=R}$. 因为万有引力是保守力，我们可以运用机械能守恒定律

$$\frac{1}{2}mv'^2-\left.\frac{mgR^2}{\rho}\right|_{\rho=R}=\frac{1}{2}m(42.2-29.8)^2$$

由此求得第三宇宙速度

$$v'=\sqrt{(42.2-29.8)^2+11.2^2}=16.7(\text{km}\cdot\text{s}^{-1}) \qquad (5.4.7)$$

这样，无须计算地球运动情况的改变，就能求得正确的第三宇宙速度.

5.5 两体问题

考虑两个质点的孤立体系，质点间的作用力满足牛顿第三定律. 如图 5.8 所示取一惯性系，设质量分别为 m_1 和 m_2 的两质点位矢和速度分别为 $\boldsymbol{r}_1$、$\boldsymbol{r}_2$ 和 $\boldsymbol{v}_1$、$\boldsymbol{v}_2$，质心的质量和位矢分别为 m_C 和 $\boldsymbol{r}_C$，则有

$$m_C=m_1+m_2 \qquad (5.5.1)$$

$$\boldsymbol{r}_C=\frac{m_1\boldsymbol{r}_1+m_2\boldsymbol{r}_2}{m_1+m_2} \qquad (5.5.2)$$

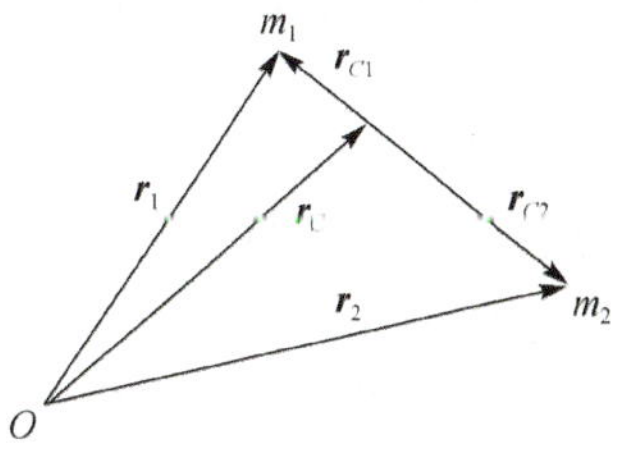

图 5.8　两体问题

动力学方程为

$$m_1 \frac{\mathrm{d}^2 \boldsymbol{r}_1}{\mathrm{d}t^2} = \boldsymbol{f}_{12} \tag{5.5.3}$$

$$m_2 \frac{\mathrm{d}^2 \boldsymbol{r}_2}{\mathrm{d}t^2} = \boldsymbol{f}_{21} \tag{5.5.4}$$

其中

$$\boldsymbol{f}_{12} = -\boldsymbol{f}_{21} = \boldsymbol{F} \tag{5.5.5}$$

将式(5.5.3)、式(5.5.4)相加,得

$$m_C \frac{\mathrm{d}^2 \boldsymbol{r}_C}{\mathrm{d}t^2} = 0 \tag{5.5.6}$$

式(5.5.6)表明,质心做匀速运动. 于是取质心为坐标原点建立的参考系也是惯性系,我们称该参考系为**质心系**. 设 m_1 和 m_2 在质心系中的坐标分别为 $\boldsymbol{r}_{C1}$ 和 $\boldsymbol{r}_{C2}$,有

$$\boldsymbol{r}_{C1} = \boldsymbol{r}_1 - \boldsymbol{r}_C = \boldsymbol{r}_1 - \frac{m_1\boldsymbol{r}_1 + m_2\boldsymbol{r}_2}{m_1 + m_2} = \frac{m_2}{m_1 + m_2}(\boldsymbol{r}_1 - \boldsymbol{r}_2) \tag{5.5.7}$$

$$\boldsymbol{r}_{C2} = \boldsymbol{r}_2 - \boldsymbol{r}_C = \boldsymbol{r}_2 - \frac{m_1\boldsymbol{r}_1 + m_2\boldsymbol{r}_2}{m_1 + m_2} = -\frac{m_1}{m_1 + m_2}(\boldsymbol{r}_1 - \boldsymbol{r}_2) \tag{5.5.8}$$

于是知 $\boldsymbol{r}_{C1} /\!/ \boldsymbol{r}_{C2}$,且可得如下结论:

(1) 质心在两质点的连线上.

(2) 质点与质心的距离反比于质点的质量.

若 $m_1 \ll m_2$,考虑 m_1 相对于 m_2 的运动. 选择与 m_2 相对静止的参考系,m_2 位于原点,称该参考系为 S 系,在 S 系中,m_1 的位置为 $\boldsymbol{r}$,速度为 $\boldsymbol{v}$,我们有 $\boldsymbol{r} = \boldsymbol{r}_1 - \boldsymbol{r}_2$,$\boldsymbol{v} = \boldsymbol{v}_1 - \boldsymbol{v}_2$. 我们知道,$S$ 系为非惯性系,当然可以通过引入惯性力来列出 m_1 运动的牛顿方程,但是我们也可以通过式(5.5.3)~式(5.5.5)导出 m_1 的运动方程.

由(5.3.9)/m_1-(5.3.10)/m_2,得

$$\frac{\mathrm{d}^2}{\mathrm{d}t^2}(\boldsymbol{r}_1 - \boldsymbol{r}_2) = \left(\frac{1}{m_1} + \frac{1}{m_2}\right)\boldsymbol{F} = \frac{m_1 + m_2}{m_1 m_2}\boldsymbol{F} \tag{5.5.9}$$

定义 $\mu = \dfrac{m_1 m_2}{m_1 + m_2}$,称为**约化质量**,或**折合质量**.

按此定义,则方程(5.5.9)可以写成

$$\mu \frac{\mathrm{d}^2 \boldsymbol{r}}{\mathrm{d}t^2} = \boldsymbol{F} \tag{5.5.10}$$

方程(5.5.10)与牛顿定律类似,在两体问题中我们只要利用约化质量,就可以把参考系取在任一物体上,无须引入惯性力,像是惯性系一样考虑问题.

为了求在质心系中的机械能,不妨设该系统的势能为 $V(\boldsymbol{r})$,由式(5.5.7)、式(5.5.8)可以求得在质心系中质点 m_1 和 m_2 的速度分别为

$$v_{C1} = \frac{m_2}{m_1 + m_2}(v_1 - v_2) = \frac{m_2}{m_1 + m_2}v \tag{5.5.11}$$

$$v_{C2} = -\frac{m_1}{m_1 + m_2}(v_1 - v_2) = -\frac{m_1}{m_1 + m_2}v \tag{5.5.12}$$

在质心系中的机械能为

$$\begin{aligned} E &= \frac{1}{2}m_1 v_{C1}^2 + \frac{1}{2}m_2 v_{C2}^2 + V(\boldsymbol{r}) \\ &= \frac{1}{2}m_1 \frac{m_2^2}{(m_1 + m_2)^2}v^2 + \frac{1}{2}m_2 \frac{m_1^2}{(m_1 + m_2)^2}v^2 + V(\boldsymbol{r}) \\ &= \frac{1}{2} \frac{m_1 m_2}{m_1 + m_2}v^2 + V(\boldsymbol{r}) \end{aligned}$$

利用约化质量，可得

$$E = \frac{1}{2}\mu v^2 + V(\boldsymbol{r}) \tag{5.5.13}$$

由方程(5.5.10)、方程(5.5.13)可知，只要用约化质量代替 m_1，则不仅可以认为 S 系是惯性系，而且在 S 系中求得的机械能即为质心系中的机械能.

讨论：

(1) 即使 m_2 不是很大时，m_2 也运动，只要利用约化质量，就可以把两体问题化成单体问题.

(2) 其他质点动力学问题(N 体问题)不能化成单体问题，即使三体问题也未能解出. 这类问题通常用摄动法求解.

远古时代人们对大自然的变幻无常怀着神秘莫测的恐惧. 几千年的文明进步使人类逐渐认识到，大自然是有规律可循的. 经典力学在天文学上的预言获得辉煌的成就，无疑给予人们巨大的信心，以致在 18 世纪里把宇宙看成一架庞大时钟的机械宇宙观占了统治地位. 伟大的法国数学家拉普拉斯的一段名言把这种彻底的决定论思想发挥到了顶峰：

设想有位智者在每一瞬间得知激励大自然的所有的力，以及组成它的所有物体的相互位置，如果这位智者如此博大精深，他能对这样众多的数据进行分析，把宇宙间最庞大物体和最轻微原子的运动凝聚到一个公式之中，对他来说没有什么事情是不确定的，将来就像过去一样展现在他的眼前.

牛顿力学在天文上处理得最成功的是两体问题，如地球和太阳的问题. 两个天体在万有引力的作用下，围绕它们共同的质心做严格的周期运动. 正因为如此，地球上的人类才有个安宁舒适的家园. 但是太阳系中远不止两个成员，第三者的介入会不会动摇这种稳定与和谐？长期以来天文学上用牛顿力学来处理这类问题，用所谓“摄动法”，即把其他天体的作用看成是微小的扰动，以计算对两体轨道的修正. 拉普拉斯用这种方法“证明”了三体的运动也是稳定的. 当拿破仑问他这个证明中上帝起了什么作用时，他的回答是“陛下，我不需要这样的假设”. 拉普拉斯否定了上帝，然而他的结论却是错的，因为他所用的摄动法级数不收敛.

1885 年，刚创刊不久的瑞典数学杂志 *Acta Mathematica* 的第七卷上出现了一则引人注意的通告：为了庆祝瑞典和挪威国王奥斯卡二世在 1889 年的六十岁生日，*Acta Mathematica* 将举办一次数学问题比赛，悬赏 2500 克朗和一块金牌. 而比赛的题目有四个，其中第一个就是找到 N 体问题的所有解. 参加比赛的各国数学家必须在 1888 年的 6 月 1 日前把参赛论文寄给杂志的创办人和主编、著名的瑞典数学家米塔-列夫勒(Magnus Gustaf Mittag-Leffler). 所有论文将被匿名地被一个国际委员会评判以决出优胜者，然后优胜者的论文将发表在 *Acta Mathematica* 上. 这个委员会由当时赫赫有名的三个数学家组成：德国的魏尔斯特拉斯(Karl Weierstrass)、法国的埃尔米特(Charles Hermite)和米塔-列夫勒.

这次比赛在当时轰动一时，虽然奖金不高，这种崇高的荣誉是当时罕见的，要知道瑞典更有名的“炸药奖”——诺贝尔(Nobel)奖是在几年后的 1896 年才开始评选的. 但是由于问题的困难程度，大多数一开始跃跃欲试的数学家后来都知难而退，最后只有四五个数学家真正交了答卷. 而优胜者也并不难选出，虽然还是没有人能完整地解决任何一个问题，但是所有评委一致认为其中一份答卷对于 N 体问题的解决作出了关键的贡献，应该把奖颁给这位数学家. 这位获胜者就是法国数学家、物理学家庞加莱(Jules Henri Poincaré).

在万有引力作用下三体的运动方程，可以按照牛顿定律严格地给出，但由于它们是非线性的，谁也不会把它们的解表达成解析形式(事后证明这是不可能的，不仅三体问题的运动方程不可能，而绝大多数非线性微分方程的解都不可能写成解析形式). 庞加莱另辟蹊径，发明了相图和拓扑学的方法，在不求出解的情况下，通过直接考查微分方程本身的结构去研究它的解的性质. 庞加莱开拓了整整一个数学的新领域——微分方程的定性理论，至今有着极其深远的影响.

十足的三体问题太复杂了，庞加莱采用了美国数学家希尔(Hill)提出的简化模型：假定有两个天体，它们在万有引力作用下，围绕共同的质心，沿着椭圆形的轨道，做严格的周期性运动(这种运动叫做“开普勒运动”)；另有一颗宇宙尘埃，在这两个天体的引力场中游荡. 两天体可完全不必理会这颗微粒产生的引力对它们轨道的影响，更不会动摇它们之间运动的和谐，因为微粒的质量相对它们自己来说实在太小了. 可是微粒的运动会是怎样的呢? 这个简化模型现在称为“限制性三体问题”. 庞加莱用自己发明的独特方法探寻着这颗微粒有没有周期性轨道. 他在相空间的截面上发现，微粒的运动竟是没完没了地自我缠结，密密麻麻地交织成错综复杂的蜘蛛网. 要知道，当时并没有计算机把这一切显示在屏幕上，上述复杂图像是庞加莱靠逻辑思维在自己的头脑里形成的. 他在论文中写道：“为这图形的复杂性所震惊，我都不想把它画出来.”这样复杂的运动是高度不稳定的，任何微小的扰动都会使微粒的轨道在一段时间以后有显著的偏离. 因此,这样的运动在一段时间以后是不可预测的,因为在初始条件或计算过程中任何微小的误差都会导致计算结果严重失实.

庞加莱在现代数学历史上占有举足轻重的地位,他曾被称为现代数学的两个奠基人之一[另一个是黎曼(Bernhard Riemann),也有人称他为历史上精通当时所有数学的最后两个人之一(另一个就是希尔伯特)]. 而 1885 年庞加莱只有 31 岁,虽然已初露锋芒,但还是一位希望能够一举成名的年轻数学家,所以这次比赛是个大好的机会,这也迫使他先放下手上其他的工作,集中精力投入到天体力学和 N 体问题的研究中. 庞加莱获奖的论文"关于三体问题的动态方程"最后于 1890 年在 *Acta Mathematica* 上发表,论文长达 270 页,占了整整半卷杂志. 这篇重要论文使原来就已有不小名气的年轻庞加莱誉满整个欧洲数学界,也使他得到了新的热情和动力继续进行他在这篇论文中开始的工作. 1892～1899 年,庞加莱陆续出版了三大卷宏伟巨著《天体力学的新方法》. 他的获奖论文和这三卷书可以说奠定了现代天体力学、动力学系统、微分方程定性理论,甚至是混沌理论的基础,尽管大多数他的思想直到几十年后才被广大的数学工作者所领悟进而发展成现代的数学理论.

庞加莱证明了对于 N 体问题在 N 大于 2 时不存在统一的第一积分. 也就是说即使是一般的三体问题,也不可能通过发现各种不变量最终降低问题的自由度,把问题化简成更简单可以解出来的问题,这打破了当时很多人希望找到三体问题一般的显式解的幻想. 为了研究 N 体问题,庞加莱发明了许多全新的数学工具,使用定性方法和几何方法来讨论微分方程就是起源于庞加莱对于 N 体问题的研究,这彻底改变人们研究微分方程的基本方法. 他完整地提出了不变积分(invariant integral) 的概念,并且使用它证明了著名的回归定理. 他为了研究周期解的行为,引进了第一回归映象的概念,在后来的动力系统理论中被称为庞加莱映象,还有特征指数、解对参数的连续依赖性等等. 所有这些都成为了现代微分方程和动力系统理论中的基本概念. 最后,也许是最重要的一点,是庞加莱通过研究所谓的渐近解(asymptotic solution)、同宿轨道(homoclinic orbit) 和异宿轨道(heteroclinic orbit),发现即使在简单的三体问题中,在这样的同宿轨道或者异宿轨道附近,方程的解的状况会非常复杂,以至于对于给定的初始条件,几乎是没有办法预测当时间趋于无穷时这个轨道的最终命运. 事实上,半个世纪后,数学家们发现这种现象在一般动力系统中是常见的,他们把它叫做稳定流形(stable manifold)和非稳定流形(unstable manifold)正态相交所引起的同宿交错网,而这种对于轨道的长时间行为的不确定性,数学家和物理学家称之为混沌. 庞加莱的发现可以说是混沌理论的最早起源.

19 世纪末期,知识界对于科学技术的进展是非常乐观的,人们对于物理世界的理解是给定现实的状态,人类是有能力预测未来的. 混沌理论是到 20 世纪 80 年代，计算机被普遍使用后才被真正接受的，今天人们还是承认庞加莱是第一个有混沌理论基本想法的人.

5.6 碰　撞

碰撞是相当广泛的一类物体间的相互作用. 碰撞的特征是，极短的时间和强烈的相互作用. “极短的时间”是指碰撞过程所经历的时间远小于物体产生明显运动所需要的时间. 这一点，我们在日常生活中是深有体会的. 即使是需时最长的碰撞. 例如，两个星系之间的碰撞（图 5.9），可能需要历经数百万年，但和星系的演化时间（数亿年）相比，仍然算是“一瞬间”. “强烈的相互作用”是指在碰撞过程中，相互冲击力很大，其他作用力（如重力等）均可忽略. 当然，若外力正比于相互冲击力，则这样的外力不可忽略. 在碰撞问题中，一般可以认为碰撞物体在碰前和碰后相距很远，没有相互作用，分别做惯性运动. 只有在相互接近的很短时间内才发生相互作用. 相互作用可能有各种各样的形式，也可能产生各种各样的结果. 碰撞所研究的是碰前的自由状态与碰后的自由状态间的联系. 显然，碰撞的中间过程是很难讨论的，一方面因为碰时物体之间的作用很强，力的具体情况难以确定；另一方面因为碰撞的细节难以测量和记录. 微观粒子的碰撞更是如此. 然而，对碰撞问题的研究十分重要，我们往往通过对碰前和碰后的测量去研究和分析相互作用的性质，以期达到对碰撞机理的了解，这在对微观粒子相互作用的研究中成为一种十分重要的手段.

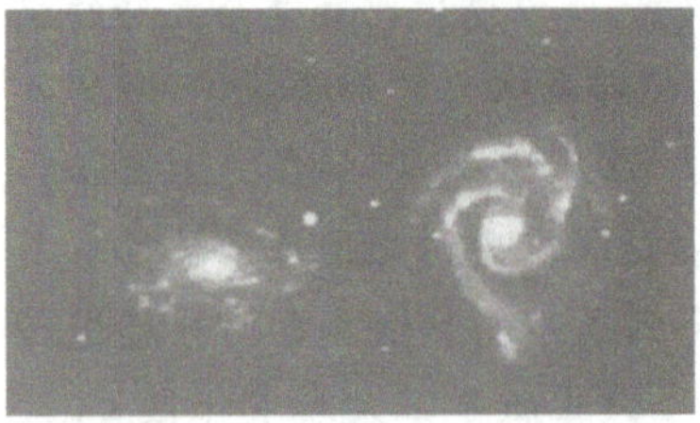

图 5.9　正在碰撞中的两个星系

根据碰前和碰后物体的性质，可以把碰撞分成弹性碰撞和非弹性碰撞. 所谓弹性碰撞是指碰前、碰后物体保持不变，既没有形状大小的变化，也没有内部状态的变化. 如果碰后物体有剩余形变或状态变化，并且两体并合以同一速度运动，则称为完全非弹性碰撞. 日常遇到的碰撞大多是介于以上两者之间的非弹性碰撞，即两物体碰后形状有变，但以不同速度分离运动.

尽管日常所遇到的碰撞现象多属于非弹性碰撞，因为碰撞往往伴随物体变热或改变物体内部的运动状态，但是弹性碰撞仍是研究碰撞问题中的一个重要课题. 机械能守恒的碰撞是弹性碰撞，机械能不守恒的碰撞是非弹性碰撞.

研究碰撞现象，可以使我们获得许多关于碰撞物体相互作用特征的知识. 尤其是在微观领域内，由碰撞的数据可以获得微观粒子性质（力的作用范围、大小等）的信息. 微观粒子的碰撞又称为**散射**，其相互作用力往往是长程力，我们将在本书的下册研究.

5.6.1 正碰

设质量分别为 m_1 和 m_2 的两平动物体(设为做平动的小球),碰前速度分别为 $\boldsymbol{u}_1$、$\boldsymbol{u}_2$,碰后的速度为 $\boldsymbol{v}_1$、$\boldsymbol{v}_2$ 两物体的碰撞通常在极其短暂的时间内完成,相互作用极其猛烈. 图 5.10 是脚和足球碰撞瞬间的高速摄影照片,从足球的剧烈变形可见碰撞时的脉冲相互作用力的巨大,正是该作用力使得足球的速度在碰撞时迅速变化. 在碰撞过程中,或无外力作用,或受有限大小的外力作用,但因作用时间极短,有限外力冲量可以忽略,体系动量守恒.

图 5.10　脚和足球的碰撞瞬间

如果碰前两小球速度 $\boldsymbol{u}_1$、$\boldsymbol{u}_2$ 沿两球中心的连线,这种碰撞被称为**正碰**(**对心碰撞**). 在正碰情况下,碰后两小球的运动速度方向仍沿连线方向. 因此在正碰撞时,小球的速度只需用代数值表示其大小和方向. 如图 5.11 所示,若要两球碰撞,必须 $u_1>u_2$.

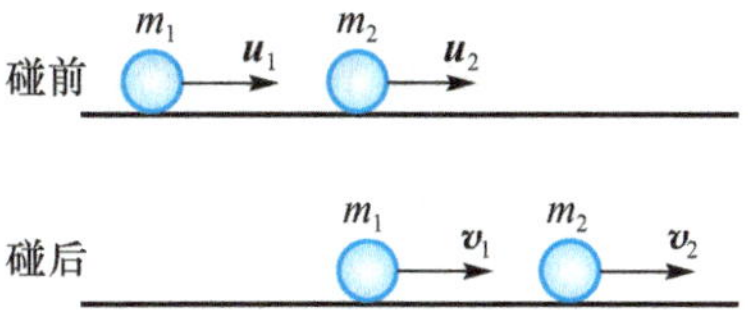

图 5.11　两球的正碰

由于两小球碰撞过程动量守恒,有方程

$$m_1u_1+m_2u_2=m_1v_1+m_2v_2 \tag{5.6.1}$$

若想求解 v_1、v_2,尚缺一个方程,必须对碰撞进行细致分析.

在碰撞的短暂时间 Δt 内,两小球首先相互接触,接着相互挤压,两球分别产生形变和试图恢复形变的力,在 $u_1>u_2$ 的情况下,m_1 速度渐小,m_2 速度渐大,直至变为同一速度 $\boldsymbol{v}$,达到最大压缩状态. 这个阶段称为**压缩阶段**. 随后,由于两小球形变逐渐恢复,m_1 速度继续减小,m_2 速度继续增大,两小球速度分别达到 $\boldsymbol{v}_1$ 和 $\boldsymbol{v}_2$ 后开始分离. 这是**恢复阶段**. 当然,上述两阶段中,两球都有形变,严格讲没有统一的速度,但我们只讨论每个阶段的始末两时刻的情况,故仍可以把小球视为质点. 下面分别对其进行讨论.

(1) **压缩阶段**. 两球速度不等→两球速度相等,弹性力作用,球体变形. 设弹性力对 m_2 的冲量为 I,有

$$\begin{cases} m_1v-m_1u_1=-I \\ m_2v-m_2u_2=I \end{cases} \tag{5.6.2}$$

消去 v,得

$$u_1-u_2=I\left(\frac{1}{m_1}+\frac{1}{m_2}\right)$$

或

$$I=\mu(u_1-u_2) \tag{5.6.3}$$

其中，$\mu=\dfrac{m_1m_2}{m_1+m_2}$，为约化质量（折合质量）.

（2）恢复阶段．两球速度相等→两球分开，变形逐渐恢复．设弹性力对 m_2 的冲量为 J，有

$$\begin{cases} m_1v_1-m_1v=-J \\ m_2v_2-m_2v=J \end{cases} \tag{5.6.4}$$

消去 v，得

$$v_2-v_1=J\left(\frac{1}{m_1}+\frac{1}{m_2}\right)$$

或

$$J=\mu(v_2-v_1) \tag{5.6.5}$$

牛顿指出，只要两球的材料给定，不论运动速度怎样，有

$$J:I=e \tag{5.6.6}$$

我们称 e 为恢复系数．由式(5.6.3)、式(5.6.5)、式(5.6.6)可得

$$v_2-v_1=e(u_1-u_2) \tag{5.6.7}$$

式(5.6.7)可用实验检验，并可用于测定恢复系数 e．对不同材料的实验结果为：$0<e<1$

方程(5.6.1)与方程(5.6.7)联立，可求得解为

$$\begin{cases} v_1=\dfrac{m_1-em_2}{m_1+m_2}u_1+\dfrac{(1+e)m_2}{m_1+m_2}u_2 \\ v_2=\dfrac{(1+e)m_1}{m_1+m_2}u_1+\dfrac{m_2-em_1}{m_1+m_2}u_2 \end{cases} \tag{5.6.8}$$

下面计算碰撞过程中的动能损失．由于碰撞过程中动量守恒，质心动能不变，利用柯尼西定理(5.4.6)，只需计算在质心系中相对运动动能的改变.

碰撞前

$$E_{kC}=\frac{1}{2}\mu v^2=\frac{1}{2}\mu(u_1-u_2)^2 \tag{5.6.9}$$

碰撞后

$$E'_{kC}=\frac{1}{2}\mu(v_2-v_1)^2=\frac{1}{2}\mu e^2(u_1-u_2)^2 \tag{5.6.10}$$

动能增量

$$\Delta E_k=E'_{kC}-E_{kC}=\frac{1}{2}\mu(e^2-1)(u_1-u_2)^2 \tag{5.6.11}$$

结果讨论：

（1）$e=1$，称为完全弹性碰撞（理想情况），此时动量守恒、能量守恒均满足.

① $m_1=m_2$ 时,有 $v_1=u_2$,$v_2=u_1$,两球正好交换速度.

② $u_2=0$,即受碰球开始时静止(高速粒子对靶粒子的碰撞实验中出现的情况).

(a) $m_1>m_2$ 时,$v_1>0$,入射球碰后仍向前运动.

(b) $m_1<m_2$ 时,$v_1<0$,入射球碰后反向运动.

(c) $m_2\gg m_1$ 时,有 $v_1=-u_1$,$v_2\approx 0$,碰撞后,大球仍保持静止,小球以相等的速率弹回.

(d) $m_1\gg m_2$ 时,有 $v_1\approx u_1$,$v_2\approx 2u_1$,碰撞后,大球几乎以原来的速度继续前进,小球以两倍于大球的速度前进.

(e) m_2 所得到的动能 ΔE_{k2} 与碰前 m_1 的动能 E_{k1} 之比为

$$\frac{\Delta E_{k2}}{E_{k1}}=\frac{\frac{1}{2}m_2v_2^2}{\frac{1}{2}m_1u_1^2}=\frac{4m_1m_2}{(m_1+m_2)^2}=\frac{4m_1/m_2}{(1+m_1/m_2)^2} \tag{5.6.12}$$

求这个比值对(m_1/m_2)的一阶导数为零时的(m_1/m_2)值,得

$$\frac{m_1}{m_2}=1 \tag{5.6.13}$$

显然,这个取值使 $\Delta E_{k2}/E_{k1}$ 取到最大值. 这说明,在 $u_2=0$,m_2 越接近 m_1 时,m_1 丢失的动能越多. 此结论是核反应堆中快中子减速剂选择的原则之一. 通常选择重水(含氘)和石墨作为中子减速剂.

(2) $e=0$,称为**完全非弹性碰撞**(理想情况),两球碰撞后粘在一起. 此时 $E'_{kC}=0$,动能损失最多,为

$$\Delta E_k=E'_{kC}-E_{kC}=-\frac{1}{2}\mu(u_1-u_2)^2 \tag{5.6.14}$$

速度为

$$v_1=v_2=\frac{m_1u_1+m_2u_2}{m_1+m_2}=v_C \tag{5.6.15}$$

近代高能物理学为了研究微观粒子的结构、相互作用和反应机制,需要使用加速器把粒子加速到很高的能量去碰撞静止靶子中的粒子,以观测反应的结果,与理论互相印证. 能量越高,越能反映出更深层次的信息. 然而,在实验室参考系内质心的动能 $E_C=m_Cv_C^2/2$ 是不参与粒子之间反应的,真正有用的能量,即**资用能**,只是高能粒子与靶粒子之间的相对动能 $E_{kC}=\mu u_1^2/2$. 若 $m_1=m_2=m_0$,按照上面的公式计算,$\mu=m_0/2$,$v_C=u_1/2$,$E_C=E_{kC}$,即资用能只占总能量的一半. 这是按牛顿力学计算出来的,并不符合高能粒子的实际. 要按相对论力学来计算,资用能的比例远较这个数目小. 加速器的能量越高,能量的利用率越低,这是很不合算的. 所以现代的大加速器多采用对撞机的形式,让相同的高能粒子沿相反方向运动,进行碰撞. 这样一来,实验室系和质心系便统一起来,$E_C=0$,全部能量都是资用能. 以我国

1987 年建成的北京正负电子对撞机为例，每束粒子加速到 2.2GeV 的能量，两束粒子对撞的能量为 $E_{kC}=2\times2.2\text{GeV}$. 如果用静止靶，要得到同样的资用能，单束的加速能量需达到 $1.9\times10^4\text{GeV}$，要比对撞机大 4 个数量级！

(3) $0<e<1$，实际情况. 不满足机械能守恒，一部分能量变为声能、振动能及形变能.

若 $m_2\gg m_1$，$u_2=0$，则有 $v_1=-eu_1$，$v_2=0$，即弹回的小球 m_1 的速度为碰前速度的 e 倍. 这样，我们获得一个测定物体与地面相碰的恢复系数的简便方法. 让物体从高度 H 自由落下，它落到地面的速度为 $u_1=\sqrt{2gH}$，即以此速度与地面相碰撞. 碰撞后的反跳速度 v_1 难以直接测量，但可以观测其上升的最大高度 h，而$h=v_1^2/2g$. 于是恢复系数为

$$e=\frac{|v_1|}{|u_1|}=\sqrt{\frac{h}{H}} \tag{5.6.16}$$

利用式(5.6.16)可以由高度 H 与 h 很容易测定恢复系数 e.

5.6.2 斜碰

碰撞前两球的速度 $\boldsymbol{u}_1$、$\boldsymbol{u}_2$ 不在两球中心连线上的碰撞叫**斜碰**. 在一般情况下，斜碰为三维问题，碰撞后的速度 $\boldsymbol{v}_1$、$\boldsymbol{v}_2$ 不一定在 $\boldsymbol{u}_1$、$\boldsymbol{u}_2$ 所组成的平面上. 若碰撞前一个小球处在静止状态，即 $\boldsymbol{u}_2=0$，则这种碰撞是二维问题. 我们只讨论这种情况.

在完全弹性碰撞中，动量和能量都守恒，有

$$m_1\boldsymbol{u}_1=m_1\boldsymbol{v}_1+m_2\boldsymbol{v}_2 \tag{5.6.17}$$

$$\frac{1}{2}m_1u_1^2=\frac{1}{2}m_1v_1^2+\frac{1}{2}m_2v_2^2 \tag{5.6.18}$$

取 $\boldsymbol{u}_1$ 方向为 x 轴，碰撞所在面为 x-y 平面，上面第一式化为

$$m_1u_1=m_1v_1\cos\theta_1+m_2v_2\cos\theta_2 \tag{5.6.19}$$

$$0=m_1v_1\sin\theta_1-m_2v_2\sin\theta_2 \tag{5.6.20}$$

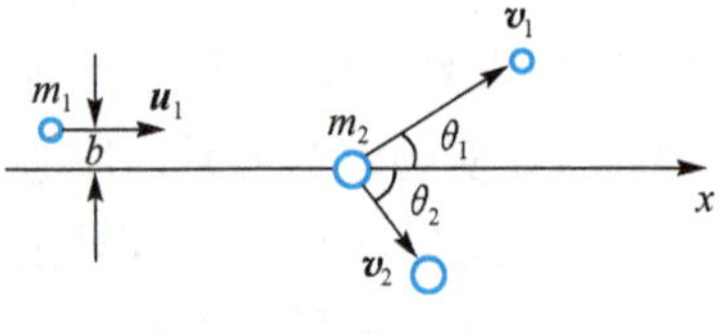

图 5.12　斜碰

其中，θ_1、θ_2 为散射角，如图 5.12 所示. 在已知 m_1、m_2 和 $\boldsymbol{u}_1$ 的情况下，未知量有 v_1、θ_1、v_2、θ_2 四个，而方程只有式(5.6.18)～式(5.6.20)三个. 这是因为，碰撞结果还与碰前两小球中心在 y 方向的距离 b 有关，b 称为**碰撞参量**，或**瞄准距离**. $b=0$ 时即为正碰.

通常，应用实验方法测出四个未知数中的一个，才能求出其余三个.

如果碰撞是非弹性的，那么只有式(5.6.19)、式(5.6.20)两个方程，未知量有四个，所以必须用实验方法测出四个未知数中的两个，才能求出其余两个.

5.6.3 在质心参考系讨论

上面讨论的碰撞所取的参考系是实验室系. 但是,对碰撞问题的分析常采用质心系,因为在质心系中,体系的动量永远为零. 质心系中描写碰撞,表达形式简单,物理意义清晰.

1. 正碰

设在实验室系中,碰撞前、后两质点的速度分别为 u_1、u_2 和 v_1、v_2,则质心速度为

$$v_C = \frac{m_1 u_1 + m_2 u_2}{m_1 + m_2} \tag{5.6.21}$$

在质心系中,碰撞前、后两质点的速度分别为 u_{C1}、u_{C2}和 v_{C1}、v_{C2},则

$$\begin{cases} u_1 = u_{C1} + v_C, & u_2 = u_{C2} + v_C \\ v_1 = v_{C1} + v_C, & v_2 = v_{C2} + v_C \end{cases} \tag{5.6.22}$$

对应于方程(5.6.1)、方程(5.6.7)有

$$m_1 u_{C1} + m_2 u_{C2} = m_1 v_{C1} + m_2 v_{C2} = 0 \tag{5.6.23}$$

$$v_{C2} - v_{C1} = e(u_{C1} - u_{C2}) \tag{5.6.24}$$

由这两个方程可得

$$v_{C1} = -e u_{C1}, \quad v_{C2} = -e u_{C2} \tag{5.6.25}$$

这个结论表示,在质心系中每个质点碰后的速度为其碰前速度的$-e$倍.

在质心系中,碰撞损失的动能为

$$\begin{aligned} \Delta E_k &= \frac{1}{2}(m_1 u_{C1}^2 + m_2 u_{C2}^2) - \frac{1}{2}(m_1 v_{C1}^2 + m_2 v_{C2}^2) \\ &= (1 - e^2) \cdot \frac{1}{2}(m_1 u_{C1}^2 + m_2 u_{C2}^2) \end{aligned} \tag{5.6.26}$$

由此可知,弹性碰撞 $e=1$,动能守恒;完全非弹性碰撞,$e=0$,质心系中的动能全部损失,变为零.

回到实验室坐标系,利用式(5.6.21)、式(5.6.22)、式(5.6.25)不难得到

$$\begin{cases} v_1 = v_{C1} + v_C = \dfrac{m_1 - e m_2}{m_1 + m_2} u_1 + \dfrac{(1+e) m_2}{m_1 + m_2} u_2 \\ v_2 = v_{C2} + v_C = \dfrac{(1+e) m_1}{m_1 + m_2} u_1 + \dfrac{m_2 - e m_1}{m_1 + m_2} u_2 \end{cases} \tag{5.6.27}$$

结果与前面相同.

2. 斜碰

这时

$$\boldsymbol{v}_C = \frac{m_1 \boldsymbol{u}_1 + m_2 \boldsymbol{u}_2}{m_1 + m_2} \tag{5.6.28}$$

在质心系中,碰撞前、后两质点的速度分别为 $\boldsymbol{u}_{C1}$、$\boldsymbol{u}_{C2}$和 $\boldsymbol{v}_{C1}$、$\boldsymbol{v}_{C2}$,则

$$\begin{cases} \boldsymbol{u}_1 = \boldsymbol{u}_{C1} + \boldsymbol{v}_C, & \boldsymbol{u}_2 = \boldsymbol{u}_{C2} + \boldsymbol{v}_C \\ \boldsymbol{v}_1 = \boldsymbol{v}_{C1} + \boldsymbol{v}_C, & \boldsymbol{v}_2 = \boldsymbol{v}_{C2} + \boldsymbol{v}_C \end{cases} \tag{5.6.29}$$

我们仅讨论完全弹性碰撞，则由动量守恒和能量守恒可得

$$m_1\boldsymbol{u}_{C1}+m_2\boldsymbol{u}_{C2}=m_1\boldsymbol{v}_{C1}+m_2\boldsymbol{v}_{C2}=0 \tag{5.6.30}$$

$$\frac{1}{2}m_1u_{C1}^2+\frac{1}{2}m_2u_{C2}^2=\frac{1}{2}m_1v_{C1}^2+\frac{1}{2}m_2v_{C1}^2 \tag{5.6.31}$$

由式(5.6.30)知，碰前 $\boldsymbol{u}_{C1}$、$\boldsymbol{u}_{C2}$ 在一条直线上，而碰后 $\boldsymbol{v}_{C1}$、$\boldsymbol{v}_{C2}$ 也在一条直线上，故可将式(5.6.30)写成标量形式

$$m_1u_{C1}+m_2u_{C2}=m_1v_{C1}+m_2v_{C2}=0 \tag{5.6.32}$$

由式(5.6.31)、式(5.6.32)解得

$$v_{C1}=u_{C1},\quad v_{C2}=u_{C2} \tag{5.6.33}$$

即在质心系中，两球完全弹性碰撞后，它们的速度都只改变方向，而不改变大小. 可以用其入射方向和出射方向的夹角 θ 来表示它们运动方向改变的程度，其值为 $0\sim\pi$，与碰撞参量有关.

例 5.4

弹弓效应　如图 5.13 所示，土星的质量为 5.68×10^{26} kg，以相对于太阳的轨道速率 9.6km·s^{-1}运行；一空间探测器质量为 150kg，以相对于太阳 10.4km·s^{-1} 的速率迎向土星飞行. 由于土星的引力，探测器绕过土星沿和原来速度相反的方向离去，求它离开土星后的速度.

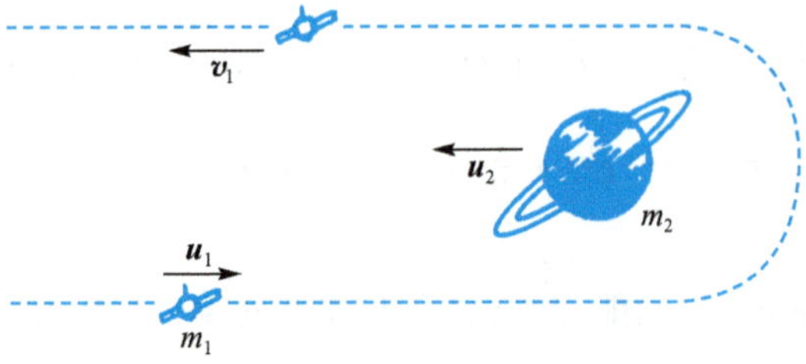

图 5.13　弹弓效应

解　如图 5.13 所示，探测器从土星旁飞过的过程可视为一种无接触的“碰撞”过程. 它们遵守动量守恒定律和能量守恒定律，因而速度的变化可用式(5.6.8)求得，其中 $e=1$. 由于土星质量 m_2 远大于探测器的质量 m_1，在式(5.6.8)中可忽略 m_1 而得出探测器离开土星后的速度为

$$v_1=-u_1+2u_2=-10.4-2\times9.6=-29.6(\text{km}\cdot\text{s}^{-1})$$

这表明，探测器从土星旁绕过后由于引力的作用而速率增大了. 这种现象叫做弹弓效应. 例 5.4 是一种最有利于速率增大的情况. 实际上，探测器飞近的速度一般不和行星的速度正好反向，但它绕过行星后的速率还是要增大的. 弹弓效应是航天技术中增大宇宙探测器速率的一种有效办法.

第 6 章　角动量定理

在描述转动的问题时，我们需要引进另一个物理量——角动量. 这一概念在物理学上经历了一段有趣的演变过程. 18 世纪，在力学中才定义和开始利用角动量，直到 19 世纪人们才把它看成力学中最基本的概念之一，到 20 世纪它加入了动量和能量的行列，成为力学中最重要的概念之一. 角动量之所以能有这样的地位，是由于它也服从守恒定律，在近代物理学中其运用是极为广泛的.

6.1　孤立体系的角动量守恒

第 4 章我们介绍了与平动相联系的守恒量——动量，对于转动，我们希望能找到这样一个物理量，它具备以下的条件：

(1) 若质点关于空间某一点做平动，它取值为零，而它取非零值则表示质点关于该空间点做转动.

(2) 对于孤立体系，它保持守恒.

下面我们在孤立体系中寻找这样的物理量.

6.1.1　单质点孤立体系和掠面速度

单质点的孤立体系就是不受外力作用的自由质点，它做匀速直线运动(我们取惯性参考系，且将静止看成是匀速直线运动的特例). 如图 6.1 所示，设该质点位于 P 点，沿直线 AB 从 A 向 B 方向运动，在相等的时间间隔 Δt 的位移 $\Delta \boldsymbol{s}=\boldsymbol{v}\Delta t$. 我们在 AB 上取一个参考点 Q，随着 P 点的运动，由于 QP 的方向不发生改变，故 P 点相对于 Q 点没有转动. 但如果参考点取不在 AB 上的点，如 O 点，由于 OP 的方向(即 $\boldsymbol{r}$ 的方向)在不断改变，故 P 点相对于 O 点有转动. 我们现在来寻找守恒量.

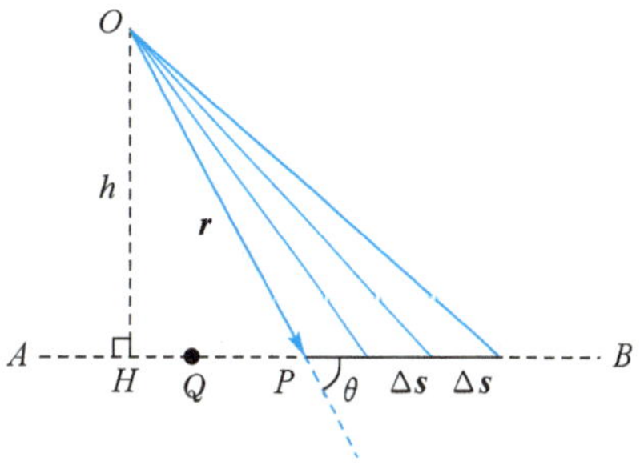

图 6.1　单质点的孤立体系

由图 6.1 可见，各时间间隔 Δt 内矢径 $\boldsymbol{r}$ 扫过的那些小三角形具有公共的高线 OH，因而有相等的面积，于是我们找到的守恒量是：矢径 $\boldsymbol{r}$ 在单位时间内扫过的面

积 S，我们称之为质点 P 的**掠面速度**. 设矢径 $\boldsymbol{r}$ 与 AB 线的夹角为 θ，故对单质点的孤立体系有

$$S=\frac{1}{2}r\frac{\Delta s}{\Delta t}\sin\theta=\frac{1}{2}rv\sin\theta=\text{常量} \tag{6.1.1}$$

式(6.1.1)也可以换一种表达法，即掠面速度对时间的微商为零

$$\frac{\mathrm{d}S}{\mathrm{d}t}=0 \tag{6.1.2}$$

当然，上面所考虑的只是平面运动的情况，对于单个的自由质点，它只可能在某个平面上运动. 但是我们接下来要考虑多个质点，仅考虑某一个平面就不行了，我们可以利用矢量运算法则，将掠面速度定义为与该平面垂直的矢量，即

$$\boldsymbol{S}=\frac{1}{2}\boldsymbol{r}\times\boldsymbol{v} \tag{6.1.3}$$

这样，对于单质点的孤立体系，我们找到的守恒量是掠面速度矢量 $\boldsymbol{S}$. 当然，它与参考点的选择有关，若参考点选在直线 AB 上，则掠面速度为零.

6.1.2 两个质点的孤立体系和角动量

对于两个质点的孤立体系，它们虽然不受外力作用，但两个质点之间是有作用力的. 我们现在来寻找守恒量，首先能想到的是它们每个质点掠面速度的和. 为此，在空间建立惯性参考系，如图 6.2 所示，两个质点的质量分别为 m_1、m_2，其位矢和速度分别为 $\boldsymbol{r}_1$、$\boldsymbol{r}_2$ 和 $\boldsymbol{v}_1$、$\boldsymbol{v}_2$. 设其掠面速度分别为 $\boldsymbol{S}_1$、$\boldsymbol{S}_2$，有

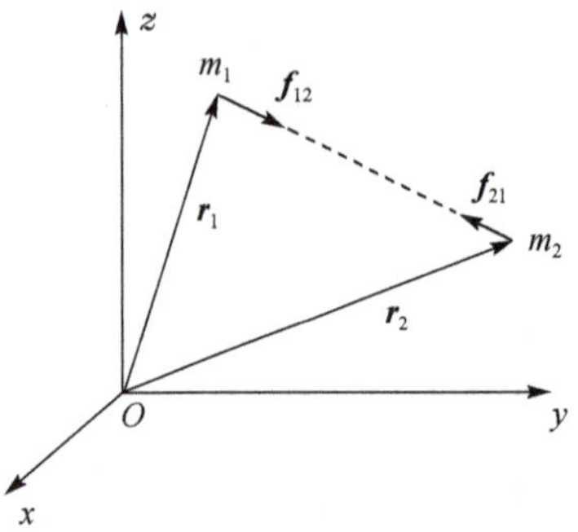

图 6.2 两个质点的孤立体系

$$\boldsymbol{S}_1=\frac{1}{2}\boldsymbol{r}_1\times\boldsymbol{v}_1,\quad \boldsymbol{S}_2=\frac{1}{2}\boldsymbol{r}_2\times\boldsymbol{v}_2 \tag{6.1.4}$$

而掠面速度对时间的微商为

$$\frac{\mathrm{d}\boldsymbol{S}_i}{\mathrm{d}t}=\frac{1}{2}\frac{\mathrm{d}\boldsymbol{r}_i}{\mathrm{d}t}\times\boldsymbol{v}_i+\frac{1}{2}\boldsymbol{r}_i\times\frac{\mathrm{d}\boldsymbol{v}_i}{\mathrm{d}t}=\frac{1}{2}\boldsymbol{v}_i\times\boldsymbol{v}_i+\frac{1}{2}\boldsymbol{r}_i\times\frac{\mathrm{d}\boldsymbol{v}_i}{\mathrm{d}t}=\frac{1}{2}\boldsymbol{r}_i\times\frac{\mathrm{d}\boldsymbol{v}_i}{\mathrm{d}t} \tag{6.1.5}$$

其中，$i=1,2$. 为了对式(6.1.5)中的 i 求和，我们列出质点运动的牛顿方程

$$m_1\frac{\mathrm{d}\boldsymbol{v}_1}{\mathrm{d}t}=\boldsymbol{f}_{12}=\boldsymbol{f} \tag{6.1.6}$$

$$m_2\frac{\mathrm{d}\boldsymbol{v}_2}{\mathrm{d}t}=\boldsymbol{f}_{21}=-\boldsymbol{f} \tag{6.1.7}$$

由式(6.1.5)～式(6.1.7)可得

$$\frac{\mathrm{d}\boldsymbol{S}_1}{\mathrm{d}t}=\frac{1}{2}\boldsymbol{r}_1\times\frac{\mathrm{d}\boldsymbol{v}_1}{\mathrm{d}t}=\frac{1}{2m_1}\boldsymbol{r}_1\times\boldsymbol{f} \tag{6.1.8}$$

$$\frac{\mathrm{d}\boldsymbol{S}_2}{\mathrm{d}t}=\frac{1}{2}\boldsymbol{r}_2\times\frac{\mathrm{d}\boldsymbol{v}_2}{\mathrm{d}t}=-\frac{1}{2m_2}\boldsymbol{r}_2\times\boldsymbol{f} \tag{6.1.9}$$

由于质量 m_1、m_2 可以为任意值，由式(6.1.8)、式(6.1.9)可知，在一般情况下：

$$\frac{\mathrm{d}\boldsymbol{S}_1}{\mathrm{d}t}+\frac{\mathrm{d}\boldsymbol{S}_2}{\mathrm{d}t}\neq 0$$

但从式(6.1.8)、式(6.1.9)可得

$$\frac{\mathrm{d}}{\mathrm{d}t}(2m_1\boldsymbol{S}_1+2m_2\boldsymbol{S}_2)=(\boldsymbol{r}_1-\boldsymbol{r}_2)\times\boldsymbol{f}=0 \tag{6.1.10}$$

其中，利用了牛顿第三定律：$\boldsymbol{f}$ 的方向沿两质点 m_1、m_2 的连线，即 $\boldsymbol{f}/\!/(\boldsymbol{r}_1-\boldsymbol{r}_2)$. 于是我们找到了守恒量

$$\boldsymbol{L}=2m_1\boldsymbol{S}_1+2m_2\boldsymbol{S}_2=\boldsymbol{r}_1\times m_1\boldsymbol{v}_1+\boldsymbol{r}_2\times m_2\boldsymbol{v}_2=\text{常矢量} \tag{6.1.11}$$

定义

$$\boldsymbol{l}=\boldsymbol{r}\times m\boldsymbol{v}=\boldsymbol{r}\times\boldsymbol{p} \tag{6.1.12}$$

称为单个质点对于原点的角动量或动量矩.

$$\boldsymbol{L}=\sum_i\boldsymbol{l}_i=\sum_i\boldsymbol{r}_i\times m_i\boldsymbol{v}_i=\sum_i\boldsymbol{r}_i\times\boldsymbol{p}_i \tag{6.1.13}$$

称为体系对于原点的角动量或动量矩.

由上述的推导可知：两个质点孤立体系的角动量守恒.

对于多质点孤立体系同样可以得出角动量守恒的结论，我们在 6.2 节中介绍.

几点说明：

(1) 角动量是矢量，单个质点的角动量是 $\boldsymbol{r}$ 和 $\boldsymbol{p}$ 的矢积，因而既垂直于 $\boldsymbol{r}$，又垂直于 $\boldsymbol{p}$，即垂直于 $\boldsymbol{r}$ 和 $\boldsymbol{p}$ 所确定的平面，其指向由右手定则决定.

(2) 单个质点的角动量与其掠面速度成正比，比例系数为其质量的两倍.

(3) 角动量是相对给定的参考点定义的，且参考点在所选的参考系中必须是固定点，对不同的参考点体系的角动量是不同的. 通常我们把参考点取为坐标原点，这时的角动量的定义才如式(6.1.12)、式(6.1.13)所示.

(4) 角动量的单位是 $\mathrm{kg\cdot m^2\cdot s^{-1}}$，量纲为$[\mathrm{M}][\mathrm{L}]^2[\mathrm{T}]^{-1}$.

6.2 质点系的角动量

6.2.1 质点角动量定理

我们知道，质点动量的变化等于外力的冲量. 质点的角动量如何随外力变化呢？这可以从牛顿运动定律得到. 在惯性参考系中考虑一个受力为 $\boldsymbol{F}$ 的质点，设

其矢径为 $\boldsymbol{r}$,动量为 $\boldsymbol{p}$,角动量为 $\boldsymbol{l}$,有

$$\boldsymbol{F}=\frac{\mathrm{d}\boldsymbol{p}}{\mathrm{d}t},\qquad \boldsymbol{l}=\boldsymbol{r}\times m\boldsymbol{v}=\boldsymbol{r}\times\boldsymbol{p} \tag{6.2.1}$$

角动量对时间的变化率为

$$\frac{\mathrm{d}\boldsymbol{l}}{\mathrm{d}t}=\frac{\mathrm{d}}{\mathrm{d}t}(\boldsymbol{r}\times\boldsymbol{p})=\frac{\mathrm{d}\boldsymbol{r}}{\mathrm{d}t}\times\boldsymbol{p}+\boldsymbol{r}\times\frac{\mathrm{d}\boldsymbol{p}}{\mathrm{d}t}=\boldsymbol{v}\times\boldsymbol{p}+\boldsymbol{r}\times\boldsymbol{F}=\boldsymbol{r}\times\boldsymbol{F} \tag{6.2.2}$$

定义 $\boldsymbol{M}=\boldsymbol{r}\times\boldsymbol{F}$ 称为**力 $\boldsymbol{F}$ 对于原点的力矩**.

于是式(6.2.2)又可写为

$$\frac{\mathrm{d}\boldsymbol{l}}{\mathrm{d}t}=\boldsymbol{M} \tag{6.2.3}$$

即质点对任一固定点的角动量的时间变化率等于外力对该点的力矩. 这就是**质点角动量定理**的微分形式. 对式(6.2.3)积分,得

$$\int_0^t \boldsymbol{M}\mathrm{d}t=\boldsymbol{l}-\boldsymbol{l}_0 \tag{6.2.4}$$

力矩对时间的积分 $\int_0^t \boldsymbol{M}\mathrm{d}t$ 称为**冲量矩**. 式(6.2.4)表示质点角动量的增量等于外力的冲量矩,这就是质点角动量定理的积分形式. 不论角动量定理的微分形式还是积分形式,都可以写成分量形式.

例 6.1

讨论行星运动性质.

解 取太阳为原点建立坐标系,设太阳和行星的质量分别为 m_2、m_1,利用 5.5 节中引入的约化质量 $\mu=m_1m_2/(m_1+m_2)$,就可以将该参考系视为惯性系,则行星受到的力矩为 $\boldsymbol{M}=\boldsymbol{r}\times\boldsymbol{F}=0$,故 $\boldsymbol{l}=\boldsymbol{r}\times\mu\boldsymbol{v}=$不变量,或掠面速度 $\boldsymbol{S}=\boldsymbol{r}\times\boldsymbol{v}/2=$不变量. 故有:

(1) 行星轨道是一条平面曲线(因 $\boldsymbol{S}$ 的方向不变).

(2) 行星与太阳的连线单位时间扫过的面积为常量(因 $\boldsymbol{S}$ 的大小不变).

6.2.2 质点系角动量定理

设体系有 n 个质点,有

$$\begin{cases}\dot{\boldsymbol{p}}_1=\boldsymbol{F}_1+\boldsymbol{f}_{12}+\boldsymbol{f}_{13}+\cdots+\boldsymbol{f}_{1n}\\ \dot{\boldsymbol{p}}_2=\boldsymbol{f}_{21}+\boldsymbol{F}_2+\boldsymbol{f}_{23}+\cdots+\boldsymbol{f}_{2n}\\ \dot{\boldsymbol{p}}_3=\boldsymbol{f}_{31}+\boldsymbol{f}_{32}+\boldsymbol{F}_3+\cdots+\boldsymbol{f}_{3n}\\ \qquad\qquad\cdots\cdots\\ \dot{\boldsymbol{p}}_n=\boldsymbol{f}_{n1}+\boldsymbol{f}_{n2}+\boldsymbol{f}_{n3}+\cdots+\boldsymbol{f}_{n(n-1)}+\boldsymbol{F}_n\end{cases} \tag{6.2.5}$$

令 $\boldsymbol{l}_i=\boldsymbol{r}_i\times m_i\boldsymbol{v}_i$,$\boldsymbol{M}_i=\boldsymbol{r}_i\times\boldsymbol{F}_i$ 分别表示体系内第 i 个质点的角动量和所受的外

力矩，$\boldsymbol{M}_{ij}=\boldsymbol{r}_i\times\boldsymbol{f}_{ij}$表示第$j$个质点对第$i$个质点的内力产生的力矩，由于

$$\frac{\mathrm{d}\boldsymbol{l}_i}{\mathrm{d}t}=\frac{\mathrm{d}}{\mathrm{d}t}(\boldsymbol{r}_i\times\boldsymbol{p}_i)=\frac{\mathrm{d}\boldsymbol{r}_i}{\mathrm{d}t}\times\boldsymbol{p}_i+\boldsymbol{r}_i\times\frac{\mathrm{d}\boldsymbol{p}_i}{\mathrm{d}t}=\boldsymbol{r}_i\times\frac{\mathrm{d}\boldsymbol{p}_i}{\mathrm{d}t}$$

用$\boldsymbol{r}_i$乘以式(6.2.5)的第i个方程，得

$$\frac{\mathrm{d}\boldsymbol{l}_i}{\mathrm{d}t}=\boldsymbol{M}_i+\boldsymbol{M}_{i1}+\boldsymbol{M}_{i2}+\cdots+\boldsymbol{M}_{i(i-1)}+\boldsymbol{M}_{i(i+1)}+\cdots+\boldsymbol{M}_{in} \qquad (6.2.6)$$

由牛顿第三定律知$\boldsymbol{f}_{ij}/\!/(\boldsymbol{r}_i-\boldsymbol{r}_j)$，于是可得

$$\boldsymbol{M}_{ij}+\boldsymbol{M}_{ji}=\boldsymbol{r}_i\times\boldsymbol{f}_{ij}+\boldsymbol{r}_j\times\boldsymbol{f}_{ji}=(\boldsymbol{r}_i-\boldsymbol{r}_j)\times\boldsymbol{f}_{ij}=0 \qquad (6.2.7)$$

将式(6.2.6)对i求和，并利用式(6.2.7)可得

$$\frac{\mathrm{d}}{\mathrm{d}t}(\boldsymbol{l}_1+\boldsymbol{l}_2+\cdots+\boldsymbol{l}_n)=\boldsymbol{M}_1+\boldsymbol{M}_2+\cdots+\boldsymbol{M}_n \qquad (6.2.8)$$

令

$$\boldsymbol{L}=\boldsymbol{l}_1+\boldsymbol{l}_2+\cdots+\boldsymbol{l}_n,\quad \boldsymbol{M}=\boldsymbol{M}_1+\boldsymbol{M}_2+\cdots+\boldsymbol{M}_n \qquad (6.2.9)$$

则$\boldsymbol{L}$为体系的总角动量，$\boldsymbol{M}$为体系所受的总外力矩. 于是式(6.2.9)为

$$\frac{\mathrm{d}\boldsymbol{L}}{\mathrm{d}t}=\boldsymbol{M} \qquad (6.2.10)$$

即质点系对给定点的角动量的时间变化率等于作用在体系上所有外力对该点力矩之和. 这就是体系角动量定理的微分形式. 对式(6.2.10)积分，可得体系角动量定理的积分形式

$$\int_0^t \boldsymbol{M}\mathrm{d}t=\boldsymbol{L}-\boldsymbol{L}_0 \qquad (6.2.11)$$

式(6.2.10)和式(6.2.11)也可以写成分量形式.

体系角动量定理指出：只有外力矩才对体系的角动量变化有贡献. 内力矩对体系的角动量变化无贡献，但对角动量在体系内的分配是有作用的.

角动量守恒定律：当外力对给定点的总外力矩之和为零时，体系的角动量守恒.

几点说明：

(1) 关于总外力矩$\boldsymbol{M}=0$的三种不同情况.

① 对孤立体系，体系不受外力作用($\boldsymbol{F}_i=0$)，当然有总外力矩$\boldsymbol{M}=\sum\boldsymbol{M}_i=0$. 但一般来讲，当体系受外力作用时，即使外力的矢量和为零，外力矩的矢量和未必为零，力偶就是这种情况.

② 所有的外力通过定点，关于该点每个外力的力矩均为零，因而总外力矩$\boldsymbol{M}=0$，但体系所受外力的矢量和未必为零.

③ 每个外力的力矩不为零，但总外力矩$\boldsymbol{M}=0$. 例如，重力场中重力对质心的力矩.

(2) 角动量守恒定律是一个独立的规律，并不包含在动量守恒定律或能量守恒定律中.

(3) 角动量守恒定律是矢量式，它有三个分量，各分量可以分别守恒.

① 若 $\boldsymbol{M}_x=0$，则 $\boldsymbol{L}_x=$ 常量.

② 若 $\boldsymbol{M}_y=0$，则 $\boldsymbol{L}_y=$ 常量.

③ 若 $\boldsymbol{M}_z=0$，则 $\boldsymbol{L}_z=$ 常量.

(4) 角动量守恒定律可以解释星系的圆盘形结构.

我们知道，银河系呈扁平的圆盘形结构. 观察表明，还有许多星系也呈圆盘形. 这可能与角动量守恒有关. 银河系最初可能是球形的，由于某种原因（如与其他星系的相互作用）而具有一定的角动量. 正是这个角动量的存在，使球形的银河系不会在引力作用下凝聚（坍缩）成一团，而只能形成具有一定半径的圆盘形结构. 这是因为在凝聚过程中，角动量守恒（$r^2\omega=$ 常量）要求转速随 r 的减小而增大 $\omega\propto r^{-2}$，因而使离心力增大（离心力 $\propto v^2/r=r\omega^2\propto r^{-3}$），它往往比引力增大（引力 $\propto r^{-2}$）得更快，最终引力会和离心力相互平衡，即角动量守恒限制了星系在垂直于转轴方向的进一步坍缩. 但角动量守恒并不妨碍星系沿转轴方向的坍缩，因为对这种坍缩，角动量守恒不要求增加转速. 故星系最终坍缩成圆盘状，在沿轴向坍缩过程中减少的引力势能将以辐射的形式释放掉.

例 6.2

如图 6.3 所示，质量分别为 m_1、m_2 的两个小钢球固定在一个长为 a 的轻质硬杆的两端，杆的中点有一轴使杆可在水平面内无摩擦自由转动，杆原来静止. 另一泥球质量为 m_3，以水平速度 $\boldsymbol{u}_0$ 在垂直于杆的方向与 m_2 发生碰撞，碰后二者粘在一起. 设 $m_1=m_2=m_3$，求碰撞后杆转动的角速度.

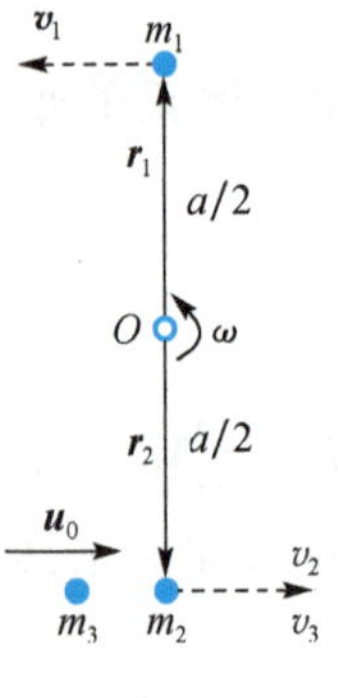

图 6.3　例 6.2 图

解　考虑这三个质点组成的质点系，相对于杆的中点，在碰撞过程中合外力矩为零，因此对此点的角动量守恒. 设碰撞后杆的角速度为 ω，则碰撞后三质点的速率 $v_1=v_2=v_3=\omega a/2$. 考虑到角动量的方向都垂直于纸面向外，故角动量守恒可以表示成下列标量形式：

$$m_3r_3u_0=m_1r_1v_1+m_2r_2v_2+m_3r_2v_3$$

由于 $m_1=m_2=m_3$，$r_1=r_2=a/2$，$v_1=v_2=v_3=\omega a/2$，则上式可得

$$\omega=\frac{2u_0}{3a}$$

值得注意的是，在此碰撞过程中，质点系的总动量并不守恒. 这是因为在 m_3 和 m_2 的碰撞过程中，质点系还受到轴 O 的冲量.

6.3 质心系的角动量

6.3.1 质心系的角动量定理

由于角动量定理的推导过程中应用了牛顿定律，所以角动量定理在惯性系中才成立. 当在质心系中考虑体系相对质心的角动量随时间的变化时，质心是固定点. 如果质心系是惯性系，角动量定理当然适用. 如果质心系是非惯性系，只要加上惯性力，仍然可以像惯性系一样处理问题. 因此只要加上惯性力的力矩，角动量守恒定理也仍然成立. 设 $\boldsymbol{L}_C$ 为质心系中体系对质心的角动量，$\boldsymbol{M}_C$ 为外力对质心的力矩，$\boldsymbol{M}_{IC}$ 为惯性力对质心的力矩，则有

$$\boldsymbol{M}_C+\boldsymbol{M}_{IC}=\frac{\mathrm{d}\boldsymbol{L}_C}{\mathrm{d}t} \tag{6.3.1}$$

由于质心系是平动系，作用在各质点上的惯性力与质量成正比，方向与质心加速度相反，对质心的力矩为

$$\boldsymbol{M}_{IC}=\sum\boldsymbol{r}_{Ci}\times(-m_i\boldsymbol{a}_C)=-\left(\sum m_i\boldsymbol{r}_{Ci}\right)\times\boldsymbol{a}_C=0 \tag{6.3.2}$$

其中，$\boldsymbol{r}_{Ci}$ 为第 i 个质点 m_i 在质心系中的位矢；$\boldsymbol{a}_C$ 为质心相对于惯性系的加速度. 式(6.3.2)的推导中利用了

$$\sum m_i\boldsymbol{r}_{Ci}=0 \tag{6.3.3}$$

这是因为 $\left(\sum m_i\boldsymbol{r}_{Ci}\right)/m_C$ 表示在质心系中求质心的坐标，它当然是 0. 故方程(6.3.1)可写为

$$\boldsymbol{M}_C=\frac{\mathrm{d}\boldsymbol{L}_C}{\mathrm{d}t} \tag{6.3.4}$$

即**不论质心系是惯性系还是非惯性系，在质心系中，角动量定理仍然适用**.

在这里我们再一次看到质心系的独特优越性. 行星绕太阳运动时，把太阳看成静止是一种近似. 利用 5.3.3 节的约化质量虽然精确，但是只能处理两体问题. 对于多体问题，当行星的质量与太阳质量相比不能忽略，或者我们求解问题要求高精度时，都应该考虑太阳的运动，在这种情况下用质心系就能显示其优点了.

6.3.2 体系的角动量与质心的角动量

虽然在质心系中角动量定理仍然适用，但体系在质心系中相对质心的角动量与体系在惯性系中相对原点的角动量并不相同. 这一点应该是肯定的，因为即使在惯性系中相对不同的点的角动量都不相同，何况质心往往还是一个运动的点.

设在惯性系 K 中，体系相对原点的角动量为 $\boldsymbol{L}$. 在质心系 K_C 中，体系相对于质心的角动量为 $\boldsymbol{L}_C$，则有

$$\begin{aligned}\boldsymbol{L} &= \sum_i (\boldsymbol{r}_i \times m_i \boldsymbol{v}_i) = \sum_i [(\boldsymbol{r}_C + \boldsymbol{r}_{Ci}) \times m_i(\boldsymbol{v}_C + \boldsymbol{v}_{Ci})] \\ &= \sum_i (\boldsymbol{r}_C \times m_i \boldsymbol{v}_C + \boldsymbol{r}_C \times m_i \boldsymbol{v}_{Ci} + \boldsymbol{r}_{Ci} \times m_i \boldsymbol{v}_C + \boldsymbol{r}_{Ci} \times m_i \boldsymbol{v}_{Ci}) \\ &= \boldsymbol{r}_C \times m_C \boldsymbol{v}_C + \boldsymbol{r}_C \times \left(\sum_i m_i \boldsymbol{v}_{Ci}\right) + \left(\sum_i m_i \boldsymbol{r}_{Ci}\right) \times \boldsymbol{v}_C + \sum_i (\boldsymbol{r}_{Ci} \times m_i \boldsymbol{v}_{Ci})\end{aligned}$$

该式的符号选取采用第 5 章式(5.4.1)、式(5.4.2). 由式(6.3.3)知 $\sum_i m_i \boldsymbol{r}_{Ci} = 0$，且 $\sum_i m_i \boldsymbol{v}_{Ci}$ 为在质心系中求体系的动量，这当然也是零. 我们令

$$\boldsymbol{L}_C = \boldsymbol{r}_C \times m_C \boldsymbol{v}_C \quad （称为**质心角动量**）$$

$$\boldsymbol{L}_{CM} = \sum_i (\boldsymbol{r}_{Ci} \times m_i \boldsymbol{v}_{Ci}) \quad （称为**体系相对于质心的角动量**）$$

则有

$$\boldsymbol{L} = \boldsymbol{L}_C + \boldsymbol{L}_{CM} \tag{6.3.5}$$

即体系的角动量等于质心的角动量与体系相对于质心的角动量之和.

*6.4 对称性、因果关系与守恒律

6.4.1 什么是对称性

对称性的概念最初来源于生活. 在艺术、建筑等领域中，所谓“对称”，通常是指左右对称. 人体本身就有近似左和右的对称性. 各类建筑，特别是古代建筑都有较高的左右对称性. 除了左右对称之外，还有轴对称、球对称，等等.

在现代物理学中对称性是个很深刻的问题. 在粒子物理、固体物理、原子物理等许多领域里，对称性的概念都很重要.

为了介绍对称性的普遍定义，先引进一些概念. 首先是“系统”，它是我们讨论的对象；其次是“状态”，同一系统可以处在不同的状态；不同的状态可以是“等价的”，也可以是“不等价的”. 我们把系统从一个状态变到另一个状态的过程叫做“变换”，或者说，我们给它一个“操作”. 如果一个操作使系统从一个状态变到另一个与之等价的状态，或者说，状态在此操作下不变，我们就说该系统对于这一操作是“对称的”，而这个操作叫做该系统的一个“对称操作”.

例如，一个圆对于围绕中心旋转任意角度的操作来说是对称的；或者说，旋转任意角度的操作都是该圆的对称操作. 如果我们在圆内加一对相互垂直的直径，这

个系统的对称操作就少多了.转角必须是 $90°$的整数倍,操作才是对称的.

德国数学家外尔在1951年提出了关于对称性的普遍的严格的定义:"如果一个操作使系统从一个状态变到另一个与之等价的状态,或者说,状态在此操作下不变,我们就说系统对于这一操作是对称的,而这个操作叫做这个系统的一个对称操作."常见的对称性时空操作有空间的平移和转动以及时间的平移.

一个物体发生一平移后,若仍和原来相同,这形体就具有空间平移对称性.平移对称性有高低之分.一条无穷长直线对沿自身方向任意大小的平移都是对称的.一个无穷大平面对沿面内的任何方向平移都是对称的.但晶体(如食盐 Na^+ 与 Cl^- 构成立方体晶格点阵只对沿确定方向(如沿一列离子的方向),而且一次平移的"步长"具有确定值(2倍晶格间距)的平移才是对称的,显见晶体的平移对称性就低.

如果使一物体绕某一固定轴转动一个角度,若仍和原来相同,那么这种对称叫做转动对称或轴对称.轴对称也有级次之别.例如,树叶图形绕中心线旋转 $180°$后可恢复原状,而六角形的雪花绕通过中心的垂直轴转动 $60°$后就可恢复原状.后者比前者的对称性级次高.天坛祈年殿的外形绕其中心竖直轴几乎转过任意角度时都和原状一样,所以它具有更高级次的转动对称性.

一个静止不变的系统对任何间隔 Δt 的时间平移表现出不变性,而一个周期性变化的系统(如单摆)只对周期 T 数倍的时间平移不变.它们都具有一定的时间平移对称性.

6.4.2 物理定律的对称性

以上对称性都是指某个系统或具体事物的对称性,另一类对称性是物理定律的对称性,它是指经过一定的操作后,物理定律的形式保持不变.因此物理定律的对称性又叫不变性,这类对称性在物理学中具有更深刻的意义.

(1) 物理定律的空间平移对称性.设想我们在空间某处做一个物理实验,然后将该套实验(连同影响该实验的一切外部因素)平移到另一处.如果给予同样的起始条件,实验将会以完全相同的方式进行.这说明物理定律没有因平移而发生变化.这就是物理定律的空间平移对称性.它表明空间各处对物理定律是一样的,所以又叫做空间的均匀性.

(2) 物理定律的转动对称性.如果在空间某处做实验后,把整套仪器(连同影响实验的一切外部因素)转一个角度,则在相同的起始条件下,实验也会以完全相同的方式进行.这说明物理定律并没有因转动而发生变化.这就是物理定律的转动对称性.它表明空间的各个方向对物理定律是一样的,所以又叫做空间的各向同性.

(3) 物理定律的时间平移对称性.如果我们用一套仪器做实验,该实验进行的方式或秩序是和此实验开始的时刻无关的. 无论在什么时候开始做实验，我们得到的结果完全是一样. 这个事实揭示了物理定律的时间平移的对称性.

关于物理定律的对称性有一条很重要的定律——对应于每一种对称性都有一条守恒定律. 例如，对应于空间均匀性有动量守恒定律，对应于空间的各向同性有角动量守恒定律，对应于时间平移对称性有能量守恒定律，对应于空间反演对称有宇称守恒定律等.

在时间反演变换下，保守力 $\boldsymbol{f}$、加速度 $\boldsymbol{a}$ 和质量 m 都是不变的，所以牛顿第二定律 $\boldsymbol{f}=m\boldsymbol{a}$ 对于保守力具有时间反演不变性，这是物理定律的对称性. 地面上一个物体所受的重力 $\boldsymbol{f}=m\boldsymbol{g}$ 具有的时间反演不变性，也是物理定律的对称性. 在重力作用下的自由落体，经过时间反演，就变成了上抛物体，它的速度反向了，其运动具有时间反演不变性. 若把自由落体的录像带倒过来演播，观众不能判断正反. 为什么？因为两者都符合物理规律. 这里没有考虑空气的阻力. 在速度不太大的情况下，空气阻力 $\boldsymbol{f}=-\gamma\boldsymbol{v}$，负号表示阻力的方向总与速度 $\boldsymbol{v}$ 相反. 在时间反演变换下 $\boldsymbol{v}\to-\boldsymbol{v}$，从而阻力公式变成 $\boldsymbol{f}=\gamma\boldsymbol{v}$. 亦即阻力公式不具有时间反演不变性. 这就是物理规律对于时间反演的不对称性. 如果将空气阻力效应明显的落体运动录下来，倒着放演，观众便会察觉不对头，因为它违反了物理规律. 5.3.2 节中所讲拍摄电视武打片的特技，就是一个很好的例子.

6.4.3 因果关系和对称性原理

自然规律反映了事物之间的因果关系. 所谓“因果关系”，就是在一定条件下会出现一定的现象. 在这种情况下我们把前者(条件)称为“原因”，后者(现象)称为“结果”. 要构成一条稳定的因果关系，需要两个条件：可重复性和预见性. 其实这就是科学本身存在的必要前提. 以上两条性质要求“相同的原因必定产生相同的结果”. 但宏观世界的事物没有绝对相同的，我们可以把用词放宽一些，用“等价”一词代替“相同”，把因果关系归结为

等价的原因 → 等价的结果

这里的箭头表示“必定产生”. 这就是因果性的等价原理.

一个操作产生“相同”或“等价”的效果，就是不变性，不变性也就是对称性. 所以用对称性的语言来说，上述等价原理可改写成下列公式：

对称的原因 → 对称的结果

例如，在 5.6 节正碰的动力学方程组为(见方程(5.6.1)、方程(5.6.7))

$$m_1u_1+m_2u_2=m_1v_1+m_2v_2,\quad v_2-v_1=e(u_1-u_2) \tag{6.4.1}$$

其解为(见式(5.6.8))

$$v_1=\frac{m_1-em_2}{m_1+m_2}u_1+\frac{(1+e)m_2}{m_1+m_2}u_2,\quad v_2=\frac{m_2-em_1}{m_1+m_2}u_2+\frac{(1+e)m_1}{m_1+m_2}u_1 \tag{6.4.2}$$

将方程组(6.4.1)中各量的下标1和2相互置换后，所得的仍是原方程组，我们称此方程组具有下标1和2置换对称性. 显然，该方程组的解式(6.4.2)也具有下标1和2置换对称性. 数学方程组与其解有因果关系，可见对称的原因会导致对称的结果.

应注意，因果关系的等价原理中箭头是单向的，即只有“等价的原因必定产生等价的结果”，但等价的结果可能来源于不等价的原因. 从而上列用对称性来表达的因果关系中箭头也是单向的，即对称的结果也可能来源于不对称的原因. 所以我们说：

原因中的对称性必反映在结果中，
即结果中的对称性至少有原因中的对称性那么多.

反过来应该说：

结果中的不对称性必在原因中有反映，
即原因中的不对称性至少有结果中的不对称性那么多.

以上原理叫做对称性原理，它是皮埃尔·居里于1894年首先提出的. 下面举一个例子.

当我们抛射一个物体时，若没有其他原因，抛体的轨迹不会偏离其初速度与重力决定的竖直平面. 如果我们发现抛体的轨迹朝某一侧偏斜(结果中出现了不对称性)，我们相信，一定存在对此平面不对称的原因，譬如有横向的风. 这是上述对称性原理反过来的应用. 在足球场上我们常会看到，球员踢出的球会拐弯(特别是在罚角球时)，这种球俗称“香蕉球”. 赛场上没有风，球偏斜的方向可以由踢球的人控制. 这是什么原因呢？即使我们不懂流体力学，但懂得对称性原理，我们就敢肯定，在球离开球员的脚之前就已存在不对称性了. 仔细找找原因，我们会发现，香蕉球踢出时是旋转的，它旋转的方向决定了球向哪边偏斜. 旋转就是对初始的竖直平面左右不对称的因素，轨迹的偏斜正是这个不对称因素的反映. 至于空气和旋转的球之间的相互作用究竟是怎样使之偏斜的，那就要靠流体力学的具体知识了.

6.4.4 守恒律与对称性

客观世界中存在某些对称性，如时间的平移对称性、空间的平移对称性、空间的各向同性等，每一种对称性都对应有一条守恒律. 对此，德国数学家诺特于1918年进行了严格的论证. 首先看能量守恒定律. 从宏观的角度看，物体系有保守系和非保守系之分，前者机械能守恒，后者则不然. 从微观的角度看无所谓耗散力，在一切系统中，粒子与粒子之间的相互作用可通过相互作用势(分子力势能)来表达. 时间均匀性，或者说，时间平移不变性，意味着这种相互作用势只与两粒子的相对位置有关，亦即对于同样的相对位置，粒子间的相互作用势不应随时间而变化. 在这种情况下系统的总能量(动能+势能)自然是守恒的. 我们可以举一个例子来说明，在相反的情况下能量可以不守恒. 某地建设了一个抽水蓄能电站，夜间用电低谷时抽水上山，白天用电高峰时放水发电. 利用昼夜能源的价值不同，可以获得很好的经济效益. 倘若昼夜变化的不仅是能源的价值，而且是重力加速度 g(它代表着万有引力的强度)，从而水库中同样水位所蓄的重力势能 mgh 做周期性的变化，则抽水蓄能电站获得的不仅是经济效益，而且是能量的盈余. 于是，永动机的梦想实现了. 而时间的平移不变性不允许出现这种情况.

其次看动量守恒定律. 如图 6.4 所示，考虑一对粒子 A 和 B，它们的相互作用势能为 V. 现将 A 沿任意方向移动到 A'(图 6.4(a))，位移 $\Delta\boldsymbol{s}$ 造成势能的改变 $\Delta V=-\boldsymbol{f}_{B\to A}\cdot\Delta\boldsymbol{s}$(抵抗 B 对 A 的力所做的功)；若 A 不动，将 B 沿反方向移动相等的距离到 B'(图 6.4(b))，则势能的改变为 $\Delta V'=-\boldsymbol{f}_{A\to B}\cdot(-\Delta\boldsymbol{s})=\boldsymbol{f}_{A\to B}\cdot\Delta\boldsymbol{s}$(抵抗 A 给 B 的力所做的功). 上述两种情况终态的区别仅在于由两粒子组成的系统整体在空间有个平移，它们的相对位置是一样的：$\overrightarrow{A'B}=\overrightarrow{AB'}$. 空间均匀性，或者说，空间平移不变性，意味着两粒子之间的相互作用势能只与它们的相对位置有关，与它们整体在空间的平移无关. 从而两种情况终态的势能应相等，即

$$V+\Delta V=V+\Delta V'$$

亦即

$$\Delta V=-\boldsymbol{f}_{BA}\cdot\Delta\boldsymbol{s}=\Delta V'=\boldsymbol{f}_{AB}\cdot\Delta\boldsymbol{s}$$

因为 $\Delta\boldsymbol{s}$ 是任意的，故有

$$\boldsymbol{f}_{B\to A}=-\boldsymbol{f}_{A\to B}$$

要知道，“作用力和反作用力大小相等，方向相反”和“动量守恒”两种说法是等价的. 于是，我们从空间的平移不变性推出了动量守恒定律.

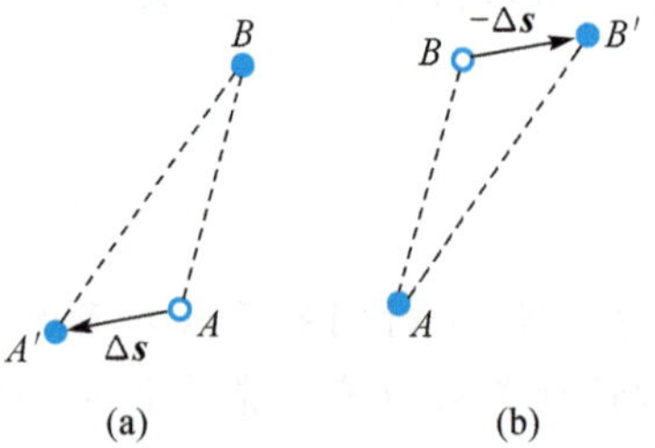

图 6.4　空间平移不变性与动量守恒

再看角动量守恒定律与时空对称性的关系. 决定角动量守恒定律的时空对称性是空间各向同性. 我们仍考虑一对粒子 A 和 B. 固定 B，将 A 沿以 B 为圆心的圆

弧 Δs 移动到 A'(图 6.5),从而相互作用势能改变 $\Delta V=-(\boldsymbol{f}_{B\to A})_{切}\cdot\Delta\boldsymbol{s}$. 空间各向同性意味着,两粒子之间的相互作用势能只与它们的距离有关,与二者之间连线在空间的取向无关. 所以上述操作不应改变它们之间的势能,从而 $\Delta V=0$,即相互作用力的切向分量 $(\boldsymbol{f}_{B\to A})_{切}=0$,或者说,"两粒子之间的相互作用力沿二者的连线". 这种说法与"角动量守恒"是等价的. 于是,我们从空间的各向同性推出了角动量守恒定律.

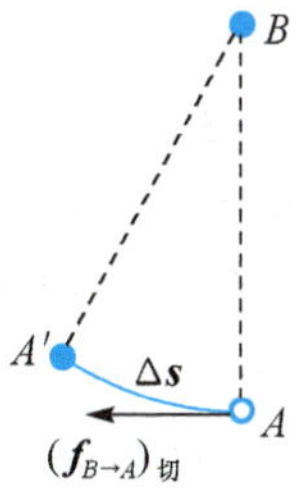

图 6.5　角动量守恒与空间各向同性

第 7 章　万有引力

7.1　万有引力定律

目前在西方，一些物理学家提出这样的问题：如果一个人未读过莎士比亚的著作，会被认为是没有教养；但是如果一个人不知道牛顿、爱因斯坦的理论，往往不被认为没有文化. 这不奇怪吗？于是他们仿照“艺术欣赏”和“歌剧欣赏”那样，在大学文科开设了“科学欣赏”和“物理欣赏”课. 在我国，情况也是类似的. 在一般人心目中，物理是那样枯燥、那样难懂，难道还有什么可欣赏的？事实上，物理学是优美的，它的美表现在基本物理规律的简洁性和普适性. 然而，这些规律的外在表现(各种物理现象)却往往非常复杂. 物理学的规律是有层次的，层次越深，则规律越基本、越简单，其适用性也越广泛，但也越不容易被揭示出来. 所以，物理学的简洁性是隐蔽的，它所具有的是深奥而含蓄的内在美. 不懂得它的语言，是很难领会到的. 天文学先于物理学，事实上物理学的发端始于对理解星体运行的追求. 万有引力定律的发现堪称一部逐步揭示物理规律简洁美的壮丽史诗，让我们从开普勒谈起.

7.1.1　开普勒的行星运动三定律

在牛顿之前，人类研究得最多也最清楚的运动现象就是行星的运行. 肉眼可以看到的五颗行星是：水星、金星、火星、木星、土星. 对这五颗行星的运动有过长期的观察，特别是丹麦天文学家第谷连续进行了 20 年的仔细观测、记录，他的学生开普勒则花费了大约 20 年的时间分析这些数据. 开普勒前后总结出三条行星运动的规律.

(1) 所有行星都沿着椭圆轨道运行，太阳则位于这些椭圆的一个焦点上. 这称为**轨道定律**.

(2) 任何行星到太阳的连线在相同的时间内扫过相同的面积. 这称为**面积定律**.

(3) 任何行星绕太阳运动的周期的平方与该行星的椭圆轨道的半长轴的立方成正比，即 $T \propto r^{3/2}$(其中 T 为行星运动的周期，r 为椭圆轨道的半长轴). 这称为**周期定律**.

开普勒本人在得到上述行星运动的规律之后，也曾企图寻找运动的原因，来解释行星运动的现象. 但是他并不着眼于力，而是着眼于**对称性**. 开普勒首先要解释各行星半长轴为什么取某些特定值. 他认为这是宇宙的对称和和谐的表现. 他设计了一个由正多面体构成的宇宙. 如图 7.1 所示，土星的轨道在最外的一个大圆上；在该球内作一内接的正六面体，木星轨道在该六面体的内切球面上，在球内再作一正四面体，火星轨道则在该四面体的内切球面上，相继地，再在这球面内作一内接正十二面体，地球轨道在这十二面体的内切球面上，再继续作一内接的正二十面体，金星轨道就在二十面体的内切球面上；最后，作内接的正八面体，其内切球面就是水星的轨道所在之处.

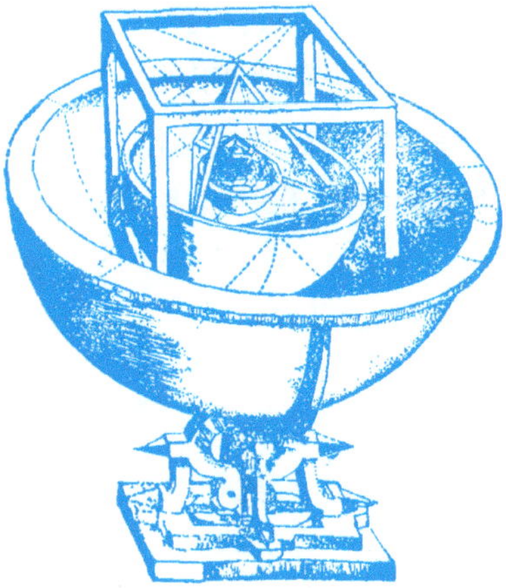

图 7.1　开普勒的太阳系

我们知道，正多面体的种类是不多的，只有 5 种，所以开普勒相信行星只有 6 颗，用上述的一系列正多面体的套装，开普勒能给出符合观测的行星轨道半径之间的比例(只是水星和木星的情况有显著的偏差)，不能不说这是一个很有意义的尝试. 虽然现在已经证明，开普勒的解释并不正确，但是这个事例告诉我们，“从运动的现象去研究对称性”确是一种有价值的方法. 在一些现代物理的研究中往往是首先着眼于对称性的.

开普勒获此结果欣喜若狂，他不加掩饰地说：“十六年了，我立志要探索一件事，所以我和第谷结合起来，……我终于走向光明，认识到的真理远超出我最热切的期望. 如今木已成舟，书已完稿. 至于是否现在就有读者，抑或将留待后世? 正像上帝已等了观察者六千多年那样，我也许要整整等上一个世纪才会有读者. 对此我毫不在意.”

把 20 余年里观测的几千个数据归纳成这样简洁的几条规律，开普勒是应该为此而感到自豪的. 只是开普勒尚不理解，他所发现的三大定律已传达了重大的“天机”. 我们知道，角动量正比于矢径的掠面速度，开普勒的面积定律意味着角动量守恒，即行星受到的是有心力；而轨道定律告诉我们该有心力为引力；至于力的大小，开普勒的周期定律给出了定量的描述. 开普勒的行星运动三定律蕴涵着更为简洁、更为普遍的万有引力定律，其中的奥秘直到牛顿时代才被破译出来.

7.1.2　牛顿的理论

牛顿在他的划时代著作《自然哲学的数学原理》的第一版序言中写道：我奉献这一作品，作为哲学的数学原理，因为哲学的全部责任似乎在于，从运动的现象去研究自然界中的力，然后用这些力去说明其他的现象.

1. 引力的表达式

由开普勒轨道定律，为了简便，可把行星轨道看成圆形. 这样，根据面积定律，行星应做匀速圆周运动，只有向心加速度 $a=v^2/r$，其中，v 是行星的速率，r 是圆轨道的半径. 根据开普勒第三定律

$$T \propto r^{3/2} \tag{7.1.1}$$

而 $v=2\pi r/T$，故

$$v \propto \frac{r}{r^{3/2}} = \frac{1}{\sqrt{r}} \tag{7.1.2}$$

于是，$a \propto 1/r^2$，或

$$F = ma \propto \frac{m}{r^2} \tag{7.1.3}$$

其中，m 为行星的质量. 取比例系数为 k，则得

$$F = k\frac{m}{r^2} \tag{7.1.4}$$

显然，k 应取决于太阳的性质. 由此，牛顿得到第一个重要结果：如果太阳引力是行星运动的原因，则这种力应和 r 的平方成反比.

在牛顿之前，也有人提出过引力应遵循平方反比律，但那并不是基于力的明确定义而得到的，只是一种猜测，或者是从几何类比推出. 在牛顿体系中，力具有定量的定义，由运动学规律及太阳是行星运动原因的假设，平方反比律就是必然的结论了.

2. 认为这种引力是万有的、普适的、统一的

进一步，牛顿认为这种引力是万有的、普适的、统一的，即所有物体之间都存在这种引力作用，称之为万有引力. 这一步是关键性的. 我们一再强调，寻找各种不同运动的统一原因是物理学的追求，引力的万有性就是基于这种统一观的一种猜测.

如何来检验这一猜测呢？既然引力是普适的，那么，地球和月亮之间也应当存在这类力，月亮之所以绕地球运动，应当是地球施于月亮的吸引力，就像太阳有吸引行星的力那样，即地球对月亮的吸引力应为

$$F_{地\to月} = k_{地}\frac{m_{月}}{r_{月}^2} \tag{7.1.5}$$

其中，$r_{月}$ 为月亮绕地球公转的半径；$m_{月}$ 为月球的质量. $k_{地}$ 应取决于地球的性质. 地球对月亮的吸引力提供了月亮绕地球公转所需的向心力，即

$$F_{地\to月} = m_{月}\frac{v_{月}^2}{r_{月}} = \frac{m_{月}}{r_{月}}\left(\frac{2\pi r_{月}}{T}\right)^2 \tag{7.1.6}$$

其中，$v_{月}$ 为月球的公转速度；T 为月亮绕地球的公转周期（交点月）. 而对于地面上的物体，所受到的引力应为

$$F = k_{地}\frac{m}{R^2} = mg \tag{7.1.7}$$

其中，m 为物体的质量；R 为地球半径. 于是得

$$k_{地} = gR^2 \tag{7.1.8}$$

由式(7.1.5)、式(7.1.6)及式(7.1.8)可得

$$gR^2\frac{m_{月}}{r_{月}^2} = \frac{m_{月}}{r_{月}}\left(\frac{2\pi r_{月}}{T}\right)^2$$

即

$$r_{月}^3 = \frac{R^2 gT^2}{4\pi^2} \tag{7.1.9}$$

式(7.1.9)就是从引力普适性得出的预言. 在这个关系式中，所有量都是可测量的，因此，可以用实验加以检验. 其中，有关量的数值为 $R\approx 6400\text{km}$，$g=9.8\text{m}\cdot\text{s}^{-2}$，$T=27$天 7 小时 43 分或 27.3215 天，$r_{月}=3.84\times10^5\text{km}$. 这些测量结果能很好地满足式(7.1.9)，这就验证了万有引力假设的正确性.

早在 1665 年，牛顿就得到了式(7.1.9)，当时的测量数据是：古希腊的天文学家依巴谷通过观测月全食持续的时间(即月球通过地球阴影的时间)相当精确地估算出月亮与地球之间的距离是地球半径的 60 倍；地球表面大圆弧上一度为 60mile (1mile=1609.3m，这是当时海员们通用的计算方法)，得到地球半径为3500mile，即 5632km. 牛顿发现这些数据并不满足式(7.1.9). 因而，牛顿并没有及时发表他的成果. 直到后来，天文学家重新测定了地球半径，发现以前的观测值错了. 牛顿用新的数据再进行计算，所得结果完全符合式(7.1.9). 这可能是牛顿推迟于 1685 年发表他的万有引力理论的一个原因.

牛顿的上述论证说明，地上物体的运动规律与月亮运动的规律实质上是一样的. 这个结果的意义很重大，它打破了亚里士多德关于天上运动和地面运动是本质不同的两类运动的基本观念. 按照牛顿的理论，天体运动与地面运动之间并无根本差别，也没有不可渡过的界限. 牛顿曾描述过在高山顶上用大炮发射炮弹的运动情形，我们知道，炮弹做抛体运动. 按牛顿理论，只要炮弹的初速度足够大，炮弹就能绕地球运动，而不再落回地面，成为地球的卫星. 因此，落体或抛体运动与地球卫星的运动之间的差别，只不过是初速度不同. 今天看来，这些结果已没有什么稀奇，因为我们已经成功地发射了很多人造地球卫星. 但在 300 多年前就认为原则上我们可制造天体那样的运动，是一个非常大胆的想法.

上面的讨论我们只利用了开普勒的第二、第三定律，还应当证明万有引力定律式(7.1.4)也符合开普勒的轨道定律. 牛顿在 1677 年完成了这个证明，使万有引力理论形成了完整的体系.

牛顿在他的小传中总结过自己这一段的工作，他说："在 1665 年开始……我从

开普勒关于行星的周期是和行星到轨道中心的距离的 3/2 次方成比例的定律，推出了使行星保持在它们的轨道上的力必定和它们与绕行中心之间的距离平方成反比；然后，把使月球保持在它轨道上所需要的力和地球表面上的重力作了比较，并发现它们近似相同. 所有这些发现都是在 1665 年和 1666 年的鼠疫年代里做出来的……最后在 1676 年和 1677 年之间的冬季，我发现了一个命题，那就是——一个行星必然要做一个椭圆形的运动，力心在椭圆的一个焦点上，同时，它所扫过的面积（从力心算起）的大小和所用的时间成正比. ”从这个总结中，我们可以看到“从运动现象研究力，再从力去说明其他现象”的完整过程. 这种物理的研究方法一直沿用到今天.

3. 引力常数

利用万有引力的普适性，可以确定式(7.1.5)中的 $k_{地}$ 值. 由式(7.1.5)，地球对月亮的引力为

$$F_{地\to月}=k_{地}\frac{m_{月}}{r_{月}^{2}} \tag{7.1.10}$$

同理，由万有引力的普适性，月亮对地球的引力应为

$$F_{月\to地}=k_{月}\frac{m_{地}}{r_{月}^{2}} \tag{7.1.11}$$

其中，$m_{地}$ 为地球的质量；$k_{月}$ 为和月亮有关的常数. 根据牛顿第三定律，$F_{地\to月}=F_{月\to地}$. 由式(7.1.10)和式(7.1.11)得

$$\frac{k_{地}}{m_{地}}=\frac{k_{月}}{m_{月}} \tag{7.1.12}$$

式(7.1.12)左边只与地球有关，而右边只与月亮有关，且两边相等，故其值是一个与地球和月亮都无关的普适常数，设其为 G，有

$$k_{地}=Gm_{地},\quad k_{月}=Gm_{月} \tag{7.1.13}$$

于是地月之间引力为

$$F=G\frac{m_{地}m_{月}}{r^{2}} \tag{7.1.14}$$

普适的万有引力定律：任何具有质量 m_1 和 m_2、相距为 r 的两质点之间的引力，总是沿着两质点之间的连线方向，其引力的大小为

$$F=G\frac{m_1m_2}{r^{2}} \tag{7.1.15}$$

其中，G 为对所有质点都具有相同数值的常数，称为万有引力常数；m_1 和 m_2 为两质点的**引力质量**. 为了和引力质量相区别，我们以前定义的质量称为**惯性质量**. 由式(7.1.15)可知 G 的量纲为

$$[G]=[M]^{-1}[L]^{3}[T]^{-2} \tag{7.1.16}$$

7.1.3 引力的线性叠加性

我们知道,牛顿的万有引力定律式(7.1.15)是对两个质点而言的. 而牛顿在发展引力理论的过程中,重要的一步是把月亮运动和地球上的落体运动统一起来,其关键的问题是牛顿认为地球表面落体运动的加速度可以写成

$$g=\frac{Gm_{地}}{R^2} \tag{7.1.17}$$

其中,R 为地球半径. 这里有一个很大的疑问,为什么能把地球看成质点? 牛顿一开始就意识到这一点,后来,他给出了严格的证明. 下面我们来讨论多质点体系的引力问题.

如图 7.2 所示,在原点有一质量为 m 的质点,空间分布着质量分别为 $m_1,m_2,m_3,\cdots,m_n$ 的 n 个质点组成的体系,它们的位置矢径分别为 $\boldsymbol{r}_1,\boldsymbol{r}_2,\boldsymbol{r}_3,\cdots,\boldsymbol{r}_n$,则我们认为该体系对质点 m 的引力可以写成

$$\boldsymbol{F}=\boldsymbol{F}_1+\boldsymbol{F}_2+\cdots+\boldsymbol{F}_n=\sum_i G\frac{mm_i}{r_i^2}\frac{\boldsymbol{r}_i}{r_i} \tag{7.1.18}$$

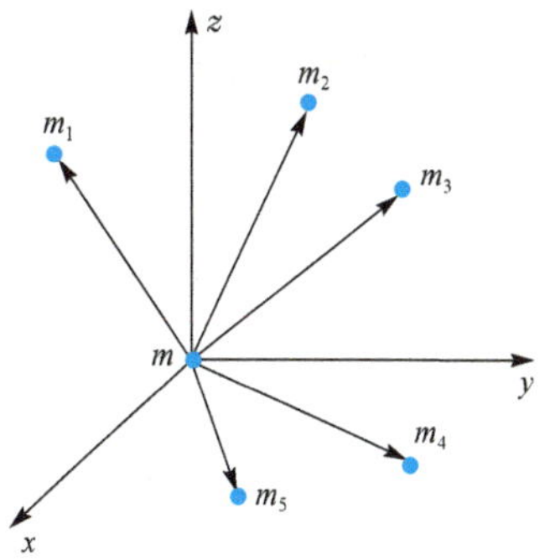

图 7.2　引力的线性叠加性

这在本质上是认为两质点之间的引力作用只与这两质点有关,而与第三者、第四者等是否存在毫无关系,可以不加顾及. 这个新的物理内容是引力的一个重要性质,我们称之为**引力的线性叠加性**. 于是我们引入的新假定为:

两质点间的引力大小与是否存在其他质点无关(即只有两体作用,没有多体作用).

并不是所有的力都有这种性质,如强相互作用就没有这种性质.

做了上述的推广,就可以来讨论牛顿所遇到的问题了.

考虑一密度均匀的球壳,如图 7.3 所示,它的厚度 t 比它的半径 r 小得多. 我们要求出它对球壳外一个质量为 m 的质点 P 的引力.

可以把球壳看成许多小块的集合,每个小块在 P 点上都有作用力,这个力的大小应当与该小块的质量成正比,而与它和 P 点之间的距离的平方成反比,方向沿着它们之间的连线. 然后,我们再求球壳上所有部分对 P 点的合力.

设在球壳 A 点处的一小块对 m 的引力为 $\boldsymbol{F}_1$,由球壳的对称性,我们可以找到与 A 相对称的 B 点,该处的一小块对 m 的引力为 $\boldsymbol{F}_2$. 由于对称,故 $\boldsymbol{F}_1$ 与 $\boldsymbol{F}_2$ 这两个力的竖直分量彼此抵消,而水平分量 $F_1\cos\alpha$ 与 $F_2\cos\alpha$ 相等. 通过把球壳分为这样一对一对的小块,我们立刻可以看出,所有作用在 m 上的力的竖直分量都成对地相互抵消了. 为了求出球壳对 m 的合引力,我们只需考虑水平分量.

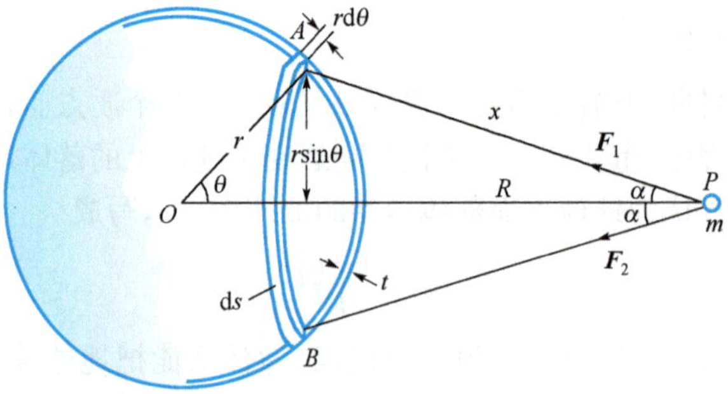

图 7.3　球壳的引力

如图 7.3 所示，考虑球壳上的一环带，该环带长为 $2\pi r\sin\theta$，宽为 $r\mathrm{d}\theta$，厚为 t. 因此，它的体积为 $\mathrm{d}V=2\pi tr^2\sin\theta\mathrm{d}\theta$，设密度为 ρ，则环带的质量为

$$\mathrm{d}M=\rho\mathrm{d}V=2\pi tr^2\rho\sin\theta\,\mathrm{d}\theta$$

$\mathrm{d}M$ 对位于 P 点处的质量 m 所施的力是水平的，其值为

$$\mathrm{d}F=G\frac{m\,\mathrm{d}M}{x^2}\cos\alpha=2\pi Gt\rho mr^2\,\frac{\sin\theta\,\mathrm{d}\theta}{x^2}\cos\alpha \tag{7.1.19}$$

由 $x^2+R^2-2Rx\cos\alpha=r^2$ 得

$$\cos\alpha=\frac{x^2+R^2-r^2}{2Rx} \tag{7.1.20}$$

由 $x^2=R^2+r^2-2Rr\cos\theta$ 得

$$x\mathrm{d}x=Rr\sin\theta\,\mathrm{d}\theta \tag{7.1.21}$$

将式(7.1.20)、式(7.1.21)代入式(7.1.19)，消去 θ 与 α，得

$$\mathrm{d}F=\frac{\pi Gt\rho mr}{R^2}\left(\frac{R^2-r^2}{x^2}+1\right)\mathrm{d}x \tag{7.1.22}$$

这就是环带上的物质作用在质点 m 上的引力. 而整个球壳的作用为式(7.1.22)对所有环带求和，即对 x 从最小值到最大值积分.

(1) $R>r$，即 m 在球外，x 的变化范围是 $R-r\leqslant x\leqslant R+r$，由于

$$\int_{R-r}^{R+r}\left(\frac{R^2-r^2}{x^2}+1\right)\mathrm{d}x=4r \tag{7.1.23}$$

由式(7.1.22)可得合力为

$$F=G\frac{m}{R^2}4\pi r^2t\rho=G\frac{Mm}{R^2} \tag{7.1.24}$$

该结果表明，一个密度均匀的球壳对球壳外一质点的引力，等效于它的所有质量都集中于它的中心时的引力.

(2) $r>R$，即 m 在球内，x 的变化范围是 $r-R\leqslant x\leqslant R+r$. 可以证明，此时式(7.1.22)仍然正确. 由于

$$\int_{r-R}^{r+R}\left(\frac{R^2-r^2}{x^2}+1\right)\mathrm{d}x=0 \tag{7.1.25}$$

由式(7.1.22)可得合力为

$$F=0 \tag{7.1.26}$$

该结果表明，**一个密度均匀的球壳对球壳内任一质点的引力为零**！为什么会有这样的结果？其原因恰恰是引力与两质点之间距离的反平方关系. 如图 7.4 所示，考虑球壳内一质点 m 受到两个锥体内球壳上质点的引力，设其质量分别为 M_1、M_2，当锥顶的立体角 θ 很小时，有

$$\frac{M_1}{r_1^2}=\frac{\rho S_1}{r_1^2}=\rho\theta,\quad \frac{M_2}{r_2^2}=\frac{\rho S_2}{r_2^2}=\rho\theta$$

因而质点 m 受到两个方向相反的力，其大小为

$$F_1=G\frac{M_1 m}{r_1^2}=G\rho\theta m,\quad F_2=G\frac{M_2 m}{r_2^2}=G\rho\theta m$$

于是 $F_1=F_2$，而球壳上所有的点都可以分成这样关于 m 对称的两类点，故该质点 m 所受的合力为零.

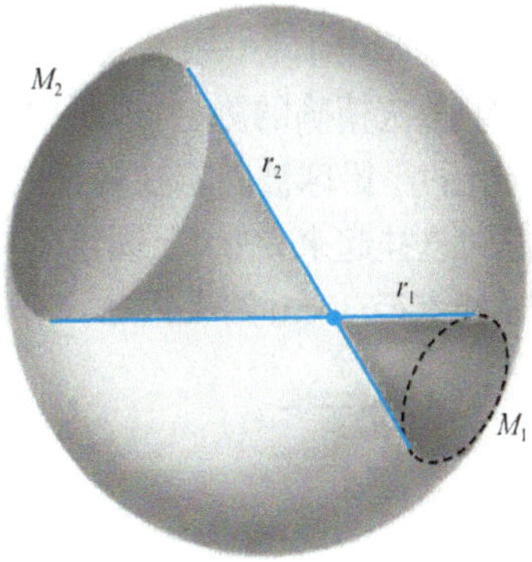

图 7.4　均匀球壳对球内质点的引力为零

这个结果有很大的意义. 若假设星际间星球分布均匀、各向同性，则考虑太阳系内情况时，来自太阳系外的引力可以不予考虑. 否则难以解释为什么可以忽略无限多的星体在局部范围的引力效应.

现代天文观测的确已逐步证明，宇宙在大尺度的物质分布是相当均匀的.

讨论：

(1) 应当强调，之所以有上述这些结果，是因为我们用了引力的叠加性和引力的距离平方反比律. 因此，上述结果对其他类型的力不一定成立.

(2) 一个实心球体可当成由大量同心球壳所构成. 如果各层球壳具有不同密度，但每一球壳都具有均匀密度，则同样的论证也适用于这种实心球体. 因此，对于像地球、月球或太阳这类近似于球体的天体来说，在讨论它们的吸引力时，就可以把它们当成质量集中在球心的质点来处理. 其实，地球并不是标准的球体，而是有点像梨的形状，“梨”的较小一端在北半球. 因此，式(7.1.17)是不严格的. 若考虑地球的真实形状，引力表达式将非常复杂. 例如，在地球附近运行的人造地球卫星，明显地偏离了开普勒定律所描述的轨道. 实际上，现代的研究正是利用了这一点. 我们是反过来，由人造地球卫星实际轨道对开普勒定律的偏离，来研究地球的形状和质量的分布.

7.2 关于万有引力的讨论

7.2.1 G 的测定

1798 年,即牛顿发表万有引力定律之后 111 年,英国物理学家卡文迪什对 G 做了第一次精确的测量,他所用的是扭秤装置. 如图 7.5 所示,两个质量均为 m 的直径 5cm 的小铅球被固定在轻杆的两端,用一根系在杆的中点的极细石英丝把杆沿水平方向悬挂起来,细丝上固定着一面小镜子. 小铅球的附近对称地安放着两个质量为 M 的直径 30cm 的大铅球,这两对大质量和小质量之间的引力使杆在水平面上转动.

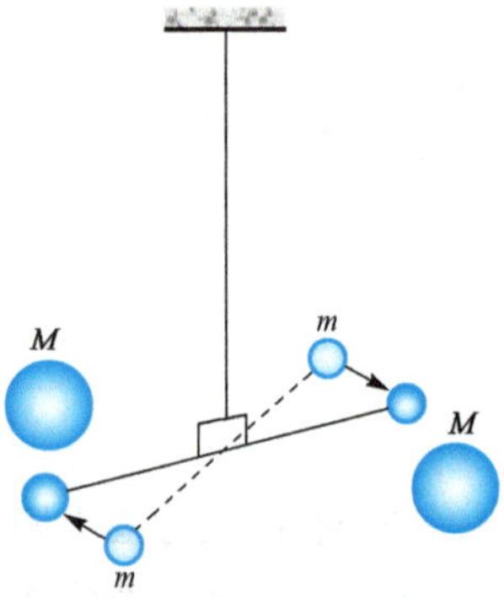

图 7.5 卡文迪什的扭秤装置

当石英丝的扭转所产生的弹性恢复力矩恰好与引力力矩平衡时,杆就停在一个平衡方向上,反射光把微小的角偏转放大为光点相当大的位移. 根据石英丝扭转的角度可以测出力的强度,从而测定了万有引力常数 G 的数值为 $G=6.754\times10^{-11}\text{m}^3\cdot\text{kg}^{-1}\cdot\text{s}^{-2}$. 他的实验如此精巧,在八九十年间竟无人超过他的测量精度. 万有引力常数是目前测得最不精确的一个基本物理常量,因为引力太弱,又不能屏蔽它的干扰,实验很难做. 1969 年 Rose 测得的结果为 $G=6.674\times10^{-11}\text{m}^3\cdot\text{kg}^{-1}\cdot\text{s}^{-2}$. 国际科学联盟理事会科技数据委员会 1986 年推荐的数值为

$$G=6.67259(85)\times10^{-11}\text{m}^3\cdot\text{kg}^{-1}\cdot\text{s}^{-2} \tag{7.2.1}$$

其不确定度为 128ppm(百万分之 128,即万分之 1.28).

卡文迪什把自己的实验说成“称地球的重量”,这是不无道理的(用现代物理教学中严谨的字眼,应该说是“测量地球的质量”),因为由式(7.1.8)和式(7.1.13)可得

$$m_{地}=\frac{gR^2}{G} \tag{7.2.2}$$

知道 G 的数值后,利用地球半径的数值 $R=6370\text{km}$,以及 $g=9.81\text{m}\cdot\text{s}^{-2}$ 即可算出 $m_{地}=5.97\times10^{24}\text{kg}$,且可以算出地球的平均密度 $\rho=3m_{地}/4\pi R^3=5.52\text{g}\cdot\text{cm}^{-3}$.

在地球上的实验室里测量几个铅球之间的相互作用力,就可以称量地球,这不能不说是个奇迹. 其中的思想基础和牛顿的月地检验是一致的,即相信天上人间服从共同的规律,引力常数的数值都是一样的. 要知道,在那个时代人们并不以为这一点很显然.

有了 G 的数值,我们可以用同样的道理去“称太阳的重量”(即计算太阳的质

量). 例如,在式(7.2.17)中,若 g 是地球公转的向心加速度,R 是太阳与地球之间的距离,则所求得的就是太阳的质量.

7.2.2 引力的几何性

若用 $m_{引}$ 和 $m_{惯}$ 分别表示一个质点的引力质量和惯性质量,实验得出

$$\frac{m_{引}}{m_{惯}} = \text{普适常数} \tag{7.2.3}$$

1890 年实验精度为10^{-8},1971 年实验精度为10^{-11}. 当然在 $m_{引}$ 和 $m_{惯}$ 取了合适的单位时,可以让该普适常数为 1,即当我们用式(7.2.1)定义 G 时,相当于认为

$$m_{引} = m_{惯} \tag{7.2.4}$$

式(7.2.4)具有深刻的物理意义,我们对其作些探讨. 由于式(7.2.4)成立,下面我们不再区分引力质量和惯性质量,仅用 m 表示.

考虑质点 m 在 M 的引力场中运动,如图 7.6 所示,设 $M \gg m$ 位于原点,m 的矢径为 $\boldsymbol{r}$,由运动定律和万有引力定律可得运动方程为

$$-G\frac{Mm}{r^2}\frac{\boldsymbol{r}}{r} = m\boldsymbol{a}$$

即

$$-G\frac{M}{r^2}\frac{\boldsymbol{r}}{r} = \boldsymbol{a} \tag{7.2.5}$$

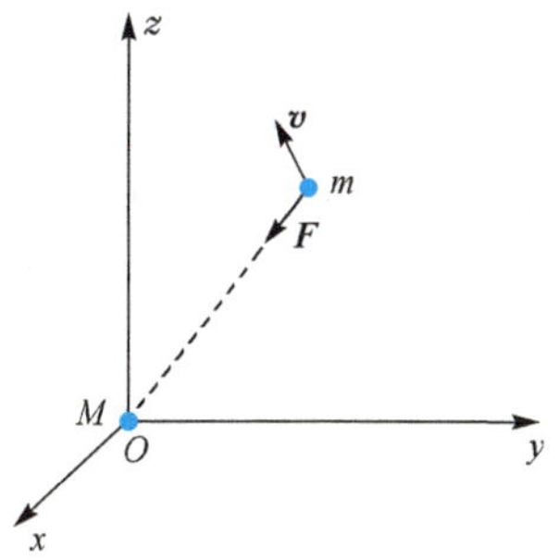

图 7.6 质点在引力场中的运动

式(7.2.5)中不含有运动物体的质量 m! 于是我们得到结论:**在引力场中质点的运动与其质量无关**. 即在引力场中的任何物体,不管其质料和质量如何,均具有相同的加速度,在初始位置和初始速度相同的情况下,必有相同的运动,包括空间轨道. 对于任何质料和质量的物体,若给定初始和终了的时空点,则引力决定了物体在时空图上的唯一可实现的曲线,即决定了运动物体的时间和空间的几何性质. 因此,在引力场中运动的动力学问题,变成与动力学性质(物性)无关,纯属时空中的几何问题. 于是,零质量物体也会受到引力作用,因而**光在引力场中传播也会弯曲**(广义相对论的结论).

引力场的几何性是引力的最大特点,是其他力场(如电场、磁场)没有的,爱因斯坦把引力场的这一性质看成是纯粹的时空几何属性,广义相对论就是引力场的几何理论.

7.2.3 逃逸速度

在引力场中质量为 m 的质点的机械能为零时,该质点可以运动到无穷远处. 若质点位于质量为 M,半径为 R 的星体表面,则机械能为零时应有

$$\frac{1}{2}mv^2 - G\frac{Mm}{R^2} = 0 \tag{7.2.6}$$

此时质点 m 的速度称为逃逸速度，用 $v_{逃}$ 表示，由式(7.2.6)有

$$v_{逃} = \sqrt{\frac{2GM}{R}} \tag{7.2.7}$$

随着星球表面逃逸速度的不同，星球的性质会有很大的不同.

(1) 行星表面的逃逸速度如果太小，则不可能有大气.

水星：$M=0.056M_{地}$，$R=0.38R_{地}$，$v_{逃}=4.3\text{km}\cdot\text{s}^{-1}$，无大气.

金星：$M=0.82M_{地}$，$R=0.95R_{地}$，$v_{逃}=10.4\text{km}\cdot\text{s}^{-1}$，90atm[①].

地球：$M=M_{地}$，$R=R_{地}$，$v_{逃}=11.2\text{km}\cdot\text{s}^{-1}$，1atm.

火星：$M=0.108M_{地}$，$R=0.53R_{地}$，$v_{逃}=5.06\text{km}\cdot\text{s}^{-1}$，0.008atm.

月球：$M=0.012M_{地}$，$R=0.27R_{地}$，$v_{逃}=2.4\text{km}\cdot\text{s}^{-1}$，无大气.

(2) 星球表面的逃逸速度如果太大，以至于达到光速，则称为黑洞.

法国数学家、天文学家拉普拉斯于1796年曾预言："一个密度如地球而直径为太阳250倍的发光恒星，由于其引力作用，将不容许任何光线离开它. 由于这个原因，宇宙中最大的发光物体也不会被我们发现."拉普拉斯的思想可以理解为在这个天体上，$v_{逃}=c$(光速). 将此式代入式(7.2.7)可得天体的半径为

$$R_S = \frac{2GM}{c^2} \tag{7.2.8}$$

其中，R_S 为天体的引力半径或施瓦西半径.

拉普拉斯的预言并未受到人们的重视，渐渐地就被淡忘了. 现在我们知道，按照狭义相对论，一切物体的速度都不能超过光速 c，当 $v_{逃}=c$ 时，任何物体都逃脱不掉. 由广义相对论知，光子也要受到引力的作用，在这样的天体上就连光也传播不出来. 这种奇怪的天体就是广义相对论所预言的"黑洞".

7.3 质点在有心力场中的运动

所谓有心力，就是方向始终指向(或背向)固定中心的力，其表达式可以写成

$$\boldsymbol{F} = f(r)\hat{\boldsymbol{r}} \tag{7.3.1}$$

其中，$\hat{\boldsymbol{r}}$ 为以固定中心为原点的矢径的单位矢量. 该固定中心称为**力心**. 当 $f(r)>0$ 时，$\boldsymbol{F}$ 为斥力；$f(r)<0$ 时，$\boldsymbol{F}$ 为引力，我们主要讨论质点在这种中心对称有心力作用下的运动. 有心力存在的空间称为**有心力场**.

质点在有心力场中的运动问题是常见的，例如，小物体在大物体的万有引力、

① 1atm=1.01325×10⁵Pa，下同.

库仑力或分子力等作用下的运动问题都是质点在有心力场中的运动问题，因为此时力的中心（大物体）可近似视为固定. 即使是一般的两个物体的运动，只要它们远离其他物体，它们之间的作用力又沿着它们的连线，且仅与两者间距离有关，它们的运动也可以利用约化质量（参见第 5 章 5.5 节）化为单个物体在固定力心的有心力场中的运动问题.

7.3.1 研究有心力问题的基本方程

设物体（视为质点）的质量为 m，在有心力 $\boldsymbol{F}=f(r)\hat{\boldsymbol{r}}$ 作用下，其运动方程为

$$m\ddot{\boldsymbol{r}} = f(r)\hat{\boldsymbol{r}} \tag{7.3.2}$$

由于有心力是保守力（参见 5.2 节），故在有心力场中质点运动的一般特征为：

(1) 运动必定在一个平面上（因为角动量守恒或掠面速度守恒）.

(2) 质点的机械能守恒（因为保守力场可以定义势能）.

显然，讨论质点在有心力场中的运动，选平面极坐标系比较方便. 方程(7.3.2)沿 $\hat{\boldsymbol{r}}$ 方向和 $\hat{\boldsymbol{\theta}}$ 方向的分量式为

$$m(\ddot{r}-r\dot{\theta}^2) = f(r) \tag{7.3.3}$$

$$m(2\dot{r}\dot{\theta}+r\ddot{\theta}) = 0 \tag{7.3.4}$$

考虑式(7.3.4)，容易验证，它可以改写成

$$\frac{1}{r}\frac{\mathrm{d}}{\mathrm{d}t}(mr^2\dot{\theta}) = 0 \tag{7.3.5}$$

对时间积分得

$$mr^2\dot{\theta} = l \quad （常量） \tag{7.3.6}$$

式(7.3.6)实际上是角动量守恒. 这是因为

$$\boldsymbol{r} = r\hat{\boldsymbol{r}}, \quad \boldsymbol{v} = \dot{\boldsymbol{r}} = \dot{r}\hat{\boldsymbol{r}}+r\dot{\theta}\hat{\boldsymbol{\theta}} \tag{7.3.7}$$

角动量

$$\boldsymbol{l} = \boldsymbol{r}\times m\boldsymbol{v} = r\hat{\boldsymbol{r}}\times m(\dot{r}\hat{\boldsymbol{r}}+r\dot{\theta}\hat{\boldsymbol{\theta}}) = mr^2\dot{\theta}(\hat{\boldsymbol{r}}\times\hat{\boldsymbol{\theta}}) \tag{7.3.8}$$

而 $\hat{\boldsymbol{r}}\times\hat{\boldsymbol{\theta}}$ 是垂直于运动平面的单位向量. 若令

$$l = mh \tag{7.3.9}$$

其中，h 是有物理意义的，它为质点掠面速度的两倍，当然应为常量，代入式(7.3.6)，得

$$r^2\dot{\theta} = h \tag{7.3.10}$$

将式(7.3.10)代入方程(7.3.3)，消去 $\dot{\theta}$，再两边乘以 $\mathrm{d}r$，得

$$m\left(\dot{r}\mathrm{d}\dot{r}-\frac{h^2}{r^3}\mathrm{d}r\right) = f(r)\mathrm{d}r \tag{7.3.11}$$

从 $r_0\to r$ 对 r 积分，得

$$\frac{1}{2}m\dot{r}^2+\frac{mh^2}{2r^2}+U(r)=\frac{1}{2}m\dot{r}_0^2+\frac{mh^2}{2r_0^2}+U(r_0)=E \tag{7.3.12}$$

其中,$U(r)$为质点在保守力场中的势能,即

$$\int_{r_0}^{r} f(r)\mathrm{d}r=-[U(r)-U(r_0)] \tag{7.3.13}$$

将式(7.3.10)代入式(7.3.12)消去 h,得

$$\frac{1}{2}m\dot{r}^2+\frac{1}{2}mr^2\dot{\theta}^2+U(r)=E \tag{7.3.14}$$

式(7.3.14)即是机械能守恒定律.

质点在有心力场中运动的牛顿方程(7.3.3)、方程(7.3.4)含有二阶微商,而方程(7.3.10)、方程(7.3.12)只含有一阶微商,用它们取代方程(7.3.3)、方程(7.3.4),比较容易研究,且物理意义也十分清楚.下面我们就用这两个方程作为我们研究有心力问题的基本方程.

7.3.2 有心力问题的定性处理 有效势能与轨道特征

设在有心力作用下质点的角动量为 $l=mh$,总能量为 E,则由式(7.3.12)可得

$$\frac{1}{2}m\dot{r}^2+\frac{mh^2}{2r^2}+U(r)=E \tag{7.3.15}$$

这是矢径 $\boldsymbol{r}$ 的大小 r 所满足的方程.它与一个动能为$\frac{1}{2}m\dot{r}^2$,势能为$\frac{mh^2}{2r^2}+U(r)$的一维运动的质点的能量守恒方程相同.于是我们用

$$U_{\mathrm{eff}}(r)=U(r)+\frac{mh^2}{2r^2} \tag{7.3.16}$$

表示这等效的一维运动质点的势能,称为有效势能.有效势能由两部分组成,$mh^2/(2r^2)$ 是一等效的斥力势能,它对应一斥力 mh^2/r^3 作用在质点上;$U(r)$则视有心力的具体形式决定.利用方程(7.3.15)可以进行一维定性分析,通过对有效势能的分析可以给出各种复杂有心力情况下的轨道在空间中的分布.

下面仅就引力场情况对轨道特征作些定性讨论.对于在力源 M 的万有引力作用下的质点,其势能为

$$U(r)=-G\frac{Mm}{r}$$

于是有效势能为

$$U_{\mathrm{eff}}(r)=\frac{mh^2}{2r^2}-G\frac{Mm}{r} \tag{7.3.17}$$

方程(7.3.15)为

$$\frac{1}{2}m\dot{r}^2+\frac{mh^2}{2r^2}-G\frac{Mm}{r}=E \tag{7.3.18}$$

图 7.7 画出了与式(7.3.17)对应的势能曲线,其中虚线分别为等效的斥力势能曲线和引力势能曲线,实线为有效势能曲线,它由斥力势能和引力势能两曲线叠加而成. 利用有效势能曲线可以讨论质点运动矢径大小的变化范围,此范围取决于质点的总能量 E. 代表总能量为 E 的水平线与有效势能曲线相交的点叫做**拱点**. 在拱点处 r 取极值,那里径向速度 $v_r=\dot{r}=0$,只有角向速度 v_θ,将 $\dot{r}=0$ 代入式(7.3.18),得

$$r^2+G\frac{Mm}{E}r-\frac{mh^2}{2E}=0 \qquad (7.3.19)$$

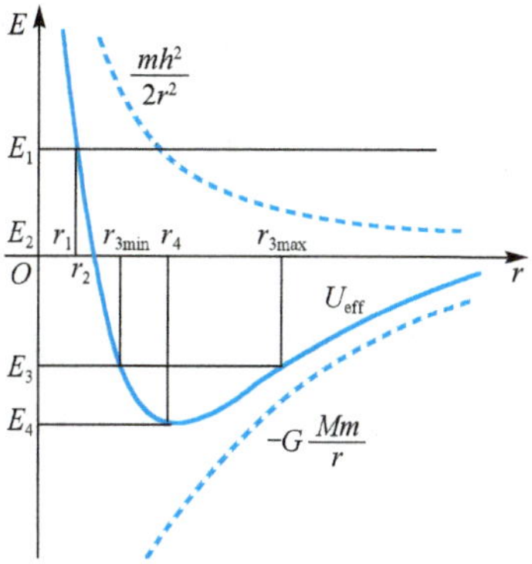

图 7.7 有效势能曲线

由式(7.3.19)可求得拱点处的 r 值.

由于 $r\to\infty$ 时等效斥力势能趋于 0 的速度比 $U(r)$ 的绝对值快,故有效势能曲线当 $r\to\infty$ 时是从负的一侧趋于 0 的. 所以 $E>0$ 和 $E=0$ 时水平线与有效势能曲线只有一个交点,在这里 r 取极小值;另一头轨道是开放的,r 延伸到无穷远.

(1) 若 $E=E_1>0$,由有效势能曲线图可知 r 有最小值 r_1,但最大值无限制,即 $r_1\leqslant r<\infty$. 由于实际质点 m 在运动过程中除 r 随时间变化外,θ 也随时间变化,若初始时质点位于 $\theta=\theta_0$,$r\to\infty$ 处,则随着 m 接近 M,θ 由 θ_0 逐渐增大,其轨道如图 7.8 中的曲线 C_1 所示,质点在轨道上的不同位置对应不同的(r,θ)值,可用以 M 所在处为原点的矢径 $\boldsymbol{r}$ 表示. 当 $\theta=\pi$ 时,$r=r_1$,m 离 M 最近. 此时 $\dot{r}=0$,由方程(7.3.19)可求得 r 只有一个正根,为

$$r_1=-G\frac{Mm}{2E}+\sqrt{\left(G\frac{Mm}{2E}\right)^2+\frac{mh^2}{2E}} \qquad (7.3.20)$$

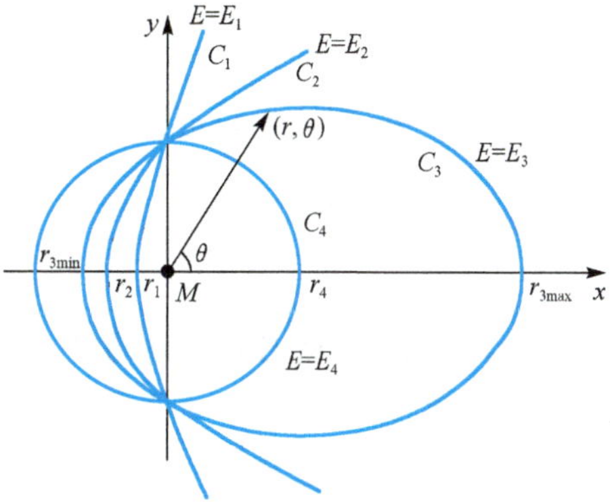

图 7.8 各种能量下的质点轨道

可以证明，此轨道为一双曲线.

(2) 若 $E=E_2=0$，由有效势能曲线图可知 r 也有最小值，其值为 r_2，比 r_1 略大. r 的变化范围为 $r_2 \leqslant r < \infty$，由方程(7.3.19)可求得

$$r_2 = \frac{h^2}{2GM} \tag{7.3.21}$$

可以证明，此轨道为一抛物线，如图 7.8 中的曲线 C_2 所示.

(3) 若 $E=E_3<0$，由有效势能曲线图可知 r 是有界的，即 $r_{3\min} \leqslant r \leqslant r_{3\max}$，由方程(7.3.19)可求得

$$r_{3\max} = -G\frac{Mm}{2E} + \sqrt{\left(G\frac{Mm}{2E}\right)^2 + \frac{mh^2}{2E}} \tag{7.3.22}$$

$$r_{3\min} = -G\frac{Mm}{2E} - \sqrt{\left(G\frac{Mm}{2E}\right)^2 + \frac{mh^2}{2E}} \tag{7.3.23}$$

为保证根号内为正，其中 E 小于零但又大于一定值 E_4，E_4 为有效势能曲线的最小值. 可以证明，对应的轨道为一椭圆，力心为椭圆的一个焦点，如图 7.8 中的曲线 C_3 所示. 其半长轴为

$$a = \frac{1}{2}(r_{3\max} + r_{3\min}) = -G\frac{Mm}{2E} \tag{7.3.24}$$

可见，椭圆的半长轴只与能量有关，能量越大，$|E|$ 越小，半长轴 a 越大.

(4) 若 $E=E_4$ 为有效势能曲线的最小值点，则 $r=r_4$，该值为方程(7.3.19)的重根，利用条件

$$\left(G\frac{Mm}{2E}\right)^2 + \frac{mh^2}{2E} = 0 \tag{7.3.25}$$

即 $E=-G^2M^2m/(2h^2)$，于是可求得方程(7.3.19)的重根为

$$r_4 = \frac{h^2}{GM} \tag{7.3.26}$$

即质点 m 到力心 M 的距离恒定不变，对应的轨道为圆.

7.3.3 有心力问题的定量处理及轨道问题

1. 运动的详尽情况

若要知道质点 m 运动的详尽情况，就必须求解方程(7.3.10)、方程(7.3.12)构成的方程组. 现将这两个方程重写如下：

$$\dot{\theta} = \frac{h}{r^2} \tag{7.3.27}$$

$$\frac{1}{2}m\dot{r}^2 + \frac{mh^2}{2r^2} + U(r) = E \tag{7.3.28}$$

由方程(7.3.28)解出 $\dot{r}$,得

$$\frac{\mathrm{d}r}{\mathrm{d}t}=\pm\sqrt{\frac{2E}{m}-\frac{2U(r)}{m}-\frac{h^2}{r^2}}$$

分离变量,得

$$\frac{\mathrm{d}r}{\sqrt{\frac{2E}{m}-\frac{2U(r)}{m}-\frac{h^2}{r^2}}}=\pm\,\mathrm{d}t \tag{7.3.29}$$

只要知道有心力的具体表达式,按式(7.3.13)可以求得势能 $U(r)$ 的具体表达式.代入式(7.3.29)进行积分,即可求得

$$r=r(t) \tag{7.3.30}$$

再将该式代入式(7.3.27) 进行积分,可求得

$$\theta=\theta(t) \tag{7.3.31}$$

应当指出,有时并不能得到显函数形式的式(7.3.30)、式(7.3.31),这是因为方程(7.3.29)的积分可能不能写成有限形式.其解决的途径有两种:

(1) 求出 r、θ 关于 t 的隐函数表达式.

(2) 数值求解方程(7.3.29)、方程(7.3.27),从而得到有心力问题的定量数值解.

2. 轨道问题

如果要求比较低,并不要求掌握质点运动的详尽情况,而仅仅要求轨道方程.则计算工作量自然要减轻不少.

由于方程组(7.3.27)和(7.3.28)并不显含 t,故可以把 θ 看成自变量,利用

$$\frac{\mathrm{d}}{\mathrm{d}t}=\frac{\mathrm{d}\theta}{\mathrm{d}t}\frac{\mathrm{d}}{\mathrm{d}\theta}=\frac{h}{r^2}\frac{\mathrm{d}}{\mathrm{d}\theta} \tag{7.3.32}$$

代入式(7.3.28),得

$$\frac{mh^2}{2r^4}\left(\frac{\mathrm{d}r}{\mathrm{d}\theta}\right)^2+\frac{mh^2}{2r^2}+U(r)=E \tag{7.3.33}$$

最后可得

$$\frac{h\mathrm{d}r}{r^2\sqrt{\frac{2[E-U(r)]}{m}-\frac{h^2}{r^2}}}=\mathrm{d}\theta \tag{7.3.34}$$

只要知道 $U(r)$ 的表达式,由式(7.3.34)即可求得轨道方程;反之,若已知轨道方程,则可以由式(7.3.34)求得 $U(r)$ 的表达式.

如果不想通过 $U(r)$ 绕弯了,则应将方程(7.3.3)、方程(7.3.4)作为基本方程组,从中消去 t 来求解.

通常作变换

$$u=\frac{1}{r} \tag{7.3.35}$$

可使结果表达得更为简洁,不过这一变换并不是绝对必要的.

利用式(7.3.32)、式(7.3.35)可得

$$\begin{cases}\dfrac{\mathrm{d}r}{\mathrm{d}t}=\dfrac{h}{r^2}\dfrac{\mathrm{d}r}{\mathrm{d}\theta}=hu^2\dfrac{\mathrm{d}}{\mathrm{d}\theta}\left(\dfrac{1}{u}\right)=-h\dfrac{\mathrm{d}u}{\mathrm{d}\theta}\\ \dfrac{\mathrm{d}^2r}{\mathrm{d}t^2}=\dfrac{\mathrm{d}}{\mathrm{d}t}\left(-h\dfrac{\mathrm{d}u}{\mathrm{d}\theta}\right)=hu^2\dfrac{\mathrm{d}}{\mathrm{d}\theta}\left(-\dfrac{l}{m}\dfrac{\mathrm{d}u}{\mathrm{d}\theta}\right)=-h^2u^2\dfrac{\mathrm{d}^2u}{\mathrm{d}\theta^2}\end{cases} \tag{7.3.36}$$

将式(7.3.36)代入式(7.3.3),就消去了 t,得

$$-mh^2u^2\frac{\mathrm{d}^2u}{\mathrm{d}\theta^2}-mh^2u^3=f$$

即

$$h^2u^2\left(\frac{\mathrm{d}^2u}{\mathrm{d}\theta^2}+u\right)=-\frac{f}{m} \tag{7.3.37}$$

此即轨道的微分方程,称为**比内公式**.

只要知道 $f(r)$的表达式,由式(7.3.37)即可求得轨道方程;反之,若已知轨道方程,则可以由式(7.3.37)求得 $f(r)$的表达式.

例如,对于万有引力

$$f=-G\frac{Mm}{r^2}=-GMmu^2 \tag{7.3.38}$$

方程(7.3.37)为

$$\frac{\mathrm{d}^2u}{\mathrm{d}\theta^2}+u=\frac{GM}{h^2}=\frac{1}{r_0} \tag{7.3.39}$$

其中

$$r_0=-\frac{mh^2u^2}{f}=\frac{h^2}{GM} \tag{7.3.40}$$

式(7.3.39)的解为

$$u=\frac{1}{r_0}+\frac{\varepsilon}{r_0}\cos(\theta-\theta_0) \tag{7.3.41}$$

其中,ε、θ_0 为待定常数,若取力心到质点近力心点的连线为极轴,有 $\theta_0=0$,用式(7.3.35)回代,得

$$r=\frac{r_0}{1+\varepsilon\cos\theta} \tag{7.3.42}$$

利用解析几何的知识,可以对解式(7.3.42)进行讨论.

(1) $\varepsilon=0$,圆方程,半径 $r=r_0$.

(2) $0<\varepsilon<1$,椭圆方程,偏心率 ε;近力心点:$1/(1+\varepsilon)$;远力心点:$1/(1-\varepsilon)$.

$$\text{长轴 } 2a=\frac{2r_0}{1-\varepsilon^2},\quad \text{短轴 } 2b=\frac{2r_0}{\sqrt{1-\varepsilon^2}} \tag{7.3.43}$$

(3) $\varepsilon=1$，抛物线方程，顶点：$(r_0/2,0)$，准线：$x=r_0$.

(4) $\varepsilon>1$，双曲线方程，焦点：$(0,0)$，开口向左.

这与我们上述的定性分析结果完全一致. 至此，我们用万有引力定律和牛顿的运动方程导出了开普勒的第一定律，并且知道开普勒的第一定律是当 $0\leqslant\varepsilon<1$，即质点的机械能小于零时的特例. 开普勒的第二定律为角动量守恒，对于万有引力这种有心力它一定成立. 下面我们利用万有引力定律来证明开普勒的第三定律，即周期定律.

考虑沿椭圆轨道绕太阳公转的行星，公转周期为

$$T=\frac{\text{椭圆面积}}{\text{掠面速度}}=\frac{\pi ab}{h/2}=\frac{2\pi r_0^2}{h\,(1-\varepsilon^2)^{3/2}} \tag{7.3.44}$$

因此

$$k=\frac{T^2}{a^3}=\frac{4\pi^2 r_0^4}{h^2\,(1-\varepsilon^2)^3}\bigg/\frac{r_0^3}{(1-\varepsilon^2)^3}=\frac{4\pi^2 r_0}{h^2}=\frac{4\pi^2}{GM} \tag{7.3.45}$$

其中，$k=T^2/a^3=4\pi^2/GM$ 为一个与行星无关的常数，开普勒的第三定律得证.

于是，从万有引力定律不仅完全证明了开普勒的三定律，而且万有引力定律的内容要比开普勒的三定律丰富得多.

例 7.1

设行星质量并不比太阳质量小得多，即 $m\ll M$ 并不满足，由此讨论开普勒第三定律的正确性，并以木星为例作定量说明.

解 当行星质量并不比太阳质量小得多时，根据对两体问题的讨论，只要用折合质量代替行星的实际质量，行星相对太阳的运动规律不变. 在式(7.3.37)右边以折合质量 $\mu=mM/(m+M)$ 代替 m，则式(7.3.40)变为

$$r_0=-\frac{\mu h^2u^2}{f}=\frac{h^2}{G(m+M)} \tag{7.3.46}$$

代入式(7.3.45)，得

$$k'=\frac{T^2}{a^3}=\frac{4\pi^2 r_0}{h^2}=\frac{4\pi^2}{G(m+M)} \tag{7.3.47}$$

可见，$k'=4\pi^2/G(m+M)$ 对不同行星并非同一常量，而与行星质量有关. 由此可见，开普勒第三定律是近似正确的. 但由于 m 比 M 小很多，这一差异并不大，以最大的行星——木星为例，因 $m_{木}/M\approx 9.5\times10^{-4}$，相对差异为

$$\frac{k'}{k}=\frac{M}{M+m}\approx 1-\frac{m}{M}=1-9.5\times10^{-4}$$

对其他行星，差异则更小.

例 7.2

试求由地球向火星发射人造天体的发射速度.

解 设地球轨道半径为 r_d，火星轨道半径为 r_m，则飞船运行的椭圆轨道的半长轴 a 是 r_d 与 r_m 的平均值，即

$$a=\frac{1}{2}(r_d+r_m)$$

根据式(7.3.24)，飞船沿椭圆轨道飞行的总能量 E 应为

$$E=-\frac{GMm}{2a}=-\frac{GMm}{r_d+r_m}$$

其中，M 为太阳质量；m 为飞船质量；G 为引力常数. 注意，这里的 E 是指飞船在摆脱地球的引力束缚后的总能量. 把此时飞船与太阳的距离仍看成 r_d，则飞船此时的动能 E_k 为

$$E_k=\frac{1}{2}mv^2=E-V=-\frac{GMm}{r_d+r_m}+\frac{GMm}{r_d} \tag{7.3.48}$$

由此解得飞船此时的速度为

$$v=\sqrt{2GM\left(\frac{1}{r_d}-\frac{1}{r_d+r_m}\right)} \tag{7.3.49}$$

此速度是飞船在摆脱地球引力束缚后相对太阳的速度，而题目要求的发射速度是指飞船刚完成发射而未摆脱地球引力束缚前相对地球的速度. 为求此速度，仿照求第三宇宙速度的方法(参见第 5 章例 5.3)，可在飞船与地球的质心系(实质上即地球参考系)中进行计算. 在地球参考系中，飞船摆脱地球引力束缚后的速度 u 为

$$u=v-v_d=\sqrt{2GM\left(\frac{1}{r_d}-\frac{1}{r_d+r_m}\right)}-v_d \tag{7.3.50}$$

其中，v_d 为地球轨道速度，其值为 $v_d=\sqrt{GM/r_d}=29.8\text{km}\cdot\text{s}^{-1}$. 设题目所求的飞船相对地球的发射速度为 v'，则由能量守恒有

$$\frac{1}{2}mv'^2-\frac{GM_dm}{R_d}=\frac{1}{2}mu^2 \tag{7.3.51}$$

其中，M_d、R_d 分别为地球的质量与半径. 于是

$$v'^2=u^2+\frac{2GM_d}{R_d}=u^2+v_2^2 \tag{7.3.52}$$

其中，$v_2=\sqrt{2GM_d/R_d}=11.2\text{km}\cdot\text{s}^{-1}$，即第二宇宙速度.

以火星轨道半径 $r_m=2.28\times10^8\text{km}=1.524r_d$ 及有关数据代入式(7.3.49)得

$$v=\sqrt{\frac{2GM}{r_d}\left(1-\frac{1}{1+r_m/r_d}\right)}=\sqrt{\frac{GM}{r_d}}\sqrt{2\left(1-\frac{1}{1+1.524}\right)}$$

$$=29.8\sqrt{2\left(1-\frac{1}{2.524}\right)}=32.7(\mathrm{km\cdot s^{-1}})$$

代入式(7.3.50),得

$$u=v-v_d=32.7-29.8=2.9(\mathrm{km\cdot s^{-1}})$$

代入式(7.3.52),得所求发射速度

$$v'=\sqrt{2.9^2+11.2^2}=11.6(\mathrm{km\cdot s^{-1}})$$

*7.4 牛顿宇宙学

7.4.1 宇宙学原理

牛顿在处理行星运动的时候,只考虑了太阳对行星的引力作用,完全忽略了其他恒星等天体对行星的作用.这是一个非常大胆的假设,但他却得到了正确的结果.在牛顿以后,研究太阳系中或地球附近的力学问题时,实质上也都暗含地采用了上述假设,完全忽略了其他天体的作用.

这样做的理由是认为星体的分布相对于我们是对称的,即每个与我们距离相等的球壳状天区内星体的分布是均匀的.由式(7.1.25)的结论,这种球壳对太阳系的作用严格为零.这种模型虽然很理想,但似乎太阳或地球又成为宇宙的中心,这是我们难以接受的.因此,我们的讨论首先必须假定:

在宇宙中没有特殊的位置,每个观察者看到的现象都是一样的.

这个假定常被称为"哥白尼原理".所谓"没有特殊位置",意指没有中心;所谓"每个观察者看到的现象都是一样的",意指宇宙间各点是平权的.应该指出,每个观察者看到的现象,并非指所有的现象,而是大尺度上的平均现象.虽然从小尺度看宇宙各处都有许多差异,但从大尺度的平均来看的确是差异较小的.另外,这个假定好像隐含宇宙是无限的.这是我们认为空间是平直欧氏空间的缘故.的确,在此空间假定下,有限且有界的宇宙的图像是难以接受的.

当代人们提出了各种宇宙模型,尽管彼此有差异,但多数人认为如下的假设是合理的:

在宇观尺度下,任何时刻三维宇宙空间是均匀各向同性的.

该假设称为"宇宙学原理".这个原理意味着,在宇观尺度下,任何时刻宇宙的密度是均匀的,且宇宙中所有地点的观察者都是平权的.

7.4.2 奥伯斯佯谬和宇宙的膨胀

奥伯斯佯谬讨论星体发射的光子到达地球的数目.如图7.9所示,假定一颗星离地球的距离为r,该星每单位时间向四面八方均匀地发射n个光子,则单位时间落到半径为R的地球上的光子数应当为

$$n\frac{\pi R^2}{4\pi r^2}=\frac{nR^2}{4r^2} \tag{7.4.1}$$

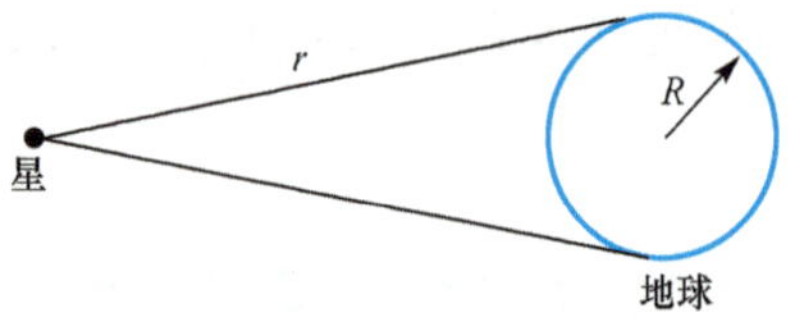

图7.9 星体射向地球的光子

如图7.10所示,考虑一个以地球为中心,r为半径的球壳(地球半径$R\ll r$),其厚度为$\mathrm{d}r$,该球壳的体积为$4\pi r^2\mathrm{d}r$,若每单位体积中平均有N个星体,则球壳内的星体数是$4\pi r^2N\mathrm{d}r$.故单位时间内地球从该球壳内星体所得到的光子数为

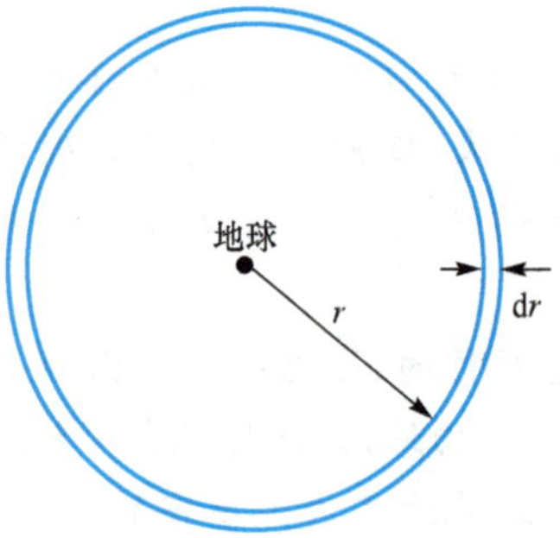

图7.10 球壳内星体射向地球的光子

$$\mathrm{d}L=\frac{nR^2}{4r^2}4\pi r^2N\mathrm{d}r=nN\pi R^2\mathrm{d}r \tag{7.4.2}$$

于是,整个宇宙中的星体单位时间内射到地球上的光子数为

$$L=\int\mathrm{d}L=\int_0^{\infty}nN\pi R^2\mathrm{d}r=nN\pi R^2\int_0^{\infty}\mathrm{d}r\rightarrow\infty \tag{7.4.3}$$

这表明,从地球上看到的天空无论哪个方向上都是非常亮的,这当然不对.夜晚的天空是黑的,白天的天空也不是非常亮.这个矛盾就称为奥伯斯佯谬.

奥伯斯佯谬表明,在推导式(7.4.3)时,一定使用了某个错误的假定.仔细检查推导过程,我们发现使用了以下几个假定:

(1) 星系占据的空间是无限的,星体均匀地分布在无限的空间里.

(2) 星系存在的时间是无限的,且每颗星的平均亮度不随时间改变.

(3) 整个星体体系没有运动,即星体相互之间保持静止.

以上三个假定,必定至少有一个是不正确的.这里暂时不讨论第(1)、(2)个假

定，只认为第(3)个假定不对，则宇宙是膨胀的或收缩的，看它对奥伯斯佯谬有什么影响. 严格地说，该问题已不能在牛顿力学的框架内加以讨论，因为光的传播并不满足伽利略变换的速度合成律(参见第 2 章、第 11 章). 科学宇宙学的建立始自广义相对论的诞生，不过用牛顿力学进行分析得到的某些结论还是和广义相对论相一致的.

7.4.3 哈勃定律 宇宙的年龄和大小

如果宇宙中的星系不是静止的，而是相对于我们在后退，由光的多普勒效应，则星系的光都朝红端移动(参见第 9 章)，并且越远的星系红移越大，于是遥远星系所发的光到达地球时，大多在红外，能量变得很小，我们就看不见了. 这个事实被美国天文学家哈勃所证实. 哈勃研究了 24 个距离已知的星系，从谱线红移得知它们都远离我们而去，其退行速率 v 正比于距离 r，即

$$v = Hr \tag{7.4.4}$$

式(7.4.4)称为**哈勃定律**，其中，H 称为**哈勃常量**. 经过几十年的努力，包括发射哈勃空间望远镜到大气层外去测量，哈勃常量的值仍很弥散，目前专家们的共识是

$$H = 100h(\mathrm{km \cdot s^{-1} \cdot Mpc^{-1}}) \tag{7.4.5}$$

其中，Mpc 为百万秒差距，1 秒差距 $=$ 3.3 l. y.. H 的不确定性表现为

$$h = 0.5 \sim 0.8 \tag{7.4.6}$$

它实际上是以 $100\mathrm{km \cdot s^{-1} \cdot Mpc^{-1}}$ 为单位的量纲为 1 的哈勃常数.

值得注意的是，哈勃常量作为速率与距离之比，表示的是宇宙的线膨胀率. 容易证明，线膨胀率为常数，表明宇宙中不同地方的密度变率是一样的，即原来均匀分布的星体，按哈勃定律膨胀后仍然是均匀的.

哈勃定律告诉我们一切星系都以我们为中心向外散开. 这容易给我们以错觉，好像地球是宇宙的中心. 其实不然，由于空间中的不同位置是完全平等的，我们所处的位置没有任何的特殊性，如果其他星系中有观察者，他会发现宇宙中相对他的星系也是按哈勃定律膨胀的. 这和均匀膨胀的气球上的各点都相互远离而没有中心的道理是一样的.

如果认为哈勃常量 H 不随时间变化，那么 H 的倒数表示星系从 $r=0$ 运动到现在的位置 r 所需的时间，此时间与 r 的数值无关，由式(7.4.4)，取 $H=50\mathrm{km \cdot s^{-1} \cdot Mpc^{-1}}$，可得

$$\tau = \frac{1}{H} = \frac{r}{v} = \frac{1\mathrm{Mpc}}{50\mathrm{km \cdot s^{-1}}} = 6 \times 10^{17}\,\mathrm{s} \approx 2 \times 10^{10}\,\mathrm{a} \tag{7.4.7}$$

这称为**哈勃时间**，它是宇宙年龄的估计值. 如果认为最远的星系以光速退行，该星系离我们的距离为

$$r_{\max}=\frac{c}{H}=c\tau\approx 2\times 10^{23}\,\text{km} \tag{7.4.8}$$

大约 6000Mpc，这是宇宙大小的估计值. 换句话说，当 $r\geqslant r_{\max}$ 时，哈勃定律可能是不正确的.

另外，哈勃定律对于太近的星系也不适用. 我们观测到的星系运动包括两个部分：一部分是宇宙的膨胀带来的；另一部分是它自身的无规运动（可以把星系的运动和气体分子的热运动比拟，天文学上称它为星系的本动）. 星系的本动数值大约为每秒几百千米，只有当宇宙膨胀引起的速度远大于本动速度，以致后者可以忽略时才会有式(7.4.4)所示的哈勃定律成立. 这就要求被测星系与我们的距离超过10Mpc，否则，为知道膨胀速度，必须在测到的速度中扣除本动，这又是一个困难的任务. 因此，尽管较近星系的距离容易测准，但用它来准确地定出哈勃常量并不容易.

由于万有引力的作用，退行速度并不是不变的常量，而是在随时间减小，于是宇宙年龄的估计值应该比式(7.4.7)给出的值小，我们下面接着讨论.

7.4.4 宇宙膨胀动力学

我们考虑一个均匀各向同性膨胀的宇宙模型，如图 7.11 所示. 离观察者 O（这里 O 是观察中心，不是宇宙中心，宇宙没有中心）为 r 处的一个星系 P，设其质量为 m，可看成质点，假定宇宙的密度各处都相同为常量，则星系 P 就只受到以 r 为半径的球内部物质的万有引力，该球以外的物质对星系 P 的总引力为零，而半径为 r 的球对其外面一质点的 P 的引力与其质量全部集中在球心的一个质点对质点 P 的引力相同，于是我们得到 P 的运动方程为

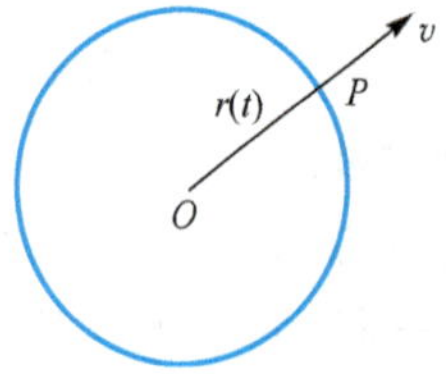

图 7.11 膨胀中的宇宙

$$m\ddot{r}=-G\frac{Mm}{r^2} \tag{7.4.9}$$

其中，$M=\frac{4}{3}\pi r^3\rho$ 为以 r 为半径的球的总质量. 考虑到宇宙密度的均匀性和星系运动的球对称性，随着 r 的增大，ρ 会减小，但 M 保持不变. 这样星系 P 的运动就完全类似于地球引力场中竖直上抛物体的运动. 由于没有能量损失，机械能应当守恒，我们有

$$\frac{1}{2}m\dot{r}^2-G\frac{Mm}{r}=E \tag{7.4.10}$$

其中，E 为常量，其值可由初始时刻（$t=t_0$，即现在时刻）的值：$r=r_0$，$v=v_0$ 求得

$$E=\frac{1}{2}mv_0^2-G\frac{Mm}{r_0} \tag{7.4.11}$$

由式(7.4.10)可得星系 P 的运动速度与位置的关系为

$$v=\pm\sqrt{\frac{2GM}{r}+\frac{2E}{m}} \tag{7.4.12}$$

对各种不同的 E,式(7.4.12)可能有下面三种情况.

1) 机械能 $E>0$

此时式(7.4.12)根号内恒为正,故 $v\neq0$ 为实数.至于 v 为正还是负取决于初始情况.$v>0$ 表示宇宙在膨胀,$v<0$ 表示宇宙在收缩.由现在宇宙的情况,应有 $v>0$,这样宇宙会一直膨胀下去.这种宇宙称为开宇宙.

2) 机械能 $E<0$

此时距离 r 有极大值点 $r=r_m$,在该点 $v=0$.即宇宙一开始膨胀,当星系 P 到 $r=r_m$ 时,动能为零,以后速度 v 反向,宇宙开始收缩,最后宇宙收缩为一个点.这种宇宙称为闭宇宙.

3) 机械能 $E=0$

这是临界情况,此时当 $r\to\infty$ 时,$v\to0$.宇宙虽然一开始膨胀,但膨胀速度最终要趋于零,即宇宙的膨胀最终会停止,但达到停止所需的时间为无限长.这种宇宙称为平宇宙.

我们感兴趣的是用现在的宇宙参数去预言它的未来,为此将哈勃定律式(7.4.4)取现在的时刻

$$v_0=H_0r_0 \tag{7.4.13}$$

代入式(7.4.11),且 $M=4\pi\rho_0r_0^3/3$(ρ_0 为现在的宇宙平均密度),两边再除以$mr_0^2/2$,得

$$k=\frac{2E}{mr_0^2}=H_0^2-\frac{8\pi G\rho_0}{3} \tag{7.4.14}$$

由上面的分析可知,参量 k 取值正负或零会出现三种不同的宇宙前景.$k=0$ 为临界宇宙,与之相应的密度称为**临界密度** ρ_c,由式(7.4.14)可得

$$\rho_c=\frac{3H_0^2}{8\pi G}=1.9h^2\times10^{-29}\,\mathrm{g\cdot cm^{-3}} \tag{7.4.15}$$

将现在的宇宙平均密度 ρ_0 与宇宙的临界密度 ρ_c 作一比较,可得如下结论:

(1) $\rho_0>\rho_c$,即 $k<0$,是闭宇宙,它膨胀到一定的时刻就停止膨胀,然后开始收缩.

(2) $\rho_0<\rho_c$,即 $k>0$,是开宇宙,它一直膨胀下去.

(3) $\rho_0=\rho_c$,即 $k=0$,是平宇宙,它最终要停止膨胀.

我们的宇宙是开的、闭的,还是平的,取决于宇宙平均密度 ρ_0,用光度学方法估计宇宙中发光物质的密度为

$$\rho_0^{\text{光度}} \approx 10^{-31}\,\mathrm{g \cdot cm^{-3}} < 1\%\rho_c$$

如果发光物质就是宇宙中的全部物质，则宇宙是开的，它将永远膨胀下去．但是，现在的天文学发现，宇宙中还存在大量的暗物质，其密度无法估计，故宇宙是开的、闭的还是平的这个问题，还有待将来去解决．

宇宙膨胀的发现是20世纪最伟大的智慧革命之一，在不到半个世纪的时间里，人们几千年来形成的宇宙观被改变了，宇宙膨胀的发现还使我们意识到宇宙除了在空间上有起点外，在时间上也应该有起点．不过关于这个问题的讨论已超出了本书的范围．

第8章 刚体力学

质点是作为抽象模型而引入的，如问题不涉及转动或物体的大小对于研究问题并不重要，可以将实际的物体抽象为质点.

“质点”，既谈不上在空间中的取向，也根本谈不上转动. 问题如涉及转动，就不能不考虑到物体的大小与形状，不能再将物体抽象为质点，不能再采用质点这一模型. 当然，我们可以将物体细分成很多部分，每一部分都可以看成是一个质点，利用各部分之间的位置关系来描述物体的形状和转动，即我们可以利用“质点组”这一模型. 但是，一般的质点组力学问题并不能严格解决，我们只能了解其运动的总趋向及某些特征.

究其原因，我们引入自由度这一概念. 我们把确定一个力学体系在空间的几何位形所需的独立变量的个数称为**自由度**. 一个自由的质点显然有三个自由度，N 个自由的质点所组成的质点组显然有 $3N$ 个自由度. 每个质点有一个矢量的运动方程，N 个质点共有 N 个矢量的运动方程，亦即 $3N$ 个分量的运动方程，方程的个数与自由度数符合. 从原则上讲，可以从运动方程组解出质点组的运动情况. 但是大数目的微分方程所组成的微分方程组是很难解出的. 质点组力学问题之所以不能严格解出，就是因为微分方程个数太多，换句话说，质点组力学的困难正在于自由度数太大.

如果需要研究物体的转动，就不能忽略它的形状和大小，而把它简化为质点来处理. 但如果物体的形状和转动不能忽略，而形变可以忽略，我们就得到实际物体的另外一个抽象模型——刚体，即形状和大小完全不变的物体. 刚体的这一特点使刚体力学大大不同于一般的质点组力学，刚体力学问题虽不是每个都能解决，但有不少是能够解决的. 于是我们定义：**刚体是这样一种质点组，组内任意两质点间的距离保持不变**.

图 8.1　力在连续体内的传递

那么，刚体又是如何运动的呢？如图 8.1 所示，将一长形物体水平放置，在其 A 端以水平力 $\boldsymbol{F}$ 推之，则该物整体获得水平加速度. 这件事乍看起来似乎平淡无奇，但我们要问：力 $\boldsymbol{F}$ 只作用在物体的 A 部分，B，C，…各部分，乃至其最远端 Z，并没有受到力 $\boldsymbol{F}$ 的作用，为何也获得了同样的加速度呢？这当然是推力从 A 到 B，B 到 C，……一步步传下去，一直传到 Z. 传递推力的机制是物体的弹性：开始时力 $\boldsymbol{F}$ 使 A 加速，而 B 未动，于是 A、B 之间产生压缩而互推；该推力使 B

加速，而C未动，于是B、C之间产生压缩而互推……依此类推，把推力一直传到远端Z.由此可见，这是一个弹性力的传递过程，在这个过程中没有物体的形变是不行的.但是，在很多的情况下物体的弹性形变小得可以忽略，这正是刚体概念的由来.

完全不发生形变的物体如何传递弹性力呢？问题不该这样提.实际上是弹性波的传播速度正比于弹性模量的开方（参见第9章9.4节），物体刚性越大，就意味着它的弹性模量越大，从而扰动在其中的传递速度也越大.刚体模型与弹性波传播速度无穷大的假设是等价的.一般说来，固体中弹性波的速度约3000m/s，在1ms内传播3m左右，只要我们所讨论的运动过程比这缓慢得多，就可以认为弹性扰动的传递是瞬时的，亦即可把物体当成刚体处理.当然，如果我们要研究与波的传播有关的问题，刚体概念就完全不能使用了，这将是第9章所讨论的内容.

8.1 刚体运动学

8.1.1 刚体的性质

1. 自由刚体的自由度数是6，非自由刚体的自由度数<6

刚体由无数个质点组成，但由于各质点间的距离保持不变，因而确定自由刚体几何位形的变量只要6个.这是因为，只要刚体上任意三个不共线的点的位置确定，整个刚体的位置也就确定，因而刚体的自由度与上述三质点系统的自由度相同.具体地说，为表明刚体的位置，应当首先指出其中某一质点的位置，这需要3个独立变量；其次，应指出第二个质点的位置，因为它与第一个质点的距离是一定的，所以只需要两个独立变量；再次，应指出第三个质点的位置（不在前两质点的连线上），因为它与前两个质点的距离是一定的，所以只需要一个独立变量.给定不在一条直线上的三个质点的位置后，任一其他质点与这三个质点的距离是一定的，因而其位置就完全确定了；既然任一质点的位置都已确定，刚体的位置也就完全确定了.因此，刚体的自由度数为$3+2+1=6$.自由刚体只有6个自由度.

首先，这6个变量当然也可理解为确定刚体上某一点（如质心）的位置，这需要3个变量；其次，应指出整个刚体相对于这一质点的取向，即指明通过该点的某一直线的方向（三个方向余弦，但三个方向余弦平方和等于1），这需要两个独立变量，并且需要指明刚体相对于这一直线的方位（绕该直线所转过的角度），这要一个独立变量.仍然得到同一结论：自由刚体只有6个自由度.

简单地说，自由刚体有3个移动自由度（为指出刚体中某一质点的位置需要三个独立变量），3个转动自由度（为指出刚体相对于该质点的取向又需要3个独立变量）.但是，非自由刚体的自由度没有这么多，例如，绕固定轴线转动的刚体就只有1个自由度.

刚体既然只有 6 个自由度，它的运动定律也就可以归结为 6 个独立方程. 我们前面学过的质心运动定理确定刚体质心的运动，而动量矩定理确定刚体在空间中的取向与方位随时间变化的情况. 这样，这两个定理(两个矢量方程，即 6 个分量方程)就完全确定了刚体的运动. 作为对照，我们知道，在质点组动力学中，质心运动定理与角动量定理只给出质点组运动的总趋向与特征，并不足以完全确定质点组的运动情况.

2. 刚体的质心

刚体是由连续分布的质点所组成的质点组，由第 4 章式(4.2.5)知，刚体的质心为

$$\begin{cases} m_C = \int \mathrm{d}m = \int \rho \mathrm{d}V \\ \boldsymbol{r}_C = \dfrac{\int \boldsymbol{r}\,\mathrm{d}m}{\int \mathrm{d}m} = \dfrac{\int \rho \boldsymbol{r}\,\mathrm{d}V}{\int \rho \mathrm{d}V} \end{cases} \tag{8.1.1}$$

这里的积分应遍及刚体的全部体积. 在实际计算时，我们常用质心位矢的分量形式，即

$$x_C = \frac{\int x\mathrm{d}m}{\int \mathrm{d}m},\quad y_C = \frac{\int y\mathrm{d}m}{\int \mathrm{d}m},\quad z_C = \frac{\int z\mathrm{d}m}{\int \mathrm{d}m} \tag{8.1.2}$$

对于特殊情况，如果刚体具有对称中心，质心就在对称中心. 如果刚体无对称中心，但可划分为几个部分，而每一部分都有对称中心，各部分的质心就在其对称中心，这些质心形成为分立质点的质点组，刚体的质心就归结为这一质点组的质心.

3. 刚体的内力做功为零

将动能定理应用于刚体时，应注意刚体的一个特点：内力所做的总功为零. 现在证明如下：试考察刚体的第 i 个质点与第 k 个质点相互作用的 $\boldsymbol{F}_{ik}$ 与 $\boldsymbol{F}_{ki}$ 这一对内力. 如刚体稍微改变其位置，第 i 个质点与第 k 个质点的位移各为 $\mathrm{d}\boldsymbol{r}_i$ 与 $\mathrm{d}\boldsymbol{r}_k$，则力 $\boldsymbol{F}_{ik}$ 所做功为 $\boldsymbol{F}_{ik}\cdot\mathrm{d}\boldsymbol{r}_i$，力 $\boldsymbol{F}_{ki}$ 所做功则为 $\boldsymbol{F}_{ki}\cdot\mathrm{d}\boldsymbol{r}_k$. 这一对内力所做功的和为

$$\boldsymbol{F}_{ik}\cdot\mathrm{d}\boldsymbol{r}_i + \boldsymbol{F}_{ki}\cdot\mathrm{d}\boldsymbol{r}_k = \boldsymbol{F}_{ik}\cdot\mathrm{d}\boldsymbol{r}_i - \boldsymbol{F}_{ik}\cdot\mathrm{d}\boldsymbol{r}_k = \boldsymbol{F}_{ik}\cdot(\mathrm{d}\boldsymbol{r}_i - \mathrm{d}\boldsymbol{r}_k) = \boldsymbol{F}_{ik}\cdot\mathrm{d}(\boldsymbol{r}_i - \boldsymbol{r}_k)$$

其中，$\boldsymbol{r}_i-\boldsymbol{r}_k$ 为质点 i 与质点 k 的相对矢径. 由于刚体内任意两质点间的距离保持不变，故有

$$(\boldsymbol{r}_i - \boldsymbol{r}_k)\cdot(\boldsymbol{r}_i - \boldsymbol{r}_k) = \text{常量}$$

微分一次，得

$$2(\boldsymbol{r}_i - \boldsymbol{r}_k)\cdot\mathrm{d}(\boldsymbol{r}_i - \boldsymbol{r}_k) = 0 \tag{8.1.3}$$

即 $(\boldsymbol{r}_i-\boldsymbol{r}_k)\perp\mathrm{d}(\boldsymbol{r}_i-\boldsymbol{r}_k)$，而 $\boldsymbol{F}_{ik}\,/\!/\,(\boldsymbol{r}_i-\boldsymbol{r}_k)$，于是知刚体的内力做功为零.

于是,对于刚体,动能定理(5.1.13)就成为

$$E_k(t) - E_k(t_0) = A_{外} \tag{8.1.4}$$

对于刚体,不仅在质心运动定理与动量矩定理中无须计及内力,就连在动能定理中也无须计及内力,这是不同于一般质点组的.

8.1.2 刚体的几种特殊运动

由于受到不同的约束,刚体可以有各种运动形式,每种运动形式对应的自由度也不相同.

(1) **平动**. 做平动时,刚体上每一点的运动情况完全相同,刚体的运动可用一质点来代表,因而这种运动的描述与质点相同. 其自由度为 3 或称有 3 个平动自由度.

(2) **定轴转动**. 刚体运动时,刚体上的各质点均绕同一直线做圆周运动. 这条不动的直线称为转轴,这种运动称为刚体的定轴转动. 在定轴转动时,刚体上凡是与轴平行的直线上的质点运动情况相同,即有相同的位移、速度和加速度. 因此,讨论时只需考虑与转轴垂直的一个截面的运动,刚体的位形由此截面的位形决定. 而截面的位形只需用不在轴上的一个质点的方位(常用角位置 θ)表示. 显然,定轴转动只有一个自由度.

(3) **平面平行运动**. 刚体在运动过程中,其上每一点都在与某固定平面相平行的平面内运动,这种运动称为刚体的平面平行运动. 这时,刚体内任一与固定平面相垂直的直线上所有点的运动情况完全相同,因而刚体的运动可用与固定平面相平行的任一截面的运动来代表,而该截面在通过自身平面内的运动可以看成其上任一点 A(称为基点)在平面上的移动与该截面绕过该点且垂直于平面的轴线的转动的组合. 确定基点的位置需要两个平动参量,在与基点相对静止的参考系上,刚体的运动成为绕过基点的固定轴的转动,即定轴转动,这需要一个转动参量. 于是,刚体的平面平行运动的自由度为 3.

(4) **定点转动**. 刚体运动时,始终绕一固定点转动,这种运动称为刚体的定点转动. 这个定点可以在刚体上,也可以在刚体的延拓部分. 可以证明,做定点转动的刚体,在任一瞬时,总可看成绕通过该定点的某一瞬时轴的转动(下一瞬时则为绕另一瞬时轴的转动). 不难看出,定点转动的自由度为 3(3 个转动自由度).

由以上分析可见,刚体平动的描述与质点的运动相当,只需考虑质心的运动即可,不必另加讨论. 所以,我们以后各节将分别讨论刚体的其他三种运动.

8.1.3 刚体的一般运动

1. 运动的描述

刚体的一般运动可以看成随刚体上某一基点 A(如质心)的平动和绕该点的定点转动的组合. 在与基点相对静止的参考系上,绕该点的转动即为定点转动. 因此,

做一般运动的刚体的自由度为 6.

2. 角速度是矢量

尽管我们规定了角速度的大小和方向(参见 1.5.3 节),但有大小、有方向的量不一定是矢量. 矢量的重要特征是应满足平行四边形相加法则. 角速度是否满足这一法则? 这只有在刚体同时参与绕两个轴的转动时才能判定.

为此,我们先来考察角位移是否是矢量的问题. 我们可以用规定角速度的大小和方向的同样方法来规定角位移的大小和方向,即令其大小等于转过的角度,方向沿转轴且满足右手定则. 于是角位移既有大小,又有方向. 如图 8.2 所示的一本书,先绕与书面垂直的 x 轴转 $\pi/2$ 角,再绕 y 轴转 $\pi/2$ 角,我们得到图 8.2(a)所示的结果;但是若将转动的次序颠倒,即先绕 y 轴转 $\pi/2$ 角,再绕 x 轴转 $\pi/2$ 角,我们却得到图 8.2(b)所示的不同结果. 虽然角位移既有大小又有方向,但角位移的合成与转动的先后次序有关,不满足交换律. 平行四边形法则表明矢量相加满足交换率,但有限大角位移相加不满足交换率. 可见,角位移一般不是矢量.

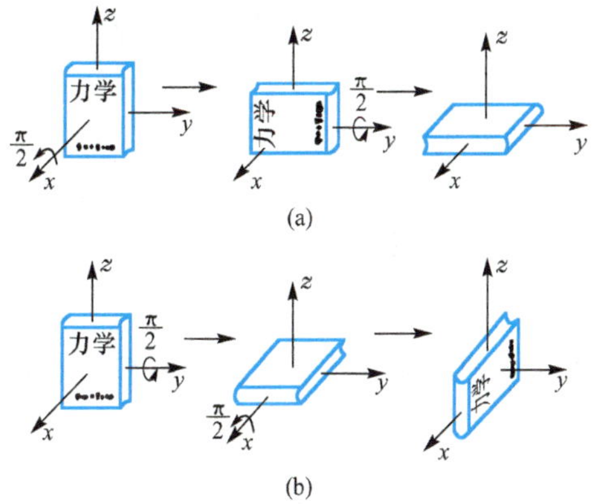

图 8.2 有限大角位移不是矢量

在上面的例子中,角位移是有限大小的,而(瞬时)角速度只与无限小的角位移相联系. 现在我们来证明,角速度的合成服从平行四边形法则,从而是真正的矢量.

设刚体绕不动点 O 同时参与角速度分别为 $\boldsymbol{\omega}_1$ 和 $\boldsymbol{\omega}_2$ 的两个转动. 前者的转轴为 $\overrightarrow{OA}$;后者的转轴为 $\overrightarrow{OB}$. 取 $\overrightarrow{OA}$ 和 $\overrightarrow{OB}$ 的长度分别为 ω_1 和 ω_2,并按平行四边形法则将两者合成为矢量 $\overrightarrow{OC}$,如图 8.3(a)所示. 两个转动在 C 点产生速度的大小分别为 $v_1=r_1\omega_1$ 和 $v_2=r_2\omega_2$,这里 r_1 和 r_2 为 C 点到 $\overrightarrow{OA}$ 和 $\overrightarrow{OB}$ 的垂直距离. 不难看出,v_1 和 v_2 正好等于 $\triangle OCA$ 和 $\triangle OCB$ 面积的 2 倍,从而彼此相等. 而它们之中前者垂直纸面向里,后者垂直纸面向外,相互完全抵消,亦即 C 点是不动的. 对于刚体,两个不动点 O 和 C 的连线也应是不动的,即 $\overrightarrow{OC}$ 的确是合成运动的转轴.

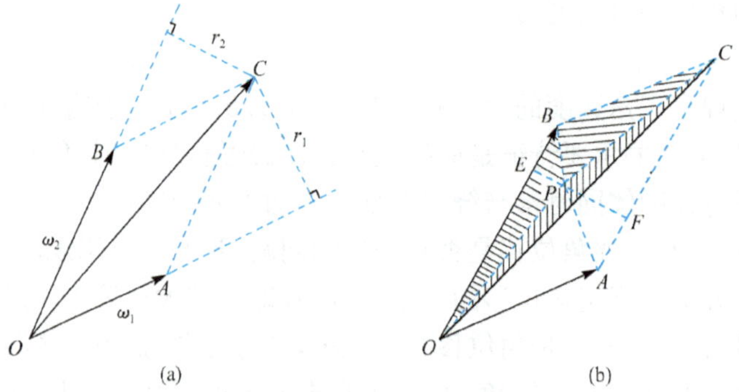

图 8.3　角速度是矢量

因为刚体中各点的角速度是一样的，下一步只需对刚体上随便一个点 P，证明它绕 $\overrightarrow{OC}$ 轴角速度 $\boldsymbol{\omega}$ 等于 $\overrightarrow{OC}$. 为简单起见，取 P 在 OAB 平面内，先证明一个几何关系，如图 8.3(b)所示.

$$\text{面积}\ \triangle POB+\triangle POC+\triangle PBC=\triangle OBC=\frac{1}{2}\times\text{四边形}\ OBCA\ \text{面积} \tag{8.1.5}$$

过 P 点作 $\overline{OB}$ 和 $\overline{AC}$ 的垂线 $\overline{EF}$，则

$$\begin{aligned}\text{四边形}\ OBCA\ \text{面积}&=\overline{OB}\times\overline{EF}=\overline{OB}\times(\overline{EP}+\overline{PF})=2\times(\triangle POB+\triangle PAC)\\&=2\times(\text{四边形}\ OBCA\ \text{面积}-\triangle POA-\triangle PBC)\end{aligned}$$

即

$$\triangle POA+\triangle PBC=\frac{1}{2}\times\text{四边形}\ OBCA\ \text{面积} \tag{8.1.6}$$

式(8.1.6)减式(8.1.5)，得

$$\triangle POA-\triangle POB=\triangle POC \tag{8.1.7}$$

对于 P 点，如果 P 点绕 OC 轴角速度为 $\boldsymbol{\omega}$，则线速度为

$$v=\omega\times(P\ \text{到}\ \overline{OC}\ \text{的垂直距离}) \tag{8.1.8}$$

由于

$$v_1=\omega_1\times(P\ \text{到}\ \overline{OA}\ \text{的垂直距离})=2\triangle POA$$

$$v_2=\omega_2\times(P\ \text{到}\ \overline{OB}\ \text{的垂直距离})=2\triangle POB$$

而

$$\begin{aligned}v&=v_1-v_2=2\triangle POA-2\triangle POB\\&=2\triangle POC=\overline{OC}\times(P\ \text{到}\ \overline{OC}\ \text{的垂直距离})\end{aligned} \tag{8.1.9}$$

故

$$\boldsymbol{\omega}=\overrightarrow{OC}$$

于是，角速度的合成服从平行四边形法则，即角速度是真正的矢量.　　［证毕］

3. 刚体角速度的绝对性

一般来说，刚体的任何运动都可以分解为基点的平动及绕基点的定点转动. 选择不同的基点，平动速度就不同；而转动角速度则与基点的选择无关，不管选择刚体上哪一点，角速度矢量的方向及大小都不变. 刚体的这一重要性质，称为刚体角速度的绝对性.

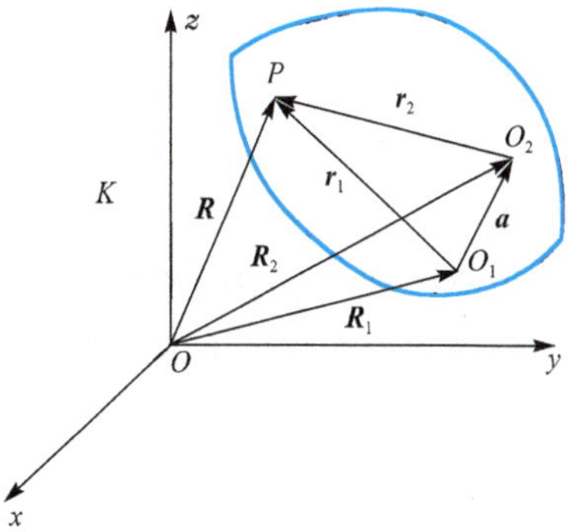

图 8.4 刚体角速度的绝对性

证明 图 8.4 为一个刚体相对于坐标系 K 的位形，O_1、O_2、P 是刚体上的任意三点. 它们的位置矢量分别是 $\boldsymbol{R}_1$、$\boldsymbol{R}_2$、$\boldsymbol{R}$. 显然，这三点的速度 $\boldsymbol{v}_1$、$\boldsymbol{v}_2$、$\boldsymbol{v}$ 分别为

$$\boldsymbol{v}_1=\frac{\mathrm{d}\boldsymbol{R}_1}{\mathrm{d}t},\quad \boldsymbol{v}_2=\frac{\mathrm{d}\boldsymbol{R}_2}{\mathrm{d}t},\quad \boldsymbol{v}=\frac{\mathrm{d}\boldsymbol{R}}{\mathrm{d}t} \tag{8.1.10}$$

若选 O_1 为基点，设刚体相对于 O_1 的转动角速度为 $\boldsymbol{\omega}_1$，则 P 点的速度为

$$\boldsymbol{v}=\frac{\mathrm{d}\boldsymbol{R}_1}{\mathrm{d}t}+\frac{\mathrm{d}\boldsymbol{r}_1}{\mathrm{d}t}=\boldsymbol{v}_1+\boldsymbol{\omega}_1\times\boldsymbol{r}_1 \tag{8.1.11}$$

若选 O_2 为基点，设刚体相对于 O_2 的转动角速度为 $\boldsymbol{\omega}_2$，则 P 点的速度为

$$\boldsymbol{v}=\frac{\mathrm{d}\boldsymbol{R}_2}{\mathrm{d}t}+\frac{\mathrm{d}\boldsymbol{r}_2}{\mathrm{d}t}=\boldsymbol{v}_2+\boldsymbol{\omega}_2\times\boldsymbol{r}_2 \tag{8.1.12}$$

若 O_2 相对于 O_1 的坐标矢量为 $\boldsymbol{a}$，O_2 点的速度为

$$\boldsymbol{v}_2=\frac{\mathrm{d}\boldsymbol{R}_1}{\mathrm{d}t}+\frac{\mathrm{d}\boldsymbol{a}}{\mathrm{d}t}=\boldsymbol{v}_1+\boldsymbol{\omega}_1\times\boldsymbol{a} \tag{8.1.13}$$

又

$$\boldsymbol{r}_1=\boldsymbol{r}_2+\boldsymbol{a} \tag{8.1.14}$$

将式(8.1.13)、式(8.1.14)代入式(8.1.11)、式(8.1.12)，得

$$\begin{cases}\boldsymbol{v}=\boldsymbol{v}_1+\boldsymbol{\omega}_1\times\boldsymbol{a}+\boldsymbol{\omega}_1\times\boldsymbol{r}_2\\ \boldsymbol{v}=\boldsymbol{v}_1+\boldsymbol{\omega}_1\times\boldsymbol{a}+\boldsymbol{\omega}_2\times\boldsymbol{r}_2\end{cases}$$

$$(\boldsymbol{\omega}_1-\boldsymbol{\omega}_2)\times\boldsymbol{r}_2=0 \tag{8.1.15}$$

由于 P 点的任意性，故有

$$\boldsymbol{\omega}_1=\boldsymbol{\omega}_2$$

［证毕］

8.2 施于刚体的力系的简化

刚体的内力使刚体各质元之间保持刚性联结，在研究刚体的外观运动时不必考察其作用. 现在讨论作用在刚体上的外力系.

8.2.1 作用在刚体上的力是滑移矢量

力有大小、方向、作用点三个要素.就它对物体所产生的效果而言,三者都起作用.因而,在一般情况下,即使保持大小和方向不变,力也不能平移,因为这将造成作用点的变动,效果就将不同,这就是说,力不像速度、加速度那样是自由矢量.但由于刚体是一个刚性整体,当力沿着作用线在刚体上滑移时,对刚体的作用不变,因而称作用在刚体上的力为滑移矢量.

8.2.2 几种特殊力系

1. 共点力系

所有力的作用线(或其延长线)交于一点的力系称为共点力系.显然,这样的力系可以等效为大小和方向等于诸力矢量和、作用点就是该交点的一个力,这就是合力.

2. 平行力系

所有的力都互相平行的力系称为平行力系.为简单起见,下面先考虑两个平行力的合力.

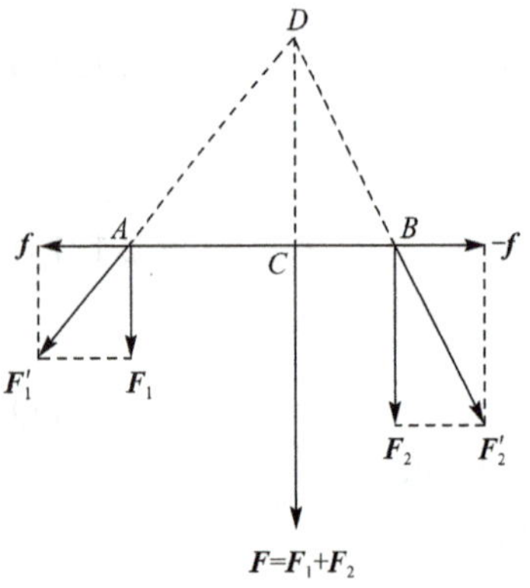

图 8.5 求平行力的合力

(1) $\boldsymbol{F}_1$、$\boldsymbol{F}_2$ 同向,如图 8.5 所示.

增加一对作用于同一直线上的力 $\boldsymbol{f}$ 与 $-\boldsymbol{f}$,将 $\boldsymbol{F}_1$ 与 $\boldsymbol{F}_2$ 变为 $\boldsymbol{F}_1'$ 与 $\boldsymbol{F}_2'$ 后成为共点力系,然后求合力 $\boldsymbol{F}$.由图 8.5 可知,合力 $\boldsymbol{F}=\boldsymbol{F}_1+\boldsymbol{F}_2$ 与 $\boldsymbol{F}_1$、$\boldsymbol{F}_2$ 平行且同向,大小为 $\boldsymbol{F}_1$、$\boldsymbol{F}_2$ 大小之和,但作用线发生了改变.

(2) $\boldsymbol{F}_1$、$\boldsymbol{F}_2$ 反向,但大小不等.

仍可用上法求合力.合力 $\boldsymbol{F}=\boldsymbol{F}_1+\boldsymbol{F}_2$ 与 $\boldsymbol{F}_1$、$\boldsymbol{F}_2$ 平行,大小为 $\boldsymbol{F}_1$、$\boldsymbol{F}_2$ 大小之差,方向与 $\boldsymbol{F}_1$、$\boldsymbol{F}_2$ 中的较大者相同,但作用线发生了改变.

(3) $\boldsymbol{F}_1$、$\boldsymbol{F}_2$ 反向,且 $\boldsymbol{F}_1=-\boldsymbol{F}_2$.

没有合力,这一对平行力称为**力偶**.容易验证,该力偶对于垂直于该平面的任何轴线的力矩相同(称该力矩为**力偶矩**).

讨论:

(1) 求多个平行力的力系的合力.利用上述方法,先求 $\boldsymbol{F}_1$、$\boldsymbol{F}_2$ 的合力,再求该合力与 $\boldsymbol{F}_3$ 的合力等,其结果或为一个合力,或为一个力偶矩.

(2) 可用此法求若干个质点的重心,即 N 个重力的合力(若各点的重力加速度相同,则质心与重心重合).

(3) 选取平动参考系研究刚体时，刚体中各质点所受的惯性力系为平行力系，各力的大小正比于质量. 这好像出现了某种“附加重力场”，该力场的合力自然作用于“重心”，即作用于质心. 因而惯性力系对于通过质心的任一轴线的力矩当然为零.

3. 共面力系

所有力的作用线位于同一平面的力系称共面力系. 若共面力系的诸力互相平行，则可按求平行力合力的方法求出合力；若诸力不平行，则必有交点，可直接依次求出合力.

4. 异面力系

所有力的作用线不在同一平面的力系称异面力系. 一般异面力系可等效为一个力和一个力偶. 以两个力为例，如果两个力不互相平行，又不共面，这两个力就不能等效为一个合力. 如图 8.6 所示，作用于 A 点的力 $\boldsymbol{F}_1$ 位于 yz 平面，作用于 B 点的力 $\boldsymbol{F}_2$，位于 xy 平面，这样的两个异面力就属这种情形. 但我们可设想在 A 点作用一对力 $\boldsymbol{F}_3$、$-\boldsymbol{F}_3$，使 $\boldsymbol{F}_3$ 与 $\boldsymbol{F}_2$ 大小相等、方向相同，这不会影响刚体的运动. 于是，作用在 A 点的力 $\boldsymbol{F}_1$、$\boldsymbol{F}_3$ 构成一个合力 $\boldsymbol{F}=\boldsymbol{F}_1+\boldsymbol{F}_2$，而 $\boldsymbol{F}_2$、$-\boldsymbol{F}_3$ 则构成一个力偶，其力偶矩就是 $\boldsymbol{F}_2$ 对 A 点的力矩.

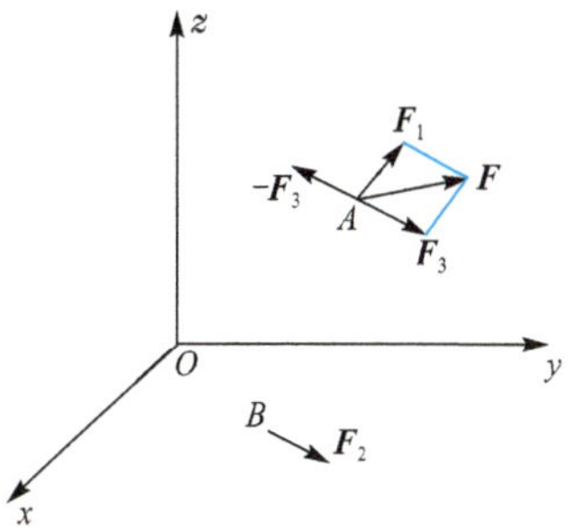

图 8.6 两个异面力的合成

这样，当作用于刚体上某一点的力平移到另一点时，必须同时伴随一个力偶，因此任意个力组成的力系可等效为作用于刚体上某一点 C 的单个力 $\boldsymbol{F}=\sum \boldsymbol{F}_i$ 和一力偶矩，其力偶矩就是各力对 C 点的力矩的矢量和. 点 C 称为**简化中心**. 简化中心可以任意选取，但当 C 改变位置时，力偶矩也随之改变.

对于方向与力 $\boldsymbol{F}$ 垂直的力偶矩，可看成一对与力 $\boldsymbol{F}$ 共面的力，而这 3 个力又可重新构成一个新的合力，新力必与 $\boldsymbol{F}$ 相等，但作用线不一样，这相当于简化中心移动了. 这一点可以证明如下：

如图 8.7 所示，设对于简化中心 C，得到力 $\boldsymbol{F}$ 及与 $\boldsymbol{F}$ 垂直的力偶矩 $\boldsymbol{M}$，过 C 点作一直线 CD 既垂直于 $\boldsymbol{M}$ 又垂直于 $\boldsymbol{F}$，取 CD 的长度 $r_0=M/F$，可将力偶矩 $\boldsymbol{M}$ 化为一对力偶 $\boldsymbol{F}_1$ 与 $-\boldsymbol{F}_1$，且使 $\boldsymbol{F}_1=\boldsymbol{F}$. 于是对于简化中心 D，力系简化为合力 $\boldsymbol{F}_1=\boldsymbol{F}$，而力偶矩为零.

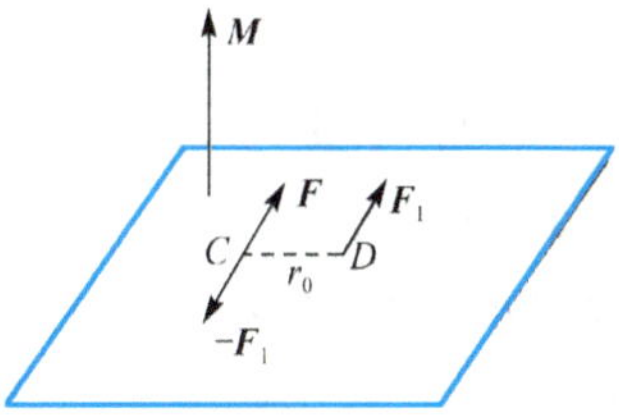

图 8.7 力系的简化

对于方向与力 $\boldsymbol{F}$ 构成任意角度的力偶矩，可将其分解为两个方向相互垂直的力偶矩，一个力偶矩与力 $\boldsymbol{F}$ 平行，另一个力偶矩与力 $\boldsymbol{F}$ 垂直，后者与力 $\boldsymbol{F}$ 可构成一个新的合力.

综上所述，作用在刚体上的任何力系，最终可以等效为一个作用于刚体上某一点的力和一个力偶矩方向与之平行的力偶. 这样的一组力和力偶称为偶力组或力螺旋. 当力偶矩为零时，力系等效为一个合力.

8.3 刚体的定轴转动

8.3.1 角动量与角速度的关系

考察绕固定轴（取为 z 轴）转动的刚体在某瞬时对轴上某定点 O 的角动量（取 O 为原点）. 将刚体看成质点组，设第 i 个质点（质元）的质量为 Δm_i，位矢为 $\boldsymbol{r}_i$，速度为 $\boldsymbol{v}_i$，则该质点对原点的角动量为

$$\Delta \boldsymbol{L}_i = \boldsymbol{r}_i \times \Delta m_i \boldsymbol{v}_i$$

于是

$$\begin{aligned}\boldsymbol{L} &= \sum_i \Delta \boldsymbol{L}_i = \sum_i \boldsymbol{r}_i \times \Delta m_i \boldsymbol{v}_i = \sum_i [\boldsymbol{r}_i \times \Delta m_i (\boldsymbol{\omega} \times \boldsymbol{r}_i)] \\ &= \sum_i \Delta m_i [r_i^2 \boldsymbol{\omega} - (\boldsymbol{r}_i \cdot \boldsymbol{\omega}) \boldsymbol{r}_i]\end{aligned} \tag{8.3.1}$$

故角动量 $\boldsymbol{L}$ 与角速度 $\boldsymbol{\omega}$ 呈线性关系，但一般说来它们不在同一方向上.

例 8.1

如图 8.8 所示，刚体由固定在一无质量刚性杆两端的质点 1 和 2 组成（质量 $m_1 = m_2 = m$），杆长 $2l$，在其中 O 点处与刚性轴 ZOZ' 成 α 角斜向固连. 此刚体以角速度 $\boldsymbol{\omega}$ 绕轴旋转，求角动量的大小和方向.

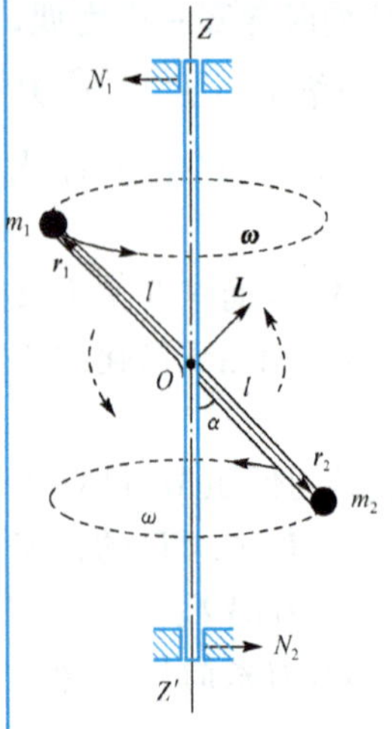

图 8.8 例 8.1 图

解 取 O 为参考点，令两质点的位矢分别为 $\boldsymbol{r}_1$ 和 $\boldsymbol{r}_2$，则 $\boldsymbol{r}_2 = -\boldsymbol{r}_1$. 角速度矢量 $\boldsymbol{\omega}$ 沿 z 方向，有

$$\begin{aligned}\boldsymbol{L} &= m[\boldsymbol{r}_1 \times (\boldsymbol{\omega} \times \boldsymbol{r}_1) + \boldsymbol{r}_2 \times (\boldsymbol{\omega} \times \boldsymbol{r}_2)] \\ &= 2m\boldsymbol{r}_1 \times (\boldsymbol{\omega} \times \boldsymbol{r}_1)\end{aligned}$$

矢量 $\boldsymbol{\omega}$ 和 $\boldsymbol{r}_1$ 的夹角为 α，故角动量的大小等于 $L = 2m\omega l^2 \sin\alpha$，方向在纸面上，与杆垂直.

在例 8.1 中角动量 $\boldsymbol{L}$ 不但与角速度 $\boldsymbol{\omega}$ 的方向不同，而且它的方向随刚体旋转，并不固定.

8.3.2 转动定律

刚体做定轴转动时，转轴 z 的方向是固定的，故有

$$\boldsymbol{\omega} = \omega \boldsymbol{k}, \quad \boldsymbol{r}_i = x_i \boldsymbol{i} + y_i \boldsymbol{j} + z_i \boldsymbol{k} \tag{8.3.2}$$

将式(8.3.2)代入式(8.3.1),可得

$$\begin{aligned}\boldsymbol{L} &= \sum_i \Delta m_i[r_i^2\omega\boldsymbol{k} - \omega z_i(x_i\boldsymbol{i} + y_i\boldsymbol{j} + z_i\boldsymbol{k})] \\ &= \sum_i \Delta m_i[(x_i^2 + y_i^2)\omega\boldsymbol{k} - \omega z_i(x_i\boldsymbol{i} + y_i\boldsymbol{j})]\end{aligned} \tag{8.3.3}$$

令

$$\boldsymbol{\rho}_i = x_i\boldsymbol{i} + y_i\boldsymbol{j}, \qquad \rho_i^2 = x_i^2 + y_i^2 \tag{8.3.4}$$

其中,ρ_i 为质元 Δm_i 到转轴的垂直距离. 式(8.3.3)为

$$\boldsymbol{L} = \sum_i \Delta m_i(\rho_i^2\omega\boldsymbol{k} - \omega z_i\boldsymbol{\rho}_i) = \left(\sum_i \Delta m_i\rho_i^2\right)\omega\boldsymbol{k} - \omega\left(\sum_i \Delta m_i z_i\boldsymbol{\rho}_i\right) \tag{8.3.5}$$

故若 z 轴是刚体的对称轴,式(8.3.5)的第二项为零,则刚体的角动量就与其角速度的方向相同,即

$$\boldsymbol{L} = I_z\boldsymbol{\omega} \tag{8.3.6}$$

当然,若 z 轴不是刚体的对称轴,式(8.3.6)也可能成立,此时,我们称 z 轴为刚体的自由轴. 将 z 方向的角动量定理写成标量形式

$$M_z = \frac{\mathrm{d}L_z}{\mathrm{d}t}$$

利用式(8.3.5)可知

$$L_z = \left(\sum_i \Delta m_i\rho_i^2\right)\omega$$

不难看出,L_z 与参考点在转轴上的位置无关. 若令

$$I_z = \sum_i \Delta m_i\rho_i^2 \tag{8.3.7}$$

有

$$L_z = I_z\omega \tag{8.3.8}$$

其中,I_z 为刚体绕 z 轴的**转动惯量**,它是一个常量. 于是

$$M_z = \frac{\mathrm{d}L_z}{\mathrm{d}t} = I_z\frac{\mathrm{d}\omega}{\mathrm{d}t} = I_z\beta \tag{8.3.9}$$

式(8.3.9)是刚体做定轴转动时沿转轴(即 z 轴)方向的动力学方程,常称为**转动定律**. 它就是角动量定理沿固定轴方向的分量式. 转动定律与牛顿定律在直线运动中的形式 $F=ma$ 很相似,力矩与力相当,角加速度与加速度相当,转动惯量与质量相当.

8.3.3 转动惯量

1. 几种典型形状刚体的转动惯量

具有规则几何形状的刚体绕对称轴的转动惯量不难计算,几种典型形状刚体的转动惯量如图 8.9 所示,图中 m 为刚体的总质量.

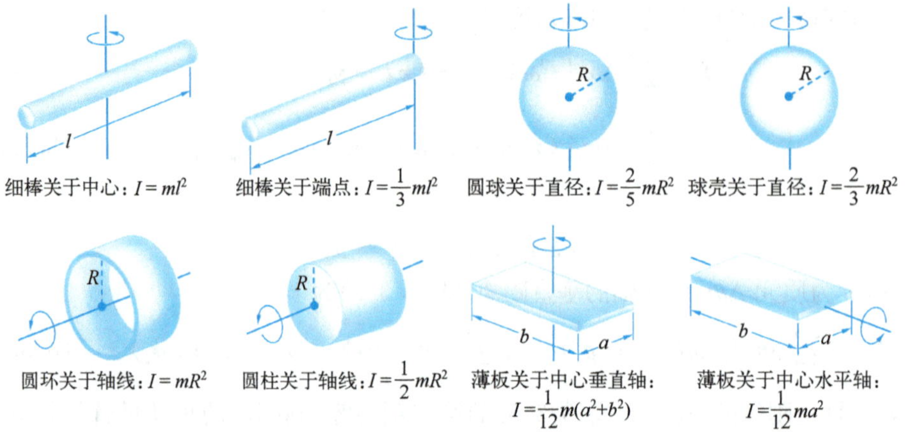

图 8.9　几种典型形状刚体的转动惯量

2. 回转半径

任何转动惯量都可以写成总质量与一个长度平方的乘积，即

$$I = mk^2 \tag{8.3.10}$$

其中，k 为**回转半径**. 例如，圆球的回转半径 $k=\sqrt{2/5}R$，圆柱的回转半径 $k=\sqrt{1/2}R$ 等. 质量相同的刚体，转动惯量越大，回转半径越大.

3. 转动惯量的平行轴定理和正交轴定理

这两条定理将有助于我们计算物体的转动惯量.

1）平行轴定理

如图 8.10 所示，设刚体绕通过质心转轴的转动惯量为 I_C，将轴朝任何方向平行移动一个距离 d，则绕此轴的转动惯量 I_D 为

$$I_D = I_C + md^2 \tag{8.3.11}$$

证　如图 8.10 所示，设 C 点为质心，过 C 点作与转轴垂直的平面 xOy，设它与 D 轴交于 D 点，质元 Δm_i 在该平面上的垂足为 P，令 $\overline{DP}=\boldsymbol{r}'_i$，$\overline{CP}=\boldsymbol{r}_i$，而 $\overline{CD}=\boldsymbol{R}_d$，可得

$$\begin{aligned} I_D &= \sum_i \Delta m_i \boldsymbol{r}'_i \cdot \boldsymbol{r}'_i = \sum_i \Delta m_i (\boldsymbol{r}_i - \boldsymbol{R}_d) \cdot (\boldsymbol{r}_i - \boldsymbol{R}_d) \\ &= \sum_i \Delta m_i \boldsymbol{r}_i^2 + \Big(\sum_i \Delta m_i\Big) d^2 - 2\Big(\sum_i \Delta m_i \boldsymbol{r}_i\Big) \cdot \boldsymbol{R}_d = I_C + md^2 \end{aligned}$$

2）正交轴定理

如图 8.11 所示，如果已知一块薄板绕位于板上两相互垂直的轴（设为 x 轴和 y 轴）的转动惯量为 I_x 和 I_y，则薄板绕 z 轴的转动惯量为

$$I_z = I_x + I_y \tag{8.3.12}$$

此即正交轴定理. 该定理的证明很简单，留给读者作为练习.

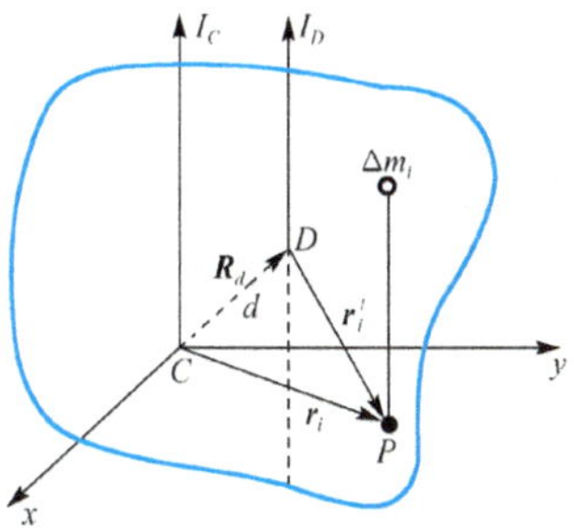

图 8.10　平行轴定理的推导

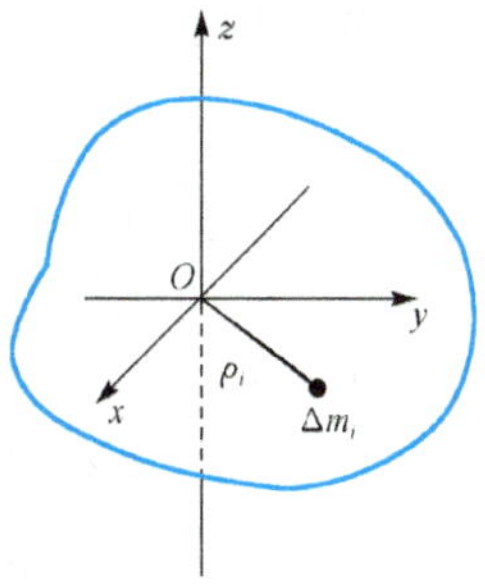

图 8.11　正交轴定理的推导

例 8.2

如图 8.12 所示，刚体支于不通过重心的光滑水平轴，在重力作用下做定轴转动，就称为**复摆**（物理摆）. 试研究复摆的小角度摆动.

解 复摆绕 O 点的轴做定轴转动，设偏离平衡位置用 φ 角表示，选择图中的方向为 φ 角的正方向，则力矩为负. 写出转动方程为

$$I_0\ddot{\varphi}=-mgh\sin\varphi$$

其中，I_0 为刚体对于过 O 点转轴的转动惯量；h 为 O 点到刚体质心的距离. 当复摆做小角度摆动时，上述方程为

$$I_0\ddot{\varphi}=-mgh\varphi$$

摆动周期为

$$T=2\pi\sqrt{\frac{I_0}{mgh}} \tag{8.3.13}$$

与单摆周期 $T=2\pi\sqrt{l/g}$ 相比，可以令

$$l_0=\frac{I_0}{mh}=\frac{I_C+mh^2}{mh}=h+\frac{I_C}{mh} \tag{8.3.14}$$

其中，l_0 为**等值摆长**. 式(8.3.14)的推导中利用了平行轴定理式(8.3.11).

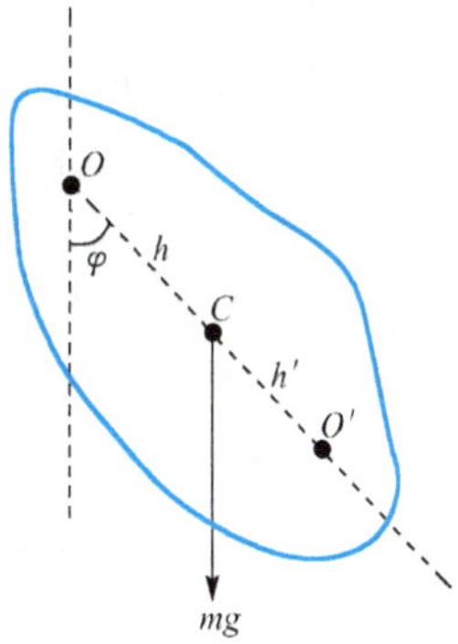

图 8.12　例 8.2 图

摆的重要性在于：量度了周期 T 就可从式(8.3.13)确定当地的重力加速度 g. 但是转动惯量 I_0 的计算很难精确，由之算出的 g 的精确度也就不高. 为此，通常又用所谓"可倒摆"，即在 OC 延长线上另找一点 O'，使摆绕 O' 点摆动的周期同于其绕 O 点摆动的周期. 这确实是可以做到的，绕 O' 摆动的周期为

$$T'=2\pi\sqrt{\frac{I_C+mh'^2}{mgh'}}$$

由 $T=T'$ 得

$$h+\frac{I_C}{mh}=h'+\frac{I_C}{mh'} \tag{8.3.15}$$

由这个二次代数方程解出两个根，即

$$h' = h \quad 或 \quad h' = \frac{I_C}{mh}$$

前一根表示 O' 与 O 对于质心 C 对称，绕 O' 摆动的情况完全同于绕 O 摆动的情况，于问题并无补益. 在“可倒摆”实验中总是弃去这一情况而取后一根所表示的情况，既然 $h'=I_C/mh$，则

$$OO' 的距离 = h + h' = h + \frac{I_C}{mh}$$

由式(8.3.14)，这正好就是等值单摆长 l_0. 这样，只要找到 O' 与 O 两点，并量度 OO' 间的距离 l_0，就可以从

$$T = 2\pi\sqrt{\frac{l_0}{g}}$$

算出 g，无须涉及转动惯量 I_0 的精确度问题.

用可倒摆进行 g 的精密测定是一个很细致的工作，需要几乎是一整套实验室的复杂装置，在操作过程中还需要很大的细心与耐心.

g 值的精密测定具有很大实际意义. 经过海拔、纬度等校正后，各地的 g 值标在地图上可得到重力图. 图上 g 值的地方性变异往往标志着地下有大密度矿层. 此外，地下岩层的起伏也能影响到 g 值. 所以，从重力图可以探索地下岩层起伏情况，从而判断是否形成可能储积石油的馒头状“构造”. 这一切都要求精密测量出 g 在 $10^{-4}\mathrm{cm\cdot s^{-1}}$ 以内的变动. 但实际的重力勘探工作中不可能在野外每隔几十米就装设一整套复杂装置以进行 g 的绝对量度，而是在基地精密测出 g 值之后，到野外各处只做 g 的相对量度(即与基地的 g 相差多少). 为此目的使用的现代重力仪是很轻便和灵敏的，在楼上与楼下 g 值的差都能觉察出来.

8.3.4 定轴转动刚体的角动量守恒

绕对称轴(或自由轴) z 轴转动的刚体的角动量，根据式(8.3.6)，有

$$\boldsymbol{L} = I_z \boldsymbol{\omega} \tag{8.3.16}$$

当刚体不受外力矩作用时，角动量不变，即 $\boldsymbol{\omega}$ 不变，此即角动量守恒. 其实，式(8.3.16)也适用于 I_z 可变的物体，只要在 I_z 变化过程中不破坏对称性，又保持所有质点的 $\boldsymbol{\omega}$ 相同，这样，角动量守恒的表达式就成为

$$当 \boldsymbol{M} = 0 时, \qquad I_z\boldsymbol{\omega} = 常量 \tag{8.3.17}$$

当 I_z 增大时，$\boldsymbol{\omega}$ 减小；I_z 减小时 $\boldsymbol{\omega}$ 增大. 双手握哑铃的人站在旋转的平台上，当他伸开双臂(意味着 I_z 增大)时转速减小，当他垂下双臂(意味着 I_z 减小)时转速增大，就是这个道理.

一般而言，当转轴不是对称轴(这或者是由于物体无对称性，或者是虽有对称性，但转轴不是对称轴)或自由轴时，由于角动量不在转轴方向，即使刚体绕固定轴做匀角速转动，刚体的角动量也不守恒，因为角动量时刻在变化(至少方向在时刻变化)，刚体也必受外力矩作用. 若外力矩在转轴(z 轴)上的分量为零，则刚体角动量在该轴上的分量保持不变.

8.4 刚体运动的基本方程与刚体的平衡

8.4.1 刚体运动的基本方程

刚体是一种特殊的质点组,因而关于质点组运动的定理也完全适用于刚体.我们已学过的两个定理是质心运动定理和角动量定理,即

$$m_C\frac{\mathrm{d}^2\boldsymbol{r}_C}{\mathrm{d}t^2}=\sum_i\boldsymbol{F}_i \tag{8.4.1}$$

$$\frac{\mathrm{d}\boldsymbol{L}}{\mathrm{d}t}=\sum_i\boldsymbol{M}_i \tag{8.4.2}$$

我们知道,刚体的自由度最多为6,这里已有6个独立的分量方程,处理刚体问题已经够了.

几点说明:

(1) 式(8.4.1)、式(8.4.2)仅适用于惯性系.其中外力矩是指对于空间中任一固定点的力矩,即式(8.4.2)对空间任意点都正确.当然,相应的角动量也是关于空间中的相同点.若考虑的是非惯性系,则必须计入惯性力和惯性力的力矩,我们也知道,对于质心系,惯性力的力矩为零.

(2) 若总外力和总外力矩都为零,即 $\sum_i\boldsymbol{F}_i=0$, $\sum_i\boldsymbol{M}_i=0$,这样的力系称为零力系,此时刚体的动量、角动量都守恒,则刚体的运动为:质心做匀速直线运动,并绕通过质心的自由轴做匀速转动.若转动轴为非自由轴,刚体如何运动我们将在8.6节讨论.

8.4.2 刚体的平衡

刚体静力学研究刚体在平衡(即相对于某个惯性参考系静止或做匀速直线运动)情况下的受力分布.刚体静力学在工程、建筑等部门中有广泛的应用,是材料力学、结构力学等学科的基础.

处于平衡(通常指静止)状态的刚体的动量和角动量均不随时间改变(通常等于零).因此,根据动量定理和角动量定理,刚体平衡的充分必要条件为

$$\sum_i\boldsymbol{F}_i=0,\quad \sum_i\boldsymbol{M}_i=0 \tag{8.4.3}$$

式(8.4.3)表明,外力的矢量和为零,且外力对空间某一定点(如A点)的力矩的矢量和为零.其实,当这两个条件满足时,外力对任何定点的力矩的矢量和也为零.其证明比较简单,留给读者自己证明.

例 8.3

长为$2l$、质量为M的均匀梯子,上端靠在光滑的墙面上,梯与地面的摩擦系数为μ.有一质量为m的人攀登到距离下端l_1的地方,如图8.13所示.求梯子不滑动的条件.

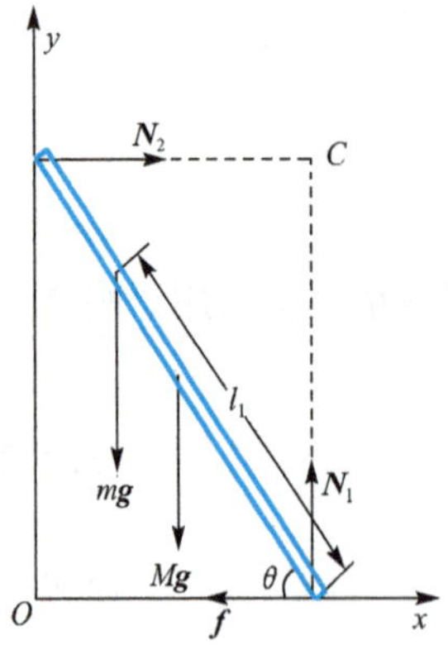

图 8.13　例 8.3 图

解 假定梯子不滑动,设它与地面的夹角为 θ,地面与墙的支撑力分别为 $\boldsymbol{N}_1$ 和 $\boldsymbol{N}_2$,地面的摩擦力为 $\boldsymbol{f}$,如图取 x,y 坐标,则 x、y 方向的力平衡方程为

$$N_2 - f = 0 \tag{8.4.4}$$

$$N_1 - Mg - mg = 0 \tag{8.4.5}$$

力矩的参考点可以任意选择.为了简单,可取图中 $\boldsymbol{N}_1$ 和 $\boldsymbol{N}_2$ 延长线的交点 C,这样一来 $\boldsymbol{N}_1$ 和 $\boldsymbol{N}_2$ 就不进入此方程了.

$$2fl\sin\theta - Mgl\cos\theta - mgl_1\cos\theta = 0 \tag{8.4.6}$$

联立方程(8.4.4)~方程(8.4.6),解得

$$N_1 = (M+m)g, \qquad N_2 = f = \frac{(Ml+ml_1)g}{2l}\cot\theta$$

梯子不滑动的条件是 $f < \mu N_1$,即

$$\frac{Ml+ml_1}{2l}\cot\theta < \mu(M+m)$$

对于一定的倾角 θ,人所能攀登的高度为

$$l_1 < \frac{2l\mu(M+m)}{m}\tan\theta - \frac{Ml}{m}$$

θ 角越大,允许人攀登得越高;μ 越大,允许人攀登得也越高.

如果要求攀到一定的高度 l_1,则要求梯子的倾角为

$$\theta > \arctan\left[\frac{Ml+ml_1}{2l\mu(M+m)}\right]$$

l_1 越小,允许 θ 越小;μ 越大,允许 θ 越小.

如果例 8.3 中墙与梯之间的摩擦不可忽略,则多出一个未知数.但独立的平衡方程数目并没有增多,从而无法求出确定的解答.这类问题叫做**静不定问题**.静不定问题的实质在于静摩擦的大小与运动的趋势有关,有两个以上的摩擦力参与物体的平衡时,它们各自承担多少,与达到平衡的过程有关,结论是不唯一的.所谓“运动的趋势”,指的是物体在相互接触的地方彼此造成微小形变的情况,此时物体的弹性与形变对问题有实质的影响,刚体这个模型已不能充分反映问题的实质,故刚体模型在此就无能为力了.

8.5　刚体的平面平行运动

8.5.1　运动方程

刚体的平面平行运动,通常是在约束情况下实现的.由于约束力的存在,刚体

的受力情况比较复杂，但从力系的简化观点看来，任何复杂的力系，总可以简化为一个作用在刚体上某一点（如质心）的力 $\boldsymbol{F}$（即外力的矢量和）和一个相对该点的力矩 $\boldsymbol{M}$（即外力对质心的力矩的矢量和）. 其中，$\boldsymbol{F}$ 决定质心的运动，$\boldsymbol{M}$ 则决定刚体绕质心的转动. 对于做平面平行运动的刚体，由于质心在某一确定的平面内运动，力 $\boldsymbol{F}$ 必在此平面内；当过质心而垂直于该确定平面的轴为刚体自由轴时，刚体在运动过程中，角动量始终与该轴平行，故不可能存在与 $\boldsymbol{F}$ 同方向的力偶矩，只存在与 $\boldsymbol{F}$ 垂直的力偶矩. 因而，在这种情况下，外力（包括约束反力）必可以简化为一个位于质心运动平面上的合力. 于是，我们可以选择质心为基点，进行如下讨论.

(1) 求质心的运动. 利用质心运动定理

$$m_C \frac{\mathrm{d}^2 \boldsymbol{r}_C}{\mathrm{d}t^2} = \boldsymbol{F} \tag{8.5.1}$$

即可求得质心的运动，其中，$\boldsymbol{F}$ 为所有外力的矢量和，m_C 为刚体的总质量. 由于质心的运动（设为 Oxy 平面）是二维的，故方程(8.5.1)只有两个分量方程.

(2) 在质心系中讨论刚体绕通过质心并垂直于空间固定平面（Oxy 平面）的轴的转动. 根据质心系中角动量定理的分量形式，取过质心的转轴为 z 轴，有

$$M_C = I_C \beta \tag{8.5.2}$$

其中，M_C 为外力对质心的力矩在 z 轴方向分量的代数和；β 为绕 z 轴转动的角加速度. 在过质心的转轴是对称轴（或惯量主轴）的情况下，这就是合力对质心的力矩.

式(8.5.2)可看成质心系中的定轴转动定律，尽管质心系为非惯性系，但惯性力对质心并无力矩.

8.5.2 纯滚动的运动学判据

接触面之间有相对滑动的滚动称为**有滑动滚动**，接触面之间无相对滑动的滚动称为**无滑动滚动**，或称**纯滚动**.

对于纯滚动，除满足式(8.5.1)、式(8.5.2)两方程外，还应满足约束条件

$$v_C = R\omega, \quad a_C = R\beta \tag{8.5.3}$$

式(8.5.3)为纯滚动的运动学判据. 对于平面上的纯滚动，其中 v_C、a_C 为圆心（通常即质心）的速度和加速度的大小，ω 和 β 分别为滚动物体的角速度和角加速度，R 为滚动物体的圆半径. 事实上，对于曲面上的纯滚动，不论曲面是凸的还是凹的，式(8.5.3)也成立，只不过式中的 a_C 应理解为圆心的切向加速度.

8.5.3 瞬时转动中心

在任何瞬时，做平面平行运动的刚体（或它的延伸体）上总有一点 O'，其速度 $\boldsymbol{v}_{O'}=0$，此时，整个刚体可视为绕此点转动（实际上是绕过此点垂直于运动平面的

转轴转动). 该点称为刚体的**瞬时转动中心**或**瞬心**,过该点且垂直于运动平面的转轴称为**瞬时转轴**. 例如,在平面上做纯滚动的圆柱体或球与平面的接触点就是它的瞬心. 若已知质心 C 速度 $\boldsymbol{v}_C$ 和角速度 $\boldsymbol{\omega}$,易知瞬心 O'在与 $\boldsymbol{v}_C$ 垂直的方向上距离 C 点为 v_C/ω 的地方,如图 8.14 所示.

实际上,在任一瞬时,截面上任一点的速度方向均与该点相对瞬心的位置矢量垂直. 利用这一性质,已知截面上任两点的速度方向也可求得瞬心的位置,只要过这两点引两条与速度方向垂直的直线,两直线的交点即为瞬心的位置,如图 8.15 所示. 需要注意的是,瞬心可以不在刚体上,且不同时刻的瞬心是刚体内(或刚体外)的不同的点.

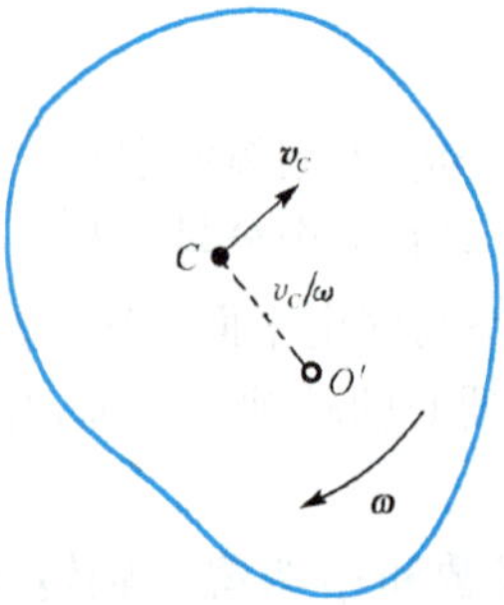

图 8.14　瞬时转动中心

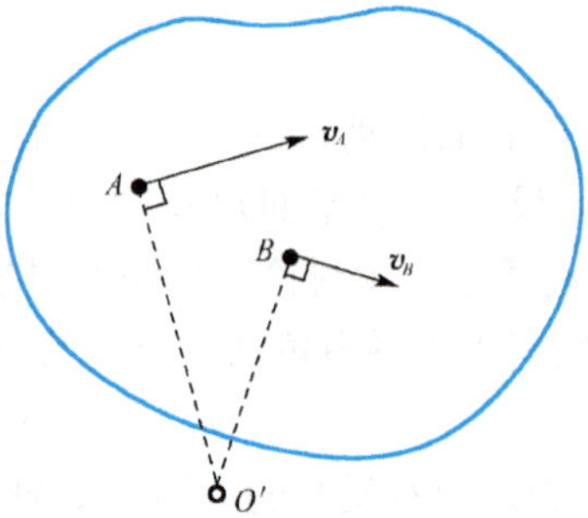

图 8.15　求瞬心的几何方法

对于做平面平行运动的刚体,在相对瞬时转轴应用转动定律时,虽然瞬心的速度为零,但瞬心的加速度一般并不为零,因此必须考虑惯性力的力矩. 在一般情况下,惯性力对瞬时转轴的力矩并不为零,这一点与取质心为基点的情况不同.

例 8.4

一半径为 r 的粗糙圆盘与水平地面紧密接触. 圆盘一面绕自转轴以角速度 $\boldsymbol{\omega}$ 旋转,一面以速度 $\boldsymbol{v}$ 平移($v \ll r\omega$). 设滑动摩擦系数 μ 与速度无关,求圆盘所受的阻力.

解 如图 8.16 所示,瞬心 O 在质心 C 之下距离 $a=v/\omega$ 处. 在 O 之下距离为 a 处取对称点 C',以同样半径作圆弧. 可以看出,在此弧线之下刚体上各质点的速度分布对于瞬心 O 是对称的,与速度方向相反的摩擦力全部抵消. 剩下要计算的只是上面那一月牙形面积所受阻力,由对称性可以看出,其合力是与平动速度反平行的. 以 O 为原点取坐标的极轴沿平动速度的反方向,沿 θ 方向月牙的厚度 $\tau=2a\sin\theta$,θ 到 $\theta+\mathrm{d}\theta$ 之间面元的面积 $\mathrm{d}S=r\tau\mathrm{d}\theta$,摩擦力 $\mathrm{d}f=\mu\sigma g\mathrm{d}S$($\sigma=m/\pi r^2$ 为单位

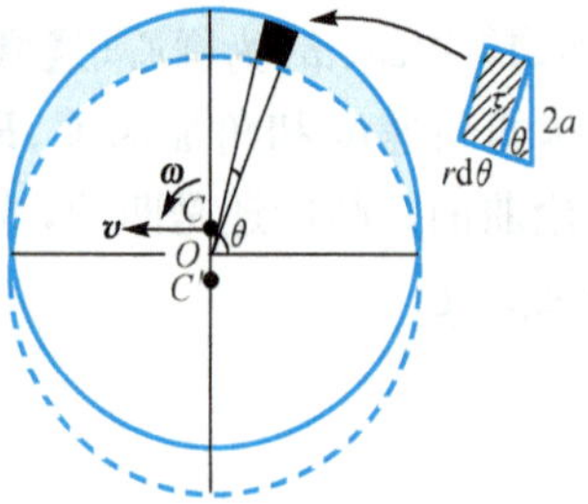

图 8.16　例 8.4 图

面积上的质量，即面密度)，摩擦力在极轴方向的投影为

$$\mathrm{d}f\sin\theta=\frac{2\mu mga}{r\pi}\sin^2\theta\,\mathrm{d}\theta=\frac{2\mu vmg}{r\omega\pi}\sin^2\theta\,\mathrm{d}\theta \tag{8.5.4}$$

合力为

$$f=\int_0^{\pi}\mathrm{d}f\sin\theta=\frac{2\mu vmg}{r\omega\pi}\int_0^{\pi}\sin^2\theta\,\mathrm{d}\theta=\frac{\mu vmg}{r\omega}=\frac{v}{r\omega}\mu mg \tag{8.5.5}$$

例 8.4 可以看成是吸尘器的模型. 不转时，拖起来是很费劲的；高速转起来阻力就变得很小，因为它反比于 ω.

8.5.4 刚体的动能定理

按照 5.4.1 节中讲的柯尼西定理，质点组的总动能 E_{k} 等于相对于质心系的动能 $E_{\mathrm{k}C}$加上刚体整体随质心平动的动能 $m_C v_C^2/2$.

对于刚体的平面平行运动，有

$$E_{\mathrm{k}C}=\sum_i\frac{1}{2}m_i v_{Ci}^2=\sum_i\frac{1}{2}m_i\rho_i^2\omega^2=\frac{1}{2}I_C\omega^2 \tag{8.5.6}$$

故刚体的动能为

$$E_{\mathrm{k}}=\frac{1}{2}m_C v_C^2+\frac{1}{2}I_C\omega^2 \tag{8.5.7}$$

式中，等号右边第一项称为刚体的平动能；第二项称为刚体的转动能. 由质心运动定理

$$m_C\frac{\mathrm{d}^2\boldsymbol{r}_C}{\mathrm{d}t^2}=\boldsymbol{F}$$

得

$$\frac{1}{2}m_C v_C^2(t)-\frac{1}{2}m_C v_C^2(t_0)=\int_{r_0}^{r}\boldsymbol{F}\cdot\mathrm{d}\boldsymbol{r} \tag{8.5.8}$$

由绕质心转动的角动量定理 $M_C=I_C\beta$，得

$$\frac{1}{2}I_C\omega^2(t)-\frac{1}{2}I_C\omega^2(t_0)=\int_{\varphi_0}^{\varphi}M_C\mathrm{d}\varphi \tag{8.5.9}$$

其中，$\omega=\dfrac{\mathrm{d}\varphi}{\mathrm{d}t}$. 由式(8.5.7)～式(8.5.9) 知，刚体的动能定理为

$$E_{\mathrm{k}}(t)-E_{\mathrm{k}}(t_0)=A_{外}=\int_{r_0}^{r}\boldsymbol{F}\cdot\mathrm{d}\boldsymbol{r}+\int_{\varphi_0}^{\varphi}M_C\mathrm{d}\varphi \tag{8.5.10}$$

即刚体动能的改变等于外力对质心所做的功加上关于质心的外力矩做的功. 注意，若不取质心作基点，就不能如此分解，可见质心作基点的重要性.

8.5.5 刚体的重力势能

由于刚体各质点间距离保持不变，不必考虑刚体各质点之间的相互作用势能，

因而刚体只有与其他物体间的相互作用势能. 刚体与地球之间的相互作用势能为刚体的重力势能. 作为一种特殊的质点组,刚体的重力势能为各质点的重力势能之和,即

$$V=\sum_i m_i g z_i=\left(\sum_i m_i z_i\right)g=mgz_C \tag{8.5.11}$$

其中,假定 z 方向为铅垂线方向,z_C 为刚体质心的坐标. 由式(8.5.11)可见,刚体的重力势能与质量集中在质心上的一个质点的重力势能相同,只与质心的位置有关,而与刚体的具体方位无关. 至于刚体与其他物体之间的其他形式的相互作用势能,可以作与上述类似的讨论,此处从略.

8.5.6 解题注意事项

1. 纯滚动过程中静摩擦力做功为零

我们知道,对于质点的运动,静摩擦力做功为零. 下面我们证明,对于刚体的纯滚动,静摩擦力做功也为零. 如图 8.17 所示,静摩擦力做功可以用式(8.5.10)写成两项,即

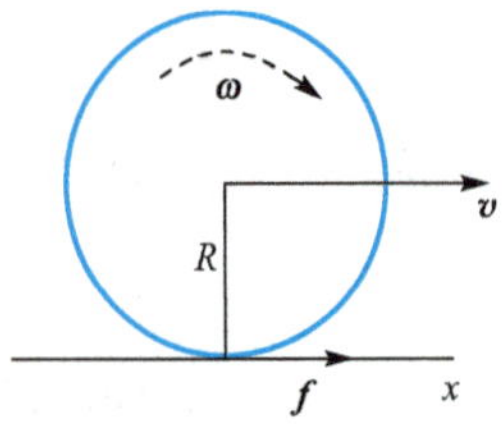

图 8.17 静摩擦力做功为零

$$A=\int \boldsymbol{f}\cdot \mathrm{d}\boldsymbol{r}+\int M\mathrm{d}\varphi=f\Delta x+M\Delta\varphi$$

利用纯滚动的运动学判据式(8.5.3)可得 $\Delta x=-r_0\Delta\varphi$,又 $M=fr_0$,故有

$$A=-fr_0\Delta\varphi+fr_0\Delta\varphi=0$$

若摩擦力取与图 8.17 中 f 的相反方向,也会得到同样的结论.

2. 滚动摩擦力矩

对于自由滚动的物体,假定没有摩擦,考察物体如何运动. 此时其所受的力只有重力 mg,施于质心,竖直向下;地面支持 N,施于着地点,竖直向上. 物体没有竖直方向的加速度,所以这两力大小相等,且两力的作用线重合,因此,两力相消,物体不受力作用. 依动量守恒原理,质心速度保持 $\boldsymbol{v}$ 不变;依动量矩守恒原理,物体滚动角速度保持为 $\boldsymbol{\omega}$ 不变. 既然质心速度与滚动角速度都保持不变,不滑动的判据当然也保持满足. 这就是说,假定没有摩擦力,物体也不会滑动,没有滑动趋势.

因为不存在滑动趋势,所以没有摩擦力,因而物体质心速度确实保持为 $\boldsymbol{v}$ 不变,物体滚动角速度确实保持为 $\boldsymbol{\omega}$ 不变,物体永远匀速地滚下去.

从"没有摩擦力作用"这个结论也可以直接看出来,假如摩擦力 $\boldsymbol{f}$ 存在,只能指向"前"或指向"后". 如摩擦力 $\boldsymbol{f}$ 指向"前"(图 8.17),则依质心运动定理,质心速度增加. 另外,$\boldsymbol{f}$ 对于质心的力矩的方向与物体滚动方向相反,依动量矩定理,滚动角速度降低. 质心速度增加而滚动角速度降低. 物体的着地点相对于地面向"前"滑动. 摩擦力的作用竟然是使本来不滑动的物体发生滑动! 这是不合理的. 同样,如

摩擦力 f 指向“后”，则质心速度降低而滚动角速度增加，物体的着地点相对于地面向“后”滑动. 本来不滑动的物体在摩擦力作用下竟发生了滑动！这也是不合理的. 不论摩擦力指向“前”或指向“后”，都不合理，所以没有摩擦力.

但是，实际上物体并不能永远滚下去. 物体越滚越慢，最终停止，这又是为什么呢？

问题在于还有另一种摩擦——滚动摩擦，前文对此未曾计及.

当物体滚动时，地面支持它的力 N 并不通过质心，而偏于质心的前面，如图 8.18 所示. 于是力 N 与力 mg 并不相消，而是组成力偶，这一力偶使物体滚动角速度降低. 这个力偶的力矩称为滚动摩擦力矩. 滚动摩擦力矩来源于物体的形变.

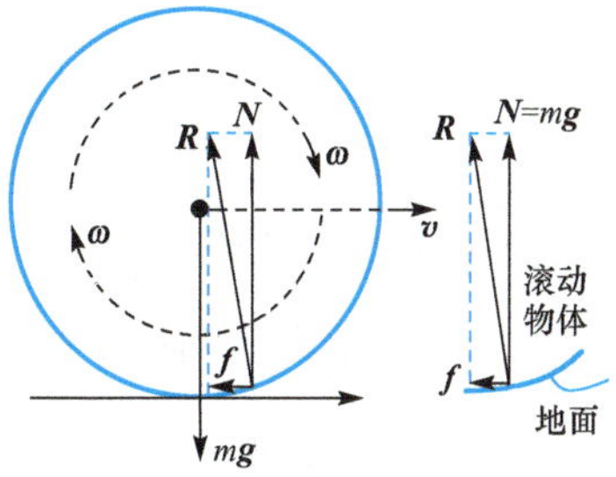

图 8.18　滚动摩擦力矩

由于滚动摩擦力矩的存在，“没有滑动趋势”这个结论不再正确. 滚动摩擦力矩虽然会降低物体滚动角速度，却不影响质心的速度，所以物体的着地点有向前滑动的趋势. 于是还出现摩擦力 f，指向“后”. 这里 f 也有两种可能：静摩擦或滑动摩擦，需要分别加以考察.

滚动摩擦的本原，在刚体力学中不能进行深入的讨论. 简单地说，物体滚动时，物体与地面都将变形，因而地面施于物体的力 R 并非竖直向上. R 的竖直分力即上面所说到的 N，水平分量即上面所说到的 f.

滚动摩擦一般远远小于滑动摩擦，使用轮轴或滚珠轴承都是为了以滚动摩擦代替滑动摩擦.

3. 滚动摩擦和滑动摩擦

由于滚动摩擦力矩的存在，它不改变质心的运动速度，却降低物体滚动角速度，于是原来的纯滚动将会出现相对滑动的趋势. 这时会出现静摩擦力，当静摩擦力达到最大静摩擦力时，滑动将发生，这时又会以滑动摩擦取代静摩擦.

在处理理想刚体(即无形变，可以不考虑滚动摩擦)的纯滚动问题时，滚动物体与其他物体的接触点处相对速度为零，在此点若有摩擦力存在，则是静摩擦力. 判断该静摩擦力的方向需要十分小心. 这里有一个一般可用的原则：设想此物体与接触点脱离，使摩擦不复存在，此时触点切向加速度的反方向，即为静摩擦力的方向.

摩擦力与物体在接触点的运动趋势方向相反.

例 8.5

设小球在力 F 作用下在平直地面上做纯滚动，F 不是作用在质心 C 上，而是作用在 A 上，A 是接触点 O 与质心连线上的一点，$\overline{CA}=d$，如图 8.19 所示. 设小球半径为 r，质量为 m. 试判断接触点 O 处静摩擦力的方向.

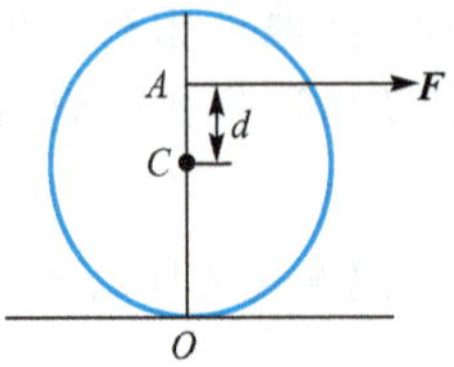

图 8.19　例 8.5 图

解　设 O 点没有摩擦力,则绕质心的转动公式为

$$Fd = I\beta,\quad I = \frac{2}{5}mr^2$$

质心的运动方程为

$$a_C = F/m$$

触点 O 对地面的切向加速度 a 的大小为

$$a = a_C - \beta r = \frac{F}{m}\left(1 - \frac{5d}{2r}\right)$$

由此可得以下判断:

(1) 当 $d<\frac{2}{5}r$ 时,$a>0$,即 a 与 F 同向,所以静摩擦力 f 与 F 反向.

(2) 当 $d>\frac{2}{5}r$ 时,$a<0$,a 与 F 反向,f 与 F 同向.

(3) 当 $d=\frac{2}{5}r$ 时,$a=0$,此时 O 点无运动的趋向,则 $f=0$.

(4) 特别当外力 $F=0$ 时,则 a 恒为零,f 恒为零,小球将保持匀速纯滚动.

8.6　刚体的定点运动

刚体的比较复杂的运动是定点运动,该运动的有些性质初看起来是很“奇怪”的. 本节将限于进行定性的讨论,揭示这些“奇怪”性质的物理实质,而不研究刚体定点运动的严格理论.

8.6.1　没有外加力矩的定点运动

将刚体装在所谓“常平架”上,如图 8.20 所示. 刚体可绕 AC 轴转动. 转轴 AC 装在内环 $ABCD$ 上,环 $ABCD$ 又可绕水平的 BD 轴转动,从而带动刚体的转轴 AC 在竖直面内运动. 转轴 BD 则装在外环 $BEDF$ 上,环 $BEDF$ 又可绕竖直的 EF 轴转动,从而带动刚体的转轴 BD 在水平面内运动. 这样,刚体共有 3 个自由度. 这 3 种运动不改变刚体质心的位置,刚体的运动是以质心为定点的定点运动. 刚体受重力作用,而重力作用于质心,其对于质心的力矩为零. 常平架对刚体转轴作何取向并不施加任何限制,所以在轴承上只有由于刚体的重量而引起的静压力. 由于对称性,这种静压力对于质心的力矩为零. 因此,刚体在常平架上的运动是一种没有外加力矩的定点

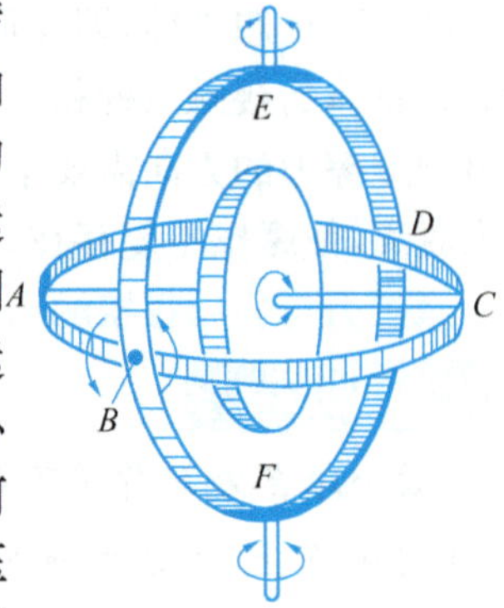

图 8.20　常平架

运动，定点指的是质心.

刚体不受约束的自由运动共有 6 个自由度，其中质心运动的 3 个自由度用质心运动定理加以研究是很简便的，问题主要在于研究刚体相对于质心运动的 3 个自由度. 为此，用质心坐标系显然是适宜的，在质心坐标系中，质心自然是“静止”的. 例如，地球相对于其质心的运动，即所谓自转，就是以质心为定点的定点运动，暂且认为太阳或月亮对地球的引力可以归结为施于地球质心的单个力，则这个力对于地球质心的力矩为零. 因此，地球的自转可以认为是一种没有外加力矩的定点运动，以质心为定点.

也许有人会这样想：既然没有外加力矩作用，刚体一旦绕某根轴线转动，就一定继续绕那根轴线匀速转动，转动轴线与转动速度不变，这个想法并不对，因为刚体的转动轴线是否改变取决于刚体的转动是否达到动平衡.

为了便于说明问题，不妨暂且这样设想：不仅 O 是定点，在 O_1 点还有一个轴承，刚体绕 OO_1 轴做定轴转动，如图 8.21 所示.

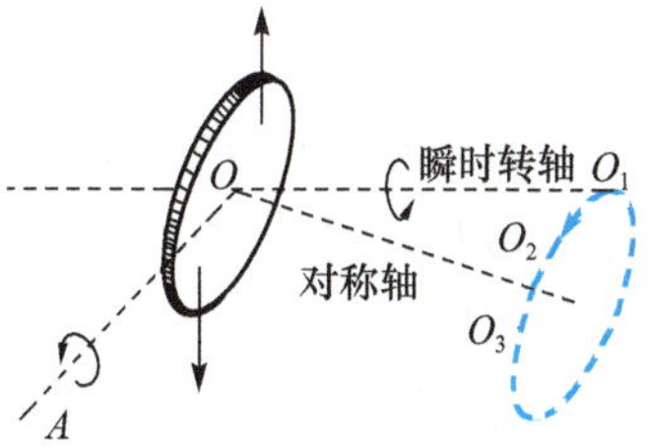

图 8.21　自由刚体的定点运动

由 8.3.4 节知，在没有外力矩作用的情况下，具有一个定点的刚体一旦绕某根自由轴转动，就保持绕该轴转动，转速当然也是不变的.

如 OO_1 不是刚体的自由轴，则在和刚体保持相对静止的非惯性参考系中，惯性离心力系的力矩有驱使 OO_1 轴运动的趋势，惯性离心力系是力偶，该力偶驱使刚体绕 OA 轴转动，这种现象称为没有达到动平衡. 这样，刚体既绕 OO_1 轴转动，又绕 OA 轴转动，因而其合成运动是绕 OO_2 轴转动. 这之后，当然依然没有达到动平衡，惯性离心力的力偶仍然存在，仍然要驱使轴继续运动. 但是要注意，刚体已绕其轴转了一个小角度，惯性离心力的指向也随着刚体转了一个小角度，或者说，惯性离心力的力偶矩已随着刚体转了一个小角度. 按这样的方式推论下去可知，转动轴描出锥面.

故得结论：在没有外力矩作用的情况下，具有一个定点的刚体除非是绕自由轴转动，否则不会做定轴转动，其转动轴在空间描出锥面.

没有外加力矩的定点运动在技术上有很重要的应用. 在急速爬高、俯冲、侧滚的飞机中，由于惯性力的作用，人们将发生错觉. 例如，人们所认为的竖直方向很可能并不是真正的竖直方向. 因此，在飞机上有一些人造地平之类的定向指示仪表，这些仪表的主要部分都是装在常平架上绕其对称轴高速转动的圆盘. 不论飞机的运动如何复杂，圆盘的轴在空间中保持一定指向，不受飞机运动的影响，驾驶员从圆盘的轴相对于飞机的角度就可以正确地知道飞机在空中的指向. 由于圆盘的转速很高，仪表的指示是稳定可靠的. 保持鱼雷做定向运动的机构也是基于同一原理.

没有外加力矩的定点运动也存在于自然界中. 地球是一个扁球体，为显著起

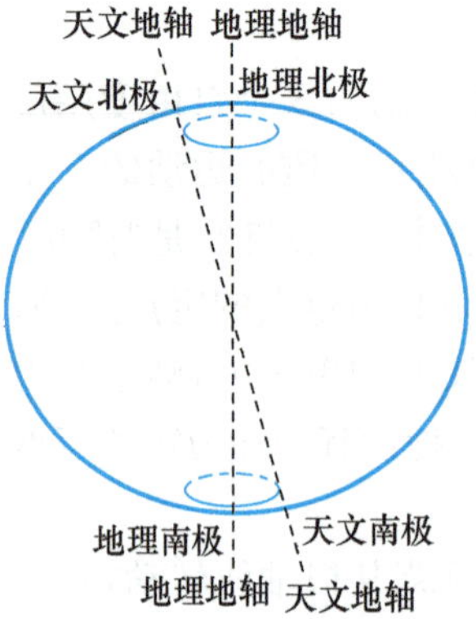

图 8.22　地球的极移

见，图 8.22 作了过分的夸大. 地球的自转并不绕对称轴进行，自转轴与对称轴差一个角度. 因此，应当区分两种地轴：地球的对称轴称为地理地轴，地球的自转轴称为天文地轴. 根据上面的讨论可知，天文地轴描出圆锥面. 天文南、北极绕地理南、北极运动. 这种现象称为极移. 实际观测结果，极移周期为 14 个月.

8.6.2　陀螺的运动

绕对称轴高速旋转的刚体称为陀螺，或称回转仪.

陀螺在运动过程中通常有一点保持固定，所以属于刚体的定点运动. 利用角动量和角速度的矢量性质，不难解释陀螺的运动，陀螺有许多奇妙的性质，并有着广泛的应用.

1. 杠杆陀螺的进动

图 8.23 为杠杆陀螺的示意图，A 为陀螺，P 为重物，O 为支点. 陀螺以一定角速度 $\boldsymbol{\omega}$ 快速自转，自转轴沿水平方向. 若陀螺自身重量和重物 P 的共同重心偏离 z 轴一距离 l，则有一重力矩 $M=mgl$ 作用于陀螺，此力矩方向水平向后，与自转轴垂直. 设陀螺绕对称轴的转动惯量为 I，则陀螺的自转角动量 $\boldsymbol{L}=I\boldsymbol{\omega}$，在力矩 $\boldsymbol{M}$ 的作用下，经 Δt 时间后，角动量将有一增量 $\Delta\boldsymbol{L}=\boldsymbol{M}\Delta t$，方向与 $\boldsymbol{M}$ 相同. 由图 8.23 可见，经 Δt 时间后，陀螺的角动量应绕 z 轴转过一 $\Delta\varphi$ 角，因而陀螺的自转轴也转过 $\Delta\varphi$，当 Δt 很小时，$\boldsymbol{L}'=\boldsymbol{L}+\Delta\boldsymbol{L}$ 与 $\boldsymbol{L}$ 的大小相等，仅方向不同. 在新的位置，由于力矩仍与自转轴垂直，再经 Δt 时间，角动量又转过 $\Delta\varphi$ 角，此过程将持续进行，结果，陀螺绕 z 轴以一定角速度 $\boldsymbol{\Omega}$ 旋转，这种现象称为进动. 进动角速度 $\boldsymbol{\Omega}$ 可由角动量定理求得

$$\Delta L = L\Delta\varphi = M\Delta t \tag{8.6.1}$$

而 $\Omega=\Delta\varphi/\Delta t$，因此

$$\Omega = \frac{M}{L} = \frac{mgl}{I\omega} \tag{8.6.2}$$

其中，m 为杠杆陀螺总质量.

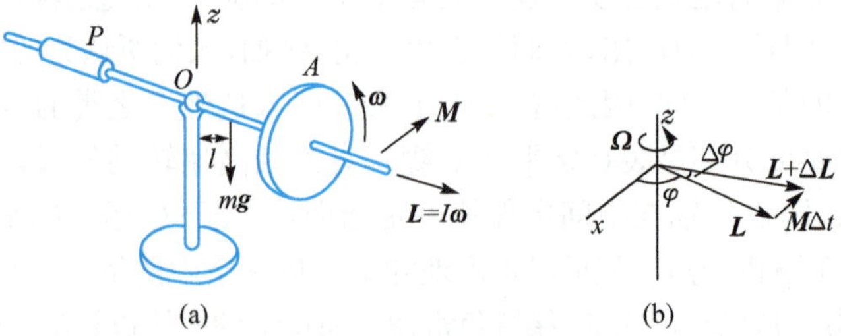

图 8.23　杠杆陀螺

为表示出进动角速度的方向，可将式(8.6.2)写成矢量形式

$$\boldsymbol{M}=\boldsymbol{\Omega}\times\boldsymbol{L} \tag{8.6.3}$$

技术上利用进动的一个实例是炮弹在空中的飞行，如图 8.24 所示. 炮弹在飞行时，要受到空气阻力的作用. 阻力 $\boldsymbol{f}$ 的方向总与炮弹质心的速度 $\boldsymbol{v}_C$ 方向相反，但其合力不一定通过质心. 阻力对质心的力矩就会使炮弹在空中翻转. 这样，当炮弹射中目标时，就有可能是弹尾先触目标而不引爆，从而丧失威力. 为了避免这种事故，就在炮筒内壁上刻出螺旋线. 这种螺旋线叫**来复线**. 当炮弹由于发射药的爆炸被强力推出炮筒时，还同时绕自己的对称轴高速旋转. 由于这种旋转，炮弹在飞行中受到空气阻力的力矩将不能使它翻转，而只是使它绕着质心前进的方向进动. 这样，它的轴线将会始终只与前进的方向有不大的偏离，而弹头就总是大致指向前方.

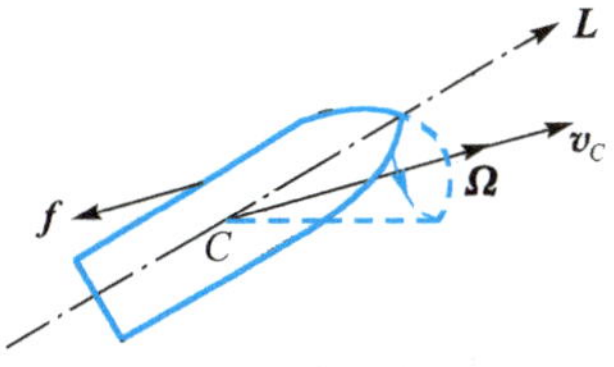

图 8.24 炮弹的飞行

应该指出，在图 8.23 中当突然释放杠杆陀螺时，则它的轴线在进动时，还会上上下下周期性地摆动. 这种摆动叫**章动**. 章动是暂态过程，详尽的分析比较复杂，我们就不讨论了.

2. 地球在太阳(月球)引力矩作用下的进动

地球可看成一个自转着的刚体，相当于一个陀螺，它的角动量沿自转轴指向北. 由于地球并非严格的球体，而呈扁平球形，赤道附近向外鼓出，图 8.25 对此作了夸张，而且，地球自转轴与黄道(太阳绕地球的视运行轨道)面法线并不一致，而夹成 $\alpha=23.5°$ 的角，太阳对地球鼓出部分上各质元的引力是不同的. 在冬季，太阳对鼓出部分 A 的引力 F_A 大于对鼓出部分 B 的引力 F_B，即 $F_A>F_B$，如图 8.25 所示，两力对地球质心的合力矩异于零，而由纸面向外. 在夏季 $F_A<F_B$，但两力都反向，结果合力矩仍由纸面向外. 在春、秋两季，此合力矩为零. 力矩在一年中的平均值由纸面向外. 在此力矩作用下，地球将绕黄道面法线进动，进动角速度 $\boldsymbol{\Omega}$ 的方向与太阳绕地球转动的方向相反. 计算表明，这种进动的周期约为 26000 年. 这一进动使春分点和秋分点(天球赤道与黄道的两交点)每年逆着太阳运转方向移动一定角度，这就是回归年(太阳相继两次通过春分点所经历的时间)比恒星年略短的缘故，形成**岁差**.

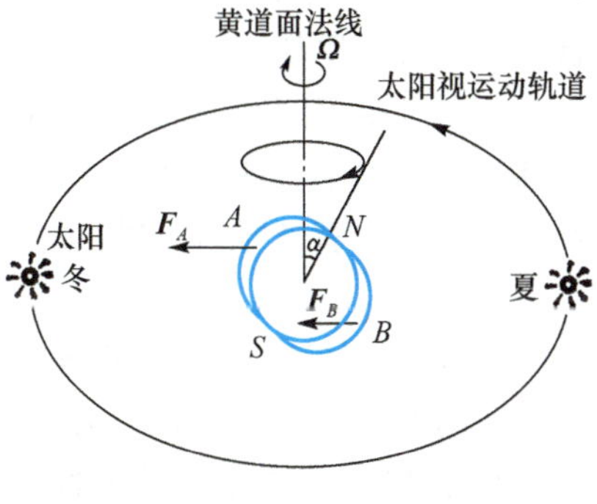

图 8.25 地球的进动

以上分析中把太阳的引力看成进动力矩的来源，实际上月亮引力的作用更大一些，但道理相同.

第9章 振动和波

人们习惯于按照物质运动的形态,把经典物理学分成力(包括声)、热、电、光等子学科.然而,某些形式的运动是横跨所有这些学科的,其中最典型的是振动和波.在力学中有机械振动和机械波,在电学中有电磁振荡和电磁波,声是一种机械波,光则是一种电磁波.在近代物理中更是处处离不开振动和波,仅从微观理论的基石——量子力学又称波动力学这一点就可看出,振动和波的概念在近代物理中的重要性.尽管在物理学的各分支学科里振动和波的具体内容不同,在形式上它们却具有极大的相似性.所以,本章的意义绝不局限于力学,它将为学习整个物理学打基础.

9.1 简谐振动

9.1.1 平衡与振动

处于静止状态的物体,我们称之为平衡,此时物体不受力或所受的合力为零.平衡位置可由 $\partial V/\partial x=0$ 求得,其中 $V(x)$ 为物体的势能.在势能曲线图上,平衡位置对应切线斜率为零的点.如果处于平衡位置的物体受到某种扰动而离开了平衡位置,则我们根据该物体以后能否保持平衡而将平衡分为以下四种:稳定平衡、亚稳平衡、不稳平衡和随遇平衡,如图 9.1 所示.图 9.1 中横坐标为 x 轴,纵坐标为势能 V.

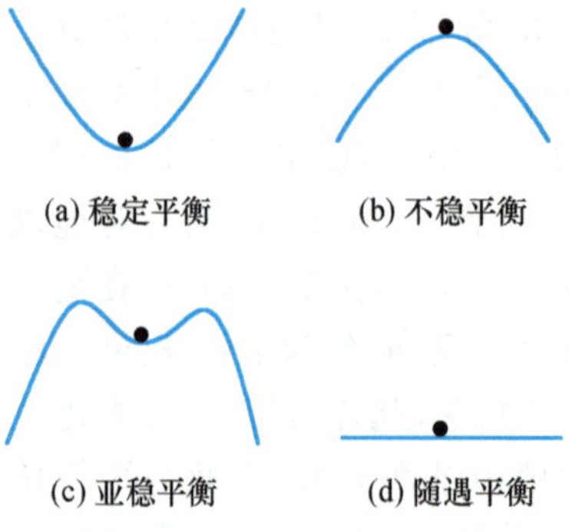

图 9.1 平衡的种类

图 9.1(a)显示,物体受到扰动后,一旦离开了平衡位置,它马上受到指向平衡位置的作用力,而当物体回到平衡位置时,则作用力消失,我们称这种平衡为稳定平衡.稳定平衡与 $\partial^2V/\partial x^2>0$ 相对应,位于势能曲线的极小值点.处于稳定平衡的物体,稍受扰动后绕平衡位置会做来回运动,称这种运动为**振动**.图 9.1(b)显示,物体受到扰动后,一旦离开了平衡位置,它受到的作用力并不指向平衡位置,物体在这种力的作用下会偏离平衡位置越来越远,我们称这种平衡为不稳平衡.不稳平衡与 $\partial^2V/\partial x^2<0$ 相对应,位于势能曲线的极大值点.图 9.1(c)显示,如果物体受到的扰动较小,它会在平衡位置

附近振动，而如果扰动较大，物体将一去不复返，我们称这种平衡为亚稳平衡. 图9.1(d)显示，物体受到扰动后，离开了原来的平衡位置，它所受到的合力仍然为零，物体不管位于何处，平衡依然保持，我们称这种平衡为随遇平衡. 它与势能曲线在某一范围内为常数值相对应. 我们仅讨论处于稳定平衡(严格地说，稳定平衡是理想情况，绝对的稳定平衡是没有的)或亚稳平衡而扰动较小的情况，此时物体将会发生振动. 我们把振动的物体称为**振子**.

9.1.2 恢复力与弹性力

图9.2中的"弹簧振子"有一个平衡位置 O，在那个位置，弹簧既没有伸长也没有缩短，对物体不施加作用力，物体得以平衡. 试把物体从平衡位置移开，例如，移到 P 点，然后放手，拉长的弹簧有收缩的趋势，它施加于物体的作用力驱使物体向平衡位置 O 移动. 这种驱使物体向平衡位置移动的力叫做**恢复力**.

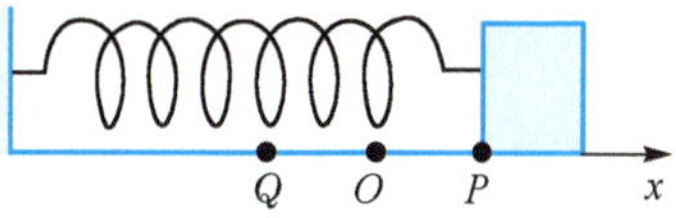

图 9.2 弹簧振子

在恢复力作用下，物体向 O 移动并达到 O. 虽然 O 点是平衡位置，物体并不停在 O，这是因为从 P 向 O 的移动是加速的，到达 O 时具有相当的速度，由于惯性物体必然越过 O 而继续运动.

物体越过平衡位置 O，恢复力企图阻止物体偏离，所以越过 O 的运动是减速的，达到对称位置 Q，物体的速率终于减小到零. Q 并不是平衡位置，物体不可能保持静止，恢复力驱使它回头向平衡位置 O 移动.

于是，当物体到达平衡位置 O 时，它的速度不为零，惯性将驱使它偏离平衡位置而继续运动，而恢复力企图阻止物体偏离平衡位置，所以越过 O 的运动是减速的. 当物体的速度为零时，它偏离平衡位置最远，于是恢复力又使它向平衡位置做加速运动，这样，当物体到达平衡位置 O 时，它的速度必然不为零. 这样看来，恢复力和惯性这一对矛盾不断斗争，它们的作用交替消长，力学系统就在平衡位置左右一定范围内来回振动.

弹簧振子的恢复力是弹簧的弹性力，其大小正比于弹簧的伸长量或缩短量. 它满足胡克定律

$$F=-kx \tag{9.1.1}$$

其中，x 为物体对平衡位置的位移；k 为**刚度系数**(或**倔强系数**、**弹性系数**)，k 越大表示弹簧越硬.

由胡克定律可知弹性力有两个特点：

(1) 因为弹性力 F 的指向总与位移 x 的方向相反，故弹性力 F 总是指向平衡位置，总是力图把质点拉回到平衡位置.

(2) 因为 F 的数值大小正比于位移 x 的大小，所以物体偏离平衡位置越远，则

它受到的拉回平衡点的力也越大.

因此，可以看到，在弹性力 F 作用下的质点，其基本的运动形式是在平衡点附近来回振荡，它是一种被“束缚”在平衡点附近的运动.

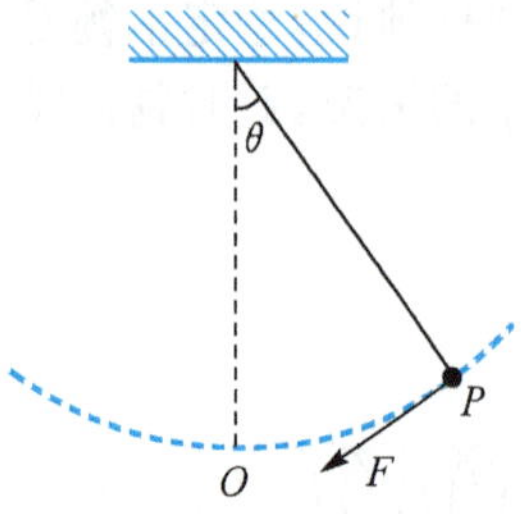

图 9.3　单摆振子

除了弹簧外，其他的力也可能具有式(9.1.1)的形式. 如图 9.3 所示的单摆，如将小球从平衡位置 O 拉到 P 点再松手，小球将在平衡位置 O 点附近往复摆动. 它的结构虽然与上述弹簧振子完全不同，但它们的运动性质是十分相似的. 我们以角位移 θ 作为描写小球位置的变量，并规定小球在平衡位置右方时，θ 为正；在左方时，θ 为负. 如果偏角 θ 很小，小球受到的重力与绳的张力的合力为

$$F=-mg\sin\theta\approx-mg\theta \tag{9.1.2}$$

其中，负号表示 F 与角位移方向相反. 当小球偏向右方，即 $\theta>0$ 时，F 指向左方($F<0$)；当偏向左方，即 $\theta<0$ 时，F 指向右方($F>0$). 亦即 F 永远指向平衡位置，且 F 大小与角位移 θ 的大小成正比.

可见，单摆所受的虽然不是弹性力，但式(9.1.2)在形式上与式(9.1.1)完全相似. 我们把这种与弹性力具有相似表达式的力，叫做**准弹性力**.

这类准弹性力的实例还可以举出许多. 例如，琴弦的颤动、树木的摇曳、分子的振动等，都是在准弹性力作用下的运动. 一般质点在其稳定的平衡点附近的运动大都是准弹性力作用下的运动.

由于准弹性力 $F(x)$ 是保守力，设它具有势能 $V(x)$.

把势能函数 $V(x)$ 在平衡点 x_0 附近作泰勒展开

$$V(x)=V_0+\left.\frac{\mathrm{d}V}{\mathrm{d}x}\right|_{x=x_0}(x-x_0)+\frac{1}{2}\left.\frac{\mathrm{d}^2V}{\mathrm{d}x^2}\right|_{x=x_0}(x-x_0)^2+\cdots \tag{9.1.3}$$

因为 $F(x)=-\dfrac{\mathrm{d}V}{\mathrm{d}x}$，$x_0$ 是平衡点，在该点有 $F(x_0)=0$，即 $\left.\dfrac{\mathrm{d}V}{\mathrm{d}x}\right|_{x=x_0}=0$，故

$$V(x)=V_0+\frac{1}{2}\left.\frac{\mathrm{d}^2V}{\mathrm{d}x^2}\right|_{x=x_0}(x-x_0)^2+\cdots \tag{9.1.4}$$

$$F(x)=-\frac{\mathrm{d}V}{\mathrm{d}x}=-\left.\frac{\mathrm{d}^2V}{\mathrm{d}x^2}\right|_{x=x_0}(x-x_0)+\cdots \tag{9.1.5}$$

即

$$k=\left.\frac{\mathrm{d}^2V}{\mathrm{d}x^2}\right|_{x=x_0} \tag{9.1.6}$$

当 $k>0$ 时，x_0 是稳定平衡点.（$k<0$ 时 x_0 是非稳定平衡点. 对 $k=0$ 情况，此处不作讨论.）将式(9.1.6)代入式(9.1.5)，只保留第一项，得

$$F=-k(x-x_0) \tag{9.1.7}$$

如将平衡点 x_0 取为原点，它的形式就与式(9.1.1)完全一样了.

取 $V_0=0$，$x_0=0$，在式(9.1.4)中只保留一项，得势能为

$$V(x)=\frac{1}{2}kx^2 \tag{9.1.8}$$

弹性力的势能曲线如图 9.4 所示. 由图 9.4 可见，在一个严格的弹性力作用下的质点只可能做束缚运动，对任何大的能量 E，质点都不能做自由运动，而只能在下列有限范围内运动，即

$$x_{\min}\leqslant x\leqslant x_{\max} \tag{9.1.9}$$

其中

$$x_{\min}=-\sqrt{\frac{2E}{k}},\qquad x_{\max}=+\sqrt{\frac{2E}{k}} \tag{9.1.10}$$

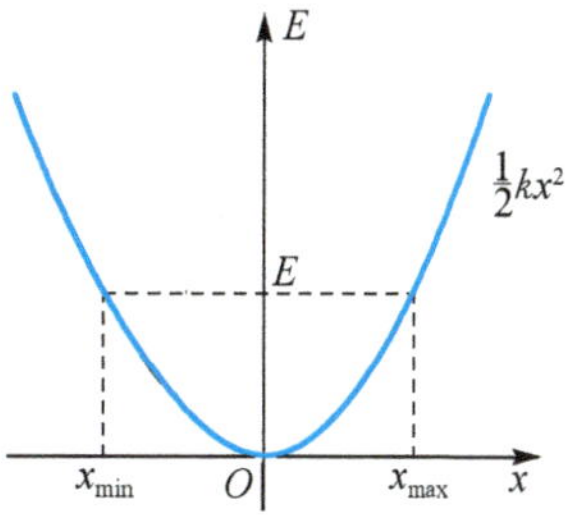

图 9.4　弹性力的势能曲线

9.1.3　简谐振动的描述

1. 简谐振动解

如图 9.2 所示，设弹簧振子的质量为 m，弹簧的刚度系数为 k，选取 x 轴，以平衡位置 O 为原点，则振子的运动方程为

$$m\ddot{x}=-kx \tag{9.1.11}$$

令

$$\omega^2=\frac{k}{m} \tag{9.1.12}$$

解为

$$x=A\cos(\omega t+\varphi_0) \tag{9.1.13}$$

式中，A、φ_0 为待定常数，由初始条件确定. 称这种运动为**简谐振动**，做简谐振动的振子也称为**谐振子**.

2. 简谐振动的特征参量

描绘一个简谐振动的特征参量有三个：振幅、角频率和相位.

(1) **振幅 A**. A 代表质点偏离中心(平衡位置)的最大距离，它正比于$\sqrt{E}$，即它的平方正比于系统的机械能，$A^2\propto E$.

(2) **角频率 ω**(也称圆频率). 振动的特征之一是运动具有周期性. 完成一次完整的振动所经历的时间称为周期，用 T 表示. 由式(9.1.13)可知，周期 T 与角频率 ω 的关系为：$T=2\pi/\omega$. 周期的倒数称为频率 ν，$\nu=1/T=\omega/2\pi$. 周期 T 的单位是 s；频率 ν 的单位是 s^{-1}，这有个专门的名称赫[兹](Hz)；角频率 ω 的单位是 rad · s^{-1}(弧度每秒). 对于弹簧振子，频率与周期为

$$\nu=\frac{1}{2\pi}\sqrt{\frac{k}{m}},\qquad T=2\pi\sqrt{\frac{m}{k}} \tag{9.1.14}$$

可见，弹簧振子的频率（或周期）由其固有参量 k 和 m 决定，而与初始条件无关，故称为振子的**固有频率**.

(3) **相位**（或**位相**）. $\varphi=\omega t+\varphi_0$，其中，$\varphi_0$ 为 $t=0$ 时刻的相位，称为**初相位**. 相位是相对的，通过计时零点的选择，我们总可以使初相位 $\varphi_0=0$，而多个简谐振动之间的**相位差**是重要的. 图 9.5 中(a)、(b)、(c)、(d)分别给出相位差 $\Delta\varphi=\varphi_2-\varphi_1=0$、$\pi/4$、$\pi/2$、$\pi$ 的两个同频简谐振动 $x_1(t)$ 和 $x_2(t)$ 的曲线. 可以看出，相位差 $\Delta\varphi$ 反映了两个简谐振动步调先后差多少.

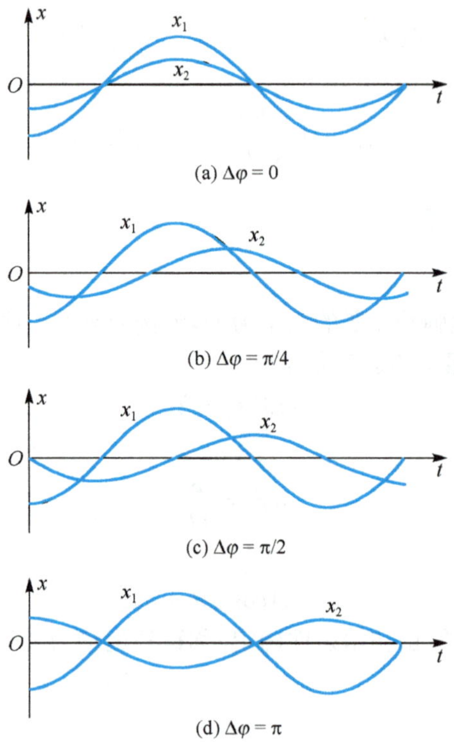

图 9.5　不同相位差的两个简谐振动

我们说振幅、角频率（或频率、周期）和相位是描绘简谐振动的三个特征参量，是因为有了它们就可以把一个简谐振动完全确定下来. 振幅和相位与频率不同，它们不是振子的固有性质，而是由初始条件决定的.

3. 简谐振动的描述

1) x-t 曲线图示法

简谐振动可以用三角函数表示，也可用图 9.6 所示的曲线表示，图上已将振幅、周期和初相标出.

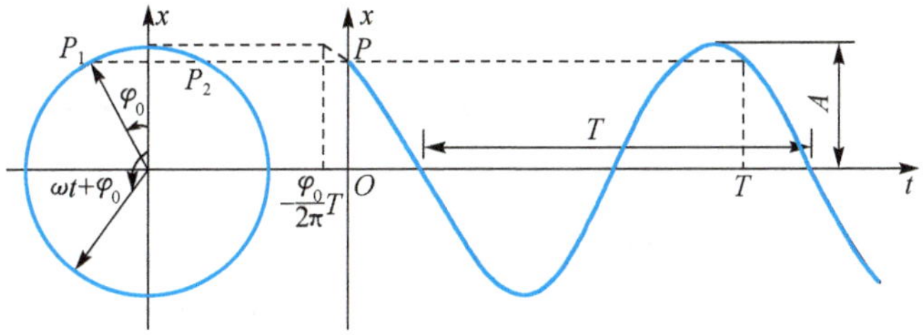

图 9.6 简谐振动的曲线图表示

2) 振幅矢量法

简谐振动还可以用旋转振幅矢量(也称相矢量)来表示.自原点画一条长等于振幅 A 的矢量 $\mathbf{A}$,开始时($t=0$),让矢量 $\mathbf{A}$ 与 x 轴的夹角等于振动的初相位 φ_0,令 $\mathbf{A}$ 以角速度 ω(就是振动角频率)沿逆时针方向旋转,则矢量在 x 轴上的投影就是振动的位移 x(图 9.7).这种表示简谐振动的方法清晰明了,它能比较直观地把振幅、角频率和初相位表示出来,我们以后将经常用到这种表示法.

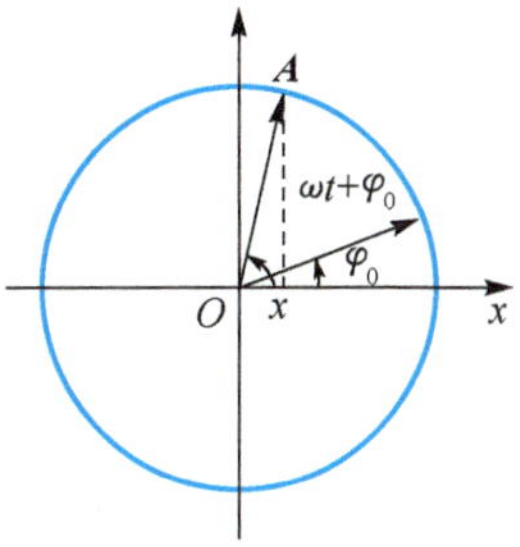

图 9.7 振幅矢量表示

3) 复数法

利用三角函数与复数的关系,简谐振动也可用复数

$$x = Ae^{i(\omega t+\varphi_0)} \quad 或 \quad x = A'e^{i\omega t} \tag{9.1.15}$$

表示.式中,$A'=Ae^{i\varphi_0}$ 是复数,称**复振幅**,它已包含了初相位.但要注意,有意义的是式(9.1.15)的实部.

9.1.4 谐振子的能量

下面计算简谐振动的能量.振子的坐标和速度为

$$x = A\cos(\omega t+\varphi_0), \qquad v=\frac{\mathrm{d}x}{\mathrm{d}t}=-A\omega\sin(\omega t+\varphi_0) \tag{9.1.16}$$

其中

$$\omega^2=k/m$$

动能

$$E_k=\frac{1}{2}mv^2=\frac{A^2}{2}m\omega^2\sin^2(\omega t+\varphi_0)=\frac{1}{2}kA^2\cdot\frac{1}{2}[1-\cos2(\omega t+\varphi_0)] \tag{9.1.17}$$

势能

$$V=\frac{1}{2}kx^2=\frac{1}{2}kA^2\cos^2(\omega t+\varphi_0)=\frac{1}{2}kA^2\cdot\frac{1}{2}[1+\cos2(\omega t+\varphi_0)] \tag{9.1.18}$$

机械能

$$E=\frac{1}{2}mv^2+\frac{1}{2}kx^2=\frac{kA^2}{2}[\sin^2(\omega t+\varphi_0)+\cos^2(\omega t+\varphi_0)]=\frac{1}{2}kA^2 \tag{9.1.19}$$

式(9.1.19)表示简谐振动的机械能是守恒的. 由式(9.1.17)、式(9.1.18)可见动能和势能的变化频率都是原振子振动频率的两倍. 不难求出,一个周期内动能、势能的时间平均值都等于总能量的$\frac{1}{2}$.

$$\langle E_k\rangle=\frac{1}{T}\int_0^T E_k\mathrm{d}t=\frac{1}{T}\int_0^T\frac{1}{2}kA^2\cdot\frac{1}{2}[1-\cos2(\omega t+\varphi_0)]\mathrm{d}t=\frac{1}{2}E \tag{9.1.20}$$

$$\langle V\rangle=\frac{1}{T}\int_0^T V\mathrm{d}t=\frac{1}{T}\int_0^T\frac{1}{2}kA^2\cdot\frac{1}{2}[1+\cos2(\omega t+\varphi_0)]\mathrm{d}t=\frac{1}{2}E \tag{9.1.21}$$

9.1.5 振动的合成与分解

简谐振动是最简单、最基本的振动,任何一个复杂的振动都可以看成若干个简谐振动的合成.

1. 方向、频率相同,初相位不同的两个简谐振动的合成

设物体同时参与两个同方向、同频率的简谐振动,每个振动的位移与时间关系可表示为

$$\begin{cases}x_1=A_1\cos(\omega t+\varphi_1)\\x_2=A_2\cos(\omega t+\varphi_2)\end{cases} \tag{9.1.22}$$

利用振幅矢量法,并利用"矢量投影的和等于矢量和的投影"的性质,由图 9.8 不难看出,合振动仍是同频率的简谐振动,即

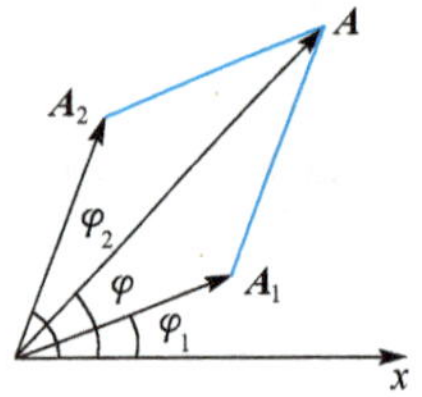

图 9.8 合振动的振幅矢量

$$x=x_1+x_2=A\cos(\omega t+\varphi) \tag{9.1.23}$$

且有

$$\begin{cases}A=\sqrt{A_1^2+A_2^2+2A_1A_2\cos(\varphi_2-\varphi_1)}\\ \tan\varphi=\dfrac{A_1\sin\varphi_1+A_2\sin\varphi_2}{A_1\cos\varphi_1+A_2\cos\varphi_2}\end{cases} \tag{9.1.24}$$

式(9.1.22)也可以用代数方法导出

$$\begin{aligned}x&=x_1+x_2=A_1\cos(\omega t+\varphi_1)+A_2\cos(\omega t+\varphi_2)\\&=(A_1\cos\varphi_1+A_2\cos\varphi_2)\cos\omega t-(A_1\sin\varphi_1+A_2\sin\varphi_2)\sin\omega t\\&=A\left(\frac{A_1'}{A}\cos\omega t-\frac{A_2'}{A}\sin\omega t\right)=A\cos(\omega t+\varphi)\end{aligned}$$

其中

$$A_1' = A_1\cos\varphi_1 + A_2\cos\varphi_2,\quad A_2' = A_1\sin\varphi_1 + A_2\sin\varphi_2 \tag{9.1.25}$$

$$A = \sqrt{A_1'^2 + A_2'^2},\quad \tan\varphi = A_2'/A_1' \tag{9.1.26}$$

由式(9.1.25)、式(9.1.26)可以导出式(9.1.24). 从图 9.8 中或式(9.1.24)可知，合振动的振幅取决于两振动的相位差 $\varphi_2-\varphi_1$.

(1) $\varphi_2-\varphi_1=2k\pi, k=0,\pm1,\pm2,\cdots$，则 $A=A_1+A_2$，即当两分振动的相位差为 π 的偶数倍时，合振动的振幅为两分振动振幅之和.

(2) $\varphi_2-\varphi_1=(2k+1)\pi, k=0,\pm1,\pm2,\cdots$，则 $A=|A_1-A_2|$，即当分振动的相位差为 π 的奇数倍时，合振动的振幅为两分振动振幅之差的绝对值.

(3) $\varphi_2-\varphi_1$ 为一般值，则 $|A_1-A_2|<A<A_1+A_2$.

2. 方向相同、频率不同的两个简谐振动的合成

设

$$\begin{cases} x_1 = A_1\cos(\omega_1 t + \varphi_1) \\ x_2 = A_2\cos(\omega_2 t + \varphi_2) \end{cases} \tag{9.1.27}$$

为简单起见，设 $A_1=A_2=A$，则合振动

$$\begin{aligned} x &= x_1 + x_2 = A[\cos(\omega_1 t + \varphi_1) + \cos(\omega_2 t + \varphi_2)] \\ &= 2A\cos\left(\frac{\omega_1-\omega_2}{2}t + \frac{\varphi_1-\varphi_2}{2}\right)\cos\left(\frac{\omega_1+\omega_2}{2}t + \frac{\varphi_1+\varphi_2}{2}\right) \end{aligned} \tag{9.1.28}$$

当 ω_1、ω_2 相差不多时，即 $|\omega_1-\omega_2|\ll\omega_1,\omega_2$；$\frac{\omega_1+\omega_2}{2}\approx\omega_1,\omega_2$. 此时有

$$x \approx 2A\cos\left(\frac{\omega_1-\omega_2}{2}t + \frac{\varphi_1-\varphi_2}{2}\right)\cos\left(\omega_1 t + \frac{\varphi_1+\varphi_2}{2}\right) \tag{9.1.29}$$

此合振动的频率$\frac{\omega_1+\omega_2}{2}\approx\omega_1,\omega_2$，与原来两振动频率几乎相等，而振幅随时间的变化由 $\cos\left(\frac{\omega_1-\omega_2}{2}t+\frac{\varphi_1-\varphi_2}{2}\right)$决定，由于振幅所涉及的是绝对值，故其变化周期即 $\left|\cos\frac{\omega_1-\omega_2}{2}t\right|$ 的周期，它由 $\left|\frac{\omega_1-\omega_2}{2}\right|T=\pi$ 决定，故振幅变化频率为

$$\nu = \frac{1}{T} = \left|\frac{\omega_1-\omega_2}{2\pi}\right| = |\nu_1-\nu_2| = |\Delta\nu| \tag{9.1.30}$$

即两频率之差. 这一现象称为**拍**，$\Delta\nu$ 称为**拍频**，拍的振动曲线如图 9.9 所示. 当两振动的振幅不等，即 $A_1\neq A_2$ 时，也有拍现象，此时合振幅仍有时大时小的变化，但不会达到零.

校正乐器，例如校正钢琴，往往用待校的钢琴同已校好的钢琴作比较，弹奏两架钢琴的同一个音键，细听有无拍的现象. 如果听得出有拍的现象，说明尚未校准，必须再校，最终使拍频越来越小，直到拍完全消失为止，这一音键才算校准.

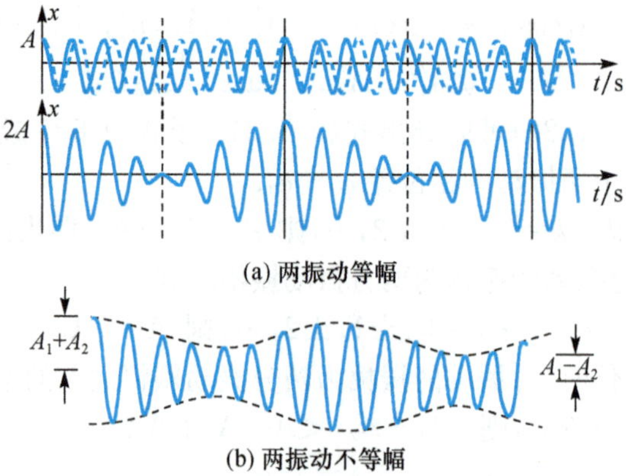

图 9.9　拍的振动曲线图

3. 方向垂直、频率相同的两个简谐振动的合成(二维振动)

振动系统可以同时参与方向互相垂直的两个振动. 例如单摆,就可以同时参与这样的两个振动. 设一个振动沿 x 方向,一个沿 y 方向,即

$$\begin{cases} x = A_x\cos(\omega t+\varphi_x) \\ y = A_y\cos(\omega t+\varphi_y) \end{cases} \tag{9.1.31}$$

这实际上就是合振动的坐标参量方程.

(1) $\varphi_y=\varphi_x$,则 $\dfrac{y}{x}=\dfrac{A_y}{A_x}$,合振动的轨迹为直线.

$\varphi_y=\varphi_x+\pi$,则 $\dfrac{y}{x}=-\dfrac{A_y}{A_x}$,合振动的轨迹为直线.

(2) $\varphi_y=\varphi_x+\dfrac{\pi}{2}$,合振动的轨迹为椭圆,此时

$$\begin{cases} x = A_x\cos(\omega t+\varphi_x) \\ y = -A_y\sin(\omega t+\varphi_x) \end{cases},\quad \frac{x^2}{A_x^2}+\frac{y^2}{A_y^2}=1$$

若 $A_x=A_y$,则合振动的轨迹为圆.

(3) 一般情况

$$\begin{cases} \dfrac{x}{A_x}+\dfrac{y}{A_y}=\cos(\omega t+\varphi_x)+\cos(\omega t+\varphi_y)=A_+\cos(\omega t+\varphi) \\ \dfrac{x}{A_x}-\dfrac{y}{A_y}=\cos(\omega t+\varphi_x)-\cos(\omega t+\varphi_y)=A_-\sin(\omega t+\varphi) \end{cases}$$

$$\frac{\left(\dfrac{x}{A_x}+\dfrac{y}{A_y}\right)^2}{A_+^2}+\frac{\left(\dfrac{x}{A_x}-\dfrac{y}{A_y}\right)^2}{A_-^2}=1 \tag{9.1.32}$$

其中

$$\begin{cases} A_+ = 2\cos\dfrac{\varphi_y - \varphi_x}{2} \\ A_- = 2\sin\dfrac{\varphi_y - \varphi_x}{2} \\ \varphi = \dfrac{\varphi_y - \varphi_x}{2} \end{cases} \tag{9.1.33}$$

方程(9.1.32)是一个椭圆方程. 对应于不同的 $\delta=\varphi_x-\varphi_y$，可得不同形状、不同绕向的椭圆，如图 9.10 所示，图中已设 $A_x=A_y$.

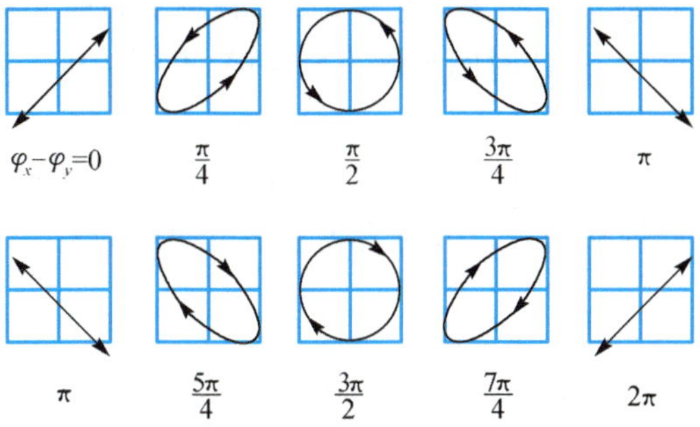

图 9.10　二维振动的合成

4. 方向垂直、频率不同的两个简谐振动的合成，李萨如图形

如果 x 方向振动的频率 ν_x 和 y 方向振动的频率 ν_y 不相等，它们的合成振动为

$$\begin{cases} x = A_x\cos(\omega_x t + \varphi_x) \\ y = A_y\cos(\omega_y t + \varphi_y) \end{cases}$$

当 ω_x 与 ω_y 成整数比时，合振动的轨迹仍是一些闭合曲线，如图 9.11 所示，称为**李萨如图形**. 当 ω_x 与 ω_y 的比例一定时，初相位差不同，对应的曲线形状和走向也不同. 图 9.11 中给出了三种频率比、五种初相位差的图形.

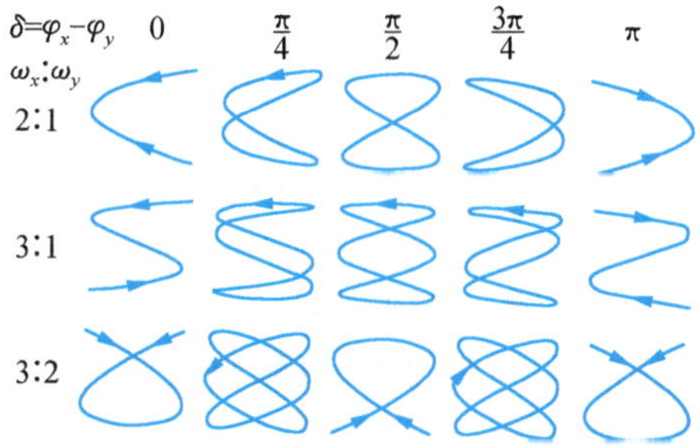

图 9.11　李萨如图形

当 ω_x 与 ω_y 不成整数比时，合振动的轨迹不再是闭合曲线. 利用李萨如图形的这些性质，可精确判定两种频率是否成整数比，并可据此由已知频率确定未知频率.

5. 振动的分解、谐波分析(傅里叶分析)

对于非简谐振动，直接分析它们往往较困难. 如果把它们分解为许多简谐振动的叠加，事情就好办得多，数学上称这种分解为傅里叶(Fourier)分析. 我们在这里不讨论数学的定理和相应的推导，下面只给出一些定性的结论.

(1) 任何一个周期性的振动都可分解为一系列频率为原振动频率(称为**基频**)整数倍的简谐振动，在数学上称为**谐波分析**. 以频率 ν 为横坐标、各谐频振幅为纵坐标所作的图解，叫做**频谱**，此时的频谱为分立谱. 不同的乐器有不同的频谱，反映在它们不同的音色上.

(2) 非周期振动也可以用频谱来表示. 这时频谱不再为分立谱，而是连续谱. 不过，有些特殊的非周期振动可以分解为频率不可通约的若干个分立的分振动.

9.2 阻尼振动

前面所讨论的振动，振幅保持不变，振动能量也保持不变. 这只是实际情况的一种抽象，在真实情况下，物体会受到各种阻力，当无外界能量补充时，振幅会随时间逐渐衰减，若阻力较大，物体甚至振动不起来. 力学上将物体在恢复力和阻力共同作用下的运动称为阻尼振动.

9.2.1 运动方程及其解

我们主要考虑摩擦力与速度成正比的情形. 当速度不大时，黏滞阻力就属于这种情形. 在考虑了黏滞阻力后，弹簧振子的运动方程变为

$$m\ddot{x} = -kx - h\dot{x} \tag{9.2.1}$$

其中，h 为**阻尼系数**.

令

$$\omega_0^2 = \frac{k}{m}, \qquad 2\beta = \frac{h}{m} \tag{9.2.2}$$

其中，ω_0 为阻力不存在时振子的**固有角频率**；β 为**阻尼因数**或**衰减常数**. 于是方程(9.2.1)为

$$\ddot{x} + 2\beta\dot{x} + \omega_0^2 x = 0 \tag{9.2.3}$$

这是常系数二阶线性微分方程. 对于复杂问题，复数法能显示其优越性. 该方程的解法是，视 x 为复数，用试探解 $x=e^{rt}$ 代入，其中 r 为待定常数. 可解得

$$r_1 = -\beta + \sqrt{\beta^2 - \omega_0^2}, \qquad r_2 = -\beta - \sqrt{\beta^2 - \omega_0^2} \tag{9.2.4}$$

于是方程(9.2.3)的解可写成如下形式：

$$x = A_1 e^{r_1 t} + A_2 e^{r_2 t} \tag{9.2.5}$$

其中，A_1、A_2 为待定复常数，由初始条件决定.

几种特殊情况：

(1) $\beta < \omega_0$，欠阻尼情况.

(2) $\beta = \omega_0$，临界阻尼情况.

(3) $\beta > \omega_0$，过阻尼情况.

9.2.2 欠阻尼振动

1. 振动解

令

$$\omega_f = \sqrt{\omega_0^2 - \beta^2} \tag{9.2.6}$$

将式(9.2.4)代入式(9.2.5)，得

$$x = (A_1 e^{i\omega_f t} + A_2 e^{-i\omega_f t}) e^{-\beta t} \tag{9.2.7}$$

我们知道，有意义的是式(9.2.7)的实部. 取式(9.2.7)的实部得

$$x = A_0 e^{-\beta t} \cos(\omega_f t + \varphi_0) \tag{9.2.8}$$

其中，A_0、φ_0 为待定常数，由初始条件确定. x 与时间的关系曲线如图 9.12 所示. 严格地讲，此时振子的运动已不再是周期运动，但仍可看成振幅逐渐衰减的周期运动，其振幅为

$$A = A_0 e^{-\beta t} \tag{9.2.9}$$

仍可用

$$T = \frac{2\pi}{\omega} \tag{9.2.10}$$

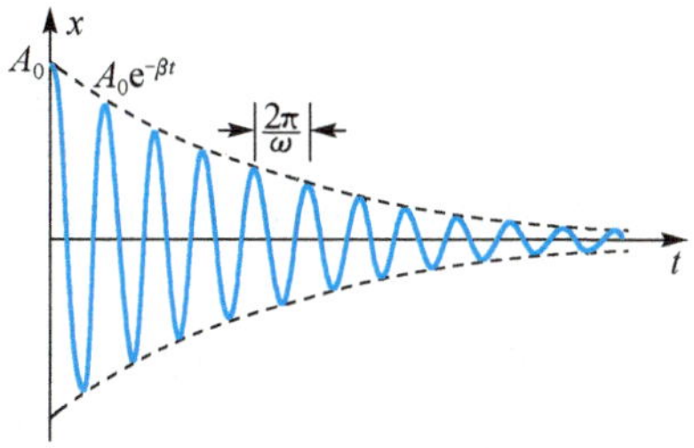

图 9.12 欠阻尼振动

表示周期，它表示振子两次从同一方向经过平衡位置或两次位移达到最大值之间的时间间隔，摩擦力的存在，使振子的速度减小，周期增大，频率减小.

2. 阻尼振子的能量

阻尼振子的能量仍等于动能与势能之和，下面我们来求能量. 由式(9.2.8)得

$$v = \frac{dx}{dt} = -A_0 e^{-\beta t}[\beta\cos(\omega_f t + \varphi_0) + \omega\sin(\omega_f t + \varphi_0)] \tag{9.2.11}$$

动能为

$$E_k = \frac{1}{2}mv^2 = \frac{1}{2}mA_0^2 e^{-2\beta t}[\beta\cos(\omega_f t + \varphi_0) + \omega\sin(\omega_f t + \varphi_0)]^2 \tag{9.2.12}$$

势能为

$$V = \frac{1}{2}kx^2 = \frac{1}{2}m\omega_0^2 A_0^2 e^{-2\beta t}\cos^2(\omega_f t + \varphi_0)$$
$$= \frac{1}{2}m(\omega_f^2 + \beta^2)A_0^2 e^{-2\beta t}\cos^2(\omega_f t + \varphi_0) \tag{9.2.13}$$

其中利用了式(9.2.2),$k = m\omega_0^2$. 由式(9.2.12)和式(9.2.13)得机械能为

$$E = \frac{1}{2}mv^2 + \frac{1}{2}kx^2$$
$$= \frac{1}{2}mA_0^2 e^{-2\beta t}[\omega_f^2 + \beta\omega\sin 2(\omega_f t + \varphi_0) + 2\beta^2\cos^2(\omega_f t + \varphi_0)] \tag{9.2.14}$$

可见,机械能并不守恒. 当 $\beta \ll \omega_0$ 时,有 $\omega_f \approx \omega_0$,于是

$$E \approx \frac{1}{2}m\omega_f^2 A_0^2 e^{-2\beta t} \approx \frac{1}{2}m\omega_0^2 A_0^2 e^{-2\beta t} = \frac{1}{2}kA^2 \tag{9.2.15}$$

A 的表达式见式(9.2.9),可以认为是 t 时刻振子的振幅. 式(9.2.15)表明,机械能仍与 t 时刻振子的振幅平方成正比. 为了求机械能减少的速率,将式(9.2.14)对时间微商,得

$$\frac{dE}{dt} = -2m\beta A_0^2 e^{-2\beta t}[\beta\cos(\omega_f t + \varphi_0) + \omega_f\sin(\omega_f t + \varphi_0)]^2 < 0 \tag{9.2.16}$$

和式(9.2.11)比较知

$$\frac{dE}{dt} = -hv^2 = (-hv)v \tag{9.2.17}$$

这是摩擦力的功率,即损失的能量用于克服摩擦力做功.

3. 品质因数

对于阻尼振动,也可以用振子在一个周期中损失的能量在总能量中所占的比例来描写阻尼的大小. 通常将时刻 t 时振子的能量 E 与经一周后损失的能量 ΔE 之比的 2π 倍称为振子的**品质因数**,并用 Q 表示,即

$$Q = 2\pi\frac{E}{\Delta E} \tag{9.2.18}$$

在小阻尼情况下,由上面的能量表示式(9.2.15),得

$$Q = 2\pi\frac{\frac{1}{2}m\omega_0^2 A_0^2 e^{-2\beta t}}{\frac{1}{2}m\omega_0^2 A_0^2 e^{-2\beta t}(1 - e^{-2\beta T})} = 2\pi\frac{1}{1 - e^{-2\beta T}} \tag{9.2.19}$$

因 $\beta \ll \omega_0 = 2\pi/T$,故 $\beta T \ll 1$,所以

$$Q \approx \frac{2\pi}{2\beta T} = \frac{\omega_0}{2\beta} \tag{9.2.20}$$

即 Q 仅由振动系统本身的性质决定.

9.2.3 临界阻尼与过阻尼

过阻尼情况为 $\beta>\omega_0$，此时 $r_1=-\beta+\sqrt{\beta^2-\omega_0^2}<0$，$r_2=-\beta-\sqrt{\beta^2-\omega_0^2}<0$ 均为实数，由解的表达式(9.2.5)知

$$x=A_1\exp\left[\left(-\beta+\sqrt{\beta^2-\omega_0^2}\right)t\right]+A_2\exp\left[\left(-\beta-\sqrt{\beta^2-\omega_0^2}\right)t\right] \tag{9.2.21}$$

其中，A_1、A_2 可由初条件决定，已没有振动现象.

临界阻尼情况为 $\beta=\omega_0$，此时 $r_1=r_2=-\beta$，我们只得到阻尼方程(9.2.3)的一个特解，为了求另一个特解，可令 $x=A(t)\mathrm{e}^{-\beta t}$ 代入阻尼方程(9.2.3)，得 $A(t)=A_1+A_2t$，故阻尼方程(9.2.3)的通解为

$$x=(A_1+A_2t)\mathrm{e}^{-\beta t} \tag{9.2.22}$$

其中，A_1、A_2 可由初条件决定，此时也没有振动现象.

临界阻尼状态之所以重要，是因为它所对应的回复时间，即由静止开始从偏离平衡位置的某处回复到平衡位置(在一定观察精度内)所需的时间，比欠阻尼和过阻尼状态都要短.

(1) $\beta<\omega_0$，欠阻尼. 振动存在，但周期变长 $T=2\pi/\sqrt{\omega_0^2-\beta^2}$，振幅随时间减小，最终振动停止.

(2) $\beta=\omega_0$，临界阻尼. 不可能振动，但趋于平衡最快.

(3) $\beta>\omega_0$，过阻尼. 不可能振动，但趋于平衡变慢.

9.3 受迫振动与共振

只受弹性力或准弹性力和黏滞阻力作用的振动系统，其振幅总是随时间衰减，振动不能持久. 如果要使振动维持，就必须由外界不断供给能量来抵消因黏滞阻力所损失的能量. 振动系统在外界强迫力作用下的振动，叫做受迫振动.

9.3.1 运动方程及其解

1. 受恒定外力作用

设外界的强迫力 F_0 为常数，则阻尼振动系统满足的方程为

$$m\ddot{x}=-kx-h\dot{x}+F_0 \tag{9.3.1}$$

方程(9.3.1)有一特解：$x=F_0/k$，令 $x=X+F_0/k$，代入式(9.3.1)，得

$$m\ddot{X}=-kX-h\dot{X} \tag{9.3.2}$$

这就是阻尼运动的方程(9.2.1)，只是平衡位置改变了. 即当外界的强迫力 F_0 为常数时，不产生任何新的内容，故我们以后不考虑恒定的外力作用.

2. 受周期外力作用

任何非正弦外力都可以看成正弦外力的线性叠加. 研究了振动系统对正弦外力的响应,也就原则上解决了振动系统对任何外力的响应问题. 下面我们仅考虑简谐强迫力 $F_0\cos\omega t$,弹簧振子的运动方程为

$$m\ddot{x} = -kx - h\dot{x} + F_0\cos\omega t \tag{9.3.3}$$

令

$$\beta = \frac{h}{2m}, \quad \omega_0^2 = \frac{k}{m}, \quad f_0 = \frac{F_0}{m} \tag{9.3.4}$$

式(9.3.4)变为

$$\ddot{x} + 2\beta\dot{x} + \omega_0^2 x = f_0\cos\omega t \tag{9.3.5}$$

下面求其特解. 为此,将方程写成复数形式,即

$$\ddot{\tilde{x}} + 2\beta\dot{\tilde{x}} + \omega_0^2\tilde{x} = f_0 e^{i\omega t} \tag{9.3.6}$$

其中,$x=\mathrm{Re}\tilde{x}$. 令 $\tilde{x}=\tilde{B}e^{rt}$,代入得

$$\tilde{B}(r^2 + 2\beta r + \omega_0^2)e^{rt} = f_0 e^{i\omega t} \tag{9.3.7}$$

于是

$$\begin{cases} r = i\omega \\ \tilde{B} = \dfrac{f_0}{r^2 + 2\beta r + \omega_0^2} = \dfrac{f_0}{-\omega^2 + i2\beta\omega + \omega_0^2} = \dfrac{f_0[(\omega_0^2 - \omega^2) - i2\beta\omega]}{(\omega_0^2 - \omega^2)^2 + 4\beta^2\omega^2} \end{cases} \tag{9.3.8}$$

$$\tilde{x} = (B_r + iB_i)e^{i\omega t} = (B_r\cos\omega t - B_i\sin\omega t) + i(B_i\cos\omega t + B_r\sin\omega t) \tag{9.3.9}$$

方程(9.3.5)的特解应为式(9.3.9)的实部,即

$$x = \mathrm{Re}\tilde{x} = B_r\cos\omega t - B_i\sin\omega t = B\left(\frac{B_r}{B}\cos\omega t - \frac{B_i}{B}\sin\omega t\right) = B\cos(\omega t - \varphi) \tag{9.3.10}$$

其中

$$B = \sqrt{B_r^2 + B_i^2} = \frac{f_0}{\sqrt{(\omega_0^2 - \omega^2)^2 + 4\beta^2\omega^2}} \tag{9.3.11}$$

$$\cos\varphi = \frac{B_r}{B}, \quad \sin\varphi = -\frac{B_i}{B}, \quad \tan\varphi = -\frac{B_i}{B} = \frac{2\beta\omega}{\omega_0^2 - \omega^2} \tag{9.3.12}$$

式(9.3.10)是方程(9.3.5)的特解,该方程的通解等于该方程的一个特解加上对应的齐次方程的通解. 而在小阻尼的情况下,式(9.2.8)即为对应的齐次方程的通解. 于是方程(9.3.5)的通解为

$$x = A_0 e^{-\beta t}\cos(\omega_f t + \varphi_0) + B\cos(\omega t - \varphi) \tag{9.3.13}$$

其中，A_0、φ_0 为待定常数，由初始条件决定；ω_f 的表达式见式(9.2.6).

对式(9.3.13)讨论如下：

(1) 式(9.3.13)中第一项即阻尼振动，它随着时间衰减，称为**暂态解**，我们在9.2节“阻尼振动”中已经讨论过了；第二项不随时间衰减，称为**稳态解**. 开始时，振子的运动比较复杂，为暂态解和稳态解的叠加，这一过程称为**暂态过程**. 经过一段时间以后，暂态解衰减掉了，只留下稳态解.

(2) 稳态解的特点是，它的频率与强迫力频率相同，它的振幅及初相位与初始条件无关，完全由强迫力和系统的固有参量决定，可以理解为强迫力提供的能量全部用来补偿阻尼能耗；而暂态解的频率由系统本身性质决定，振幅及初相位则由初始条件决定.

9.3.2 稳态解分析

下面分析受迫振动的稳态解，受迫振动的运动方程为

$$\ddot{x} + 2\beta\dot{x} + \omega_0^2 x = f_0\cos\omega t$$

稳态解为

$$x = B\cos(\omega t - \varphi)$$

其中

$$\tan\varphi = -\frac{B_i}{B} = \frac{2\beta\omega}{\omega_0^2 - \omega^2}$$

注意到

$$\dot{x} = -\omega B\sin(\omega t - \varphi) = \omega B\cos\left(\omega t - \varphi + \frac{\pi}{2}\right)$$

$$\ddot{x} = -\omega^2 B\cos(\omega t - \varphi)$$

故运动方程中各项可用旋转矢量表示，如图 9.13 所示，则各量之间的相位关系一目了然.

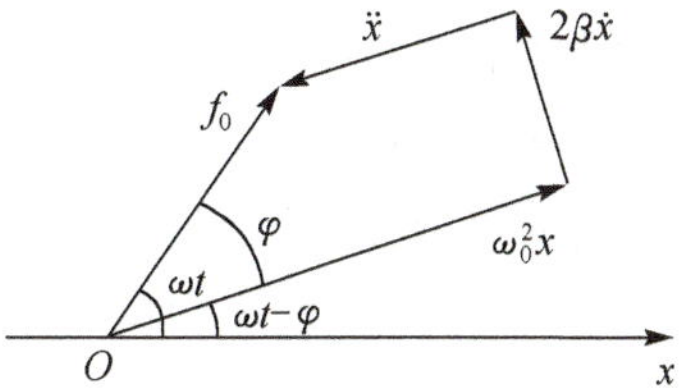

图 9.13 受迫振动的振幅矢量图

我们只讨论 $\beta<\omega_0$ 的欠阻尼情况.

1. $\frac{\omega}{\omega_0} \ll 1$ (频率很低)

此时，$\omega \ll \omega_0$，$\beta\omega \ll \omega_0^2$，于是

$$\begin{cases} B = B_0 \approx \dfrac{f_0}{\omega_0^2} = \dfrac{F_0}{k} \\ \varphi \approx \arctan\dfrac{2\beta\omega}{\omega_0^2} \approx 0 \end{cases} \tag{9.3.14}$$

$$x = \frac{F_0}{k}\cos\omega t \tag{9.3.15}$$

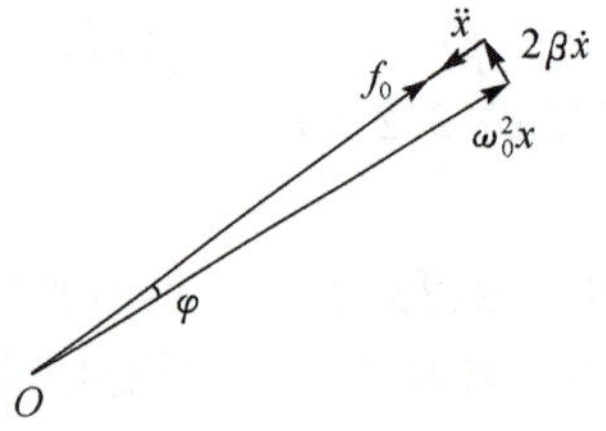

图 9.14　$\omega \ll \omega_0$ 时的振幅矢量图

对应的振幅矢量图如图 9.14 所示. 我们可得如下结论：

(1) B_0 即弹簧在 F_0 作用下的静伸长. 因为 ω 很小，物体加速度和速度均很小，故物体的惯性 $m\ddot{x}$ 与阻力 $h\dot{x}$ 都可以忽略，弹力几乎时时与外力相平衡.

(2) $\varphi \approx 0$，振幅矢量 $\omega_0^2 B$ 稍落后于矢量外力 f_0，振动与外力同相位.

2. $\dfrac{\omega}{\omega_0} \gg 1$ (频率很高)

此时，$\omega \gg \omega_0$，$\omega^2 \gg \omega\omega_0 > \beta\omega$，于是

$$\begin{cases} B = B_\infty \approx \dfrac{f_0}{\omega^2} \approx 0 \\ \varphi \approx \arctan \dfrac{2\beta\omega}{-\omega^2} \approx \arctan(-0) \approx \pi \end{cases} \tag{9.3.16}$$

$$x = -\frac{f_0}{\omega^2} \cos\omega t \tag{9.3.17}$$

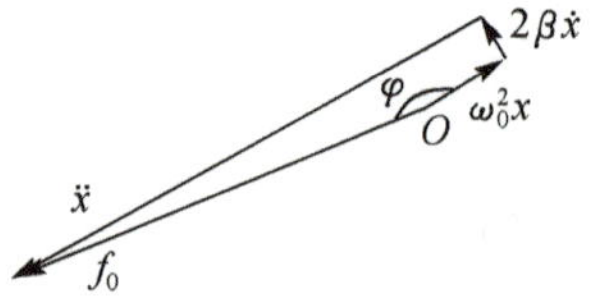

图 9.15　$\omega \gg \omega_0$ 时的振幅矢量图

对应的振幅矢量图如图 9.15 所示. 我们可得如下结论：

(1) 因为 ω 很大，物体的惯性 $m\ddot{x}$ 很重要. 即使物体加速度很大，速度并不大，位移更小，阻力和弹力均可忽略，物体几乎只在外力作用下振动，而且振幅很小. 此时 $m\ddot{x} = F_0 \cos\omega t$.

(2) $\varphi \approx \pi$，振幅矢量 $\omega_0^2 B$ 落后于矢量外力 f_0，相位约为 π.

9.3.3　共振

现在让我们来仔细讨论一下，受迫振动所给出的振幅和相位随频率变化的情况.

$$\begin{cases} B = \dfrac{f_0}{\sqrt{(\omega_0^2 - \omega^2)^2 + 4\beta^2\omega^2}} \\ \tan\varphi = \dfrac{2\beta\omega}{\omega_0^2 - \omega^2} \end{cases} \tag{9.3.18}$$

式(9.3.18)中无论选 ω 或 ω_0 作变量，位移和速度的振幅都有一个极大值. 阻尼 β 越小，峰值越尖锐. 这种现象叫做**共振**. 共振时的振幅矢量图，如图 9.16 所示. 这里应注意到，在力学里和电学里考察的着眼点有所不同. 在机械的振动系统里，往往系统的固有角频率 ω_0 是固定的，驱动力的角频率 ω 可以调节，且机械振动系统中

的位移是比较容易观察并产生直接效果的. 然而,在振荡电路里,固有角频率 ω_0 是可调的,驱动力是外来的信号,其角频率 ω 是给定的,且电路中重要的变量是电流,它相当于这里的速度. 所以,在力学里应着重考察位移随驱动角频率 ω 的变化,而在电学里应着重考察电流(速度)随固有角频率 ω_0 的变化. 然而从功率的角度看,在任何情况里我们都应着重考察速度.

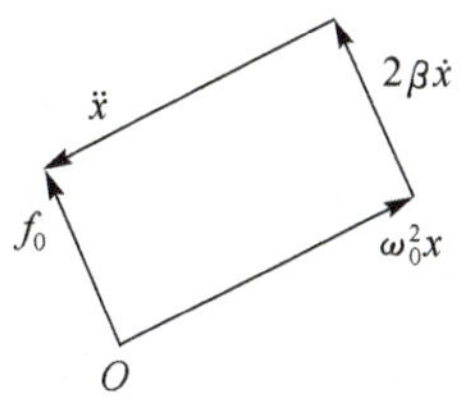

图 9.16 共振时的振幅矢量图

1. 振幅共振

当 $\mathrm{d}B/\mathrm{d}\omega=0$ 时,B 最大,由式(9.3.18)知,$\omega=\omega_r=\sqrt{\omega_0^2-2\beta^2}$ 时,振幅 B 最大. 此时称为达到振幅共振. 当 $\beta\ll\omega_0$ 时,有 $\omega_r=\omega_0$.

共振时相移

$$\varphi=\arctan\frac{2\beta\omega}{2\beta^2}\approx\arctan\frac{\omega}{\beta}=\frac{\pi}{2}$$

$$x=B\cos\left(\omega t-\frac{\pi}{2}\right),\quad \dot{x}=B\omega\cos\omega t$$

即位移落后于驱动力 $\pi/2$ 相位,而速度恰好与驱动力同相位.

功率 $=F_0 v$,故此时外力永远做正功.

将 B、φ 与 ω 的关系画成曲线,如图 9.17 所示. B-ω 图常称为**频率响应曲线**,或称为**共振曲线**. 由图 9.17 可见,当 $Q>1$ 时,所有的曲线都有一个峰,这就是共振峰. 可以明显看到,如果振动系统的阻力越小,即品质因素 Q 越大,曲线的峰越明显. 在阻尼较大(Q 小)时,共振曲线的峰值并不出现在 $\omega=\omega_0$ 处,而略向 ω 小的方向偏,即$\omega<\omega_0$.

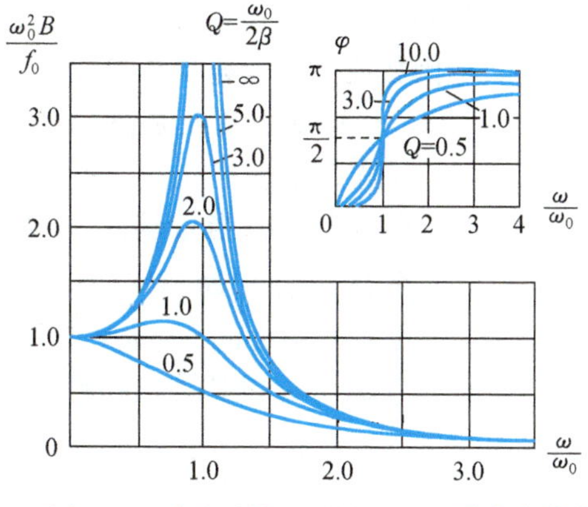

图 9.17 振幅共振时的幅频、相频响应曲线

2. 能量共振

既然外力供给振子的能量等于阻力消耗的能量,则振子得到的功率为

$$P=\frac{1}{T}\int_0^T h\dot{x}^2\mathrm{d}t=\frac{1}{2}h(\omega B)^2=\frac{hf_0^2\omega^2}{2[(\omega_0^2-\omega^2)^2+4\beta^2\omega^2]} \qquad (9.3.19)$$

当 $\mathrm{d}P/\mathrm{d}\omega=0$ 时，P 最大，此时称为**能量共振**. 由式(9.3.19)可得，$\omega=\omega_0$ 时能量共振.

共振时强迫力的功率时刻与阻力的功率相抵，因而振子的机械能恒定不变. 这时振子以固有频率振动，犹如一个不受阻力的自由振子，故动能与势能之和与时间无关. 同时，共振时强迫力与速度同相位，因而时刻对体系做正功，这正是共振开始时振幅急剧增大的原因所在. 但随着振幅的增大，阻力的功率也不断增大，最后与强迫力的功率相抵，遂使振子的振幅保持恒定. 与振幅共振不同的是，能量共振时 ω 和 ω_0 严格相等，如图 9.18 所示.

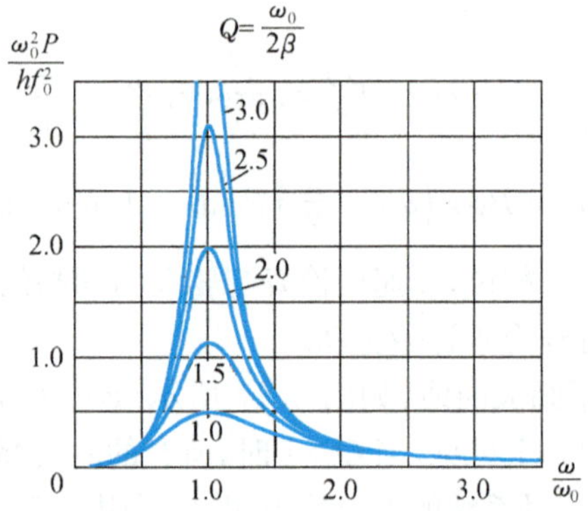

图 9.18　能量共振时的幅频响应曲线

3. 共振峰的锐度，Q 的第二种意义

由共振曲线图可见，当阻尼小时，曲线尖锐；当阻尼大时，曲线不尖锐. 可将共振曲线的尖锐程度与振子的阻尼因数或品质因数联系起来.

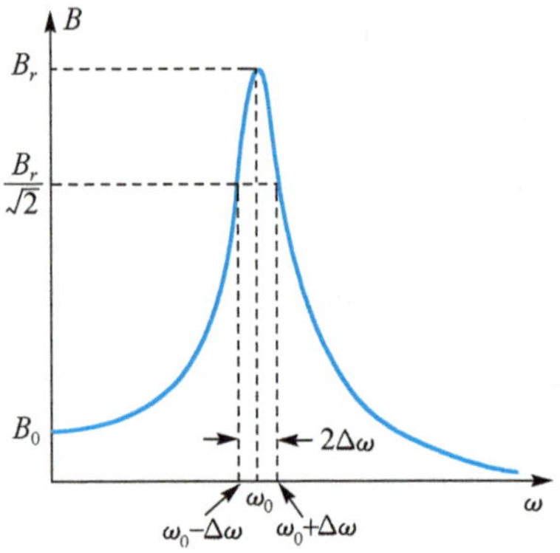

图 9.19　共振峰的锐度

通常用锐度来描写共振曲线的尖锐程度，其意义如下. 当 $\omega=\omega_r\approx\omega_0$ 共振时(我们设 β 很小)，$B=B_r$；当 ω 偏离 ω_r 时，B 值将迅速减小；当 $B=B_r/\sqrt{2}$时，对应的角频率分别为 $\omega_1=\omega_r-\Delta\omega_1$ 和 $\omega_2=\omega_r+\Delta\omega_2$，如图 9.19 所示. 则称 ω_r 与 $\omega_2-\omega_1$ 之比为**共振峰锐度**，用 S 表示，即

$$S=\frac{\omega_r}{\omega_2-\omega_1}\approx\frac{\omega_0}{\omega_2-\omega_1} \qquad (9.3.20)$$

$\omega_2-\omega_1=\Delta\omega_1+\Delta\omega_2$ 称为**共振峰宽度**. 当 β 很小时，由 $B=B_r/\sqrt{2}$和式(9.3.18)得

$$\omega_0^2-\omega^2=\pm 2\beta\omega$$

即

$$(\omega_0+\omega)(\omega_0-\omega)=\pm 2\beta\omega \tag{9.3.21}$$

而 $\omega\approx\omega_0$，故

$$\Delta\omega_1=\Delta\omega_2=\Delta\omega=\beta$$

$$S=\frac{\omega_0}{2\beta}=Q \tag{9.3.22}$$

于是，共振峰锐度恰好等于品质因数. 这是 Q 值的第二种意义.

4. 系统放大倍数，Q 的第三种意义

由式(9.3.14)知，当 $\omega\approx 0$ 时，振幅

$$B=B_0=f_0/\omega_0^2$$

我们定义系统放大倍数

$$K=\frac{B_r}{B_0} \tag{9.3.23}$$

其中，B_r 为共振时的振幅. 由式(9.3.18)知，$B_r=f_0/2\beta\omega_0$. 代入式(9.3.23)，得

$$K=\frac{f_0/2\beta\omega_0}{f_0/\omega_0^2}=\frac{\omega_0}{2\beta}=Q \tag{9.3.24}$$

于是系统放大倍数恰好等于品质因数. 这是 Q 值的第三种意义.

据说，200 多年前，拿破仑率领法国军队入侵西班牙时，部队行军经过一座铁链悬桥，随着军官雄壮的口令，队伍迈着整齐的步伐走向对岸. 正在这时，轰隆一声巨响，大桥坍塌，士兵、军官纷纷坠水. 几十年后，圣彼得堡丰坦卡河上，一支部队过桥时也发生了同样的惨剧. 从此，世界各国的军队过桥时都不准齐步走，必须改用凌乱无序的碎步通过. 一般认为，这是由于军队步伐的周期与桥的固有周期相近，发生共振所致.

1940 年，美国的一座大桥刚启用四个月，就在一场不算太强的大风中坍塌了. 风的作用不是周期性的，这难道也是共振所致？其实，风有时也能产生周期性的效果，君不见节日的彩旗迎风飘扬吗？

*9.3.4 拓展阅读：二自由度振动

当两个相同的弹簧振子用另一根弹簧串结起来时，系统将如何振动？如图 9.20 所示，即表示这样的一种系统，这种系统称为耦合振子. 设振子的质量为 m，弹簧刚度系数为 k，连接两质点的弹簧的刚度系数为 K，平衡时，弹簧均为原长. 设两振子偏离平衡位置的位移各为 x_1、x_2，则两振子的运动方程各为

$$\begin{cases} m\ddot{x}_1=-kx_1+K(x_2-x_1) \\ m\ddot{x}_2=-kx_2-K(x_2-x_1) \end{cases} \tag{9.3.25}$$

每个方程都不是简单的简谐振动方程，一般而言，振子的运动比较复杂，但我

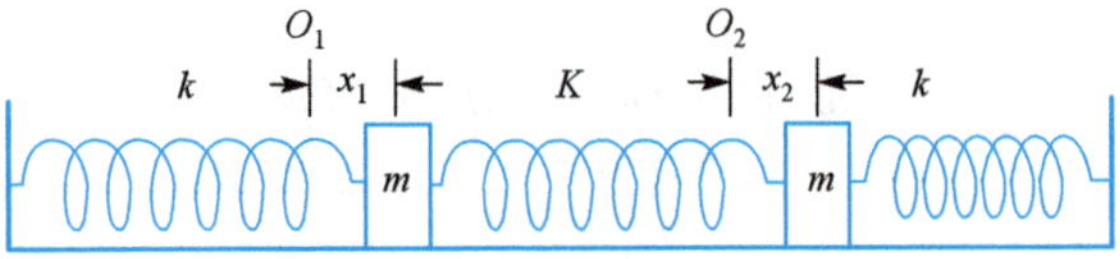

图 9.20　二自由度振动

们可以考察一种比较简单的运动情形：两振子以相同的频率、相同的相位常数(即初相)做简谐振动，只要施以适当的初始条件，这样的运动是可以实现的，适当选取时间零点，可设

$$\begin{cases} x_1 = A\cos\omega t \\ x_2 = B\cos\omega t \end{cases} \tag{9.3.26}$$

代入上述方程得

$$\begin{cases} -\omega^2 A\cos\omega t = -\dfrac{k+K}{m}A\cos\omega t + \dfrac{K}{m}B\cos\omega t \\ -\omega^2 B\cos\omega t = -\dfrac{k+K}{m}B\cos\omega t + \dfrac{K}{m}A\cos\omega t \end{cases} \tag{9.3.27}$$

即

$$\begin{cases} \left(\omega^2 - \dfrac{k+K}{m}\right)A + \dfrac{K}{m}B = 0 \\ \dfrac{K}{m}A + \left(\omega^2 - \dfrac{k+K}{m}\right)B = 0 \end{cases} \tag{9.3.28}$$

式中，A、B 为非零值，必须

$$\begin{vmatrix} \omega^2 - \dfrac{k+K}{m} & \dfrac{K}{m} \\ \dfrac{K}{m} & \omega^2 - \dfrac{k+K}{m} \end{vmatrix} = 0 \tag{9.3.29}$$

由式(9.3.29)解得

$$\omega_1 = \sqrt{\frac{k}{m}}, \quad \omega_2 = \sqrt{\frac{k+2K}{m}} \tag{9.3.30}$$

将 $\omega = \omega_1$ 代入式(9.3.28)，解得

$$B_1 = A_1 \tag{9.3.31}$$

将 $\omega = \omega_2$ 代入式(9.3.28)，解得

$$B_2 = -A_2 \tag{9.3.32}$$

于是我们得方程(9.3.25)的解为

$$\begin{cases} x_1 = A_1\cos\omega_1 t + A_2\cos\omega_2 t \\ x_2 = A_1\cos\omega_1 t - A_2\cos\omega_2 t \end{cases} \tag{9.3.33}$$

系统中各振子以相同的频率做简谐振动的振动方式称为系统的简正模式，每

个模式所对应的频率称为简正频率，当系统以简正模式振动时，每个振子的振幅保持不变.

我们以上所考察的系统由两个质点组成，对其纵向运动，需用两个坐标描写系统的几何位形，因而系统的自由度为2，称为二自由度振动系统，它有两个简正模式和两个简正频率，只要将 x_1、x_2 理解为描写系统几何位形的坐标（这种坐标可以是位移，也可以是角位移），以上求解简正频率的方法也适用于一般的二自由度振动系统，不管这种系统的具体结构如何. 一般地，可以证明，有 n 个自由度的纵向振动系统，就有 n 个简正振动模式和 n 个简正频率，一个模式与一个频率相对应. 简正频率和简正模式的求解过程也与二自由度系统相仿. 对其他方向的振动也有相应的简正频率和模式.

多原子分子就是一个多自由度的振动系统.

9.4 机 械 波

某个物体的振动可能激发起周围物质的振动，并以一定的速度向四周传播，称这种传播着的振动为**波**. 机械振动在弹性介质内的传播形成**机械波**（又称**弹性波**），电磁振动在真空或介质内的传播形成**电磁波**，光波是电磁波的一部分. 尽管不同性质振动的传播机制也不相同，但由此形成的波却具有共同的规律，波是能量传播的形式之一.

下面以机械波为具体内容，讨论波的运动规律.

9.4.1 机械波的产生和传播

由连续不断的、无穷个质点构成的系统，若其各部分有相互作用力而且可以有相互运动，称为**连续介质**；若连续介质之间的相互作用力是弹性力，则称为**弹性介质**.

机械波特点：

(1) 机械波是一种机械运动形式，必须具备两个条件，即波源和弹性介质.

(2) 波是指介质整体所表现的运动状态.

(3) 波的传播是质点振动状态的传播过程，亦即振动相位的传播过程，而所有的质点都仍在各自的平衡位置附近振动.

在弹性介质中，可以设想各质点有一个平衡位置，它一离开平衡位置，即受到各附近质点的指向平衡位置的合力.

质点间的相互作用（如弹性）使波得以传播，质点的惯性使波以有限的速度传播.

引起介质振动的振动物体称为**波源**.

弹性介质形变分类：

(1) **切变**. 物体受力后层间发生位移的现象称为切变. 切变物体企图恢复原状

而产生的弹性力称为**切变弹性**.

(2) **张变**. 介质伸长或压缩这种变形称为张变. 张变物体企图恢复原状而产生的弹性力称为**张变弹性**.

9.4.2 波的分类

1. 按传播方式

如果波源的扰动是周期性的，则波源的振动状态随时间周期性地变化，波源在一个周期内的一系列不同的振动状态与前一周期内各对应时刻的振动状态完全相同. 前一个周期内的各个扰动传播到离波源较远的各个质点；后一个周期内的各个扰动传播到离波源稍近的各个质点，振动状态在空间各点的分布也具有周期性，即呈现周期性分布的峰、谷（或疏、密），而且周期性的峰、谷（或疏、密）以一定的速度移动着.

如果波源振动方向与波的传播方向垂直，就会形成周期性峰、谷的传播. 这样的波称为**横波**. 其具体形成过程如图 9.21 所示.

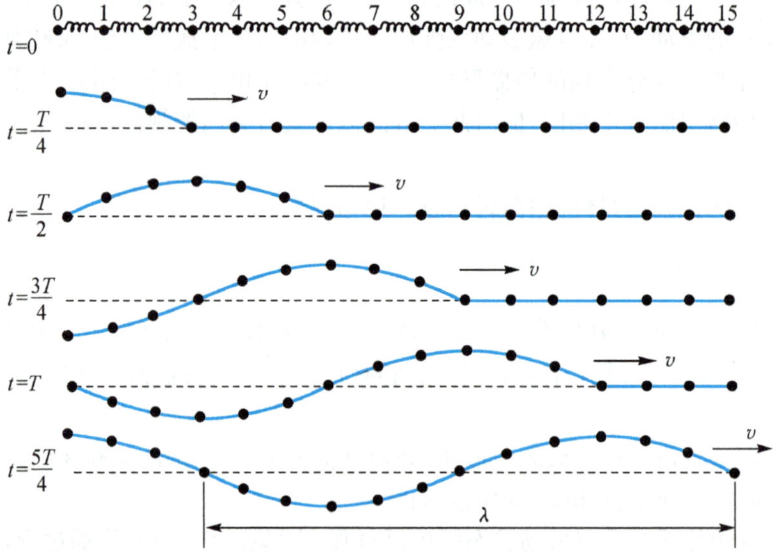

图 9.21　横波的形成

横波传播条件：介质具有切变弹性.

液体内部、气体不能产生切变弹性力，故液体和气体中不能传播横波.

如果波源振动方向与波的传播方向平行，就会形成周期性疏、密的传播，这就是**纵波**. 纵波的形成过程如图 9.22 所示.

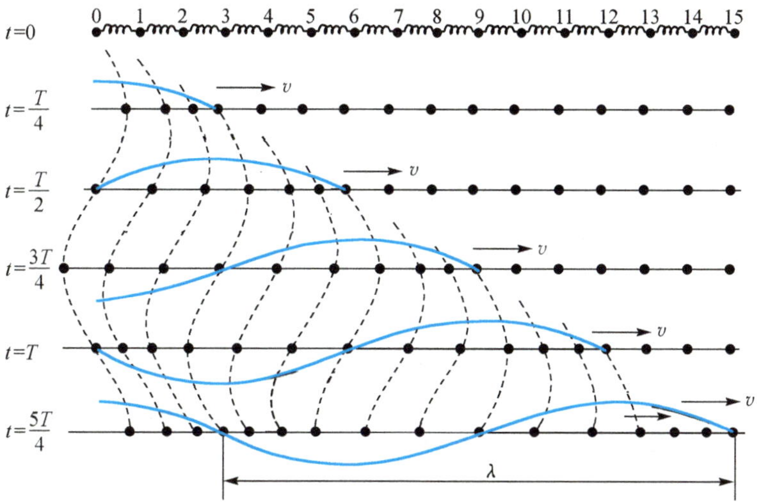

图 9.22　纵波的形成

由图 9.21 可以看出，周期性波的传播有两个特点：

(1) 各点都做与波源同频率、同振幅的振动.

(2) 各点振动的相位不同. 离波源越远的点，相位越落后.

可见，波是振动状态(由相位表征)的传播，而不是质点向波传播方向的移动.

振动相位相差 2π 的两点的距离叫做**波长**，常用 λ 表示. 它实际上就是相邻两振动状态相同的点之间的距离. 在图 9.21 和图 9.22 中，每隔 12 个点的距离(0～12，1～13，…)就是波长. 波长也就是波扰动在振动一个周期内传播的距离.

横波中，相邻波峰(或相邻波谷)间的距离为一波长，而纵波中，相邻密集区(或相邻稀疏区)之间的距离也为一波长.

以质点的位置为横坐标，以质点的位移为纵坐标所画的曲线称为**波形曲线**. 在横波中，波形曲线就是具体的波形图. 在纵波中则不是. 纵波的波形曲线在图 9.22 中用细实线表示，它与横波的波形曲线相似，图中虚线为各质点的振动曲线.

2. 按空间形状

如果波在各向同性的均匀无限介质中传播，那么，从一个点波源发出的扰动，经过一定时间后，扰动将到达一个球面上，如果扰动是周期性的，介质中各处也相继发生同频率的周期性扰动. 介质中振动相位相同的点的轨迹称为**波阵面**，简称**波面**. 最前面的波阵面称为**波前**. 波阵面是球面的波称为**球面波**，在离波源足够远处，在观察的不大范围内，球面可看成平面，这种波就称为**平面波**，自波源出发且沿着波的传播方向所画的线叫**波线**，在各向同性介质中，波线与波面互相垂直，如图 9.23 所示.

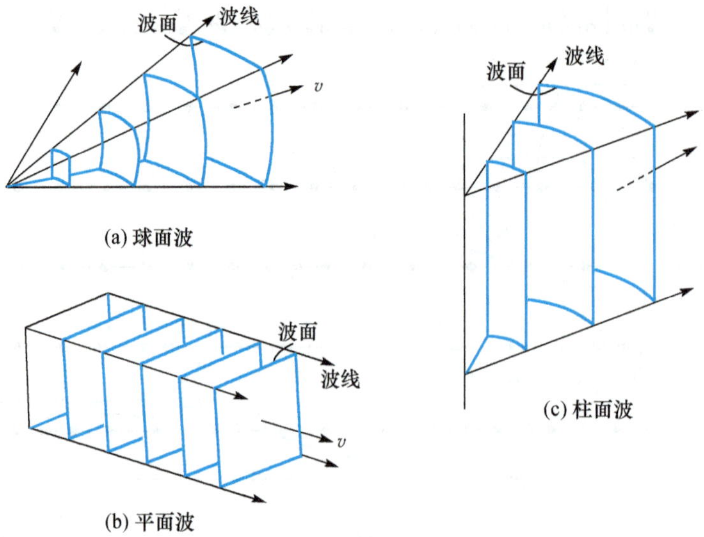

图 9.23　球面波、平面波和柱面波的波面和波线

3. 按波源振动方式

波源做周期振动形成的波称为**周期波**. 波源做间歇振动形成的波称为**脉冲波**. 波源做简谐振动形成的波称为**简谐波**.

9.4.3　平面简谐波

如果波源做简谐振动，介质中各质点也将相继做同频率的简谐振动，这样形成的波叫简谐波. 如果波面为平面，则这样的波称为平面简谐波. 由于平面简谐波的波面上每一点的振动和传播规律完全一样，故平面简谐波可以用一维的方式来处理.

我们以绳索上的一维横波为例，来建立简谐波的运动学方程，即波在传播过程中任一点的位移与时间的关系式.

如图 9.24 所示，设一简谐波沿正 x 方向传播，已知在 t 时刻坐标原点 O 处振动位移的表达式为

$$y = A\cos(\omega t + \varphi_0) \tag{9.4.1}$$

在同一时刻 t，离 O 为 x 的 P 点的振动表达式与 O 点的振动具有相同的振幅与频率，但相位比 O 点落后，这是因为 P 点开始振动的时刻比 O 点晚，所晚的时间就是波从 O 点传到 P 点所经历的时间，为 $t'=x/v$，v 称为**波的相位速度**，也称为**波速**，它表示单位时间某一振动相位所传播的距离. 于是 P 点的位移为

$$y = A\cos\left[\omega\left(t - \frac{x}{v}\right) + \varphi_0\right] \tag{9.4.2}$$

式(9.4.2)就是简谐波的运动学方程. 由于波是向右传播的，又称为**右行波**. 令

$$\lambda = vT \tag{9.4.3}$$

其中，λ 为波长，它表示振动在一个周期中传播的距离. 将式(9.4.3)和 $\omega=2\pi/T$ 代入式(9.4.2)，消去 v、ω，得

$$y = A\cos\left[2\pi\left(\frac{t}{T}-\frac{x}{\lambda}\right)+\varphi_0\right] \tag{9.4.4}$$

令

$$k=\frac{2\pi}{\lambda} \tag{9.4.5}$$

其中，k 为**波数**，它表示在 2π 米内所包含的波长数. 于是简谐波方程(9.4.2)又可以写成

$$y = A\cos(\omega t - kx + \varphi_0) \tag{9.4.6}$$

式(9.4.2)、式(9.4.4)和式(9.4.6)都是简谐波的方程，ω、T 是和时间有关的量，而 k、λ 是和空间有关的量，其对应关系为

时间 t	角频率 ω	周期 T
空间 x	波数 k	波长 λ

而它们由波速相互联系，即

$$v=\frac{\lambda}{T}=\frac{\omega}{k} \tag{9.4.7}$$

若 v 不随 ω 变化而变化，则称波是**无色散**的.

简谐波运动学方程的物理意义见图 9.24.

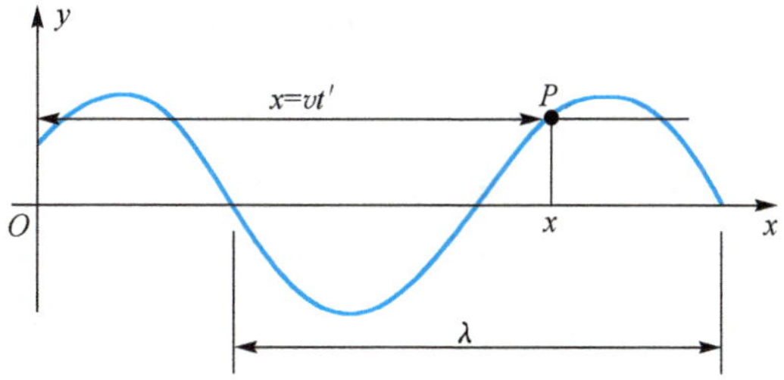

图 9.24 一维简谐波

波的运动学方程是一个二元函数. 位移 y 既是时间 t 的函数，又是位置 x 的函数.

(1) 当 x 一定时，y 仅为 t 的函数. 例如，$x=x_1$ 时，即盯住某一位置看

$$y = A\cos\left[\omega\left(t-\frac{x_1}{v}\right)+\varphi_0\right] = A\cos(\omega t+\varphi_1) \tag{9.4.8}$$

它表示 $x=x_1$ 这一质点随时间做简谐振动，时刻 t 和 $t+T$ 的振动状态相同，说明波动过程在时间上具有周期性，振动的周期、频率和振幅与波源相同，相位落后

$$\varphi_1-\varphi_0=\frac{\omega}{v}x_1=2\pi\frac{x_1}{\lambda} \tag{9.4.9}$$

(2) 若 t 一定，则 y 仅为 x 的函数，当 $t=t_1$ 时，

$$y = A\cos(\omega t_1 - kx + \varphi_0) = A\cos(kx - \varphi_t) \tag{9.4.10}$$

其中,$\varphi_t = \omega t_1 + \varphi_0$ 表示任一时刻各质点离开平衡位置的位移的分布. 可以看出,波动过程在空间上具有周期性,波长就是波动的空间周期.

(3) 波表达式的宗量$(\omega t - kx + \varphi_0)$一定,即波的相位一定,$\omega t - kx + \varphi_0 =$ 常数,则随着时间的增加,波必须在空间传播一定的距离. 将式(9.4.10)对时间求导,得

$$v = \frac{\mathrm{d}x}{\mathrm{d}t} = \frac{\omega}{k} = v_{\mathrm{p}} \tag{9.4.11}$$

其中,v_{p} 为**波的相位速度**,简称**相速**. 它表示确定的相位在单位时间内传播的距离.

(4) 将以上各方程中的 v 换成 $-v$,即得向坐标轴负方向传播的平面简谐波的运动学方程为

$$y = A\cos\left[\omega\left(t + \frac{x}{v}\right) + \varphi_0\right] = A\cos(\omega t + kx + \varphi_0) \tag{9.4.12}$$

该波又称为**左行波**.

(5) 波速为波在介质中传播的速度,它是振动相位在介质中传播的速度,不同于波线上各质元绕平衡位置的振动速度. 波速对于各向同性介质而言是一个常数,而各质元的振动速度和加速度则是时间的函数,为

$$\frac{\partial y}{\partial t} = -A\omega\sin\left[\omega\left(t - \frac{x}{v}\right) + \varphi_0\right] \tag{9.4.13}$$

$$\frac{\partial^2 y}{\partial t^2} = -A\omega^2\cos\left[\omega\left(t - \frac{x}{v}\right) + \varphi_0\right] \tag{9.4.14}$$

(6) 在空间中传播的平面简谐波的运动学方程为

$$\boldsymbol{B}(\boldsymbol{r}, t) = \boldsymbol{A}\cos(\omega t - \boldsymbol{k}\cdot\boldsymbol{r} + \varphi_0)$$

其中,$\boldsymbol{k}$ 为波矢,它是一个矢量,而它的绝对值就是波数.

9.4.4 波动方程和波的传播速度

将波的运动学方程(9.4.2)对时间 t 和空间 x 分别求二阶偏导,可得

$$\frac{\partial^2 y}{\partial t^2} = v^2\frac{\partial^2 y}{\partial x^2} \tag{9.4.15}$$

式(9.4.15)就是 x 方向传播的平面简谐波动所满足的动力学方程,称为**波动方程**,这是一个线性偏微分方程. 本节从动力学角度来分析波动过程,导出该方程,并且求出波速.

1. 弹性棒中纵波的波动方程和波速

设波在其中传播的介质是质量连续分布的弹性棒. 在棒中取横截面坐标为 x 到 $x+\Delta x$ 的一段作为考察对象,如图 9.25 所示. 令棒的截面积为 S,密度为 ρ. 当棒中有纵向扰动传播时,各截面的位移并不相同,棒中发生纵向形变(张变),从而

出现应力(弹性力).所考察的这段棒受到左方介质所施的弹力 $F(x)$ 和右方介质所施弹力 $F(x+\Delta x)$ 的作用,$F(x)$ 由 x 处的相对形变决定.设 x 处的横截面的位移为 y,$x+\mathrm{d}x$ 处的横截面的位移为 $y+\mathrm{d}y$,则 x 处的相对形变为 $\mathrm{d}y/\mathrm{d}x$.根据胡克定律,作用在 x 处横截面上单位面积的正应力 T 与该处纵向相对形变(应变)成正比,即

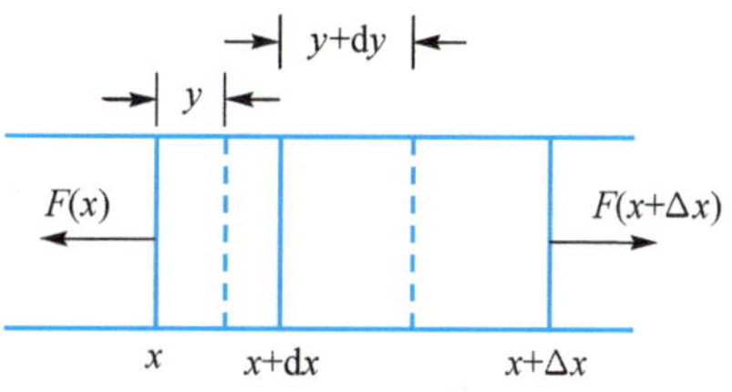

图 9.25 弹性棒中纵波

$$T = Y\frac{\mathrm{d}y}{\mathrm{d}x} \tag{9.4.16}$$

其中,Y 为**杨氏模量(又称弹性模量)**.于是,x 处的弹力为

$$F(x) = SY\frac{\mathrm{d}y}{\mathrm{d}x}\bigg|_x \tag{9.4.17}$$

同理,在 $x+\Delta x$ 处的弹力为

$$F(x+\Delta x) = SY\frac{\mathrm{d}y}{\mathrm{d}x}\bigg|_{x+\Delta x} \tag{9.4.18}$$

当 $\mathrm{d}y/\mathrm{d}x>0$ 时为伸长形变,应力是张力,相应的 $F(x)$ 应取负号,$F(x+\Delta x)$ 应取正号,故所考察的这段棒的运动方程为

$$\rho S\Delta x\frac{\mathrm{d}^2y}{\mathrm{d}t^2} = SY\frac{\mathrm{d}y}{\mathrm{d}x}\bigg|_{x+\Delta x} - SY\frac{\mathrm{d}y}{\mathrm{d}x}\bigg|_x = SY\frac{\mathrm{d}^2y}{\mathrm{d}x^2}\Delta x$$

两边除以 $\rho S\Delta x$,并将求导符号改为求偏导的符号,得

$$\frac{\partial^2 y}{\partial t^2} = \frac{Y}{\rho}\frac{\partial^2 y}{\partial x^2} \tag{9.4.19}$$

与式(9.4.15)比较知,这就是波动方程.于是可知波速为

$$v = v_{\parallel} = \pm\sqrt{\frac{Y}{\rho}} \tag{9.4.20}$$

这就将波速与介质的常量 Y、ρ 联系了起来,Y 反映介质的弹性,ρ 反映介质的惯性.由于所讨论的是纵波,故在 v 旁加了脚标"∥".式(9.4.20)中正号对应于右行波,负号对应于左行波.

2. 横波的传播速度

当介质中有横向扰动传播时,介质发生切向形变,在与波传播方向相垂直的横截面上出现切应力,因而横波的传播速度与介质的切向弹性模量有关,类似于上面的推导,可以求得横波的波速为

$$v = v_{\perp} = \pm\sqrt{\frac{N}{\rho}} \tag{9.4.21}$$

其中,N 为**切变模量**,它是切应力 T 与横向相对形变 $\mathrm{d}y/\mathrm{d}x$ 之比,即

$$T = N\frac{\mathrm{d}y}{\mathrm{d}x} \tag{9.4.22}$$

对于在三维空间中传播的波,若以$\boldsymbol{B}(\boldsymbol{r},t)$表示其振幅矢量,则波动方程为

$$\frac{\partial^2 \boldsymbol{B}}{\partial t^2} = v^2\left(\frac{\partial^2 \boldsymbol{B}}{\partial x^2}+\frac{\partial^2 \boldsymbol{B}}{\partial y^2}+\frac{\partial^2 \boldsymbol{B}}{\partial z^2}\right) \tag{9.4.23}$$

如上所述,由式(9.4.20)和式(9.4.21)知,弹性介质中的波速只与介质的参量有关,而与所传播的简谐波的频率无关.这样的波为**无色散波**.

我们知道,空气中的声波为纵波,其传播速度应由式(9.4.20)求得,空气的杨氏模量Y应为空气的压强p,于是由式(9.4.20)可得声波的速度为

$$v=\sqrt{\frac{p}{\rho}}$$

对于15℃,1atm的空气,$p=10^5\,\mathrm{N\cdot m^{-2}}$,$\rho=1.2\mathrm{kg\cdot m^{-3}}$,代入上式得$v=289\,\mathrm{m\cdot s^{-1}}$,而实验测得的声速约为$340\mathrm{m\cdot s^{-1}}$,相差竟有20%之多!这个矛盾一个世纪内竟无法解释.后来才有人指出,不应该忽略空气在传声中出现体应变,其温度(因而其弹性)有变化的缘故,该问题才告解决.这个问题,我们留待热学中再探讨.

9.4.5 波的能量密度

扰动在介质中传播时,介质各部分发生振动,因而具有动能,同时因为各部分位移不同,介质各组元相对位形发生变化,因而具有势能,扰动由近及远地传播,能量也由近及远地传播,所以波的传播过程也是能量的传播过程.下面,我们以弹性棒中的简谐纵波为例来讨论波的能量,取截面为S、长为Δx的体积元$\Delta\tau=S\Delta x$作为考察对象,设介质的密度为ρ,此体积元在波扰动的某一瞬时的动能为

$$\Delta E_{\mathrm{k}}=\frac{1}{2}(\rho\,\Delta\tau)\left(\frac{\partial y}{\partial t}\right)^2 \tag{9.4.24}$$

为求弹性势能,先考察一段长为L、截面积为S的弹性介质发生形变时具有的弹性势能,该势能就是外力在迫使介质形变的过程中所做的功.在伸长ΔL的过程中,外力F所做的功(即势能)为

$$V=\int_0^{\Delta L}F\mathrm{d}x=\int_0^{\Delta L}YS\,\frac{x}{L}\mathrm{d}x=\frac{YS}{L}\,\frac{(\Delta L)^2}{2}=\frac{1}{2}YSL\left(\frac{\Delta L}{L}\right)^2 \tag{9.4.25}$$

其中,Y为杨氏模量;$\Delta L/L$为相对形变.对我们所考察的体积元来说,相对形变即$\partial y/\partial x$,故所考察体积元的势能为

$$\Delta V=\frac{1}{2}Y\,\Delta\tau\left(\frac{\partial y}{\partial x}\right)^2 \tag{9.4.26}$$

以简谐波运动方程$y=A\cos\omega(t-x/v)$代入,可得

$$\Delta E_{\mathrm{k}}=\frac{1}{2}(\rho\,\Delta\tau)\omega^2A^2\sin^2\left[\omega\left(t-\frac{x}{v}\right)\right] \tag{9.4.27}$$

$$\Delta V=\frac{1}{2}(Y\,\Delta\tau)\,\frac{\omega^2}{v^2}A^2\,\sin^2\left[\omega\left(t-\frac{x}{v}\right)\right] \tag{9.4.28}$$

由于 $v^2=Y/\rho$，故有

$$\Delta E_k=\Delta V=\frac{1}{2}(\rho\,\Delta\tau)\omega^2A^2\,\sin^2\left[\omega\left(t-\frac{x}{v}\right)\right] \tag{9.4.29}$$

机械能为

$$\Delta E=\Delta E_k+\Delta V=(\rho\,\Delta\tau)\omega^2A^2\,\sin^2\left[\omega\left(t-\frac{x}{v}\right)\right] \tag{9.4.30}$$

波的动能和势能都随时间变化，动能最大的时刻势能也最大，动能为零时势能也为零，动能与势能的总和即机械能也随时间变化、波扰动时，介质的势能取决于所考察质元的形变，从如图 9.26 所示的波形曲线可以看出，在 A 处，质点已达最大位移，动能为零，但相邻质点间的相对位移最小，该处质元几乎无形变，故势能也为零；而在 B 处，质点通过平衡位置，速度最大，动能最大，而其时相邻质点间的相对位移最大(最密集)，质元的形变也最大，故势能也最大，C 处与 A 处相仿，D 处与 B 处相仿(但 D 处质点最稀疏).

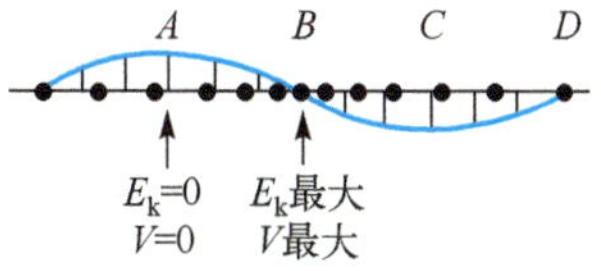

图 9.26　波到达之处动能与势能同相位

这与单个谐振子的情形不同. 单个谐振子的势能最大时动能最小，动能最大时势能最小，两者之和为常量，即机械能守恒. 在波的传播过程中，动能与势能的变化同相位，说明介质的每个质元的机械能并不守恒. 这是因为在波的传播过程中，介质的任一质元与其邻近的质元之间在不断进行能量交换，机械能不守恒正表明波的传播过程也是能量的传播过程.

波的能量与所考察介质质元的体积有关，通常用单位体积的介质所具有的能量，即**能量密度**来表示波的能量在介质中的分布情况. 动能密度和势能密度为

$$\varepsilon_{动}=\varepsilon_{势}=\frac{\Delta V}{\Delta\tau}=\frac{1}{2}\rho\,\omega^2A^2\,\sin^2\omega\left(t-\frac{x}{v}\right) \tag{9.4.31}$$

波的能量密度为

$$\varepsilon=\frac{\Delta E}{\Delta\tau}=\rho\,\omega^2A^2\,\sin^2\omega\left(t-\frac{x}{v}\right)=\rho\,\omega^2A^2\,\sin^2(\omega\,t-kx) \tag{9.4.32}$$

以上虽然只考虑了纵波的情况，但其结论式(9.4.29) ～ 式(9.4.32)对于横波也成立.

单位时间内，波通过与其传播方向相垂直的单位面积的能量称为波的**瞬时能流密度**. 若在某瞬时，以该单位截面为底，以比波长小得多的长度 Δx 为高，取一柱体，则经时间 $\Delta t=\Delta x/v$ 后，柱内各质元的运动状态连同其所携带的波能量全部通过此单位截面，因而瞬时能流密度的大小 i 等于波的能量密度与波速的乘积，即

$$i=\varepsilon\,v$$

由于 ε 与时间和空间位置有关，i 也与时间和空间位置有关. 在确定位置上，i 与时间有关. 由于波的周期通常比人或大多数仪器的反应时间小得多，故常取 i 的时间平均值作为对波的能流的量度，称为平均能流密度，简称**能流密度**，或**波的强度**，用 I 表示. 显然有

$$I=\bar{\varepsilon}\,v=\frac{1}{T}\rho\, v\omega^2A^2\int_0^T\sin^2(\omega t-kx)\mathrm{d}t=\frac{1}{2}\rho\,\omega^2A^2v \tag{9.4.33}$$

能流密度在声学中称为**声强**. 它与频率的平方、振幅的平方成正比. 能流密度表示的是能量的流动，方向沿波的传播方向，它应该是矢量，记为 $\boldsymbol{I}$，即

$$\boldsymbol{I}=\frac{1}{2}\rho\,\omega^2A^2\boldsymbol{v} \tag{9.4.34}$$

能流密度 $\boldsymbol{I}$ 又称为**坡印亭矢量.**

波在单位时间内通过某一面积 S 的平均能量称为波通过该面积的**平均功率**，简称**功率**，用 P 表示. 把 S 看成矢量，令 $\boldsymbol{S}$ 的方向沿其法线方向，则

$$P=\boldsymbol{I}\cdot\boldsymbol{S} \tag{9.4.35}$$

当 S 为任意曲面时，可将 S 分为许多小面元 $\Delta\boldsymbol{S}$，于是

$$P=\sum\boldsymbol{I}\cdot\Delta\boldsymbol{S}=\iint_S\boldsymbol{I}\cdot\mathrm{d}\boldsymbol{S} \tag{9.4.36}$$

波源的功率是对包围波源的闭合曲面的功率

$$P=\oiint_S\boldsymbol{I}\cdot\mathrm{d}\boldsymbol{S} \tag{9.4.37}$$

对球面波，$P=I\cdot4\pi r^2$，由于波源的功率是常量，故对球面波有

$$I=\frac{P}{4\pi r^2}\propto\frac{1}{r^2} \tag{9.4.38}$$

由式(9.4.33)与式(9.4.38)知，对于球面波，有

$$A\propto\frac{1}{r} \tag{9.4.39}$$

我们知道平面简谐波的运动方程为式(9.4.2)，因此球面简谐波的运动方程应为

$$y=\frac{A_0}{r}\cos\left[\omega\left(t-\frac{r}{v}\right)+\varphi_0\right] \tag{9.4.40}$$

式中，A_0、φ_0 分别是 $r=1$ 处的振幅和初相位.

9.5 波在空间中的传播

9.5.1 惠更斯原理

波在行进过程中遇到小孔、障碍物或两种介质的交界面时，会发生衍射、反射、折射等各种情况. 在历史上，曾提出过几种理论来解释这些现象，其中比较成功的

是惠更斯原理. 惠更斯提出：在波的传播过程中，波前上的每一点均可看成一个子波源，在 t 时刻的波前上的这些子波源发出的子波，经 Δt 时间后形成半径为 $v\Delta t$（v 为波速）的球面，在波的前进方向上，这些子波的包迹就成为 $t+\Delta t$ 时刻的新波前，如图 9.27 所示. 这种借助于子波概念解释波前怎样推进的原理叫做惠更斯原理.

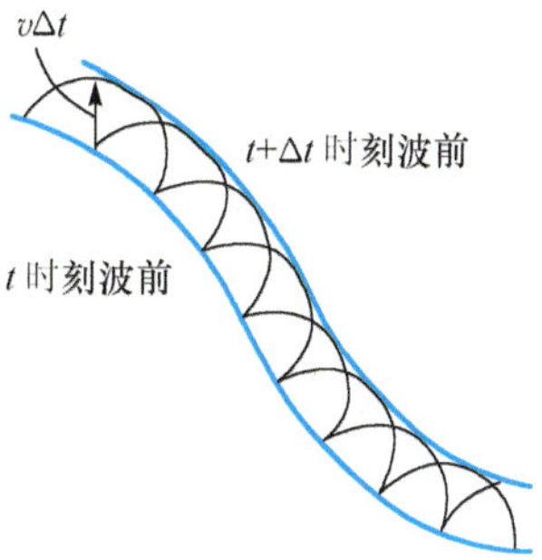

图 9.27　惠更斯原理

上述惠更斯原理，如果不加修饰，不仅给出朝前推进的波前，而且给出倒退的波前. 因此，子波必须修饰为前后不对称的，在正前方最强，在正后方为零，其他方位则强度在这两极端之间. 经过修饰的惠更斯原理不仅能给出波前的推进，而且可以用来计算波强的分布. 而比较严谨的理论是基尔霍夫公式，但其已超出本书范围，将在后续课程中讲述.

9.5.2　波的反射定律

当平面波以入射角 θ（即入射波的波线与界面法线之间的夹角）倾斜地入射到两种介质的交界面 MN 时，如图 9.28 所示，波前 AB 上各点将先后到达交界面，当 A 点到达交界面时，C、B 诸点均尚未到达，A 点先发射子波. 入射波继续前进，于是，C、B 等诸点依次先后到达交界面 MN，并发射子波. 当 B 点到达交界面上 B' 点时，A 点所发子波已到达了 A' 点，C 点所发子波已到达了 C' 点，作出各子波的包络面 $A'B'$，这就是反射波的波前. 反射波的波线叫反射线，反射线与交界面的法线的夹角 θ' 叫做反射角.

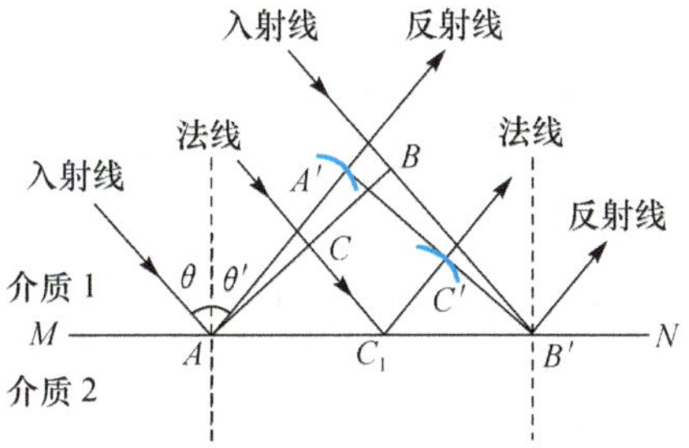

图 9.28　波的反射

由图 9.28 可见，入射线、法线、反射线都在同一平面内. 考察$\triangle ABB'$与$\triangle AA'B'$，由于是在同种介质中传播，$AA'=BB'$，且因为 AB 与 $A'B'$ 都是包络面，故这两个三角形都是直角三角形，于是可知$\triangle ABB'\cong\triangle AA'B'$，即

$$\theta=\theta' \tag{9.5.1}$$

于是我们得到：反射波的波线在入射波的波线与交界面法线所构成的平面（称为入射面）内，且反射角等于入射角. 这称为波的反射定律.

9.5.3　波的折射定律

由图 9.29 可见，在介质 2 中，子波的包络面 $A''B'$ 也是平面，透射波的传播方

向沿 AA''，它也在入射面内，它与交界面法线的夹角为 γ（称该角为折射角），若以 v_1、v_2 分别表示波在介质 1 和 2 中的相速度，由图 9.29 不难看出，γ 满足

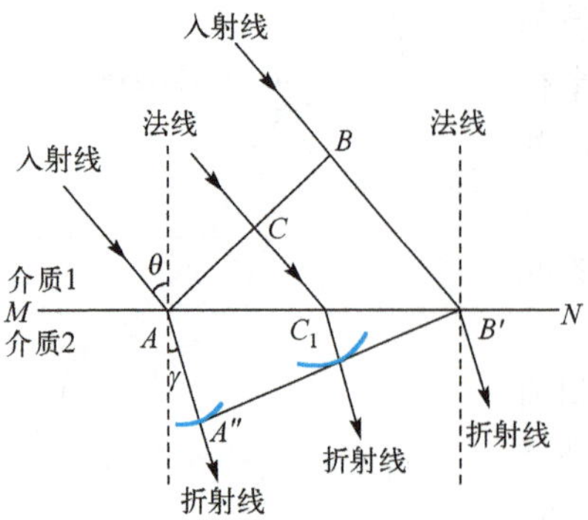

图 9.29　波的折射

$$\frac{\sin\theta}{\sin\gamma}=\frac{AA''}{BB'}=\frac{v_1}{v_2} \tag{9.5.2}$$

即波的入射角正弦与折射角正弦之比等于波在这两种介质中的相速度之比，称为波的**折射定律**，这时的透射波又叫**折射波**. 例如，光从真空进入水中，实验测定折射率为

$$n=\frac{\sin\theta}{\sin\gamma}=\frac{v_1}{v_2}=1.33 \tag{9.5.3}$$

于是可知：$v_2<v_1$，即光在水中的传播速度小于光在空气中的传播速度.

需要注意的是，波被反射或折射后，由于波的传播方向发生了改变，波的传播方向与振动方向的夹角会随之改变，于是纵波可能变成横波或部分纵波部分横波（如果横波可以在介质中传播的话），当然，横波也可能变成纵波或部分横波部分纵波.

9.5.4　波的衍射

设平面波在行进中遇到开有小孔的障碍物，当波前到达孔面时，孔面上各点成为子波源，它们所发子波的包迹不再是平面，在边缘成为球面，使波线偏离原方向而向外延展（图 9.30）. 这就解释了波会绕过障碍物而转弯的衍射现象. 实验表明，当孔的线度可与波长相比拟时，衍射现象明显，孔越小，衍射越严重.

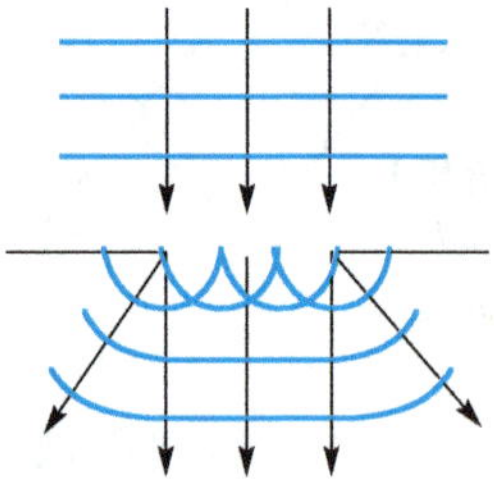
图 9.30　波的衍射

尽管惠更斯原理能定性解释波的衍射、反射和折射现象，但它不能解释为什么孔越小衍射越严重及衍射波的强度分布，也不能得出反射波和折射波相对入射波的强度. 在光学中将对这些问题作更深入的讨论.

9.6　波的叠加

实验表明，当空间同时存在两列或两列以上的波时，每列波在传播中将不受其他波的干扰而保持其原有特性（频率、波长、振幅、振动方向和传播方向）不变，而空间任一点的振动位移则等于各列波单独在该点引起的振动位移的矢量和. 这一表述称为**波的叠加原理**或**惠更斯-菲涅耳原理**.

波为什么可以叠加？这是因为描述波的波动方程(9.4.23)为线性偏微分方程.

9.6.1 波的干涉

介质中同时传播着的两列波相遇时，在它们重叠区域的某些点振动始终加强，某些点振动始终减弱，形成稳定的叠加图样，这种现象称为**波的干涉**. 能产生干涉现象的必要条件称为**波的相干条件**. 满足波的相干条件而能产生干涉现象的两列波称为**相干波**. 产生相干波的波源称为**相干波源**.

如图 9.31 所示，设两波源 S_1 和 S_2 的振动方程各为

$$y_{10} = A_1\cos(\omega t + \varphi_1) \tag{9.6.1}$$

$$y_{20} = A_2\cos(\omega t + \varphi_2) \tag{9.6.2}$$

假定振动的方向都垂直于纸面，由 S_1、S_2 发出的两列波在空间 P 点引起的振动各为

$$y_1 = A_1\cos(\omega t + \varphi_1 - kr_1) \tag{9.6.3}$$

$$y_2 = A_2\cos(\omega t + \varphi_2 - kr_2) \tag{9.6.4}$$

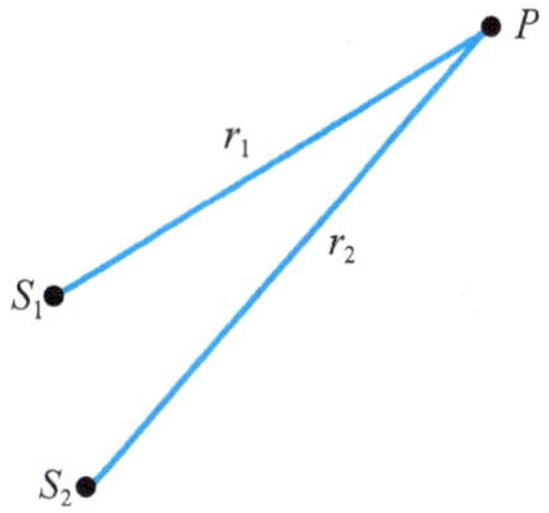

图 9.31 波的干涉

式中，k 为波数；r_1、r_2 分别为 P 点到 S_1、S_2 的距离. 根据波的叠加原理，P 点的合振动为

$$y = y_1 + y_2 = A_1\cos(\omega t + \varphi_1 - kr_1) + A_2\cos(\omega t + \varphi_2 - kr_2) \tag{9.6.5}$$

这是两个同方向、同频率的振动的合成. 根据 9.1.5 节的讨论，当两振动的相位差

$$\Delta = \varphi_1 - \varphi_2 + k(r_2 - r_1) = 2n\pi \quad (n = 0, \pm 1, \pm 2, \cdots) \tag{9.6.6}$$

时，P 点振动的振幅为 $A_1 + A_2$，振动加强，这样的点称为干涉相长点. 当相位差

$$\Delta = \varphi_1 - \varphi_2 + k(r_2 - r_1) = (2n+1)\pi \quad (n = 0, \pm 1, \pm 2, \cdots) \tag{9.6.7}$$

时，P 点振动的振幅为 $|A_1 - A_2|$，振动减弱，这样的点称为干涉相消点. 相位差等于其他值的点的振幅介于 $A_1 + A_2$ 与 $|A_1 - A_2|$ 之间.

要在空间维持稳定的干涉现象，各点的振幅应保持恒定. 由此可知，波的相干条件为：

(1) 两列波具有相同的频率.

(2) 两列波的相位相同，或相位差恒定.

(3) 两列波的振动方向相同.

如果空间存在多个相干波源，也会产生干涉现象. 光学中的多缝干涉就是一例. 这里暂不作讨论.

9.6.2 驻波

当介质中有反向行进的两列同频率、同方向的波存在时，这两列波叠加后也会产生干涉现象. 为简单起见，设弹性弦上传播着具有相同的振幅、相反传播方向的两波，它们的运动方程为

$$y_1 = A\cos(\omega t - kx + \varphi_1) \tag{9.6.8}$$

$$y_2 = A\cos(\omega t + kx + \varphi_2) \tag{9.6.9}$$

式(9.6.8)为右行波，它沿 x 轴正向行进；式(9.6.9)为左行波，它沿 x 轴负向行进. 合成后，弦上的运动成为

$$y=y_1+y_2=2A\cos\left(kx+\frac{\varphi_2-\varphi_1}{2}\right)\cos\left(\omega t+\frac{\varphi_2+\varphi_1}{2}\right) \tag{9.6.10}$$

由式(9.6.10)可见，y 与 t 和 x 的关系分别出现在两个因子中，当 x 不同时，合成波的振幅不同，由因子 $2A\cos[kx+(\varphi_2-\varphi_1)/2]$ 决定，只要 $2A\cos[kx+(\varphi_2-\varphi_1)/2]$ 不变符号，不同 x 处的合成振动的相位都是 $\omega t+(\varphi_1+\varphi_2)/2$，这些点的振动相位仅随 t 增加，不再随 x 的增加而减少，亦即不呈现相位在空间的传播，仅在 $\cos[kx+(\varphi_2-\varphi_1)/2]$ 异号时，相位才发生 π 的变化，因此，合成波实际上是一种振动，不再是振动的传播，称这种特殊的波为**驻波**. 以前我们讨论的相位逐点传播的波，可以称为**行波**. 驻波中，振动的振幅在空间有一定的分布规律：

(1) 当 $kx+\dfrac{\varphi_2-\varphi_1}{2}=n\pi\quad(n=0,\pm1,\pm2,\cdots)$，即

$$x=\frac{n\pi}{k}-\frac{\varphi_2-\varphi_1}{2k}=\frac{n\lambda}{2}-\frac{\lambda}{2\pi}\frac{\varphi_2-\varphi_1}{2}\text{ 时，}\quad\left|\cos\left(kx+\frac{\varphi_2-\varphi_1}{2}\right)\right|=1$$

若振幅最大，这种位置称为**波腹**，这时质点的振幅为分波振幅的两倍. 相邻波腹的距离为 $\lambda/2$.

(2) 当 $kx+\dfrac{\varphi_2-\varphi_1}{2}=n\pi+\dfrac{\pi}{2}\quad(n=0,\pm1,\pm2,\cdots)$，即

$$x=\frac{(2n+1)\pi}{2k}-\frac{\varphi_2-\varphi_1}{2k}=\frac{(2n+1)\lambda}{4}-\frac{\lambda}{2\pi}\frac{\varphi_2-\varphi_1}{2}\text{ 时，}\quad\left|\cos\left(kx+\frac{\varphi_2-\varphi_1}{2}\right)\right|=0$$

若振幅为零，这种位置称为**波节**. 相邻波节的距离也为 $\lambda/2$.

驻波可以用波形曲线具体地表示出来，如图 9.32 所示.

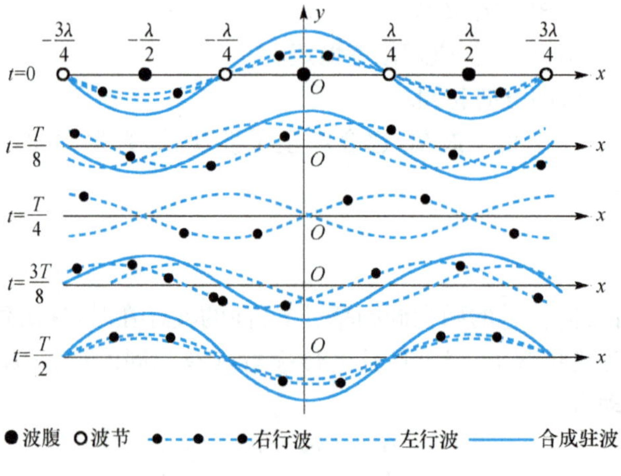

图 9.32　驻波波形与时间的关系

行波在传播过程中如遇到端点，会发生反射，设入射波 $y_1=A\cos(\omega t-kx)$，端点为 $x=l$，如反射波振幅不变，有以下两种情况.

(1) 对自由端点，反射波为 $y_2=A\cos[\omega t-k(2l-x)]=A\cos(\omega t+kx-2kl)$，合成的驻波为 $y=y_1+y_2=2A\cos(kx-kl)\cos(\omega t-kl)$，端点 $x=l$ 为波腹.

(2) 对固定端点，反射波应为 $y_2=A\cos(\omega t+kx-2kl-\pi)$，合成的驻波为 $y=y_1+y_2=2A\cos(kx-kl-\pi/2)\cos(\omega t-kl-\pi/2)$，端点 $x=l$ 为波节，我们称波在端点具有半波损失.

如正向传播的波和反向传播的波振幅不等，仍然合成驻波，但波节的振幅不为零而是两列波振幅之差的绝对值.

和横波一样，纵波也可以形成驻波. 在纵驻波中，波节两边的质点在某一时刻涌向波节，使波节附近成为质点密集区，半周期后，又向两边散开，使波节附近成为质点稀疏区，相邻波节附近质点的密集和稀疏情况正好相反.

9.6.3 非相干波的叠加 波的群速度

设有两列在空间行进的波，它们均沿 x 方向传播. 为了讨论方便，可设振幅相等，即这两列波为

$$A\cos(\omega_1 t-k_1 x+\varphi_1) \quad 和 \quad A\cos(\omega_2 t-k_2 x+\varphi_2) \tag{9.6.11}$$

它们的角频率不同，分别为 ω_1 和 ω_2，但假设它们传播的速度(相位传播速度，即相速)相同，为 v，一路上两列波叠加为

$$\begin{aligned}&A\cos(\omega_1 t-k_1 x+\varphi_1)+A\cos(\omega_2 t-k_2 x+\varphi_2)\\&=A\cos\left[\omega_1\left(t-\frac{x}{v}\right)+\varphi_1\right]+A\cos\left[\omega_2\left(t-\frac{x}{v}\right)+\varphi_2\right]\\&=2A\cos\left[\frac{\omega_1-\omega_2}{2}\left(t-\frac{x}{v}\right)+\frac{\varphi_1-\varphi_2}{2}\right]\cos\left[\frac{\omega_1+\omega_2}{2}\left(t-\frac{x}{v}\right)+\frac{\varphi_1+\varphi_2}{2}\right]\end{aligned} \tag{9.6.12}$$

将式(9.6.12)与 9.1.5 节的式(9.1.28)作一比较，相当于将式(9.1.28)中的 t 换成了 $t-x/v$. 这说明，这样两列传播方向相同、波速相同、频率不同的波相加，波线上每一点的振动情况都相同，即相同的拍频振动以速度 v 沿 x 方向传播，或用无线电学中的术语，即得到以速度 v 沿 x 方向传播的调制波. 而且在空间移动中，合成波与各分波以相同速率前进，调制波也以此速率前进. 这个速率等于每一个波的相速，即

$$v_{拍}=\frac{\omega}{k} \tag{9.6.13}$$

现在考虑较复杂的情况. 若存在色散，即波速随频率不同而有所不同，反映在波的角频率 ω 与波数 k 之间，关系不再那样简单. 设两列波的波速有关系

$$v_1=\frac{\omega_1}{k_1},\qquad v_2=\frac{\omega_2}{k_2},\qquad 但\ v_1\neq v_2 \tag{9.6.14}$$

即不管是否存在色散，每一个确定频率的波的相速表达式仍如方程(9.4.7)所示.

作为复杂情况的一个例子是,对于深水的水面波

$$\omega^2 = gk + \frac{T}{\rho}k^3 \tag{9.6.15}$$

式(9.6.15)称为色散关系.其中,g 为重力加速度;T 为水的表面张力系数,取值约为 $7.2\times10^{-2}\mathrm{N\cdot m^{-1}}$(表面张力系数是指水的表面上每米长的直线两侧互相拉紧的力);ρ 为水的密度,取值为 $10^3\mathrm{kg\cdot m^{-3}}$.由此得到相速

$$v = \frac{\omega}{k} = \sqrt{\frac{g}{k} + \frac{T}{\rho}k} \tag{9.6.16}$$

与 k 有关,因而深水的水面波是色散波.

现在再作两列色散波的叠加,即

$$\begin{aligned} &A\cos(\omega_1 t - k_1 x + \varphi_1) + A\cos(\omega_2 t - k_2 x + \varphi_2) \\ &= 2A\cos\left(\frac{\omega_1 - \omega_2}{2}t - \frac{k_1 - k_2}{2}x + \frac{\varphi_1 - \varphi_2}{2}\right)\cos\left(\frac{\omega_1 + \omega_2}{2}t - \frac{k_1 + k_2}{2}x + \frac{\varphi_1 + \varphi_2}{2}\right) \end{aligned} \tag{9.6.17}$$

式(9.6.17)虽然与式(9.6.12)相似,合成波也是沿 x 方向传播的调制波,但是由于原来的两列波的传播速度不同,合成波包络线的传播速度既不是 v_1 也不是 v_2.合成波包络线的传播速度代表信号的传播速度,我们称其为**群速度**.下面我们来求群速度,合成波包络线为

$$2A\cos\left(\frac{\omega_1 - \omega_2}{2}t - \frac{k_1 - k_2}{2}x + \frac{\varphi_1 - \varphi_2}{2}\right) \tag{9.6.18}$$

群速度可以认为是该包络线峰值的传播速度,在 t 时刻其峰值位于 x,且有关系

$$\frac{\omega_1 - \omega_2}{2}t - \frac{k_1 - k_2}{2}x + \frac{\varphi_1 - \varphi_2}{2} = 2n\pi \tag{9.6.19}$$

其中,n 为任意整数.对式(9.6.19)微分,得

$$\frac{\omega_1 - \omega_2}{2}\mathrm{d}t - \frac{k_1 - k_2}{2}\mathrm{d}x = 0 \tag{9.6.20}$$

则可求得群速度 v_g 为

$$v_g = \frac{\mathrm{d}x}{\mathrm{d}t} = \frac{\omega_2 - \omega_1}{k_2 - k_1}$$

当两列波的频率差无限小时,波数差也无限小,在此极限情况下有

$$v_g = \frac{\mathrm{d}\omega}{\mathrm{d}k} \tag{9.6.21}$$

为了和波的群速度区别,我们将波的相速度记为 v_p,即

$$v_p = \frac{\omega}{k} \tag{9.6.22}$$

利用 $\omega = kv_p$,$k = 2\pi/\lambda$,代入式(9.6.21),可得

$$v_g = v_p + k\frac{dv_p}{dk} = v_p - \lambda\frac{dv_p}{d\lambda} \tag{9.6.23}$$

式(9.6.23)就是著名的瑞利群速公式. 由式(9.6.23)可以判定

$$\frac{dv_p}{d\lambda} = 0,\qquad v_g = v_p,\qquad \text{无色散}$$

$$\frac{dv_p}{d\lambda} > 0,\qquad v_g < v_p,\qquad \text{正常色散}$$

$$\frac{dv_p}{d\lambda} < 0,\qquad v_g > v_p,\qquad \text{反常色散}$$

对这种相速与群速的区别大致可以作一些直观的理解,两列波在空间以略微不同的频率传播,由于相速稍有不同,于是就产生了某种新的情况. 假设我们处在其中一列波上去观察另一列波,如果这两列波的速率相同,那么看到的另一列波是静止的;若处在一列波的波峰上,而另一列波也正好是波峰,两者重叠在一起,在静止参考系中看到重叠处以原有的波速前进,这就是我们一开始分析的情况. 现在,两列波速率略有不同,若仍处在一列波的波峰上,就会看到另一列波的波峰缓慢地向前(或向后)移动. 这导致合成波的包络在两列波行进时以不同的速率前进. 反映调制信号的包络的速度就是群速度.

9.7 多普勒效应

一辆汽车在我们身旁急驰而过,车上喇叭的音调有一个从高到低的突然变化;站在铁路旁边听列车的汽笛声也能够发现,列车迅速迎面而来时音调比静止时高,而列车迅速离去时则音调比静止时低. 此外,若声源静止而观察者运动,或者声源和观察者都运动,也会发生收听频率和声源频率不一致的现象. 这种现象称为多普勒效应.

下面推导多普勒频移的公式. 为了简单,先讨论波源 S 或观察者 D 的运动都在波源与观察者的连线上运动,并以 v_D 表示观察者相对介质的速度,以趋近波源为正;以 v_S 表示波源相对介质的速度,以趋近观察者为正;介质中的波速为 V.

9.7.1 波源静止,观察者运动

如图 9.33 所示,静止点波源发出的球面波波面是同心的,若观察者以速度 v_D 向波源运动,则波动相对于观察者的传播速度变为 $V'=V+v_D$. 于是观察者感受到的频率为

$$\nu' = \frac{V'}{\lambda} = \frac{V+v_D}{\lambda} \tag{9.7.1}$$

故它与波源频率 ν 之比为

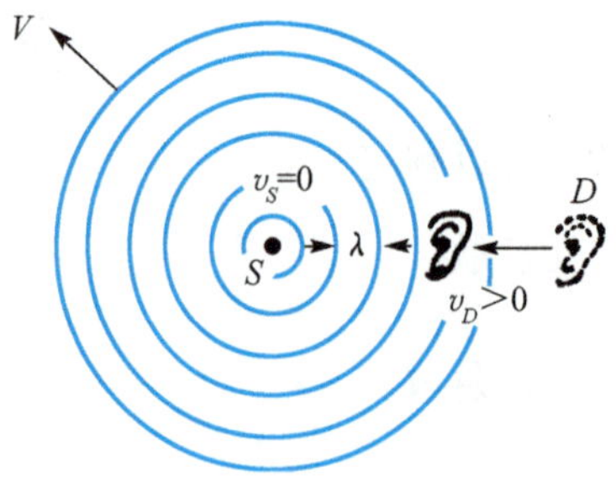

图 9.33 观察者朝波源运动使接收频率变高

$$\frac{\nu'}{\nu}=\frac{V+v_D}{V} \tag{9.7.2}$$

式中，v_D 可正可负，当 $v_D<0$ 时表示观察者向离开波源的方向运动.

9.7.2 波源运动，观察者静止

如图 9.34 所示，若波源以速度 v_S 向着观察者运动，它发出的球面波波面不再同心. 由于波源的运动，波长将缩短. 当波源静止时，相邻两相位相等的等相面之间的距离为 λ. 波源运动时，当第一个等相面自波源发出后，该面即以速度 V 向前行进，在第二个同相位的等相面发出时，波源已向前移动了 $v_S T$ 的距离，而这时第一个等相面已向前行进 $VT=\lambda$ 的距离，结果两同相位等相面之间的距离变为 $\lambda-v_S T$，此即现在的波长 λ'，故

$$\lambda'=\lambda-v_S T \tag{9.7.3}$$

如图 9.34 所示，于是观察者接收到的频率为

$$\nu'=\frac{V}{\lambda'}=\frac{V}{\lambda-v_S T}=\frac{V}{(V-v_S)T}=\frac{V\nu}{V-v_S}$$

故它与波源频率 ν 之比为

$$\frac{\nu'}{\nu}=\frac{V}{V-v_S} \tag{9.7.4}$$

式中，v_S 可正可负，当 $v_S<0$ 时表示波源向离开观察者的方向运动.

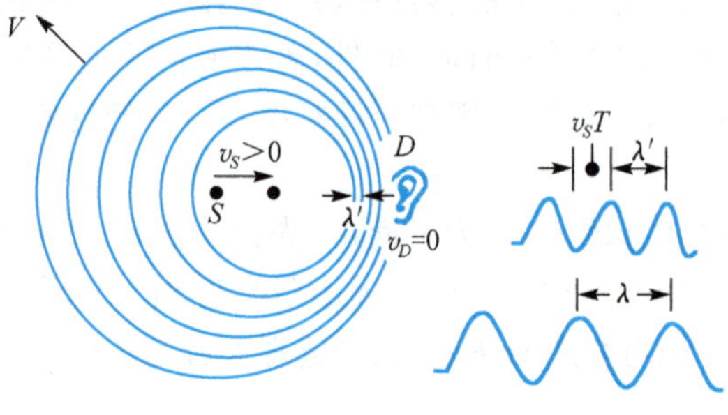

图 9.34 波源朝观察者运动使波长缩短

9.7.3 波源和观察者都运动

这时 $v_S\neq0$，$v_D\neq0$，只要把上述两种情况结合起来，即可得波源和观察者都运动时观察者接收到的频率 ν' 与波源频率 ν 之比为

$$\frac{\nu'}{\nu}=\frac{V+v_D}{V-v_S} \tag{9.7.5}$$

机械波总在一定的介质中传播，上面所说的静止和运动都是相对于介质而言的，在这里波源速度 v_S 和观察者速度 v_D 在公式里的地位不对称. 多普勒效应不限于机械波，对于真空中的电磁波（光波），由于光速 c 与参考系无关，多普勒效应的公式中只出现观察者对波源的相对速度 v（设相互靠近时 v 为正，相互远离时 v 为负），按照（狭义）相对论，多普勒效应的公式为

$$\frac{\nu'}{\nu}=\sqrt{\frac{c+v}{c-v}}=\sqrt{\frac{1+\beta}{1-\beta}} \tag{9.7.6}$$

其中，$\beta=v/c$.

通过天文观测，人们发现，来自遥远星系的光，其光谱可与地面光源的光谱相比，但前者显著地偏于红的方面，即是说偏于低频方面，这叫做**红移**. 一般认为红移是一种多普勒效应，就是说，这些遥远星系正在离我们而去，因而频率显得偏低. 天文学观测还发现越是远的星系离开我们的速度越大，离开的速度 v 正比于它和我们的距离 r，即

$$v=ar \qquad (a^{-1}\approx 6\times 10^{17}\,\mathrm{s}\approx 2\times 10^{10}\,\mathrm{a})$$

上式可用一种“大爆炸学说”解释. 这种学说认为，我们的宇宙是从一次“大爆炸”发展出来的，这次“大爆炸”大约发生在 2×10^{10} 年以前，速度为 v 的星系在这 2×10^{10} 年里共移动 $r=a^{-1}v$ 的距离，这就是上面那个公式.

目前，多普勒效应已在科学研究、工程技术、交通管理、医疗诊断等方面有着十分广泛的应用. 例如，分子、原子和离子由于热运动产生的多普勒效应使其发射和吸收的谱线增宽，在天体物理和受控热核聚变实验装置中谱线的多普勒增宽已成为一种分析恒星大气、等离子体物理状态的重要测量和诊断手段. 基于反射波多普勒效应的原理，雷达系统已广泛地应用于车辆、导弹、人造卫星等运动目标速度的监测. 在医学上所谓“D 超”，是利用超声波的多普勒效应来检查人体内脏、血管的运动和血液的流速、流量等情况. 在工矿企业中则利用多普勒效应来测量管道中有悬浮物液体的流速.

9.7.4 一般情况

现在来考虑波的传播方向、波源速度、观察者速度三者不共线的一般情况. 如图 9.35 所示，这时从波源 S 到观察者 D 的传播方向随时在改变，我们必须讨论瞬时过程. 设波源在时刻 $t=t_0$ 和 $t=t_0+\mathrm{d}t$ 的位置分别为 S 和 S'，相位分别为 φ 和 $\varphi+\mathrm{d}\varphi$，其中相位的增量为 $\mathrm{d}\varphi=2\pi\nu\mathrm{d}t$. 相位 φ 由波源 S 传播到观察者时，它的位置在 D；相位 $\varphi+\mathrm{d}\varphi$ 由波源 S' 传播到观察者时，它的位置在 D'. 观察者从 D 走到 D' 所用的时间 $\mathrm{d}t'$ 和他感受到的频率 ν' 与 $\mathrm{d}t$ 和 ν 是不一样的，但相位增量 $\mathrm{d}\varphi$ 一样，即

$$\mathrm{d}\varphi=2\pi\nu\,\mathrm{d}t=2\pi\nu'\mathrm{d}t'$$

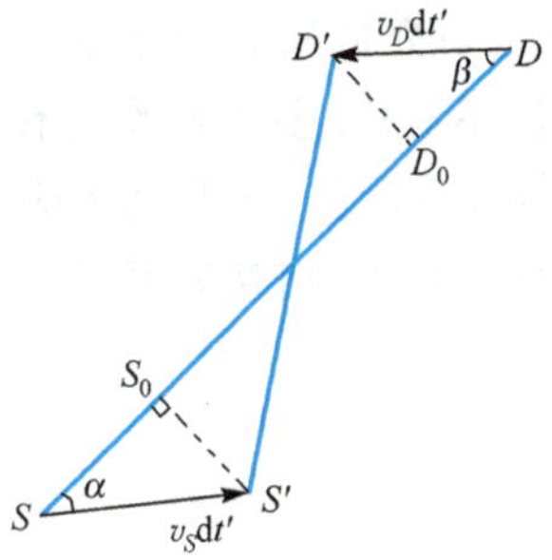

图 9.35　多普勒效应

相位 φ 从波源 S 传播到观察者的位置 D 的时刻为 $t=t_0+\overline{SD}/V$，相位 $\varphi+\mathrm{d}\varphi$ 由波源 S' 传播到观察者的位置 D' 的时刻为 $t=t_0+\mathrm{d}t+\overline{S'D'}/V$. 二者之差即

$$\mathrm{d}t'=\mathrm{d}t+\frac{\overline{S'D'}-\overline{SD}}{V} \tag{9.7.7}$$

如图 9.35 所示，从 S'、D' 作 SD 的垂线，令相应的垂足分别为 S_0、D_0. $\overline{S_0D_0}$ 与 $\overline{S'D'}$ 的长度相差高阶无穷小量，可认为二者相等，于是

$$\overline{SD}-\overline{S'D'}=\overline{SD}-\overline{S_0D_0}=\overline{SS_0}+\overline{DD_0}=\overline{SS'}\cos\alpha+\overline{DD'}\cos\beta \tag{9.7.8}$$

式中，α 是 $\overline{SS'}$ 与 $\overline{SD}$ 之间的夹角；β 是 $\overline{DD'}$ 与 $\overline{DS}$ 之间的夹角. 因 $\overline{SS'}=v_S\mathrm{d}t$，$\overline{DD'}=v_D\mathrm{d}t'$，由式(9.7.7)和式(9.7.8)得

$$\mathrm{d}t'=\mathrm{d}t-\frac{v_S\cos\alpha}{V}\mathrm{d}t-\frac{v_D\cos\beta}{V}\mathrm{d}t'$$

于是

$$\frac{\nu'}{\nu}=\frac{\mathrm{d}t}{\mathrm{d}t'}=\frac{V+v_D\cos\beta}{V-v_S\cos\alpha} \tag{9.7.9}$$

这便是多普勒效应的普遍公式. 不难看出，当 α、β 等于 0 或 π 时，式(9.7.9)过渡到共线情形的公式(9.7.5)；再令 v_D 或 $v_S=0$，则进一步过渡到式(9.7.4)或式(9.7.2). 从式(9.7.9)可知，对于机械波，只有纵向运动(即平行于波源和观察者连线的运动)具有多普勒效应，横向运动没有多普勒效应.

9.7.5　马赫锥

图 9.36 是一系列运动点波源的波面图. 其中，在图(a)中波源静止，波面是同心的；在图(b)中波源在运动，但其速度小于波速，波面的中心错开了，产生多普勒效应. 在图(c)中波源的速度趋于波速，所有波面在一点相切，频率 $\nu'\to\infty$；在图(d)中波源的速度超过了波速，波面的包络面呈圆锥状，称为**马赫锥**. 由于在这种情况下波的传播不会超过运动物体本身，马赫锥面是波的前缘，其外没有扰动波及. 这种形式的波动叫做**冲击波**. 令马赫锥的半顶角为 α，由图 9.36 可以看出

$$\sin\alpha=\frac{V}{v_S} \tag{9.7.10}$$

量纲为 1 的参数 v_S/V 叫做**马赫数**，它是空气动力学中一个很有用的参数.

冲击波的例子是很多的，例如，子弹掠空而过发出的呼啸声、超声速飞机发出震耳的裂空之声，都是这种波. 由于水波的传播速度较小，船速很易超过它，因而这种现象在水面上很易观察到. 这时，由波前包迹所造成的波叫艏波，当带电粒子在

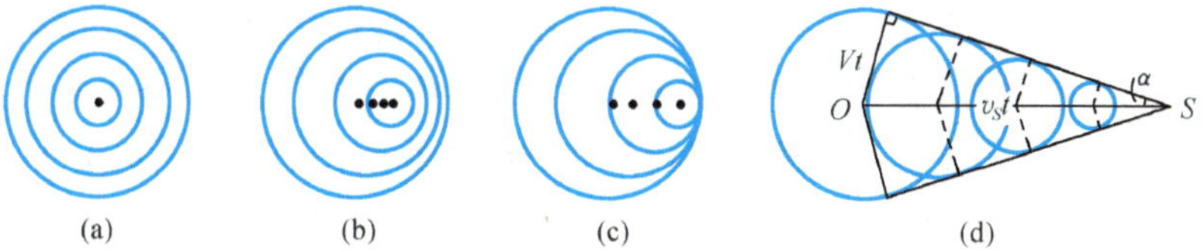

图 9.36　一系列运动点波源的波面图

介质中以大于介质中光速的速度运动时，相应的波前包迹所造成的波形成切连科夫辐射. 利用切连科夫辐射原理制成的切连科夫计数器，可以探测高能粒子的速度，已广泛应用于实验高能物理学中.

*9.8　拓展阅读：非线性波简介

非线性波的波动方程是非线性的，其最突出的物理性质是不遵守叠加原理的，非线性波的传播速度不仅与介质的性质有关，而且与振动状态有关.

在前面关于弹性介质中的波的讨论中，我们假定介质中的恢复力与介质的形变成正比，即认为介质的弹性模量是恒量. 这个假定导致了介质中的波动方程是线性方程，线性波动方程的解是线性波，在均匀介质内各处，线性波的传播速度相同. 实际的介质，不论固体、液体还是气体，它们的力学方程和状态方程都具有非线性项. 在波的振幅较小的条件下，非线性项很小，可以忽略，波动方程才呈现线性；当波的振幅较大时，非线性项的作用不能忽略，计入非线性项后的波动方程是非线性方程. 非线性效应导致介质中各点的波速不尽相同，它与质元的位移有关，位移大处的波速与位移小处的波速不同，位移为正处的波速与位移为负处的波速亦可以不同. 介质中各点的波速不同导致波形随着传播距离的增加而发生越来越大的畸变，原来的正弦波在传播一定距离后可能变成锯齿形波. 简谐波变成非简谐波，也就是原来的具有单一频率的波动变成了含有各次高频谐波的混合波，简谐波的能量将分配成各高频谐波的能量，随着传播过程的进行，高频谐波将积累增强，从而形成激波. 如果介质有耗散，则在波的传播过程中，波能被介质吸收，而介质对波能的吸收通常随着波的频率增高而增大. 介质的非线性效应使波的能量向高次谐波转移并被介质吸收而耗散掉.

非线性效应还导致叠加原理失效，同时平行地向前传播的两个同频率的声波，由非线性效应而产生组合频率的声波. 两个频率为 ν_1 和 ν_2 的载波在流体中传播时会产生频率为 $\nu_1-\nu_2$ 的差频波. 差频波的指向性非常强，而流体的吸收作用又把载频、和频等其他高频波分别滤去，留下的则主要是差频波.

有一种特殊的非线性波叫做孤立波，又称孤波，它本是在水面上传播的一种具有特殊性质的波动，其形状是一个孤立的波峰，在传播过程中形状保持不变. 这与一般的水波很不相同，由于色散，一般的水波在传播过程中，波形会逐渐弥散而消失. 首先观察到孤波的是英国科学家斯科特-罗素(Scott Russel)，1834 年 8 月，他在一条运河的岸边看到了下述现象：有一条船被两匹马拉着在狭窄的运河中快速行驶，当船突然停止时，被船带动的水流继续运动着，在船头附近激起了波浪，然后此波浪突然离开船头快速滚动传播开去，形成一个孤立的形状圆滑的波峰，其高度为 1～1.5 英尺①，长约 30 英尺. 该孤立波的速度是每小时 8～9 英里②，它在河中传播时一直保持着原来的形状，其运行速度亦不减缓. 他骑马沿河岸追随着此孤立波走了 1～2 英里. 最后，当运河转了几个弯后，此波才逐渐消失. 后来他还在浅水槽中做了实验，也能激发起这种孤立波.

孤立波是介质对大振幅波的非线性效应和介质的色散效应共同影响下形成的一种特殊波. 介质的色散使叠加成脉冲波的各不同频率的简谐成分具有不同的传播速度，从而导致孤立的脉冲在传播过程中变形；介质的非线性效应使脉冲中的低频成分的能量向高频成分转移，结果也导致孤立脉冲在传播过程中变形. 在一定的条件下，色散效应和非线性效应所产生的影响相互抵消时，波峰的形状在传播过程中保持不变，便形成孤波.

D. Korteweg 和 G. de Vrise 在 1895 年根据流体力学研究了浅水槽中水的运动过程，得出浅水波的动力学方程为

$$\frac{\partial y}{\partial t}+y\frac{\partial y}{\partial x}+\beta\frac{\partial^3 y}{\partial x^3}=0 \tag{9.8.1}$$

称为 KdV 方程，其中，$\beta\neq 0$ 为常数. 下面我们寻找该方程的行波解(平面波解). 如果该方程中的第二项为零，方程即

$$\frac{\partial y}{\partial t}+\beta\frac{\partial^3 y}{\partial x^3}=0 \tag{9.8.2}$$

这是一个线性方程. 若以行波解

$$y=f(\omega t-kx) \tag{9.8.3}$$

代入，其中，f 是任意三阶可微函数，可得色散关系

$$\omega=\beta k^3 \tag{9.8.4}$$

表明波的传播速度与波长有关，故 $\beta\partial^3 y/\partial^3 x$ 代表了介质的色散. 如果方程(9.8.1)中的第三项为零就是非线性的波动方程，为

$$\frac{\partial y}{\partial t}+y\frac{\partial y}{\partial x}=0 \tag{9.8.5}$$

该方程有行波解

---

① 1 英尺=0.3048 米.

② 1 英里=1.609344 千米.

$$y = f(x - yt) \tag{9.8.6}$$

即波的传播速度与振幅有关，当然波在传播过程中也会不断变形. 但是若方程(9.8.1)中的第二、三项同时存在，对于特定的行波，非线性效应和色散效应对波传播的扭曲作用会相互抵消，而使波峰的形状在传播过程中保持不变，形成孤波.

对于式(9.8.1)，我们可以找到一个行波的特解为

$$y = 3v\,\mathrm{sech}^2\left[\sqrt{\frac{v}{4\beta}}(x - vt)\right] \tag{9.8.7}$$

其中，sech 是双曲函数的正割. 式(9.8.7)代表一个孤立波峰，波峰的中心高度为 $3v$，波的传播速度为 v. 随着离开中心处距离的增加，波的幅度按指数衰减，波幅中心处的位置为 $x = vt$. 在传播过程中，波形不变. 犹如在无色散的线性介质中传播的脉冲波一样. 孤立波的性质可以归纳如下：

(1)孤立波的波形定域在空间有限的范围内，通常称这一性质为**定域性**.

(2)孤立波在传播过程中的形状保持不变，通常称这一性质为**稳定性**.

(3)如果两孤立波相碰撞后又分开，则每个孤立波仍保持其原来的形状并按原来的速度继续各自传播，这样的性质通常称为**完整性**.

孤立波具有的定域性、稳定性和完整性与粒子的性质十分相似. 对于粒子，其质量和能量都分布在粒子所占的空间，相当于孤立波的定域性；粒子在不受外界的作用时，其形状和速度不会改变，相当于孤波的稳定性；粒子在弹性碰撞后，其形状不改变，与孤波的完整性相当. 如果某种孤波，不但具有定域性、稳定性，而且有完整性，则称这种孤波为**孤子**或**孤立子**，而把只有定域性、稳定性，没有完整性的波称为孤波. 但需指出，孤立子和孤波的这种区分并不十分严格，许多文献和书中，把只有定域性和稳定性的孤波也称为孤子. 近年来，在各种不同的学科领域中，从理论上和实验上都出现孤子这种运动形态，大至宇宙中的涡旋星云，小到微观的基本粒子，在一定程度上都有孤子的性质. 在宏观领域中，孤子更为常见. 例如，激光在介质中的自聚焦、等离子体中的声波和电磁波、流体中的涡旋、晶体中的位错、超导体中的磁通量、神经系统中信号的传递，等等.

*第 10 章 流体力学

流体力学研究流体(气体与液体)的宏观运动与平衡,它以流体宏观模型作为基本假说.

显然,流体的运动取决于每个粒子的运动,但若求解每个粒子的运动既不可能也无必要.对于宏观问题,必须在微观与宏观之间建立一座桥梁.

流体宏观模型认为流体是由无数流体元(或称流体微团)连续地组成的(即连续介质).所谓流体元指的是这样的小块流体:它的大小与放置在流体中的实物比较是微不足道的,但比分子的平均自由程却要大得多,它包含足够多的分子,能施行统计平均求出宏观参量,少数分子出入于流体元不会影响稳定的平均值.另外,对于进行统计平均的时间也应选得足够大,使得在这段时间内,微观的性质如分子间的碰撞等已进行了许多次,在这段时间内进行统计平均能够得到稳定的数值.上述微观上充分大、宏观上充分小的流体元称为**流体质点**,将流体运动的空间看成是由流体质点连续地无空隙地充满着的假设称为**连续介质假设**.应该指出,有了此假设才能把一个微观问题化成宏观问题,且数学上容易处理.实验和经验也表明在一般情况下这个假设总是成立的.

但是在某些特殊问题中,连续介质的假设也可以不成立.例如,在稀薄气体力学中,分子间的距离很大,它能和物体的特征尺度比拟,这样虽然获得稳定平均值的流体元还是存在的,但是不能将它看成一个质点.又如考虑激波内的气体运动,激波的尺寸与分子平均自由程同阶,激波内的流体只能看成分子而不能当成连续介质来处理.

10.1 流体的基本性质

流体的基本性质主要是易流动性、黏性及压缩性.现分别说明之.

10.1.1 易流动性

流体在静止时不能承受切向应力,不管多小的切向应力,都会引起其中各流体元彼此间的相对位移,而且取消力的作用后,流体元之间并不恢复其原有位置.正是流体的这一基本特性使它能同刚体和弹性体区别开.刚体和弹性体也是连续介质,只是刚体中质点之间的相互距离(不论其上作用的外力如何)将保持不变;而在弹性体中，当作用力在数值上不超过某一界限时，系统中各点间的相互距离可以改变，但消除了力的作用之后，各点又趋于恢复到平衡位置. 相反，流体能够有任意大的变形. 因此，流体在静止时只有法应力而没有切应力. 流体的这个宏观性质称为易流动性.

10.1.2 黏性

流体在静止时虽然不能承受切应力，但在运动时，对相邻两层流体间的相对运动即相对滑动是有抵抗的，这种抵抗力称为黏性应力，流体所具有的这种抵抗两层流体相对滑动的性质称为黏性. 黏性大小依赖于流体的性质，并显著地随温度而变化. 实验表明，黏性应力的大小与黏性及相对速度成正比. 当流体的黏性较小，运动的相对速度也不大时，所产生的黏性应力相比其他类型的力(如惯性力)可忽略不计. 此时，我们可以近似地把流体看成是无黏性的，这样的流体称为理想流体. 十分明显，理想流体对于切向变形没有任何抗拒能力. 于是我们将流体分成理想流体和黏性流体两大类. 应该强调指出，真正的理想流体在客观实际中是不存在的，它只是客观流体在某种条件下的一种近似模型.

除了黏性外，流体还有热传导及扩散等性质.

流体的宏观性质，如扩散、黏性、热传导等是分子输运性质的统计平均. 由于分子的不规则运动，各层流体间将交换质量、动量和能量，使不同流体层内的平均物理量均匀化，这种性质称为分子运动的输运性质. 质量输运在宏观上表现为扩散现象，动量输运表现为黏性现象，能量输运则表现为热传导现象.

10.1.3 压缩性

流体质点的体积或密度会随压力或温度的改变而改变，这个性质称为压缩性. 真实流体都是可以压缩的，它的压缩程度依赖于流体的性质及外界的条件. 在通常的压力或温度下，液体的压缩性很小. 例如，在 500atm 下，每增加一个大气压，水的体积减少量不到原体积的两万分之一. 在同样的条件下，水银的体积减少量不到原体积的百万分之四. 在通常的压力和温度下，液体的压缩量很小，可以不计液体的压缩性；在压强、温度变化很大的特殊情况下，例如，研究水中爆炸问题，必须考虑液体是可压缩的. 气体的可压缩性表现得十分明显，例如，用不大的力推动活塞就可使气缸内的气体明显压缩. 但在可流动的情况下，有时也把气体视为不可压缩的，这是因为气体密度小，在受压时体积还未来得及改变就已快速地流动并迅速达到密度均匀. 物理上常用马赫数 M 来判定可流动气体的压缩性，其定义为 $M=$流速/声速，若 $M\ll1$，可视气体为不可压缩的. 由此看出，当气流速度比声速小许多时可将气体视为不可压缩的，而当气流速度接近或超过声速时应将气体视为可压缩的. 在实际问题中若不考虑流体的可压缩性，可将流体抽象成不可压缩流体这一理想模型. 严格说来，不可压缩流体并不存在.

10.2 流体运动学

10.2.1 流体运动分类

流体流动的分类有许多种，这里介绍经常遇到的几种.

稳定流动:流体内任何一点的物理量不随时间变化的流动称为稳定流动，这意味着稳定流动过程中，流体内任一点的流速、密度等物理量不随时间变化;否则就说流动不是稳定的，如变速水泵喷出的水流.

均匀流动:流体流动过程中，如果任意时刻流体内空间各点速度矢量完全相同，称为均匀流动;反之，若某一时刻流体内部各点的速度不全相同，则称为非均匀流动. 例如，流体以恒定速率通过一均匀长管的流动是稳定的均匀流动，而流体以恒定速率通过一喇叭形长管的流动是稳定的非均匀流动，流体加速通过一喇叭形长管的流动是不稳定的非均匀流动.

层流与湍流:在流体流动过程中，如果流体内的所有微粒均在各自的层面上做定向运动就叫做层流. 由于各流动层之间的速度不一样，所以各流动层之间存在阻碍相对运动的内摩擦，这个内摩擦力就是黏滞力. 层流在低黏滞性、高速度及大流量的情况下是不稳定的，它会使各流动层之间的微粒发生大量的交换从而完全破坏流动层，使流体内的微粒运动变得不规则，这种现象叫做湍流. 湍流发生时流体内有很大的纵向力(垂直流动层的力)，引起更多的能量损耗.

有旋流动:在流体的某一区域内，如果所有微粒都绕着某一转轴做旋转就称流体是做有旋流动. 最直观的有旋流动是涡流，但不是仅仅只有涡流才是有旋流动，物理上判断流体是否做有旋流动是用所谓的环量来刻画的. 设想在流体内取一任意的闭合回路 C，将流速 $\boldsymbol{v}$ 沿此回路的线积分定义为环量 Γ，用公式表示为

$$\Gamma_C = \oint \boldsymbol{v} \cdot \mathrm{d}\boldsymbol{l} = \oint v \cos\theta \, \mathrm{d}l$$

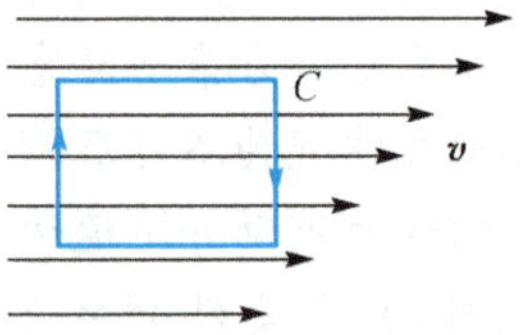

图 10.1 有旋流动

流体内部环量不为零的流动叫做有旋流动，环量处处为零的流动称为**无旋流动**. 按照上面的定义，层流也是有旋流动，见图 10.1.

10.2.2 描写流体运动的两种方法

在建立流体力学基本方程以前，我们先要熟悉用以描述流体运动的两种基本方法:一种是和普通描写运动相似的方法，通常称为拉格朗日方法;另一种是得到更广泛应用的欧拉方法.

1. 拉格朗日方法(随体法)

在拉格朗日方法中,注意的中心即着眼点是流体质点,确定所有流体质点的运动规律,即它们的位置随时间变化的规律.十分明显,如果知道了所有流体质点的运动规律,那么整个流体运动的状况也就清楚了.

现在我们将描写运动的观点和方法用数学式子表达出来,为此首先必须用某种数学方法区别不同的流体质点.通常利用初始时刻流体质点的坐标作为区分不同流体质点的标志.设初始时刻 $t=t_0$ 时,流体质点的坐标是 a、b、c,它可以是曲线坐标,也可以是直角坐标,重要的是给流体质点以标号而不在于采取什么具体的方式.我们约定采用 a、b、c 三个数的组合来区别流体质点,不同的 a、b、c 代表不同的质点,于是流体质点的运动规律可表示为下列矢量形式:

$$\boldsymbol{r}=\boldsymbol{r}(t;a,b,c) \tag{10.2.1}$$

其中,$\boldsymbol{r}$ 为流体质点的矢径.在直角坐标系中,有分量式

$$\begin{cases} x=x(t;a,b,c) \\ y=y(t;a,b,c) \\ z=z(t;a,b,c) \end{cases} \tag{10.2.2}$$

变量 t;a、b、c 称为拉格朗日变量.在式(10.2.1)中,如果固定 a、b、c 而令 t 改变,则得某一流体质点的运动规律,这样的曲线称为**迹线**.如果固定时间 t 而令 a、b、c 改变,则式(10.2.1)表示某一时刻不同流体质点的位置分布函数.应该指出,在拉格朗日观点中,矢径函数 $\boldsymbol{r}$ 的定义区域不是场,因为它不是空间坐标的函数,而是质点标号的函数.

为了得到确定流体质点的速度 $\boldsymbol{u}$,只要将等式(10.2.1)对时间 t 微分而把起始坐标 a、b、c 当成常数就可以了,即

$$\boldsymbol{u}=\frac{\partial \boldsymbol{r}}{\partial t}=\frac{\partial \boldsymbol{r}(t;a,b,c)}{\partial t} \tag{10.2.3}$$

其分量式为

$$\begin{cases} u_x=\dfrac{\partial x}{\partial t}=\dfrac{\partial x(t;a,b,c)}{\partial t} \\ u_y=\dfrac{\partial y}{\partial t}=\dfrac{\partial y(t;a,b,c)}{\partial t} \\ u_z=\dfrac{\partial z}{\partial t}=\dfrac{\partial z(t;a,b,c)}{\partial t} \end{cases} \tag{10.2.4}$$

同样,可以得到确定流体质点的加速度

$$\dot{\boldsymbol{u}}=\frac{\partial^2 \boldsymbol{r}}{\partial t^2}=\frac{\partial^2 \boldsymbol{r}(t;a,b,c)}{\partial t^2} \tag{10.2.5}$$

其分量式为

$$\begin{cases} \dot{u}_x = \dfrac{\partial u_x}{\partial t} = \dfrac{\partial^2 x(t;a,b,c)}{\partial t^2} \\ \dot{u}_y = \dfrac{\partial u_y}{\partial t} = \dfrac{\partial^2 y(t;a,b,c)}{\partial t^2} \\ \dot{u}_z = \dfrac{\partial u_z}{\partial t} = \dfrac{\partial^2 z(t;a,b,c)}{\partial t^2} \end{cases} \tag{10.2.6}$$

在式(10.2.3)~式(10.2.6)中，如给 a、b、c 以不同的值而令 t 不变，则得到在确定时刻 t 不同的流体质点的速度和加速度分布；特别是，当 $t=t_0$ 而 a、b、c 可以改变，则得流体质点的起始速度和加速度分布.

2. 欧拉方法(当地法)

欧拉方法不直接考虑个别流体质点如何运动，而是用场的观点研究流体运动.它只将注意力集中于那些发生在空间给定点的流动情况；对于流体质点从什么地方来和如何在给定时刻达到这一点，经过这点以后又会运动到别的什么地方和怎样运动到那些地方的，这一切问题从欧拉方法观点看来并不是基本的.这样，欧拉方法是把空间某一固定点(x,y,z)的流体质点的速度当成时间的函数来研究的；显然，这个速度也是坐标(x,y,z)的函数.因此

$$\boldsymbol{u} = \boldsymbol{u}(t;\boldsymbol{r}) \tag{10.2.7}$$

其分量为

$$\begin{cases} u_x = u_x(t;x,y,z) \\ u_y = u_y(t;x,y,z) \\ u_z = u_z(t;x,y,z) \end{cases} \tag{10.2.8}$$

变量 t;x、y、z 称为欧拉变量.如果在等式(10.2.7)和式(10.2.8)中把 t 当成可变的，而把 x、y、z 当成常数，则对不同的 t，我们得到不同时刻经过空间中确定点的不同流体质点的速度；而如把 t 当成常数，把 x、y、z 当成变量，则可得到对于确定时刻空间中流体质点的速度分布.由于式(10.2.7)确定的速度函数是定义在空间点上的，它们是空间点坐标 x、y、z 的函数，所以我们研究的是场，如速度场、加速度场等.因此，当我们采用欧拉观点描述运动时，就可以利用场论的知识.若场函数 $\boldsymbol{u}$ 不依赖矢径 $\boldsymbol{r}$ 则称之为**均匀场**，对应的流动为均匀流动；否则称之为**非均匀场**，对应的流动为非均匀流动.若场函数 $\boldsymbol{u}$ 不依赖时间 t 则称为**定常场**，对应的流动为稳定流动(或定常流动)；否则称为**非定常场**，对应的流动为不稳定流动(或非定常流动).

当过渡到推演流体质点的加速度时，我们要从两种不同观点来考虑这个问题.如果我们的兴趣是在这样的问题上，即当不同流体质点经过空间中给定点时，该点的速度怎样随时间变化？那么，为了回答这个问题，只要把式(10.2.7)或式(10.2.8)对时间 t 微分，并设 x、y、z 为常数就可以了.这时得到的偏微分为

$$\frac{\partial \boldsymbol{u}}{\partial t} \quad \frac{\partial u_x}{\partial t} \quad \frac{\partial u_y}{\partial t} \quad \frac{\partial u_z}{\partial t}$$

称为局部微商(或当地微商).

另外,可以提出关于计算在给定时刻经过空间中 x、y、z 点的流体质点的加速度问题.在此情形下,应将坐标 x、y、z 视为可变的,因为在无限小的时间间隔 $\mathrm{d}t$ 中,所考虑的流体质点正在从 (x,y,z) 点进入到新位置.由于运动点本身的坐标 x、y、z 是时间 t 的函数,因此式(10.2.7)对时间 t 微分便得到流体质点加速度的表示式

$$\frac{\mathrm{d}\boldsymbol{u}}{\mathrm{d}t}=\frac{\partial \boldsymbol{u}}{\partial t}+\frac{\partial \boldsymbol{u}}{\partial x}\frac{\mathrm{d}x}{\mathrm{d}t}+\frac{\partial \boldsymbol{u}}{\partial y}\frac{\mathrm{d}y}{\mathrm{d}t}+\frac{\partial \boldsymbol{u}}{\partial z}\frac{\mathrm{d}z}{\mathrm{d}t}$$

但是

$$\frac{\mathrm{d}x}{\mathrm{d}t}=u_x,\quad \frac{\mathrm{d}y}{\mathrm{d}t}=u_y,\quad \frac{\mathrm{d}z}{\mathrm{d}t}=u_z$$

故有

$$\frac{\mathrm{d}\boldsymbol{u}}{\mathrm{d}t}=\frac{\partial \boldsymbol{u}}{\partial t}+\frac{\partial \boldsymbol{u}}{\partial x}u_x+\frac{\partial \boldsymbol{u}}{\partial y}u_y+\frac{\partial \boldsymbol{u}}{\partial z}u_z=\frac{\partial \boldsymbol{u}}{\partial t}+(\boldsymbol{u}\cdot\nabla)\boldsymbol{u} \tag{10.2.9}$$

微商 $\mathrm{d}\boldsymbol{u}/\mathrm{d}t$ 是沿着介质(物质)的流体质点的轨道计算的,因此称为个体微商或随体微商.从解析方面看,它就是 $\boldsymbol{u}=\boldsymbol{u}(t;\boldsymbol{r})$ 对时间 t 的全微商.项 $(\boldsymbol{u}\cdot\nabla)\boldsymbol{u}$ 是速度对时间的迁移微商或随流微商,它给出流体质点速度由于该流体质点在空间位移而产生的变化.这样,在给定时刻经过空间中指定点的流体质点的加速度,是由在该点的速度矢量的改变(局部的改变)与流体质点运行时的速度矢量的改变(迁移的改变)之和来决定的.

上述将随体微商分解为局部微商和随流微商的方法可以推广到与流体质点个别运动相联系的任何其他的时间与坐标的函数——标量、矢量或张量.例如,在任意一个瞬间,流体质点在空间的每一位置都对应着一个标量 φ(如流体质点的温度或密度),那么 φ 的数值的集合构成某一个标量场.当流体质点运动时,由于场的非定常性(φ 的局部改变)和流体质点随时间从一点到另一点的移动(φ 的迁移改变),标量 φ 对时间的全微商(随体微商)为

$$\frac{\mathrm{d}\varphi}{\mathrm{d}t}=\frac{\partial \varphi}{\partial t}+(\boldsymbol{u}\cdot\nabla)\varphi \tag{10.2.10}$$

同样,对于与运动着的流体质点相联系的任何矢量函数 $\boldsymbol{a}$ 或张量函数 $\boldsymbol{T}$,随体微商为

$$\frac{\mathrm{d}\boldsymbol{a}}{\mathrm{d}t}=\frac{\partial \boldsymbol{a}}{\partial t}+(\boldsymbol{u}\cdot\nabla)\boldsymbol{a} \tag{10.2.11}$$

$$\frac{\mathrm{d}\boldsymbol{T}}{\mathrm{d}t}=\frac{\partial \boldsymbol{T}}{\partial t}+(\boldsymbol{u}\cdot\nabla)\boldsymbol{T} \tag{10.2.12}$$

3. 两种方法的相互转换

虽然拉格朗日方法和欧拉方法从不同观点出发描绘了流体的运动,但是这两

种方法实质上是等价的,它们之间可以相互转换,因此它们同样完全地描绘了流体的运动.现在我们证明两种方法的等价性.

1) 拉格朗日法→欧拉法

设拉格朗日方法中的运动规律函数已知

$$\boldsymbol{r}=\boldsymbol{r}(t;a,b,c) \tag{10.2.13}$$

则速度函数为

$$\boldsymbol{u}=\frac{\partial \boldsymbol{r}}{\partial t}=\frac{\partial \boldsymbol{r}(t;a,b,c)}{\partial t} \tag{10.2.14}$$

由式(10.2.13)反解得

$$\begin{cases}a=a(t;\boldsymbol{r})\\ b=b(t;\boldsymbol{r})\\ c=c(t;\boldsymbol{r})\end{cases} \tag{10.2.15}$$

代入式(10.2.14)即得欧拉方法中的速度函数

$$\boldsymbol{u}=\boldsymbol{u}(t;\boldsymbol{r}) \tag{10.2.16}$$

2) 欧拉法→拉格朗日法

设欧拉方法的速度函数已知

$$\boldsymbol{u}=\boldsymbol{u}(t;\boldsymbol{r})$$

将其写成

$$\frac{\mathrm{d}\boldsymbol{r}}{\mathrm{d}t}=\boldsymbol{u}(t;\boldsymbol{r}) \tag{10.2.17}$$

这是一个由三个方程组成的确定 $\boldsymbol{r}(t)$ 的常微分方程组,解之得

$$\boldsymbol{r}=\boldsymbol{r}(t;c_1,c_2,c_3) \tag{10.2.18}$$

其中,c_1、c_2、c_3 为三个积分常数,由 $t=t_0$ 时 $\boldsymbol{r}=\boldsymbol{r}_0$ 的初始条件确定,即

$$\boldsymbol{r}_0=\boldsymbol{r}(t_0;c_1,c_2,c_3) \tag{10.2.19}$$

反解得

$$\begin{cases}c_1=c_1(t_0;\boldsymbol{r}_0)\\ c_2=c_2(t_0;\boldsymbol{r}_0)\\ c_3=c_3(t_0;\boldsymbol{r}_0)\end{cases} \tag{10.2.20}$$

式(10.2.20)可视为确定曲线坐标 c_1、c_2、c_3 的方程,将 c_1、c_2、c_3 取为区别不同质点的曲线坐标 a、b、c,这样我们得到

$$\boldsymbol{r}=\boldsymbol{r}(t;a,b,c) \tag{10.2.21}$$

这就是拉格朗日描述的运动规律.

10.2.3 流线与流管

物理学中常把某个物理量的时空分布叫做场,所以流体内各点流速分布就可以看成速度场.描述场的几何方法是引入所谓的场线,就像静电场中引入电力线,磁场中引入磁力线一样,在流速场中可以引入流线.流线是流体内的一条连续的有

向曲线，流线上每一点的切线方向代表流体内微粒经过该点时的速度方向，图 10.2(a) 给出了几种常见的流线．一般情况下，空间各点的流速随时间 t 变化，因此流线也是随时间变化的．由于流线分布与一定的瞬时相对应(图 10.2(c))，所以在一般情况下，流线并不代表流体中微粒运动的轨道，只有在稳定流动中，流线不随时间变化，此时流线才表示流体中微粒实际经过的行迹．另外，由于流线的切线表示流体内微粒运动的方向，所以流线永远不会相交，因为如果流线在空间某处相交就表示流体中的微粒经过该点时同时具有两个不同的速度，这当然是不可能的．

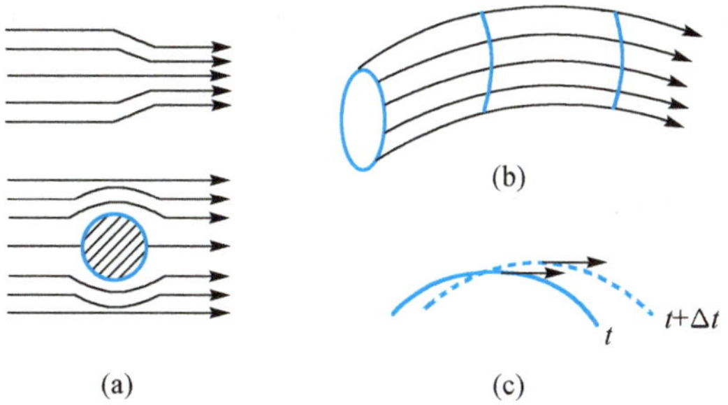

图 10.2　流线与流管

由于流线的切线与速度方向一致，因而流线满足微分方程

$$\frac{\mathrm{d}x}{u_x}=\frac{\mathrm{d}y}{u_y}=\frac{\mathrm{d}z}{u_z} \tag{10.2.22}$$

如果在流体内部取一微小的封闭曲线，通过曲线上各点的流线所围成的细管就称为流管，如图 10.2(b)所示．由于流线不会相交，因此流管内、外的流体都不具有穿过流管的速度，也就是说流管内部的流体不能流到流管外面，流管外的流体也不能流入流管内．

需要指出的是，流线和迹线不一定重合，即一条流线不一定是某个流体质点的轨迹．只有在定常流动情况下，流线和迹线才会完全重合．

例 10.1

在 K 系中，用拉格朗日方法描述流体质点的位置与时间的关系为

$$\begin{cases} x=\sqrt{x_0^2+y_0^2}\cos\left(\omega t+\arctan\dfrac{y_0}{x_0}\right) \\ y=\sqrt{x_0^2+y_0^2}\sin\left(\omega t+\arctan\dfrac{y_0}{x_0}\right) \\ z=0 \end{cases}$$

式中，x_0、y_0 为质点在 $t=0$ 时刻的坐标．(1)试改用欧拉方法描述流体的运动；

(2)流动是否是定常的？并画出流线(在 xy 平面内)；(3)若从另一参考系 K' 观察(K' 系相对于 K 系以恒定速率 v 沿 x 方向运动)，写出流体运动的欧拉描述，并说明流动是否是定常的，画出相应的流线.

解 (1) 用欧拉方法描述，即写出流体质点的速度分量与时间和空间位置的关系，由题设有

$$\begin{cases} u_x = \dfrac{\partial x}{\partial t} = -\omega\sqrt{x_0^2+y_0^2}\sin\left(\omega t + \arctan\dfrac{y_0}{x_0}\right) \\ u_y = \dfrac{\partial y}{\partial t} = \omega\sqrt{x_0^2+y_0^2}\cos\left(\omega t + \arctan\dfrac{y_0}{x_0}\right) \\ u_z = \dfrac{\partial z}{\partial t} = 0 \end{cases}$$

与 x、y、z 比较，可得欧拉描述为

$$\begin{cases} u_x = -\omega y \\ u_y = \omega x \\ u_z = 0 \end{cases} \tag{10.2.23}$$

(2) 欧拉描述中，u_x、u_y、u_z 与时间无关，流体做定常流动，且有

$$|\boldsymbol{u}| = \sqrt{u_x^2+u_y^2+u_z^2} = \omega\sqrt{x^2+y^2} = \omega r$$

由于

$$\boldsymbol{u}\cdot\boldsymbol{r} = u_x x + u_y y + u_z z = 0$$

即 $\boldsymbol{u}$ 的方向与 $\boldsymbol{r}$ 垂直，若想求流线方程，将式(10.2.23)代入式(10.2.22)，得

$$\frac{\mathrm{d}x}{-\omega y} = \frac{\mathrm{d}y}{\omega x}$$

即

$$x\mathrm{d}x = -y\mathrm{d}y$$

积分并代入 $t=0$ 时刻的 x 值和 y 值，得

$$x^2+y^2 = x_0^2+y_0^2$$

因而流线是以原点为圆心的同心圆. 如图 10.3 所示.

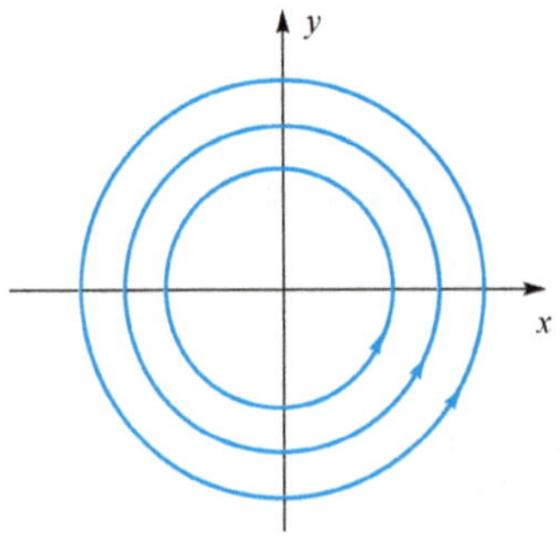

图 10.3 K 系中的流线

(3) 在 K' 系中，$x'=x-vt$，$y'=y$，$z'=z$，故有

$$\begin{cases} u'_x = u_x - v = -\omega y' - v \\ u'_y = u_y = \omega(x'+vt) \\ u'_z = u_z = 0 \end{cases}$$

u'_y 与时间有关，流体做非定常流动，$t=0$ 时刻的流线方程为

$$\frac{\mathrm{d}x'}{-\omega y' - v} = \frac{\mathrm{d}y'}{\omega x'}$$

即

$$x'\mathrm{d}x' = -y'\mathrm{d}y' - \frac{v}{\omega}\mathrm{d}y'$$

积分并代入 $t=0$ 时刻的 x' 值和 y' 值，得

$$x'^2 + \left(y' + \frac{v}{\omega}\right)^2 = x_0'^2 + \left(y_0' + \frac{v}{\omega}\right)^2$$

其流线如图 10.4 所示，它随时间以速率 v 向左移动.

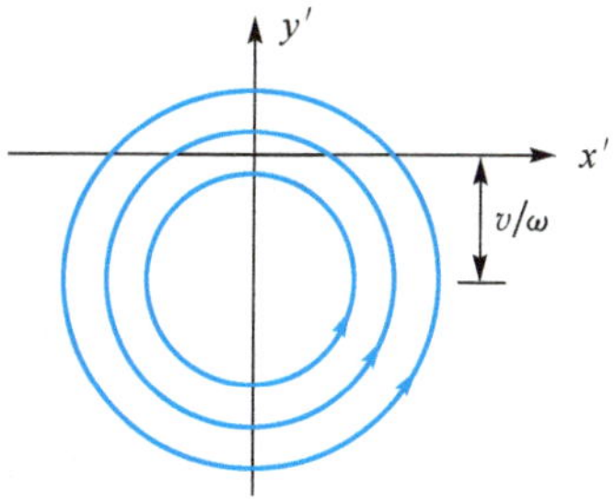

图 10.4 K'系中 $t=0$ 时刻的流线

10.3 流体静力学

静力学是动力学的特殊情况. 可是流体静力学的平衡方程对各种流体(不论是黏性的、无黏性的、可压缩的还是不可压缩的)都是适用的，而我们并不对各种流体的动力学都作详尽的讲述，故我们不从流体动力学得出流体静力学.

10.3.1 应力张量

作用于流体质点的力，可以分为两类：**体积力**和**表面力**. 体积力是作用在流体所有质点上的力，如重力、电磁力和惯性力；表面力是只作用在所分出的流体表面上的力，如流体压力、内摩擦力. 作用在单位表面积上的表面力称为**应力**.

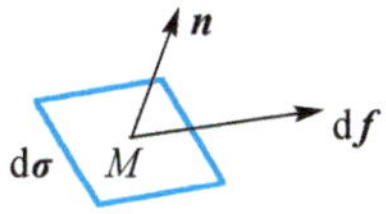

图 10.5 流体的表面力

为了考察流体中某点 M 附近应力的情况，我们可以通过 M 点取一小面元 $\mathrm{d}\boldsymbol{\sigma}$，而后求 $\mathrm{d}\boldsymbol{\sigma}$ 前方的流体通过此面元对后方流体作用力有多大，如图 10.5 所示. 用 $\mathrm{d}\boldsymbol{f}$ 表示这个作用力，则

$$\boldsymbol{p} = \frac{\mathrm{d}\boldsymbol{f}}{\mathrm{d}\sigma} \tag{10.3.1}$$

就代表作用在单位面积上的表面力，即应力. 应力 $\boldsymbol{p}$ 在法线 $\boldsymbol{n}$ 上的投影 p_n，叫做**法应力**，而应力 $\boldsymbol{p}$ 在过同一点的切面上的投影 p_τ 叫做**切应力**. 由于流体中可以存在切应力，故 $\boldsymbol{p}$ 的方向一般不与 $\mathrm{d}\boldsymbol{\sigma}$ 的方向(即 $\boldsymbol{n}$ 的方向)相同，当 $\mathrm{d}\boldsymbol{\sigma}$ 的方向改变时，$\boldsymbol{p}$ 的大小和方向也随之改变.

由此可见，体积力和表面力的基本差异是：体积力分布密度是空间点和时间的单值函数，亦即它形成一个矢量场，而应力则在空间每一点随受力面取向的不同而有无穷多个值. 我们可以说应力是两个矢量即空间点的位置矢量 r 和该点处小面元的法线单位矢量 $\boldsymbol{n}$ 的函数.

如果我们对于“通过 M 点、任意方向的小面元如($\mathrm{d}\boldsymbol{\sigma}$)”所相应的应力都清楚了，那么可以认为我们对这一点的应力情况就完全清楚了. 下面我们来证明，应力

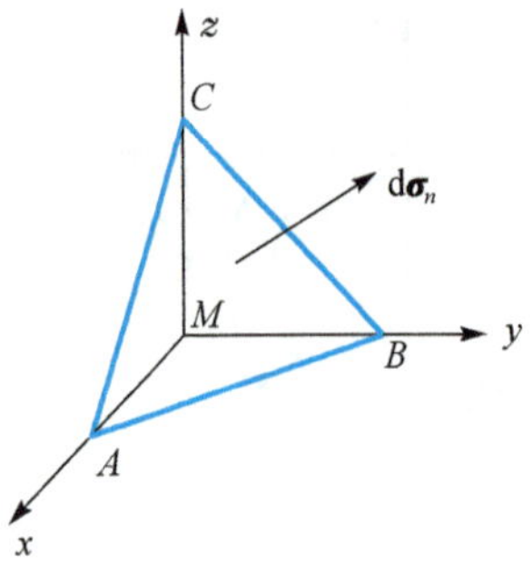

图 10.6　流体的受力分析

可以表示成小面元的单位法线矢量与某个张量的乘积.这个张量是空间点的位置的单值函数,也就是说,它与小面元的方向无关,却可以用来确定应力 $\boldsymbol{p}$.

考虑在流体中割出的、侧面平行于坐标面的一小四面体 $MABC$,如图 10.6 所示.设其斜面为 $d\boldsymbol{\sigma}_n$,另三个面分别为 $d\boldsymbol{\sigma}_x$、$d\boldsymbol{\sigma}_y$、$d\boldsymbol{\sigma}_z$($d\boldsymbol{\sigma}_n$ 的方向取自内向外,其他三个面的方向分别沿三个轴),则这三个面积的大小各为

$$d\boldsymbol{\sigma}_x = d\boldsymbol{\sigma}_n \cdot \boldsymbol{e}_x, \quad d\boldsymbol{\sigma}_y = d\boldsymbol{\sigma}_n \cdot \boldsymbol{e}_y, \quad d\boldsymbol{\sigma}_z = d\boldsymbol{\sigma}_n \cdot \boldsymbol{e}_z$$

其中,$\boldsymbol{e}_x$、$\boldsymbol{e}_y$、$\boldsymbol{e}_z$ 为三个坐标轴方向的单位向量.令 $\boldsymbol{p}_n$、$\boldsymbol{p}_x$、$\boldsymbol{p}_y$、$\boldsymbol{p}_z$ 分别表示相应于上述四个小面元的应力,则作用在这些小面元上的表面力就等于

$$\boldsymbol{p}_n d\sigma_n, \qquad \boldsymbol{p}_x d\sigma_x, \qquad \boldsymbol{p}_y d\sigma_y, \qquad \boldsymbol{p}_z d\sigma_z$$

因为直接作用在处于四面体 $MABC$ 内的流体上的体积力等于 $\boldsymbol{F}\rho d\tau$($\boldsymbol{F}$ 是单位体积流体所受体积力,ρ 是流体密度,$d\tau$ 为四面体的流体体积),于是有

$$\boldsymbol{F}\rho d\tau + \boldsymbol{p}_n d\sigma_n - \boldsymbol{p}_x d\sigma_x - \boldsymbol{p}_y d\sigma_y - \boldsymbol{p}_z d\sigma_z = 0 \tag{10.3.2}$$

这里具有应力 $\boldsymbol{p}_x$、$\boldsymbol{p}_y$、$\boldsymbol{p}_z$ 的项取负号是因为小面元 $d\boldsymbol{\sigma}_x$、$d\boldsymbol{\sigma}_y$、$d\boldsymbol{\sigma}_z$ 上从体积 $d\tau$ 向外的法线方向与相应的坐标轴正方向相反.

在方程(10.3.2)中,包含体积元的第一项是三阶无穷小,它和其他与面积元成比例的各项比较起来可以舍去,于是我们得到

$$\begin{aligned}\boldsymbol{p}_n d\sigma_n &= \boldsymbol{p}_x d\sigma_x + \boldsymbol{p}_y d\sigma_y + \boldsymbol{p}_z d\sigma_z \\ &= \boldsymbol{p}_x d\boldsymbol{\sigma}_n \cdot \boldsymbol{e}_x + \boldsymbol{p}_y d\boldsymbol{\sigma}_n \cdot \boldsymbol{e}_y + \boldsymbol{p}_z d\boldsymbol{\sigma}_n \cdot \boldsymbol{e}_z\end{aligned}$$

即

$$\boldsymbol{p}_n = \alpha \boldsymbol{p}_x + \beta \boldsymbol{p}_y + \gamma \boldsymbol{p}_z \tag{10.3.3}$$

其中,α、β、γ 分别为小面元 $d\boldsymbol{\sigma}_n$ 的法线的方向余弦.式(10.3.3)在坐标轴上的投影为

$$\begin{cases} p_{nx} = \alpha p_{xx} + \beta p_{yx} + \gamma p_{zx} \\ p_{ny} = \alpha p_{xy} + \beta p_{yy} + \gamma p_{zy} \\ p_{nz} = \alpha p_{xz} + \beta p_{yz} + \gamma p_{zz} \end{cases} \tag{10.3.4}$$

其中,p_{xx}、p_{yy}、p_{zz} 分别为法应力;p_{xy}、p_{yz}、p_{zx}……分别为切应力.由此可见,如果($p_{xx}, p_{xy}, \cdots, p_{zz}$)等九个量为已知,则对任意方向 $d\boldsymbol{\sigma}_n$ 所相应的应力都可以求出.这样,对 M 点的应力情况就完全清楚了.

式(10.3.4)中九个应力的集合构成一个二阶张量,称为**应力张量**,我们用大写字母 $\boldsymbol{P}$ 来表示它,即

$$\boldsymbol{P} = \begin{pmatrix} p_{xx} & p_{yx} & p_{zx} \\ p_{xy} & p_{yy} & p_{zy} \\ p_{xz} & p_{yz} & p_{zz} \end{pmatrix} \tag{10.3.5}$$

作用在任意以 $\boldsymbol{n}$ 为单位法矢量的斜面元上的应力，可以通过式(10.3.4)用该单位矢量和应力张量的乘积表示，或写成

$$\boldsymbol{p}_n = \boldsymbol{n}\cdot\boldsymbol{P} \tag{10.3.6}$$

处于平衡的静止流体，由于层间无相对运动，故其应力的切向分量等于零，此时应力张量 $\boldsymbol{P}$ 可以表示为

$$\boldsymbol{P} = \begin{pmatrix} -p & 0 & 0 \\ 0 & -p & 0 \\ 0 & 0 & -p \end{pmatrix} = -p\boldsymbol{I} \tag{10.3.7}$$

其中，p 为流体的压强；$\boldsymbol{I}$ 为单位张量.

10.3.2 静止流体的平衡方程

处理流体静力学问题时，常常取流体内部一个小流体元作为研究对象. 下面从牛顿定律出发推导流体静力学满足的普遍方程. 当流体处于静止状态时，流体内任一小流体元受到的面力与体力之和必定为零，即平衡条件为

$$\sum \boldsymbol{F}_{面} + \sum \boldsymbol{F}_{体} = 0$$

设 $\boldsymbol{f}$ 为作用于单位质量上的体力，ρ 为流体密度，p 为流体内的压强，则平衡条件为

$$\oiint_S (-p)\mathrm{d}\boldsymbol{S} + \iiint_V \boldsymbol{f}\rho\,\mathrm{d}\tau = 0 \tag{10.3.8}$$

式(10.3.8)称为积分形式的流体平衡方程. 由矢量分析公式

$$\oiint_S p\,\mathrm{d}\boldsymbol{S} = \iiint_V \nabla p\,\mathrm{d}\tau \tag{10.3.9}$$

式(10.3.8)可以改写成

$$\iiint_V (\rho\boldsymbol{f} - \nabla p)\mathrm{d}\tau = 0 \tag{10.3.10}$$

由于体积 V 的任意性，知式(10.3.10)中的被积函数等于零，即

$$\rho\boldsymbol{f} = \nabla p \tag{10.3.11}$$

写成分量式为

$$\begin{cases} \dfrac{\partial p}{\partial x} = \rho f_x \\ \dfrac{\partial p}{\partial y} = \rho f_y \\ \dfrac{\partial p}{\partial z} = \rho f_z \end{cases} \tag{10.3.12}$$

式(10.3.11)或式(10.3.12)称为微分形式的流体平衡方程.

10.3.3 重力场中静止流体内各点的压强

当流体处在重力场中时，流体的压强与位置的关系特别简单，在式(10.3.11)中以 $\boldsymbol{f}=\boldsymbol{g}=-g\boldsymbol{k}$ 代入得

$$\partial p/\partial x=0,\quad \partial p/\partial y=0,\quad \partial p/\partial z=-\rho g \tag{10.3.13}$$

故 p 仅为 z 的函数. 对于不可压缩流体，$\rho=$常数，由式(10.3.13)可得

$$p=p_0-\rho g z \tag{10.3.14}$$

其中，p_0 为 $z=0$ 处的压强.

由式(10.3.14)可见，当液体表面压强增加 Δp_0 时液体内任一点的压强也增大了 Δp_0，因此可以形象地说不可压缩液体可将作用在其表面的压强传递到液体内的各个部分(包括存放液体的器壁)，这一结论称之为**帕斯卡原理**，是由帕斯卡从实验中总结出来的. 从现代观点看它是流体静力学方程的一个推论.

SI 单位制中，压强的单位称为 Pa(帕)，是为纪念法国科学家帕斯卡，1Pa=1N/m². 在非 SI 单位制中，压强还有一些其他的单位，它们与 SI 单位的关系为

$1\text{dyn}\cdot\text{cm}^{-2}=10^{-5}\text{N}/10^{-4}\text{m}^2=0.1\text{Pa}$

$1\text{bar}=10^6\text{dyn}\cdot\text{cm}^{-2}=10^5\text{Pa}$

$1\text{mbar}=10^{-3}\text{bar}=100\text{Pa}$

$1\text{mmHg}=13.595\times980.665\times0.1\text{dyn}\cdot\text{cm}^{-2}$

$\qquad=1333.2\text{dyn}\cdot\text{cm}^{-2}=133.32\text{Pa}$

1Torr=1mmHg=133.32Pa

1 物理大气压=1atm(标准大气压)=760mmHg=1.013bar

1 工程大气压=0.980665×10^5Pa=0.980665bar

10.3.4 浮力、浮心和定倾中心

任何形状的物体置于密度为 ρ 的液体中都会受到液体的浮力，浮力的大小等于物体排开液体的重量. 这个实验规律称为**阿基米德定律**(或**阿基米德原理**). 从现代观点看，它也是流体静力学方程的推论.

浮力的来源是流体对物体(浮体)的压力的合力. 由于压强随深度增加，故此合力向上. 我们不难用流体中压强分布及平衡条件证明阿基米德原理. 设想浸在液体中的物体被体积和形状完全相同的流体所取代. 取代物体的流体与周围流体混为一体，它必处于平衡状态. 因而周围流体作用在它上面的压力的总效应与作用在它上面的重力相平衡. 这说明周围流体的压力可以等效为一个合力，此合力的大小等于该部分流体的重量，方向向上，作用点在该部分流体的重心上. 当该部分流体为物体所取代时，周围流体作用在物体上的压力分布保持不变，于是我们就证明了阿基米德原理.

浮体平衡时必须满足两个条件：①$F_H=W$；②F_H的作用线和W的作用线重合.

浮力的作用点称为浮心.浮心位于与浸入流体那部分物体同体积、同形状的流体的重心上.浮在液面上的浮体(如船舶)的稳定度与浮体的重心及浮心的位置有关.图10.7(a)为浮在水面上的船舶的截面图.当船舶平正时，重心G和浮心H位于同一铅垂线上；当船舶倾侧时，G的位置不变，H的位置则向一侧偏离，重力W和浮力F_H构成一个力偶，使船舶回复到原来的平正位置上.倾侧时，浮力作用线与船舶截面对称线的交点D称为定倾中心，DG称为定倾中心高度.定倾中心高度越高，使船舶回复的力矩也越大，因而船舶的稳度也越大.若定倾中心在重心以下，则重力和浮力的力矩将使船舶倾覆.需要注意的是，当重心在浮心下方时，浮体的平衡是稳定的；而当重心在浮心上方时可能有两种情况，如图10.7(b)和(c)所示，其中，(b)的D在G上，浮体的平衡是稳定的，(c)的D在G下，浮体的平衡是不稳定的.

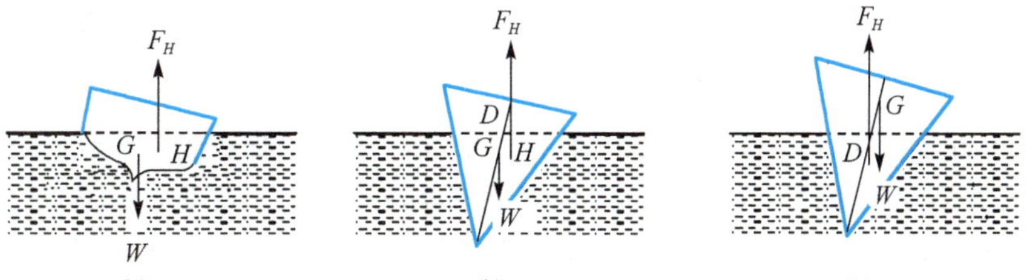

图10.7　浮力和定倾中心

例10.2

密度为ρ的不可压缩液体置于一开口的圆柱形容器内，若此容器绕对称轴做高速ω旋转，求液体内压强分布和液体表面的形状.

解　本题在第3章3.3节中解过，现在再从流体静力学角度求解.以容器为参考系，以液面中心为原点，如图10.8所示.此时流体内任一流体质点都受到重力与惯性力的作用，相应的体力密度为$-\rho g\boldsymbol{k}$和$\rho\omega^2 r\hat{\boldsymbol{r}}$，其中$\hat{\boldsymbol{r}}$为沿水平方向的单位向量.由流体静力学方程

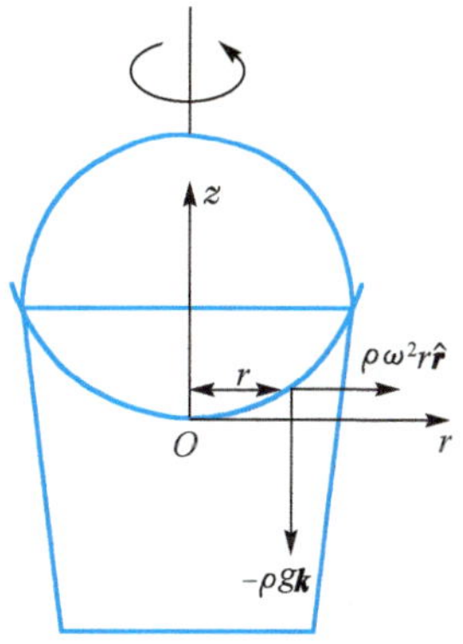

图10.8　例10.2图

$$\nabla p=-\rho g\boldsymbol{k}+\rho\omega^2 r\hat{\boldsymbol{r}}$$

得到

$$\frac{\partial p}{\partial r}=\rho\omega^2 r,\qquad \frac{\partial p}{\partial z}=-\rho g$$

所以有

$$\mathrm{d}p=\frac{\partial p}{\partial r}\mathrm{d}r+\frac{\partial p}{\partial z}\mathrm{d}z=\rho\omega^2 r\,\mathrm{d}r-\rho g\,\mathrm{d}z$$

积分后得

$$p = \frac{1}{2}\rho\omega^2 r^2 - \rho g z + c$$

当 $r=0$ 时,$z=0$,$p=p_0$(p_0 为液体表面的压强,即大气压强),代入上式,最后求得液体内压强分布

$$p = \frac{1}{2}\rho\omega^2 r^2 - \rho g z + p_0$$

由于液体表面上任一点的压强为大气压强 $p=p_0$,最后得到液体表面的曲线方程

$$z = \frac{\omega^2 r^2}{2g}$$

由此式知道液体表面为一旋转抛物线.

10.4 无黏性流体的动力学

流体力学的基本方程包括流体的连续性方程、运动方程和能量方程(不限于机械能,还有热量的传递).它们是把经典力学的普遍规律——质量守恒、动量守恒和能量守恒定律具体应用于流体运动过程而得到的.除此以外,还有描述力的方程(黏性力的实验定律)和描述流体状态的方程.

本节只限于讨论无黏性流体,且不考虑涉及热量传递的能量方程.

10.4.1 连续性方程

如图 10.9 所示,体积为 τ 的流体的总质量为 $\int_\tau \rho \mathrm{d}\tau$,从这个体积里流出来的质量流是 $\int_\Sigma \rho \boldsymbol{u}\cdot \mathrm{d}\boldsymbol{\sigma}$,其中,$\rho$ 为流体密度,Σ 为体积 τ 的封闭曲面.根据质量守恒定律,τ 中的流体质量的变化率恒等于通过 Σ 流出来的质量流,即

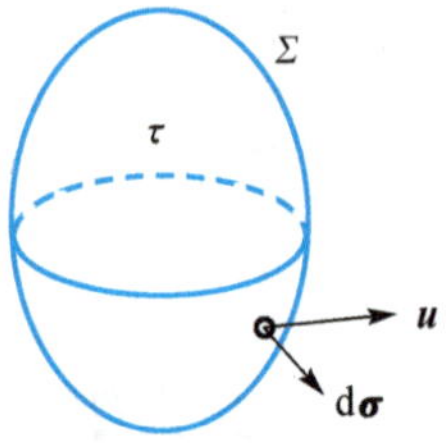

图 10.9 质量守恒

$$\frac{\partial}{\partial t}\iiint_\tau \rho \mathrm{d}\tau = -\oint_\Sigma \rho \boldsymbol{u}\cdot \mathrm{d}\boldsymbol{\sigma} = -\iiint_\tau \nabla\cdot(\rho\boldsymbol{u})\mathrm{d}\tau$$

由于体积 τ 的任意性,立即得到

$$\frac{\partial\rho}{\partial t} + \nabla\cdot(\rho\boldsymbol{u}) = 0 \qquad (10.4.1)$$

或

$$\frac{\mathrm{d}\rho}{\mathrm{d}t} + \rho\nabla\cdot\boldsymbol{u} = 0 \qquad (10.4.2)$$

方程(10.4.1)或方程(10.4.2)称为**连续性方程**. 在定常流动情况$\left(\frac{\partial\rho}{\partial t}=0\right)$下,连续性方程(10.4.1)变为

$$\nabla\cdot(\rho\boldsymbol{u})=0 \tag{10.4.3}$$

对于不可压缩流体$\left(\frac{\mathrm{d}\rho}{\mathrm{d}t}=0\right)$,连续性方程(10.4.2)变为

$$\nabla\cdot\boldsymbol{u}=0 \tag{10.4.4}$$

考虑一条细流管,取两个和流线相垂直的截面,如图10.10所示,它们的截面积分别为A_1和A_2,设流体这两个截面的流速分别为v_1和v_2,则在Δt时间内流过这两个截面的流体体积分别为$A_1v_1\Delta t$和$A_2v_2\Delta t$,对于不可压缩流体,这两个体积相等,则连续性方程为

$$A_1v_1=A_2v_2 \tag{10.4.5}$$

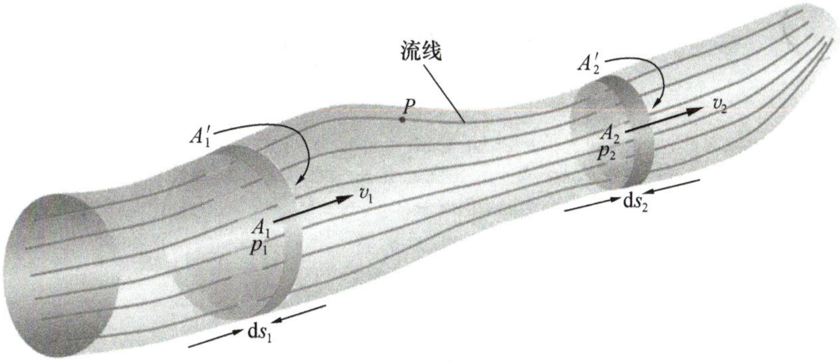

图10.10 流速和流管截面的关系

10.4.2 运动方程

体积为τ的流体的总动量的变化率为$\iiint_\tau\rho\left(\frac{\mathrm{d}\boldsymbol{u}}{\mathrm{d}t}\right)\mathrm{d}\tau$,由动量守恒定律,它应等于所受的体积力$\iiint_\tau\rho\boldsymbol{f}\,\mathrm{d}\tau$($\boldsymbol{f}$为单位质量流体所受的体积力)与表面力$\oiint_\Sigma\boldsymbol{p}_n\mathrm{d}\sigma$之和,即

$$\iiint_\tau\rho\left(\frac{\mathrm{d}\boldsymbol{u}}{\mathrm{d}t}\right)\mathrm{d}\tau=\iiint_\tau\rho\boldsymbol{f}\,\mathrm{d}\tau+\oiint_\Sigma\boldsymbol{p}_n\mathrm{d}\sigma=\iiint_\tau\rho\boldsymbol{f}\,\mathrm{d}\tau-\iiint_\tau\nabla p\,\mathrm{d}\tau$$

其中利用了式(10.3.6)和式(10.3.7),由于体积τ的任意性,可得

$$\frac{\mathrm{d}\boldsymbol{u}}{\mathrm{d}t}=\boldsymbol{f}-\frac{1}{\rho}\nabla p \tag{10.4.6}$$

方程(10.4.6)称为**运动方程**. 其中,等号右边第一项为体积力;第二项为作用于流

体质点表面力的合力.

对于定常流动,一定有 $\partial \boldsymbol{u}/\partial t=0$, $\partial p/\partial t=0$,注意 $\mathrm{d}\boldsymbol{u}/\mathrm{d}t$ 是速度对时间的随体导数,一般情况下它不等于零.

运动方程两边点乘 $\boldsymbol{u}\mathrm{d}t$,得

$$\boldsymbol{u}\cdot\mathrm{d}\boldsymbol{u}=\boldsymbol{f}\cdot\boldsymbol{u}\mathrm{d}t-\frac{1}{\rho}\nabla p\cdot\boldsymbol{u}\mathrm{d}t=\boldsymbol{f}\cdot\mathrm{d}\boldsymbol{r}-\frac{1}{\rho}\nabla p\cdot\mathrm{d}\boldsymbol{r} \tag{10.4.7}$$

其中,$\mathrm{d}\boldsymbol{r}$ 为质点在 $\mathrm{d}t$ 时间内沿流线亦即沿迹线的元位移.

$$\nabla p\cdot\mathrm{d}\boldsymbol{r}=\frac{\partial p}{\partial x}\mathrm{d}x+\frac{\partial p}{\partial y}\mathrm{d}y+\frac{\partial p}{\partial z}\mathrm{d}z+\frac{\partial p}{\partial t}\mathrm{d}t=\mathrm{d}p \tag{10.4.8}$$

对于不可压缩的理想流体,$\rho=$常数,将式(10.4.8)代入式(10.4.7),得

$$\mathrm{d}\left(\frac{1}{2}v^2\right)=\boldsymbol{f}\cdot\mathrm{d}\boldsymbol{r}-\frac{1}{\rho}\mathrm{d}p=\boldsymbol{f}\cdot\mathrm{d}\boldsymbol{r}-\mathrm{d}\left(\frac{p}{\rho}\right)$$

如图 10.11 所示,沿流线亦即沿迹线积分得

$$\frac{1}{2}v_2^2-\frac{1}{2}v_1^2=\int_{r_1}^{r_2}\boldsymbol{f}\cdot\mathrm{d}\boldsymbol{r}-\frac{1}{\rho}(p_2-p_1) \tag{10.4.9}$$

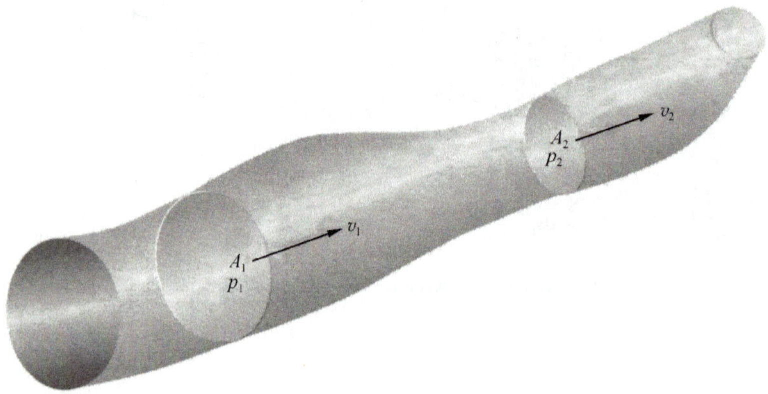

图 10.11 推导伯努利方程

若 $\boldsymbol{f}$ 是保守力,有

$$\boldsymbol{f}=-\nabla U$$

$$\int_{r_1}^{r_2}\boldsymbol{f}\cdot\mathrm{d}\boldsymbol{r}=-\int_1^2\mathrm{d}U=-(U_2-U_1)$$

于是,式(10.4.9)即

$$\frac{1}{2}\rho v_2^2+\rho U_2+p_2=\frac{1}{2}\rho v_1^2+\rho U_1+p_1$$

或

$$\frac{1}{2}\rho v^2+\rho U+p=\text{常量} \tag{10.4.10}$$

若流体所受的体积力是重力,取 z 轴竖直向上,$z=0$ 为势能零点,有 $U=gz$,

于是

$$\frac{1}{2}v^2+gz+\frac{p}{\rho}=\text{常量} \tag{10.4.11}$$

方程(10.4.11)称为理想流体定常流动时的伯努利方程.式中的常量是对特定的流线而言的,对不同的流线一般是不同的常量.这些常量称为**伯努利常量**.

现在来说明伯努利方程中各项的物理意义.式(10.4.11)等号左边第三项 p/ρ 是单位质量流体流动时对外做的功,也就是单位质量流体对周围环境所做的功.为了弄清楚这一点可见图10.12装置,一个由叶片构成的涡轮放置在水槽下端的出水口处,当水流动时液体会对涡轮施加一个力矩使涡轮旋转.作用在叶片上的力可近似地认为是压强乘以叶片的表面积 $\mathrm{d}A$,若再乘以压力作用中心到涡轮转轴的距离 r,就是作用在涡轮转轴上的力矩.假定叶片在 $\mathrm{d}t$ 时间内转过 $\mathrm{d}\theta$ 角度,则力矩对涡轮做功

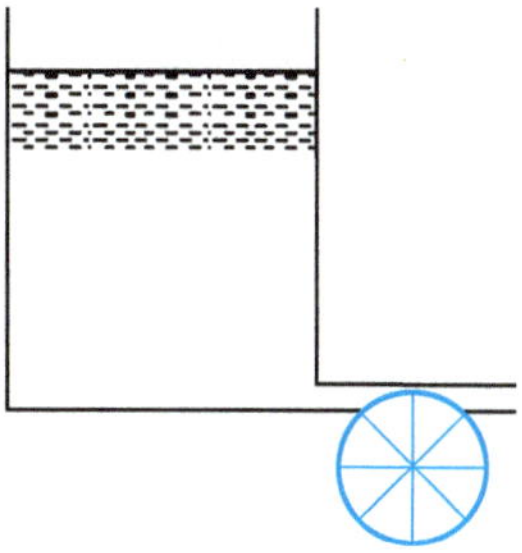

图10.12 涡轮机

$$\mathrm{d}w=N\mathrm{d}\theta=p\mathrm{d}Ar\,\mathrm{d}\theta=p\mathrm{d}A\mathrm{d}s$$

其中,$\mathrm{d}s$ 为压力中心位移的大小.将上式除以 $\mathrm{d}t$ 时间内流出液体的总质量 $\rho\mathrm{d}A\mathrm{d}s$,就是单位质量的液体对涡轮所做的功,即

$$\frac{p\mathrm{d}A\cdot\mathrm{d}s}{\rho\mathrm{d}A\cdot\mathrm{d}s}=\frac{p}{\rho}$$

方程(10.4.11)等号左边第二项 gz 是单位质量流体的势能.因为质量为 Δm 的流体在重力场中提高 z 高度时重力所做的功是 $-\Delta mgz$,这时流体的势能增加了 Δmgz,所以单位质量流体的势能就是 gz.方程(10.4.11)等号左边第一项 $v^2/2$ 是单位质量流体的动能.因为质量为 Δm 的流体以速度 v 运动时具有动能 $\Delta mv^2/2$,故单位质量流体的动能为 $v^2/2$.从上面的分析可以知道,伯努利方程实际上是理想流体沿着流线运动时的能量方程.

10.4.3 伯努利方程的应用

伯努利方程(10.4.11)在水利、造船、化工、航空等部门有着广泛的应用,伯努利方程的应用应注意下面几点:

(1) 流体必须是无黏性、不可压缩、定常流动,实际流体要在能做上述近似时才能使用.当然还要求流体不与外界有热量交换.

(2) 由于常需与连续性方程联立求解,往往对流管使用伯努利方程,流管要符合"细流管"的要求,即其截面处流线要相互平行或近似平行,截面上各点的压强差别可以忽略.

(3) 若所有的流线都源于同一流体库,且能量处处相同,这时伯努利方程中的

常数不会因流线不同而有所不同.这时对所有的流线来说伯努利常数都相同，此时伯努利方程不限于对一条流线的应用(参见例 10.3).

1. 射流速率

例 10.3

如图 10.13 所示，水桶侧壁有一小孔，截面面积为 A，桶中水面距小孔高度为 h，求水从小孔中流出的速率和流量.

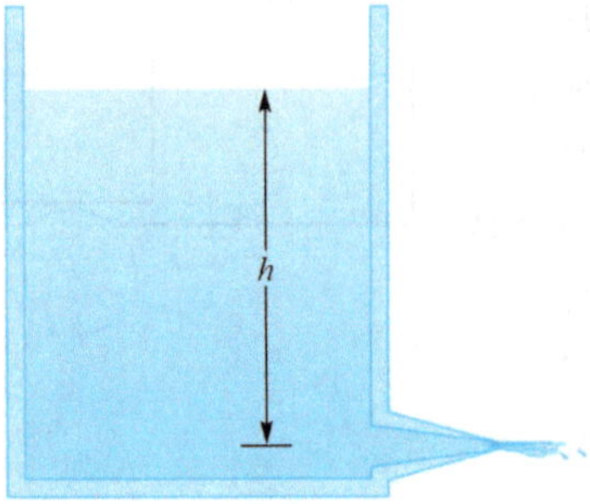

图 10.13　例 10.3 图

解 取一根从水面到小孔的流线，由于桶的横截面积比小孔大得多，在水面那一端速度几乎为零.此流线两端的压强皆为 p_0(大气压)，由伯努利方程

$$p_0 + \rho g h = p_0 + \frac{1}{2}\rho v^2$$

可得小孔中水的流速为

$$v = \sqrt{2gh} \tag{10.4.12}$$

流量为

$$Q = vA \tag{10.4.13}$$

式(10.4.12)的速度恰好与物体从 h 高处自由落体所获得的速度相同.这是可以理解的.因为在流管中水的重力势能的减少，应该等于其动能的增加.式(10.4.12)的关系首先由托里拆利发现，故又称为托里拆利定律.

在一个液面高度为 H 的水桶侧壁上开一系列高度 h 不同的小孔，如图 10.14 所示，若问从多高的孔流出的水射程最远？不难计算，此孔的高度应为 $h=H/2$.

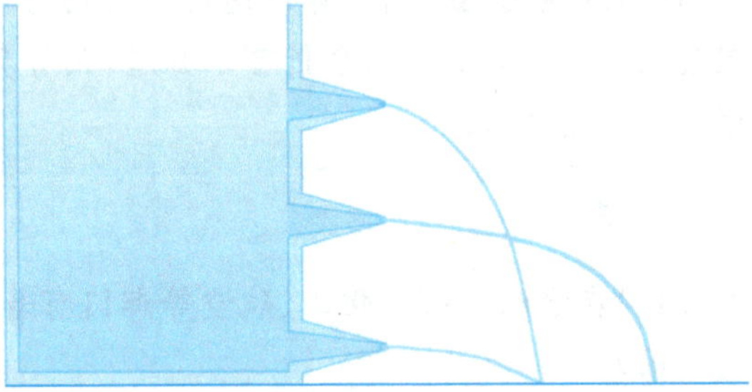

图 10.14　射程与孔高

需要注意的是，图 10.13、图 10.14 水桶侧壁上开的小孔严格来说不是小孔，而是带小孔的喷嘴，喷嘴的目的是让接近小孔处流体的流线互相平行.如若不然，直接在水桶侧壁上开小孔，如图 10.15 所示，则水桶内越接近小孔，流线就

越密.由于水流的惯性,即使在水流出小孔后一短距离内,水流的横截面仍在减小.水流截面最小的地方叫做**缩脉**.缩脉 A_2 的截面积约为小孔 A_1 面积的 65%.只有在到达 A_2 处后,流线才成平行线,此处流体的压强才可认为等于大气压.故在用式(10.4.13)计算流量时,式中的 A 应为缩脉处 A_2 水流的截面积.

虹吸现象的原理与此类似,如图 10.16 所示,出射处 B 的流速也由式(10.4.12)决定.一般认为液体不能承受负压,因而 A、C 和 B、C 的高度差 h_1、h_2 不能太大,以保证液体中的压强为正.实际上,液体分子间有内聚力,可以承受一定的负压,因而上述条件并不是必需的.事实上,已有人在真空中实现了虹吸现象.实验上测得,水中负压的极限可达 300atm,因而虹吸现象的高度不能无限地增加,而且在液体承受负压的情况下,稍一扰动,液柱就会断裂.

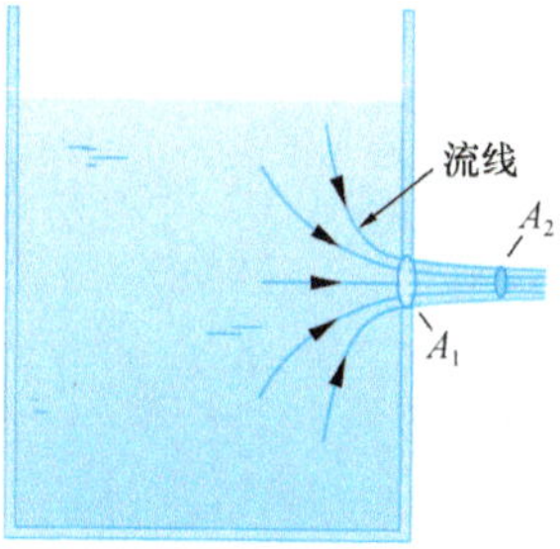

图 10.15 小孔流速

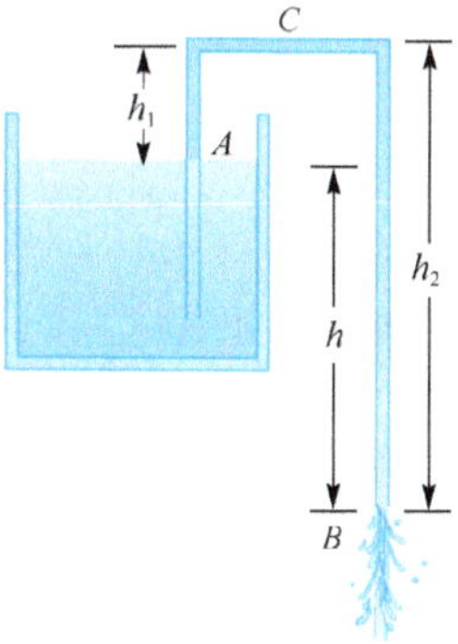

图 10.16 虹吸现象

例 10.4

某水手想用木板抵住船舱中一个正在漏水的孔,但力气不足,水总是把板冲开.后来在另一个水手的帮助下,共同把板紧压住漏水的孔以后,他就可以一个人抵住木板了.试解释为什么两种情况需要的力不同.

解 由伯努利方程可知,水由小孔喷出的速度为 $v=\sqrt{2gh}$.未盖木板时在时间间隔 Δt 内从小孔流出的水的质量为 $\Delta m=\rho Sv\Delta t$(S 为小孔面积),它所带进的动量为 $\Delta \boldsymbol{p}=v\Delta m=\rho Sv^2\Delta t$,从而板所受的力为

$$F=\frac{\Delta \boldsymbol{p}}{\Delta t}=\rho Sv^2=2\rho ghS$$

盖住木板后所受的是流体的静压力,为

$$F'=pS=\rho ghS$$

可见,$F'=F/2$.

2. 文丘里流量计

流体通过管子的流量可直接利用文丘里流量计测量.文丘里流量计为文丘里所发明，如图 10.17 所示. 它串接在流体主管道中，为了保证流体的定常流动，中间一段细管和主管连接处都是特别设计而逐渐变细的. 主管和细管处都接上竖直的细管，从竖直管中流体的高度差即可求得这两处流体的压强差. 设主管的横截面为 A_1，该处的流速为 v_1，压强为 p_1；细管的横截面为 A_2，该处的流速为 v_2，压强为 p_2；两处竖直管中流体的高度差为 h，因为流量计是水平装置的，$z_1=z_2$，故根据伯努利方程(10.4.11)，有

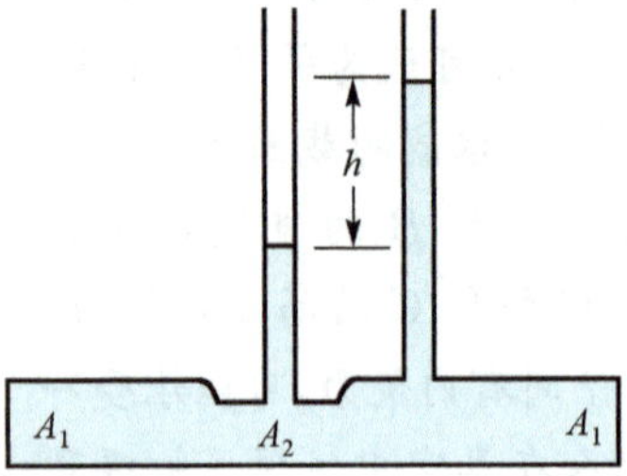

图 10.17　文丘里流量计

$$\frac{1}{2}\rho v_2^2+p_2=\frac{1}{2}\rho v_1^2+p_1$$

而压强差

$$p_1-p_2=\rho g h$$

由连续性方程(10.4.5)

$$A_1 v_1=A_2 v_2$$

从以上各式可得

$$\frac{1}{2}\rho\left(\frac{A_1^2}{A_2^2}-1\right)v_1^2=\rho g h$$

故流量为

$$Q=v_1 A_1=A_1 A_2\sqrt{\frac{2gh}{A_1^2-A_2^2}} \tag{10.4.14}$$

实际应用时，由于流体黏滞性等因素的影响，式(10.4.14)要修正为

$$Q=C_v A_1 A_2\sqrt{\frac{2gh}{A_1^2-A_2^2}} \tag{10.4.15}$$

这里的 C_v 是小于 1 的系数，叫做速度系数，它的数值视流量计的形状和流速的大小等因素而定，可通过实验来测得.

3. 流速的测量

皮托管是皮托发明的测量流速用的一种比较古老的仪器，最简单的皮托管是一个管口迎着流动流体的 L 形管子，如图 10.18 所示. 其中左边的弯管就是皮托管，主管中流体的压强 p_A 利用右边的直管测量. A 点的流速为 v，B 点在管口之前，因水流被管口内的水挡住，水流绕着管口周围流去，故管口前的流速为 0，而管口处的压强则等于 $p_B=p_A+\rho g h$. 根据伯努利方程

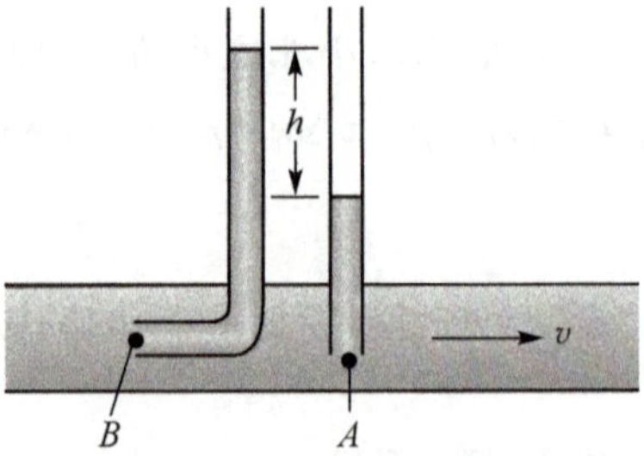

图 10.18　皮托管

(10.4.11),有

$$p_B = p_A + \frac{1}{2}\rho v^2$$

故

$$v = \sqrt{\frac{2(p_B - p_A)}{\rho}} = \sqrt{2gh} \qquad (10.4.16)$$

在实际应用时,由于流体黏滞性等因素的影响,故式(10.4.16)必须修正为

$$v = C\sqrt{2gh} \qquad (10.4.17)$$

其中,C 为皮托管的修正系数,由实验来测定.

图 10.19 称为皮托-普朗特管,它是一种既可用在船上测液体流速,又可用在飞机上测气体流速的装置.其原理是直接测出总压与静压之差(即动压).开口 A 的压强为静压,开口 B 的压强为总压,压强计直接读出压强差 Δp,不难求出流速

$$v = \sqrt{\frac{2\Delta p}{\rho}}$$

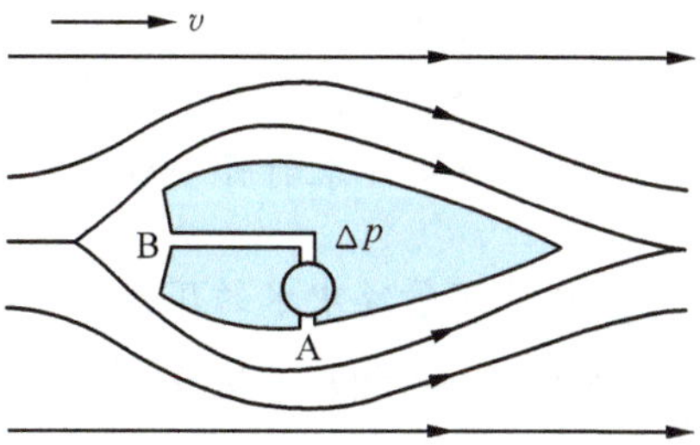

图 10.19　皮托-普朗特管

用皮托管来测量流速,必须与流体相接触,多少会扰乱流体原来的流动状况,这是接触式仪器不可避免的缺点.随着激光技术的发展,已设计出各种非接触式的激光流速仪,在测量流速时不会影响流体的流动状况.它的测量动态范围大,精度高,能够测出局部流速的瞬时值和流管截面内的流速分布,可以应用于测量风洞中空气的流速、火箭燃料的流速、飞机所产生涡流的时间空间流速的分布状况等,成为现代研究流体动力学的重要工具.

4. 其他一些应用

喷雾器(图 10.20)、水流抽气机(图 10.21)、内燃机中用的汽化器等都是利用流体在流管细的地方流速大、压强小的原理制成的.由于同样道理,两艘同向行驶的船靠近时,就有相撞的危险.此时,两船之间的水流快,压强低,水面也比远处和外缘低,外缘水的巨大压力可以把两船挤压到一起.历史上这样的事故不止一次发生过.例如,20 世纪初一支法国舰队在地中海演习,勃林奴斯号装甲旗舰召来一艘驱逐舰接受命令.驱逐舰高速开来,到了旗舰附近突然向它的船头方向急转弯,结果撞在它的船头上,被劈成两半.1942 年,玛丽皇后号运兵船从美国开往英国,与之并行的一艘护航巡洋舰突然向左急转弯,撞在运兵船的船头上,被劈成两半.现在在船长的航海指南里,对两条同向并行船舶的速度和容许靠近的距离有明确的规定.

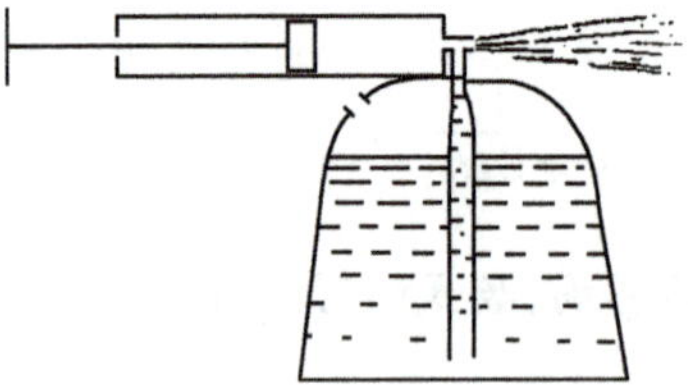

图 10.20　喷雾器

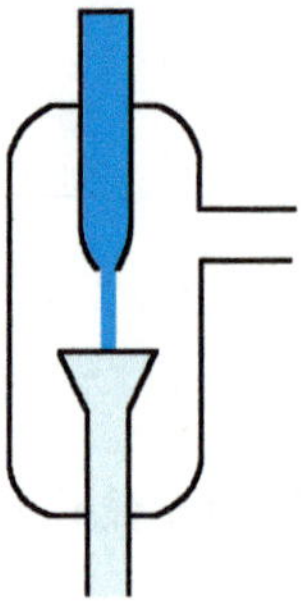

图 10.21　水流抽气机

例 10.5

某大楼由铺设在地下的同一自来水管道供水. 打开二楼的水龙头，测得流速为 $12.0\text{m}\cdot\text{s}^{-1}$. 求打开一楼水龙头时水的流速，设大楼的层高为 4m.

解　设地下管道中水的压强为 p，流速为 v，高度为 z，一楼、二楼水龙头的高度分别为 z_1、z_2，相应流速分别为 v_1、v_2，由伯努利方程，有

$$\frac{1}{2}\rho v^2+\rho gz+p=\frac{1}{2}\rho v_1^2+\rho gz_1+p_0$$

$$\frac{1}{2}\rho v^2+\rho gz+p=\frac{1}{2}\rho v_2^2+\rho gz_2+p_0$$

其中，ρ 为水的密度；p_0 为大气压. 由以上两式即可解得

$$v_1=\sqrt{v_2^2+2g(z_2-z_1)}$$

以 $v_2=12\text{m}\cdot\text{s}^{-1}$，$z_2-z_1=4\text{m}$ 代入，得

$$v_1=\sqrt{12^2+2\times 9.8\times 4}\approx 14.9(\text{m}\cdot\text{s}^{-1})$$

例 10.6

一注射器的活塞的截面积为 A_1，而喷口的截面积为 A_2，如用力 F 压活塞，使活塞向前移动，从而使注射器中的密度为 ρ 的液体从喷口中流出，活塞向前移动距离 l 需时多少？假定注射器水平放置，阻力可不计.

解　设活塞移动速度为 v_1，喷口液体出射速度为 v_2，则由连续性方程

$$A_1v_1=A_2v_2$$

及伯努利方程

$$\frac{1}{2}\rho v_1^2+\frac{F}{A_1}+p_0=\frac{1}{2}\rho v_2^2+p_0$$

此处 p_0 为大气压，由上两式可解出

$$v_1=\sqrt{\frac{2F}{\rho A_1}\frac{A_2^2}{A_1^2-A_2^2}}$$

于是

$$t=\frac{l}{v_l}=\frac{l}{A_2}\sqrt{\frac{\rho A_1(A_1^2-A_2^2)}{2F}}\approx\frac{lA_1}{A_2}\sqrt{\frac{\rho A_1}{2F}}$$

其最后一个等号使用了条件 $A_1 \gg A_2$.

10.5 黏性流体的运动

实际的流体都具有一定的黏性. 即使是黏性很小的流体，如水、空气等，在长距离流动的过程中，其由黏性所造成的与理想流体的偏差也是不可忽视的. 从能量角度看，黏性产生附加的能量损耗(转变为热)，使实际流体的流动变成不可逆过程，这是流体输运、流动过程中不可忽视的问题. 实际流体能否看成理想流体，与所讨论问题的性质及具体条件有关. 如求解物体在流体中的运动，在固体表面附近流体的流动，黏性是不能忽略的，否则就会得到与实际情况完全不同的结果.

10.5.1 黏滞定律

为了解流动时流体内部的力学性质，考虑如图 10.22 所示的实验. 在两个靠得很近的大平板之间放入流体，下板固定，在上板面施加一个沿流体表面切向的力 f. 此时上板面下的流体将受到一个平均剪应力 f/S 的作用，其中 S 是上板的面积. 实验表明，无论力 f 多么小都能引起两板间的流体以某个速度流动，这正是流体的特征，当受到剪应力时会发生连续形变并开始流动. 通过观察可以发现，在流体与板面直接接触处的流体与板有相同的速度. 若图 10.22 中的上板以速度 $\boldsymbol{v}$ 沿 x 方向运动，下板静止，那么中间各层流体的速度是从 0(下板)到 $\boldsymbol{v}$(上板)的一种分布，流体内各层之间形成流速差或速度梯度. 实验结果表明，作用在流体上的切向力 f 正比于板的面积 S 和流体上表面的速度 $\boldsymbol{v}$，反比于板间流体的厚度 z，所以 f 可写成

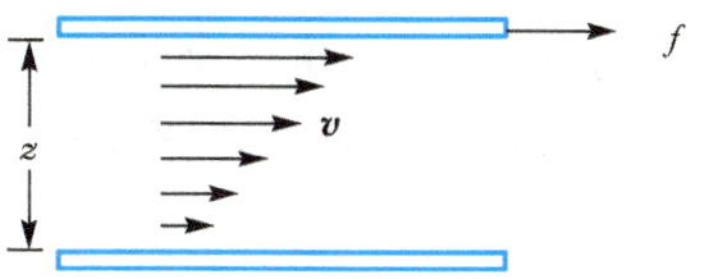

图 10.22 黏性力与速度梯度成正比

$$f=\eta S\frac{v}{z} \tag{10.5.1}$$

其中，η 为黏度或称黏性系数. 对于流体相邻两层之间的黏性力为

$$\Delta f=\eta\Delta S\frac{\mathrm{d}v}{\mathrm{d}z} \tag{10.5.2}$$

其中，ΔS 为在两个流层之间取的面. 黏度 η 的量纲为$[\mathrm{M}][\mathrm{L}]^{-1}[\mathrm{T}]^{-1}$，在 MKS 单位制中黏度的单位为 Pa·s，在 CGS 单位制中黏度的单位为 P(泊)，是为纪念法国

科学家泊肃叶而命名的,1P= 0.1Pa·s.

黏度η除了因材料而异外,还比较敏感地依赖于温度,液体的黏性主要来自于分子的内聚力,黏度随温度的升高而减小;气体的黏性由分子的热运动输运动量引起,黏度随温度的升高而增大.在常温下,液体的黏度有$10^{-3}\sim10^{-1}$Pa·s的数量级,气体的黏度为$10^{-6}\sim10^{-5}$ Pa·s的数量级.

式(10.5.2)为牛顿黏性定律,它在一定程度上反映了实际流体的情况.符合此定律的流体称为牛顿流体.大多数流体与牛顿流体相接近,但也有重要的非牛顿流体,如血液.

我们只讨论牛顿流体的层流.

10.5.2 圆管内定常层流 泊肃叶公式

当黏性流体在半径为R的圆管内定常流动时,截面上各点的速度是不同的.对做定常流动的黏性流体,当速度不大时,通常是分层流动的,流速只与离轴的距离有关,在管壁处流体质点的速度为零.由于流体的流动具有圆柱形对称性,故取一轴对称圆柱形的流管作为研究对象,如图10.23所示.流管的半径为r,管长为l.作用在流管左端的压强为p_1,作用在流管右端的压强为p_2,以流速方向为正方向,这段流体所受的压力差为

$$F=(p_1-p_2)\pi r^2 \tag{10.5.3}$$

除压力外,这段流体还受其他流体的黏滞力作用.由于中心速度大,此力必为阻力.黏滞阻力的值由黏性定律式(10.5.2)求得为

$$f=\eta\cdot 2\pi rl\frac{\mathrm{d}v}{\mathrm{d}r} \tag{10.5.4}$$

侧面所受的正压力四周相互抵消,既然流体做定常流动,且各质点的速度不变,这段流体的动量不随时间改变,故它所受的水平外力的合力为零,即$F+f=0$.由式(10.5.3)和式(10.5.4)知

$$(p_1-p_2)\pi r^2+2\pi rl\eta\frac{\mathrm{d}v}{\mathrm{d}r}=0 \tag{10.5.5}$$

或

$$\mathrm{d}v=-\frac{p_1-p_2}{2l\eta}r\,\mathrm{d}r \tag{10.5.6}$$

对r从0到r积分,得

$$v-v_0=-\frac{p_1-p_2}{4l\eta}r^2 \tag{10.5.7}$$

其中,v_0为$r=0$处的流速,其值可由$r=R$处$v=0$的条件求得

$$v_0=\frac{p_1-p_2}{4l\eta}R^2 \tag{10.5.8}$$

代入式(10.5.7),得

$$v=\frac{p_1-p_2}{4l\eta}(R^2-r^2) \tag{10.5.9}$$

即 v 与 r 的关系曲线是一条抛物线.

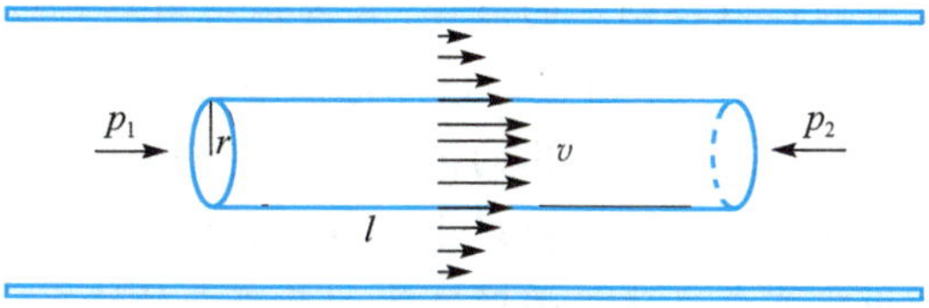

图 10.23 黏性流体在水平圆管中流动时的速度分布

现在计算流量,在截面上取半径为 $r \to r+\mathrm{d}r$ 的一个圆环,单位时间内流过此圆环的流体体积,即流量为

$$\mathrm{d}Q=v\cdot 2\pi r\mathrm{d}r=\frac{\pi(p_1-p_2)}{2l\eta}(R^2-r^2)r\mathrm{d}r \tag{10.5.10}$$

积分,得总流量

$$Q=\int_0^r\frac{\pi(p_1-p_2)}{2l\eta}(R^2-r^2)r\mathrm{d}r$$

即

$$Q=\frac{\pi(p_1-p_2)R^4}{8l\eta} \tag{10.5.11}$$

式(10.5.11)就是著名的**泊肃叶公式**. 泊肃叶公式与伯努利方程最明显的差别在于前者考虑了流体的黏滞性,认为流体在水平管内连续流动时,必须在该流体两端存在压力差,而按照伯努利方程,流体在水平管内稳定流动时没有压力差流体照样能连续流动,相比较之下泊肃叶公式更接近实际流体.

泊肃叶公式为我们提供了一种测量黏度的方法,只要测出流量、压强差、管径和管长,即可求得黏度 η.

10.5.3 层流与湍流 雷诺数

当流体做稳定层流时,如图 10.24 所示,流体内大多数分子的定向运动基本上是在某个薄层状的平面内,流动层与相邻流动层之间只有少量的分子交换. 各流动层之间的纵向力是导致层流不稳定的根本因素,它会引起相邻流动层之间的分子进行动量交换. 当纵向力大到一定的程度时,各流动层之间的分子发生激烈交换,完全破坏层流发展成一种无规则的流体运动——湍流.

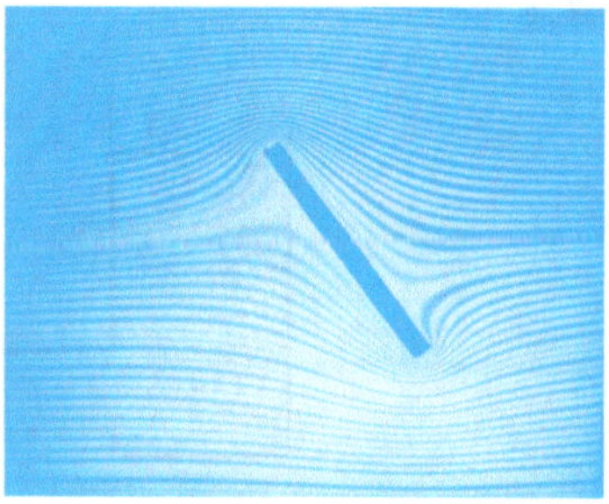

图 10.24 层流运动

如何判定流体内部出现的是层流还是湍流呢？1880 年前后，英国的实验流体力学家雷诺用在长管里的均匀流动来研究产生湍流的过程，图 10.25 所示的装置基本上与雷诺所用的一样，只不过在某些地方做了简化. 在盛水的容器下方装有水平的玻璃管，管端装有阀门以控制水的流速. 容器内另有一细管，内盛带颜色的液体，可以自下方小口 A 流出. 实验时当阀门开得很小时流体的流动很慢，可以看到有色液体的流动呈直线状，这表明流体的流动是稳定的层流. 随着阀门逐渐开大，流体的流速也增大，有色液体的流动出现上下摆动，这时的流动已变为非稳定的. 将阀门进一步开大，出现有色液体与周围流体相互混杂的情形. 用激光诱导荧光方法拍照，见图 10.26，还可观察到流动的涡状结构. 这就是湍流运动. 雷诺发现，流动从层流向湍流过渡的条件不仅由流速 v 决定，还与流体的黏度 η、密度 ρ 和管子半径 r 有关. 雷诺在 1883 年综合考虑了以上各个因素后，指出这种过渡条件由

$$Re=\frac{vr\rho}{\eta} \tag{10.5.12}$$

决定，Re 称为雷诺数，是一个量纲为 1 的数. 对水平管中的流动，雷诺测得在出现湍流之前 $Re=2000$. 后来的研究工作进行了更仔细的测定，他们将水先放上几天让它完全静止，同时造一个相对水完全静止的环境再进行测量，得到的结果是 $Re=4000$. 这个数叫做管流雷诺数的上临界数，对实际情况来说上临界雷诺数没有什么实际意义，因为管内流体在 $Re>2000$ 时就出现湍流了. 上临界雷诺数没有确定的值，与测试条件关系很大，测试时扰动越小，上临界雷诺数越大. 若 Re 大于上临界雷诺数，一定是湍流. 雷诺在实验中还发现，载流管内一旦出现湍流，欲使它重新回到层流，则只有当 Re 小于 2000 时流体才能完全恢复到层流，这个数就叫管流雷诺数的下临界数. 这个数非常重要，它对不规则装置有重要意义，实验测得在各种不规则管内流动从层流过渡到湍流前的雷诺数在 2000～4000 范围内. 层流的能耗正比于流体的平均速度，而湍流的能耗正比于平均速度的 1.7～2.0 次方. 由于湍流出现依赖系统的参数，它同时也是一种无规则运动，所以近来有人认为湍流也是一种混沌现象，不过湍流问题在流体力学中还没有得到圆满的解决.

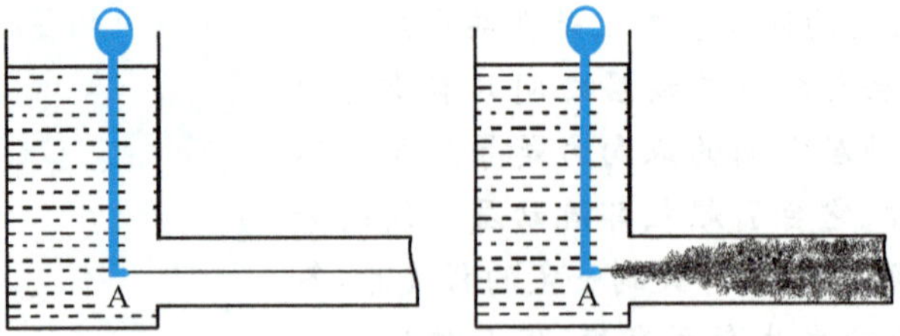

图 10.25　层流与湍流

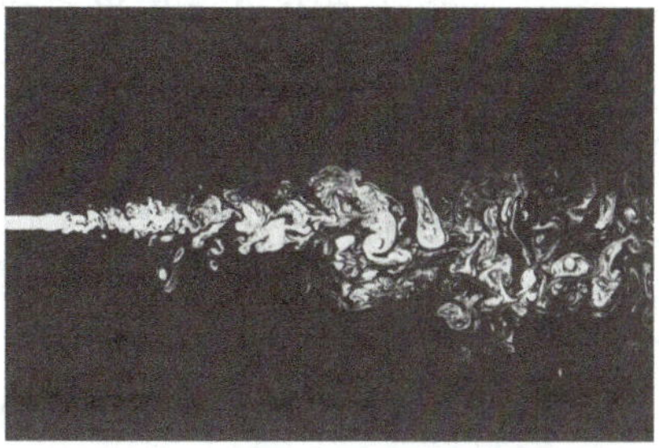

图 10.26　湍流运动

雷诺数的重要意义是它提供了一个用一种流体的实验结果来预言另一种流体在同样条件下可能会发生结果的科学方法. 实验发现,两种流动,只要雷诺数相同,其动力学性质也相似,即流线形态、流线分布等都是相似的,这称为**动力相似性**. 这就为航空、航海及水利工程等提供了一个做模型试验的方法. 例如,要试验一架设计好的飞机的飞行性能,不必用实物直接做试验,只需把飞机的模型放在风洞中进行试验,若试验的雷诺数与实际情况相同,则试验结果就与实际相符. 而此时 Re 表达式中的 r 应为飞机的线度.

10.5.4　黏滞流体中运动物体所受的阻力

物体在不可压缩的理想流体中做匀速直线运动时不受阻力,这一结论与能量观点是一致的. 当无黏滞力时,如果物体受阻力,那么为了克服阻力所做的功只能以动能的形式储存在流体中. 但是,流体就像在物体前面分开那样,又在物体后面会合,最终在流体中没有留下任何扰动,因而没有动能储存在流体中,流体对物体的运动当然也就没有阻力.

但是当物体做加速运动时,即使流体是没有黏性的,物体也会受到一种阻力,称为**惯性阻力**. 这是因为外力在克服物体惯性使其加速的同时,还要不断克服流体的惯性,使其动能不断增加. 该力的效果就好像物体的质量增加了一样. 此外,当物体在无黏性流体的自由表面上运动时,也会受到阻力,称为**波阻**,此时物体克服阻力所做的功转化为表面波系的动能.

当物体在黏滞流体中运动时,即使物体做匀速运动,也会受到阻力. 下面具体讨论之.

1. 黏滞阻力

当物体在流体中以速度 v 运动时,通常以物体本身为参考系,这时流体以速度 v 相对物体流动,如果流体的速度不大时可将其视为稳定流动. 物体表面的流动层相对物体静止,该层外侧的流动层相对物体的流速不为零,这样物体周围流动层之间存在速度差,使得这些流动层之间有湿摩擦,这个摩擦力就是前面讲的黏滞

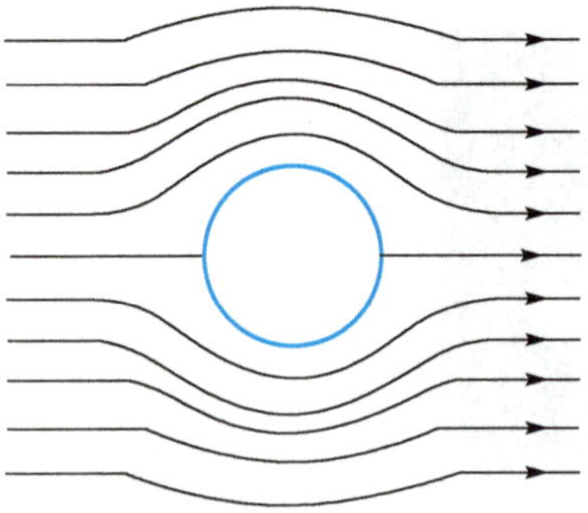

图 10.27　球体参考系

力. 当物体在流体中运动时，附面层上的黏滞力会阻碍物体相对流体的运动，这个阻力就叫做黏滞阻力. 当物体运动速度较小时，黏滞阻力是阻力的主要来源. 对于在流体中运动的半径为 r 的球，如图 10.27 所示，其黏滞阻力可以大致估算如下. 此黏滞阻力可以看成与球的表面积成正比，与流体速度的横向变化率的平均值 $\langle \mathrm{d}v/\mathrm{d}r \rangle$ 成正比，即

$$f = 4\pi r^2 \eta \left\langle \frac{\mathrm{d}v}{\mathrm{d}r} \right\rangle \tag{10.5.13}$$

$\mathrm{d}v/\mathrm{d}r$ 在球面上各点不同，但其数值必与 v/r 同数量级，于是

$$f \approx 4\pi r^2 \eta \frac{v}{r} = 4\pi r v \eta \tag{10.5.14}$$

2. 压差阻力

当雷诺数增加到 10～30 时，圆柱体前端无论是 A 点还是驻点，此处的流速仍为零. 由于靠近圆柱体表面的流体受附面层的影响较大流动缓慢，而远离附面层的流体受附面层的影响较小流动快，这样靠近圆柱体表面的流体还没有到达圆柱体的后侧 B 点，外层的流体已抢先到达并且回旋过来补充由于内层流体未到达所留下的空间，从而形成一对对称的涡流，如图 10.28 所示. 这时圆柱体后侧不再是驻点. 雷诺数大约在 40，涡流开始摆脱圆柱体漂向下流，圆柱体后又不断地有新的涡流产生，于是在圆柱体后面出现交替逝去的涡流，形成所谓的“卡门涡街”(图 10.29)，这时流体的流动已经从稳定流动变为非稳定流动，水流过桥墩后留下的尾迹就是一个直观的“卡门涡街”例子. 当雷诺数达数千时会出现湍流(图 10.30)，此时的流动已经是三维的. 涡流和湍流的出现使得圆柱体前端的压强大于后侧的压强，两端的压强差构成了对物体运动的阻力，这个阻力被称为压差阻力. 从上面的分析可以看出，压差阻力也是由流体的黏滞性引起的. 这两种阻力是同时存在的，当物体运动速度小时(准确说是雷诺数很小时)黏滞阻力占主导地位，一旦流体中出现涡流，黏滞阻力退居到次要地位. 理论分析表明，压差阻力的大小与单位质量流体的动能有关，用公式表示就是

$$F = \frac{1}{2} C_{\mathrm{D}} \rho v^2 S \tag{10.5.15}$$

其中，C_{D} 为阻力系数，又称为曳引系数，从量纲上看，它应是一个量纲为 1 的量，只可能与量纲为 1 的雷诺数有关；$\rho v^2/2$ 为单位体积流体的动能；S 为垂直于流速方向上物体的横截面积. 从能量转化的角度看，涡流的动能是靠消耗物体的动能得到的，即物体克服压差阻力所做的功转化成涡流的动能.

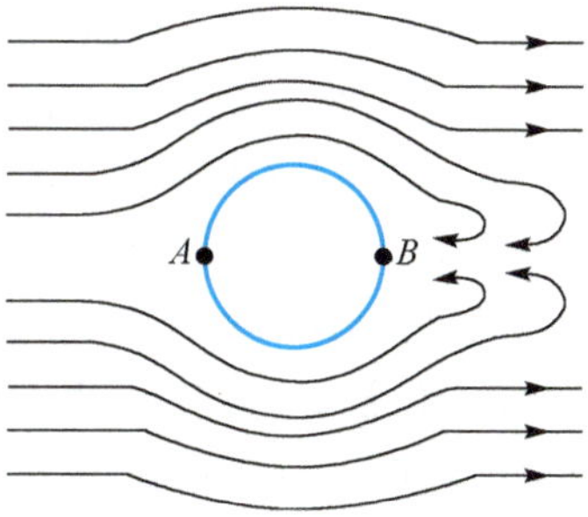

图 10.28 涡流形成使后面压强减小

图 10.29 “卡门涡街”

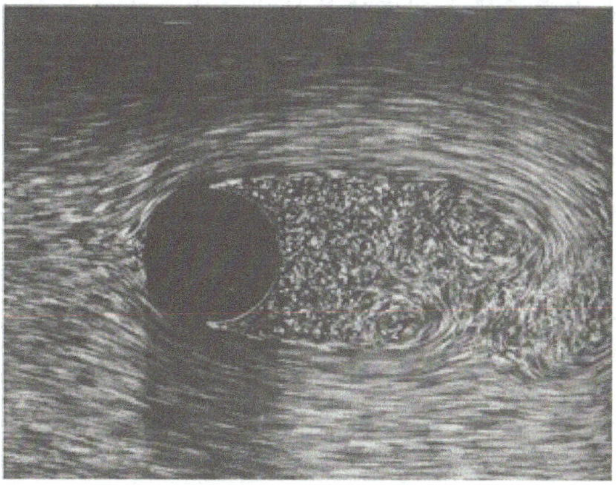

图 10.30 圆柱后面形成的湍流($Re=2000$)

为减少压差阻力，通常是将物体的形状做成流线型(其尾端尖细)，目的是将物体尾部的涡流范围与宽度减小到一定的程度，从而减小压差阻力. 但当速度小时，流线型没有什么好处，因为它会增加与流体接触的面积，从而增大黏滞阻力. 故自然界只有流线型的鸟，而无流线型的昆虫.

对于在静止流体中以速度 v 运动的半径为 r 的球，当雷诺数较小时(小于 1)，严格的计算表明，压差阻力与 v 成正比，其值为黏滞阻力的一半. 于是，总阻力为

$$f = 6\pi r v \eta \tag{10.5.16}$$

式(10.5.16)为斯托克斯公式. 应当注意，斯托克斯公式仅适用于小物体在黏滞性大的流体内缓慢运动的情况. 例如，水滴在空气中下落过程中受到空气的阻力、血细胞在血浆中下沉过程中受到血浆的阻力等都可用斯托克斯公式计算.

3. 运动物体在流体中的升力、马格努斯效应

物体在流体中运动时除了受到与速度方向相反的阻力以外，有时还会受到与速度方向垂直的横向力，不管这个横向力是向上还是向下都把它称为升力. 升力是怎样产生的? 为了弄清楚这个问题，先来考察无旋转球在空气中的运动. 以球为参

考系，空气流动相对球有对称性，球上、下两边 A、B 点处的流速相同(图 10.31(a))，由伯努利方程知道球上、下两边的压强相等，整个球没有受到向上或向下的力. 如果让球顺时针旋转起来，它会带动周围空气与它一起旋转(由于空气有黏滞性)，此时球的周围会出现顺时针的空气环流(图 10.31(b)). 当球在前进过程中做顺时针转动时，它周围的流线分布就是图 10.31(a)与图 10.31(b)中的两种流线的叠加，结果如图 10.31(c)所示，此时球上方的流线密集(流速大)，球下方的流线稀疏(流速小)，球的上、下两边出现压强差，使得整个球受到向上的升力 $\boldsymbol{F}$，这就是通常所说的上旋球. 同样的分析可知，当球在前进的过程中逆时针旋转时，它将会受到周围流体向下的作用力，从而改变球在空中运动的方向，通常把它称为下旋球. 在乒乓球、网球比赛中常常能看到高速旋转球在空中改变方向，走出不同的弧线的情况. 这个现象以其发现者命名，称为马格努斯效应.

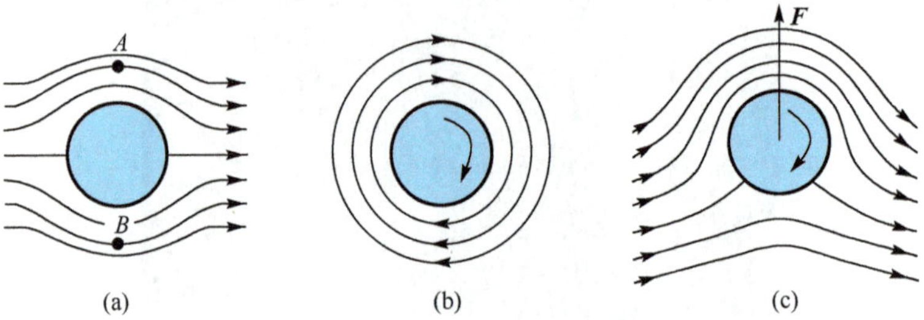

图 10.31　马格努斯效应

从上面的分析看出，对流体中运动的物体来说如，果出现绕物体的环流，就会对物体产生升力. 当然使物体周围产生环流的方法有许多，飞机的机翼就是其中的一种，它是靠机翼的特殊形状来产生环流的. 图 10.32(a)表示机翼的横截面，图中的 α 称为冲角，是可以调节的. 空气相对机翼流动时，由于机翼的上下两边不对称，气流经过机翼上方时气流的路程长，受到黏滞力的影响大一些，因而流动较慢；而气流从机翼的下方流过时所经过的路程短，受到黏滞力的影响较小，故其流速大. 当机翼上、下两方的气流在机翼尾部汇合时，在机翼尾部形成如图 10.32(b)所示的涡流，此涡流脱离机翼而漂向下游，对机翼不起作用. 在飞机运动开始前，机翼与周围气体的角动量均为零. 由于角动量守恒，当机翼尾部出现涡流后，周围流体另一部分必定沿反方向流动，形成绕机翼的环流，如图 10.32(c)所示. 机翼上方的环流与气流的方向一致，叠加后使机翼上方的流速增大，机翼下方的环流与气流速度相反，两者叠加后使机翼下方的流速减小，这样在机翼的上、下两边出现压力差，形成对机翼的升力. 升力的大小可以大致计算如下.

设环流的速度为 u，机翼远前方气流的速度和压强可视为常数，与位置无关，分别设为 v 和 p_0，机翼上部的压强为 p_1，下部的压强为 p_2，则由伯努利方程，有

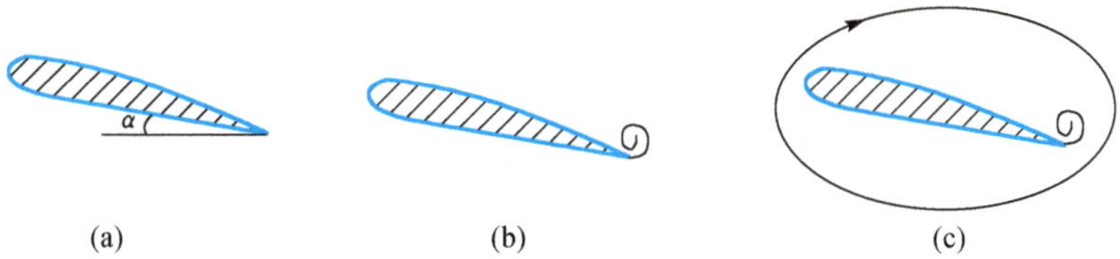

图 10.32 绕机翼环流的形成

$$p_0+\frac{1}{2}\rho v^2=p_1+\frac{1}{2}\rho(v+u)^2$$

$$p_0+\frac{1}{2}\rho v^2=p_2+\frac{1}{2}\rho(v-u)^2$$

由此得

$$p_2-p_1=\frac{1}{2}\rho(v+u)^2-\frac{1}{2}\rho(v-u)^2=2\rho uv$$

设机翼宽为 d,长为 l,则升力为

$$F=ld(p_2-p_1)=2\rho uvld=\rho vl\Gamma \tag{10.5.17}$$

其中

$$\Gamma=u\cdot 2d \tag{10.5.18}$$

称为环流,它等于环流速度与环流周长的乘积. 式(10.5.17)称为茹科夫斯基公式. 由此可见,飞机的升力与气体的密度、飞机的速度成正比,这就是飞机起飞前要在地面加速到一定的速度的缘故. 当飞机在高空飞行时气体的密度下降,必须提高飞机的速度或者改变机翼的冲角(改变环流量)以保证飞机获得足够的升力.

4. 讨论

在上述的讨论中,我们总是把物体在静止流体中运动的问题转换为物体静止而流体绕物体运动的问题. 这是因为在相对于流体静止的参考系中,物体运动引起的局部流体的流动是非定常的,而在相对于物体静止的参考系中,流体的流动是定常的,这就使得讨论大大简化. 不仅如此,这样做也有实际意义,这是因为在做模型试验时,试验物静止、流体运动总要比试验物运动、流体静止的情形方便得多. 问题是,这两者是否完全等效? 如果实验中来流是完全均匀的,根据力学相对性原理,这两种情况就没有差别. 但如果来流是做湍流运动,情况就不一样了,因为在湍流情况下通常阻力较大. 当流场尺度较大时,湍流很容易出现. 而在物体运动、流体静止的情况下,在物体参考系看来,除物体附近外,流体的运动都是均匀的. 因而只有在来流均匀的情况下,这两种情况才是完全等效的.

第11章 相 对 论

爱因斯坦提出了相对论，相对论的核心是关于空间和时间观念的论述. 它指出，作为整个牛顿力学基础的时间和空间的观念，尽管与人们已有的经验相符，但实际上并不是普遍正确的. 相对论涉及的是物理学中的一些最基本的观念，很难把它归属于物理学的哪一分支，可它却以不同的程度影响物理学的所有内容. 与物理学中的其他理论不同，相对论既不是直接从实验引出来的，也不是为消除分歧的观点而寻找到的. 相对论完全是在对已被普遍接受的物理概念进行缜密审查的基础上提出的，狭义相对论以爱因斯坦的两条基本假设为基础. 这两条基本假设是爱因斯坦以实验事实为背景，对时间和空间概念进行了深刻分析后提出的，在狭义相对论中，空间和时间是彼此密切联系的统一体，空间的距离和时间的进程都是相对的，在相对尺和钟运动的参考系看，尺的长度变短，钟走得慢了，狭义相对论对空间和时间概念所进行的革命性的变革，对整个物理学产生了深远的影响.

狭义相对论也使牛顿的万有引力定律出现了新问题. 牛顿提出的万有引力被认为是一种超距作用，引力以无穷大的速度传递，它的产生和到达是同时的，这与光速是传播速度的极限相矛盾，而且与狭义相对论关于同时性的相对性相抵触. 因此必须对牛顿的万有引力定律加以改造. 根据物体的引力质量与惯性质量成正比的事实，爱因斯坦认为万有引力效应是空间、时间弯曲的一种表现，从而提出了广义相对论. 在引力较弱、空间和时间弯曲很小的情况下，广义相对论的预言与牛顿的万有引力定律预言趋向一致.

11.1 牛顿时空观的困难

11.1.1 光传播的射击理论的困难

Litz 提出光传播的射击理论：光如同射出的子弹，其传播不需要借助任何介质，光相对于光源所在的参考系以速度 c（光速）运动. 因此，光速只有在相对于光源静止的参考系中才是各向同性的. 对于不同的参考系，需要利用伽利略相对性原理和他的坐标变换.

设想两个人玩排球，甲击球给乙. 乙看到球，是因为球发出的（实际上是反射的）光到达了乙的眼睛. 设甲乙两人之间的距离为 L，球发出的光相对于它的传播

速度是 c. 在甲即将击球之前,球暂时处于静止状态,球发出的光相对于地面的传播速度就是 c. 乙看到此情景的时刻比实际时刻晚 $\Delta t=L/c$. 在作用时间极短的冲击力作用下,球出手时速度达到 V,按上述经典的合成律,此刻由球发出的光相对于地面的速度为 $c+V$,乙看到球出手的时刻比它实际时刻晚 $\Delta t'=L/(c+V)$. 显然 $\Delta t'<\Delta t$,这就是说,乙先看到球出手,后看到甲即将击球! 这种先后颠倒的现象谁也没有看到过.

会有人说,由于光速非常大,Δt 和 $\Delta t'$的差别实在微乎其微,在日常生活中是观察不到的,这个例子没有什么现实意义. 那么我们就来看另一些天文上的例子.

1. 超新星爆发

1731 年,英国一位天文学爱好者用望远镜在南方夜空的金牛座上发现了一团云雾状的东西. 外形像个螃蟹,人们称它为"蟹状星云". 后来的观测表明,这只"螃蟹"在膨胀,膨胀的速率为 0.21″/年. 到 1920 年,它的半径达到 180″. 推算起来,其膨胀开始的时刻应在 180″÷0.21″/年≈860 年之前,即 1060 年左右. 人们相信,蟹状星云是 900 多年前一次超新星爆发中抛出来的气体壳层. 这一点在我国的史籍里得到证实. 据《宋会要》记载:负责观测天象的官员(司天监)说,超新星(客星)最初出现于 1054 年(北宋至和元年),位置在金牛座ς星(天关)附近,白昼看起来赛过金星(大白),历时 23 天. 往后慢慢暗下来,直到 1056 年(嘉祐元年)这位"客人"才隐没. 当一颗恒星发生超新星爆发时,它的外围物质向四面八方飞散. 也就是说,有些抛射物向着我们运动(图 11.1 中的 A 点),有些抛射物则沿横方向运动(图 11.1 中的 B 点). 如果光线服从上述经典速度合成律的话,按照类似前面对排球运动的分析即可知道,A 点和 B 点向我们发出的光线传播速度分别为 $c+V$ 和 c,它们到达地球所需的时间分别为 $t'=l/(c+V)$ 和 $t=l/c$,沿其他方向运动的抛射物所发的光到达地球所需的时间介于这二者之间. 蟹状星云到地球的距离 l 大约是 5000l. y. ,而爆发中抛射物的速度 V 大约是 $1500\mathrm{km\cdot s^{-1}}$,用这些数据来计算,$t'$ 比 t 短 25 年. 亦即我们会在 25 年内持续地看到超新星开始爆发时所发出的强光. 而史书明明记载着,客星从出现到隐没还不到两年. 这怎么解释?

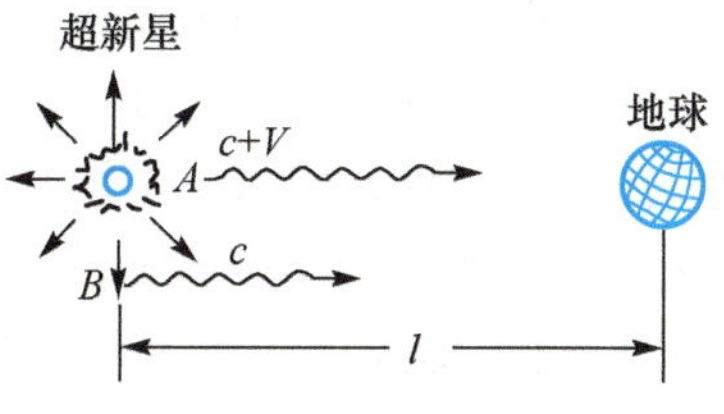

图 11.1 超新星爆发

2. 双星观测

我们假设双星 S_1 和 S_2 质量相等,沿着一条绕其共同质心的圆轨道运动,在 t_1 时刻,S_1 在 A 点,其切向速度的方向指向地球. 如果假设此时 S_1 发出的光信号的速度是 $c+v$,那么,相对于地球上的观察者来说,这个光信号将在 t_1'时刻到达地球:

$$t_1'=t_1+\frac{L}{c+v} \tag{11.1.1}$$

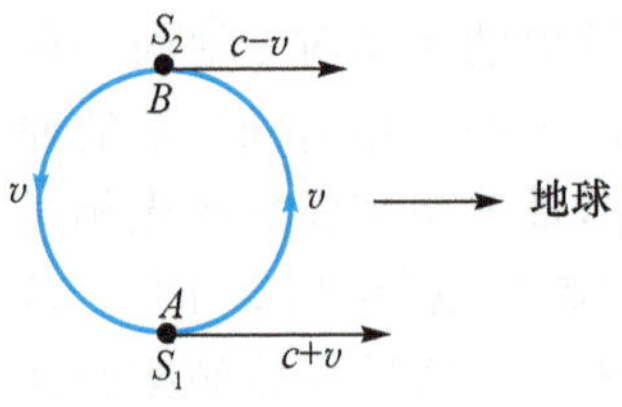

图 11.2　双星观测

其中，L 为地球到双星的距离. 设 T 是 S_1 星从 A 点运动到 B 点(图 11.2)所用的时间，即半周期. 因 S_1 星在 B 点的切向速度背离地球，所以按照射击理论，相对于地球而言，S_1 在 B 点射向地球的光信号应是以 $c-v$ 的速度传播的，这个光信号到达地球的时刻

$$t_1''=t_1+T+\frac{L}{c-v} \tag{11.1.2}$$

由方程(11.1.1)和方程(11.1.2)可以求得，相对于地球上的观察者来说，S_1 星在双星轨道中运动的半周期为

$$T_1=t_1''-t_1'=T+\tau \tag{11.1.3}$$

其中

$$\tau=\frac{L}{c-v}-\frac{L}{c+v}=\frac{2vL}{c^2-v^2}\approx\frac{2vL}{c^2} \tag{11.1.4}$$

现在考察另一颗星 S_2，假定在 t_2 时刻它在 B 点，其切向速度背离地球，类似于 S_1 星的情况. 在地球上接收到这颗星于 B 点射向地球的光，到达地球的时刻为

$$t_2'=t_2+\frac{L}{c-v} \tag{11.1.5}$$

同样，S_2 到达 A 点的时刻是 t_2+T，此时它发出的光到达地球的时刻应为

$$t_2''=t_2+T+\frac{L}{c+v} \tag{11.1.6}$$

所以，对地球上的观察者来说，S_2 在双星轨道中运动的半周期为

$$T_2=t_2''-t_2'=T-\tau \tag{11.1.7}$$

其中，τ 由方程(11.1.4)给出. 方程(11.1.3)和方程(11.1.7)表明，如果光速与光源的速度是相加的，那么地球上的观察者就会观察到双星中的一个成员的半周期是 $T+\tau$，而另一颗星的半周期是 $T-\tau$，两颗星的半周期之差 2τ 正比于 L.

W. de Sliter 于 1913 年首先讨论了上面的现象，指出对许多双星(若假定 v 是双星的轨道速度)来说，τ 具有 T 的量级. 因此，如果光速与光源速度有关，那么，以圆轨道运动的双星的多普勒效应对时间的依赖性，就会相当于一个偏心轨道对时间的依赖性，即双星运动规律不服从开普勒定律. 但是，实际观测到的双星轨道的偏心率是很小的，并没有观测到上述现象.

11.1.2　“以太”理论及其困难

“以太”的提出，是为了解释光在真空中以及高速的空间中都能传播这一事实. 当时，认为光必须有一个载体才能传播，而这种载体当光在真空中传播时更显得必要，为了解释真空不空，笛卡儿于 17 世纪第一个提出了“以太”的假说、并把“以太”描述为：以太是充满整个空间的一种物质，真空中没有空气，但却有这种无所不入的“以太”.

至19世纪上半叶，当光具有波动性被大多数物理学家承认时，以太假说又获得新的支持，于是19世纪末的物理学界牢固地确立了一种思想，认为有一种到处存在的、能穿透一切的介质，并充满所有物质的内部和它们之间的空间，是传播光波的基础. 惠更斯把它叫做“以太”(光以太)，后来它又被叫做法拉第管(电磁以太). 以太被认为是引起带电体和磁化物体之间相互作用的原因. 麦克斯韦的工作使这两种假想的介质统一起来了. 他指出光是传播的电磁波，并建立了一个优美的数学理论，把所有涉及光、电和磁的现象结合在一起. 光以太也就是电磁以太. 这时“以太”的存在似乎无可置疑了. 但是，如果用描写气体、固体和液体这类常见介质的办法来描写以太，是不可能的. 这些都导致了难以解决的矛盾. 不管对于光以太还是电磁以太，这些矛盾都是显而易见的.

首先，理论上遇到的困难是无法解释光为什么没有纵波.

光的偏振现象证明了光是一种横波，即是垂直于传播方向的一种往返的物质运动. 但是横向振动只能在固体中存在，因为固体和液体、气体不同，它有切变弹性，要反抗任何想改变其形状的企图，所以必须把光以太看成是一种固体物质. 这就是“准刚性”光以太理论.

横波在介质中传播的速率为

$$v=\sqrt{\frac{N}{\rho}}$$

其中，N 为切变模量；ρ 为介质密度.

因为光的传播速度很大，因此要求 N 很大，即介质刚性很强(很硬). 如果这样的介质(宇宙以太)充满了我们周围整个空间的话，我们怎么能在地上跑来走去，行星又怎能千百万年地绕太阳转动而丝毫不受阻力呢？因此，这种“光以太”本身就具有很大的矛盾性.

英国的物理学家开尔文爵士，为了解决以上矛盾，认为宇宙以太有着类似鞋匠所用的鞋胶或鞋蜡那样的性质，这类物质具有一种“可塑性”，当快速加上强力作用时，它们能像玻璃那样断开，但在很弱的力(如它们本身的重力)的作用下，它们会像液体那样流动. 他认为，在光波的情况下，力的方向每秒要改变千百万次，这宇宙以太的行为就像硬的弹性物质那样，而在人、行星或恒星的缓慢得多的运动情况下，它实际上不会产生阻力.

对于以太，人们往往以旧的观念加以认识. 例如，俄国化学家门捷列夫在他的元素周期表中曾把宇宙以太列为周期表中原子序数等于零的物质.

若以太真的存在，则相对于以太静止的参考系是最精确的惯性参考系(绝对静止参考系). 称以太参考系为绝对参考系，相对于以太的运动为绝对运动.

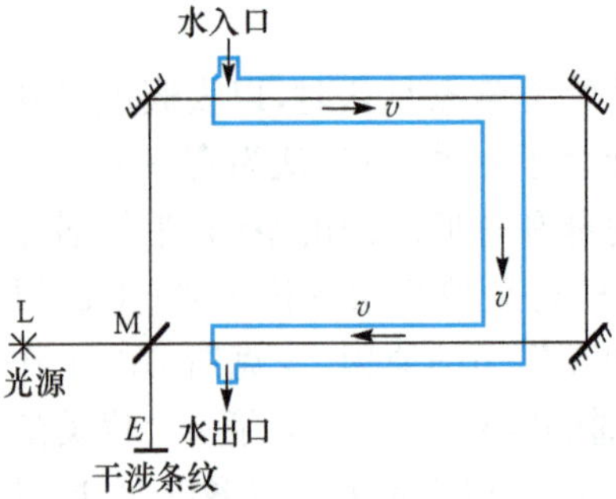

图 11.3　菲佐的实验

1. 菲佐实验

目的：验证水的运动是否会带动以太. 该实验完成于 1851 年.

实验装置如图 11.3 所示. 光束从光源发出，经半透明镜 M 后分为两束：一束光的传播方向两次和水流方向一致；另一束光则两次相反，两光存在光程差，在 E 处产生干涉条纹.

如果“以太”被流水拖曳，拖曳系数为 K，水流的速度为 v，则以太被拖动的速率为 Kv. 若 $K=1$，则以太被全部拖动；若 $K<1$，则以太被部分拖动.

在菲佐的原始实验中，用纳 D 线作光源，发现光在流水中的速度不同于静水中的数值，并且得出光在运动液体中的速度一般可以用如下经验公式表示：

$$V=\frac{c}{n}\pm Kv,\quad K=1-\frac{1}{n^2} \tag{11.1.8}$$

其中，n 为水的折射率；K 值正是 1817 年由菲涅耳从理论上推导出的结果. 只不过菲佐的实验值为 0.46，而理论值为 0.44.

地球上大气层的折射率 $n\approx 1$，故 $K=0$. 因而地球运动时，大气层应完全不带动以太，地球附近的以太仍保持静止. 这一结论被天文学家证实.

2. 光行差现象

所谓光行差，是指光线的视方向与“真实”方向之间的夹角，如图 11.4 所示. 地球 B 在运动(绕太阳公转和自转)，地球上的观察者看到的天体的方向并不是它的真实方向(来自 A 点)，而是地球速度与光速的合成方向(来自 A'点)，即天体的视方向. 因此，地球上的光行差有两种. 一种是周日光行差，它是由地球自转引起的，其大小随观察者所在的纬度不同而不同，由于自转速度很小，所以这种周日光行差角很小. 另一种是周年光行差，是由地球的公转引起的，其数值在全球各地都一样. 由图 11.4 可得

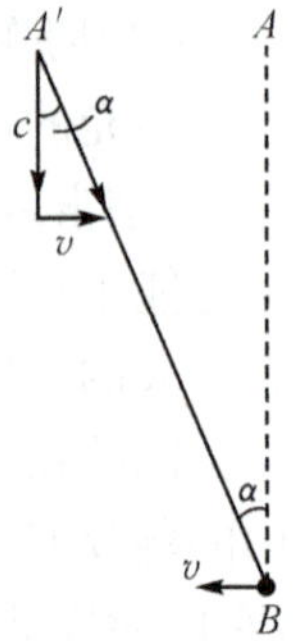

图 11.4　光行差现象

$$\tan\alpha\approx\frac{v}{c} \tag{11.1.9}$$

地球公转速度 $v=29.75\text{km}\cdot\text{s}^{-1}$，由上式可求出周年光行差角的最大值为 $\alpha=20.47''$. 这个数值叫做**光行差常数**. 对各种恒星进行观测，所得到的光行差角都与该值相符合.

以上两实验结果一致，地球运动不带动以太. 故只要测出地球相对于以太运动的速度就可以确定绝对参考系. 称这种测量为测量“**以太风**”.

3. 迈克耳孙-莫雷实验

1881 年，迈克耳孙设计了一个精密的仪器，即后来的迈克耳孙干涉仪，仪器装置如图 11.5 所示，A 是半镀银镜，B、C 是两个反射镜，且$\overline{AC}=\overline{AB}=L$，光从 S 发出，经 A 分为两束，再经 B、C 反射后到达 T 处，当两光束有一定光程差时，在 T 处出现干涉条纹. 为了保持仪器水平，迈克耳孙把仪器放在水银槽上.

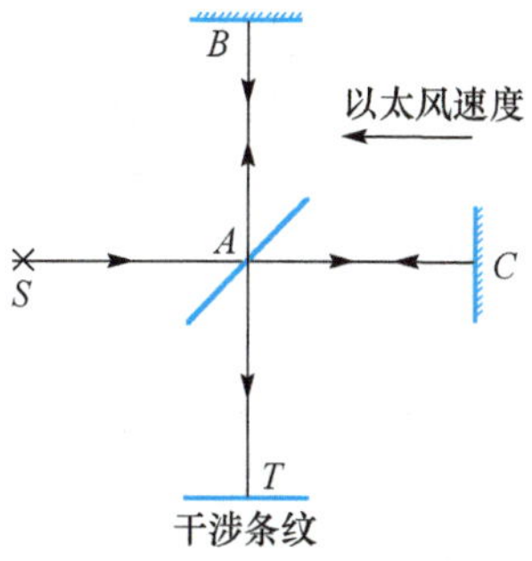

图 11.5 迈克耳孙-莫雷实验

迈克耳孙认为：如果“以太”是静止不动的，则由于地球在其轨道上绕太阳转动的速度大约是 $30\mathrm{km}\cdot\mathrm{s}^{-1}$，因此应当有“以太风”刮过地球表面，这“以太风”相当于菲佐实验中流动的水. 如果把仪器转动 90°，观察转动前后的干涉条纹的变化，必然会出现条纹的移动. 移动的数值由前后两个位置中两束光的时间差决定.

当时估计应有 0.4 条纹的移动，但实验结果却只有 0.01 条纹的移动，这一微小的数值可以理解为实验中的误差所引起，于是只能得出以太被地球完全拖动，或者根本不存在以太的结论. 6 年之后，即 1887 年，迈克耳孙和莫雷合作，对原有仪器作了进一步改进，又重复实验. 但实验仍然得出“零结果”.

实验的“零结果”否定了绝对静止坐标系的存在，同时对以太是否存在也提出了怀疑. 这个结果是迈克耳孙不愿得出的. 他曾说过：想不到他的实验竟引导出一个怪物(指相对论). 实验的零结果使物理学界感到震惊，也被汤姆孙说成是经典物理学上空的“一朵乌云”，因此引导不少物理学家在不同时间(春、夏、秋、冬)、不同地点(地下室、棚屋、高空)重复类似的实验，历时 50 年之久. 但实验都得出了同样的结果.

迈克耳孙实验的“零结果”，是建立相对论的前奏. 迈克耳孙由于这方面的贡献，荣获 1907 年诺贝尔物理学奖.

迈克耳孙实验公布之后，不少物理学家企图用各种理论解释这一现象，其中以洛伦兹的长度收缩最为典型. 1892 年，洛伦兹提出了在以太中以速度 $\boldsymbol{v}$ 运动的物体，在沿运动的方向上，长度有所收缩，如果收缩的比例因子是$(1-v^2/c^2)^{1/2}$的话，那么就很容易解释迈克耳孙实验中条纹移动为零的结果. 这是因为，若设往返 AB、AC 需时间各为 t_1、t_2，则有

$$t_1=\frac{2L}{\sqrt{c^2-v^2}}=\frac{2L}{c\sqrt{1-v^2/c^2}},\qquad t_2=\frac{L'}{c-v}+\frac{L'}{c+v}=\frac{2L'}{c(1-v^2/c^2)} \tag{11.1.10}$$

若

$$L'=(1-v^2/c^2)^{1/2}L \tag{11.1.11}$$

则有 $t_1=t_2$.

洛伦兹把自己的设想告诉了爱尔兰人斐兹杰惹. 斐兹杰惹说:“我长时间以来，已在自己的讲座中阐述了这个假说.”这说明他们两人各自独立地得出了同样的结果. 关于长度收缩的观点，洛伦兹于 1903 年发表的“迈克耳孙的干涉实验”一文中有所阐述.

洛伦兹和斐兹杰惹提出的收缩假说，是为了解释迈克耳孙实验的零结果，从数学上凑出来的，他们对牛顿的时空观仍是深信不疑，并加以采用. 收缩假说存在致命的弱点. 首先，它没有说明收缩的原因是什么？其次，又没有说明收缩因子为什么和物质结构毫无关系. 后者引导一些人改变迈克耳孙实验装置为木结构和钢结构，但是却得到同样的结果.

当时也有人企图从物质的原子间的电力和磁力的相互作用来解释收缩原因，但都没有成功. 爱因斯坦独具慧眼，提出了和牛顿时空观截然不同的新时空观，从而创建了相对论.

11.2 相对性原理

“以太”观点带来的问题:

(1) 承认“以太”，即承认惯性系中有一个惯性系地位特殊，因而最重要，但从牛顿力学中是不可能找到这个惯性系的.

(2) 试图利用光学和电磁学的方法测量真空中的光速来确定绝对参考系，但实验结果是否定的.

(3) “以太”观点有一系列自相矛盾的假设，不易回避.

(4) 惯性系优越于非惯性系，绝对参考系优越于惯性系. 尤其是后一优越极不自然，又没有实验支持.

“以太”观点的困难是无法克服的. 我们知道，物理学的基本思想是: **宇宙应有更简明的描述方法.**

当别人忙着在经典物理的框架内用形形色色的理论来修补“以太风”的学说时，爱因斯坦另辟蹊径，提出两个重要假设.

(1) **相对性原理. 所有惯性系都是平权的，在它们之中所有的物理规律都一样.**

(2) **光速不变原理. 在所有的惯性系中测量到的真空光速都是一样的.**

爱因斯坦的相对性原理把原来只适用于力学的伽利略相对性原理推广到物理学的所有领域，它说明在任何惯性系内观察同一体系，尽管对某些量的测量可能会得出不同的数值，但联系这些观测量的物理定律，即这些量之间的定量关系都相同，在一个惯性系内进行的任何物理学的实验，都无法判断该惯性系是处于静止还是处于匀速直线运动状态. 爱因斯坦的相对性原理也表明:应该存在一组联系两个惯性参考系的坐标变换公式，这组公式应保证所有的物理定律具有协变性.

爱因斯坦的光速不变原理表明，真空中光沿任何方向传播的速度都相等，这是爱因斯坦的一个大胆假设. 光速不变原理可以解释迈克耳孙-莫雷实验的零结果，但迈克耳孙-莫雷实验并未证明光速不变原理. 因为在这个实验中涉及的是光线往返所经历的时间，故这类实验不能作为单程光速不变性的依据，至多只是双程光速不变性的实验依据. 把光速作为普适常数而且放在重要地位的含义是非常深刻的. 我们知道，机械振动在介质中的传播过程是介质中各部分质元相互作用的结果，研究介质中的机械波，我们可获得介质内部相互作用的某些信息；光能在真空中传播，研究真空中光波可获得空间特性的某些信息. 由光速不变原理所表现出来的时间和空间的特性，与牛顿观念下的时间和空间的特性是完全不同的.

爱因斯坦提出这个假设是非常大胆的. 下面我们即将看到，这个假设非同小可，一系列违反“常识”的结论就此产生了.

如图 11.6 给出的两个惯性系 K 及 K'，设在某一时刻(取为 $t=0$)，K 系与 K'系的原点是重合的，并且在这一时刻位于原点的光源发出一个光信号. 设 K'系相对于 K 系沿 x 方向以速率 v 运动. 在 K 系中，光信号的波前是以 K 系的原点为心的球面，由于光速不变，在 K'系中，这个光信号的波前应是以 K'系的原点为心的球面. 或许你要问，光脉冲的波面到底是以 O 为中心的球面还是以 O'为中心的球面？期望得到“只有相对于这两个参考系中的某一个，光的波阵面才是球面”的答案本身就期望存在一个特殊的惯性系，这意味着你还没有完全摆脱绝对参考系的影响. 尽管 O'相对于 O 做匀速直线运动，但相对于各自的参考系光的波阵面都是以各自的原点为中心的球面，这正是空间本身所具有的特性的一种反映. 这一点之所以难以理解，是因为在我们的认知中，时间的流逝是绝对的，是与参考系无关的观念在作怪.

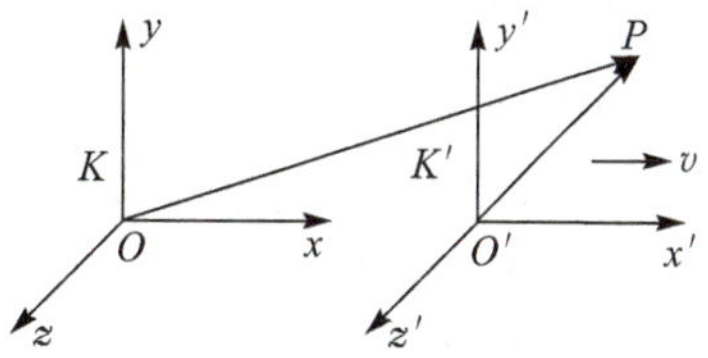

图 11.6　惯性系 K 和 K'

我们说，光的波阵面是球面，意思是说，在某个时刻 t，光波的某个相位“同时”传播到的空间各点构成了一个球面. 那么，什么是两地的事件同时发生？譬如，来自银河中心的射电信号“同时”激发设在北京和上海的探测天线，我们怎样知道射电波是“同时”到达两地的呢？也许有人说，这还不简单，两地的人都看看钟就行了. 于是，问题就化为如何把两地的钟对准的问题. 按现代的技术水平，这将通过电台发射无线电报时信号来实现. 但电磁波是以光速传播的，报时信号从北京传到上海需要时间. 这段时间差按日常生活的标准来看当然是微不足道的，然而对于同样以光速传播的射电波来说，这段时间内它已飞越了 1000 多千米，对于精密的科学测量来说，对钟的时候这段时间差是要经过严格校准的.

爱因斯坦根据光速不变原理，提出一个异地对钟的准则. 假定我们要对 A、B 两地的钟，则在 AB 连线的中点 C 处设一光信号发射站. 从 C 向 A、B 两地发射对钟的光信号，A、B 收到此信号的时刻被认定是“同时”的. 以上的“同时性”判断准则适用于一切惯性系，于是就产生了这样的问题：同一对事件，在某个惯性参考系里看是同时的，是否在其他惯性参考系里看也是同时的? “常识”和经典物理学告诉我们，这是毋庸置疑的. 但有了爱因斯坦的光速不变原理，这个结论将不成立. 为了说明这一点，爱因斯坦提出了一个理想实验. 设想有一列火车（K'系）相对于站台（K 系）以匀速 v 向右运动，如图 11.7 所示. 当站台上 A、B 的中点 C 与火车上 A'、B'的中点 C' 重合时，C 点（或 C' 点）发出闪光对时信号，A、B 和 A'、B'在收到信号时都将钟拨到零时. 在 K 系的观察者看来，A、B 的钟已对准是没有问题的，但是 A'、B'的钟就是另外一回事了，由于 K'系的运动，光信号在到达 A、B 前已先到达了 B'点，在到达 A、B 后才到达 A'点，于是 B' 点的钟是快了，而 A'的钟却又慢了. 同理，在 K'系的观察者看来，由于 K'系是惯性系，A'、B'的钟已对准是没有问题的，但是 A、B 的钟就是另外一回事了，由于 K 系相对于 K'系向左运动，光信号在到达 A'、B'前已先到达了 A 点，在到达 A'、B'后才到达 B 点，于是 A 点的钟是快了，而 B 的钟却又慢了.

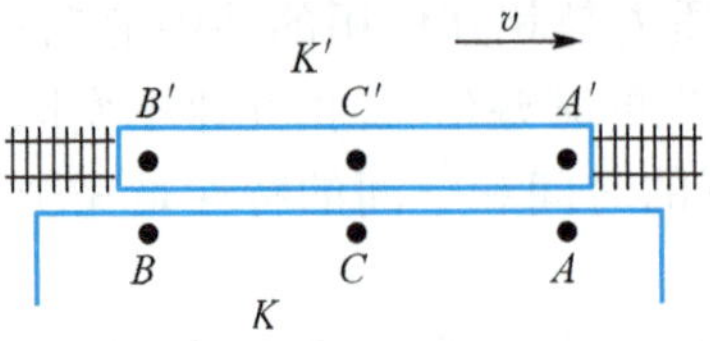

图 11.7　同时是相对的

于是我们得到结论，“同时”是相对的，只有同一个惯性系可以对钟，两个不同的惯性系，只有当两点重合时才可以对钟，只有当 C 与 C'重合时，才能将这两点的钟拨到同一时刻.

11.3　洛伦兹变换

从伽利略速度合成律可以看到，光速不变原理与伽利略变换是矛盾的. 为了满足光速不变原理的要求，惯性系之间应当有不同于伽利略变换的时空坐标变换关系，现在我们就来寻求它.

如图 11.6 给出的两个惯性系 K 及 K'，K'系相对于 K 系沿 x 方向以速率 v 运动. 设 K 系与 K'系的原点 O、O'重合时，将 O、O'的钟都拨到零（对钟），即取 $t=t'=0$，并且在这时刻位于原点的光源发出一个光信号. 设在 K 系中，光信号的波前是以 K 系的原点为心的球面，由下列方程所决定：

$$x^2+y^2+z^2-c^2t^2=0 \tag{11.3.1}$$

由于光速不变，在 K'系中，这个光信号的波前应是以 K'系的原点为心的球面，即

$$x'^2+y'^2+z'^2-c^2t'^2=0 \tag{11.3.2}$$

这样，只要要求 (x,y,z,t) 与 (x',y',z',t') 之间的变换关系满足

$$x^2+y^2+z^2-c^2t^2=x'^2+y'^2+z'^2-c^2t'^2 \tag{11.3.3}$$

就可以与光速不变原理相适应.

现在我们来求满足式(11.3.3)的坐标变换关系.首先我们注意到,因为只在 x 方向 K 系与 K' 系有相对运动,y、z 方向并没有相对运动,所以关于 y、z 的变换应当为

$$y'=y,\quad z'=z \tag{11.3.4}$$

式(11.3.4)可以这样来理解:K 系与 K' 系的观察者各有一个长度为 L 的尺,他们将该尺一端放在 x 轴上,另一端平行于 y 轴与 y' 轴放置,当某个时刻两尺重合时,他们可以比较尺的长短,其结果必定是唯一的.由于每个观察者都认为自己是静止的,故只可能有该尺在 K 系与 K' 系中的长度 L 与 L' 相等,$L=L'$,这就对应着式(11.3.4).

另外,还应要求坐标变换是线性的,这个要求来源于空间的均匀性,即空间中各点的性质都是一样的,没有任何具有特别性质的点.这样,x、t 与 x'、t' 之间的关系应有如下一般形式:

$$\begin{cases}x'=ax+b(ct)\\ ct'=dx+e(ct)\end{cases} \tag{11.3.5}$$

当两个参考系的相对速度 $v\ll c$ 时,式(11.3.5)应能变回伽利略变换式(2.4.5),故应取

$$\begin{cases}a>0\\ e>0\end{cases} \tag{11.3.6}$$

将式(11.3.4)、式(11.3.5)代入式(11.3.3),得

$$(a^2-d^2)x^2-(e^2-b^2)c^2t^2+2(ab-de)xct=x^2-c^2t^2$$

要使该式满足,必须

$$a^2-d^2=1,\qquad e^2-b^2=1,\qquad ab=de$$

解为

$$a=e,\qquad b=d,\qquad a^2-d^2=1 \tag{11.3.7}$$

取

$$\begin{cases}a=e=\dfrac{1}{\cos\theta}>0\\ b=d=\tan\theta\end{cases} \tag{11.3.8}$$

其中,θ 为参数.于是式(11.3.5)应具有下列形式:

$$\begin{cases}x'=\dfrac{x}{\cos\theta}-ct\tan\theta\\ ct'=x\tan\theta+\dfrac{ct}{\cos\theta}\end{cases} \tag{11.3.9}$$

引入新参数 $\beta=b/a=\sin\theta$,有

$$a=1/\cos\theta=1/\sqrt{1-\beta^2}, \qquad b=\tan\theta=\beta/\sqrt{1-\beta^2}$$

代入式(11.3.9)，得

$$x'=\frac{x+\beta ct}{\sqrt{1-\beta^2}}, \qquad t'=\frac{t+\beta\dfrac{x}{c}}{\sqrt{1-\beta^2}} \tag{11.3.10}$$

现在我们来确定系数 β. 由于 K'系相对于 K 系在 x 方向以速度 v 运动，所以对于 K'系中的观察者，K 系的原点，即 $x=y=z=0$ 点的速度应为

$$\frac{\mathrm{d}x'}{\mathrm{d}t'}=-v, \qquad \frac{\mathrm{d}y'}{\mathrm{d}t'}=0, \qquad \frac{\mathrm{d}z'}{\mathrm{d}t'}=0$$

另外，由式(11.3.4)、式(11.3.10)可得

$$\mathrm{d}x'=\frac{\beta c\,\mathrm{d}t}{\sqrt{1-\beta^2}}, \qquad \mathrm{d}y'=0, \qquad \mathrm{d}z'=0, \qquad \mathrm{d}t'=\frac{\mathrm{d}t}{\sqrt{1-\beta^2}} \tag{11.3.11}$$

故

$$\frac{\mathrm{d}x'}{\mathrm{d}t'}=\beta c=-v, \qquad \frac{\mathrm{d}y'}{\mathrm{d}t'}=\frac{\mathrm{d}z'}{\mathrm{d}t'}=0$$

即有

$$\beta=-\frac{v}{c} \tag{11.3.12}$$

由式(11.3.4)、式 (11.3.10)、式 (11.3.12)，得

$$\begin{cases} x'=\dfrac{x-vt}{\sqrt{1-v^2/c^2}} \\ y'=y \\ z'=z \\ t'=\dfrac{t-\dfrac{v}{c^2}x}{\sqrt{1-v^2/c^2}} \end{cases} \tag{11.3.13}$$

或反解出(x,y,z,t)，得

$$\begin{cases} x=\dfrac{x'+vt'}{\sqrt{1-v^2/c^2}} \\ y=y' \\ z=z' \\ t=\dfrac{t'+\dfrac{v}{c^2}x'}{\sqrt{1-v^2/c^2}} \end{cases} \tag{11.3.14}$$

式(11.3.13)、式(11.3.14)为惯性系 K 系与 K'系之间的时空坐标变换关系，称为**洛伦兹变换**.

当速度 $v \ll c$ 即 $v^2/c^2 \ll 1$ 时，如果忽略 $\beta^2=(v/c)^2$ 以上的各级小量，洛伦兹变换就过渡为伽利略变换了. 这表明，在牛顿力学中所采用的时空坐标变换是只适用于低速情况的，在高速情况下它不正确.

在伽利略变换中，时间与空间是相互分开的，这正符合我们按日常经验所建立起来的观念：时间与空间是"绝对"分开的两个概念. 但是，在洛伦兹变换式(11.3.11)、式(11.3.12)中，时间的变换不再与空间无关.

11.4 相对论时空观

显然，由洛伦兹变换所描写的时空性质，是根本不同于经典的时空观念的. 为了弄清楚相对论时空观的特点，我们考察一下在新的时空观下，哪些物理量是相对的，哪些物理量是绝对的，亦即哪些度量结果依赖于所选用的参考系，哪些结果则与参考系无关.

11.4.1 时间间隔的相对性

假定有两个物理事件，对于参考系 K' 发生于同一地点，但不同的时间，即

$$A(x',y',z',t_1'),\qquad B(x',y',z',t_2')$$

按照式(11.3.12)，对于 K 系，这两个事件分别发生在下列时刻：

$$t_1=\frac{t_1'+\frac{v}{c^2}x'}{\sqrt{1-v^2/c^2}},\qquad t_2=\frac{t_2'+\frac{v}{c^2}x'}{\sqrt{1-v^2/c^2}}$$

故有

$$t_2-t_1=\frac{t_2'-t_1'}{\sqrt{1-v^2/c^2}}>t_2'-t_1' \tag{11.4.1}$$

这表明，在 K 系中的观察者所测得事件 A 与 B 的时间间隔大于在 K' 系中观察者的测量结果，换言之，对 K' 系静止的时钟，从 K 系中的观察者看来，是走慢了. 反之，同样可以证明对 K 系静止的时钟，从 K' 系中的观察者看来，是走慢了. 这就是说，**在一个惯性系中，运动的钟比静止的钟走得慢**. 这种效应叫做**爱因斯坦延缓，时间延缓**，或**钟慢效应**.

必须指出，这里所说的"钟"应该是标准钟，把它们放在一起应该走得一样快. 不是钟出了问题，而是运动参考系中的时间节奏变缓了，在其中一切物理、化学过程，乃至观察者自己的生命节奏都变缓了. 而在运动参考系里的人认为一切正常，并不感到自己周围发生的一切变得沉闷呆滞. 还必须指出，运动是相对的. 在地面上的人看高速宇宙飞船里的钟慢了，而宇宙飞船里的宇航员看地面站里的钟也比自己的慢. 今后我们把相对于物体(或观察者)静止的钟所显示的时间间隔 $\Delta\tau$ 叫做**该物体的固有时**. 式(11.4.1)中的 $\Delta t'=t_2'-t_1'$ 就是固有时.

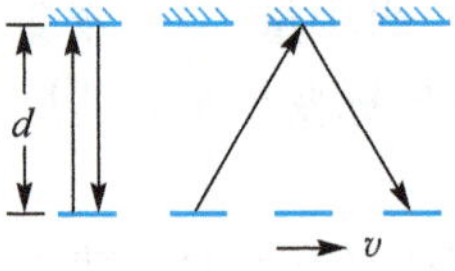

图 11.8　光信号钟

如何理解时间膨胀的概念呢？用光速不变原理设计一种非常简单的钟，称为光信号钟，如图 11.8 所示．图中相距 d 两端各有一面镜子，当我们在镜子间发出一个光信号后，光信号将一直来回传送着，每一个来回相当于通常钟“滴答”响一次．把这个钟固定于 K'系中，并一起以匀速 v 相对于 K 系沿垂直于 d 的方向运动．在 K'系中，光信号一个来回经历距离 $2d$，它的时间间隔为

$$\Delta t' = 2d/c \tag{11.4.2}$$

但在 K 系中看，光信号沿之字形路径，光信号一个来回在 K 系中经历两条斜线，设时间间隔为 Δt，按光速不变性，有

$$\left(\frac{1}{2}c\Delta t\right)^2 = \left(\frac{1}{2}v\Delta t\right)^2 + d^2 = \left(\frac{1}{2}v\Delta t\right)^2 + \left(\frac{1}{2}c\Delta t'\right)^2$$

解得

$$\Delta t = \frac{\Delta t'}{\sqrt{1-v^2/c^2}} \tag{11.4.3}$$

式(11.4.3)与式(11.4.1)是一致的．时间膨胀或相对观测者运动的钟变慢的效应与钟的具体结构无关，如果仅仅是运动的光信号钟变慢，别的类型的钟不变慢，那么车厢内的观测者就可能利用两种类型的钟的不一致来确定车厢的运动，这与相对性原理是相抵触的．

在日常生活中时间膨胀是完全可以忽略的，但在运动速度接近于光速时，钟慢效应就变得重要了．在高能物理的领域里，此效应得到大量实验的证实．例如，一种叫做 μ 子的粒子，是一种不稳定的粒子，在静止参考系中观察，它们平均经 2×10^{-6}s(其固有寿命)就衰变为电子和中微子．宇宙线在大气上层产生的 μ 子速度极大，可达 $v=0.998c$，如果没有钟慢效应，它们从产生到衰变的一段时间里平均走过的距离只有 $0.998\times(3\times10^8)\times(2\times10^{-6})\approx600$(m)，这样，$\mu$ 子就不可能到达地面的实验室．但实际上 μ 子可穿透大气 9000 多米．试用钟慢效应来解释：以地面为参考系 μ 子的“运动寿命”为

$$\tau = \frac{\text{固有寿命}\ \tau'}{\sqrt{1-v^2/c^2}} = \frac{2\times10^{-6}}{\sqrt{1-0.998^2}} \approx 3.16\times10^{-5}(\text{s})$$

按此计算，μ 子在这段时间通过的距离约为 9500m，这就与实验观测结果基本一致了．

设想一对年华正茂的孪生兄弟，哥哥告别弟弟，登上访问牛郎织女的旅程(牛郎星距地球约 16l. y.，织女星距地球约 26.3l. y.)．归来时，阿哥仍是风度翩翩的少年，而前来迎接他的胞弟却是白发苍苍的老翁了．这真应了古代神话里“天上方一日，地上已数年”的说法！且不问这是否可能，从逻辑上说得通吗？按照相对论，运动不是相对的吗？为什么在这里天(航天器)、地(地球)两个参考系不对称？这便

是通常所说的“孪生子佯谬”.

从逻辑上看，这佯谬并不存在，因为天、地两个参考系的确是不对称的. 从原则上讲，“地”可以是一个惯性参考系，而“天”却不能. 否则它将一去不复返，兄弟永别了，谁也不再有机会直接看到对方的年龄. “天”之所以能返回，必有加速度，这就超出了狭义相对论的理论范围，需要用广义相对论去讨论. 广义相对论对上述被看成“佯谬”的效应是肯定的，认为这种现象能够发生.

11.4.2 同时的相对性

如果对于 K' 系，当时刻 t' 在两个点 x_1' 及 x_2' 处同时发生了两个物理事件 A 及 B. 按照经典观点，在 K' 系中同时发生的两事件，在其他惯性系中来看，也是同时发生的，即“同时”是绝对的概念.

但是，在相对论中却有完全不同的结论. 由式(11.3.14)容易得到，对于 K 系，事件 A 及 B 发生的时间应为

$$t_1 = \frac{t' + \frac{v}{c^2}x_1'}{\sqrt{1-v^2/c^2}}, \qquad t_2 = \frac{t' + \frac{v}{c^2}x_2'}{\sqrt{1-v^2/c^2}} \tag{11.4.4}$$

所以对 K 系而言，这两个事件不是同时发生的. 它们相隔的时间为

$$\Delta t = t_2 - t_1 = \frac{v}{c^2}\,\frac{x_2' - x_1'}{\sqrt{1-v^2/c^2}} \tag{11.4.5}$$

Δt 可能为正，也可能为负，这取决于 $x_2' - x_1'$ 的符号. 它表明，事件 A 可能发生于事件 B 之前，也可能发生于 B 之后. 这就是说，在相对论中同时是相对的.

换句话说，只能在一个坐标系对钟，或两个坐标系中两个相接触的点对钟.

11.4.3 长度的相对性

假定有一直尺相对于 K' 系是静止的，并且放置在沿 x 方向. 如果直尺两端的坐标分别是 x_1' 及 x_2'，则对于 K' 系中的观察者，直尺的长度是 $L' = |x_1' - x_2'|$（称为**固有长度**）. 如果在 K 系中有一个观察者，在时刻 t，对该直尺进行测量，得到直尺两端的坐标为 x_1 及 x_2，则按式(11.3.13)，有

$$x_1' = \frac{x_1 - vt}{\sqrt{1-v^2/c^2}}, \qquad x_2' = \frac{x_2 - vt}{\sqrt{1-v^2/c^2}} \tag{11.4.6}$$

所以对于 K 系，直尺的长度为

$$L = |x_1 - x_2| = \sqrt{1-\frac{v^2}{c^2}}\,|x_1' - x_2'| = L'\sqrt{1-\frac{v^2}{c^2}} < L' \tag{11.4.7}$$

这表明，在 K 系中的观察者所测得的直尺长度总小于在 K' 系中的观察者所测得的结果. 换言之，对于 K' 系为静止的直尺，在 K 系中的观察者看来，是缩短了. 反之，可以证明，对于 K 系为静止的直尺，在 K' 系中的观察者看来，是缩短了. 总之，

相对于观察者运动着的直尺,总比静止着的直尺短一些,即**物体沿运动方向的长度比其固有长度短**.这种效应叫做**洛伦兹收缩**或**尺缩效应**.

关于这一点,K'系中的观察者认为,K 系中的观察者并没有"同时"测尺的两端坐标.

这里顺便说一下直到 1959 年以后人们才注意到的一个问题,即应该区分"观察者"和"观看者".

图 11.9　汤普金斯先生的奇遇

伽莫夫著的著名科普读物《物理世界奇遇记》里有这样一段描述:主人公汤普金斯先生来到一座奇异的城市,由于这座城市里的光速异乎寻常地小,当他骑自行车以接近光速的高速行驶时,发现周围一切都如图 11.9 所示那样变扁了.

汤普金斯的见闻,几十年来被物理学家们认为是正确的.即由于洛伦兹收缩,只要能以接近光速的速度运动,我们将看到一个扁的世界.直到 1959 年,James Torrell 发表的一篇文章才开始纠正这个错误认识.其实,尺缩效应的形象是人们观测物体上各点对观察者参考系同一时刻的位置构成的形象,可称为"测量形象",而不是物体产生的"视觉形象",相对论中的"观察者"指的就是这种"测量者".我们看到的(或照相机拍摄的)形象,是由物体上各点发出后"同时到达"眼睛(或照相机)的光线所组成,而这些光线并不是同时自物体发出的,这时我们是"观看者"而非"观察者".运动物体上离开我们较远的点较早发出的光子与离开我们较近的点较迟发出的光子可能会同时到达视网膜或感光底片.所以,我们看到的高速运动物体的形状,除了应考虑由相对论效应引起的畸变外,还应考虑到由光学效应引起的畸变.有人通过分析和计算证明,高速运动的立方体或球体看起来将仍然是立方体或球体,不过转过了一个角度.因具体分析涉及较复杂的计算,这里就不叙述了.

由上面的讨论,我们看到与一个物体(包括时钟)固定在一起的参考系似乎特别重要,我们称这一参考系为**本征参考系**,在本征参考系进行的测量称为**本征测量**或**原测量**,测得的物体长度为**本征长度**或**固有长度**,测得的时间间隔是**本征时间间隔**或**原时间隔**、**固有时**.我们强调本征参考系的重要性并未从相对论的观点后退一步,尽管每个观测者或每个物体都有唯一的本征参考系,但并不存在一个对所有的观测者或所有的物体都是本征的普适参考系.

11.4.4 时序的相对性和因果关系

不仅同时是相对的，而且事件发生的时间次序也是相对的. 设事件 A 及 B 对 K' 系来说，发生的地点与时间分别是 (x_1', t_1') 及 (x_2', t_2')，则对于 K 系，事件 A 及 B 发生的时间为

$$t_1 = \frac{t_1' + \frac{v}{c^2}x_1'}{\sqrt{1 - v^2/c^2}}, \qquad t_2 = \frac{t_2' + \frac{v}{c^2}x_2'}{\sqrt{1 - v^2/c^2}} \tag{11.4.8}$$

故有

$$t_1 - t_2 = \frac{t_1' - t_2' + \frac{v}{c^2}(x_1' - x_2')}{\sqrt{1 - v^2/c^2}} \tag{11.4.9}$$

假定对于 K' 系，事件的时序是先 A 后 B，即 $t_1' - t_2' < 0$，那么当 $v(x_1' - x_2')/c^2$ 足够大，以致式(11.4.10)成立

$$t_1' - t_2' + \frac{v}{c^2}(x_1' - x_2') > 0 \tag{11.4.10}$$

或者

$$\left|\frac{x_1' - x_2'}{t_1' - t_2'}\right| > \frac{c^2}{v} \tag{11.4.11}$$

则事件的时序在 K 系中就颠倒过来了，是先 B 后 A，即 $t_1 - t_2 > 0$.

这就证明了时序的相对性.

乍一看来，时序的相对性与因果关系是矛盾的. 我们知道，原因总应该发生在结果之前，如果事件 A 与 B 之间有因果联系，那么先 A 后 B 的时序就应当是绝对的，即无论在哪个惯性系中观察，总应该得到先 A 后 B 的结果. 但是，洛伦兹变换却可能使时序改变，亦即可能因果倒置. 怎样才能把因果关系的绝对性与时序的相对性统一起来呢?

为此，我们分析一下事件之间因果联系的必要条件，倘使事件 A 与 B 之间有因果联系，就应当有某种作用从 x_1' 出发经过时间间隔 $t_2' - t_1'$ 传递到了 x_2'. 这种作用使原因 A 得以产生结果 B. 亦即，因果事件之间相互作用的传递速度 v_i 至少应当为

$$v_i = \left|\frac{x_2' - x_1'}{t_2' - t_1'}\right| \tag{11.4.12}$$

代入式(11.4.11)得

$$v_i v > c^2 \tag{11.4.13}$$

这表明，只当 v_i 或 v 之一大于 c 时，才会出现因果倒置的情况. 也就是说，只在下列两种情况之一成立时，才会观察到先果后因的现象：

(1) 因果作用的传递速度 v_i 超过光速.

(2) 事件对于观察者的运动速度超过光速.

下面将讨论,在实际的情形中,我们永远不可能把原来小于光速运动的物体加速到超过光速,所以上述两种情况是不会发生的. 这就统一了因果次序的绝对性与时序的相对性. 即可能有因果联系的两个事件 $|x_1'-x_2'|/|t_1'-t_2'|<c$ 的时序不会经洛伦兹变换而改变;没有因果联系的两个事件 $|x_1'-x_2'|/|t_1'-t_2'|>c$ 的时序是可以改变的.

11.4.5 时空间隔的绝对性

在洛伦兹变换下,两个事件 (x_1,y_1,z_1,t_1)、(x_2,y_2,z_2,t_2) 的时间间隔及空间间隔都是相对的,而它们的时空间隔却是绝对的. 时空间隔被定义为

$$\Delta s=\sqrt{c^2(t_1-t_2)^2-(x_1-x_2)^2-(y_1-y_2)^2-(z_1-z_2)^2} \tag{11.4.14}$$

利用洛伦兹变换,容易证明

$$\begin{aligned}&\sqrt{c^2(t_1-t_2)^2-(x_1-x_2)^2-(y_1-y_2)^2-(z_1-z_2)^2}\\ =&\sqrt{c^2(t_1'-t_2')^2-(x_1'-x_2')-(y_1'-y_2')^2-(z_1'-z_2')^2}\end{aligned} \tag{11.4.15}$$

或

$$\Delta s=\Delta s' \tag{11.4.16}$$

这表明,对 Δs 的测量结果不依赖于参考系的选择. 对于在时空上无限邻近的两个事件,其时空间隔可以写成微分形式

$$\mathrm{d}s=\sqrt{c^2\mathrm{d}t^2-\mathrm{d}x^2-\mathrm{d}y^2-\mathrm{d}z^2} \tag{11.4.17}$$

还常常利用如下定义的量

$$\mathrm{d}\tau=\frac{1}{c}\mathrm{d}s \tag{11.4.18}$$

它被称为**固有时间隔**或**原时间隔**. 由于光速是个绝对量,故原时间隔也是个绝对量. 一个质点的运动可以看成一系列连续出现的物理事件,这时,两个无限邻近的运动状态的原时间隔为

$$\begin{aligned}\mathrm{d}\tau&=\frac{1}{c}\sqrt{c^2\mathrm{d}t^2-\mathrm{d}x^2-\mathrm{d}y^2-\mathrm{d}z^2}\\ &=\mathrm{d}t\sqrt{1-\frac{1}{c^2}\left[\left(\frac{\mathrm{d}x}{\mathrm{d}t}\right)^2+\left(\frac{\mathrm{d}y}{\mathrm{d}t}\right)^2+\left(\frac{\mathrm{d}z}{\mathrm{d}t}\right)^2\right]}=\mathrm{d}t\sqrt{1-\frac{u^2}{c^2}}\end{aligned} \tag{11.4.19}$$

其中,u 为质点相对于 K 系的速度大小. $\mathrm{d}\tau$ 的绝对性表明,若质点相对于 K' 系的速度为 u',就将有

$$\mathrm{d}\tau=\mathrm{d}t\sqrt{1-\frac{u^2}{c^2}}=\mathrm{d}t'\sqrt{1-\frac{u'^2}{c^2}} \tag{11.4.20}$$

11.4.6 速度变换

为了求得相对论的速度变换公式，我们首先把洛伦兹变换式(11.3.14)写成微分形式

$$\begin{cases} \mathrm{d}x = \dfrac{\mathrm{d}x' + v\mathrm{d}t'}{\sqrt{1-v^2/c^2}} \\ \mathrm{d}y = \mathrm{d}y' \\ \mathrm{d}z = \mathrm{d}z' \\ \mathrm{d}t = \dfrac{\mathrm{d}t' + \dfrac{v}{c^2}\mathrm{d}x'}{\sqrt{1-v^2/c^2}} \end{cases} \tag{11.4.21}$$

显然，对于 K 系，质点的速度分量为

$$u_x = \frac{\mathrm{d}x}{\mathrm{d}t}, \qquad u_y = \frac{\mathrm{d}y}{\mathrm{d}t}, \qquad u_z = \frac{\mathrm{d}z}{\mathrm{d}t} \tag{11.4.22}$$

对于 K'系，质点的速度分量为

$$u'_x = \frac{\mathrm{d}x'}{\mathrm{d}t'}, \qquad u'_y = \frac{\mathrm{d}y'}{\mathrm{d}t'}, \qquad u'_z = \frac{\mathrm{d}z'}{\mathrm{d}t'} \tag{11.4.23}$$

利用式(11.4.21)中最后一式除前面三个式子，并且利用上述表达式，得

$$u_x = \frac{u'_x + v}{1 + u'_x\dfrac{v}{c^2}}, \qquad u_y = \frac{u'_y\sqrt{1-v^2/c^2}}{1 + u'_x\dfrac{v}{c^2}}, \qquad u_z = \frac{u'_z\sqrt{1-v^2/c^2}}{1 + u'_x\dfrac{v}{c^2}} \tag{11.4.24}$$

其逆变换为

$$u'_x = \frac{u_x - v}{1 - u_x\dfrac{v}{c^2}}, \qquad u'_y = \frac{u_y\sqrt{1-v^2/c^2}}{1 - u_x\dfrac{v}{c^2}}, \qquad u'_z = \frac{u_z\sqrt{1-v^2/c^2}}{1 - u_x\dfrac{v}{c^2}} \tag{11.4.25}$$

式(11.4.24)称为爱因斯坦速度变换律. 在低速情况下 $v \ll c$，忽略式(11.4.25)中含 v/c 的项，它就过渡为伽利略变换中的速度变换律.

爱因斯坦速度变换律式(11.4.24)有下列一些有趣的性质.

(1) 若 $u'_x = c/n$，则

$$u_x = \frac{\dfrac{c}{n} + v}{1 + \dfrac{c}{n}\dfrac{v}{c^2}} \approx \left(\frac{c}{n} + v\right)\left(1 - \frac{v}{nc}\right) = \frac{c}{n} + v\left(1 - \frac{1}{n^2} - \frac{v}{nc}\right) = \frac{c}{n} + Kv$$

其中，$K \approx 1 - \dfrac{1}{n^2}$，即得到菲佐实验结果式(11.1.8).

(2) 若 $u'=\sqrt{u_x'^2+u_y'^2+u_z'^2}$ 为光速 c，有下列两种情况：

① 若 $u_x'=c, u_y'=0, u_z'=0$，可得：$u_x=c, u_y=0, u_z=0$.

② 若 $u'=c$，有

$$u^2=u_x^2+u_y^2+u_z^2=\frac{u'^2+2u_x'v+v^2-(u_y'^2+u_z'^2)\dfrac{v^2}{c^2}}{\left(1+u_x'\dfrac{v}{c^2}\right)^2}=\frac{c^2+2u_x'v+u_x'^2\dfrac{v^2}{c^2}}{\left(1+u_x'\dfrac{v}{c^2}\right)^2}=c^2$$

即在该类情况下，合速度 $u'=c$.

(3) 两个小于或等于 c 的速度之和，永远不能超过 c.

若 $v<c, u'<c$，有

$$u^2=u_x^2+u_y^2+u_z^2=\frac{u'^2+2u_x'v+v^2-(u_y'^2+u_z'^2)\dfrac{v^2}{c^2}}{\left(1+u_x'\dfrac{v}{c^2}\right)^2}$$

$$=\frac{\left(c^2+2u_x'v+u_x'^2\dfrac{v^2}{c^2}\right)+\left(u'^2-c^2+v^2-u'^2\dfrac{v^2}{c^2}\right)}{\left(1+u_x'\dfrac{v}{c^2}\right)^2}$$

$$=\frac{c^2\left(1+u_x'\dfrac{v}{c^2}\right)^2-\dfrac{1}{c^2}(c^2-u'^2)(c^2-v^2)}{\left(1+u_x'\dfrac{v}{c^2}\right)^2}<c^2$$

故两速度的合成，只要有一个速度为光速，则合速度为光速；若两速度均小于光速，则合速度也小于光速.

例 11.1

设飞船（K'系）以速度 v 沿惯性系（K 系）x 轴正向运动，飞船中的物体相对于飞船以速度 u_y' 垂直于 x 轴运动，求该物体相对于 K 系的速度.

解 已知 $u_x'=u_z'=0$，利用式(11.4.24)可得

$$u_x=v,\quad u_y=u_y'\sqrt{1-v^2/c^2},\quad u_z=0 \tag{11.4.26}$$

速度的绝对值为

$$u=\sqrt{u_x^2+u_y^2}=\sqrt{v^2+u_y'^2(1-v^2/c^2)}$$

我们再讨论一下，方程(11.4.26)的 y 方向的速度应如何理解. 我们已经讨论过在 K 系看来，运动着的光信号钟(图 11.8)中的光线以速度 c 沿斜线前进，而在运动系(K'系)来看，光以光速 c 沿垂直方向运动. 因此，在 K 系中光信号在垂直方向的分速度为 $\sqrt{c^2-v^2}=c\sqrt{1-v^2/c^2}$. 现在假设，让一个实物粒子在同

一只钟内来回运动，并假设其速度为光速的 $1/n$（n 为正整数），那么当粒子来回跑一次时，光信号恰好走了 n 个来回. 如果说，这是在钟静止时的事实，那么当整个系统运动时这个事实仍然正确，因为这个物理现象对于不同的惯性系是一样的，因此粒子的速度也必然要比对应的速度小同一个平方根因子. 这就是关系式(11.4.26)的 y 方向的速度的由来.

11.4.7 角度变换公式

设 K 系中有一粒子在 xy 平面内运动，速度的大小为 u，速度的方向和 x 轴之间的夹角为 θ，如图 11.10(a)所示. θ 和速度之间的关系为

$$\tan\theta=\frac{u_y}{u_x},\qquad u_x=u\cos\theta,\qquad u_y=u\sin\theta$$

设另一惯性系 K' 系沿 x 轴正方向以速度 v 运动，其中的观察者测得该质点的速度大小为 u'，和 x' 轴之间的夹角为 θ'，如图 11.10(b)所示. 其间同样存在关系

$$\tan\theta'=\frac{u'_y}{u'_x},\qquad u'_x=u'\cos\theta',\qquad u'_y=u'\sin\theta'$$

利用速度变换关系可求出 u'、θ' 与 u、θ 之间的关系

$$u'=\sqrt{u_x'^2+u_y'^2}=\sqrt{\left(\frac{u_x-v}{1-u_xv/c^2}\right)^2+\left(\frac{u_y\sqrt{1-v^2/c^2}}{1-u_xv/c^2}\right)^2}$$

$$=\frac{\sqrt{(u\cos\theta-v)^2+(u\sin\theta\sqrt{1-v^2/c^2})^2}}{1-vu\cos\theta/c^2}\tag{11.4.27}$$

$$\tan\theta'=\frac{u'_y}{u'_x}=\frac{u_y\sqrt{1-v^2/c^2}}{u_x-v}=\frac{u\sin\theta\sqrt{1-v^2/c^2}}{u\cos\theta-v}\tag{11.4.28}$$

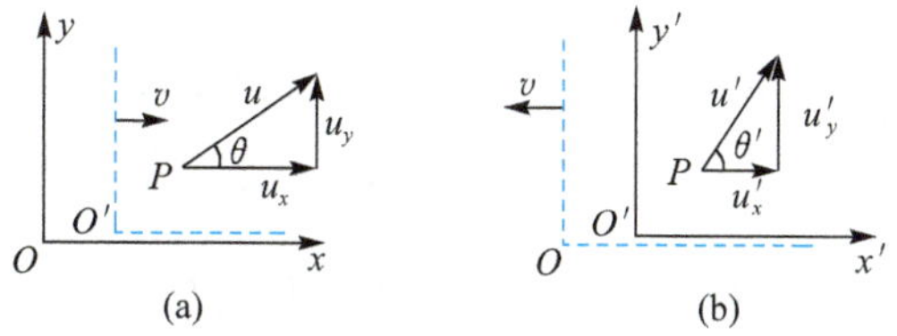

图 11.10 角度变换关系

如果考察的是光，$u=c$，则利用式(11.4.27)不难证明，这时对 K' 系中的观察者来说光速仍然是 c，即 $u'=c$.

再来讨论一下光线传播的方向. 根据式(11.4.28)，有

$$\tan\theta'=\frac{c\sin\theta\sqrt{1-v^2/c^2}}{c\cos\theta-v}=\frac{\sin\theta\sqrt{1-v^2/c^2}}{\cos\theta-v/c}\tag{11.4.29}$$

因此,在一般情况下 $\theta'\neq\theta$. 这就是说,尽管光传播的速率 c 保持不变,但是光线的方向在不同的参考系中一般并不相同. 只有在 $\theta=0$,即光线方向与 x 轴平行时,$\theta'=0$,即 K'系中的光线也沿 x'轴方向.

利用光线的角度变换公式(11.4.29),可以解释光行差现象. 如果令 K 系与发光的星体相联结,K'系与地球相联结. 设 K 系中光线沿 y 轴负方向传播(即 $\theta=-\pi/2$),并设 K'系中测得该光线方向 $\theta'=-(\pi/2+\alpha)$(图 11.4),代入式(11.4.29),并注意到

$$\tan\theta'=\tan\left(-\frac{\pi}{2}-\alpha\right)=\frac{1}{\tan\alpha}$$

因而得

$$\tan\alpha=\frac{v/c}{\sqrt{1-v^2/c^2}}\quad 或\quad \sin\alpha=\frac{v}{c}$$

这就是相对论中的光行差公式. 其中,α 角表示动系(K'系)中的光线方向与 y 轴负方向间的夹角. 在一级近似下忽略 v^2/c^2 项,因此由上式可得 $\tan\alpha\approx v/c$. 这结果与式(11.1.9)一致. 但是现在我们完全抛弃了以太观念,而认为光的传播根本不需要任何介质,因而也不依赖于任何参考系,且光是一种以恒定速率 c 运动的物质.

11.4.8 加速度变换公式

在经典力学中,加速度对于伽利略变换是不变量,即质点运动的加速度相对一切惯性参考系都相等,这就导致了伽利略的力学相对性原理. 但是加速度经过洛伦兹变换后要改变,即在狭义相对论中,加速度并不是不变量.

对速度变换公式(11.4.24)微分,得

$$\mathrm{d}u_x=\frac{\mathrm{d}u'_x}{1+u'_x\frac{v}{c^2}}-\frac{u'_x+v}{\left(1+u'_x\frac{v}{c^2}\right)^2}\frac{v\,\mathrm{d}u'_x}{c^2}=\frac{1-\frac{v^2}{c^2}}{\left(1+u'_x\frac{v}{c^2}\right)^2}\mathrm{d}u'_x$$

$$\mathrm{d}u_y=\frac{\mathrm{d}u'_y\sqrt{1-v^2/c^2}}{1+u'_x\frac{v}{c^2}}-\frac{u'_y\sqrt{1-v^2/c^2}}{\left(1+u'_x\frac{v}{c^2}\right)^2}\frac{v\,\mathrm{d}u'_x}{c^2}$$

$$\mathrm{d}u_z=\frac{\mathrm{d}u'_z\sqrt{1-v^2/c^2}}{1+u'_x\frac{v}{c^2}}-\frac{u'_z\sqrt{1-v^2/c^2}}{\left(1+u'_x\frac{v}{c^2}\right)^2}\frac{v\,\mathrm{d}u'_x}{c^2}$$

由式(11.4.21)的第四式得

$$\mathrm{d}t=\frac{\mathrm{d}t'+\frac{v\,\mathrm{d}x'}{c^2}}{\sqrt{1-v^2/c^2}}=\frac{1+\frac{vu'_x}{c^2}}{\sqrt{1-v^2/c^2}}\mathrm{d}t'$$

由于

$$a_x=\frac{\mathrm{d}u_x}{\mathrm{d}t},\qquad a_y=\frac{\mathrm{d}u_y}{\mathrm{d}t},\qquad a_z=\frac{\mathrm{d}u_z}{\mathrm{d}t}$$

$$a'_x=\frac{\mathrm{d}u'_x}{\mathrm{d}t'},\qquad a'_y=\frac{\mathrm{d}u'_y}{\mathrm{d}t'},\qquad a'_z=\frac{\mathrm{d}u'_z}{\mathrm{d}t'}$$

得

$$a_x=\frac{\left(1-\frac{v^2}{c^2}\right)^{3/2}}{\left(1+\frac{vu'_x}{c^2}\right)^3}a'_x \tag{11.4.30}$$

$$a_y=\frac{1-\frac{v^2}{c^2}}{\left(1+\frac{vu'_x}{c^2}\right)^2}a'_y-\frac{\frac{vu'_y}{c^2}\left(1-\frac{v^2}{c^2}\right)}{\left(1+\frac{vu'_x}{c^2}\right)^3}a'_x \tag{11.4.31}$$

$$a_z=\frac{1-\frac{v^2}{c^2}}{\left(1+\frac{vu'_x}{c^2}\right)^2}a'_z-\frac{\frac{vu'_z}{c^2}\left(1-\frac{v^2}{c^2}\right)}{\left(1+\frac{vu'_x}{c^2}\right)^3}a'_x \tag{11.4.32}$$

在相对论中，加速度不是不变量，其变换公式冗长而复杂，各分量的变换式也极不一样. 加速度在牛顿力学中所具有的那种优越地位，在相对论中不复存在.

例 11.2

一列火车在一平直的铁道上匀速行驶，铁道穿过一个隧道. 在静止时，火车恰好与隧道一样长. 然而，现在火车以 $v=0.7c$ 的速率运行. 火车司机说："隧道由于洛伦兹收缩，比火车短，因此，火车绝不可能在任一时刻全部处在隧道之中."隧道看守人却说："火车因为洛伦兹收缩，比隧道短，所以火车在某一时刻是全部处在隧道之中的."他们谁也说服不了谁.

(1) 司机决定用实验解决这个争论. 他在火车头尾两端各安装一个定时火箭，使火车的中点与隧道中点重合时，两个火箭同时沿竖直方向飞出. 这将发生什么结果？画出这些事件的时空图，分别用火车参考系和隧道参考系描述这些事件的先后次序.

(2) 隧道看守人也不示弱，他在隧道两端竖立巨大的定时铁门，使得当火车中点到达隧道中点时，两门同时关上，用两种参考系来描述这些事件的先后次序.

解 为了说明事件的次序，用时空图的方法最清楚. 由于所处理的仅是一维空间，故时空图是二维图形(当然对于三维空间，时空图是四维图形)，两根坐标轴分别为 x 轴与 t 轴，为了使两根坐标轴上的量纲统一，我们以光速 c 乘以 t 作为时间轴上的单位刻度，即 $t=1$ 处代表 3×10^8m.

(1) 取火车为参考系 K，隧道为参考系 K'，隧道以 $v=0.7c$ 向负 x 方向运动，根据式(11.3.13)，二者的变换为

$$x' = \frac{x+vt}{\sqrt{1-v^2/c^2}}, \qquad t' = \frac{t+\frac{v}{c^2}x}{\sqrt{1-v^2/c^2}}$$

t'轴是

$$x' = 0$$

即

$$x+vt = 0$$

此为过原点，与 t 轴交角为 θ 的直线. 同理，可求得 x'轴是过原点，与 x 轴交角为 $-\theta$ 的直线. 如图 11.11 所示，其中，$\tan\theta=0.7$.

从时空图上很容易看清楚，虽然 K 系的司机及 K'系的看守都确认：火箭是在隧道外面发射的，但各自认定的事件顺序却不同. 司机认为，事件的顺序是 E、(A、B、C)、D，头尾两支火箭都是在比火车短的隧道之外同时爆发的. 隧道看守却认为，事件的顺序是 B、D、A、E、C，一个火箭（火车尾）发射得太早（$t'_B<t'_A$），而另一个（火车头）则发射得太迟（$t'_C>t'_A$），虽然火车比隧道短，但火箭却都是在隧道外面发射的.

(2) 按上述同样方法作出图 11.12，取隧道参考系为 K，火车参考系为 K'，火车以 $v=0.7c$ 向 x 轴正方向运动，$\tan\theta=0.7$.

隧道看守认为，事件的顺序是 D、(A、B、C)、E，火车尾端是在两门关上之前进入隧道的，火车前端是在两门关上之后试图冲出去的，所以火车变短与车撞铁门没有矛盾. 司机认为，事件的顺序是 C、E、A、D、B，他认为，前方铁门关得太早（$t'_C<t'_A$），发生了碰撞，而后方铁门关得太晚（$t'_B>t'_A$），虽然隧道比火车短，但火车车尾还是没有被后方铁门撞上而是被关在隧道里.

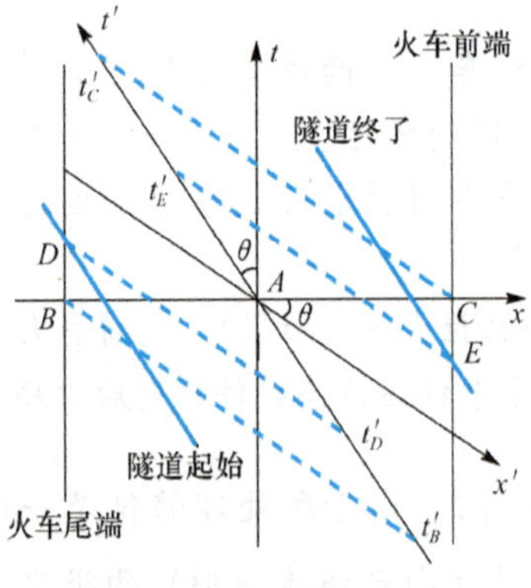

A: 火车中点与隧道中点重合
B: 火车尾端火箭发射
C: 火车前端火箭发射
D: 火车尾端进入隧道
E: 火车前端从隧道出来

图 11.11 例 11.2(1)的时空图

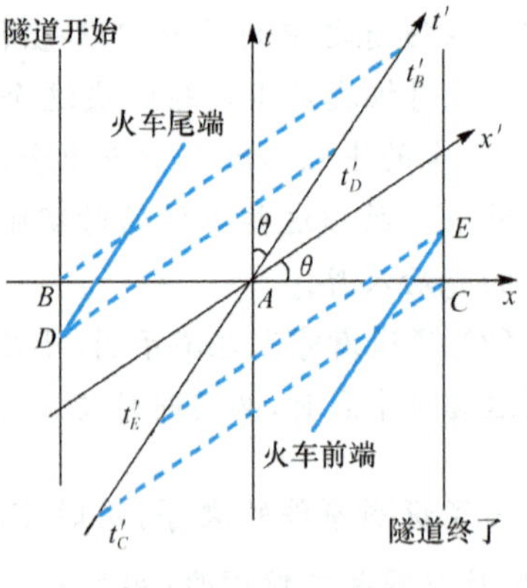

A: 火车中点与隧道中点重合
B: 隧道开始处门关上
C: 隧道终了处门关上
D: 火车尾端进入隧道
E: 火车前端撞上铁门

图 11.12 例 11.2(2)的时空图

11.5 狭义相对论力学

11.5.1 相对论动量和质量

狭义相对论要求以洛伦兹变换替代伽利略变换，因此对伽利略变换具有协变性的力学基本定律——牛顿定律也将被新的力学定律所代替. 牛顿力学定律与相对论之不一致表现在这些定律的数学方程经过洛伦兹变换后，形式会改变，因而违反狭义相对论的相对性原理. 由洛伦兹变换导出的加速度变换式异常复杂，似已表明加速度这一概念在相对论力学中的地位将大大降低. 其实，即使在牛顿力学中，动量、能量等概念以及与这些概念相联系的定理和定律，特别是动量守恒定律和机械能守恒定律，在处理某些问题中的重要作用已显得比力和加速度更为有效. 不过，在牛顿力学中，这两个守恒定律是从牛顿定律导出来的. 在本节中，我们不是去寻找新的动力学定律和相应的守恒定律，而是修改在牛顿力学中已证实而且被广泛应用的动量守恒定律和包括质量在内的能量守恒定律，修改的途径是在承认动量和能量仍然守恒和相对论的相对性原理的条件下，寻找动量和能量的具体定义和表示形式.

我们从质点间的碰撞着手来研究相对论的质点动量. 由于碰撞发生在极短的时间内，在这一极短的时间内，质点间的距离可以忽略，可认为发生在空间同一点. 尽管在这段时间内质点经历了加速和减速的过程，但在碰撞前和碰撞后，质点都做匀速运动. 我们假设：

(1) 物理定律在不同惯性系中相同，即相对性原理成立.

(2) 碰撞中动量和能量均守恒(但不需要知道有关力的任何定律).

(3) 运动粒子的动量是一个矢量，指向速度方向，而且一般性地假设动量是速度的某一函数，记为

$$\boldsymbol{p}=m(v)\boldsymbol{v} \tag{11.5.1}$$

其中，$m(v)$为速率的一个函数，也称其为质量. 当然低速时，就是牛顿理论中的质量.

设想有两个全同的粒子系统，如质子，在K系中，它们以精确相等的速率相向运动，系统总动量为零. 不管碰撞中两粒子如何作用，碰后的情况如下：

(1) 运动方向相反、速率相等. 这是动量守恒的要求.

(2) 碰后速率与碰前速率相等. 这是能量守恒的要求.

这是一种完全弹性碰撞，我们用图 11.13 表示.

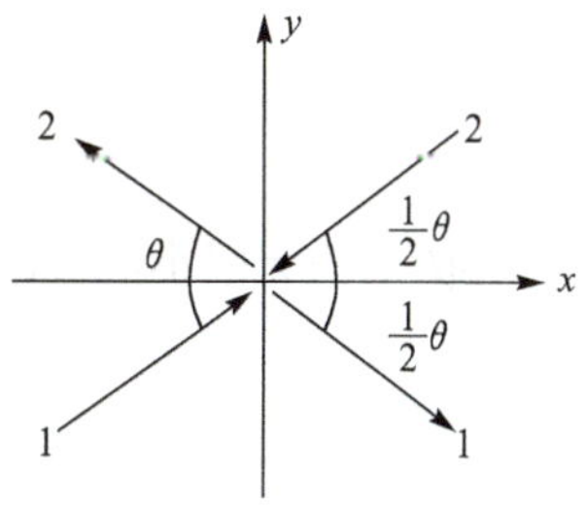

图 11.13 K系中的情况

图 11.13 中四个矢量长度相等，表示速率相等. 碰前碰后出现的 θ 角可以不同. 为讨论方便，如图 11.13 中选取 x、y 坐标.

为了需要，我们选用沿 x 正向的运动参考系 K' 系来考察这个碰撞，这个运动参考系的速度等于粒子 1 的速度在 x 方向的分量. 以 K' 系来看，粒子 1 在碰撞前后没有 x 方向速度分量，而粒子 2 在碰撞前后以更大的 x 方向速度分量和较小的角度 α 飞行，如图 11.14 所示. 并设粒子 1 的速率为 w，粒子 2 速度的 x 分量大小为 u.

利用系统在运动参考系中 y 方向的动量守恒条件，即在动参考系中 y 方向动量始终为零写出方程. 粒子 1 在动参考系中动量的改变量为

$$\Delta p_1 = -2m(w)w$$

粒子 2 在动参考系中动量的改变量为

$$\Delta p_2 = 2m(v)u\tan\alpha$$

为求出 $m(w)$ 和 $m(v)$ 的关系，必须先求出 $u\tan\alpha$ 为何值. 为此，我们再选取一个相对于图 11.14 的新的动参考系 K'' 系，相对速度向左，且相对速率为 u，于是由于对称性，我们得到与图 11.14 相反的图，如图 11.15 所示. 现在粒子 2 碰撞前后沿 y'' 方向飞下又飞上，而粒子 1 得到了水平速度 u. 由图 11.14、图 11.15 这两个相对速度为 u 的参考系中，得到与运动方向垂直的速度变换为

$$u\tan\alpha = w\sqrt{1-u^2/c^2}$$

于是，由动量守恒关系 $\Delta p_1 + \Delta p_2 = 0$，得到

$$\frac{m(w)}{m(v)} = \sqrt{1-u^2/c^2} \tag{11.5.2}$$

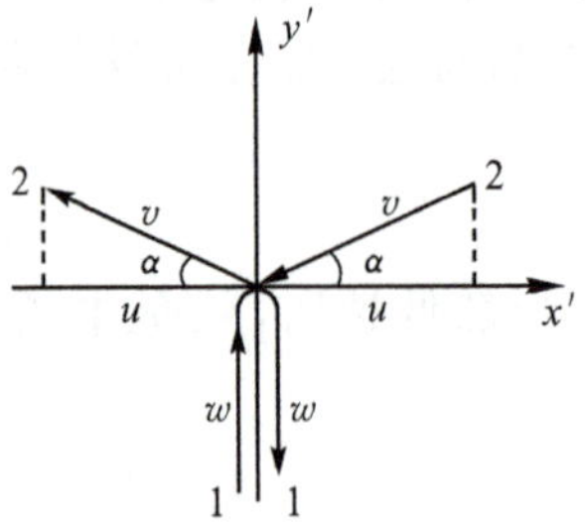

图 11.14 K' 系中的情况

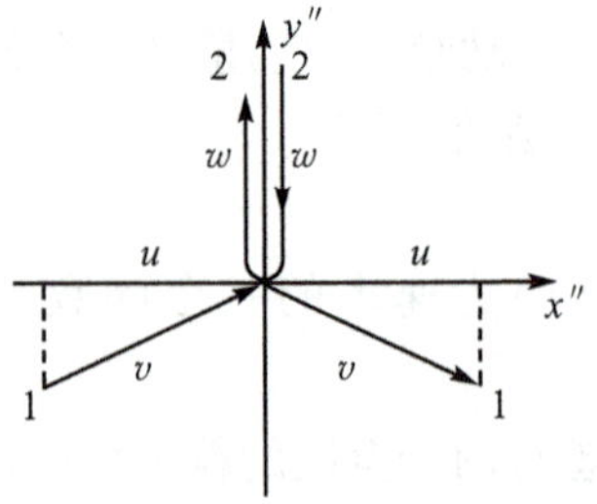

图 11.15 K'' 系中的情况

取 w 为无限小的极限情况. 在此极限下，$m(w)\to m_0$，而 $m(v)\to m(u)$，便得到

$$m(u) = \frac{m_0}{\sqrt{1-u^2/c^2}} \tag{11.5.3}$$

可以验证由极限情况得到的方程是正确的. 方法是用方程(11.5.3)去验证方程(11.5.2)正确就可以了. 由方程(11.5.3)得

$$m(w)=\frac{m_0}{\sqrt{1-w^2/c^2}},\qquad m(v)=\frac{m_0}{\sqrt{1-v^2/c^2}}$$

相除得

$$\frac{m(w)}{m(v)}=\frac{\sqrt{1-v^2/c^2}}{\sqrt{1-w^2/c^2}}$$

再利用 $v^2=u^2+u^2\tan^2\alpha=u^2+w^2(1-u^2/c^2)$，代入便得到方程(11.5.2).

在一般情况下，任一质点，相对某一惯性系静止时，其质量 m_0 称为**静质量**，当该质点相对该惯性系以速率 u 运动时，其质量 $m(u)$ 由式(11.5.3)表示，称为**动质量**. 在相对论的情况下，质点的质量不再是恒量，而与其速率有关，式(11.5.3)称为**质速关系**. 于是质点的动量

$$\boldsymbol{p}=m(u)\boldsymbol{u}=\frac{m_0}{\sqrt{1-u^2/c^2}}\boldsymbol{u}\tag{11.5.4}$$

当动量具有以上形式时，孤立体系的动量在所有惯性系中都守恒.

11.5.2 相对论中的力

在牛顿力学中，作用于质点上的力等于该质点动量的变化率. 在相对论中，仍然保留力作为动量的变化率这一定义，但动量由式(11.5.4)决定，故

$$\boldsymbol{F}=\frac{\mathrm{d}}{\mathrm{d}t}\left(\frac{m_0}{\sqrt{1-u^2/c^2}}\boldsymbol{u}\right)\tag{11.5.5}$$

这时，$\boldsymbol{F}$ 与 $\boldsymbol{a}=\mathrm{d}\boldsymbol{u}/\mathrm{d}t$ 并不再是正比关系. 事实上，不仅是质量，而且还有力都将不再是不变的量，它们对于不同的参考系，数值是不同的.

按照牛顿力学，在原则上总是可以把任何物体加速直到超过光速，只要对该物体施以长时间的足够大的力. 但是在相对论力学中，这是不可能的. 在相对论力学中，物体不断得到的不是速度，而是动量. 在低速时，质量修正不明显，动量增加，速度随之不断增加；在速度很高时，事实上已不存在速度变化含义上的加速运动，但是动量却在继续增加，这种情况已经被大量事实所证实. 例如，在加速器中为了偏转高速电子，假如所需的磁感应强度比依据牛顿力学预言的大 2000 倍，这相当于加速器中电子质量为低速时质量的 2000 倍，意味着

$$\frac{m}{m_0}=\frac{1}{\sqrt{1-v^2/c^2}}=2000$$

由此可以解得

$$v=c(1-1.25\times10^{-7})$$

这个电子速度已经非常接近光速. 同步加速器中把电子加速到这样的速度已经不是一件困难的事情.

11.5.3 质能公式

我们再来讨论质量的相对论性公式. 利用二项式定理展开方程(11.5.3),设质点的速度大小为 v,我们有

$$m(v)=\frac{m_0}{\sqrt{1-v^2/c^2}}=m_0\left(1+\frac{1}{2}\frac{v^2}{c^2}+\frac{3}{8}\frac{v^4}{c^4}+\cdots\right)$$

当 v 较小时,可以只保留前两项,将上式写成

$$mc^2\approx m_0c^2+\frac{1}{2}m_0v^2 \tag{11.5.6}$$

式(11.5.6)等号右边第二项就是牛顿力学中的质点的动能. 为了解释式(11.5.6)的物理意义,爱因斯坦首先提出假设:物体的总能量等于质量与 c^2 的乘积,即

$$E=mc^2=\frac{m_0c^2}{\sqrt{1-v^2/c^2}}\approx m_0c^2+\frac{1}{2}m_0v^2 \tag{11.5.7}$$

式(11.5.7)就是著名的爱因斯坦质能关系公式;并把 m_0c^2 称为物体的**静能**,是总能量的一部分,任何具有静止质量的质点都具有静能.

爱因斯坦质能公式还可以用另一种方式来理解. 在相对论中,动能定理仍然成立,但动能的形式将不同. 在力 $\boldsymbol{F}$ 的作用下,外力做功等于质点动能的变化:

$$A=\int_a^b\boldsymbol{F}\cdot\mathrm{d}\boldsymbol{r}=E_{k2}-E_{k1}=\int_a^b\frac{\mathrm{d}\boldsymbol{p}}{\mathrm{d}t}\cdot\mathrm{d}\boldsymbol{r}=\int_a^b\mathrm{d}\boldsymbol{p}\cdot\frac{\mathrm{d}\boldsymbol{r}}{\mathrm{d}t}=\int_a^b\boldsymbol{v}\cdot\mathrm{d}\boldsymbol{p}=\int_a^b\frac{\boldsymbol{p}\cdot\mathrm{d}\boldsymbol{p}}{m} \tag{11.5.8}$$

由

$$m\sqrt{1-v^2/c^2}=m_0,\qquad p=mv$$

得

$$m^2c^2-p^2=m_0^2c^2 \tag{11.5.9}$$

对式(11.5.9)两边微分,得

$$\boldsymbol{p}\cdot\mathrm{d}\boldsymbol{p}=mc^2\mathrm{d}m$$

将此关系代入式(11.5.8),得

$$E_{k2}-E_{k1}=\int_a^b c^2\mathrm{d}m$$

若取初态 $u=0$,对应的动能 $E_{k1}=0$,质点的质量为 m_0,终态速度大小 v,对应的动能为 E_k,质量 $m=m(v)$,则有

$$E_k=c^2\int_{m_0}^{m(v)}\mathrm{d}m=m(v)c^2-m_0c^2=E-m_0c^2 \tag{11.5.10}$$

将式(11.5.10)与式(11.5.7)比较可知,质点的动能等于其总能量与静能之差,只有在 $v\ll c$ 时,质点的动能才等于 $m_0v^2/2$,否则应该由式(11.5.10)求质点的动能. 这表明牛顿力学中动能的表达式是在 $v\ll c$ 时的特殊情况.

质量为 $m(v)$ 的质点的总能量 $E=m(v)c^2$ 是爱因斯坦的一个重要假设，因为质点的总能量等于质点的动能与静能之和，而质点的动能是外界对质点做的功，亦即外界以做功的方式传递给质点的能量，其结果导致该质点的能量由原来的静能 m_0c^2 增加到 $m(v)c^2$，或者说使质点的质量由原来的静质量 m_0 变为 $m_0/\sqrt{1-v^2/c^2}$. 这意味着，传递给质点的能量将引起质点质量的变化，反之质点质量的变化(减少)将以某种方式改变(释放出)能量. 这就大大拓宽了我们关于质量和能量这两个概念的认识，把质量的变化和能量的变化联系起来，若质点的总能量增加 ΔE，则其质量将增加 Δm，两者间的关系为

$$\Delta E = \Delta mc^2 \tag{11.5.11}$$

即在一物理过程中，若质点的质量有一微小的变化 Δm，则质点的能量将发生 c^2 倍于 Δm 的变化. 因而，ΔE 将是一个非常大的值. 例如，在原子核反应中，当轻的原子核发生聚变反应时，静质量减少(称为质量亏损)，这时便有大量的能量释放出来. 氢弹就是利用这一原理制成的. 在重原子核的裂变反应中，静质量也会减少，因而也能放出大量的能量. 原子弹和核反应堆就是根据这一原理制成的. 尽管质能关系是爱因斯坦的一种假设，但现在已在实践中被证实，它为人类开发和利用能源提出了一条新途径.

由式(11.5.7)和式(11.5.9)得

$$E^2 = p^2c^2 + m_0^2c^4 \tag{11.5.12}$$

式(11.5.12)为能量与动量的关系式.

11.5.4 静质量为零的粒子

在牛顿力学中，一个没有质量的粒子既无动量，也无能量，也无其他任何可测量的性质. 实际上，按经典的观点，无质量的粒子什么都不是，但在相对论中则不然，没有静质量的可测量物理实体是能够存在的. 我们已经知道自然界中存在的几种无静质量的粒子，如光子就是熟知的没有静止质量的粒子. 当 m_0 趋向于零时，粒子的能量和动量

$$E = \frac{m_0c^2}{\sqrt{1-v^2/c^2}}, \qquad \boldsymbol{p} = \frac{m_0\boldsymbol{v}}{\sqrt{1-v^2/c^2}} \tag{11.5.13}$$

是否仍然有意义呢？当 m_0 趋向于零时，这两个表示式的分子都趋于零. 但如果同时让分母也趋向于零，仍保持 E 和 $\boldsymbol{p}$ 为有限值是可能的. 这表明，具有确定能量的静止质量为零的粒子，其速度必为光速.

当 m_0 为零时，由式(11.5.12)得

$$E = pc \tag{11.5.14}$$

式(11.5.14)也可以由式(11.5.13)中两式相除，$E/p=c^2/v$，再令 $v=c$ 得到. 光子的能量和动量就满足关系式(11.5.14)，对于像光子这类零质量粒子，速度为 c，因

而动量不再是速度的函数,但动量仍可以有不同的值.同样,能量也不再是速率的函数,但仍可有不同的值.

*11.6 狭义相对论中质量、动量和力的变换公式

11.6.1 质量的变换公式

设m是质点以速度$\boldsymbol{u}$相对K系运动时的质量,m'和$\boldsymbol{u}'$是同一质点相对K'系的质量和速度,K'系相对K系以速度$\boldsymbol{v}$沿x轴正向运动.若该质点的静止质量为m_0,则动质量由式(11.5.3)决定:

$$m=\frac{m_0}{\sqrt{1-u^2/c^2}},\qquad m'=\frac{m_0}{\sqrt{1-u'^2/c^2}} \tag{11.6.1}$$

于是

$$m'=m\frac{\sqrt{1-u^2/c^2}}{\sqrt{1-u'^2/c^2}} \tag{11.6.2}$$

注意到

$$\begin{aligned}u'^2=u_x'^2+u_y'^2+u_z'^2&=\frac{(u_x-v)^2}{\left(1-\frac{vu_x}{c^2}\right)^2}+\frac{u_y^2(1-v^2/c^2)}{\left(1-\frac{vu_x}{c^2}\right)^2}+\frac{u_z^2(1-v^2/c^2)}{\left(1-\frac{vu_x}{c^2}\right)^2}\\&=\frac{(u_x-v)^2+(u_y^2+u_z^2)(1-v^2/c^2)}{\left(1-\frac{vu_x}{c^2}\right)^2}\end{aligned}$$

$$\begin{aligned}1-\frac{u'^2}{c^2}&=\frac{(1-u_x^2/c^2)(1-v^2/c^2)-(u_y^2+u_z^2)(1-v^2/c^2)/c^2}{\left(1-\frac{vu_x}{c^2}\right)^2}\\&=\frac{(1-u^2/c^2)(1-v^2/c^2)}{\left(1-\frac{vu_x}{c^2}\right)^2}\end{aligned}$$

两边开平方,有

$$\sqrt{1-\frac{u'^2}{c^2}}=\sqrt{1-\frac{u^2}{c^2}}\cdot\frac{\sqrt{1-v^2/c^2}}{1-vu_x/c^2} \tag{11.6.3}$$

将式(11.6.3)代入式(11.6.2),得

$$m'=m\frac{1-\frac{vu_x}{c^2}}{\sqrt{1-v^2/c^2}} \tag{11.6.4}$$

同理,可得其逆变换为

$$m = m' \frac{1 + \frac{vu'_x}{c^2}}{\sqrt{1 - v^2/c^2}} \tag{11.6.5}$$

11.6.2 动量和能量的变换公式

在 K 系中，速度为 $\boldsymbol{u}$ 的质点的动量定义为

$$p_x = \frac{m_0 u_x}{\sqrt{1 - u^2/c^2}}, \qquad p_y = \frac{m_0 u_y}{\sqrt{1 - u^2/c^2}}, \qquad p_z = \frac{m_0 u_z}{\sqrt{1 - u^2/c^2}}$$

总能量定义为

$$E = mc^2 = \frac{m_0 c^2}{\sqrt{1 - u^2/c^2}}$$

在 K' 系中，动量和能量的表达式为

$$p'_x = \frac{m_0 u'_x}{\sqrt{1 - u'^2/c^2}}, \qquad p'_y = \frac{m_0 u'_y}{\sqrt{1 - u'^2/c^2}}$$

$$p'_z = \frac{m_0 u'_z}{\sqrt{1 - u'^2/c^2}}, \qquad E' = \frac{m_0 c^2}{\sqrt{1 - u'^2/c^2}}$$

由式(11.6.3)和速度的变换公式

$$\begin{aligned} p'_x &= \frac{m_0(u_x - v)}{1 - vu_x/c^2} \frac{1 - vu_x/c^2}{\sqrt{1 - v^2/c^2}\sqrt{1 - u^2/c^2}} \\ &= \frac{m_0(u_x - v)}{\sqrt{1 - v^2/c^2}\sqrt{1 - u^2/c^2}} = \frac{p_x - vE/c^2}{\sqrt{1 - v^2/c^2}} \end{aligned}$$

$$p'_y = \frac{m_0 u_y \sqrt{1 - v^2/c^2}}{1 - vu_x/c^2} \frac{1 - vu_x/c^2}{\sqrt{1 - v^2/c^2}\sqrt{1 - u^2/c^2}} = \frac{m_0 u_y}{\sqrt{1 - u^2/c^2}} = p_y$$

同理

$$p'_z = p_z$$

$$E' = m'c^2 = mc^2 \frac{1 - vu_x/c^2}{\sqrt{1 - v^2/c^2}} = \frac{E - vp_x}{\sqrt{1 - v^2/c^2}}$$

故动量和总能量的变换公式为

$$\begin{cases} p'_x = \dfrac{p_x - vE/c^2}{\sqrt{1 - v^2/c^2}} \\ p'_y = p_y \\ p'_z = p_z \\ E' = \dfrac{E - vp_x}{\sqrt{1 - v^2/c^2}} \end{cases} \tag{11.6.6}$$

逆变换为

$$\begin{cases} p_x = \dfrac{p'_x + vE'/c^2}{\sqrt{1-v^2/c^2}} \\ p_y = p'_y \\ p_z = p'_z \\ E = \dfrac{E' + vp'_x}{\sqrt{1-v^2/c^2}} \end{cases} \tag{11.6.7}$$

可见,$p_x, p_y, p_z, E/c^2$ 的变换公式与时空坐标 x, y, z, t 的变换公式相似.

11.6.3 力的变换公式

在 K' 系中,由力的定义式(11.5.5),与式(11.6.6)、式(11.3.13)得

$$f'_x = \frac{\mathrm{d}p'_x}{\mathrm{d}t'} = \frac{\dfrac{\mathrm{d}p_x}{\mathrm{d}t'} - \dfrac{v}{c^2}\dfrac{\mathrm{d}E}{\mathrm{d}t'}}{\sqrt{1-v^2/c^2}} \tag{11.6.8}$$

而

$$\frac{\mathrm{d}t}{\mathrm{d}t'} = \frac{1}{\dfrac{\mathrm{d}t'}{\mathrm{d}t}} = \frac{1}{\dfrac{\mathrm{d}}{\mathrm{d}t}\dfrac{(t - vx/c^2)}{\sqrt{1-v^2/c^2}}} = \frac{\sqrt{1-v^2/c^2}}{1 - \dfrac{vu_x}{c^2}} \tag{11.6.9}$$

由式(11.5.12)得

$$E\frac{\mathrm{d}E}{\mathrm{d}t} = \boldsymbol{p}c^2 \cdot \frac{\mathrm{d}\boldsymbol{p}}{\mathrm{d}t} = \boldsymbol{p}c^2 \cdot \boldsymbol{f}$$

注意到

$$E = mc^2, \qquad \boldsymbol{p} = m\boldsymbol{u}$$

可得

$$\frac{\mathrm{d}E}{\mathrm{d}t} = \boldsymbol{u} \cdot \boldsymbol{f} = f_x u_x + f_y u_y + f_z u_z \tag{11.6.10}$$

将式(11.6.9)、式(11.6.10)代入式(11.6.8)、式(11.6.6),得力的变换式:

$$\begin{cases} f'_x = \dfrac{f_x - \dfrac{v}{c^2}\boldsymbol{u}\cdot\boldsymbol{f}}{1 - \dfrac{vu_x}{c^2}} \\ f'_y = \dfrac{f_y\sqrt{1-v^2/c^2}}{1 - \dfrac{vu_x}{c^2}} \\ f'_z = \dfrac{f_z\sqrt{1-v^2/c^2}}{1 - \dfrac{vu_x}{c^2}} \end{cases} \tag{11.6.11}$$

其逆变换为

$$\begin{cases} f_x = \dfrac{f'_x + \dfrac{v}{c^2}\boldsymbol{u}' \cdot \boldsymbol{f}'}{1+\dfrac{vu'_x}{c^2}} \\ f_y = \dfrac{f'_y\sqrt{1-v^2/c^2}}{1+\dfrac{vu'_x}{c^2}} \\ f_z = \dfrac{f'_z\sqrt{1-v^2/c^2}}{1+\dfrac{vu'_x}{c^2}} \end{cases} \tag{11.6.12}$$

*11.7 拓展阅读:四维时空

洛伦兹变换所包含的位置和时间关系与我们的直观概念有很大差距. 本节将进一步深入地研究这个课题,以便更加透彻地理解相对论下的空时关系.

11.7.1 四维矢量

我们已经知道,相对论时空观中的时空间隔是不变量,我们再一次写下洛伦兹变换,看看它还能告诉我们什么. 设"静止"的 K 参考系中测得的位置和时间为 (x, y, z, t),在沿 x 轴正向以速度 $\boldsymbol{v}$"运动"的 K' 参考系中测得的相应的位置和时间为 (x', y', z', t'),如果令

$$\beta = \frac{v}{c}, \quad \gamma = \frac{1}{\sqrt{1-\beta^2}} \tag{11.7.1}$$

则洛伦兹变换关系为

$$\begin{cases} x' = \gamma(x - \beta ct) \\ y' = y \\ z' = z \\ t' = \gamma(t - \beta x/c) \end{cases} \tag{11.7.2}$$

为了书写和讨论方便,许多书籍和文献常常把洛伦兹变换及其他公式取一种更加简洁、易记的形式. 这只要把单位取得适当就能办到. 在相对论的讨论中,由于时间与空间实际上是等价的,似乎用相同的单位去计量比较方便,"1s"可以表示距离等于 3×10^8m,即我们可以把"1s"当成光在 1s 走过的距离. 这样,用秒作为单位,可以计量所有的距离和时间,距离的单位就是 3×10^8m. 同样我们可以用米计量时间. 1m 的时间就是光走过 1m 所用的时间,它等于$(1/3)\times10^{-8}$s. 这相当于用 $c=1$ 的单位系统来写出所有的方程,于是洛伦兹变换方程组为

$$
\begin{cases}
x' = \gamma(x - \beta t) \\
y' = y \\
z' = z \\
t' = \gamma(t - \beta x)
\end{cases}
\tag{11.7.3}
$$

那么,在采用 $c=1$ 的单位系统后所得到的结果如何恢复原状呢?这通过量纲分析是很容易把 c 放回去的.例如,式(11.7.2)的第一式和第四式,只要作变换 $v \to v/c$, $t \to ct$, $t' \to ct'$,于是式(11.7.3)就变回式(11.7.2)了.

变换关系式(11.7.3)中 y、z 方向的坐标不变,只有 x、t 方向的坐标在变换,并且这个变换在形式上与一个坐标系相对于另一坐标系做一个转动(绕 z 轴)情况下的 x、y 与 x'、y' 之间的变换非常相似.转动下的关系为

$$
\begin{cases}
x' = x\cos\theta + y\sin\theta \\
y' = -x\sin\theta + y\cos\theta \\
z' = z
\end{cases}
\tag{11.7.4}
$$

其中,θ 为 x 轴与 x' 轴之间的夹角,新的 x' 和新的 y' 都是 x 和 y 的混合项.与此相似,在洛伦兹变换方程组中,新的 x' 和新的 t' 都是 x 和 t 的混合项.因此,我们把洛伦兹变换类比为一种转动,即一种在时空四维空间中的转动.由洛伦兹变换式(11.7.3)可得

$$
s^2 = t^2 - x^2 - y^2 - z^2 = t'^2 - x'^2 - y'^2 - z'^2 = s'^2 \tag{11.7.5}
$$

注意,这是采用 $c=1$ 的单位系统后所得到的结果,等式每边为包含时间和空间距离的一个组合,此式表示这个组合在洛伦兹变换下保持不变,类似于三维空间中空间矢量长度平方在坐标转动下保持不变.于是,三维空间中的矢量就类似于其中包含坐标和时间的洛伦兹空间中的四维矢量,其中三维是几何空间中的分量,另加一维与时间相关的分量,并且其转动方式与三维几何空间中的转动方式相类似.也就是说,我们的四维矢量是 (x, y, z, ct).

一般地,我们定义:

如果 $\mathbf{A} = (A_x, A_y, A_z, A_t)$ 与 (x, y, z, ct) 一样服从洛伦兹变换

$$
\begin{cases}
A'_x = \gamma(A_x - \beta A_t) \\
A'_y = A_y \\
A'_z = A_z \\
A'_t = \gamma(A'_t - \beta A_x)
\end{cases}
\tag{11.7.6}
$$

则它是个四维矢量.

这个四维世界是一个时空世界,在时空世界中的一个点 (x, y, z, t) 称为一个事件.例如,我们设想,以水平轴作为 x 轴,竖直轴作为时间 t 轴(注意单位应为 ct),另外两个是 y 轴和 z 轴,这四个轴都相互"垂直"(这只能是想象).我们可以在纸面上画上 x、t 这两个相互垂直的轴,而 y 轴和 z 轴均垂直于纸面.

沿 x 轴正向传播的光如何在 x-t 图中描述呢？光以速度 c 运动．如果光源在 $x=0$ 处，则可用图中的直线 $x=t$ 描述，此线为第一象限中的角平分线，或者说，x 轴和 t 轴关于这条直线对称．不仅如此，经洛伦兹变换式(11.7.3)得到的 x'、t' 轴也关于这条直线对称，如图 11.16 所示．

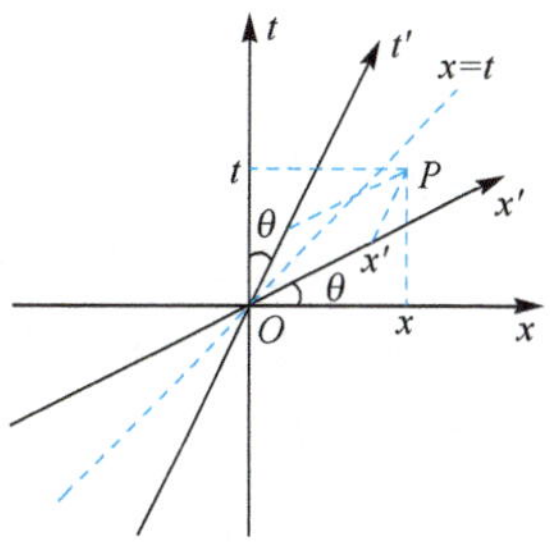

图 11.16　时空变换图

11.7.2　时空间隔

现在进一步讨论四维时空与三维几何空间之间的区别．按式(11.7.5)，时间为零时，时空间隔的平方为负数，时空间隔为虚数．因此，一般地说，时空间隔平方可以为正，也可以为负；时空间隔可以是虚数，也可以是实数．当时空间隔为虚数时，我们说这两点之间有一个类空间隔，因为这个间隔更像空间而不像时间．时空间隔为实数时，被称为类时间隔．

如果我们画 x-t 图($c=1$)，在 45°角处，有两条线(在四维时空中，是一个"圆锥"，称为光锥)，如图 11.16 所示，这些线上的点与原点的间隔等于零，由于光在一切惯性系中传播速度大小为 c，且间隔保持定值，所以间隔为零与光速不变是两种等价的说法．

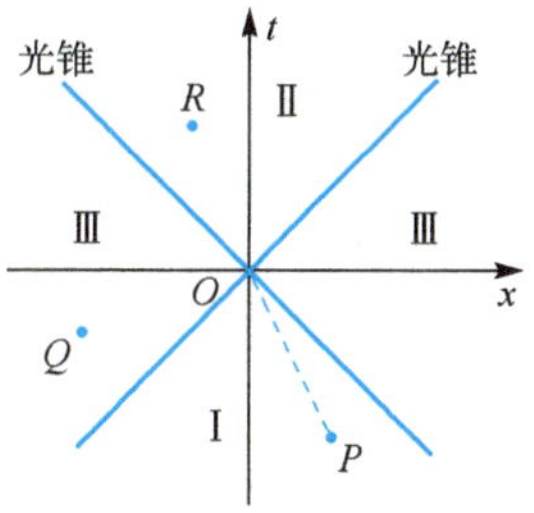

图 11.17　时空间隔区

Ⅰ绝对过去；Ⅱ绝对未来；Ⅲ绝对远离

四维时空中的光锥把时空区分成三个区域．坐标原点是四维时空中的给定点，不同的原点有不同的光锥．以图 11.17 为例，在区域Ⅰ、Ⅱ内的任一事件与事件 O 的间隔为类时间隔；在区域Ⅲ内的任一事件与事件 O 的间隔为类空间隔．从物理上，由四维时空中给定点 O 周围的三个区域Ⅰ、Ⅱ、Ⅲ与该点具有某种物理联系：一个物体客体或信号可以低于光速从区域Ⅰ的任一点 P 到达事件 O，如图 11.17 所示，PO 的连线作为飞船参考系中的时间轴，这样 P 就成为同一空间点 O 的过去，因此，在此区域里的事件能够影响 O 点，故该区又称为 O 点的绝对过去．在区域Ⅱ内，O 点的事件能以低于光速 c 的某一速率运动到该空间中的任一点 R，故该区又称为 O 点的绝对未来．而在区域Ⅲ内的所有点，既不能从现在的 O 点影响它，它又不能影响现在的 O 点，故该区又称为与 O 点绝对远离．应该注意的是，在区域Ⅲ中的事件 Q，它不能影响现在的 O 点，但是在较晚的时候是可以对 O 产生影响的．例如，太阳"此刻"发生的磁爆，只有在 8min 以后才能被我们发觉，在此之前不会对我们有所影响．

11.7.3 四维速度矢量

我们知道，在 11.4.5 节中式(11.4.18)定义的原时间隔 $\mathrm{d}\tau=\mathrm{d}s/c$ 是洛伦兹变换的绝对量，它相当于物体静止的参考系(本征参考系)里的钟所显示的时间间隔. 11.4.6 节中给出的相对论速度合成律与时空坐标的洛伦兹变换形式上不一样，看上去比较复杂. 可否将通常的三维速度 $\boldsymbol{v}=(v_x,\ v_y,\ v_z)$ 写成四维矢量的形式？回答是可以. 我们只需定义四维速度 $\boldsymbol{u}=(u_x,\ u_y,\ u_z,\ u_t)$ 为

$$u_x=\frac{\mathrm{d}x}{\mathrm{d}\tau},\quad u_y=\frac{\mathrm{d}y}{\mathrm{d}\tau},\quad u_z=\frac{\mathrm{d}z}{\mathrm{d}\tau},\quad u_t=\frac{\mathrm{d}(ct)}{\mathrm{d}\tau} \tag{11.7.7}$$

因为原时间隔 $\mathrm{d}\tau$ 是洛伦兹不变的，$(u_x,\ u_y,\ u_z,\ u_t)$ 自然和 $(x,\ y,\ z,\ ct)$ 一样，服从洛伦兹变换式(11.7.6). 即根据定义，它是一个四维矢量.

现在我们来看看，四维速度 $\boldsymbol{u}$ 的各个分量与三维速度分量 v_x、v_y、v_z 的关系. 对于前三个分量

$$u_x=\frac{\mathrm{d}x}{\mathrm{d}t}\frac{\mathrm{d}t}{\mathrm{d}\tau}=\gamma v_x=\frac{v_x}{\sqrt{1-v^2/c^2}} \tag{11.7.8}$$

其中用到了式(11.4.20) $\mathrm{d}t=\gamma\mathrm{d}\tau$. 同理有

$$u_y=\gamma v_y=\frac{v_y}{\sqrt{1-v^2/c^2}},\quad u_z=\gamma v_z=\frac{v_z}{\sqrt{1-v^2/c^2}} \tag{11.7.9}$$

对于第四个分量，有

$$u_t=\frac{\mathrm{d}(ct)}{\mathrm{d}t}\frac{\mathrm{d}t}{\mathrm{d}\tau}=\gamma c=\frac{c}{\sqrt{1-v^2/c^2}} \tag{11.7.10}$$

综合以上各式，我们有

$$\boldsymbol{u}=(u_x,\ u_y,\ u_z,\ u_t)=(\gamma v_x,\ \gamma v_y,\ \gamma v_z,\ \gamma c) \tag{11.7.11}$$

11.7.4 四维动量矢量

动量的表达式(11.5.4)，即 $\boldsymbol{p}=\gamma m_0\boldsymbol{v}$ 中的 $\gamma\boldsymbol{v}$ 正是四维速度 $\boldsymbol{u}$ 的前三个分量，而 m_0 是洛伦兹不变量. 由此我们很容易想到，按下式来定义四维动量是适当的，因为它将自动服从洛伦兹变换

$$\boldsymbol{p}=m_0\boldsymbol{u} \tag{11.7.12}$$

现在我们来看看 $\boldsymbol{p}$ 的第四个分量 p_t 是什么？

$$p_t=m_0u_t=\gamma m_0c=\frac{E}{c} \tag{11.7.13}$$

其中，$E=\gamma m_0c^2=mc^2$ 是物体的总能量. 由此我们看到，四维动量是由三维的动量和能量 E 组成的四维矢量

$$\boldsymbol{p}=(p_x,\ p_y,\ p_z,\ E/c) \tag{11.7.14}$$

至此，我们已经讨论了四维时空中的三个矢量：四维坐标、四维速度和四维动量．四维矢量具有以下性质．

(1)两个四维矢量相加等于一个新的四维矢量，每个分量等于原两个四维矢量相应分量之和．

(2)一个四维矢量的方程，可以写成四个分量方程．例如，一个四维动量守恒定律，对于每个分量都守恒，即三维空间中三个动量分量守恒，以及时间分量的能量守恒．

(3)四维矢量的长度平方，对应于三维几何空间中位矢长度的平方 $x^2+y^2+z^2$，在四维空间中为

$$c^2t^2-x^2-y^2-z^2$$

式中，时间项为正，其他三项为负．一般情况下，四维矢量 $\boldsymbol{A}$ 的长度平方为

$$A^2=\sum_{\mu}A_{\mu}A_{\mu}=A_t^2-A_x^2-A_y^2-A_z^2 \tag{11.7.15}$$

而且，这是一个洛伦兹不变量，即在洛伦兹变换下，此值不变．例如，四维速度矢量长度平方为

$$(\gamma c)^2-(\gamma v_x)^2-(\gamma v_y)^2-(\gamma v_z)^2=c^2 \tag{11.7.16}$$

为洛伦兹不变量．同理，四维动量矢量长度平方为

$$p_t^2-p_x^2-p_y^2-p_z^2=\frac{E^2}{c^2}-p^2=m_0^2c^2 \tag{11.7.17}$$

这也是洛伦兹不变量．

(4)进一步推广，任意两个四维矢量的标积是洛伦兹不变量，即

$$\sum_{\mu}a_{\mu}b_{\mu}=a_tb_t-a_xb_x-a_yb_y-a_zb_z \tag{11.7.18}$$

在所有惯性系中的值相同．

11.7.5 多普勒效应

在第 9 章 9.7 节中我们看到，声波的多普勒公式的推导比较冗长，若把光作为波动来推导它的多普勒公式，也不简便．简便的办法是把它看成相对论性粒子——光子．光子的静质量等于零，按光子的量子理论，它的能量与光的频率成正比：$E=h\nu$，这里 h 叫做普朗克常量，动量 $p=E/c$．用光子四维动量的洛伦兹变换式(11.7.6)可以简便地导出光的多普勒效应公式来．

声波的多普勒效应既与波源的速度 v_S 有关，又与观察者的速度 v_D 有关．对于真空中的光，多普勒效应只应与观察者和光源的相对速度 v 有关．设光源为 K 系，观察者为 K' 系，K' 系以速度 v 沿 K 系的 x 轴正向运动，四维动量的洛伦兹逆变换给出：

$$E=\gamma(E'+\beta cp_x')$$

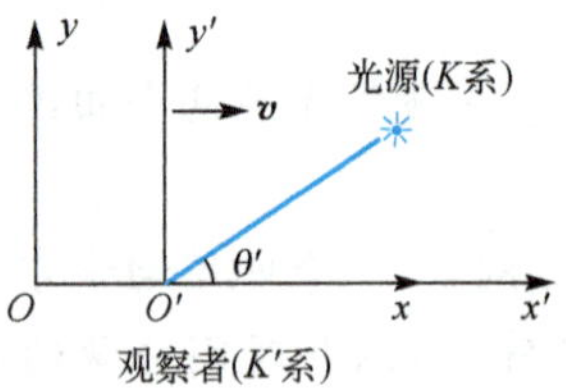

图 11.18　光的多普勒效应

如图 11.18 所示，令 K' 系中光源到观察者连线与 x 轴的夹角为 θ'，则 $p'_x = -p'\cos\theta' = E\cos\theta'/c$. 此外，$E = h\nu$，$E' = h\nu'$，上式化为

$$\nu = \gamma\nu'(1-\beta\cos\theta') = \frac{\nu'(1-\beta\cos\theta')}{\sqrt{1-\beta^2}}$$

或

$$\frac{\nu'}{\nu} = \frac{\sqrt{1-\beta^2}}{1-\beta\cos\theta'} \tag{11.7.19}$$

$\theta' = 0$ 时，得到光的纵向多普勒效应公式

$$\frac{\nu'}{\nu} = \sqrt{\frac{1+\beta}{1-\beta}} \approx 1+\beta \quad 或 \quad \frac{\Delta\nu}{\nu} = \frac{\nu'-\nu}{\nu} \approx \beta \tag{11.7.20}$$

$\theta' = \pi/2$ 时，得到光的横向多普勒效应公式

$$\frac{\nu'}{\nu} = \sqrt{1-\beta^2} \approx 1-\frac{1}{2}\beta^2 \quad 或 \quad \frac{\Delta\nu}{\nu} = \frac{\nu'-\nu}{\nu} \approx -\frac{1}{2}\beta^2 \tag{11.7.21}$$

以上两式的最后一步是 $\beta \ll 1$ 时的近似. 式(11.7.20)给出了经典的多普勒红移公式，它是纵向的；式(11.7.21)给出了横向的多普勒红移公式，它是 β^2 量级的微弱效应，即经典的横向多普勒红移为零.

11.7.6　孪生子佯谬

若地球到星体的距离为 $l = 8$ 光年，宇宙飞船相对地球的速率为 $v = 0.8c$，到达星体后立即以同样速率返回地球. 若有一对孪生兄弟出生后，一位 A 留在地球上，另一位 B 被带上飞船进行宇宙旅行，则有：

从相对地球静止的参考系上看，单程旅行需历时 $\Delta t = 10$ 年. 飞船参考系则由于钟慢效应，单程旅行只需历时 $\Delta t' = \Delta t\sqrt{1-v^2/c^2} = 10\times 0.6 = 6$（年）. 故当 B 再回地球上时，留在家里的 A 是 20 岁的成年人，而 B 尚是 12 岁的儿童.

从相对飞船静止的参考系上看，由于洛伦兹收缩，宇航员观测到自己的旅程长度 $l' = l\sqrt{1-v^2/c^2} = 4.8$ 光年，单程旅行只需历时 6 年. 如果飞船到达星体后，在极短的时间内迅速转向，并以 $0.8c$ 的速率返回地球，由于做匀速相对运动的两个参考系是等价的，可以看成宇宙飞船静止，而地球和星体相对飞船运动，则由于钟慢效应，单程旅行地球上的钟应只经历 $6\times 0.6 = 3.6$（年），当 B 再回地球上时，留在家里的 A 是 7.2 岁，而 B 则是 12 岁.

于是两个互不相容的答案表示，唯一可能的是两人年龄相同. 这个问题就是历史上著名的孪生子佯谬，亦称时钟佯谬.

在这里，重要的问题是两个参考系并不等价，飞船在到达星体时将立即转向，而转向过程是一个加速过程，在这个过程中，飞船的速度由 $0.8c$ 减到零，又反向加速到 0.8c ,从而经历了从一个惯性系变换成另一个惯性系的过程,但留在地球上的人则始终处在惯性系中.所以,A 未经历加速,而 B 经历过加速,这是不能忽视的问题,正是这一点破坏了两个参考系之间的对等地位,而参考系有加速度的问题已超出狭义相对论范畴,它属于广义相对论内容.但是如果飞船加速的时间很短,比单程旅行的时间短得多,以致可以忽略,那么即使在狭义相对论的范围内,也可对孪生子佯谬作出正确的解释.下面分三点进行讨论.

(1)以地球为 K 系,去时的飞船为 K' 系,返时的飞船为 K'' 系.求对应于宇航员所在参考系起飞、到达天体和返回地球这三个时刻所有钟的读数.

由于 $\beta=v/c=0.8$, $\gamma^{-1}=\sqrt{1-v^2/c^2}=0.6$. 对于 K' 系, B 起飞时星体上的 K 钟并未与地球上的 K 钟对准,而是预先走了

$$t_{星}=\gamma(t'+\beta x'/c)=\beta x/c=0.8\times 8c/c=6.4\ (年)$$

参见图 11.19(a).由于洛伦兹收缩,B观测到自己的旅程长度为 $l'=l\sqrt{1-v^2/c^2}=4.8$ 光年,单程旅行只需历时 6 年,即当他到达星体时 K' 钟指示 6 年.在此期间由于钟慢效应,K 钟只走了 $t=t'\sqrt{1-\beta^2}=6$ 年$\times 0.6=3.6$ 年,即对于 K' 系此刻地球和星体上的 K 钟读数分别为 3.6 年和 $6.4+3.6=10$(年),参见图 11.19(b).

到达星体时 B 立即迅速调头,相当于换乘 K'' 系的飞船以同样的速率返航,这时他飞船上的 K'' 钟仍然指示 $t''=6$ 年的地方.对于 K'' 系此刻地球上 K 钟的读数 $t_{地}$ 比当地 K 钟的读数 $t_{天}=10$ 年超前了 6.4 年(理由同前),即 $10+6.4=16.4$(年),参见图 11.19 (c).也就是说,在 B 从 K' 系换到 K'' 系时,地球上的 K 钟一下

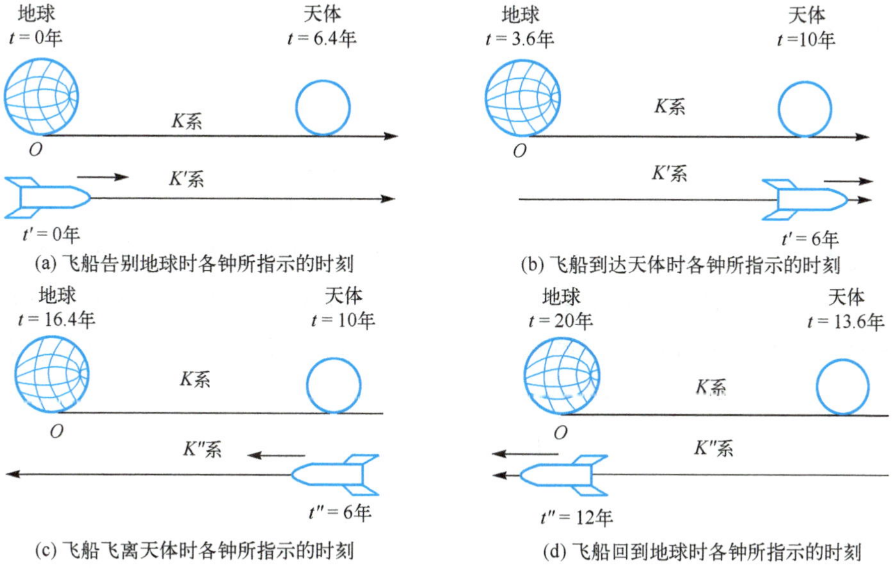

图 11.19　孪生子佯谬

子从 3.6 年跳到 16.4 年，突然增加了 12.8 年.

作与离去时同样的分析，可知在返程中 K'' 钟走过 6 年，K'' 系观测到 K 钟走过 3.6 年. 即当他返回地球时，$t''=6+6=12$（年），$t_{星}=10+3.6=13.6$（年），$t_{地}=16.4+3.6=20$（年），参见图 11.19 (d). 回到地球 B 发现同胞兄弟 A 比自己老了 8 岁.

(2)设固定在飞船内的光信号钟以 $1/\nu'$ 秒的时间间隔向地球发射光信号，ν' 可看成为光信号相对飞船的频率，用多普勒效应来解释.

根据多普勒效应，飞船飞向星体的运动使地球上的接收器接收到的频率变为 $\nu_1=\sqrt{\dfrac{c-v}{c+v}}$，飞船飞回地球的运动使地球上接收到的频率变为 $\nu_2=\sqrt{\dfrac{c+v}{c-v}}$.

若飞船由地球到达星体所经历的时间相对地球为 t_1，相对飞船为 t_1'，由星体返回地球所经历的时间相对地球为 t_2，相对飞船为 t_2'，则飞船经历一次往返旅行所需的时间相对地球为 $T=t_1+t_2$，相对飞船为 $T'=t_1'+t_2'$. 从地球参考系看，飞船在 t_1 时刻到达星体，并立即转向. 转向后飞船发出的光信号并不能立即到达地球，因为飞船离开地球的距离为 vt_1，转向后发出的光信号将在 vt_1/c 时间以后才陆续到达地球. 但在飞船回到地球时，转向后发出的全部光信号也全部到达地球. 由此可见，地球上的接收器在 0 到 t_1+vt_1/c 这段时间内接收到的光信号数等于飞船转向前所发出的(即飞船上的光信号钟在 0 到 t_1' 时间内所发出的)光信号数，这些信号相对地球的频率为 ν_1，相对飞船的频率为 ν'，接收到的光信号数与发射出的光信号数分别为 $\nu_1(t_1+vt_1/c)$ 和 $\nu' t_1'$，故有

$$\nu_1\left(t_1+\frac{vt_1}{c}\right)=\nu' t_1'$$

或

$$t_1+\frac{vt_1}{c}=\frac{\nu'}{\nu_1}t_1'=\sqrt{\frac{c+v}{c-v}}t_1' \tag{11.7.22}$$

接收器在 t_1+vt_1/c 到 t_1+t_2 这段时间内接收到的光信号数等于飞船在转向后所发出的(即飞船上的光信号钟在 t_1' 到 $t_1'+t_2'$ 时间内发出的光信号数，这些光信号相对地球的频率为 ν_2，相对飞船的频率为 ν'，接收到的光信号数和发出的光信号数分别 $\nu_2(t_2-vt_1/c)$ 和 $\nu' t_1'$，故有

$$\nu_2\left(t_2-\frac{vt_1}{c}\right)=\nu' t_2'$$

或

$$t_2-\frac{vt_1}{c}=\frac{\nu'}{\nu_2}t_2'=\sqrt{\frac{c-v}{c+v}}t_2' \tag{11.7.23}$$

将式(11.7.22)与式(11.7.23)相加，得

$$t_1+t_2=\sqrt{\frac{c+v}{c-v}}t_1'+\sqrt{\frac{c-v}{c+v}}t_2'$$

相对于飞船，往返的时间是相等的，即 $t_1'=t_2'$，故有

$$t_1+t_2=\frac{t_1'+t_2'}{\sqrt{1-v^2/c^2}}$$

即

$$T=\frac{T'}{\sqrt{1-v^2/c^2}}$$

故完成一次旅行，地球上经历时间为 T，而飞船上经历时间为 T'，且有 $T'<T$.

(3)假定飞船是 2000 年元旦起飞的. 此后每年元旦飞船上 B 和地面上的孪生兄弟 A 互发贺年电报. 求以各自的钟为准他们收到每封电报的时刻.

对于飞船参考系，起初，当飞船离地球而去时，收贺年电报的周期拉得很长. 这一方面是因为对于飞船来说 K 钟走得慢，另一方面是由于信号源在退行. 对于 K 系，相继发出两封电报的时间间隔 $\Delta t=1$ 年，对于 K' 系，$\Delta t'=\gamma\Delta t$，同时在此期间飞船又走远了 $\beta\Delta t'$ 光年. 两个效果合起来，B 收报的间隔是 $(1+\beta)\Delta t'=(1+\beta)\gamma\Delta t=(1+0.8)/0.6=3$ (年). 按此计算，B 驶向天体的 6 年中只收到 2001 年、2002 年两封元旦贺电.

同理，B 在回程中收报的间隔是 $(1-\beta)\Delta t''=(1-\beta)\gamma\Delta t=(1-0.8)/0.6=1/3$ (年)，6 年里收到从 2003 年到 2020 年发出的 18 封元旦贺电.

我们把 B 和地面上收到对方新年贺电的时刻列在表 11.1 和表 11.2 中，而对地面收报情况的具体分析，留给读者自己去讨论.

表 11.1 地球上的发报时间 t 和飞船上的收报时间 t' 或 t''

t/年	0	1	2	3	4	5	6	7	8	9	10	11	12	13	14	15	16	17	18	19	20
t'/年	0	3	6																		
t''/年			6	$6\frac{1}{3}$	$6\frac{2}{3}$	7	$7\frac{1}{3}$	$7\frac{2}{3}$	8	$8\frac{1}{3}$	$8\frac{2}{3}$	9	$9\frac{1}{3}$	$9\frac{2}{3}$	10	$10\frac{1}{3}$	$10\frac{2}{3}$	11	$11\frac{1}{3}$	$11\frac{2}{3}$	12

表 11.2 飞船上的发报时间 t' 或 t'' 和地球上的收报时间 t

t'/年	0	1	2	3	4	5	6						
t''/年							6	7	8	9	10	11	12
t/年	0	3	6	9	12	15	18	$18\frac{1}{3}$	$18\frac{2}{3}$	19	$19\frac{1}{3}$	$19\frac{2}{3}$	20

*11.8 广义相对论简介

爱因斯坦在提出狭义相对论不久就感到这个理论存在的一个严重缺陷是承认

惯性系的特殊地位.1907 年,他在"关于相对性原理和由此得出的结论"一文中写道:"迄今为止,我们只把相对性原理,即认为自然规律同参考系无关这一假设应用于非加速参考系.是否可以设想相对性原理对相互做加速运动的参考系也仍然成立."在这里狭义相对论和经典力学有共同的基础,它们都承认惯性系的特殊地位.若进一步追究,惯性系和非惯性系是否平权?这正是马赫当年提出的问题(参见3.3节),狭义相对论只是清除了以洛伦兹静止以太形式出现的绝对空间,指出了空间和时间的内在联系,仍然未表明时空与运动着的物质之间的不可分割的联系,未能摆脱牛顿的"绝对时空".

狭义相对论的另一个缺陷是不能建立令人满意的引力理论.1922 年,爱因斯坦在日本京都大学作题为"我是怎样创造相对论的?"演讲时,他回忆道:"1907 年,当我正在写一篇关于狭义相对论的评述文章时……我认识到,除了引力定律以外的一切自然现象都能借助狭义相对论加以讨论.我非常想弄明白其中的原因……最使我不能满意之处是,虽然惯性和能量之间的关系已经如此美妙地从狭义相对论中推导出来,但惯性和引力之间的关系却没能得到说明.我猜想这个关系是不能依靠狭义相对论来说明的."对上述狭义相对论的两个缺陷的清楚认识,可以说是创立广义相对论的先决条件.

11.8.1　等效原理、广义相对性原理与局部惯性系

在引力质量与惯性质量相等这一实验事实的基础上,爱因斯坦证明了均匀引力场中的静止参考系与一个在没有引力场的空间中具有适当加速度的加速运动参考系的力学等价性(参见3.1.2节,称之为弱等效原理),把相对性原理进一步推广到非惯性系,导致广义相对性原理的确立,构成广义相对论整个理论的出发点.

如果进一步假定任何物理实验——力学的、电磁的和其他的实验都不可能判断是引力场中的惯性系还是不受引力的加速系,即不能区分是引力还是惯性力的效果,那么也就是说,这两个参考系不仅对力学过程是等效的,而且对一切物理过程也是等效的,这就是强等效原理.因为可以把一个加速运动的参考系看成是一个处在引力场中静止的参考系,这样一个参考系的加速度仅有相对的意义,所以爱因斯坦说:"这种想法使得我们不可能说什么参考系的绝对加速度,正如相对论不允许议论绝对速度一样."基于这一认识,1916 年,爱因斯坦在《广义相对论的基础》中明确地提出了广义相对性原理:"物理学的定律必须具有这样的性质,它们对于以无论哪种方式运动着的参考系都是成立的."由此可见,等效原理是广义相对性原理的基础.

以前人们认为,一个自由下落的参考系是一个加速系,即"非惯性系",现在看来,它更像是一个惯性系.而以前认为静止在地面的电梯近似是一个惯性系,但它

却等效于一个向上加速的非惯性系. 这种观点虽然与传统的观点大不相同,却是"两种质量相等"的不可避免的逻辑结果. 当人们苦于找不到一个"真正的"惯性系而又为万有引力问题苦恼的时候,突然惊喜地发现,原来惯性系就在脚下!

于是,一个新的惯性系诞生了,对此我们需要作一些补充说明. 关于惯性系的本质,原来认为惯性系是自身没有加速度的参考系,而这个概念是无法确切定义的,因为在自然界中找不到第一个最基本的无加速系. 现在按推广了的引力概念,认为惯性系是没有引力存在的参考系,或用以前的概念讲,它是引力与惯性力相抵消的参考系. 这样惯性系就成了至少局域地能实现的参考系. 按照这个概念,一个静止在地球表面的参考系反而不是惯性系. 还有要说明的是惯性系的局域性,事实上全空间的引力场是不均匀的,因此无法找到一个参考系使它的惯性力处处与引力相抵消. 这就说明现实的惯性系只能是局域的. 严格地说,在不均匀引力场自由下落的参考系中,只有一点上的惯性力与引力完全抵消,因此自由下落的局域惯性系只是一个近似的惯性系. 由此看来,等效原理既"拓宽"了又"收窄"了惯性系的概念,在牛顿力学里找不到精确的惯性系. 等效原理告诉我们,惯性系就在脚下,在每个时空中都存在一个惯性系(即自由下落的电梯);但另一方面,除了"绝对无引力的空间"这种理想情况之外,惯性系又永远只可能是局域的,它只存在于无限小的时空范围内.

11.8.2 光在引力场中的弯曲

设想一个处在无引力场作用的区域中的封闭电梯,这个电梯以恒定的加速度 $\boldsymbol{g}$ 相对某一固定的恒星"向上"运动,在电梯上方的侧壁上有一小狭缝,一光束从狭缝透入电梯,因为电梯在加速,每一段相等的时间间隔内移动的距离随时间而增加,故电梯内的观测者测得光束相对电梯的路径是一条抛物线. 根据等效原理,我们无法把不受引力场作用的加速电梯与在引力作用下静止或做匀速运动的电梯区分开,因此,我们断言,光束在引力场中被加速的方式与质量较大的物体在引力作用下加速的方式相同. 在接近地面的区域中,光束会以加速度 $\boldsymbol{g}$ 向地面一侧偏转,这一现象与我们所具备的经验很不一致,其原因是因为光速太大,对于 3000km 的距离,光行进只用 0.01s,在这时间内,光束向下偏转的距离只有 0.5mm. 爱因斯坦指出,来自遥远星体的光靠近太阳时,光束在太阳引力作用下的弯曲可以被观测到.

星体所发出的光线,在经过太阳附近的引力场时,必然向太阳方向偏折. 根据广义相对论的计算结果,这一偏折角为 $\Delta\theta=4GM_0/R_0$. 将太阳的半径 R_0 和质量 M_0 的数值代入,得 $\Delta\theta=1.75''$. 这一结果可以通过在日全食时对太阳附近的恒星拍照,从实验观测上进行检验. 将日食照片上恒星的位置与其他时候拍摄的照片上该恒星的位置加以比较,就会发现日食照片上恒星的位置应离开太阳中心沿径向外移，预计这一数值只有1mm的百分之几. 因此，为拍摄照片所需的调准工作以及随后对这些照片的量度都需要有很高的准确度. 1919年5月29日发生日全食时，在巴西和西非两个观测队所得的结果为：$\Delta\theta=1.98''\pm0.12''$和$\Delta\theta=1.61''\pm0.30''$，与广义相对论的计算值基本符合. 可靠得多的数据是近年来射电天文学家利用脉冲星射电源的测量提供的. 最好的结果由1975年对射电源0116+08的观测取得. 此射电源每年4月中旬被太阳遮掩，射电天文学家利用这一有利情况，观测到无线电波偏折角$\Delta\theta=1.761''\pm0.16''$. 这和广义相对论理论计算值$\Delta\theta=1.75''$符合得相当好.

11.8.3 引力时间延缓　引力红移

设有一个圆盘K'，绕通过圆心且与盘面垂直的轴旋转，其角速度ω为恒定值(相对于一惯性系K而言). 在与圆心相距r处的速率为$v=r\omega$. 在r处的物体受到一个沿半径向外的惯性离心力$m\omega^2 r$，对于一个坐在圆盘K'上的观测者来说，他认为圆盘是静止的. 根据引力和惯性力等效原理，他把作用在他身上的这种惯性离心力看成是一个完全等效的引力场效应. 设圆心处为引力势零点，则距圆心r处的引力势为

$$\phi=\int_r^0\omega^2 r\,\mathrm{d}r=-\frac{1}{2}\omega^2 r^2=-\frac{1}{2}v^2 \tag{11.8.1}$$

设想这个观察者在圆盘中心以及距圆心r处放上两个完全一样的时钟(时钟相对K'静止)，他想考察一下引力场对时间的影响. 从惯性参考系K来看，放在圆盘中心的时钟A是静止的，而另一个时钟B则以速率$v=r\omega$在运动. 按照狭义相对论的钟慢效应，时钟B比时钟A走得慢. 设$\mathrm{d}t'$为时钟B测出的引力场中的固有时间间隔，$\mathrm{d}t$为时钟A测出的无引力地方的时间间隔，两者的关系为

$$\mathrm{d}t'=\mathrm{d}t\sqrt{1-v^2/c^2} \tag{11.8.2}$$

显然，坐在圆盘中心A钟旁边的那个观察者也会看到同样的结果. 但是，他把这一效应归为引力场的影响. 将式(11.8.1)代入式(11.8.2)，得

$$\mathrm{d}t'=\mathrm{d}t\sqrt{1+2\phi/c^2} \tag{11.8.3}$$

其中，引力势ϕ为负值. 式(11.8.3)表明引力场延缓了时间的流逝，若在某一点引力势ϕ的绝对值越大，则在该点静止的钟就越慢. 对于质量为M的星球，距球心r处的引力势$\phi=-GM/r$，将此值代入式(11.8.3)，得

$$\mathrm{d}t'=\mathrm{d}t\sqrt{1-\frac{2GM}{c^2 r}} \tag{11.8.4}$$

其中，$\mathrm{d}t$应理解为无穷远处无引力地方的时间间隔；$\mathrm{d}t'$为引力场中的固有时间间隔. 由式(11.8.4)知，$\mathrm{d}t'<\mathrm{d}t$，这就是说，在引力场中发生的物理过程，在远处观察，其时间节奏比当地的固有时间长.

引力时间延缓的一个可观测的效应是星光谱线的引力红移. 当光子在稳定的引力场中传播,不同地点的静观测者将测得不同的频率,这叫做光频的引力红移. 每种物质谱线用光源固有频率 ν_0 来衡量是确定的. 从星球表面 $r=R$ 处的物质发出固有频率 ν_0 和固有周期 T_0 的光,传播至远处时,频率变为 ν,周期 T 变长. T 和 T_0 的关系服从式(11.8.4),即有

$$T_0 = T\sqrt{1-\frac{2GM}{c^2R}} \tag{11.8.5}$$

而频率 ν 和 ν_0 的关系为

$$\nu = \nu_0\sqrt{1-\frac{2GM}{c^2R}} \approx \nu_0\left(1-\frac{GM}{c^2R}\right) \tag{11.8.6}$$

由式(11.8.6)知 $\nu<\nu_0$,这就是说,在离引力中心远处测到的光的频率小于在星球表面测出来的光的固有频率. 光谱线的频率较低,意味着光波波长较长,这就叫做星光谱线的红移. 红移量 Z 定义为

$$Z = \frac{\Delta\nu}{\nu_0} = \frac{\nu-\nu_0}{\nu_0} = \sqrt{1-\frac{2GM}{c^2R}}-1 \approx -\frac{GM}{c^2R} \tag{11.8.7}$$

对于太阳,$M=1.99\times10^{30}\,\text{kg}$,$R=6.96\times10^{5}\,\text{km}$,由此算得

$$Z = \frac{\Delta\nu}{\nu_0} = -2.12\times10^{-6} \tag{11.8.8}$$

可见,太阳的引力红移效应是非常小的,很容易为其他因素所淹没. 例如,太阳表面大气湍流所产生的多普勒红移就可能大于它,所以很难用测量来检验. 白矮星的质量大、半径小、引力红移效应较强,但天文学对它们的质量和半径的数据掌握得不够确切,因而难做理论计算. 由于存在这些困难,直到 20 世纪 60 年代才得到比较确定的结果. 1961 年观测了太阳光谱中的钠 5896Å($1\text{Å}=10^{-10}\,\text{m}$)谱线的引力红移,结果与理论值的偏离小于 5%;1971 年观测了太阳光谱中的钾 7699Å 谱线的引力红移,结果与理论值的偏离小于 6%.

可以从完全不同的角度来说明引力红移,光子虽然无静止质量,但具有惯性质量,能量为 $h\nu$ 的光子的惯性质量为 $h\nu/c^2$. 光子不但有惯性质量,也有引力质量. 当光子从恒星表面逃逸到无穷远处时,因引力势能增加,光子的能量减少,于是频率降低,这就是引力红移.

11.8.4 弯曲时空 水星的进动

按照广义相对论的观点,光线在星球附近的偏折是因为星球的质量使它附近的时空变得弯曲. 为了对引力偏折建立一个较为形象的物理图像,我们用二维的曲面来做比喻. 图 11.20 显示有了星球后空间像弹性膜那样中央凹陷下去的情况,原来沿直线行进的光线就好像受到星球吸引似的,向星球方向偏折. 我们必须声明,

以上比喻用二维曲面代替四维的弯曲时空所提供的概念并不很准确,不宜看得过于认真.

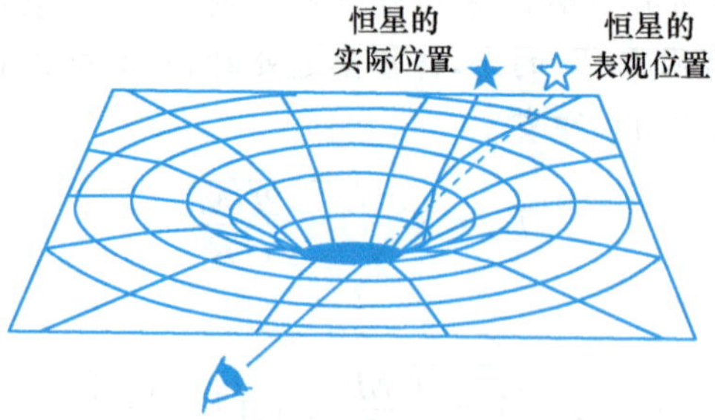

图 11.20　时空弯曲

时空弯曲的一个可观测效果是雷达回波延迟.当地球 E、太阳 S 和某行星 P 几乎排在一条直线上的时候,从 E 掠过 S 表面 Q 点向 P 发射一束电磁波(雷达),然后经原路径反射回来.令 $\overline{EQ}=a$,$\overline{QP}=b$,按照牛顿理论,雷达信号往返所需时间 $t=2(a+b)/c$,广义相对论理论预言,雷达回波将延迟一定时间 Δt.对于金星,理论计算的结果为:$\Delta t=2.05\times10^{-4}$ s.1971 年,夏皮罗(I. Shapiro)等的测量结果对此的偏离不到 2%.这个测量是相当困难的,要达到 10^{-4} s 的精度,就要求距离的精度达到几千米.金星表面山峦起伏,相差也达到了这个数量级.能做到以上的精确程度,应当说,理论与实测符合得相当不错.以后,利用固定在火星和水手号、海盗号等人造天体上的应答器来代替反射的主动型实验,会得到更好的结果.

时空弯曲的另一个可观察的效应是水星近日点的进动.按牛顿力学推算,行星的轨道是以太阳为焦点的椭圆.实际的天文观测表明,行星的轨道并不是严格闭合的,它们的近日点有进动(图 11.21).牛顿力学对此作出解释,预言水星近日点应有每世纪 5557.62″的进动,这一进动来自于坐标系的岁差和其他行星(主要是金星、地球和木星)的摄动.但是水星进动的实际观测值是每一世纪 5600.73″.与理论值相比多了 43.11″,自 20 世纪以来,这个问题就引起天文学家的注意,但得不到令人满意的解释.经广义相对论修正后的水星轨道方程与牛顿行星轨道方程的差别在于轨道近日点有进动发生.两个相邻的近日点方位角之差 $\Delta\varphi=0.1''$.水星公转周期是 0.24 地球年,因此每一世纪积累的近日点的偏转角是 43″,与观察值符合得很好.

广义相对论用空间弯曲来解释水星近日点的进动,即水星近日点绕太阳旋转的运动.太阳周围的空间像“碗”一样弯曲,近似于一个“圆锥”.图 11.22(a)画的是一个平展空间中的椭圆.要使此平面变成一个圆锥面从而近似碗状的弯曲空间,必须从面上切去一块(图 11.22(b)),然后把切口接合起来,这样一来,在轨道的接合处就出现了一个交叉.当行星运动到此交叉点时,它将不再进入原来的轨道,而要

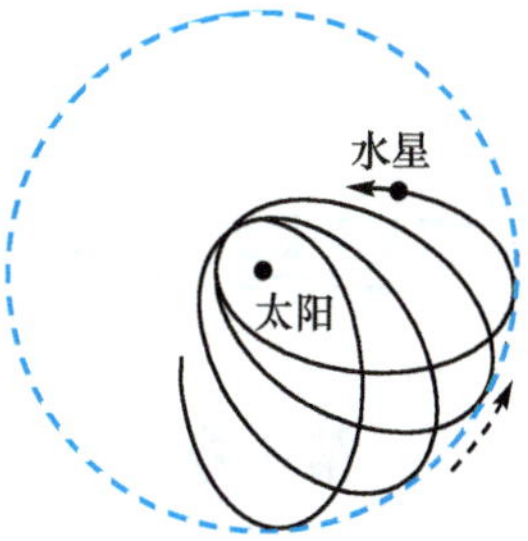

图 11.21 水星近日点的进动

越过原来的轨道向前(图 11.22(c)). 这就是广义相对论对水星近日点进动的解释的模拟说明.

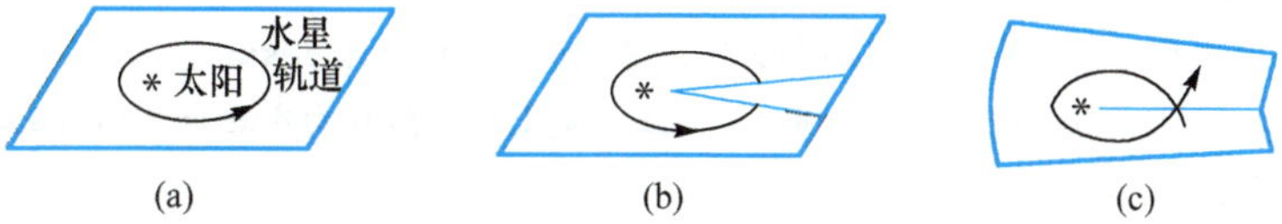

图 11.22 空间弯曲导致水星近日点的进动

习题与答案

第1章

1.1 甲乙两列火车在同一水平直路上以相等的速率(30km/h)相向而行. 当它们相隔 60km 的时候,一只鸟以 60km/h 的恒定速率离开甲车头向乙车头飞去,当到达立即返回,如此来回往返不止. 试求:

(1)当两车头相遇时,鸟往返了多少次?

(2)鸟共飞行了多少时间及距离?

答:(1)鸟往返了无穷多次;(2)鸟共飞行了 1h,飞行距离为 60km.

1.2 一人从 O 点出发,向正东走 3.0m,又向正北走 1.0m,然后向东北走 2.0m,试求合位移的大小及方向.

答:合位移的大小为 5.03m,方向东偏北 28°40′.

1.3 一物体做直线运动,它的位置由方程 $x=10t^2+6$ 决定,式中,x 的单位为 m,t 的单位为 s. 试计算:

(1)在 3.00~3.10s、3.00~3.01s 及 3.000~3.001s 间隔时间内的平均速度;

(2)在 $t=3.00$s 时的瞬时速度;

(3)用微分方法求它的速度及加速度公式.

答:(1)61.0cm/s,60.1cm/s,60.01cm/s;(2)60.0cm/s;(3) $v=20t$, $a=20$.

1.4 有一质点沿 x 方向做直线运动,t 时刻的坐标为 $x=4.5t^2-2t^3$,式中,x 的单位为 m,t 的单位为 s. 试求:

(1)第 2s 内的位移和平均速度;

(2)第 1s 末和第 2s 末的瞬时速度;

(3)第 2s 内质点所走过路径的长度;

(4)第 2s 内的平均加速度以及第 0.5s 末和第 1s 末的瞬时加速度.

答:(1)−0.5m,−0.5m/s;(2)3m/s,−6m/s;(3)2.25m;(4)-9m/s^2,3m/s^2,-3m/s^2.

1.5 一物体从静止开始,先以 α 大小的切向加速度运动一段时间后,接着就以 β 大小的切向减速度运动直到停止. 若物体的整个运动时间为 t. 证明,物体运动的总路程为

$$s=\frac{\alpha\beta}{2(\alpha+\beta)}t^2$$

1.6 一摩托车从静止开始以 $\alpha=1.6\text{m/s}^2$ 的匀加速度沿直线行驶,中途做一段匀速运动,后又以 $\beta=-6.4\text{m/s}^2$ 匀减速度沿直线行驶直至停止. 若这样走了 $L=1.6$km,共用了 $t=130$s 的时间,试求车的最高行驶速度 v.

答:12.8m/s.

1.7 用题 1.6 的 α、β、L 的数值求:

(1)车走这段路程所需的最短时间;

(2)这时车的最高速度.

答:(1)50s;(2)64m/s.

1.8 若要求把一辆静止在某一地点的小车在最短时间内推到另一个地点,并静止在那里.这两个地点的路程为 L,如果小车的加速性能限制它的切向加速度的绝对值只能是 a,要满足上述要求,小车前进的最大速度 v 应为多大?

答:$v=\sqrt{aL}$.

1.9 在一个很长的平直跑道上,有 A 和 B 两种型号的喷气式飞机进行飞行试验.两机同时自起点启动,A 机沿地面做匀加速飞行,到达跑道中点起它就做匀速飞行;B 机则在启动后始终做匀加速运动.观测中发现 A、B 两喷气机用完全相等的时间从起点开始到终点完成整个试验距离.问两者的加速度比是多大?

答:$a_A/a_B=9/8$.

1.10 一个皮球从 1.5m 高处落到地板上,然后跳回到 1.0m 高处.假设皮球与地板接触的时间为 0.010s,试问在接触期间,球的平均加速度多大?(忽略空气阻力)

答:$9.85\times10^2\mathrm{m/s^2}$.

1.11 有一辆汽车,紧急刹车之后在路上滑行了 6.5m.假设汽车的最大减速度不能超过重力加速度,试问在刹车之前,汽车的行驶速率能否超过 48km/h?

答:40.6km/h<48km/h,未超过.

1.12 以速率 v_1 运动的火车上的司机,看见在前面距离 d 处,有一列货车在同一轨道上以较小的速率 v_2 沿相同方向运动,他就立即刹车,使他的火车以匀减速度 a 慢下来,试证明:如果 $d>\frac{(v_1-v_2)^2}{2a}$,则两车不会碰撞;如果 $d<\frac{(v_1-v_2)^2}{2a}$,则两车将会碰撞.

1.13 已知一质点在 10s 内走过的路程 $s=30\mathrm{m}$,而其速度增为 $n=5$ 倍.设该质点为匀加速运动,试求它的加速度.

答:$0.4\mathrm{m/s^2}$.

1.14 一小球从 80m 高的塔上自由落下.同时,正对此球在地面上以 40m/s 的初速度竖直上抛另一小球,问过多少时间两球相遇?在什么高度相遇(忽略空气阻力)?

答:2.0s;60.4m.

1.15 从地面上竖直向上抛出一球,在球离地后的上升过程中,从 $t_1=2.0\mathrm{s}$ 到 $t_2=3.0\mathrm{s}$ 这一段时间内走了 $\Delta s=5.5\mathrm{m}$ 的距离,试求从抛出到 $t=3.0\mathrm{s}$ 时间内的平均速度(不计空气阻力).

答:15.3m/s.

1.16 把两个小物体从同一地点(地面)以同样的初速率 $v_0=24.5\mathrm{m/s}$ 先后竖直上抛,设两物体抛出的时间差 $\Delta t=0.500\mathrm{s}$,试问

(1)第二个物体抛出后经多少时间方与第一个物体相碰?

(2)如果 $\Delta t>2v_0/g$,那么,结果的物理意义是什么(不计空气阻力)?

答:(1)2.25s;(2)两物体不会相遇或在地面上相遇.

1.17 由楼上以同样大小的初速率 v_0 同时抛掷两物体,一物竖直上抛,另一物竖直下抛,略去空气阻力,求这两个物体之间的距离 s 与时间 t 的关系.

答：$s = 2v_0 t$.

1.18　一升降机以 $a = 2g$ 的加速度从静止开始上升，它里面有一用细绳吊着的小球，在 2.0s 末，小球因绳子断了而往下落. 设小球原来到底板的距离为 $h = 2.0\text{m}$. 略去空气阻力，试求：

(1)小球下落到底板所需的时间 t；

(2)小球相对于地面下落的距离 s.

答：(1)0.37s；(2)小球相对于地面上升了距离 13.8m.

1.19　自由落体在最后半秒钟内落下的距离为 $h_1 = 20\text{m}$，试求下落的总高度 h.

答：92.0m.

1.20　在高度 $h = 40\text{m}$ 处竖直抛出一物体，问初速度大小 v_0 为多大时，才能使它比自由落下(1)早 $t = 1\text{s}$，(2)迟 $t = 1\text{s}$ 落到地上(不计空气阻力)？

答：(1)12.4m/s，方向向下；(2)8.53m/s，方向向上.

1.21　一轰炸机离地面 10km，以 240km/h 的水平速度，向其轰炸目标的正上空飞行. 问当瞄准角(瞄准器到目标的视线与竖直线所成的角)φ 为多大时投下炸弹，才能正好击中目标(略去空气阻力)？

答：$\varphi \approx 16°45'$.

1.22　一轰炸机离海面 10km，以 240km/h 的水平速度追击正前方一鱼雷艇，鱼雷艇的速度大小是 95km/h，不计空气阻力，问飞机应在艇后多少距离投弹才能正好击中目标？

答：1820m.

1.23　一俯冲轰炸机沿与竖直成 37° 方向俯冲，在 800m 高度投弹，炸弹离飞机 5.0s 时着地. 不计空气阻力，试问：

(1)飞机的飞行速度大小是多少？

(2)炸弹离开飞机后在水平方向前进多远？

(3)炸弹着地时，速度的大小和方向如何？

答：(1)169m/s；(2)507m；(3) $v = 210\text{m/s}$，速度与水平的夹角 $\alpha = 61°$.

1.24　一小孩以 16m/s 的速度把一皮球抛到墙上，墙离小孩 5.0m 远. 问小孩应以什么方向抛球，才能使球在反射后的轨道的最高点刚好在小孩的头顶上方？(设球与墙的碰撞为完全弹性碰撞，略去空气阻力.)

答：投球方向与水平的夹角 $\alpha = 25°$ 或 65°.

1.25　在小山上安一靶子，由炮位所在处观测靶子的仰角为 α，炮与靶子间的水平距离为 L，向目标射击时，炮身的仰角为 β. 略去空气阻力，求能射中靶子的子弹的初速度大小 v_0.

答：$v_0 = \sqrt{\dfrac{Lg\cos\alpha}{2\cos\beta\sin(\beta-\alpha)}}$.

1.26　炮弹的出膛速度大小为 400m/s，要射中水平距离为 1000m、高度为 330m 的目标. 不计空气阻力，试求炮的仰射角 β.

答：$\beta = 20°2'$ 或 $88°14'$.

1.27　设火箭引信的燃烧时间为 6.0s，在与水平成 45° 角的方向把火箭发射出去时，欲使火箭在弹道的最高点爆炸，不计空气阻力，问应以多大的初速度发射火箭？

答:83m/s.

1.28 一个球从楼梯顶上以 2.0m/s 的水平速度滑下,所有阶梯恰好都是 20cm 高、20cm 宽,问球首先撞在哪一级阶梯上? 用草图画出.

答:以起始点为第零台阶,球首先撞在第五台阶上.

1.29 一汽车在半径为 $R=400\text{m}$ 的圆周上做变速运动,已知它的切向加速度的大小为 $a_t=0.20\ \text{m/s}^2$,方向与速度方向相反,速度的大小为 10m/s,求这时它的法向加速度和总加速度.

答:法向加速度 $a_n=0.25\text{m/s}^2$;总加速度 $a=0.32\text{m/s}^2$.

1.30 一质点沿半径 $R=10\text{cm}$ 的圆周做匀速圆周运动,速率 $v=1.0\text{cm/s}$.

(1)求 $t=0\text{s}$ 至 $t=1\text{s}$ 的时间间隔内,平均加速度矢量与 $t=0\text{s}$ 时的加速度矢量间的夹角;

(2)求 $t=0\text{s}$ 至 $t=0.1\text{s}$ 的时间间隔内,上述两个矢量间的夹角;

(3)若 $\Delta t\to 0$,问上述夹角趋于多少?

答:(1)0.05rad;(2)0.005rad;(3)趋于 0rad.

1.31 一物体从静止出发沿半径 $R=3.0\text{m}$ 的圆周运动,切向加速度 $a_t=3.0\ \text{m/s}^2$. 试问:

(1)经过多少时间它的总加速度 $\boldsymbol{a}$ 恰与半径成 45°角?

(2)在上述时间内物体所通过的路程 s 等于多少?

答:(1)1.0s;(2)1.5m.

1.32 离水面高度为 h 的岸上有人用绳索拉船靠岸. 人以恒定速率 v_0 拉绳,求当船离岸的距离为 s 时,船的速度和加速度.

答: $v=v_0\sqrt{h^2+s^2}/s$, $a=v_0^2h^2/s^3$.

1.33 杆以匀角速度 ω_0 绕过其固定端 O 且垂直于杆的轴转动. 在 $t=0$ 时,位于 O 点的小珠从相对于杆静止开始沿杆做加速度为 $\boldsymbol{a}_0$ 的匀加速运动. 求小珠在时刻 t 的速度和加速度.

答: $\boldsymbol{v}=a_0t\hat{\boldsymbol{r}}+\dfrac{1}{2}a_0\omega_0t^2\hat{\boldsymbol{\theta}}$, $\boldsymbol{a}=(a_0+\dfrac{1}{2}a_0\omega_0^2t^2)\hat{\boldsymbol{r}}+2a_0\omega_0t\hat{\boldsymbol{\theta}}$.

第 2 章

2.1 如图所示的装置可用来测物体 A 与桌面间的摩擦系数 μ. 设已知 A、B 的质量分别是 m_A 和 m_B,它们的加速度是 a,试导出摩擦系数的表达式.

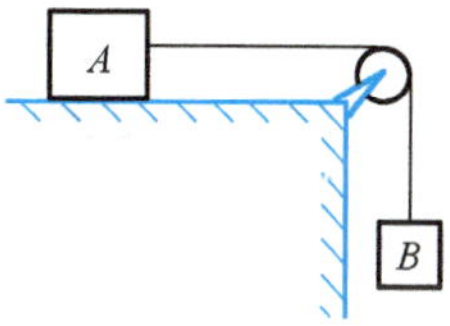

题 2.1 图

答: $\mu=\dfrac{m_B(g-a)-m_Aa}{m_Ag}$.

2.2 两人分别将一小车以同样的加速度推上坡,一人的推力方向与斜面平行,以 F_1 表示,另一人的推力方向与水平面平行,以 F_2 表示. 设车与斜面的摩擦系数 μ 及斜面的倾角 θ 已知,求两人推力之比.

答: $\dfrac{F_2}{F_1}=\dfrac{1}{\cos\theta-\mu\sin\theta}$.

2.3 用起重机吊起一个 4t 重的物体,吊索最多可承受 5.0t 的拉力,吊索本身重量可不计,求在下列各情况中吊索所承受的拉力:

(1)物体吊在空中静止;

(2)物体以 25cm/s 的速度匀速上升;

(3)物体以 80cm/s 的速度匀速下降;

(4)要使吊索不断,物体向上的最大加速度大小是多少?

答:(1)4.0tf①≈39.2×10^4N;(2)4.0tf≈39.2×10^4N;(3)4.0tf≈39.2×10^4N;(4)2.45m/s^2.

2.4 一个学生要确定一个盒子与一块平板之间的静摩擦系数 μ_0 及滑动摩擦系数 μ. 他把盒子放在平板上,渐渐抬高板的一端,当板的倾角(即板与水平之夹角)达 30°时,盒子开始滑动,并恰好在 4.0s 内滑下 4.0m 距离. 试用这些数据确定 μ_0 及 μ.

答:$\mu_0=0.577$,$\mu=0.518$.

2.5 一自重为 2.0t 的汽车,载 4.0t 重的货物,设汽车和货物的重心都在前后轴之间中点的正上方,欲使汽车以 0.2m/s^2 的加速度运动,问在忽略其他阻力的情况下,汽车主动轮的外胎和路面间的摩擦系数最小应是多少? 分别就下面两种情形进行讨论:

(1)全部车轮都起主动作用;

(2)只有后边两个车轮起主动作用.

答:(1)0.02;(2)0.04.

2.6 某卡车载货重为卡车自重的三倍,卡车的前后轴相距 3.0m,货和车的共同的重心在前后轴之间中点的正上方. 现发现该卡车驶上一个 10°的斜坡时其主动轮(后轮)开始打滑,若要使该卡车驶上 15°的斜坡,应把货物往后移动多少距离?(设两斜坡的摩擦系数相同.)

答:约 1m.

2.7 两个质量分别为 m_1 和 m_2 的小环,用细线连着套在一个竖直固定着的大圆环上,如果连线对圆心的张角为 α,如图所示,当小圆环与大圆环之间的摩擦力和线的质量都略去不计时,求证:连线与竖直方向的夹角 θ 满足

$$\tan\theta=\frac{m_1+m_2}{m_2-m_1}\cot\frac{\alpha}{2}$$

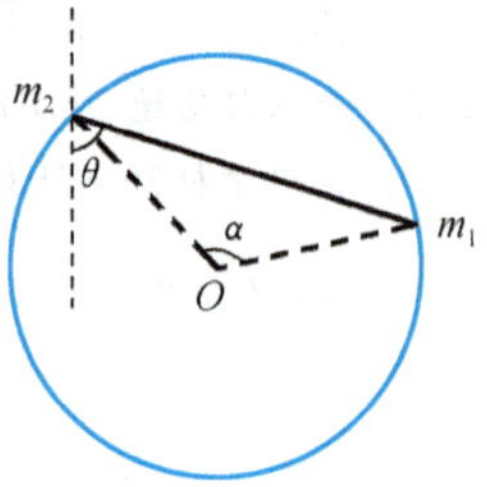

题 2.7 图

2.8 质量均为 100g 的 A、B 两木块并排地放在光滑的水平面上,A 由一水平弹簧与墙壁连接着,弹簧的刚度系数为 $k=2\times10^6$ dyn②/cm. 假若把 A、B 两木块向墙推进使弹簧压缩 2.0cm,使之静止,然后放手,弹簧便将两木块向外推开. 试问:

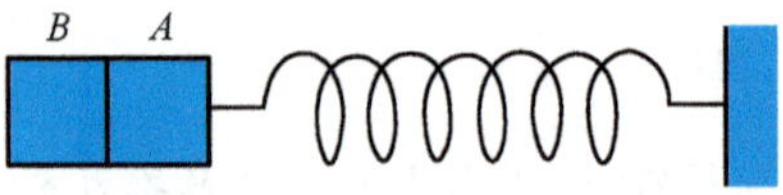

题 2.8 图

① 吨力,1tf=9.806 65×10^3N.

② 达因,1dyn=10^{-5}N.

(1)在什么地方 B 将与 A 脱离？B 得到的速度大小等于多少？

(2)A、B 脱离后，A 将继续向外移动多少距离开始反向运动？

答：(1)在平衡位置 A、B 脱离；$v_B = 200\text{cm/s}$；(2)1.41cm.

2.9 质量分别为 m_A 和 m_B 的两物体 A、B，固定在刚度系数为 k 的弹簧两端，竖直地放在水平桌面上. 如图所示. 用一力 $\boldsymbol{F}$ 垂直地压在 A 上，并使其静止不动. 然后突然撤去 $\boldsymbol{F}$，问欲使 B 离开桌面 $\boldsymbol{F}$ 至少应多大？

答：$(m_A + m_B)g$.

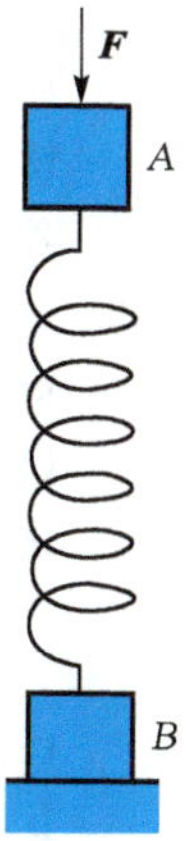

题 2.9 图

2.10 如图所示，质量为 M 的三角形斜面上放一个小质量物体 m，三角形物体放在水平面上，假设所有接触都是光滑的. 求：

(1)必须用多大的水平推力 $\boldsymbol{F}$，才能使 m 相对于 M 为静止？

(2)此时系统的加速度 a 有多大？

答：(1) $F = (M+m)g\tan\theta$；(2) $a = g\tan\theta$.

2.11* 收尾速度问题. 空气对物体的阻力由许多因素决定. 然而，一个有用的近似公式是，阻力 $\boldsymbol{f} = -\beta\boldsymbol{v}$，其中，$\boldsymbol{v}$ 是物体的速度，β 是一个与速度无关的常数. 现在考虑空气中的一个自由下落物体，将 z 轴的正方向取为竖直向下.

(1)给出落体的牛顿方程.

(2)当物体的速度 $\boldsymbol{v}(t_0)$ 等于多少时，物体不再加速(这个速度叫做收尾速度)？

(3)试证速度随时间变化的关系为：$\boldsymbol{v}(t) = \boldsymbol{v}(t_0) \times (1 - \mathrm{e}^{-\frac{\beta}{m}t})$，并作出 v-t 曲线.

答：(1) $mg - \beta\dot{z} = m\ddot{z}$；(2) $v(t_0) = mg/\beta$.

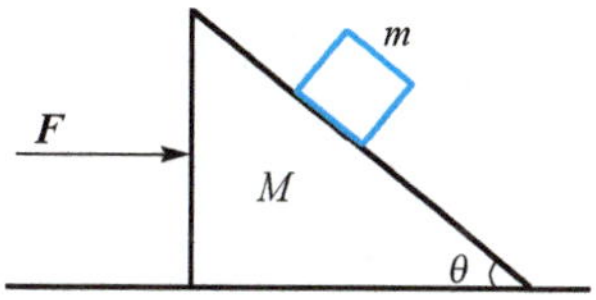

题 2.10 图

2.12 用同一种质料做成的两个实心小球，在空气中下落. 其中一球的直径是另一球直径的 2 倍. 假设空气阻力与运动物体的横截面积成正比，也与运动物体的速度平方成正比，问两小球收尾速度之比等于多少？

答：$v_{2R} : v_R = \sqrt{2} : 1$.

2.13 一个半径为 r、以速度 $\boldsymbol{v}$ 运动的小球所受到的空气阻力可以表示为

$$f(v) = 3.1 \times 10^{-4} rv + 0.87 r^2 v^2$$

这是一个对很宽的速度区间都有效的公式. 其中，$f(v)$ 的单位为 N，r 的单位为 m，v 的单位为 m/s. 把雨滴看成在空气中运动的小球，求雨滴下落收尾速度表示式，并计算一个半径为 2mm 的雨滴的收尾速度.

答：收尾速度表示式 $v_f = \dfrac{1.78 \times 10^{-4}}{r}\left(\sqrt{1 + 1.48 \times 10^{12} r^3} - 1\right)$，半径为 2mm 的雨滴的收尾速度大小约为 9.7m/s.

2.14 跨过定滑轮的绳子的两端拴着两个物体，质量分别为 m_1 和 m_2（$m_1 > m_2$），如果两物体从静止开始运动，经 t 秒后 m_1 下降的距离正好等于它在同样时间内自由下落走过的距离的一半，两物体质量之比是多少？如果 m_1 下降的距离恰好等于它在同样时间内自由下落距离的 $1/n$，两物体质量之比是多少？（设定滑轮和绳子的质量以及滑轮轴承处

的摩擦力都可略去不计，绳子长度不变.）

答：$m_1/m_2=3$；$m_1/m_2=(n+1)/(n-1)$.

2.15 4kg 重的物体 A，放在 8kg 重的物体 B 上，B 放在水平桌面上. 一细绳绕过定滑轮连接物体 A 和 B，如图所示. A 与 B 之间、B 与桌面之间的静摩擦系数均为 0.25，若使物体 B 向左运动，并保持细绳始终水平，滑轮的质量及滑轮轴承处的摩擦力均可略去不计，绳子长度不变，求所需最小水平拉力 $\boldsymbol{F}$ 是多少？

答：49N.

2.16 一质量为 M 的楔形物体放在倾角为 α 的固定的光滑斜面上，楔形物体的上表面与水平面平行，再在这个面上放一质量为 m 的质点，如图所示.

(1) 若质点与 M 间的摩擦系数为 $\mu=0$，证明：当 m 在 M 上运动时，它相对于斜面的加速度为

$$a=\frac{(M+m)g\sin^2\alpha}{M+m\sin^2\alpha}$$

(2) 求楔形物体与斜面间的作用力.

答：(2) $\dfrac{M(M+m)g\cos\alpha}{M+m\sin^2\alpha}$.

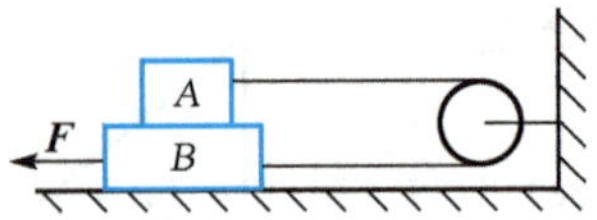

题 2.15 图

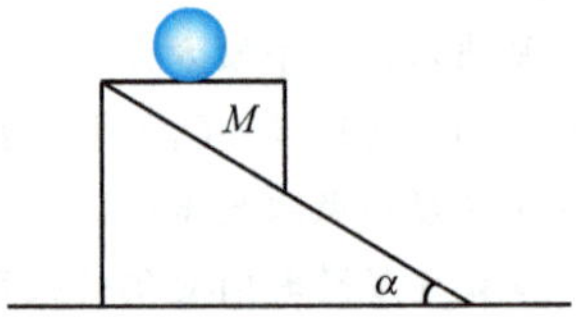

题 2.16 图

2.17 一质量为 M 的光滑斜面放在光滑的水平面上，斜面的顶端装一滑轮，一条细绳跨过滑轮拴着两个质量分别为 m_1 和 m_2 的物体 A 和 B，如图所示. 设绳子和滑轮的质量以及滑轮轴承处的摩擦力均可略去不计，绳子长度不变，问在 A 下滑过程中欲使 M 不动时作用在 M 上的水平方向的力 $\boldsymbol{F}$ 需要多大？

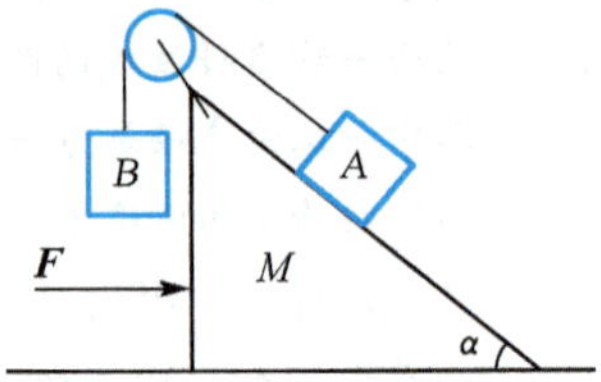

题 2.17 图

答：$\dfrac{m_1\sin\alpha-m_2}{m_1+m_2}m_1g\cos\alpha$.

2.18 如图所示，一复杂的滑轮组，吊着的物体质量分别为 m_1、m_2、m_3、m_4，设滑轮和绳子的质量以及滑轮轴承处的摩擦力均可略去不计，且绳子长度不变，求每个物体的加速度和每段绳子中的张力.

答：$T_1=T_2=T_3=T_4=\dfrac{4g}{\dfrac{1}{m_1}+\dfrac{1}{m_2}+\dfrac{1}{m_3}+\dfrac{1}{m_4}}$；$T_5=T_6=2T_1$；

$$a_1=g-\frac{T_1}{m_1},\ a_2=g-\frac{T_2}{m_2},\ a_3=g-\frac{T_3}{m_3},\ a_4=g-\frac{T_4}{m_4}.$$

2.19 如图所示，一滑轮组由一个定滑轮和 n 个动滑轮组成. 设所有的滑轮大小相同，下垂的绳子彼此平行，定滑轮的绳子下吊着重为 W_1 的物体，最右边的一个动滑轮下吊着一重

为 W_2 的物体，如果滑轮和绳子的质量以及滑轮轴承上的摩擦力均可略去不计，绳子长度不变.

(1)当整个系统平衡时，证明：$W_2 = 2^n W_1$；

(2)当 W_1、W_2 加速运动时，设 W_1 的加速度为 a_1、W_2 的加速度为 a_2，证明：$a_1/a_2 = -2^n$；

(3)求各段绳子中的张力.

答：(3) $T_1 = \dfrac{W_1W_2(2^n+1)}{2(2^nW_1+2^{-n}W_2)}$，$\dfrac{(2^n+1)W_1W_2}{2^i(2^nW_1+2^{-n}W_2)} = \dfrac{W_2}{2^i}(i=1,2,3,\cdots,n)$.

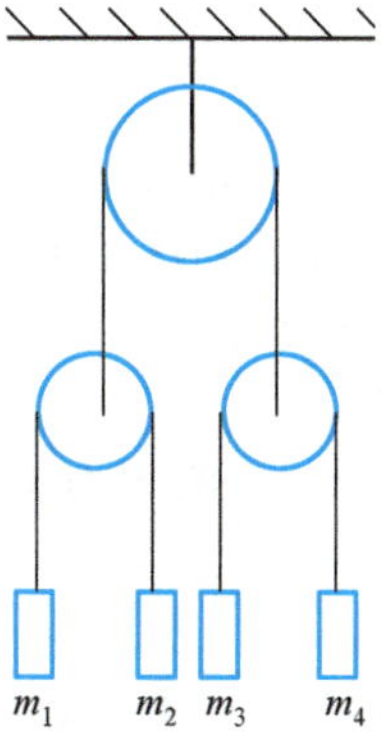

题 2.18 图

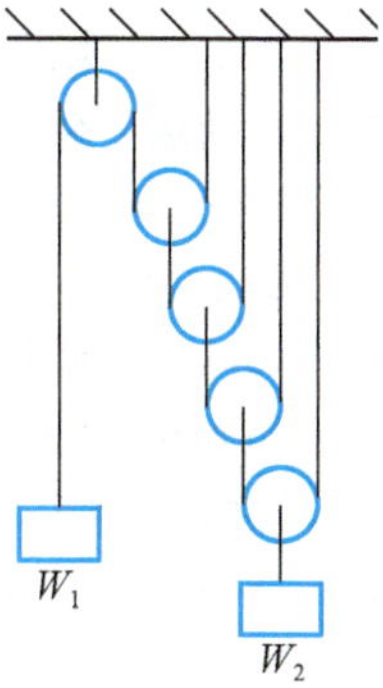

题 2.19 图

2.20 一细绳的一端固定在天花板的 A 点上，另一端跨过一定滑轮吊着一重量为 W_1 的物体，又在 A 点和定滑轮之间的绳子上兜着一动滑轮，动滑轮下吊着一物体，物体重量为 W_2，且 $W_1 = W_2$. 在定滑轮和动滑轮之间的绳子上拴一重物 W_3，如图所示. 假设滑轮和绳子的质量及滑轮轴上的摩擦力均可忽略不计，绳子长度不变. 问当系统静止时 W_3 等于多少？

答：$W_1 - W_2/2$.

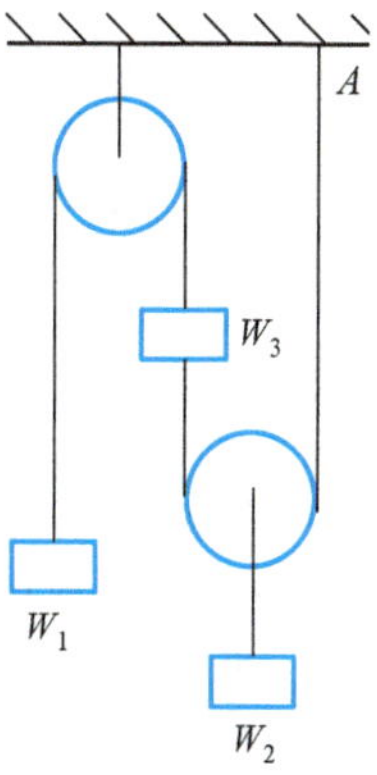

题 2.20 图

2.21 一子弹以 v_0 的初速和 45°的仰角自地面射出，子弹在飞行时受到的空气阻力为其速度的 km 倍（m 为子弹的质量，k 为常数）. 试求子弹的速度与水平线又成 45°时，子弹与发射点之间的水平距离 s.

答：$s = \dfrac{v_0^2}{\sqrt{2}kv_0 + g}$.

2.22 如图所示，一长为 l、质量为 M 的均匀链条套在一表面光滑、顶角为 α 的圆锥上，当链条在圆锥面上静止时，求链中的张力.

答：$\dfrac{1}{2\pi}Mg\cot\dfrac{\alpha}{2}$.

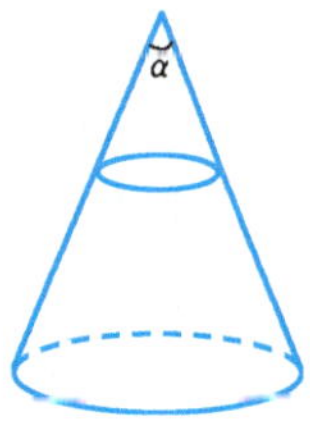

题 2.22 图

2.23 一条绳索的一端系住停泊在河中的小船上，另一端由站在岸上的人拿着. 人正欲收绳把船拉往岸边时，突然刮起了大风，风把船吹向河心. 为了不让风把船吹走，人把绳索在岸边的固定圆柱上缠绕若干圈后再拉住绳索.若由于大风,船与圆柱间的绳索中的张力变为 5000kgf[①],而人拉绳的最大力为 50kgf.已知绳索与圆柱之间的摩擦系数为0.32,问绳索至少在圆柱上绕几圈船才不会被吹走?

答:2.29 圈.

第3章

3.1 某人以 2.5m/s 的速度向正西方向跑时,感到风来自正北.如他将速度增加一倍,则感到风从正西北方向吹来.求风速和风向.

答:v=3.5m/s,从正东北吹来.

3.2 当蒸汽船以 15km/h 的速度向正北方向航行时,船上的人观察到船上的烟囱里冒出的烟飘向正东方向.过一会儿,船以 24km/h 的速度向正东方向航行,船上的人则观察到烟飘向正西北方向.若在这两次航行期间风速不变.求风速及方向.

答:v=17.5km/h,风从西南吹来,与 x 轴夹角 59°.

3.3 A 船以 v_A=30km/h 的速度向东航行,B 船以 45km/h 的速度向正北航行.求 A 船上的人观察到的 B 船的航速和航向.

答:v=54.1km/h,方向西偏北 56.3°.

3.4 一溜冰者在冰面上以 v_0=7m/s 的速度沿半径 R=15m 的圆周溜冰.某时刻他平抛出一小球,为使小球能击中冰面上圆心处,他应以多大的速度抛球,并求出该速度的方向(用与他溜冰速度之间的夹角 θ 表示).已知人抛球时手的高度 h=1.5m.

答:v=28m/s,$\theta = 104°29'$.

3.5* 一架飞机在无风时以匀速 v 相对地面飞行,能飞出的最远距离为 R(包括飞出和飞回).现在风速为 u,方向为北偏东 α 度,而飞行的实际航向为北偏东 β 度.求证:在这种情况下,飞机能飞出的最远距离为

$$\frac{R(v^2-u^2)}{v\sqrt{v^2-u^2\sin^2(\beta-\alpha)}}$$

3.6* 如图所示,一个圆盘直径为 d,绕通过圆心的垂直轴以角速度 ω 匀速旋转,今有一人站在圆盘上的点 A 射出一颗子弹,已知子弹出膛速度大小为 v,$v \gg \omega d$.现在希望子弹击中点 A 的对径点 B(AB 是圆盘直径),则应瞄准点 C,问 BC 的弧长是多少?又问这颗子弹在圆盘上的轨迹是什么?求出相应的曲率半径.

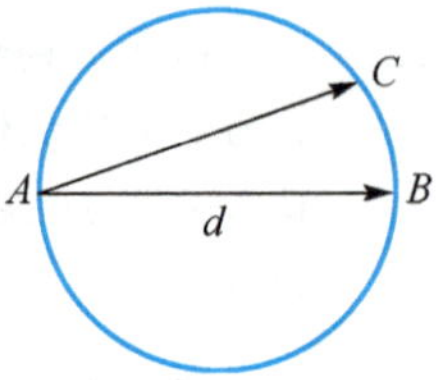

题 3.6 图

答:弧长 $=\omega d^2/v$;轨迹是圆弧,曲率半径 $\rho = v/2\omega$.

3.7 假使汽车能以速率 v=100km/h 驶过半径 R=200m 的水平弯道,车胎与地面间的摩擦系数至少要多大?

答:$\mu_{\min}$=0.394.

3.8 一飞机在竖直平面内以 540km/h 的速度沿一圆周飞行,为使在飞机飞行过程中,驾驶员

① 千克力,1kgf=9.80665N.

与座椅之间的相互作用力不大于驾驶员重力的 8 倍,试求此圆周的最小半径.

答:328m.

3.9 长为 $l=40\text{cm}$ 的绳,一端固定于一点 O,另一端系一质量 $m=100\text{g}$ 的小球,绳不可伸长,其质量可忽略.让小球在铅直平面做圆周运动.问:

(1)小球通过最高点时,若绳的张力为零,小球的速度 v_0 为多少?

(2)若小球通过最高点时的速度为 $2v_0$,绳中的张力 T 是多少?

答:(1) $v_0=\sqrt{lg}=198\text{cm/s}$;(2) $T=3mg=2.94\text{N}$.

3.10 一根光滑的钢丝弯成如图所示的形状,其上套有一小环.当钢丝以恒定角速度 ω 绕其竖直对称轴旋转时,小环在其上任何位置都能相对静止.求钢丝的形状(即写出 y 与 x 的关系).

答: $y=\dfrac{\omega^2x^2}{2g}$.

3.11 一圆盘绕其竖直的对称轴以恒定的角速度 ω 旋转.在圆盘上沿径向开有一光滑小槽,槽内一质量为 m 的质点以 v_0 的初速从圆心开始沿半径向外运动.试求:

(1)质点到达图示位置(即 $y=y_0$)时的速度 $\boldsymbol{v}$;

(2)质点到达该处所需的时间 t;

(3)质点在该处所受到的槽壁对它的侧向作用力 $\boldsymbol{F}$.

答:(1) $v=\sqrt{v_0^2+2\omega^2y_0^2}$;

(2) $t=\dfrac{1}{\omega}\ln\left(\dfrac{\omega y_0}{v_0}+\sqrt{1+\dfrac{\omega^2y_0^2}{v_0^2}}\right)$;

(3) $F=2m\omega\sqrt{v_0^2+\omega^2y_0^2}$.

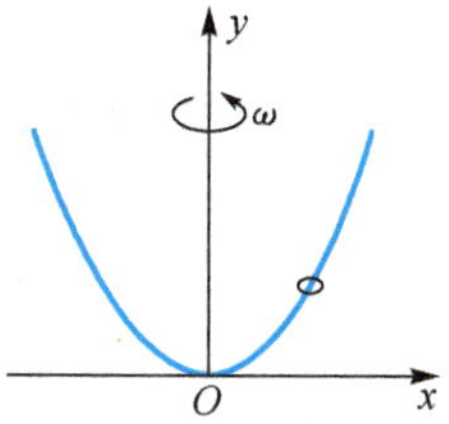

题 3.10 图

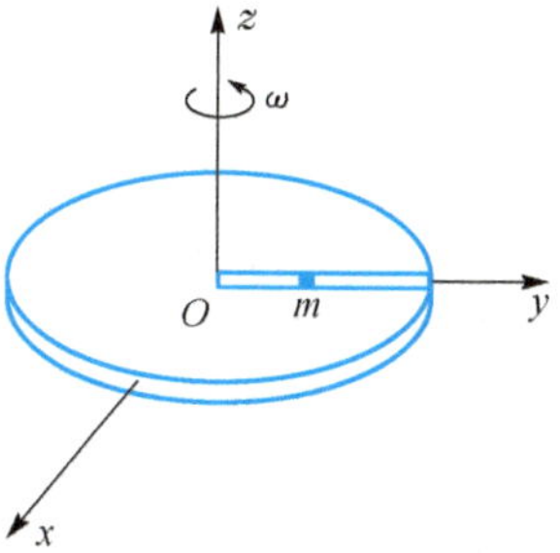

题 3.11 图

3.12 一圆柱形刚性杆 Ox 上套有一质量为 m 的小环,杆的一端固定,整个杆绕着通过固定端 O 的竖直轴 Oz 以恒定的角速度旋转,旋转时杆与竖直轴的夹角 α 保持不变.设小环与杆之间的摩擦系数为 μ,已知当小环相对杆运动到图示位置 x 时其相对于杆的速度为 $\dot{x}$,试列出此时小环沿杆的运动方程(不要求解出此方程).

答:小环沿杆 Ox 向上运动时:

$$m\ddot{x}=m\omega^2x\sin^2\alpha-mg\cos\alpha-\mu m\sin\alpha\sqrt{(\omega^2x\cos\alpha+g)^2+4\omega^2\dot{x}^2}$$

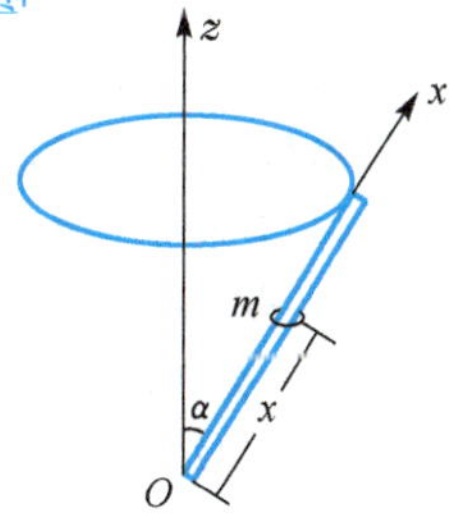

题 3.12 图

小环沿杆 Ox 向下运动时：

$$m\ddot{x}=m\omega^2 x\sin^2\alpha-mg\cos\alpha+\mu m\sin\alpha\sqrt{(\omega^2 x\cos\alpha+g)^2+4\omega^2\dot{x}^2}$$

3.13 质量为 m 的小球置于光滑水平台面，用长为 l 的细线系于台面上的 P 点，水平台面绕着过 O 点的铅垂轴以恒定角速度 ω 旋转，P 点与 O 点的距离为 b，试列出小球的运动方程. 设在小球运动过程中，线始终保持拉直状态.

答：$l\ddot{\theta}+b\omega^2\sin\theta=0$，式中，$\theta$ 为细线与 P、O 连线的夹角.

第 4 章

4.1 三个质量分别为 100g、200g 和 300g 的物体，分别放在(0,30cm)、(40cm,0)和(0,0)处，试求质心位置.

答：$x_C=40/3\text{cm}$，$y_C=5\text{cm}$.

4.2 一均匀材料做成正方形，每边长 4.0m，在其一角上切去一个边长为 1.0m 的小正方形后，放置如图形状，求余下物体的质心位置.

答：$x_C=-0.1\text{m}$，$y_C=0.1\text{m}$.

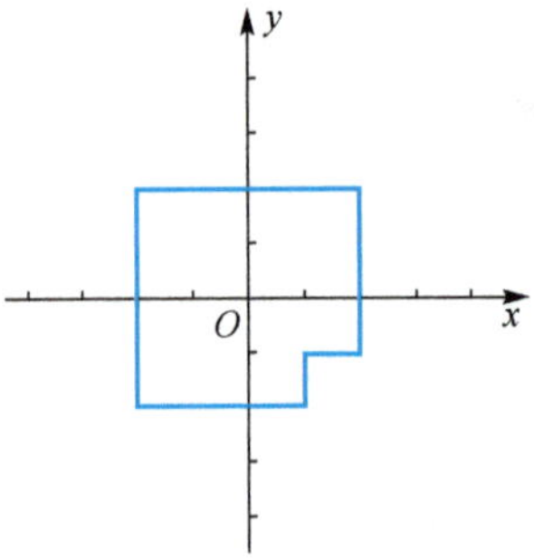

题 4.2 图

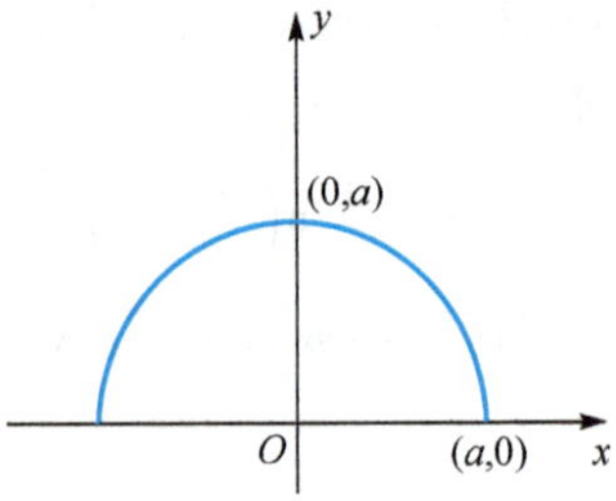

题 4.4 图

4.3 在半径为 50cm 的均匀圆盘上，有一半径为 30cm 的圆孔，孔的中心距圆盘中心为 10cm. 求圆盘剩下部分的质心位置.

答：取 x 轴在二圆心连线且从圆盘中心指向孔中心的方向，取盘中心为原点，y 轴过原点与 x 轴垂直，则有 $x_C=-5.625\text{cm}$，$y_C=0$.

4.4 试求一个半径为 a 的半圆形均匀平板的质心. 它的安放如图所示.

答：$x_C=0$，$y_C=4a/3\pi$.

4.5 有一个 90kg 重的人，从 2.0m 高处往地面跳，若他每只脚踝骨的接触面积是 5.0cm^2，已知人的骨头抗压强度约为 $1.5\times10^4\text{N/cm}^2$. 试问：

(1)若他与地面碰撞期间，他的质心向下运动了 1.0cm，那么，他的踝骨会发生骨折吗？

(2)若他与地面碰撞期间，他的质心降低了 50cm，他的踝骨上单位面积平均接受多大冲力？会骨折吗？

答：(1)$P=F/S=1.77\times10^4\text{N/cm}^2$，会骨折；(2)$P=F/S=441\text{N/cm}^2$，不会骨折.

4.6 如图所示，长为 $l=30.0\text{cm}$、最大强度为 $T=1.00\text{kgf}$ 的绳子，系一质量为 $m=500\text{g}$ 的小球，若 m 原来静止不动，要用多大的水平冲量作用在 m 上，才能把绳子打断？

答：至少要 0.857N·s 的水平冲量，才能把绳子打断.

4.7 如图所示，是一摆长为 $l=100\text{cm}$、摆锤质量为 $m=10.0\text{g}$ 的单摆，初始时刻摆锤处于平衡位置. 突然给摆锤一向左的冲量，使摆锤达到的最高位置比平衡位置高 10.0cm，设冲力的作用时间为 0.001s，求此时间内的平均作用力.

答：14N.

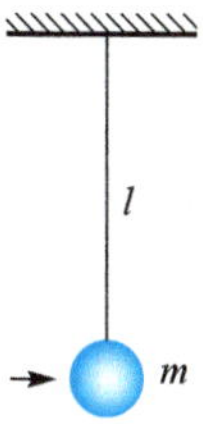

题 4.6 图

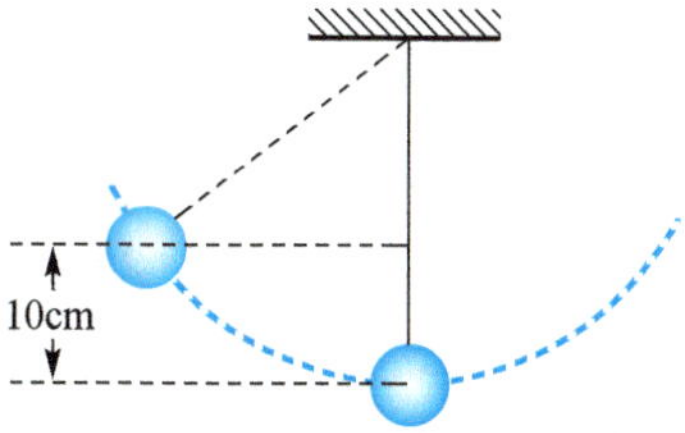

题 4.7 图

4.8 一质量为 10.0g 的小球，从 $h_1=25.6\text{cm}$ 高度处由静止下落到一个水平桌面上，反跳的最大高度为 $h_2=19.6\text{cm}$. 问小球与桌面碰撞时给桌面的冲量是多少？

答：0.042N·s.

4.9 质量为 2.00g 的子弹，以 500m/s 的速率射进一冲击摆. 子弹穿出时的速率为 100m/s，设摆的质量为 1.00kg，摆长为 1.00m，求摆达到的高度.

答：3.27cm.

4.10 湖面上有一小船静止不动，船上有一渔人，质量为 60kg. 设他在船上向船头走了 4.0m，但相对于湖底只移动了 3.0m，若水对船的阻力略去不计，问小船的质量是多少？

答：180kg.

4.11 如图所示，一子弹水平地穿过两个前后并排、静止地放在光滑水平面上的木块，木块的质量分别为 m_1 和 m_2，设子弹穿过木块所用的时间分别为 Δt_1 和 Δt_2. 求子弹穿过两木块后两木块的运动速度.（设木块对于子弹的阻力为恒力 $\boldsymbol{F}$.）

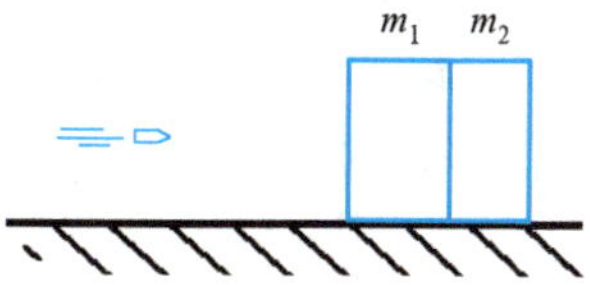

题 4.11 图

答：$v_1=\dfrac{F\Delta t_1}{m_1+m_2}$，$v_2=\dfrac{F\Delta t_1}{m_1+m_2}+\dfrac{F\Delta t_2}{m_2}$.

4.12 一半径为 R 的光滑球，质量为 M，静止在光滑的水平桌面上. 在球顶点上有一质量为 m 的质点. m 自 M 球自由下滑. 试求 m 离开 M 之前的轨迹.

答：$\dfrac{x^2}{\left(\dfrac{M}{M+m}\right)^2R^2}+\dfrac{y^2}{R^2}=1$.

4.13 三个物体 A、B、C，质量都是 m，开始时，A、C 靠在一起，中间用一长为 $l=98\text{cm}$ 的细绳连接，放在光滑水平桌面上，A 又通过一跨过桌边的定滑轮的细绳与 B 相连，如图所示. 滑轮和绳子的质量以及滑轮轴上的摩擦均可不计，绳子的长度不变. 问 A 和 B 运动后多长时间 C 开始运动？C 开始运动时的速度大小是多少？

答：0.632s，2.07m/s.

4.14 如图所示，线密度为 ρ、长度为 L 的链条，用手提着一头，另一头刚好触及地面，静止不动.突然放手,使链条自由下落,求证:当链条的上端下落的距离为 s 时,链条作用在地面上的力为 $3\rho gs$.

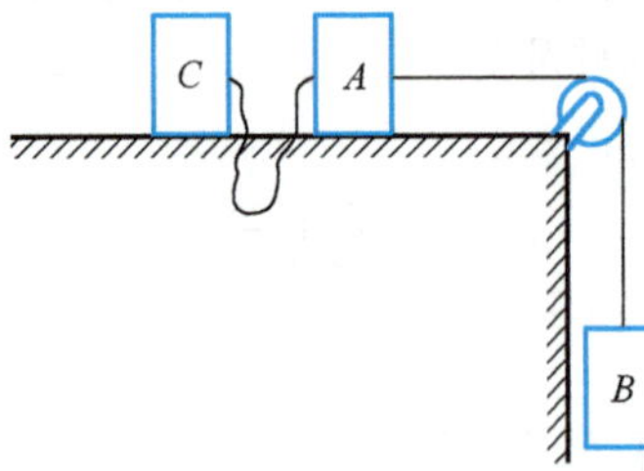

题 4.13 图

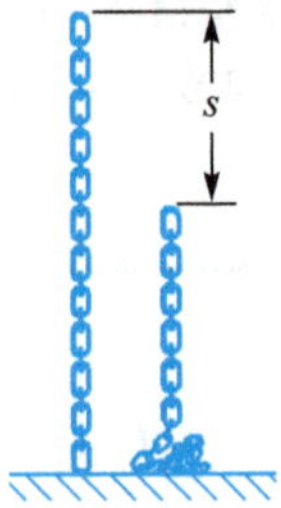

题 4.14 图

4.15* 一长为 l、重为 w 的均匀细绳挂在一光滑细钉上自由下滑.当两边的绳长相等时,细绳处于平衡状态,在小扰动下从钉上滑落.求:

(1)当绳刚脱离细钉时,细绳的速度;

(2)当绳长一边为 b,另一边为 c 时,它对钉子的压力.

答:(1) $\sqrt{lg/2}$;(2) $F=4w\left(\frac{bc}{l^2}\right)$.

4.16 两个质量都是 M 的冰车,并排静止在光滑的水平冰面上.一个质量为 m 的人,从第一个冰车跳到第二个冰车,再由第二个冰车跳回第一个冰车.证明:两个冰车的末速度之比为 $M/(M+m)$.

4.17 如图所示,一长为 l 的细绳跨过一定滑轮,两端分别挂着质量为 m 和 m'($m>m'$)的物体,物体距地面的高度都是 h,且 $2h<l$.让物体从静止开始运动,m 落地后,m' 将继续向上运动一段距离,而后 m' 向下运动通过绳子把 m 拉起.设 m 与地面的碰撞是完全非弹性的,绳子和滑轮的质量以及滑轮轴承处的摩擦力均可不计,绳子长度不变,求 m 能上升的最大高度.

答:$\left(\frac{m'}{m'+m}\right)^2 h$.

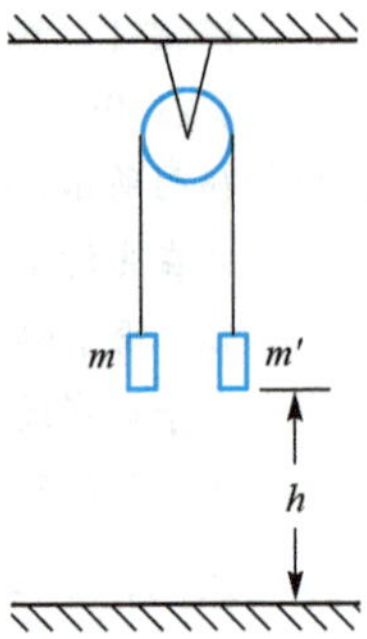

题 4.17 图

4.18 一火箭均匀地向后喷气,每秒钟喷出 90.0g 的气体,喷出的气体相对于火箭的速度大小为 $v_0=300\text{m/s}$,设火箭开始时静止,火箭体和燃料的总质量为 $m_0=270\text{g}$.试问:

(1)喷气后多长时间,火箭速度达到 40.0m/s?

(2)若火箭的燃料是 $m=180\text{g}$,它能达到多大的速度?(本题不计重力和空气阻力.)

答:(1)0.37s;(2)330m/s.

4.19 N 个质量均为 m 的人,站在质量为 M 的铁路平板车上.车沿着平直路轨无摩擦地向前运动,速度为 v_0.如果每个人都以相对于车的速率 v 向车后跑并跳下车,求下列两种情况下,人都跳下车后车的速度.

(1)一个一个地跳(一个人跳下后,另一个人才起跑);

(2)全体同时跑,同时跳.

答：(1) $\left[\frac{m}{Nm+M}+\frac{m}{(N-1)m+M}+\cdots+\frac{m}{M+m}\right]v+v_0$；

(2) $\frac{Nm}{Nm+M}v+v_0$.

4.20 一初始质量为 M_0 的火箭，以恒定的比率 $\mathrm{d}m/\mathrm{d}t=-r_0$ (kg/s)向后喷出燃料，喷出气体的速率相对于火箭为 v_0.

(1)若不计重力，求火箭的初始加速度；

(2)若 $v_0=2.0$km/s，问每秒钟喷出多少 kg 燃料，火箭的推力才能达到10^5kgf?

(3)写出表示火箭速度与其剩余质量的关系式.

答：(1) r_0v_0/M_0；(2)490kg/s；(3) $v_0\ln\frac{M_0}{M}$.

4.21 一质量为 M=3.0kg 的物体，被一根绳子拴着与绳子一起放在地上，绳子的长大于 10m，线密度 λ=0.50kg/m. 现在由地面向上抛出该物体，当物体高出地面 10m 时，速度大小为 4.0m/s，问此时它的加速度大小是多少？（设绳子堆在一起，被拉起时其余部分保持不动.）

答：11m/s^2.

4.22 一质量为 M 的宇宙飞船在星际空间飞行. 它用一面积为 A 的洞捕集静止的氢(每单位体积的质量为 ρ)，再将其排出，排气的方向与飞船飞行的方向相反，排气的速率相对于飞船为 v_r，问飞船的速率 v 等于多少时，它的加速度最大？用 M,ρ,A,v_r 表示此最大加速度.

答：$v=v_r/2$ 时，加速度最大，为 $A\rho v_r^2/4M$.

4.23 一雨滴的初始质量为 m_0，在重力作用下从静止开始降落. 假定此雨滴从云中得到质量，其质量的增长率正比于它的瞬时质量和瞬时速率的乘积，即 $\mathrm{d}m/\mathrm{d}t=kmv$，其中 k 为常数. 若忽略空气阻力，试证明雨滴的速率最终成为恒量，并给出最终速率的表达式.

答：最终速率 $v=\sqrt{g/k}$.

4.24 一个下雨天，5.0t 重的敞篷货车在一平直的轨道上无摩擦地靠惯性滑行，设雨滴是竖直下落的，如果货车空载，其滑行速率为 1.0m/s. 当货车经过一段距离后，车上积了 0.5t雨水时，货车的滑行速率变为多少？

答：0.91m/s.

第5章

5.1 一物体受到 $F=-6x^3$ 的力的作用，x 以 m 为单位，F 以 kg 为单位. 问物体从 x=1.0m 移到 x=2.0m 时，力 F 做了多少功？

答：−22.5kg·m.

5.2 一列火车以 72km/h 的速度匀速前进，阻力等于列车自重的 0.0030 倍. 若列车重 1800t，求机车的牵引功率.

答：1058kW.

5.3 一重为 2.0kg 的物体静止在一光滑的水平面上，因受到一固定的水平力的作用开始运动，力的大小为 4.0N，分别求：

(1)第 1s 末和第 5s 末该力的瞬时功率;

(2)在开始运动后 1s 内和 5s 内该力作用于物体的平均功率.

答:(1)第 1s 末的瞬时功率为 8.0W;第 5s 末的瞬时功率为 40W.

(2)1s 内的平均功率为 4.0W;5s 内的平均功率为 20W.

5.4 总重为 5000t 的火车在水平轨道上行驶,车轮与轨道间的摩擦系数为 0.01,设车头的牵引功率为 $P=4000\text{kW}$,并保持不变.试问:

(1)当火车的速度大小等于 1.0m/s 和 10m/s 时,火车的加速度大小各等于多少?

(2)火车最终能达到的速度大小为多大?

答:(1)$v_1=1.0\text{m/s}$ 时,$a_1=0.7\text{m/s}^2$;$v_2=10\text{m/s}$ 时,$a_2=-0.018\text{m/s}^2$.

(2)8.16m/s.

5.5 如图所示,物体从高为 h 的斜面顶端自静止开始滑下,最后停在与起点的水平距离为 S 的水平地面上.若物体与斜面和地面间的摩擦系数均为 μ,证明:$\mu=h/S$.

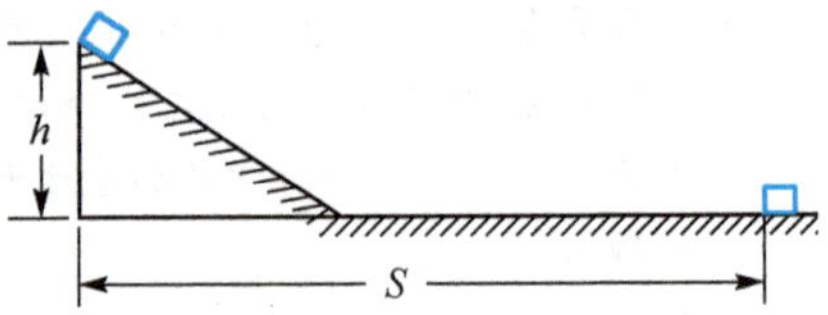

题 5.5 图

5.6 若题 5.5 中物体与斜面间摩擦系数和物体与地面之间的摩擦系数并不相同.当物体自斜面顶端静止滑下时,停在地面上 A 点,而当物体以 v_0 的初速(方向沿斜面向下)自同一点滑下时,则停在地面上 B 点.已知 A、B 点与斜面底端 C 点的距离之间满足:$\overline{BC}=2\,\overline{AC}$.试求物体在斜面上运动的过程中摩擦力所做的功.

答:$A_f=\dfrac{1}{2}mv_0^2-mgh$.

5.7 一块长为 l、质量为 M 的木板静置于光滑的水平桌面上,在板的左端有一质量为 m 的小物体(大小可忽略)以 v_0 的初速相对板向右滑动,当它滑至板的右端时相对板静止.试求:

(1)物体与板之间的摩擦系数;

(2)在此过程中板的位移.

答:(1) $\mu=\dfrac{Mv_0^2}{2(M+m)gl}$;(2) $L=\dfrac{m}{M+m}l$.

5.8 如图所示,质量为 m 的物体以 v_0 的速度在光滑的水平面上沿 x 正方向运动,当它到达原点 O 点时,撞击一刚度系数为 k 的轻弹簧,并开始受到摩擦力的作用,摩擦系数是位置的函数,可表示为 $\mu=ax$(a 为一较小的常数).求物体第一次返回 O 点时的速度.

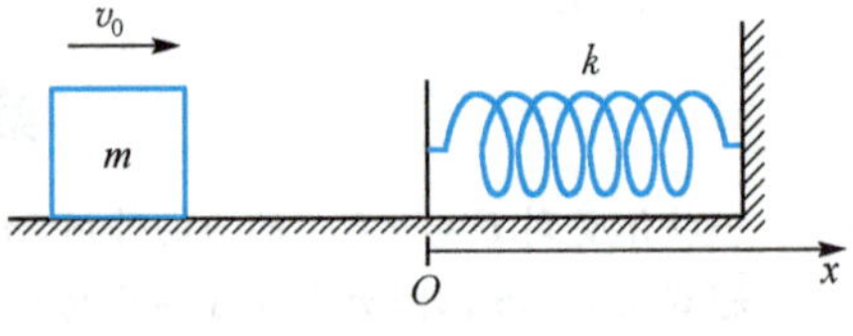

题 5.8 图

答:$v=\sqrt{\dfrac{k-mga}{k+mga}}\,v_0$.

5.9 一颗质量为 m 的人造地球卫星以圆形轨道环绕地球飞行.由于受到空气阻力的作用,其轨道半径从 r_1 变小到 r_2,求在此过程中空气阻力所做的功.

答：$A_f = -\frac{GMm}{2}\left(\frac{1}{r_2} - \frac{1}{r_1}\right)$.

5.10 一质点在保守力场中沿 x 轴(在 $x > 0$ 范围内)运动，其势能为 $V(x) = kx/(x^2 + a^2)$，式中，k、a 均为大于零的常数. 试求：

(1)质点所受到的力的表示式；

(2)质点的平衡位置.

答：(1) $f = \frac{k(x^2 - a^2)}{(x^2 + a^2)^2}$；(2) $x = a$.

5.11 一质量为 m 的质点在保守力的作用下沿 x 轴(在 $x > 0$ 范围内)运动，其势能为 $V(x) = A/x^3 - B/x$，其中，A、B 均为大于零的常数.

(1)画出势能曲线图；

(2)找出质点运动中受到沿 x 负方向最大力的位置；

(3)若质点的总能量 $E = 0$，试确定质点的运动范围.

答：(2) $x = \sqrt{\frac{6A}{B}}$；(3) $\sqrt{\frac{A}{B}} \leqslant x < \infty$.

5.12 如图所示，质量为 m 的小球通过一根长为 $2l$ 的细绳悬挂于 O 点. 在 O 点的正下方 l 远处有一个固定的钉子 P. 开始时，把绳拉至水平位置，然后释放小球. 试求：当细绳碰到钉子后小球所能上升的最大高度.

答：$\frac{50}{27}l$.

5.13 在光滑的水平面上有两个质量分别为 m_1 和 m_2 ($m_1 < m_2$)的物块，m_2 上连有一轻弹簧，如图所示. 第一次，具有动能 E_0 的 m_1 与静止的 m_2 相碰；第二次，具有动能 E_0 的 m_2 和静止的 m_1 相碰，两次碰撞均压缩轻弹簧. 试问：

(1)两次碰撞中哪一次弹簧的最大压缩量较大？

(2)若碰前两物块的总动能为 E_0，则 E_0 如何分配，才能使在两物块碰撞过程中弹簧的压缩量最大？

答：(1)第一次较大；(2) $E_1 = \frac{m_2}{m_1 + m_2}E_0$，$E_2 = \frac{m_1}{m_1 + m_2}E_0$.

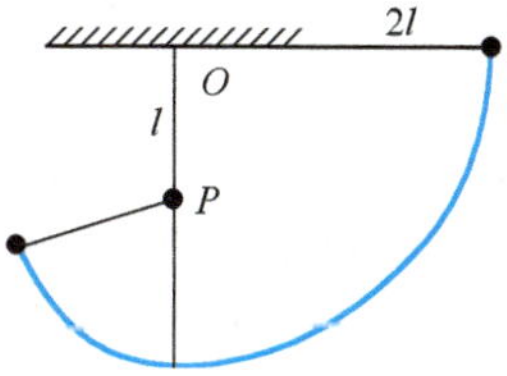

题 5.12 图

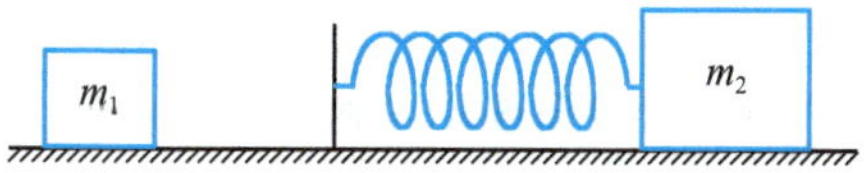

题 5.13 图

5.14 质量分别为 M_1 和 M_2 的两个物块由一刚度系数为 k 的轻弹簧相连，竖直地放在水平桌面上，如图所示. 另有一质量为 m 的物体从高于 M_1 为 h 的地方由静止开始自由落下，当与 M_1 发生碰撞后，即与 M_1 黏合在一起向下运动. 试问 h 至少应多大，才能使弹簧反弹起后 M_2 与桌面互相脱离？

答：$h_{\min}=\dfrac{1}{2km^2}(M_1+m)(M_1+M_2)(M_1+M_2+2m)g$.

5.15 在光滑的水平面上，一质量为 M 的架子内连有一刚度系数为 k 的弹簧，如图所示. 一质量为 m 的小球以 $\boldsymbol{u}$ 的速度射入静止的架子内，并开始压缩弹簧. 设小球与架子内壁间无摩擦力. 试求：

(1)弹簧的最大压缩量；

(2)从弹簧被压缩到弹簧达最大压缩所需的时间；

(3)在此过程中架子的位移.

答：(1) $l=u\sqrt{\dfrac{Mm}{k(M+m)}}$；(2) $t=\dfrac{\pi}{2}\sqrt{\dfrac{Mm}{k(M+m)}}$；

(3) $x_M=\dfrac{mu}{M+m}\left(\dfrac{\pi}{2}-1\right)\sqrt{\dfrac{Mm}{k(M+m)}}$.

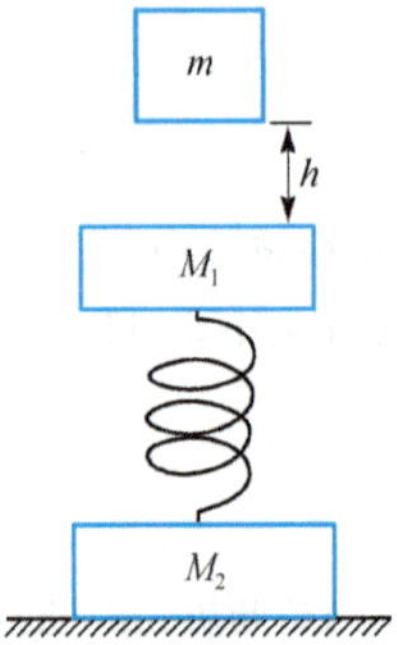

题 5.14 图

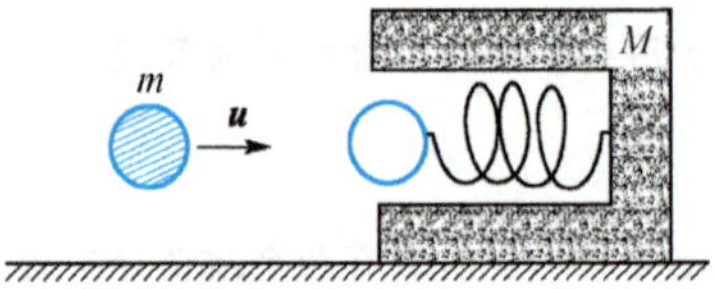

题 5.15 图

5.16* 在水平桌面上，质量分别为 M 和 m 的两物块由一刚度系数为 k 的弹簧相连. 物块与桌面间的摩擦系数均为 μ. 开始时，弹簧处于原长，m 静止，而 M 以 $v_0=\sqrt{\dfrac{6Mmg^2\mu^2}{k(M+m)}}$ 的速度拉伸弹簧. 试求：当弹簧达最大拉伸时的伸长量(设 $M>m$).

答：$x_m=\dfrac{\mu mg}{k(M+m)}\sqrt{5M^2-mM}$.

5.17 两个相同的弹性球发生碰撞，如果碰撞前它们的运动方向相互垂直. 证明：碰撞后的运动方向也相互垂直.

5.18 两个弹性小球 A 和 B，A 的质量为 50g，B 的质量为 100g，B 球静止在光滑的水平面上，A 球以 50cm/s 的速率与 B 球做对心碰撞. 在碰撞过程中，A 球的速率逐渐减小，B 球的速率逐渐增大. 当两球的速率相等时，它们的动量之和是多少？动能之和是多少？弹性势能是多少？

答：2.5×10^{-2} kg·m/s；2.1×10^{-3} J；4.15×10^{-3} J.

5.19 一个速率为 v_0、质量为 m 的运动粒子，与一质量为 am 的静止靶粒子做完全弹性对心碰撞. 问 a 的值多大时，靶粒子所获得的动能最大？

答：1.

5.20 质量为 m_1 的运动粒子与质量为 m_2 的静止粒子发生完全弹性碰撞. 证明：

(1)当 $m_1 < m_2$ 时，m_1 的偏转角可能取 0 到 π 之间所有值；

(2)当 $m_1 > m_2$ 时，θ_{max} 满足公式 $\cos^2\theta_{max} = 1 - m_2^2/m_1^2$，$0 \leqslant \theta_{max} < \pi/2$.

5.21 一运动粒子与一质量相等的静止粒子发生完全弹性碰撞. 如果碰撞不是对心的，证明：碰撞后两粒子的运动方向彼此垂直.

5.22 两个可以在平直导轨上自由运动的滑块，质量分别为 m_1 和 m_2，若 m_1 静止，m_2 向 m_1 运动，且与 m_1 做完全弹性碰撞，碰后分开时它们的速度大小相等而方向相反，问这两滑块的质量之比是多少？

答：3.

5.23 一质量为 m_0、速度为 $\boldsymbol{v}_0$ 的粒子与一质量为 am_0 的靶粒子发生弹性碰撞.

(1)碰撞后，靶粒子的速度 $\boldsymbol{v}$ 与 $\boldsymbol{v}_0$ 间的夹角 β 最大为多少？

(2)写出碰撞后靶粒子在实验室坐标系中的动能 E_k（以 a、β 和 $E_0 = m_0 v_0^2/2$ 表示）.

答：(1) $\dfrac{\pi}{2}$；(2) $\dfrac{4a}{(1+a)^2}\cos^2\beta \cdot E_0$.

5.24 某建筑工地上，一送料吊车以 1.0m/s 的速度匀速上升，一物体由距吊车底板 22m 的地方由静止落下，落在吊车底板上. 设物体和吊车底板间的恢复系数为 0.20，问物体第一次回跳的最高点在物体开始落下的那一点以下(或以上)多少距离处？

答：以下 18.7m.

5.25 (1)一质量为 m 的运动粒子与一质量为 $M(>m)$ 的静止粒子发生完全弹性碰撞，碰撞后 m 的运动方向偏转了 90°，问 M 的运动方向如何？

(2)如果碰撞不是完全弹性的，碰撞中损失的动能与原来动能之比为 $1-\alpha^2$，问 M 的运动方向如何？

答：(1) $\arctan\sqrt{\dfrac{M-m}{M+m}}$；(2) $\arctan\sqrt{\dfrac{\alpha^2 M-m}{M+m}}$.

第 6 章

6.1 已知地球的质量为 5.98×10^{24} kg，地球到太阳的距离为 1.49×10^{8} km，地球绕太阳公转的周期为 365.25 天，求地球绕太阳公转的角动量.

答：$2.64\times10^{40}\,\mathrm{kg\cdot m^2/s}$.

6.2 一质量为 m 的地球人造卫星在半径为 r 的圆轨道上运行，用 r、G、m、M 表示它相对于轨道中心的角动量. 其中 G 是万有引力常数，M 是地球质量. 若 $m = 100$ kg，r 等于地球半径的两倍，此人造卫星的角动量的数值是多少？

答：$7.14\times10^{12}\,\mathrm{kg\cdot m^2/s}$.

6.3 一人造卫星的质量为 m，在一半径为 r 的圆轨道上运行，其角动量为 L，求它的动能、势能和总能量.

答：$\dfrac{1}{2}\dfrac{L^2}{mr^2}$；$-\dfrac{L^2}{mr^2}$；$-\dfrac{1}{2}\dfrac{L^2}{mr^2}$.

6.4 绳的一端系一质量为 $m = 50$g 的物体，绳的另一端穿过一光滑桌面上的小孔 A 用手拉着. 如图所示，物体原以角速度 $\omega_0 = 3.0$rad/s 在桌面上的半径为 $r_0 = 20$cm 的圆周上运动.现将绳往下拉10cm,将物体看成质点,求其角速度的变化和能量的变化.(绳子质量以及物体和绳子与桌面之间的摩擦力均可不计.)

答:9rad/s;0.027J.

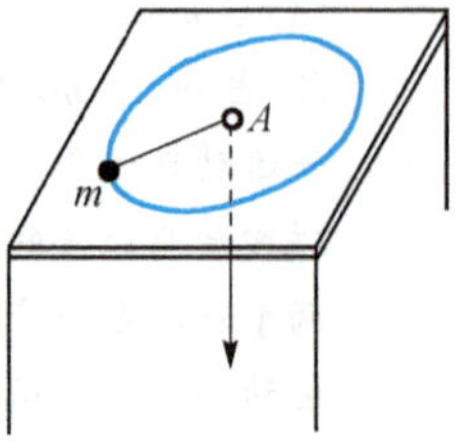

题6.4图

6.5 在一长度为a的棒的两端固定两个质点A和B,形成一个"哑铃".整个体系的质心在没有引力的空间静止不动.两质点绕其质心以ω角速度旋转.在旋转中其中一个质点与一静止的第三个质点C相碰,并粘在一起.已知质点A、B、C的质量都是M,棒的质量可略去不计.

(1)确定碰撞前那一瞬间三个质点共同的质心位置以及此时质心的速度;

(2)碰撞前那一瞬间三个质点的体系绕其质心旋转的角动量是多少?碰撞后三质点体系绕其质心旋转的角动量是多少?

(3)碰撞后系统绕质心的角速度是多少?

(4)碰撞前后的动能各是多少?

答:(1)在棒上的$\frac{2}{3}a$处,0;(2)均为$\frac{1}{2}M\omega a^2$;(3)$\frac{3}{4}\omega$;(4)$\frac{1}{4}M\omega^2a^2$,$\frac{3}{16}M\omega^2a^2$.

6.6 两个滑冰运动员,体重都是60kg,在两条相距10m的平直跑道上以6.5m/s的速率相向匀速滑行.当他们之间的距离恰好等于10m时,他们分别抓住一根10m长的绳子的两端.若将每个运动员看成一个质点,绳子质量略去不计.

(1)求他们抓住绳子前后相对于绳子中点的角动量;

(2)他们每人都用力往自己一边拉绳子,当他们之间距离为5.0m时,各自的速率是多少?

(3)计算每个运动员在减小他们之间的距离时所做的功.证明:这个功恰好等于他们动能的变化;

(4)如果在两运动员之间相距刚好等于5.0m时绳子断了,问此刻绳子中的张力多大?

答:(1) $3.9\times10^3\text{kg}\cdot\text{m}^2/\text{s}$;(2)13m/s;(3)3802.5J;(4)4056N.

6.7 两根均匀细杆,质量都是m,长度都是l,都以速率v在垂直于长度方向平动,速度方向相反,如图所示.当它们相遇时,相邻两端恰好相碰,而且粘接在一起形成一根长为$2l$的直杆.

(1)问碰撞后它们怎样运动?

(2)求碰撞后的角速度.

答:(1)绕质心转动;(2)$\frac{3v}{2l}$.

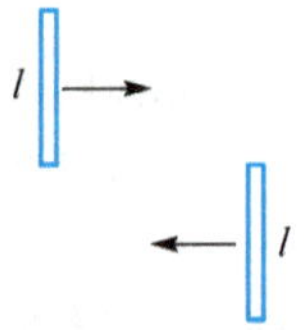

题6.7图

6.8 由火箭将一颗人造卫星送入离地面很近的轨道,进入轨道时,卫星的速度方向平行于地面,其大小为在地面附近做圆运动的速度的$\sqrt{1.5}$倍.试求该卫星在运行中与地球中心的最远距离.

答:$r_{\max}=3R$.

6.9 发射一宇宙飞船去考察一质量为M、半径为R的行星.当飞船静止于空间离行星中心$5R$处时,以速度$\boldsymbol{v}_0$发射一包仪器,如图所示.仪器包的质量m远小于飞船的质量,要使这仪器包恰好掠擦行星表面着陆,θ角应是多少?

答：$\theta = \arcsin\left[\frac{1}{5}\sqrt{1+\frac{8GM}{5Rv_0^2}}\right]$.

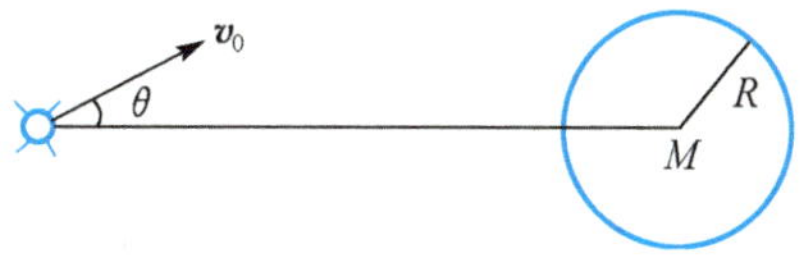

题 6.9 图

6.10 质量为 M 和 m 的两物体系在原长为 a、刚度系数为 k 的弹簧两端，并放在光滑水平面上，现使 M 获得一与弹簧垂直的速度 $\boldsymbol{v}_0$，若 $v_0 = 3a\sqrt{\frac{k}{2\mu}}$，式中，$\mu$ 为折合质量. 试证明，在以后的运动过程中，两物体之间的最大距离为 $3a$.

6.11 质量皆为 m 的两珠子可在光滑轻杆上自由滑动，杆可在水平面内绕过 O 点的光滑竖直轴自由旋转. 原先两珠对称地位于 O 点的两边，与 O 相距 a，在 $t=0$ 时刻，对杆施以冲量矩，使杆在极短时间内即以角速度 ω_0 绕竖直轴旋转，求 t 时刻杆的角速度 ω、角加速度 β 及两珠与 O 点的距离 r.

答：$\omega = \frac{\omega_0}{1+\omega_0^2 t^2}$，$\beta = \frac{-2\omega_0^3 t}{(1+\omega_0^2 t^2)^2}$，$r = a\sqrt{1+\omega_0^2 t^2}$.

6.12* 质量均为 m 的小球 1、2 用长为 $4a$ 的细线相连，以速度 $\boldsymbol{v}$ 沿着与线垂直的方向在光滑水平台面上运动，线处于伸直状态. 在运动过程中，线上距离小球 1 为 a 的一点与固定在台面上的一竖直光滑细钉相碰，设在以后的运动过程中两球不相碰. 求：

(1) 小球 1 与钉的最大距离；

(2) 线中的最小张力.

答：(1) $1.653a$；(2) $0.435mv^2/a$.

第 7 章

7.1 在一半径为 R_0 的无空气的小行星表面上，以 $\boldsymbol{v}_0$ 的速度水平抛一物体，使该物体正好在行星表面绕它做圆周运动.

(1) 用 v_0、R_0 表示该行星上的逃逸速度；

(2) 如在该小行星表面上把一物体竖直上抛，达到的最大高度恰好等于该小行星的半径 R_0. 问上抛速度应为多少？当该物体的高度为 $R_0/2$ 时它的速度为多少？

(3) 质量为 m 的物体距离该小行星表面为 y 时，其势能为多少？设 $y < R_0$，将势能展成 y 的级数(保留到 y^2 项)；

(4) 如 $y \ll R_0$，要使物体从星体表面升到高度 y，上抛速度应为多少？

答：(1) $\sqrt{2}v_0$；(2) v_0，$\frac{1}{\sqrt{3}}v_0$；(3) 以无穷远为势能零点，则势能 $= -mv_0^2\left[1-\left(\frac{y}{R_0}\right)+\left(\frac{y}{R_0}\right)^2-\cdots\right]$；

以行星表面处为势能零点，势能 $= mv_0^2\left[\left(\frac{y}{R_0}\right)-\left(\frac{y}{R_0}\right)^2+\cdots\right]$；(4) $\approx\sqrt{\frac{2y}{R_0}}v_0$.

7.2 两个质量均为 1.0g 的质点，相距 10m. 开始时相对静止，如果它们之间只有万有引力作用，问它们何时相碰？

答：9.6×10^7 s.

7.3 在地面上重量为 16kg 的物体，在以 $a = g/2$ (g 为地面处的重力加速度) 上升的人造地球卫星里，视重(即该物体与支持物的作用力)为 9.0kg. 问这时该人造地球卫星离地面多远？

答：$3R_0$，R_0 为地球半径.

7.4 一密度均匀的球形天体，半径为 R，问它的质量至少为多大时，才能使它的第一宇宙速度大于光在真空中的速度？

答：$M>Rc^2/G=1.35\times10^{27}R(\mathrm{kg})$（$R$ 以 m 为单位）.

7.5 一密度均匀的球形天体，它的质量等于太阳质量，$M=1.98\times10^{30}\,\mathrm{kg}$，它的第一宇宙速度大于光在真空中的速度 $c=3\times10^8\,\mathrm{m/s}$，引力常数 $G=6.67\times10^{-11}\,\mathrm{N\cdot m^2/kg^2}$，问它的半径最大是多少？

答：$R<1.47\mathrm{km}$.

7.6 在一半径为 $R=2.0\times10^8\,\mathrm{m}$ 的无空气的星球表面，若以 $v_0=10\mathrm{m/s}$ 的速度竖直上抛一物体，则该物体上升的最大高度为 $h=8\mathrm{m}$. 试问：

(1)该星球的逃逸速度为多大？

(2)若要该星球成为黑洞，则其半径应与现有的半径之比为多少？

答：(1)$v=5\times10^4\,\mathrm{m/s}$；(2)$1/(3.6\times10^7)$.

7.7 在目前的天文观测范围内，物质的平均密度为$10^{-30}\,\mathrm{g/cm^3}$. 如果认为我们的宇宙是这样一个均匀大球体，其密度使得它的逃逸速度大于光在真空中的速度 c，因此任何物质都不能脱离宇宙，问宇宙的半径至少有多大？

答：$R>4.23\times10^{10}\,\mathrm{l.\,y.}$

7.8 设某行星绕中心天体在圆轨道上运行，公转周期为 T. 用开普勒第三定律证明：一个物体从此轨道由静止落至中心天体所需的时间为 $t=\sqrt{2}T/8$.

7.9 设一彗星在一抛物线轨道上运行，该抛物线与地球轨道相交，两个交点在地球轨道（设为圆形）直径的两端.

(1)设地球公转半径为 R_0，地球公转速率为 v_0，写出此彗星轨道方程，并证明彗星的最大速率为 $2v_0$；

(2)用开普勒第二定律证明彗星在地球轨道内的时间为 $2/3\pi$ 年.

7.10 一宇宙飞船环绕一行星做匀速圆周运动，轨道半径为 R_0，飞船速率为 v_0. 飞船的火箭发动机突然点火，使飞船的速率 v_0 变到 βv_0，加速度方向与速度方向相同.

(1)求用 R_0 和 β 表示的新轨道方程. 证明：当 $\beta<\sqrt{2}$ 时，轨道为椭圆，总能量为负；当 $\beta>\sqrt{2}$ 时，轨道为双曲线，总能量为正；

(2)在双曲线情形下，设 α 为火箭发动机点火时飞船速度方向与飞船逃逸时速度方向（逃逸时速度方向为飞船离行星无穷远时的速度方向）之间的夹角，求 α 与 β 的关系. 画出 $\beta=\sqrt{3}$ 时的草图.

答：(1) $r=\dfrac{\beta^2R_0}{1+(\beta^2-1)\cos\theta}$；(2) $\sin\alpha=\dfrac{1}{\beta^2-1}$.

7.11* 质量为 m 的质点在质量为 M 的质点（视为固定）的引力场中以 M 为中心做半径为 r_0 的圆周运动. 若给 m 以沿径向的冲量 J，并设 J 与质点的原动量之比为一小量，求 m 在以后运动过程中矢径的最大值 r_2 与最小值 r_1，并证明在忽略二级以上小量的情况下，$r_2-r_0\approx r_0-r_1$，即质点 m 的运动轨道近似为一偏心的圆.

答：$r_1 \approx r_0\left(1-\sqrt{\dfrac{J^2 r_0}{GMm^2}}\right)$，$r_2 \approx r_0\left(1+\sqrt{\dfrac{J^2 r_0}{GMm^2}}\right)$.

第8章

8.1 力 $\boldsymbol{F}=30\boldsymbol{i}+40\boldsymbol{j}$N，作用在 $\boldsymbol{r}=8\boldsymbol{i}+6\boldsymbol{j}$m 处的一点上. 试求：

(1)力 $\boldsymbol{F}$ 绕原点的力矩 $\boldsymbol{L}$；

(2)力臂 d；

(3)力 $\boldsymbol{F}$ 垂直于 $\boldsymbol{r}$ 的分量 $F_{\perp}$.

答：(1)$\boldsymbol{L}=140\boldsymbol{k}\text{N}\cdot\text{m}$；(2)$d=2.8$m；(3)$F_{\perp}=14$N.

8.2 证明：刚体绕定轴转动时，在垂直于轴的平面上任意两点 A 和 B，它们的速度 $\boldsymbol{v}_A$ 和 $\boldsymbol{v}_B$ 在 AB 连接线上的分量相等. 并说明这结果的物理意义.

8.3 证明：刚体绕定轴转动时，在垂直于轴的平面上，任意两点 A、B 的速度 $\boldsymbol{v}_A$、$\boldsymbol{v}_B$ 与加速度 $\boldsymbol{a}_A$、$\boldsymbol{a}_B$ 之间有下列关系：$\boldsymbol{v}_A$ 与 $\boldsymbol{a}_A$ 之间的夹角等于 $\boldsymbol{v}_B$ 与 $\boldsymbol{a}_B$ 之间的夹角.

8.4 下列均匀刚体的质量都是 m，分别求它们对给定轴的转动惯量：

(1)横截面为矩形的圆环，外径为 R_1、内径为 R_2，对几何轴；

(2)球壳，内外半径分别为 R_1 和 R_2，对过中心的轴；

(3)矩形薄板，长为 a、宽为 b，对垂直于板面且过中心的轴；

(4)矩形薄板，长为 a、宽为 b，对过中心且平行于一边 a 的轴；

(5)长方体，长为 a、宽为 b，高为 c，对过中心且平行于 c 边的轴；

(6)细棒，对过中心且垂直于棒的轴，棒长 l；

(7)细棒，对过一端且垂直于棒的轴，棒长 l；

(8)细棒，对过一端且与棒成 α 角的轴，棒长 l.

答：(1) $\dfrac{1}{2}m(R_1^2+R_2^2)$；(2) $\dfrac{2}{5}m\dfrac{R_2^5-R_1^5}{R_2^3-R_1^3}$；(3) $\dfrac{1}{12}m(a^2+b^2)$；(4) $\dfrac{1}{12}mb^2$；

(5) $\dfrac{1}{12}m(a^2+b^2)$；(6) $\dfrac{1}{12}ml^2$；(7) $\dfrac{1}{3}ml^2$；(8) $\dfrac{1}{3}ml^2\sin^2\alpha$.

8.5 三根均匀的细杆长都是 l，质量都是 m，组成一个等边三角框. 分别求它对下列几个轴的转动惯量：

(1)过顶点 A 且与框面垂直的轴；

(2)过一边中点 D 且与框面垂直的轴；

(3)以一边为轴；

(4)以三角形的中垂线 AD 为轴.

答：(1) $\dfrac{3}{2}ml^2$；(2) $\dfrac{3}{4}ml^2$；(3) $\dfrac{1}{2}ml^2$；(4) $\dfrac{1}{4}ml^2$.

8.6 一块边长为 a 和 b 的均匀矩形薄板，质量为 m. (1)中间挖去半径为 r 的圆形；(2)一角上挖去边长为 c 的正方形. 分别求它们对于过中心且垂直于板的轴的转动惯量.

答：(1) $\dfrac{1}{12}m\left(a^2+b^2-\dfrac{6\pi r^4}{ab}\right)$；(2) $\dfrac{1}{12}m(a^2+b^2)-\dfrac{mc^2}{12ab}(3a^2-6ac+3b^2-6bc+8c^2)$.

8.7 两个小球可看成质点，质量分别为 $m_1=40$g 和 $m_2=120$g，固定在质量可以忽略的一根细直棒两端，已知棒长 $l=20$cm. 试问：对通过棒上一点并且垂直于棒的轴来说，轴在什么地方时这个系统的转动惯量最小?

答:距小球 m_1 15cm.

8.8 证明正方形均匀薄板对下述两轴的转动惯量相等:

(1)对角线;

(2)通过中心且与一边平行.

8.9 一根长为 $2l$、质量为 $2M$ 的均匀细杆,可以绕过中点的固定轴在水平面内自由转动,在离中心 $l/3$ 处各套有两个质量均为 m 的小珠子.开始时杆的转动角速度为 ω_0,而两小珠相对杆静止.当释放小珠后,小珠将沿杆无摩擦地向两端滑动,试问:

(1)当小珠滑至杆端时,杆的角速度为多大?

(2)当小珠滑至杆端时,小珠相对杆的速度为多大?

(3)当小珠滑离杆时,小珠的速度为多大?

答:(1) $\omega=\dfrac{3M+m}{3M+9m}\omega_0$;(2) $v'=\dfrac{l\omega_0}{3}\sqrt{\dfrac{8(3M+m)}{3M+9m}}$;

(3) $v=\dfrac{l\omega_0}{9(M+3m)}\sqrt{3(3M+m)(17M+27m)}$.

8.10 一质量分布均匀的盘状飞轮重 50kg,半径为 1.0m,转速为 300r/min,在一恒定的阻力矩 L 作用下,50s 后停止.问 L 等于多少?

答:$L=15.7\ \text{N}\cdot\text{m}$.

8.11 一门宽 80cm、重 5.0kg,在距门轴 70cm 处以 1.0kg 的力推门,力的方向与门垂直,求门的角加速度.(不计阻力)

答:6.4s^{-2}.

8.12 如图所示,一条细绳的两端分别拴有质量为 m_1 和 m_2 的两物体,$m_1\neq m_2$,绳子套在质量为 m_0、半径为 r_0 的均匀圆盘形滑轮上,设绳子不在滑轮上滑动,绳子长度不变,绳子的质量以及滑轮与轴间的摩擦力均可不计.求 m_1 和 m_2 的加速度 a 以及绳子的张力 T_1 和 T_2.

答:$a=\dfrac{2(m_1-m_2)}{2(m_1+m_2)+m_0}g$;$T_1=\dfrac{m_1(4m_2+m_0)}{2(m_1+m_2)+m_0}g$;$T_2=\dfrac{m_2(4m_1+m_0)}{2(m_1+m_2)+m_0}g$.

8.13 如图所示,两个物体 m_1 和 m_2 用细绳相连,绳子套在质量为 m_0、半径为 r_0 的圆滑轮上,滑轮质量集中在边上,m_2 放在水平的光滑桌面上,m_1 吊着,已知 $m_1=100\text{g}$,$m_2=200\text{g}$,$m_3=50\text{g}$,$r_0=5.0\text{cm}$,设绳子长度不变,绳子的质量及滑轮轴上的摩擦力均可不计,绳子与滑轮之间无滑动.求 m_1 的加速度 a 以及绳子的张力 T_1 和 T_2.

答:$a=2.8\text{m/s}^2$;$T_1=0.70\text{N}$;$T_2=0.56\text{N}$.

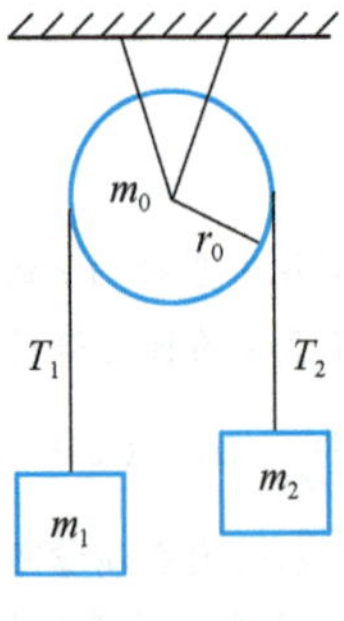

题 8.12 图

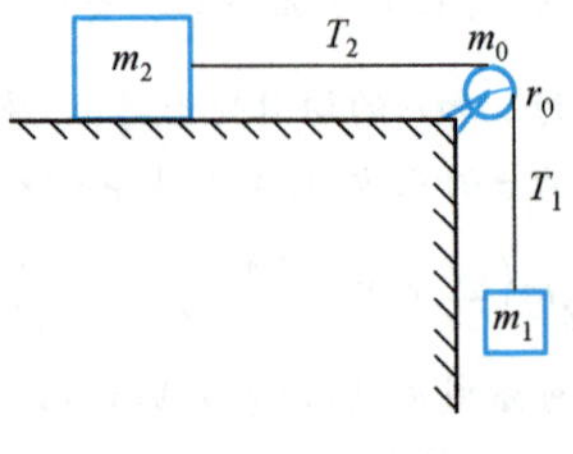

题 8.13 图

8.14 一个如图所示的装置，其中 m_1、m_2、M_1、M_2、R_1 和 R_2 都已知，且 $m_1 > m_2$，滑轮都是圆盘形的. 设绳子长度不变，绳子的质量以及滑轮轴上的摩擦力均可不计，绳子与滑轮间不打滑，滑轮质量均匀分布. 求 m_2 的加速度 a 及绳子的张力 T_2、T_3.

答：$a = \dfrac{2(m_1 - m_2)}{2(m_1 + m_2) + M_1 + M_2} g$；$T_2 = \dfrac{m_2(4m_1 + M_1 + M_2)}{2(m_1 + m_2) + M_1 + M_2} g$；

$T_3 = \dfrac{4m_1 m_2 + m_1 M_2 + m_2 M_1}{2(m_1 + m_2) + M_1 + M_2} g$.

8.15 一圆盘半径为 R，装在桌子边上，可绕一水平的中心轴转动. 圆盘上绕着细线，细线的一端系一个质量为 m 的重物，m 距地面为 h，从静止开始下落到地面，需时间为 t，如图所示. 用这样一个实验装置测定圆盘的转动惯量 I，测得当 $m = m_1$ 时，$t = t_1$；当 $m = m_2$ 时，$t = t_2$. 证明：

$$I = \frac{(m_1 - m_2)g - 2h\left(\dfrac{m_1}{t_1^2} - \dfrac{m_2}{t_2^2}\right)}{2h\left(\dfrac{1}{t_1^2} - \dfrac{1}{t_2^2}\right)} R^2$$

在实验过程中，假定摩擦力维持不变，绳子质量可忽略，绳子长度不变.

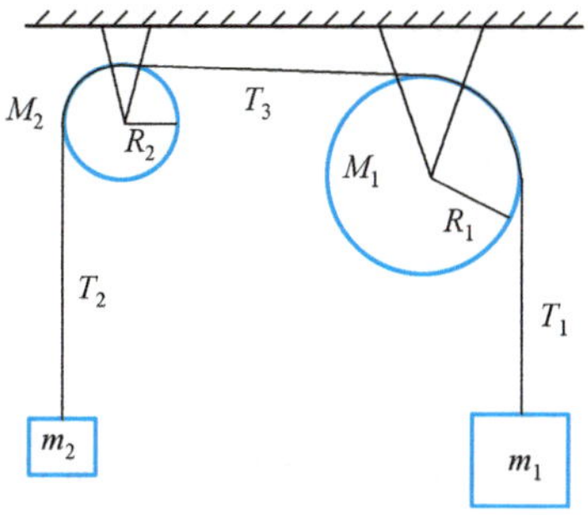

题 8.14 图

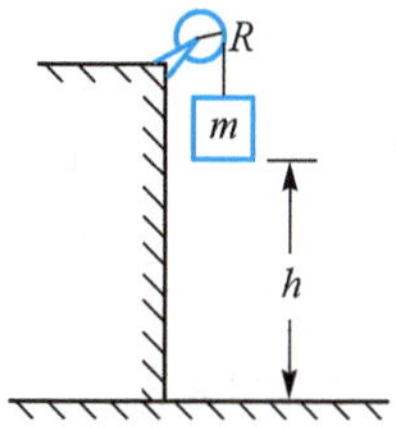

题 8.15 图

8.16 一个如图所示的装置. 已知 m_1、m_2、m_3 以及均匀圆盘状滑轮的 M_1、R_1 和 M_2、R_2. 略去绳的质量及轴上的摩擦力，绳子在滑轮上不打滑. 求 m_1、m_2、m_3 的加速度 a_1、a_2、a_3.

答：

$$a_1 = \frac{(m_1 m_2 + m_1 m_3 - 4m_2 m_3) - \dfrac{M_2}{2}(3m_2 + 3m_3 + M_2 - m_1)}{(4m_2 m_3 + m_1 m_2 + m_1 m_3) + \dfrac{M_2}{2}(m_1 + m_2 + m_3) + \dfrac{M_1}{2}\left(m_2 + m_3 + \dfrac{M_2}{2}\right)} g$$

$$a_2 = \frac{(4m_2 m_3 + m_1 m_2 - 3m_1 m_3) + \dfrac{M_2}{2}(m_2 + 5m_3 + M_2 - m_1) + \dfrac{M_1}{2}(m_2 - m_3)}{(4m_2 m_3 + m_1 m_2 + m_1 m_3) + \dfrac{M_2}{2}(m_1 + m_2 + m_3) + \dfrac{M_1}{2}\left(m_2 + m_3 + \dfrac{M_2}{2}\right)} g$$

$$a_3 = \frac{(4m_2 m_3 - 3m_1 m_2 + m_1 m_3) + \dfrac{M_2}{2}(5m_2 + m_3 + M_2 - m_1) + \dfrac{M_1}{2}(m_3 - m_2)}{(4m_2 m_3 + m_1 m_2 + m_1 m_3) + \dfrac{M_2}{2}(m_1 + m_2 + m_3) + \dfrac{M_1}{2}\left(m_2 + m_3 + \dfrac{M_2}{2}\right)} g$$

8.17 有一个均匀细棒，质量为 m，长为 l，平放在滑动摩擦系数为 μ 的水平桌面上，一端固定，在外力推动下，绕此固定端在桌面上以角速度 ω_0 转动. 今撤去外力，问从撤去外力开始到停止转动时需经过多长时间？（不考虑轴上的摩擦）

答：$\dfrac{2l\omega_0}{3g\mu}$.

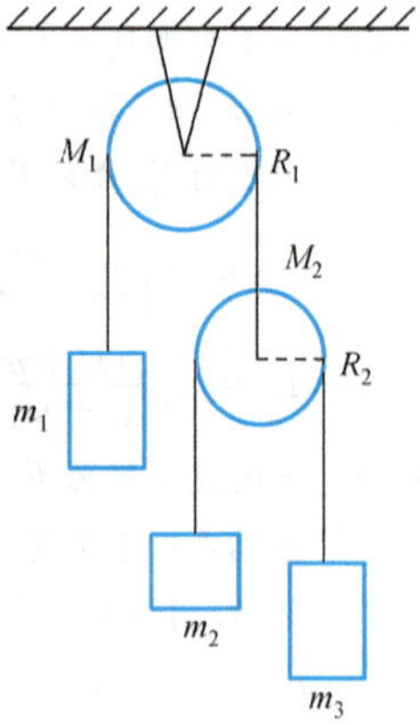

题 8.16 图

8.18 一螺旋桨对转轴的转动惯量为 I，在不变的转动力矩 L 的作用下由静止开始转动，阻力矩 L' 与角速度 ω 的平方成正比. 比例系数 k 是常数. 试问：

(1)经过多少时间后角速度达到一规定值 ω_1？

(2)这段时间里转过了多少圈？

答：(1)经过时间 $t=\dfrac{I}{2ak}\ln\dfrac{a+\omega_1}{a-\omega_1}$，其中 $a^2=\dfrac{L}{k}$；

(2) $\dfrac{I}{4\pi}\ln\dfrac{a^2}{a^2-\omega_1^2}$ 圈.

8.19 一飞轮的转动惯量为 I，开始制动时的角速度为 ω_0.

(1)设阻力矩与角速度的平方成正比，比例系数为 k，求开始制动到角速度为 ω_1 的时间内的平均角速度 $\bar{\omega}$；

(2)经过多少时间角速度减少为起始的三分之一？

答：(1) $\bar{\omega}=\dfrac{\ln\dfrac{\omega_0}{\omega_1}}{\dfrac{1}{\omega_1}-\dfrac{1}{\omega_0}}$；(2)经过时间 $t=\dfrac{2I}{\omega_0 k}$.

8.20 一重量均匀分布的 10kg 梯子，等分为二十级，以 60°的倾斜度架在一面光滑的竖直墙上. 当一个体重为 60kg 的人沿梯子向上很慢地爬到第十五级时，梯子开始滑动，求此时地面给予梯子的摩擦力 f 为多大？

答：283N.

8.21 一质量为 M 的均匀正立方体 A 斜靠在光滑的竖直墙上，A 与地面之间的摩擦力刚好足以阻止它滑动. 求 μ 与 θ 的关系，μ 是 A 与地面之间的静摩擦系数，θ 是 A 的一边与水平的夹角，如图所示.

答：$\tan\theta=\dfrac{1}{1+2\mu}$.

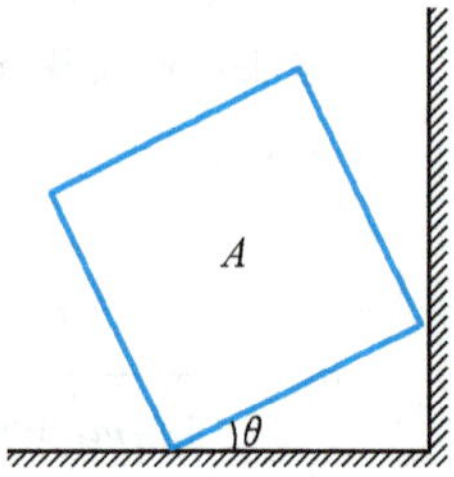

题 8.21 图

8.22 四个均匀的球：(1) 实心钢球，半径 5.0cm；(2) 实心塑料球，半径 10cm；(3) 钢球壳，半径 5.0cm；(4)轻塑料球壳，半径 10cm，从同一斜面上的同一高度由静止开始滚下，设空气的影响不计，球没有滑动，试比较它们的快慢.

答：(1)、(2)较快.

8.23 一个直径为 10cm 的木质均匀实心柱体，可装在外径为 12cm 的均匀空心铜柱中，恰好贴紧无隙，两者等长. 已知铜柱的质量等于木柱的 3.5 倍，问从同一斜面的同一高度由静止开始滚下(设没有滑动)时,(1) 木柱,(2) 空心铜柱,(3) 两者紧套在一起,哪一个滚到底所需时间最短?

答:(1).

8.24 在倾角为θ的固定斜面上,有四个均匀物体:(1) 圆柱体(轴线水平);(2) 薄壁圆筒(轴线水平);(3) 实心球体;(4) 空心球壳.它们的半径相同,分别在斜面上的不同位置;都从静止开始下滚,设下滚时没有滑动,出发时间相同,且同时滚到底边.求它们出发时离斜面底边的距离之比.

答:(1):(2):(3):(4)=140:105:150:126.

8.25 用连杆连接起来的两个滚子,从倾角为30°的固定的斜面上滚下,如图所示.两个滚子的质量都是5.0kg,半径都是$R=5.0\text{cm}$,但转动惯量不相等,分别为$I_1=80\text{kg}\cdot\text{cm}^2$和$I_2=40\text{kg}\cdot\text{cm}^2$.滚子的框架和连杆的质量都很小,可略去不计.试问:

(1)滚子无滑动地从斜面上滚下来时,它们的角加速度等于多少?这时连杆受力的大小和方向如何?

(2)如果滚子2在前面而滚子1在后,结果又如何?

答:(1) 66s^{-2}, 0.27kgf,挤压;(2)力的方向与(1)相反.

8.26 如图所示,两直尺平行并列,其间相距$d=2.0\text{cm}$,与水平成$\alpha=5°$角,半径为$r=1.5\text{cm}$的一个均匀小球,沿尺无滑动地滚下,问球心的加速度是多少?

答:49.7cm/s^2.

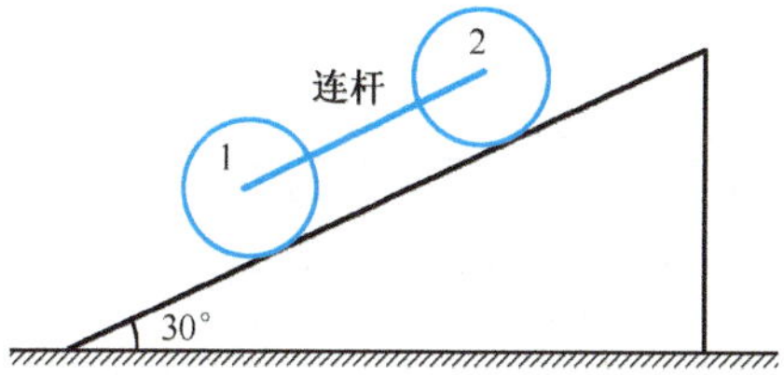

题8.25图

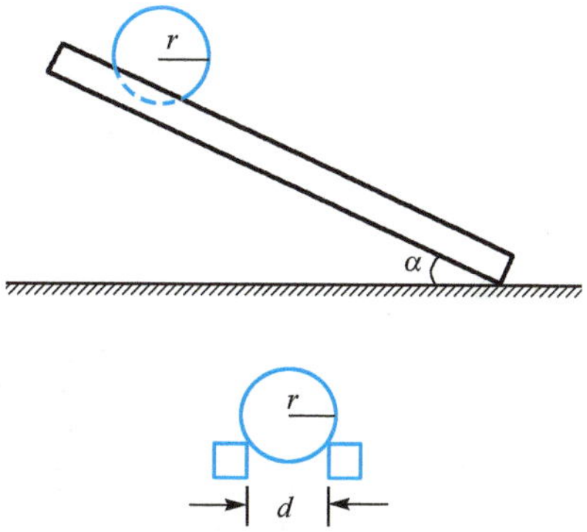

题8.26图

8.27 一质量为3.0kg的均匀实心圆球,沿着倾角为30°的固定斜面无滑动地滚下,求球与斜面间的摩擦力.

答:4.2N.

8.28 证明:要使一物体在斜面上滚动时不打滑,滑动摩擦系数μ必须满足

$$\mu\geqslant\frac{\tan\alpha}{\frac{MR^2}{I_C}+1}$$

式中,α是斜面倾角;I_C是该物体绕质心的转动惯量;R是滚动半径;M是物体的质量.

8.29 一个直径为1.0cm的均匀圆柱体在平地上滚动了5.0s后停止,在停止前走过了15m,

求滚动摩擦系数 k. k 定义为对接触点的滚动摩擦力矩 L 与正压力 N 之比 $k=L/N$.

答：0.092cm.

8.30 一个半径为 r 的均匀小球放在一块水平的板上，平板以加速度 $\boldsymbol{a}$ 移动. 球与板之间的滑动摩擦系数为 μ，滚动摩擦系数为 k. 试问：

(1)什么情况下球将随板以加速度 $\boldsymbol{a}$ 运动？

(2)什么情况下球只滚动而不滑动？

答：(1) $a<\frac{k}{r}g$；(2) $a<\frac{g}{2}\left(7\mu-5\frac{k}{r}\right)$.

8.31* 已知半径为 R 的车轮上附有一凸台，半径为 r，这个轮子的质量为 m，转动惯量为 I，在凸台上缠有轻绳，轻绳另一端系有一个质量为 m_1 的物体 B，如图所示. 轮子放在质量为 M 的三棱柱的斜面上，而质量为 m_1 的物体 B 绕过棱柱上的定滑轮下垂，为了保证站在斜面上的观察者来看质量为 m_1 的物体 B 在运动过程中是垂直上升的，即物体 B 与地面的垂直距离的变化量等于从滑轮到物体 B 上方的绳子的缩短量. 在斜面右侧焊上一个质量为 M_1 的凸台，以保证物体 B 垂直上升，凸台与物体 B 间无摩擦，三棱柱与地面光滑接触，而斜面上车轮则沿其滚动而下. 斜面的仰角为 α，求三棱柱的加速度 a 和绳子的张力 T.

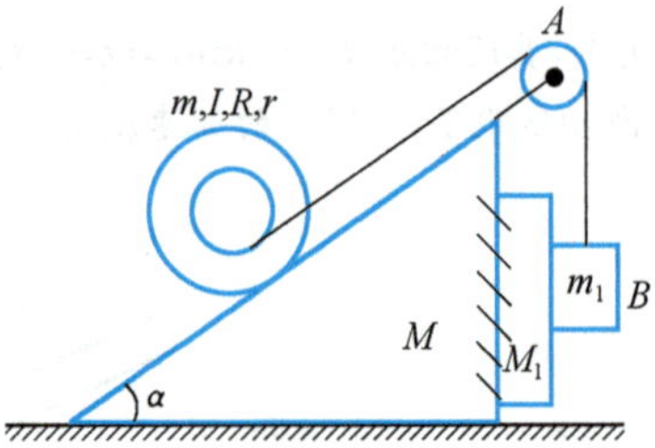

题 8.31 图

答：

$$a=\frac{mRg\cos\alpha[mR\sin\alpha-m_1(R-r)]}{(m+m_1+M+M_1)[mR^2+I+m_1(R-r)^2]-(mR\cos\alpha)^2}$$

$$T=\frac{m_1g\{(m+m_1+M+M_1)[I+mR^2+mR(R-r)\sin\alpha]-m^2R^2\cos^2\alpha\}}{(m+m_1+M+M_1)[m_1(R-r)^2+I+mR^2]-m^2R^2\cos^2\alpha}$$

8.32* 参见上题，如图所示，现拆去凸台 M_1，所以三棱柱系统运动起来以后，物体 B 上的轻绳将与垂线有一夹角 θ，其余的参量的物理意义和外界条件参见上题所述，求出 θ 所应满足的方程. 若将 θ 视为已知量，求出三棱柱的加速度 a.

答：θ 应满足的方程：

$$mR\cos\theta\cos\alpha(\tan\theta+\tan\alpha)-m_1(R-r)=\frac{[I+m_1(R-r)^2+mR^2](m+m_1+M)\sin\theta}{mR\cos\alpha-m_1(R-r)\sin\theta}$$

三棱柱的加速度 $a=g\tan\theta$.

8.33* 如图所示，镜框贴着墙立在有摩擦的钉子上，稍受扰动其即向下倾倒，当到达一定角度 θ 时，此镜框将跳离钉子，求 θ.（提示：跳离钉子时，镜框对钉子的压力为零.）

答：$\theta=\arccos\frac{1}{3}$.

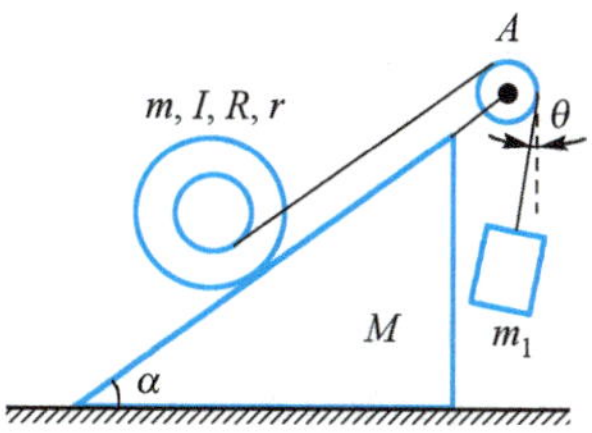

题 8.32 图

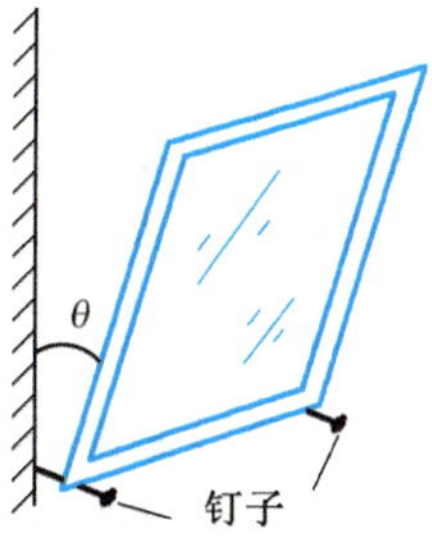

题 8.33 图

8.34 一质量为 M、半径为 R 的均质球 1 在水平面上做纯滚动，球心速度为 v_0，与另一完全相同的静止球 2 发生对心碰撞，如图所示. 设碰撞时各接触面间的摩擦均可忽略，碰撞是弹性的.

(1)碰撞后，各自经过一段时间，两球开始作纯滚动，求出此时各球心的速度；

(2)求此过程中系统机械能的损失.

答：(1) $v_1=\frac{2}{7}v_0$，$v_2=\frac{5}{7}v_0$；(2) $\Delta E=\frac{2}{7}Mv_0^2$.

8.35 质量为 M、半径为 R 的弹性球在水平面上做纯滚动，球心速度为 v_0，与一粗糙的墙面发生碰撞后，以相同的球心速度反弹，设球与地面和墙面间的摩擦系数都为 μ，在碰撞时球与水平面间的摩擦可以忽略.

(1)碰撞后，球经过一段时间开始做纯滚动，求出此时的球心速度；

(2)若球与墙面间的碰撞时间为 Δt，为使碰撞时球不会跳起，则摩擦系数应满足什么关系？设碰撞中的相互作用力为恒力.

答：(1) $v_1=-\frac{1}{7}(3+10\mu)v_0$；(2) $\mu<\frac{g\Delta t}{2v_0}$.

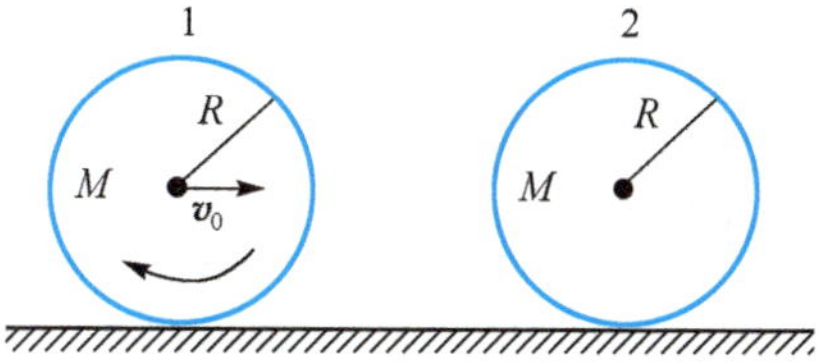

题 8.34 图

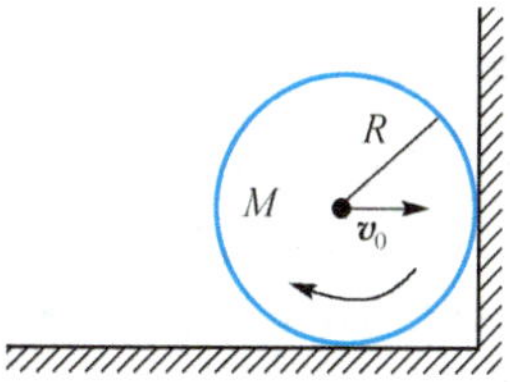

题 8.35 图

8.36 为了避免高速行驶的汽车在转弯时发生翻车现象，可在车上安装一高速自旋着的大飞轮.

(1)试问，飞轮轴应安装在什么方向上？飞轮应沿什么方向转动？

(2)设汽车的质量为 M，其行驶速度为 v，飞轮是质量为 m、半径为 R 的圆盘，汽车(包括飞轮)的质心距地面的高度为 h. 为使汽车在绕一曲线行驶时，两边车轮的负荷均等，试求飞轮的转速.

答：(1)飞轮轴应安装在与汽车前进方向垂直处，角动量方向向右.

(2)角速度的大小为

$$\omega = \frac{2v(M+m)h}{mR^2}$$

8.37* 一半径为 r 的硬币，在桌面上绕半径为 R 的圆滚动，其质心速度为 v，如图所示. 设硬币的滚动为纯滚动，求其轴线与水平线所成的角 θ（$\theta \ll 1, R \gg r$）.

答：$\theta = \arcsin\left(\frac{3v^2}{2gR}\right)$.

8.38* 盘缘及杆的一端 O 靠在桌面上，杆与桌面成 45°角，如图所示. 今陀螺以杆的一端 O 为支点，盘缘靠在桌面上做无滑动滚动，使杆绕铅垂轴做匀速转动，角速度为 ω. 求：

(1) 桌面对盘缘的支撑力 N；

(2) 陀螺的动能.

答：(1) $N = \frac{7\sqrt{2}}{16}mR\omega^2 + \frac{1}{2}mg$；(2) $E_k = \frac{7}{16}mR^2\omega^2$.

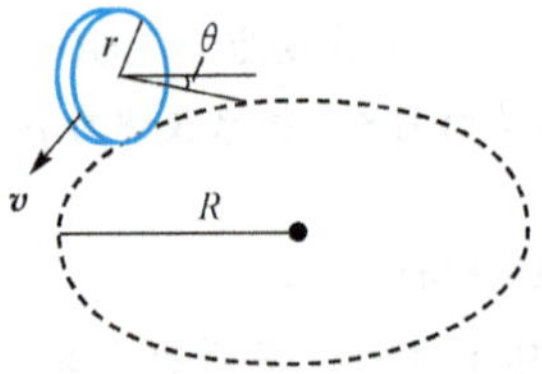

题 8.37 图

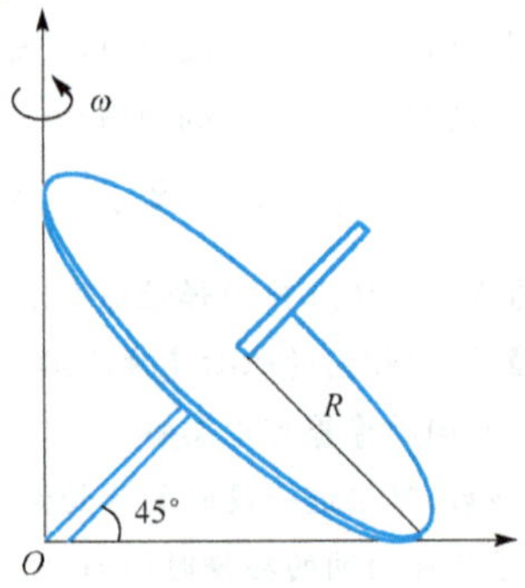

题 8.38 图

第 9 章

9.1 把简谐振动 $x = A\cos\left(\omega t + \frac{\pi}{3}\right)$，

(1)写成正弦函数的表达式；

(2)分别以周期 T 和频率 ν 代替 ω，写出两种表达式；

(3)求速度大小 v 和加速度大小 a；

(4)作 x-t、v-t、a-t 图（一个周期），时间轴分别以 t、T、ωt 表示.

答：(1) $x = A\sin\left(\omega t + \frac{5\pi}{6}\right)$；

(2) $x = A\cos\left(\frac{2\pi}{T}t + \frac{\pi}{3}\right)$；$x = A\cos\left(2\pi\nu t + \frac{\pi}{3}\right)$；

(3) $v = -A\omega\sin\left(\omega t + \frac{\pi}{3}\right)$，$a = -A\omega^2\cos\left(\omega t + \frac{\pi}{3}\right)$.

9.2 简谐振动 $x = 6\cos(5t - \pi/4)$ cm，试问：

(1)振幅、周期、频率各是多少？

(2)起始位移、速度、加速度各是多少？

(3) π 秒末的位移、速度、加速度各是多少？

答:(1)振幅 6cm,周期 $\frac{2\pi}{5}$ s,频率 $\frac{5}{2\pi}$ Hz;(2)位移 $3\sqrt{2}$ cm,速度 $15\sqrt{2}$ cm,加速度 $-75\sqrt{2}\,\text{cm/s}^2$;

(3)位移 $-3\sqrt{2}$ cm,速度 $-15\sqrt{2}$ cm/s,加速度 $75\sqrt{2}$ cm/s^2.

9.3 如图所示,一质点做简谐振动,在一个周期内相继通过相距为 11cm 的两点 A、B,历时 2.0s,并具有相同的速率;再经过 2.0s 后,质点又从另一方向通过 B 点.求质点运动的周期和振幅.

答:周期 8.0s,振幅 $\frac{11}{2}\sqrt{2}$ cm.

9.4 如图所示,两个质点 A、B 相距 7.0cm,都沿 x 轴做简谐振动,它们的位置表达式为

$$x_A = A_1 \sin\left(\omega_A t - \frac{\pi}{2}\right), \quad x_B = A_2 \sin\left(\omega_B t + \frac{\pi}{2}\right)$$

其中,$\omega_A = 20\text{Hz}$, $\omega_B = 21\text{Hz}$, $A_1 = 3.0$ cm, $A_2 = 4.0$ cm. 若在 $t = 0$ 时开始振动,试问:

(1)开始振动后 0.035 s 时,A、B 间的距离是多少?

(2)这时刻它们之间的相对速度是多少?

答:(1)12.3cm;(2)95cm/s.

题 9.3 图

题 9.4 图

9.5 一质点在一直线上做简谐振动,当其距平衡点 O 为 2.0cm 时,加速度为 4.0cm/s^2,求该质点从一端(静止点)运动到另一端所需的时间.

答:2.22s.

9.6 证明:每个复摆都有两个支点,当摆动轴通过其中一个支点的摆动周期与通过另一点的摆动周期相等时,这两个支点到质心的距离 l_1 和 l_2 满足 $Ml_1 l_2 = I_C$,式中,M 是复摆的总质量,I_C 是复摆对过质心的水平轴的转动惯量.

9.7 在光滑的水平桌面上开有一小孔,一条穿过小孔的细绳两头各系一质量分别为 m_1 和 m_2 的小球,位于桌面上的小球 m_1 以 $\boldsymbol{v}_0$ 的速度绕小孔做匀速圆周运动,而小球 m_2 则悬在空中,保持静止.

(1)求位于桌面部分的细绳的长度 l_0;

(2)若给 m_1 一个径向的小冲量,则 m_2 将做上下小振动,求振动角频率 ω_0.

答:(1) $l_0 = \frac{m_1}{m_2}\frac{v_0^2}{g}$;(2) $\omega_0 = \frac{m_2 g}{m_1 v_0}\sqrt{\frac{3m_1}{m_1 + m_2}}$.

9.8 如在质量均匀分布的球形行星上沿任一直径挖一隧道,将一物体由静止开始从一道口自由掉下.

(1)求证物体到达隧道的另一道口所需的时间与物体的质量无关,与行星的直径无关,只与行星的密度 ρ 有关,并计算该时间;

(2)若隧道是沿行星的任一弦挖的,求证该时间与弦的长短、位置均无关,并证明该时间与(1)中的完全一样;

(3)若行星以角速度 ω_0 匀速自旋，角速度方向与隧道垂直，则(1)、(2)中的时间又为多大？

(4)若上述行星为地球，已知地球密度 $\rho = 5.52 \times 10^3 \text{kg/m}^3$，$G = 6.67 \times 10^{-11} \text{N} \cdot \text{m}^3/\text{kg}^2$. 由于地球自旋角速度很小，故可忽略，试计算(1)、(2)两问中所提及的时间.

答：(1) $t = \sqrt{\dfrac{3\pi}{4G\rho}}$；(3) $t = \pi\left(\dfrac{4\pi G\rho}{3} - \omega_0^2\right)^{-1/2}$；(4) $t = 2.5 \times 10^3 \text{s}$.

9.9 半径为 r 的均匀重球，可以在一半径为 R 的球形碗底部做纯滚动. 求圆球在平衡位置附近做小振动的周期.

答：$T = 2\pi\sqrt{\dfrac{7(R-r)}{5g}}$.

9.10 同一简谐振动的位移、速度、加速度之间的相位差是多少？谁比谁超前？

答：v 超前 x 为 $\dfrac{\pi}{2}$；a 超前 v 为 $\dfrac{\pi}{2}$.

9.11 一个单摆如图所示，摆长 l=150cm，悬点 O 的正下方有一固定的钉子 A，OA=54cm，设摆动角度很小，求此摆的周期.

答：2.21s.

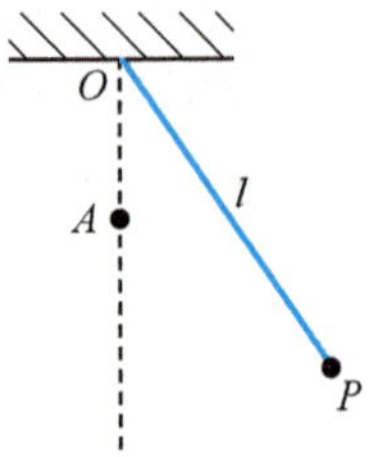

题 9.11 图

9.12 在一平板上放一质量为 1.0kg 的物体，平板在竖直方向上下做简谐振动，周期为 0.50s，振幅为 2.0cm. 试求：

(1)位移最大时物体对平板的压力；

(2)平板以多大振幅振动时，物体刚好要跳离平板.

答：(1)12.96N，6.64N；(2)6.2cm.

9.13 一物体静止于一水平板上，此板沿水平方向做简谐振动，频率为 2.0Hz，物体与板面的静摩擦系数为 0.50. 试问：

(1)要使物体在板上不致发生滑动，所允许振幅的最大值是多少？

(2)若此板沿竖直方向做简谐振动，振幅为 5.0cm，要使物体不离开板，最大频率是多少？

答：(1)3.1cm；(2)2.2Hz.

9.14 能否在复摆上找一点，在此点上加上一质量有限大的质点而不改变复摆的周期？如能找到，此点应在何处？

答：悬点 O 至质心 C 连线上 $l_0 = \dfrac{I}{Mh}$ 处. I 为摆绕 O 轴的转动惯量，M 为摆的质量，$h = \overline{OC}$.

9.15 甲地的重力加速度大小为 979.442cm/s²，乙地的重力加速度大小为 980.129cm/s². 问在甲对准的一个摆钟移到乙地后，每 24 小时快或慢几秒？设其他条件不变.

答：快 30.30s.

9.16 用扭摆可以测物体的转动惯量. 扭摆的底为一质量均匀分布的圆盘，半径为 R，质量为 m，悬点通过中心轴，如图所示. 把圆盘扭转一个角度后放手，它便以悬线为轴来回扭摆，测得其摆动周期为 T_1. 加上一待测物体 M 后，其摆动周期为 T_2，求 M 绕摆轴的转动惯量.

答：$\frac{1}{2}mR^2\left(\frac{T_2^2}{T_1^2}-1\right)$.

9.17 如图所示，一质量为 m 的均匀木板水平地搁在两个以相同角速度 ω 相向旋转的滚子上，两滚子轴间的距离为 d，它们具有相同的直径. 滚子与木板之间的滑动摩擦系数为 μ. 问当木板偏离对称位置后，它如何运动？如果是做简谐振动，其周期是多少？

答：$T=2\pi\sqrt{\frac{d}{2\mu g}}$.

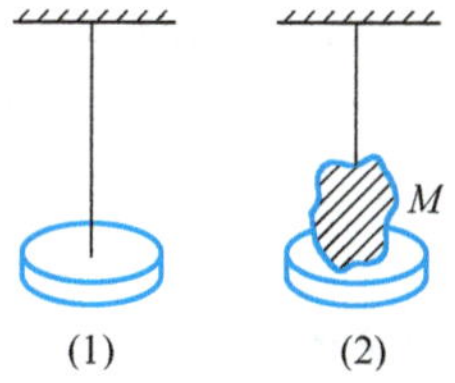

题 9.16 图

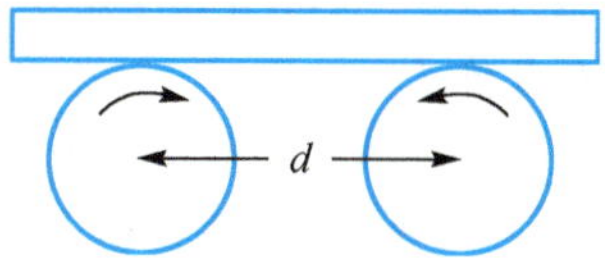

题 9.17 图

9.18 两个方向相同、频率相同的简谐振动，其表达式为：$x_1=5\sin(10t+0.75\pi)$ cm，$x_2=6\sin(10t+0.25\pi)$ cm，分别用矢量图法和计算法求合振动.

答：$x=\sqrt{61}\sin(10t+84°48')$ cm.

9.19 两个方向相同、频率相同的简谐振动，其合振幅为 10cm，合振动的相位与第一个振动的相位差 30°. 若第一个振动的振幅为 $A_1=8.0$ cm，求第二个振动的振幅 A_2 及第一与第二两振动的相位差.

答：$A_2=5.0$ cm；$\varphi_1-\varphi_2=82.5°$.

9.20 已知两组相互垂直的振动为

(1) $\begin{cases}x=a\sin\omega t\\ y=b\cos\omega t\end{cases}$，　(2) $\begin{cases}x=a\cos\omega t\\ y=b\sin\omega t\end{cases}$

每组合成的结果各是什么运动，它们之间有何不同？

答：(1) 椭圆运动，半长轴 a，半短轴 b，顺时针转动. (2) 椭圆运动，半长轴 a，半短轴 b，逆时针转动.

9.21 地震的瑞利面波在地面沿 x 方向以速度 v 传播时，介质质点在波的传播方向和垂直地面方向所组成的平面内运动，其水平分量 U 和垂直分量 W 分别为

$$U=0.42\sin\left[\omega\left(t-\frac{x}{v}\right)\right],\quad W=-0.62\cos\left[\omega\left(t-\frac{x}{v}\right)\right]$$

问质点在 U-W 平面内做什么运动？并试画出其图形.

答：在 U-W 平面内，半长轴为 0.65、半短轴为 0.42 的正椭圆做逆时针转动.

9.22 一质点同时在两正交方向做简谐运动，振幅相等，频率为 3∶2，起始位移都为零. 画出它的李萨如图形.

9.23 某阻尼振动的振幅在一个周期后减为原来的 1/3，问此振动周期较无阻尼存在时的周期 T_0 大百分之几？

答：1.5%.

9.24 一个摆做阻尼振动，初振幅为 $A_0=3.0$cm，过 10s 后振幅衰减为 1.0cm. 问再过多少时

间振幅衰减为 0.30cm?

答:10.96s.

9.25 火车在铁轨上行驶时,每经过一接轨处便受到一次震动,使车厢在弹簧上做上下振动.设铁轨每段长 12.5m,车厢上每个弹簧承受的重量为 0.50t,弹簧每受 1.0t 重的力将压缩 10mm.若弹簧本身重量不计,问火车以什么速率行驶时,弹簧的振幅最大?

答:88m/s.

9.26 一物体挂在弹簧下,物体-弹簧系统的固有振动周期为 $T_0=0.5\text{s}$.今在物体上加一竖直方向的正弦力,其最大值为 $F=100\text{dyn}$;此外,还有一不大的摩擦力存在.设系统在共振时的振幅为 $A=5.0\text{cm}$,并设摩擦力与速度成正比,即 $f=\alpha\dot{x}$.求摩擦阻力系数 α 和最大摩擦力的数值 $f_{\max}$.

答:$\alpha=1.6\times10^{-3}\text{N}\cdot\text{s/m}$;$f_{\max}=0.001\text{N}$.

9.27 如图所示,在波的传播路程上有 A、B 两点,介质的质点都做简谐振动,B 点的相位比 A 点落后 30°.已知 A、B 之间的距离为 2.0cm,振动周期为 2.0s,求波速 v 和波长 λ.

题 9.27 图

答:$v=12\text{cm/s}$;$\lambda=24\text{cm}$.

9.28 某简谐波波长为 10m,传至 A 处引起 A 处质点振动,振动周期为 0.20s,振幅为 0.50cm.试问:

(1)波的传播速度 v 是多少?

(2)质点经过平衡位置时的运动速度是多少?

答:(1)$v=50\text{m/s}$;(2)$\dfrac{\mathrm{d}x}{\mathrm{d}t}=15.7\text{cm/s}$.

9.29 一平面波的表达式为 $y(t,x)=a\cos(bt-cx)$.

(1)指出它的振幅、角频率、周期、波长、频率和波速;

(2)如 $y(t,x)=20\cos\pi(2.5t-0.01x)$ cm,算出上述各物理量的数值.

答:(1) 振幅 a,角频率 b,周期 $\dfrac{2\pi}{b}$,波长 $\dfrac{2\pi}{c}$,频率 $\dfrac{b}{2\pi}$,波速 $\dfrac{b}{c}$;(2) 振幅 20cm,角频率 2.5πHz,周期 0.80s,波长 200cm,频率 1.25Hz,波速 2.5m/s.

9.30 平面简谐波的振幅为 1.0cm,频率为 100Hz,波速为 400m/s.以波源处的质点经平衡位置向正方向运动时作为时间起点,求距波源 800cm 处介质质点振动的表达式.

答:$x=\sin(200\pi t)$ cm.

9.31 两个不同的音叉在完全相同的两段绳上产生稳定的简谐波,振幅为 $A_1=2A_2$,波长为 $\lambda_1=\lambda_2/2$.设绳子除与音叉外不与其他物体交换能量.求两音叉给予绳子的功率之比 P_1/P_2.

答:$P_1/P_2=16$.

9.32 波遇到两种介质的界面时发生反射,设入射波与反射波的振动方向不变.如果入射波是一纵波,要使反射波是一横波,设纵波在介质中的传播速度是横波传播速度的 $\sqrt{3}$ 倍.问入射角为多少?

答:入射角为 60°.

9.33 两正弦波向同一方向前进,波速分别为 v_1 和 v_2,波长分别为 λ_1 和 λ_2,试求:

(1)对应于这两个波，其振动具有相同相位的各点在空间的移动速度 u；

(2)相邻两个上述点之间的距离 D；

(3)由上得到，如果 $v_1 \approx v_2$，$\lambda_1 \approx \lambda_2$，则 $u = v - \lambda \dfrac{dv}{d\lambda}$，即群速度；

(4)由此证明拍频的频率为两个频率之差.

答：(1) $u = \dfrac{\lambda_2 v_1 - \lambda_1 v_2}{\lambda_2 - \lambda_1}$；(2) $D = \dfrac{\lambda_1\lambda_2}{\lambda_2 - \lambda_1}$.

9.34　如图所示，介质中两相干简谐点波源 A、B 相距为 30m，振幅相等，频率均为 100Hz，相位差为 π，波的传播速度是 400m/s. 求 A、B 间连线上因干涉而静止的点的位置.

答：A、B 之间距 A 点为奇数米处的点都静止.

9.35　P 点与两振源 A、B 等距，相对位置如图所示，A、B 的振动方向相同，自 A、B 发出的两简谐波，频率都是 100Hz，相位差为 π，介质中波速为 10m/s，到达 P 点时，振幅都是 5.0cm.

(1)求 P 点振动的表达式；

(2)若 A、B 的相位差为 0，则又如何？

(3)若 A、B 的相位差为 $\pi/2$，则又如何？

答：(1) 0；(2) $x_P = 10\sin(200\pi t - 100\sqrt{13}\pi + \varphi_0)$，$\varphi_0$ 是 A、B 两振源的初相位.

(3) $x_P = 5\sqrt{2}\sin\left(200\pi t - 100\sqrt{13}\pi + \varphi_0 \pm \dfrac{\pi}{4}\right)$，$\varphi_0$ 是 B 振源的初相位.

题 9.34 图

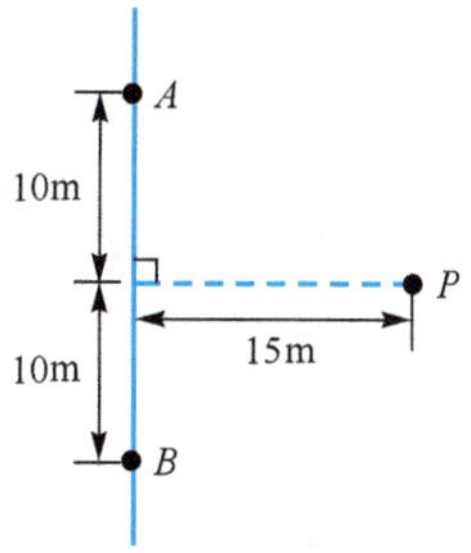

题 9.35 图

9.36　弦上一驻波中相邻两节点的距离为 65cm，弦的振动频率为 $\nu = 2.3\times10^2$ Hz. 求波的传播速度 v 和波长 λ.

答：$v = 300$m/s；$\lambda = 1.30$m.

9.37　设入射波方程为 $y_1 = A\sin\left(\omega t + \dfrac{2\pi x}{\lambda}\right)$，在 $x = 0$ 处反射. 在下述两种情况下，求当没有衰减时合成的驻波方程，并说明何处是波腹？何处是波节？

(1)反射端是自由端；

(2)反射端是固定的.

答：(1) $y = 2A\cos\dfrac{2\pi x}{\lambda}\sin\omega t$，$x = \dfrac{(2k+1)\lambda}{4}$ 波节，$x = \dfrac{k}{2}\lambda$ 波腹，$k = 0,1,2,\cdots$；

(2) $y = 2A\sin\dfrac{2\pi x}{\lambda}\cos\omega t$，$x = \dfrac{(2k+1)\lambda}{4}$ 波腹，$x = \dfrac{k}{2}\lambda$ 波节，$k = 0,1,2,\cdots$.

9.38 以下两列波在介质中叠加：

$$\begin{cases} y_1 = A\cos(6t-5x) \\ y_2 = A\cos(5t-4x) \end{cases}$$

式中，y_1、y_2、x 的单位是 m，t 的单位是 s.

(1)求此两列波的相速度 v_{p1} 和 v_{p2}；

(2)写出合成波的方程，并求出振幅为零的相邻两点之间的距离；

(3)求群速度 v_g.

答：(1) $v_{p1}=1.2\text{m/s}$；$v_{p2}=1.25\text{m/s}$；

(2) $y=2A\cos\left(\frac{t}{2}-\frac{x}{2}\right)\cos\left(\frac{11}{2}t-\frac{9}{2}x\right)$；$2\pi$m；

(3)$v_g=1\text{m/s}$.

9.39 水上短波长(≤1cm)的涟波运动，是受表面张力控制的. 这种涟波的相速度为 $v_p=\sqrt{\frac{2\pi S}{\rho\lambda}}$，式中，$S$ 为表面张力系数，ρ 为水的密度.

(1)试证明：由接近某给定波长 λ 的诸波长所构成的扰动，其群速度等于 $1.5v_p$；

(2)若波群只有两个波组成，此两波的波长分别为 0.99cm 和 1.01cm，则波群两相邻峰值间的距离为多大？

答：(2) 0.50m.

9.40 对于深水波，考虑到表面张力，其色散关系为

$$\omega^2 = gk + \frac{Sk^3}{\rho}$$

式中，水的密度 $\rho=1.0\times10^3\text{kg/m}^3$，表面张力 $S=7.2\times10^{-2}\text{N/m}$.

(1)求出相速度和群速度与 k 的函数关系；

(2)证明：对于波长接近于 1.7×10^{-2}m 的诸波所构成的水波，其相速度与群速度相等，并求出速度值.

答：(1) $v_p=\sqrt{\frac{g}{k}+\frac{Sk}{\rho}}$；$v_g=\dfrac{g+\frac{3Sk^2}{\rho}}{2\sqrt{gk+\frac{Sk^3}{\rho}}}$；(2) $v=0.23\text{m/s}$.

9.41 一机车汽笛频率为 650Hz，机车以 54km/h 的速度驶向观察者，问观察者听到的声音频率是多少？设空气中声速为 340m/s.

答：680Hz.

9.42 甲火车以 43.2km/h 的速度行驶，其上一乘客听到对面驶来的乙火车鸣笛声的频率为 $\nu_1=512\text{Hz}$；当这一火车过后，听其鸣笛声的频率为 $\nu_2=428\text{Hz}$. 求乙火车上的人听到乙火车鸣笛的频率 ν_0 和乙火车对于地面的速度大小 u. 设空气中声波的速度大小为 340m/s.

答：$\nu_0=468\text{Hz}$；$u=66.4\text{km/h}$.

9.43 一个人在大而光滑的墙前，手里拿着一个频率 $\nu=500\text{Hz}$ 的音叉，以速度大小 $u=1.0\text{m/s}$ 向墙壁前进，他同时听到直接由音叉发出的声音和由墙壁反射回来的声音. 如空气中声速为 $v=334\text{m/s}$，问他听到的拍频是多少？

答：3Hz.

9.44 在空气温度是 $-17℃$ 时(空气中声速为 $v=320\text{m/s}$)，一辆以 72km/h 的速度前进的机车鸣笛 2.0s. 站在铁轨上的人，(1) 有的看到机车迎面而来；(2) 有的看到机车背离而去，问他们听到的声音分别比鸣笛时间缩短或延长了多久？

答：(1) 缩短 1/8s；(2) 延长 1/8s.

9.45 一个很重的音叉以速度大小 $u=25\text{cm/s}$ 向墙壁接近，音叉在静止的观察者与墙壁之间. 观察者听得拍频为 $\nu=3\text{Hz}$. 设声速 $v=340\text{m/s}$，求音叉振动频率.

答：2040Hz.

第 10 章

10.1 一根横截面积 $A_1=5.00\text{cm}^2$ 的细管，连接在一个容器上，容器的横截面积 $A_2=100\text{cm}^2$，高度 $h_2=5.00\text{cm}$，今把水注入，使水对容器底部的高度 $h_1+h_2=100\text{cm}$，如图所示. 求：

(1)水对容器底部的作用力为多大？

(2)此装置内水的重量为多大？

(3)解释(1)和(2)中所求得的结果为何不同？

答：(1)98.0N；(2)9.56N.

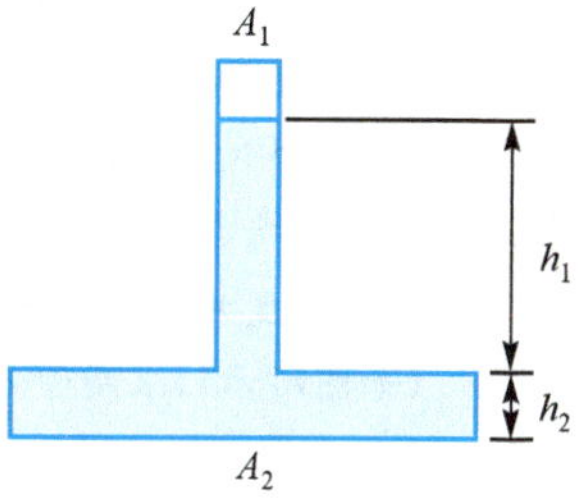

题 10.1 图

10.2 一立方体钢块平正地浮在容器内的水银中，已知钢块的密度为 7.8g/cm^3，水银的密度为 13.6g/cm^3.

(1)问钢块露出水银面之上的高度与边长之比为多大？

(2)如果在水银面上加水，使水面恰好与钢块的顶相平，问水层的厚度与钢块边长的比例为多大？

答：(1)0.43；(2)0.46.

10.3 在某水池的边上装有一宽为 1.0m 的小门，其下边与水池底相平，并用铰链与池壁连接. 试问：当池内的水深为 2.0m 时，门受到的水的作用力相对于铰链的力矩为多大？

答：$9.8\times10^3\text{N}\cdot\text{m}$.

10.4 一根长为 l、密度为 ρ 的均质细杆，浮在密度为 ρ_0 的液体里，杆的一端由一竖直细绳悬挂着，使该端高出液面的距离为 d，如图所示. 试求：

(1)杆与液面的夹角 θ；

(2)绳中的张力 T. 设杆的截面积为 S.

答：(1) $\theta=\arcsin\dfrac{d}{l\sqrt{1-\rho/\rho_0}}$；(2) $T=(\rho-\rho_0+\rho_0\sqrt{1-\rho/\rho_0})lSg$.

10.5 若上题中细杆的一端由一竖直细绳与装液体的容器底面相连，使该端低于液面的距离为 d，如图所示. 求解上题中的两个问题.

答：(1) $\theta=\arcsin\left[\dfrac{d}{l(1-\sqrt{\rho/\rho_0})}\right]$；(2) $T=(\sqrt{\rho_0\rho}-\rho)lSg$.

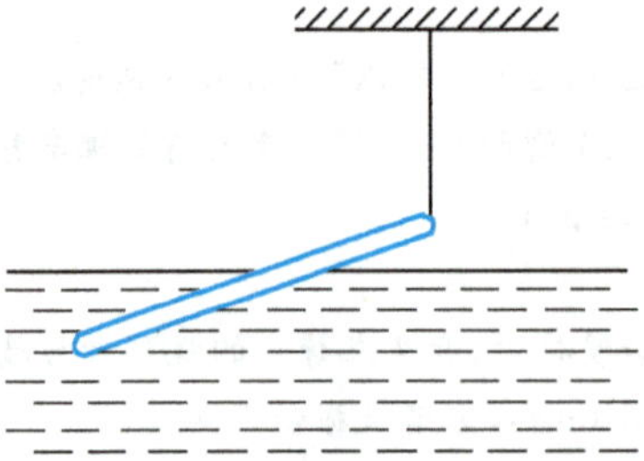

题 10.4 图

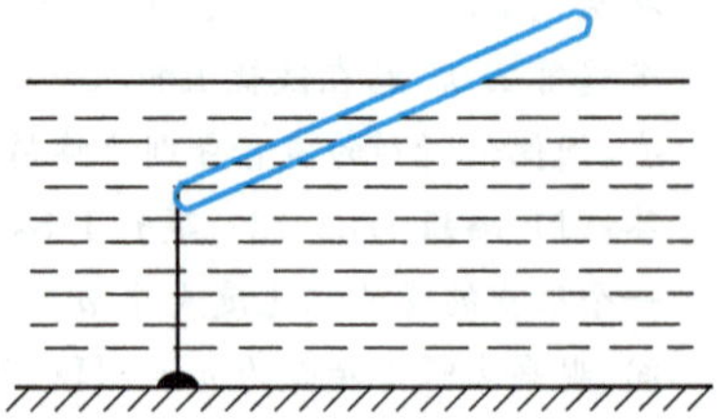

题 10.5 图

10.6 一长方形容器，长、宽、高分别是 2m、0.7m 和 0.6m，内贮 0.3m 深的水，若容器沿长边方向做水平加速运动，加速度为 $a=3\mathrm{m/s^2}$. 求水作用在容器各壁上的力.

答：前端面 $F=0$；后端面 $F=1.32\times10^3\mathrm{N}$，底面 $F=4.38\times10^3\mathrm{N}$；每个侧面 $F=1.25\times10^3\mathrm{N}$.

10.7 一粗细均匀的 U 形管内装有一定量的液体，U 形管底部的长度为 l. 当 U 形管以加速度 $\boldsymbol{a}$ 沿水平方向加速时（如图所示），求两管内液面的高度差 h.

答：$h=\dfrac{al}{g}$.

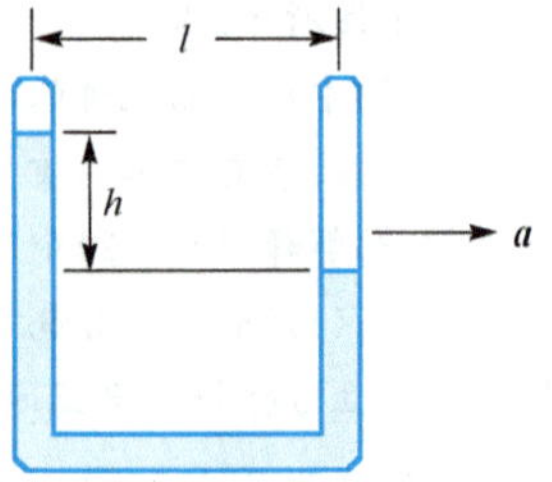

题 10.7 图

10.8 如图所示，一半径为 r 的圆球悬浮于两种液体的交界面上，两种液体的密度分别为 ρ_1 和 ρ_2，位于交界面上方的球冠的高度 $d=r/3$，液面与交界面的高度差为 h.

(1)求圆球的质量 M；

(2)试求密度为 ρ_1 的液体对圆球的作用力的方向；

(3)试不用积分的方法分别求出两种液体对圆球的作用力 F_1 和 F_2 的大小.

答：(1) $M=\dfrac{\pi r^3}{81}(8\rho_1+100\rho_2)$；(2)向下；

(3) $F_1=\dfrac{\pi r^2}{81}(45h-8r)\rho_1 g$，$F_2=\dfrac{5\pi r^2}{81}(9h\rho_1+20r\rho_2)g$.

10.9 利用一根跨过水坝的粗细均匀的虹吸管，从水库里取水，如图所示，已知水库的水深 $h_A=2.00\mathrm{m}$，虹吸管出水口的 $h_B=1.00\mathrm{m}$，坝高 $h_C=2.50\mathrm{m}$. 设水在虹吸管内做定常流动.（设大气压为 $p_0=1.00\times10^5\mathrm{Pa}$）

(1)求 A、B、C 三个位置处管内的压强；

(2)若虹吸管的截面积为 $7.00\times10^{-4}\mathrm{m^2}$，求水从虹吸管流出的体积流量.

答：(1) $p_A=0.902\times10^5\mathrm{Pa}$，$p_B=1.00\times10^5\mathrm{Pa}$，$p_C=0.853\times10^5\mathrm{Pa}$；

(2) $3.08\times10^{-3}\mathrm{m/s}$.

10.10 一个直立的密闭圆柱形容器，直径 1m、高 2m，内贮 0.5m 深的水，以 $\omega=20\mathrm{rad/s}$ 的角速度绕中心轴线旋转，问容器底部有多少面积不被水覆盖？

答：约 $0.48\mathrm{m^2}$ 不被水覆盖.

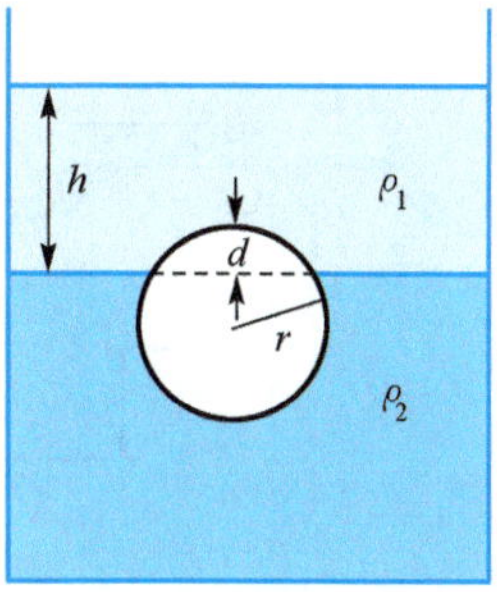

题 10.8 图

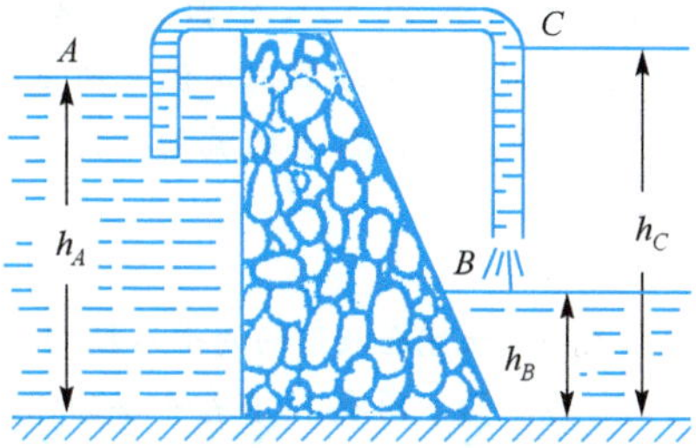

题 10.9 图

10.11 圆柱形木料的一端装有铅块，故木料能够竖直地浮在水中，如图所示. 设木料处于平衡时，浸没在水中的长度为 h，圆柱的底面积为 S，现使木料做竖直振动.

(1)求证振动为简谐振动；

(2)求振动周期(忽略水对木料振动的阻尼作用).

答：(2) $T=\dfrac{2\pi}{\omega}=2\pi\sqrt{\dfrac{h}{g}}$.

10.12 液体在一水平管中流动，A 处和 B 处的横截面积分别为 S_A 和 S_B. B 管口与大气相通，压强为 p_0，若在 A 处用一细管与容器相通，如图所示，试证明：当 h 满足下式

$$h=\frac{Q^2}{2g}\left(\frac{1}{S_A^2}-\frac{1}{S_B^2}\right)$$

时，A 处的压强刚好能将从比水平管低 h 处的同种液体吸上来，其中 Q 为体积流量.

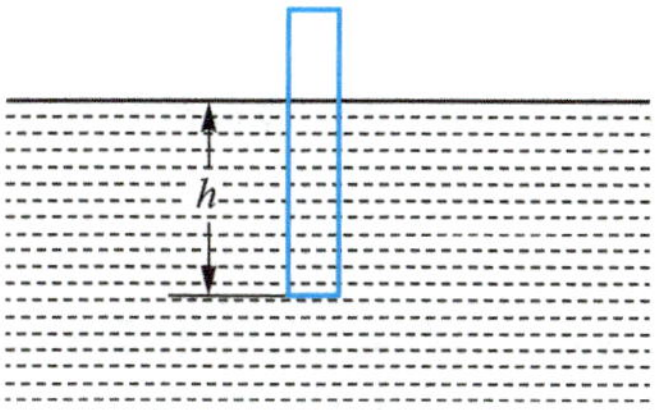

题 10.11 图

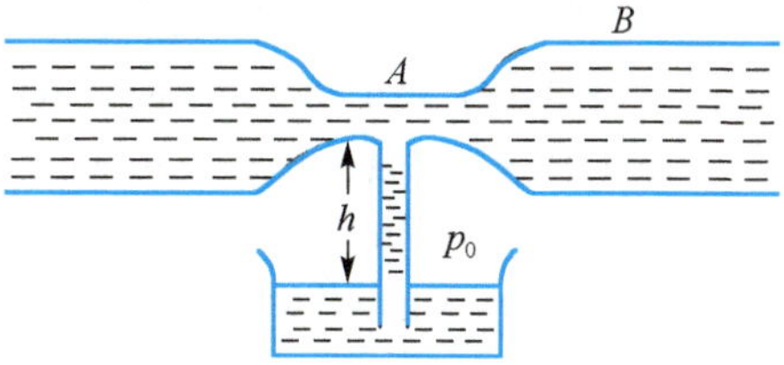

题 10.12 图

10.13 如图所示，一水平管下面装有一 U 形管，U 形管内盛有水银. 已知水平管中粗、细处的横截面积分别为：$A_1=5.0\times10^{-3}\,\text{m}^2$，$A_2=1.0\times10^{-3}\,\text{m}^2$，当水平管中有水流做定常流动时，测得 U 形管中水银面的高度差 $h=3.0\times10^{-2}\,\text{m}$. 求水流在粗管处的流速 v_1. 已知水和水银的密度分别为：$\rho=1.0\times10^3\,\text{kg/m}^3$，$\rho'=13.6\times10^3\,\text{kg/m}^3$.

答：$v_1=0.58\,\text{m/s}$.

10.14 一喷泉竖直喷出高度为 H 的水流，喷泉的喷嘴具有上细下粗的形状，上截面的直径为 d，下截面的直径为 D，喷嘴高为 h. 设大气压强为 p_0. 求：

(1)水的体积流量；

(2)喷嘴的下截面处的压强.

答：(1) $\dfrac{1}{4}\pi d^2\sqrt{2gH}$；(2) $p_0+\rho gh+\rho gH\left(1-\dfrac{d^4}{D^4}\right)$.

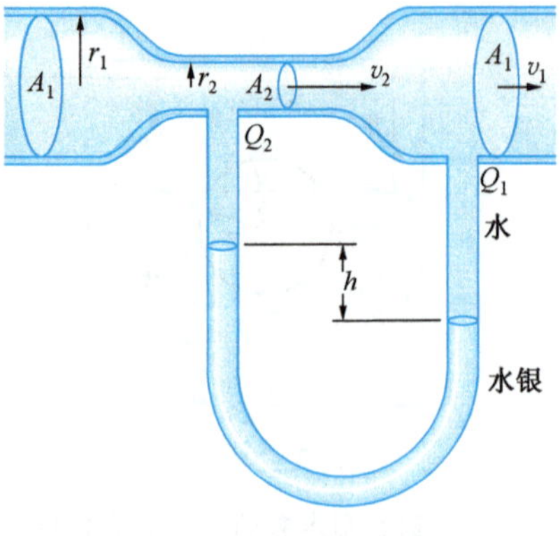

题 10.13 图

10.15 在一大容器的底部有一小孔，容器截面积与小孔面积之比为 100，容器内盛有高度 $h=0.80\text{m}$ 的水. 求容器内水流完所需的时间. 设在整个过程中，水的流动可视为定常流动.

答：40.4s.

10.16 设有大小形状完全相同的两个水桶，其中盛有同样体积的不同液体. 在每个桶的侧面距液面下相同深度 h 处都开有一小孔，其中桶 1 小孔的面积为桶 2 小孔面积的一半.

(1)若在相同的时间内由两小孔流出液体的质量相同，则液体的密度比 ρ_1/ρ_2 是多少?

(2)从两小孔流出的体积流量之比是多少?

(3)两桶内液体的高度差为多少时，才能使两桶流出的体积流量相等?

答：(1) $\rho_1/\rho_2=2$；(2) $Q_1/Q_2=1/2$；(3) $h_1=4h_2$.

10.17 一桶的底部有一洞，水面距桶底 30cm，当桶以 1.2m/s^2 的加速度上升时，水自洞漏出的速度为多大?

答：$v=2.57\text{m/s}$.

10.18 在重力作用下，某液体在半径为 R 的竖直圆管中向下做稳定流动，已知液体的密度为 ρ，测得从管口流出的流量为 Q，求液体的黏度及管轴处的流速.

答：$\eta=\dfrac{\pi R^4\rho g}{8Q}$，$v(0)=\dfrac{R^2\rho g}{4\eta}$.

10.19 一个半径 $r=0.10\times10^{-2}\text{m}$ 的小空气泡在黏滞液体中上升，液体的黏滞系数 $\eta=0.11\text{Pa}\cdot\text{s}$，密度为 $0.72\times10^3\text{kg/m}^3$. 求其上升的收尾速度.

答：$1.4\times10^{-2}\text{m/s}$.

10.20 在直径为 305mm 的输油管内，安装了一个开口面积为原来面积 1/5 的隔片. 管中的石油流量为 $0.07\text{m}^3/\text{s}$，其运动黏度 $\eta/\rho=0.0001\ \text{m}^2/\text{s}$. 石油经过隔片时是否变为湍流?

答：变为湍流.

第 11 章

11.1 一飞船以 $v=0.6c$ 的速率沿平行于地面的轨道飞行，飞船上沿运动方向放置一根杆子，在地面上的人测得此杆子的长度为 l，求此杆子的本征长度 l_0.

答：$l_0=1.25l$.

11.2 在一惯性系的同一地点，先后发生两个事件，其时间间隔为 0.2s，而在另一惯性系中测得此两事件的时间间隔为 0.3s，求两惯性系之间的相对运动速率.

答：$\dfrac{\sqrt{5}}{3}c$.

11.3 一火箭飞船经地球飞往某空间站，该空间站相对地球静止，与地球之间的距离为 $9.0\times10^9\text{m}$. 在地球上和空间站上的钟是校正同步的. 当火箭飞船飞经地球时，宇航员将飞船上的钟拨到与地球上的钟相同的示数. 当火箭飞船飞经空间站时,宇航员发现飞船上的钟比空间站上的钟慢了 3s,求火箭飞船的飞行速率.

答: $0.198c$.

11.4 静长为 L 的车厢,以 v 的恒定速率沿地面向右运动,自车厢的左端 A 发出一光信号,经右端 B 的镜面反射后回至 A 端.

(1)在车厢里的人看来,光信号经多少时间 $\Delta t'_1$ 到达 B 端? 从 A 发出经 B 反射后回至 A,共需多少时间 $\Delta t'$?

(2)在地面上的人看来,光信号经多少时间 Δt_1 到达 B 端? 从 A 发出经 B 反射后回至 A,共需多少时间 Δt?

答:(1) $\Delta t'_1 = \frac{L}{c}$, $\Delta t' = \frac{2L}{c}$; (2) $\Delta t_1 = \frac{L}{c}\sqrt{\frac{c+v}{c-v}}$, $\Delta t = \frac{2L}{c}\frac{1}{\sqrt{1-v^2/c^2}}$.

11.5 一艘静长为 90m 的飞船以速度 $v = 0.8c$ 飞行. 当飞船的尾部经过地面上某信号站时,该信号站发出一光信号.

(1)当光信号到达飞船头部时,飞船头部离地面信号站的距离为多远?

(2)按地面上的时间,信号从信号站发出共需多少时间 Δt 才到达飞船头部?

答:(1) 270m;(2) $\Delta t = 9\times10^{-7}$ s.

11.6 两根静长均为 l_0 的棒 A、B,相向沿棒做匀速运动. A 棒上的观测者发现两棒的左端先重合,相隔时间 Δt 后,两棒的右端再重合. 试问:

(1) B 棒上的观测者看到两棒的端点以怎样的次序重合?

(2)两棒的相对速度是多大?

(3)对于看到两棒以大小相等而方向相反的速度运动的观测者来说,两棒端点以怎样的次序重合?

答:(1) 先右端重合,再左端重合;(2) $v = \frac{2l_0\Delta t}{(\Delta t)^2 + l_0^2/c^2}$;

(3)两端点同时重合.

11.7 在某一惯性参考系 K 里看来,物体 A 以匀速 $\boldsymbol{v}_A$ 沿 x 轴运动,物体 B 以匀速 $\boldsymbol{v}_B$ 沿 x 轴运动,但方向与 A 相反.

(1)在参考系 K 看来,A 与 B 之间相对运动的速度 $\boldsymbol{v}$ 是多大?

(2)以 c 代表真空中的光速,当 $v_A = 0.8c$, $v_B = 0.6c$ 时,v 是多少?

(3)在同一惯性参考系 K 中看来,两个物体 A 与 B 之间相对运动的速度 $v > c$,是否违反狭义相对论? 为什么?

(4)在 A 看来(即在随 A 一起运动的坐标系 K 中看来),B 的速度 v'_B 是多少?

答:(1) $v_{AB} = v_A + v_B$; (2) $v = 1.4c$;

(3)不违反. 狭义相对论只是说在任一惯性系中质点的运动速度不可以超过光速,两个物体 A 与 B 之间相对运动的速度 $v > c$,这个 v 并不是在 A 看来 B 的速度 v'_B,v'_B 是不可以超过光速的;

(4) $v'_B = 0.95c$.

11.8 设有一车,以匀速率 v_0=100km/s 做直线运动.

(1)在车上以速率 $v_1=60\text{km/s}$ 向前投一球,按伽利略变换计算,站在路边的观察者看来,球的速度是多少?

(2)在车上以速率 $v_1=60\text{km/s}$ 向后投一球,按伽利略变换计算,站在路边的观察者看来,球的速度是多少?

(3)对于上述两种情况,用狭义相对论的速度合成公式,分别求出结果.

答:(1) 160km/s;(2) 40km/s;(3) $v_{前投}=159.999\ 989\text{km/s}$; $v_{后投}=40.000\ 003\text{km/s}$.

11.9 如图所示,一根长杆与 x 轴平行,并以 x 轴为轴线做匀速转动. 设 K' 系为沿 x 轴做匀速 $\boldsymbol{v}$ 运动的坐标系,问在 K' 系中观测,这长杆将是什么样子? 它怎样运动?

题 11.9 图

答:这长杆以匀速 v 后退做螺旋转动,转速为原来的 $\sqrt{1-\frac{v^2}{c^2}}$ 倍.

11.10 在实验室中观测到一个运动着的μ子在实验室坐标系中的寿命等于在它自己坐标系中的寿命的 50 倍,求它对于实验室坐标系运动的速度大小 v.

答: $v=0.9998c$.

11.11 爱因斯坦在他 1905 年创立狭义相对论的论文中说:"一个在地球赤道上的钟,比起放在两极的两只在性能上完全一样的钟来,在别的条件都相同的情况下,它要走得慢些". 根据各种观测,地球从形成到现在约为 50 亿年,假定地球形成时就有爱因斯坦所说的那样两个钟,问现在它们所指的时间相差多少? 所得结果就是两极与赤道年龄之差. 已知地球半径为 6378km.

答:年龄差 $\Delta\tau_{赤极}=1.8845\times10^5\text{s}\approx2.181$ 天 $\approx5.975\times10^{-3}$ 年.

11.12 按题 11.11 同样的道理,一个在地球上的钟,要比一个性质完全相同、所处条件也完全相同、假设放在太阳上的钟走得稍微慢些,设太阳年龄 $\tau=50$ 亿年,已知地球公转的平均速率 $v=29.76\text{km/s}$. 求地球与太阳年龄之差.

答:年龄差 $\Delta T_{日地}=7.75\times10^8\text{s}=8970$ 天 $=24.6$ 年.

11.13 按题 11.11 同样的道理,一个在月球上的钟,要比一个性质完全相同、所处条件也完全相同、放在地球上的钟走得稍微慢些,设地球年龄为 $\tau=50$ 亿年,月球绕地球转动的平均速率为 $v=1.02\text{km/s}$. 求月球年龄与地球年龄之差.

答:年龄差 $\Delta T_{月地}=9.12\times10^5\text{s}\approx10.55$ 天 $\approx2.89\times10^{-2}$ 年.

11.14* 在 K' 系中,一光束在与 x' 轴成 θ_0 角的方向射出. 求在 K 系中光束与 x 轴所成的角 θ. K' 系以速度 $\boldsymbol{v}$ 沿 x 轴相对 K 系运动.

答: $\theta=\arccos\dfrac{c\cos\theta_0+v}{c+v\cos\theta_0}$.

11.15 一粒子的动能等于静能的一半,试求其运动速度.

答: $2.2\times10^8\text{m/s}$.

11.16 一个质点,受力作用,力的方向和它的运动方向一致.

(1)用动量关系 $F=\text{d}(mv)/\text{d}t$,证明 $F\text{d}s=mv\text{d}v+v^2\text{d}m$;

(2)利用关系式 $v^2=\left(1-\frac{m_0^2}{m^2}\right)c^2$，证明 $mv\mathrm{d}v=\frac{m_0^2c^2}{m^2}\mathrm{d}m$；

(3)利用上面两个结果，证明：$W=\int F\mathrm{d}s=(m-m_0)c^2$.

11.17 一个电子(静止质量为 9.11×10^{-31}kg)以 0.99c 的速率运动.试问：

(1)它的总能量为多少？

(2)按牛顿力学算出的动能和按相对论力学算出的动能各为多少？它们的比值是多少？

答：(1) 5.81×10^{-13}J；(2)E_k(牛)$=4.02\times10^{-14}$J；E_k(相)$=4.99\times10^{-13}$J；故$\frac{E_k(牛)}{E_k(相)}=$ 0.08.

11.18 已知电子的静止质量为 9.11×10^{-31}kg，1.0eV$=1.60\times10^{-19}$J，问电子的动能为(1)100000eV，(2)1000000eV 时，它的速度各是多少？

答：(1) 1.64×10^8m/s；(2) 2.82×10^8m/s.

11.19 一个物体的静止质量为 10g.问：

(1)当它相对于观察者以 3.0×10^7m/s 的速率运动时，其质量是多少，以 2.7×10^8m/s 的速率运动时，质量又是多少？

(2)比较上述两种情况下牛顿力学和相对论力学的动能；

(3)如果观察者或测量仪器随着物体一起运动，则结果如何？

答：(1) $m_1=10.05$g；$m_2=22.94$g；(2) E_{k1}(牛)$=4.5\times10^{19}$erg；E_{k1}(相)$=4.5\times10^{19}$erg；E_{k2}(牛)$=3.65\times10^{21}$erg；E_{k2}(相)$=1.16\times10^{22}$erg；故$\frac{E_{k1}(牛)}{E_{k1}(相)}=1$；$\frac{E_{k2}(牛)}{E_{k2}(相)}=0.3$；

(3) 无相对论效应.

11.20 假设一个火箭飞船的静质量为 8000kg，从地球飞向金星，速率为 30km/s.估算一下，如果用非相对论公式 $E_k=m_0v^2/2$ 计算它的动能，则少算了多少焦耳？若用这能量，能将飞船从地面升高多少？

答：少算了 $\Delta E_k\approx2.7\times10^4$J；可以将飞船升高 0.34m.

11.21 一质量数为 42 的静止粒子，蜕变成两个碎片，其中一个碎片的静质量为 20，以速度 0.6c 运动.求另一碎片的动量 p、能量 E、静质量 m_0(1 原子质量单位$=1.66\times10^{-27}$kg).

答：$p=7.47\times10^{-18}$kg·m/s；$E=2.54\times10^{-9}$J；$m_0=1.34\times10^{-26}$kg$=8$ 个质量数.

11.22 ^{235}U 原子核裂变时，约有千分之一的质量转化为能量，每千克好煤燃烧时，约放出 7000cal 的能量.问 1kg ^{235}U 裂变放出的能量相当于燃烧多少吨好煤放出的能量？

答：3.07×10^6t.

11.23 在铀的裂变中，裂变产物的静质量仅为裂变前静质量的 99.9%，设所失去的质量都转变为能量，并设 1kg 铀裂变产生的全部能量都能转变为电能，问：

(1)可得多少千瓦时电？

(2)某工厂每年消耗的电能为 5.63×10^7W·h，如果这些电能完全是由质量转化而成，问这工厂一年消耗了多少千克的铀？

答：(1) 2.5×10^7kW·h；(2) 2.25×10^{-3}kg.

11.24 已知四个氢原子核(质子)结合成一个氦原子核(α粒子)时,有5.0×10^{-29}kg的质量转化为能量.试计算1kg水里的氢原子核都结合成氦原子核时所放出的能量.这些能量能把多少水从0℃加热到100℃(氢核质量为1.0081原子质量单位,1原子质量单位$=1.66\times10^{-27}$kg).

答:放出能量$E=7.5\times10^{13}$J;水的质量1.78×10^{5}t.

11.25 一个α粒子(质量为0.67×10^{-26}kg)以速率$0.8c$进入水泥防护墙(c为真空中光速),墙厚0.35m,这个粒子从墙的另一面出来时速率减小为$5c/13$.

(1)求墙作用于粒子的减速力(设为常数)F_0的大小.

(2)粒子穿过墙需要多长时间?

答:(1) $F_0=1\times10^{-9}$N;(2) $t=2$ns.

11.26 静止的电子偶(即一个电子和一个正电子)湮没时产生两个光子,如果其中一个光子再与另一个静止电子碰撞,求它能给予这个电子的最大速度.

答:$v_{max}=0.8c$.

11.27 设有一宇宙飞船完全通过发射光子而获得加速.当该宇宙飞船从静止开始加速至$v=0.6c$时,其静质量为初始值的多少?

答:0.5.

11.28* 半人马座α星与地球相距4.3l.y.两个孪生兄弟中的一个A乘坐速度为$0.8c$的宇宙飞船去该星旅行,他在往程和返程途中每隔0.01a的时间(飞船静止参考系的时间)发出一个无线电信号,另一个留在地球上的孪生兄弟B,也在相应过程中每隔0.01a的时间(地球静止参考系的时间)发出一个无线电信号.

(1)在A到达该星以前,B收到多少个A发出的信号?

(2)在A到达该星以前,A收到多少个B发出的信号?

(3) A和B各自共收到多少个从对方发出的信号?

(4)当A返回地球时,A比B年轻了几岁?试证明两孪生兄弟都同意此观点.

答:(1) 179;(2) 107;(3) A收到1075次,B收到645次;(4) A比B年轻4.3岁.

参考书目

北京大学物理系，中国科学技术大学物理教研室. 1980. 物理学习题集：第二册. 北京：人民教育出版社.

梁昆淼. 1978. 力学. 4 版. 北京：高等教育出版社.

瓦尼安 H C，鲁菲尼 R. 2006. 引力与时空. 向守平，冯珑珑，译. 北京：科学出版社.

吴望一. 1982. 流体力学：上册. 北京：北京大学出版社.

俞允强. 2001. 热大爆炸宇宙学. 北京：北京大学出版社.

赵凯华，罗蔚茵. 1995. 新概念物理教程 · 力学. 北京：高等教育出版社.

郑永令，贾起民. 1989. 力学：上册. 上海：复旦大学出版社.

Feynman R P, Leighton R B, Sands M. 2006. 费恩曼物理学讲义：第 1 卷. 郑永令，华宏鸣，吴子仪，等译. 上海：上海科学技术出版社.

中英人名对照

阿基米德	Archimedes，约前 287～前 212，古希腊自然哲学家、思想家
阿蒙顿	Guillaume Amontons，1663～1705，法国物理学家
阿特伍德	George Atwood，1745～1807，英国数学家、物理学家
爱因斯坦	Albert Einstein，1879～1955，犹太裔物理学家
奥伯斯	Heinrich Wilhelm Matthias Olbers，1758～1840，德国天文学家
伯努利	Daniel Bernoulli，1700～1782，瑞士物理学家、数学家、医学家
泊肃叶	Jean-Louis-Marie Poiseuille，1799～1869，法国生理学家
狄克	Robert Henry Dicke，1916～1997，美国物理学家
笛卡儿	René Descartes，1596～1650，法国哲学家、自然科学家
第谷	Tycho Brahe，1546～1601，丹麦天文学家
多普勒	Christian Andreas Doppler，1803～1853，奥地利物理学家
厄特沃什	Roland Eötvös，1848～1919，匈牙利物理学家
菲涅耳	Augustin-Jean Fresnel，1788～1827，法国物理学家
菲佐	Armand Hippolyte Louis Fizeau，1819～1896，法国物理学家
斐兹杰惹	George Fitzgerald，1851～1901，爱尔兰物理学家
傅科	Jean-Bernard-Léon Foucault，1819～1868，法国实验物理学家
傅里叶	Joseph Fourier，1768～1830，法国数学家、物理学家
伽利略	Galileo Galilei，1564～1642，意大利物理学家、天文学家
赫兹	Heinrich Rudolf Hertz，1857～1894，德国物理学家
胡克	Robert Hooke，1635～1703，英国物理学家
惠更斯	Christiaan Huygens，1629～1695，荷兰物理学家、数学家、天文学家
基尔霍夫	Gustav Robert Kirchhoff，1824～1887，德国物理学家、化学家、天文学家
卡文迪什	Henry Cavendish，1731～1810，英国物理学家、化学家
开普勒	Johannes Kepler，1571～1630，德国天文学家、物理学家、数学家
柯尼西	Friedrich König，1774～1833，德国发明家
科里奥利	Gustave Gaspard Coriolis，1792～1843，法国物理学家
库仑	Charles-Augustin de Coulomb，1736～1806，法国物理学家
拉格朗日	Joseph Louis Lagrange，1736～1813，法国数学家、力学家和天文学家
拉普拉斯	Pierre-Simon Laplace，1749～1827，法国数学家、天文学家和物理学家
莱布尼茨	Gottfried Wilhelm Leibniz，1646～1716，德国自然科学家、数学家、哲学家
雷诺	Osborne Reynolds，1842～1912，英国物理学家
李萨如	Jules Antoine Lissajous，1822～1880，法国数学家
洛伦兹	Hendrik Antoon Lorentz，1853～1928，荷兰物理学家

马格努斯　Heinrich Gustav Magnus,1802～1870,德国化学家、物理学家
马赫　Ernst Mach,1838～1916,奥地利物理学家、哲学家
迈克耳孙　Albert Abraham Michelson,1852～1931,美国物理学家
莫雷　Edward Williams Morley,1838～1923,美国科学家
牛顿　Isaac Newton,1643～1727,英国物理学家、数学家、天文学家
诺特　Emmy Noether,1882～1935,德国女数学家,抽象代数的奠基人
欧几里得　Euclid,约前 300,古希腊数学家
欧拉　Leonhard Euler,1707～1783,瑞士数学家、力学家
帕斯卡　Blaise Pascal,1623～1662,法国数学家、物理学家、哲学家、散文家
皮埃尔·居里　Pierre Curie,1859～1906,法国物理学家
皮托　Henri Pitot,1695～1771,法国物理学家
坡印亭　John Henry Poynting,1852～1914,英国物理学家
普朗特　Ludwig Prandtl,1875～1953,德国力学家
茹科夫斯基　Жуковский,Николай Егорович,1847～1921,俄国科学家,空气动力学和流体力学之父
施瓦西　Karl Schwarzschild,1873～1916,德国天文学家
斯托克斯　George Gabriel Stokes,1819～1903,英国物理学家、数学家
外尔　Hermann Weyl,1885～1955,德国数学家
文丘里　Giovanni Battista Venturi,1746～1822,意大利物理学家
亚里士多德　Aristotle,前 384～前 322,古希腊哲学家
依巴谷　Hipparchus,约前 190～前 125,古希腊天文学家、地理学家

教学进度和作业布置

章	节名	课时	题次
1	**第 1 章　质点运动学**	**7**	
	1.1　引言	1	
	1.2　质点和运动	1	
	1.3　速度与加速度	1	1～16
	1.4　直角坐标系中运动的描述	1	17～28
	1.5　自然坐标系中运动的描述	2	29～31
	*1.6　平面极坐标系中运动的描述	1	32～33
2	**第 2 章　质点动力学**	**4**	
	2.1　牛顿运动定律	1	1～6
	2.2　常见的力	1	7～8
	2.3　动力学问题的求解	1	9～23
	2.4　力学相对性原理和伽利略变换	1	
3	**第 3 章　非惯性参考系**	**3**	
	3.1　非惯性参考系　虚拟力	2	1～7
	3.2　例题	1	8～13
	*3.3　牛顿绝对时空概念的局限		
4	**第 4 章　动量定理**	**3**	
	4.1　动量守恒定律与动量定理	1	
	4.2　质心的运动	1	1～13
	4.3　变质量物体的运动	1	14～24
5	**第 5 章　动能定理**	**6**	
	5.1　质点系的动能	1	1～7
	5.2　势能	1	8～11
	5.3　机械能守恒定律	1	12～13
	5.4　质心系	1	14～15
	5.5　两体问题	1	16
	5.6　碰撞	1	17～25
6	**第 6 章　角动量定理**	**4**	
	6.1　孤立体系的角动量守恒	1	1～4
	6.2　质点系的角动量	1	5～9
	6.3　质心系的角动量	2	10～12
	*6.4　对称性、因果关系与守恒律		
7	**第 7 章　万有引力**	**4**	
	7.1　万有引力定律	1	1～3
	7.2　关于万有引力的讨论	1	4～8
	7.3　质点在有心力场中的运动	2	9～11
	*7.4　牛顿宇宙学		

续表

章	节名	课时	题次
8	**第 8 章　刚体力学**	**8**	
	8.1　刚体运动学	1	1
	8.2　施于刚体的力系的简化	1	
	8.3　刚体的定轴转动	2	2～19
	8.4　刚体运动的基本方程与刚体的平衡	1	20～21
	8.5　刚体的平面平行运动	2	22～36
	8.6　刚体的定点运动	1	37～38
9	**第 9 章　振动和波**	**9**	
	9.1　简谐振动	1	1～20
	9.2　阻尼振动	1	21～24
	9.3　受迫振动与共振	2	25～28
	9.4　机械波	1	29～32
	9.5　波在空间中的传播	1	33～38
	9.6　波的叠加	2	39～43
	9.7　多普勒效应	1	44～48
	*9.8　拓展阅读:非线性波简介		
10	***第 10 章　流体力学**	**9**	
	10.1　流体的基本性质	1	
	10.2　流体运动学	2	
	10.3　流体静力学	2	1～5
	10.4　无黏性流体的动力学	2	6～19
	10.5　黏性流体的运动	2	20～22
11	**第 11 章　相对论**	**7**	
	11.1　牛顿时空观的困难	1	
	11.2　相对性原理	1	
	11.3　洛伦兹变换	1	
	11.4　相对论时空观	2	1～13
	11.5　狭义相对论力学	2	15～29
	*11.6　狭义相对论中质量、动量和力的变换公式		
	*11.7　拓展阅读:四维时空		
	*11.8　广义相对论简介		
合计		64	278

注:本书授课时间为 72 学时,表中所列为 64 学时,还有 8 学时为补充所必需的数学知识和机动所用,表中所列课时数仅供授课教师参考.加 * 号而无学时数的小节为学生课外阅读部分,加 * 号有学时数的为甲型物理所授内容,不加 * 号的为甲、乙型物理所授内容.习题除了加 * 号的较难的题之外都是必做题.